T0253964

CAMBRIDGE LIBRARY COLLECTION

Books of enduring scholarly value

Mathematics

From its pre-historic roots in simple counting to the algorithms powering modern desktop computers, from the genius of Archimedes to the genius of Einstein, advances in mathematical understanding and numerical techniques have been directly responsible for creating the modern world as we know it. This series will provide a library of the most influential publications and writers on mathematics in its broadest sense. As such, it will show not only the deep roots from which modern science and technology have grown, but also the astonishing breadth of application of mathematical techniques in the humanities and social sciences, and in everyday life.

Tables Requisite to be Used with the Nautical Ephemeris, for Finding the Latitude and Longitude at Sea

Successful long-distance navigation depends on knowing latitude and longitude, and the determination of longitude depends on knowing the exact time at some fixed point on the earth's surface. Since Newton it had been hoped that a method based on accurate prediction of the moon's orbit would give such a time. Building on the work of Euler, Thomas Mayer and others, the astronomer and mathematician Nevil Maskelyne (1732–1811) was able to devise such a method and yearly publication of the *Nautical Almanac and Astronomical Ephemeris* placed it in the hands of every ship's captain. First published in 1767 and reissued here in the revised third edition of 1802, the present work provided the necessary tables and instructions. The development of rugged and accurate chronometers eventually displaced Maskelyne's method, but navigators continued to make use of it for many decades. This edition of the tables notably formed part of the library of the *Beagle* on Darwin's famous voyage.

Cambridge University Press has long been a pioneer in the reissuing of out-of-print titles from its own backlist, producing digital reprints of books that are still sought after by scholars and students but could not be reprinted economically using traditional technology. The Cambridge Library Collection extends this activity to a wider range of books which are still of importance to researchers and professionals, either for the source material they contain, or as landmarks in the history of their academic discipline.

Drawing from the world-renowned collections in the Cambridge University Library and other partner libraries, and guided by the advice of experts in each subject area, Cambridge University Press is using state-of-the-art scanning machines in its own Printing House to capture the content of each book selected for inclusion. The files are processed to give a consistently clear, crisp image, and the books finished to the high quality standard for which the Press is recognised around the world. The latest print-on-demand technology ensures that the books will remain available indefinitely, and that orders for single or multiple copies can quickly be supplied.

The Cambridge Library Collection brings back to life books of enduring scholarly value (including out-of-copyright works originally issued by other publishers) across a wide range of disciplines in the humanities and social sciences and in science and technology.

Tables

Requisite to be Used with

the Nautical Ephemeris,

for Finding the

Latitude and Longitude at Sea

Published by Order of the Commissioners of Longitude

Nevil Maskelyne

CAMBRIDGE
UNIVERSITY PRESS

University Printing House, Cambridge, CB2 8BS, United Kingdom

Published in the United States of America by Cambridge University Press, New York

Cambridge University Press is part of the University of Cambridge.
It furthers the University's mission by disseminating knowledge in the pursuit of education, learning and research at the highest international levels of excellence.

www.cambridge.org
Information on this title: www.cambridge.org/9781108068925

This edition first published 1802
This digitally printed version 2014

ISBN 978-1-108-06892-5 Paperback

TABLES

REQUISITE TO BE USED WITH THE

NAUTICAL EPHEMERIS,

FOR FINDING THE

LATITUDE AND LONGITUDE AT SEA.

PUBLISHED BY ORDER OF THE

COMMISSIONERS OF LONGITUDE.

THE THIRD EDITION,

CORRECTED AND IMPROVED.

London:

PRINTED BY T. BENSLEY,

AND

SOLD BY JAMES PAYNE AND JOHN MACKINLAY, IN THE STRAND,
BOOKSELLERS TO THE SAID COMMISSIONERS.

1802.

[*Price Five Shillings, stitched in blue Paper.*]

PREFACE.

THE firſt Edition of the Requiſite Tables was drawn up by myſelf, and publiſhed at the ſame time with the firſt Nautical Almanac, that of 1767, by order of the Commiſſioners of Longitude.

A ſecond Edition, with conſiderable additions and improvements, was publiſhed in 1781. In this Mr. Lyons and Mr. Dunthorne's methods of calculating the effects of refraction and parallax upon the moon's diſtance from the ſun or a ſtar were put into new forms by myſelf, and rendered much eaſier than before; all Mr. Lyons tables being ſuppreſſed, except the laſt; and new rules given for calculating the effect of the ſtar's refraction, or of the difference of the ſun's refraction and parallax, upon a plan ſimilar to that which he had given for finding the effect of the moon's parallax; and the reſt of the calculation altered to ſhew the effect of the difference of the moon's parallax and refraction, inſtead of that of the parallax only. A new rule was ſubſtituted for Mr. Dunthorne's, but adapted wholly to logarithms, and requiring no diſtinction of caſes. To facilitate the uſe of this method, Mr. Dunthorne's tables had been altered and extended, as ſhewn in the explanation. Two other methods of correcting the apparent diſtance were alſo given, taken from the Nautical

 Almanac

Almanac of 1772, one invented by myfelf, and the other by the late Mr. George Witchell, F. R. S. Mafter of the Royal Academy at Portfmouth.

Several other ufeful tables were alfo introduced, particularly extenfive logarithmic folar tables for finding the latitude from two obferved altitudes of the fun, and the time between, taken from the Nautical Almanacs of 1771 and 1781 ; and a table of latitudes and longitudes of places, that had been fettled from aftronomical obfervations and good geographical furveys.

The new tables were conftructed, and the explanation and ufe of them drawn up by the late Mr. William Wales, F. R. S. and Mafter of the Royal Mathematical School, in Chrift's Hofpital ; a perfon well qualified for this work by his knowledge in the practice as well as theory both of Aftronomy and Navigation.

A third edition being now wanted, care has been taken to correct the errata that had been difcovered in the fecond edition, and to introduce feveral new improvements, mentioned in the explanation and ufe of the tables ; a part of the work which has been entirely new written by Mr. Wales.

At the end of Table VI. a direction is added how to ufe it near the equinox ; the errata in Table XV. are corrected, which was chiefly requifite to make the laft figure true to the neareft unit, over or under. In Table XVII. the line of the 60th minute is added, which had been left out before. The table of latitudes and longitudes of places, which before ftood Table XX. but now put more conveniently the laft of all, Table XXIX. has been greatly improved in accuracy, as well as extended in fize, by the collections and calculations of Mr. Wales; who confulted the Philofophical Tranfactions, and all the foreign memoirs for this purpofe. Another geographical table (Table XXX.) has been added, taken from the Grand Trigonometrical Survey, publifhed in the Philofophical Tranfactions.

Moreover,

Moreover, three tables of Mr. Brinkley's contrivance, relative to an improvement made by him upon the method of finding the latitude from two obſervations, with the time between, have been taken from the Nautical Almanacs of 1795, &c. with ſome corrections and improvements, and ſtand here Tables XXIII, XXIV, XXV ; whoſe uſe is explained in Problem V. to correct the latitude found by Problem IV. after one computation. The rules, relating to the uſe of theſe three Tables, have been improved and rendered more preciſe, and extended in their uſe, by myſelf, under Problem V.

The three Tables relating to my method of correcting the apparent diſtance, which were taken from the Nautical Almanac of 1772, and put in the appendix of the ſecond edition, are here inſerted in a regular order, among the other Tables, and ſtand Tables XXVI, XXVII, XXVIII. Mr. Witchell's method has been improved and put in a better form by Mr. Wales, in page 42, and the two following pages of the precepts.

NEVIL MASKELYNE,

Greenwich,
July 9, 1802.

ASTRONOMER ROYAL.

Table I.
The Refractions of the Heavenly Bodies in Altitude.

App. Alt.	Refrac.	App. Alt.	Refrac.	App. Alt.	Refrac.
D. M.	M. S.	D. M.	M. S.	D.	M. S.
0. 0	33. 0	6.30	7.51	30.	1.38
0. 5	32.10	6.40	7.40	31	1.35
0.10	31.22	6.50	7.30	32	1.31
0.15	30.35	7. 0	7.20	33	1.28
0.20	29.50	7.10	7.11	34	1.24
0.25	29. 6	7.20	7. 2	35	1.21
0.30	28.22	7.30	6.53	36	1.18
0.35	27.41	7.40	6.45	37	1.16
0.40	27. 0	7.50	6.37	38	1.13
0.45	26.20	8. 0	6.29	39	1.10
0.50	25.42	8.10	6.22	40	1. 8
0.55	25. 5	8.20	6.15	41	1. 5
1. 0	24.29	8.30	6. 8	42	1. 3
1. 5	23.54	8.40	6. 1	43	1. 1
1.10	23.20	8.50	5.55	44	0.59
1.15	22.47	9. 0	5.48	45	0.57
1.20	22.15	9.10	5.42	46	0.55
1.25	21.44	9.20	5.36	47	0.53
1.30	21.15	9.30	5.31	48	0.51
1.35	20.46	9.40	5.25	49	0.49
1.40	20.18	9.50	5.20	50.	0.48
1.45	19.51	10. 0	5.15	51	0.46
1.50	19.25	10.15	5. 7	52	0.44
1.55	19. 0	10.30	5. 0	53	0.43
2. 0	18.35	10.45	4.53	54	0.41
2. 5	18.11	11. 0	4.47	55	0.40
2.10	17.48	11.15	4.40	56	0.38
2.15	17.26	11.30	4.34	57	0.37
2.20	17. 4	11.45	4.29	58	0.35
2.25	16.44	12. 0	4.23	59	0.34
2.30	16.24	12.20	4.16	60.	0.33
2.35	16. 4	12.40	4. 9	61	0.32
2.40	15.45	13. 0	4. 3	62.	0.30
2.45	15.27	13.20	3.57	63	0.29
2.50	15. 9	13.40	3.51	64	0.28
2.55	14.52	14. 0	3.45	65	0.26
3. 0	14.36	14.20	3.40	66	0.25
3. 5	14.20	14.40	3.35	67	0.24
3.10	14. 4	15. 0	3.30	68	0.23
3.15	13.49	15.30	3.24	69	0.22
3.20	13.34	16. 0	3.17	70.	0.21
3.25	13.20	16.30	3.10	71.	0.19
3.30	13. 6	17. 0	3. 4	72	0.18
3.40	12.40	17.30	2.59	73	0.17
3.50	12.15	18. 0	2.54	74	0.16
4. 0	11.51	18.30	2.49	75	0.15
4.10	11.29	19. 0	2.44	76	0.14
4.20	11. 8	19.30	2.39	77	0.13
4.30	10.48	20. 0	2.35	78	0.12
4.40	10.29	20.30	2.31	79	0.11
4.50	10.11	21. 0	2.27	80	0.10
5. 0	9.54	21.30	2.24	81	0. 9
5.10	9.38	22. 0	2.20	82	0. 8
5.20	9.23	23. 0	2.14	83	0. 7
5.30	9. 8	24. 0	2. 7	84	0. 6
5.40	8.54	25. 0	2. 2	85	0. 5
5.50	8.41	26. 0	1.56	86	0. 4
6. 0	8.28	27. 0	1.51	87	0. 3
6.10	8.15	28. 0	1.47	88	0. 2
6.20	8. 3	29. 0	1.42	89	0. 1

Table II.
Depression or Dip of the Horizon of the Sea.

Height of the Eye.	Dip of the Horizon.
Feet.	M. S.
1	0.57
2	1.21
3	1.39
4	1.55
5	2. 8
6	2.20
7	2.31
8	2.42
9	2.52
10	3. 1
11	3.10
12	3.18
13	3.26
14	3.34
15	3.42
16	3.49
17	3.56
18	4. 3
19	4.10
20	4.16
21	4.22
22	4.28
23	4.34
24	4.40
26	4.52
28	5. 3
30	5.14
35	5.39
40	6. 2
45	6.24
50	6.44
60	7.23
70	7.59
80	8.32
90	9. 3
100	9.33

Table III.
The Sun's Parallax in Altitude.

Sun's Alt.	Sun's Parallax.
D.	S.
0	9
10	9
20	8
30	8
40	7
50	6
55	5
60	4
65	4
70	3
75	2
80	2
85	1
90	0

Table IV.
Augmentation of the Moon's Semi-diameter.

Moon's Alt.	Augmentation.
D.	S.
0	0
5	1
10	3
15	4
20	6
25	7
30	8
35	9
40	10
45	11
50	12
55	13
60	14
70	15
80 &c.	16

Table V. Dip of the Sea at different Distances from the Observer.

Dist. of the Land in Sea Miles.	Height of the Eye above the Sea in Feet.							
	5	10	15	20	25	30	35	40
	Dip	Dip.	Dip.	Dip.	Dip	Dip.	Dip.	Dip.
	M.	M.	M.	M.	M.	M.	M.	M.
¼	11	22	34	45	56	68	79	90
½	6	11	17	22	28	34	39	45
¾	4	8	12	15	19	23	27	30
1	4	6	9	12	15	17	20	23
1¼	3	5	7	9	12	14	16	19
1½	3	4	6	8	10	12	14	15
2	2	3	5	6	8	10	11	12
2½	2	3	5	6	7	8	9	10
3	2	3	4	5	6	7	8	8
3½	2	3	4	5	6	6	7	7
4	2	3	4	4	5	6	7	7
5	2	3	4	4	5	5	6	6
6	2	3	4	4	5	5	6	6

TABLE VI. For reducing the SUN's DECLINATION, as given in the Nautical Almanac for Noon at GREENWICH, to any other Time under that Meridian; or to Noon under any other Meridian.

Add aft. N. Sub. bef. N.	Sub. aft. N. Add bef. N.	H M 0. 20	H M 0. 40	H M 1. 0	H M 1. 20	H M 1. 40	H M 2. 0	H M 2. 20	H M 2. 40	Sub. aft. N Add bef. N.	Add aft. N. Sub. bef. N
Add in W. Sub. in E.	Sub. in W. Add in E.	5 Deg.	10 D	15 D	20 D	25 D	30 D	35 D	40 D	Sub. in W. Add in E.	Add in W. Sub. in E.
Days.	Days.	M S	M S	M S	M S	M S	M S	M S	M S	Days.	Days.
Decem. 21	Decem. 21	0. 0	0. 0	0. 0	0. 0	0. 0	0. 0	0. 0	0. 0	21 June.	21 June.
20	22	0. 0	0. 1	0. 1	0. 1	0. 2	0. 2	0. 2	0. 3	22	20
19	23	0. 0	0. 1	0. 2	0. 2	0. 3	0. 4	0. 5	0. 6	23	19
18	24	0. 1	0. 2	0. 3	0. 4	0. 6	0. 7	0. 8	0. 9	24	18
17	25	0. 1	0. 3	0. 4	0. 6	0. 7	0. 9	0. 11	0. 12	25	17
16	26	0. 2	0. 4	0. 5	0. 7	0. 9	0. 11	0. 13	0. 15	26	16
15	27	0. 2	0. 5	0. 6	0. 8	0. 11	0. 13	0. 15	0. 18	27	15
14	28	0. 3	0. 6	0. 7	0. 10	0. 12	0. 15	0. 18	0. 21	28	14
13	29	0. 3	0. 7	0. 9	0. 12	0. 15	0. 18	0. 21	0. 24	29	13
12	30	0. 3	0. 7	0. 10	0. 13	0. 17	0. 20	0. 23	0. 27	30 June.	12
11	Decem. 31	0. 4	0. 8	0. 11	0. 15	0. 19	0. 22	0. 26	0. 30	1 July.	11
10	January 1	0. 4	0. 8	0. 12	0. 16	0. 20	0. 24	0. 28	0. 32	2	10
9	2	0. 4	0. 8	0. 13	0. 17	0. 21	0. 26	0. 30	0. 35	3	9
8	3	0. 5	0. 9	0. 14	0. 19	0. 24	0. 29	0. 33	0. 38	4	8
7	4	0. 5	0. 10	0. 15	0. 21	0. 26	0. 31	0. 36	0. 41	5	7
6	5	0. 5	0. 11	0. 16	0. 22	0. 28	0. 33	0. 38	0. 44	6	6
5	6	0. 6	0. 12	0. 17	0. 24	0. 30	0. 35	0. 41	0. 47	7	5
4	7	0. 6	0. 12	0. 18	0. 25	0. 31	0. 37	0. 43	0. 49	8	4
3	8	0. 6	0. 13	0. 19	0. 26	0. 33	0. 39	0. 45	0. 52	9	3
2	9	0. 7	0. 14	0. 20	0. 27	0. 34	0. 41	0. 48	0. 55	10	2
Decem. 1	10	0. 7	0. 14	0. 21	0. 29	0. 36	0. 43	0. 50	0. 57	11	1 June.
Novem. 30	11	0. 7	0. 15	0. 22	0. 30	0. 37	0. 45	0. 52	1. 0	12	31 May.
29	12	0. 8	0. 16	0. 23	0. 31	0. 39	0. 47	0. 55	1. 3	13	30
28	13	0. 8	0. 16	0. 24	0. 33	0. 41	0. 49	0. 57	1. 6	14	29
27	14	0. 8	0. 17	0. 25	0. 34	0. 42	0. 51	0. 59	1. 8	15	28
26	15	0. 9	0. 18	0. 26	0. 35	0. 44	0. 53	1. 2	1. 11	16	27
25	16	0. 9	0. 18	0. 27	0. 37	0. 46	0. 55	1. 4	1. 13	17	26
24	17	0. 9	0. 19	0. 28	0. 38	0. 47	0. 57	1. 6	1. 16	18	25
23	18	0. 10	0. 20	0. 29	0. 39	0. 49	0. 58	1. 9	1. 19	19	24
22	19	0. 10	0. 20	0. 30	0. 40	0. 50	1. 0	1. 10	1. 20	20	23
21	20	0. 10	0. 21	0. 31	0. 41	0. 51	1. 2	1. 12	1. 22	21	22
20	21	0. 11	0. 22	0. 32	0. 43	0. 53	1. 4	1. 14	1. 25	22	21
19	22	0. 11	0. 22	0. 33	0. 44	0. 55	1. 6	1. 17	1. 28	23	20
18	23	0. 11	0. 23	0. 34	0. 45	0. 56	1. 7	1. 19	1. 30	24	19
17	24	0. 12	0. 23	0. 34	0. 46	0. 57	1. 9	1. 21	1. 32	25	18
16	25	0. 12	0. 24	0. 35	0. 47	0. 59	1. 11	1. 23	1. 35	26	17
15	26	0. 12	0. 24	0. 36	0. 48	1. 0	1. 12	1. 24	1. 36	27	16
14	27	0. 12	0. 25	0. 37	0. 49	1. 2	1. 14	1. 26	1. 39	28	15
13	28	0. 13	0. 26	0. 38	0. 51	1. 4	1. 16	1. 28	1. 41	29	14
11	January 30	0. 13	0. 26	0. 39	0. 53	1. 6	1. 19	1. 32	1. 45	31 July.	12
9	February 1	0. 13	0. 27	0. 41	0. 55	1. 9	1. 22	1. 36	1. 50	2 August.	10
7	3	0. 14	0. 28	0. 42	0. 57	1. 11	1. 25	1. 39	1. 53	4	8
5	5	0. 14	0. 29	0. 43	0. 58	1. 13	1. 27	1. 42	1. 56	6	6
3	7	0. 15	0. 30	0. 45	1. 0	1. 15	1. 30	1. 44	1. 59	8	4
Novem. 1	9	0. 15	0. 31	0. 46	1. 2	1. 17	1. 32	1. 47	2. 3	10	2 May.
October 30	11	0. 16	0. 32	0. 47	1. 3	1. 19	1. 35	1. 50	2. 6	12	30 April.
28	13	0. 16	0. 32	0. 48	1. 5	1. 21	1. 37	1. 53	2. 9	14	28
26	15	0. 16	0. 33	0. 49	1. 6	1. 22	1. 39	1. 56	2. 12	16	26
24	17	0. 17	0. 34	0. 50	1. 7	1. 24	1. 41	1. 58	2. 15	18	24
21	20	0. 17	0. 34	0. 52	1. 9	1. 27	1. 44	2. 1	2. 19	21	21
18	23	0. 17	0. 35	0. 53	1. 11	1. 29	1. 46	2. 4	2. 22	24	18
15	Feb. 26	0. 18	0. 36	0. 54	1. 13	1. 31	1. 49	2. 7	2. 25	27	15
12	March 1	0. 18	0. 37	0. 55	1. 14	1. 32	1. 51	2. 9	2. 28	30 August.	12
9	4	0. 19	0. 38	0. 56	1. 15	1. 34	1. 53	2. 12	2. 30	2 Septem.	9
6	7	0. 19	0. 38	0. 57	1. 16	1. 35	1. 54	2. 13	2. 32	5	6
October 3	10	0. 19	0. 38	0. 57	1. 17	1. 36	1. 55	2. 14	2. 34	8	3 April.
Septem. 30	13	0. 19	0. 39	0. 58	1. 17	1. 37	1. 56	2. 15	2. 35	11	31 March.
27	16	0. 19	0. 39	0. 58	1. 18	1. 38	1. 57	2. 16	2. 36	14	28
24	19	0. 20	0. 39	0. 58	1. 18	1. 38	1. 57	2. 16	2. 36	17	25
21	22	0. 20	0. 4	0. 59	1. 19	1. 39	1. 58	2. 17	2. 36	20	22

TABLE VI. For reducing the SUN'S DECLINATION, as given in the Nautical Almanac for Noon at GREENWICH, to any other Time under that Meridian; or to Noon under any other Meridian.

Add aft. N. Sub. bef. N.	Sub. aft. N. Add bef. N.	H M 3. 0	H M 3. 20	H M 3. 40	H M 4. 0	H M 4. 20	H M 4. 40	H M 5. 0	Sub. aft. N. Add bef. N.	Add aft. N. Sub. bef. N.
Add in W. Sub. in E.	Sub. in W. Add in E.	45 D	50 D	55 D	60 D	65 D	70 D	75 D	Sub. in W. Add in E.	Add in W. Sub. in E.
Days.	Days.	M S	M S	M S	M S	M S	M S	M S	Days.	Days.
Decemb. 21	Decemb. 21	0. 0	0. 0	0. 0	0. 0	0. 0	0. 0	0. 0	21 June.	21 June.
20	22	0. 3	0. 3	0. 4	0. 4	0. 4	0. 5	0. 5	22	20
19	23	0. 6	0. 7	0. 8	0. 9	0. 9	0. 10	0. 11	23	19
18	24	0. 10	0. 11	0. 12	0. 13	0. 14	0. 15	0. 16	24	18
17	25	0. 13	0. 15	0. 16	0. 18	0. 19	0. 20	0. 22	25	17
16	26	0. 16	0. 18	0. 20	0. 22	0. 24	0. 26	0. 27	26	16
15	27	0. 20	0. 22	0. 24	0. 26	0. 29	0. 31	0. 33	27	15
14	28	0. 23	0. 25	0. 28	0. 31	0. 34	0. 36	0. 38	28	14
13	29	0. 26	0. 29	0. 32	0. 35	0. 38	0. 41	0. 44	29	13
12	30	0. 30	0. 33	0. 36	0. 40	0. 43	0. 46	0. 50	30 June.	12
11	Decemb. 31	0. 33	0. 37	0. 40	0. 44	0. 48	0. 51	0. 55	1 July.	11
10	January 1	0. 36	0. 40	0. 44	0. 48	0. 53	0. 57	1. 1	2	10
9	2	0. 39	0. 44	0. 48	0. 53	0. 57	1. 2	1. 6	3	9
8	3	0. 43	0. 48	0. 53	0. 57	1. 2	1. 7	1. 11	4	8
7	4	0. 46	0. 51	0. 56	1. 1	1. 7	1. 12	1. 17	5	7
6	5	0. 49	0. 55	1. 0	1. 6	1. 11	1. 17	1. 22	6	6
5	6	0. 52	0. 58	1. 4	1. 10	1. 16	1. 22	1. 27	7	5
4	7	0. 55	1. 1	1. 7	1. 14	1. 20	1. 26	1. 32	8	4
3	8	0. 58	1. 5	1. 11	1. 18	1. 24	1. 31	1. 37	9	3
2	9	1. 1	1. 8	1. 15	1. 22	1. 29	1. 36	1. 43	10	2
Decemb. 1	10	1. 4	1. 12	1. 19	1. 26	1. 33	1. 41	1. 48	11	1 June.
Novemb. 30	11	1. 7	1. 15	1. 23	1. 30	1. 37	1. 45	1. 52	12	31 May.
29	12	1. 10	1. 18	1. 26	1. 34	1. 42	1. 50	1. 57	13	30
28	13	1. 13	1. 22	1. 30	1. 38	1. 46	1. 54	2. 2	14	29
27	14	1. 16	1. 25	1. 34	1. 42	1. 50	1. 58	2. 7	15	28
26	15	1. 19	1. 28	1. 37	1. 46	1. 55	2. 3	2. 12	16	27
25	16	1. 22	1. 31	1. 40	1. 49	1. 59	2. 8	2. 17	17	26
24	17	1. 25	1. 35	1. 44	1. 53	2. 3	2. 12	2. 21	18	25
23	18	1. 28	1. 38	1. 47	1. 57	2. 7	2. 16	2. 26	19	24
22	19	1. 30	1. 41	1. 51	2. 1	2. 11	2. 21	2. 31	20	23
21	20	1. 33	1. 44	1. 54	2. 4	2. 15	2. 25	2. 35	21	22
20	21	1. 36	1. 47	1. 57	2. 8	2. 19	2. 29	2. 40	22	21
19	22	1. 39	1. 50	2. 0	2. 11	2. 22	2. 33	2. 44	23	20
18	23	1. 41	1. 53	2. 4	2. 15	2. 26	2. 37	2. 48	24	19
17	24	1. 43	1. 55	2. 7	2. 18	2. 30	2. 41	2. 52	25	18
16	25	1. 46	1. 58	2. 10	2. 21	2. 33	2. 45	2. 56	26	17
15	26	1. 48	2. 1	2. 13	2. 25	2. 37	2. 49	3. 1	27	16
14	27	1. 51	2. 4	2. 16	2. 28	2. 40	2. 52	3. 5	28	15
13	28	1. 54	2. 7	2. 19	2. 31	2. 44	2. 56	3. 9	29	14
11	January 30	1. 58	2. 11	2. 24	2. 37	2. 51	3. 4	3. 17	31 July.	12
9	February 1	2. 3	2. 17	2. 30	2. 43	2. 57	3. 11	3. 24	2 August.	10
7	3	2. 7	2. 21	2. 35	2. 49	3. 3	3. 17	3. 32	4	8
5	5	2. 11	2. 25	2. 40	2. 54	3. 9	3. 23	3. 38	6	6
3	7	2. 14	2. 29	2. 44	2. 59	3. 14	3. 29	3. 44	8	4
Novemb. 1	9	2. 18	2. 33	2. 49	3. 4	3. 19	3. 35	3. 50	10	2 May.
October 30	11	2. 22	2. 38	2. 53	3. 9	3. 25	3. 41	3. 56	12	30 April.
28	13	2. 25	2. 41	2. 58	3. 14	3. 30	3. 46	4. 3	14	28
26	15	2. 29	2. 45	3. 2	3. 18	3. 35	3. 51	4. 8	16	26
24	17	2. 32	2. 49	3. 5	3. 22	3. 39	3. 56	4. 13	18	24
21	20	2. 36	2. 53	3. 11	3. 28	3. 45	4. 2	4. 20	21	21
18	23	2. 40	2. 58	3. 15	3. 33	3. 51	4. 8	4. 26	24	18
15	February 26	2. 43	3. 1	3. 20	3. 38	3. 56	4. 14	4. 32	27	15
12	March 1	2. 46	3. 5	3. 23	3. 42	4. 1	4. 19	4. 38	30 August.	12
9	4	2. 49	3. 8	3. 26	3. 45	4. 4	4. 23	4. 41	2 Septemb.	9
6	7	2. 51	3. 10	3. 29	3. 48	4. 7	4. 26	4. 45	5	6
October 3	10	2. 53	3. 13	3. 32	3. 51	4. 10	4. 29	4. 49	8	3 April.
Septemb. 30	13	2. 55	3. 14	3. 33	3. 53	4. 13	4. 32	4. 51	11	31 March.
27	16	2. 56	3. 15	3. 34	3. 54	4. 14	4. 33	4. 52	14	28
24	19	2. 56	3. 15	3. 35	3. 55	4. 15	4. 33	4. 52	17	25
21	22	2. 56	3. 15	3. 35	3. 55	4. 15	4. 34	4. 53	20	22

TABLE VI. For reducing the SUN's DECLINATION, as given in the Nautical Almanac for Noon at GREENWICH, to any other Time under that Meridian; or to Noon under any other Meridian.

Add aft. N. Sub. bef. N.	Sub. aft. N. Add bef. N.	H M 5. 20	H M 5. 40	H M 6. 0	H M 6. 20	H M 6. 40	H M 7. 0	H M 7. 20	Sub. aft. N. Add bef. N.	Add aft. N. Sub. bef. N.
Add in W. Sub. in E.	Sub. in W. Add in E.	D 80	D 85	D 90	D 95	D 100	D 105	D 110	Sub. in W. Add in E.	Add in W. Sub. in E.
Days.	Days.	M S	M S	M S	M S	M S	M S	M S	Days.	Days.
Decemb. 21	Decemb. 21	0. 0	0. 0	0. 0	0. 0	0. 0	0. 0	0. 0	21 June.	21 June.
20	22	0. 5	0. 6	0. 6	0. 7	0. 8	0. 8	0. 8	22	20
19	23	0. 11	0. 12	0. 13	0. 14	0. 15	0. 15	0. 16	23	19
18	24	0. 17	0. 19	0. 20	0. 21	0. 22	0. 23	0. 24	24	18
17	25	0. 23	0. 25	0. 26	0. 28	0. 29	0. 31	0. 32	25	17
16	26	0. 29	0. 31	0. 33	0. 35	0. 37	0. 38	0. 40	26	16
15	27	0. 35	0. 38	0. 40	0. 42	0. 44	0. 46	0. 49	27	15
14	28	0. 41	0. 43	0. 46	0. 49	0. 51	0. 54	0. 57	28	14
13	29	0. 47	0. 50	0. 53	0. 56	0. 59	1. 2	1. 5	29	13
12	30	0. 53	0. 56	0. 59	1. 3	1. 6	1. 9	1. 12	30 June.	12
11	Decemb. 31	0. 59	1. 2	1. 6	1. 10	1. 13	1. 17	1. 21	1 July.	11
10	January 1	1. 5	1. 9	1. 13	1. 17	1. 21	1. 25	1. 29	2	10
9	2	1. 11	1. 15	1. 19	1. 24	1. 28	1. 32	1. 37	3	9
8	3	1. 16	1. 21	1. 26	1. 31	1. 35	1. 40	1. 45	4	8
7	4	1. 22	1. 27	1. 32	1. 37	1. 42	1. 47	1. 53	5	7
6	5	1. 27	1. 33	1. 38	1. 44	1. 49	1. 54	2. 0	6	6
5	6	1. 33	1. 39	1. 45	1. 51	1. 57	2. 2	2. 8	7	5
4	7	1. 39	1. 45	1. 51	1. 57	2. 3	2. 9	2. 16	8	4
3	8	1. 44	1. 50	1. 57	2. 4	2. 10	2. 16	2. 23	9	3
2	9	1. 50	1. 56	2. 3	2. 10	2. 17	2. 23	2. 30	10	2
Decemb. 1	10	1. 55	2. 2	2. 9	2. 16	2. 23	2. 30	2. 38	11	1 June.
Novemb. 30	11	2. 0	2. 7	2. 15	2. 22	2. 30	2. 37	2. 45	12	31 May.
29	12	2. 5	2. 13	2. 21	2. 29	2. 37	2. 44	2. 52	13	30
28	13	2. 10	2. 19	2. 27	2. 35	2. 43	2. 51	3. 0	14	29
27	14	2. 16	2. 25	2. 33	2. 42	2. 50	2. 58	3. 7	15	28
26	15	2. 21	2. 30	2. 38	2. 47	2. 56	3. 5	3. 13	16	27
25	16	2. 26	2. 35	2. 44	2. 53	3. 2	3. 11	3. 21	17	26
24	17	2. 31	2. 40	2. 50	2. 59	3. 9	3. 18	3. 28	18	25
23	18	2. 36	2. 46	2. 55	3. 5	3. 15	3. 24	3. 34	19	24
22	19	2. 41	2. 51	3. 1	3. 11	3. 21	3. 31	3. 41	20	23
21	20	2. 46	2. 56	3. 6	3. 17	3. 27	3. 37	3. 48	21	22
20	21	2. 50	3. 2	3. 12	3. 23	3. 33	3. 44	3. 55	22	21
19	22	2. 55	3. 6	3. 17	3. 28	3. 39	3. 50	4. 1	23	20
18	23	3. 0	3. 11	3. 22	3. 33	3. 45	3. 56	4. 7	24	19
17	24	3. 4	3. 16	3. 27	3. 39	3. 50	4. 1	4. 13	25	18
16	25	3. 8	3. 20	3. 32	3. 44	3. 56	4. 7	4. 19	26	17
15	26	3. 13	3. 25	3. 37	3. 49	4. 1	4. 13	4. 26	27	16
14	27	3. 17	3. 29	3. 42	3. 54	4. 6	4. 19	4. 31	28	15
13	28	3. 22	3. 34	3. 47	4. 0	4. 12	4. 25	4. 38	29	14
11	January 30	3. 30	3. 43	3. 56	4. 9	4. 22	4. 36	4. 49	31 July.	12
9	February 1	3. 38	3. 51	4. 5	4. 18	4. 32	4. 46	4. 59	2 Auguſt.	10
7	3	3. 46	4. 0	4. 14	4. 28	4. 42	4. 56	5. 10	4	8
5	5	3. 52	4. 6	4. 21	4. 36	4. 50	5. 5	5. 19	6	6
3	7	3. 59	4. 14	4. 29	4. 44	4. 59	5. 14	5. 29	8	4
Novemb. 1	9	4. 5	4. 21	4. 36	4. 52	5. 7	5. 23	5. 38	10	2 May.
October 30	11	4. 12	4. 28	4. 44	5. 0	5. 16	5. 31	5. 47	12	30 April.
28	13	4. 19	4. 35	4. 51	5. 7	5. 23	5. 40	5. 56	14	28
26	15	4. 24	4. 41	4. 57	5. 14	5. 30	5. 47	6. 3	16	26
24	17	4. 30	4. 47	5. 3	5. 21	5. 38	5. 55	6. 12	18	24
21	20	4. 37	4. 55	5. 12	5. 29	5. 47	6. 4	6. 21	21	21
18	23	4. 44	5. 2	5. 19	5. 37	5. 55	6. 13	6. 31	24	18
15	February 26	4. 50	5. 8	5. 26	5. 44	6. 2	6. 20	6. 38	27	15
12	March 1	4. 56	5. 15	5. 33	5. 52	6. 10	6. 29	6. 47	30 Auguſt.	12
9	4	5. 0	5. 19	5. 38	5. 57	6. 16	6. 34	6. 53	2 Septemb.	9
6	7	5. 4	5. 20	5. 42	6. 1	6. 20	6. 39	6. 58	5	6
October 3	10	5. 8	5. 27	5. 46	6. 5	6. 25	6. 44	7. 3	8	3 April.
Septemb. 30	13	5. 11	5. 30	5. 49	6. 8	6. 28	6. 47	7. 6	11	31 March.
27	16	5. 12	5. 31	5. 51	6. 11	6. 31	6. 50	7. 9	14	28
24	19	5. 12	5. 32	5. 52	6. 12	6. 32	6. 51	7. 11	17	25
21	22	5. 13	5. 33	5. 53	6. 13	6. 33	6. 52	7. 11	20	22

Table VI. For reducing the Sun's Declination, as given in the Nautical Almanac for Noon at Greenwich, to any other Time under that Meridian; or to Noon under any other Meridian.

Add aft. N. Sub. bef. N.	Sub. aft. N. Add bef. N.	H M 7.40	H M 8. 0	H M 8.20	H M 8.40	H M 9. 0	H M 9.20	H M 9.40	Sub. aft. N. Add bef. N.	Add aft. N. Sub. bef. N.
Add in W. Sub. in E.	Sub. in W. Add in E.	D 115	D 120	D 125	D 130	D 135	D 140	D 145	Sub. in W. Add in E.	Add in W. Sub. in E.
Days.	Days.	M S	M S	M S	M S	M S	M S	M S	Days.	Days.
Decem. 21	Decem. 21	0. 0	0. 0	0. 0	0. 0	0. 0	0. 0	0. 0	21 June.	21 June.
20	22	0. 9	0. 9	0. 9	0.10	0.10	0.10	0.10	22	20
19	23	0.17	0.18	0.18	0.19	0.19	0.20	0.21	23	19
18	24	0.25	0.26	0.27	0.28	0.29	0.30	0.31	24	18
17	25	0.34	0.35	0.36	0.38	0.39	0.41	0.43	25	17
16	26	0.42	0.44	0.46	0.48	0.49	0.51	0.53	26	16
15	27	0.51	0.53	0.55	0.57	0.59	1. 1	1. 3	27	15
14	28	0.59	1. 2	1. 5	1. 7	1. 9	1.12	1.14	28	14
13	29	1. 8	1.11	1.14	1.17	1.19	1.22	1.25	29	13
12	30	1.16	1.19	1.23	1.26	1.29	1.32	1.35	30 June.	12
11	Decem. 31	1.24	1.28	1.32	1.35	1.39	1.43	1.46	1 July.	11
10	January 1	1.33	1.37	1.41	1.45	1.49	1.53	1.57	2	10
9	2	1.42	1.46	1.51	1.55	1.59	2. 3	2. 7	3	9
8	3	1.49	1.54	1.59	2. 4	2. 9	2.13	2.18	4	8
7	4	1.58	2. 3	2. 8	2.13	2.19	2.23	2.28	5	7
6	5	2. 5	2.11	2.16	2.22	2.28	2.33	2.39	6	6
5	6	2.14	2.20	2.26	2.32	2.38	2.43	2.49	7	5
4	7	2.22	2.28	2.34	2.41	2.47	2.53	2.59	8	4
3	8	2.29	2.36	2.43	2.49	2.56	3. 3	3. 9	9	3
2	9	2.37	2.44	2.51	2.58	3. 5	3.12	3.19	10	2
Decem. 1	10	2.45	2.52	2.59	3. 6	3.14	3.21	3.28	11	1 June.
Novem. 30	11	2.52	3. 0	3. 7	3.15	3.23	3.30	3.38	12	31 May.
29	12	3. 0	3. 8	3.16	3.24	3.32	3.39	3.47	13	30
28	13	3. 8	3.16	3.24	3.32	3.40	3.49	3.57	14	29
27	14	3.15	3.24	3.32	3.41	3.49	3.58	4. 6	15	28
26	15	3.22	3.31	3.40	3.49	3.58	4. 7	4.16	16	27
25	16	3.30	3.39	3.48	3.57	4. 7	4.16	4.25	17	26
24	17	3.37	3.46	3.56	4. 6	4.16	4.24	4.34	18	25
23	18	3.44	3.54	4. 4	4.14	4.24	4.33	4.43	19	24
22	19	3.51	4. 1	4.11	4.21	4.31	4.41	4.51	20	23
21	20	3.58	4. 8	4.19	4.29	4.39	4.50	5. 0	21	22
20	21	4. 5	4.16	4.27	4.37	4.48	4.59	5. 9	22	21
19	22	4.12	4.23	4.34	4.45	4.56	5. 7	5.18	23	20
18	23	4.19	4.30	4.41	4.53	5. 4	5.15	5.26	24	19
17	24	4.25	4.36	4.48	5. 0	5.12	5.23	5.34	25	18
16	25	4.31	4.43	4.55	5. 7	5.19	5.30	5.42	26	17
15	26	4.38	4.50	5. 2	5.14	5.26	5.38	5.50	27	16
14	27	4.43	4.56	5. 8	5.21	5.33	5.46	5.58	28	15
13	28	4.50	5. 3	5.16	5.28	5.40	5.54	6. 6	29	14
11	January 30	5. 2	5.15	5.28	5.41	5.54	6. 8	6.21	31 July,	12
9	February 1	5.13	5.27	5.40	5.54	6. 8	6.22	6.35	2 August.	10
7	3	5.24	5.38	5.52	6. 6	6.20	6.35	6.49	4	8
5	5	5.34	5.49	6. 4	6.18	6.33	6.47	7. 2	6	6
3	7	5.44	5.59	6.14	6.29	6.44	6.59	7.14	8	4
Novem. 1	9	5.53	6. 9	6.24	6.40	6.55	7.11	7.26	10	2 May.
October 30	11	6. 3	6.18	6.34	6.50	7. 6	7.21	7.37	12	30 April.
28	13	6.12	6.28	6.44	7. 0	7.16	7.32	7.48	14	28
26	15	6.20	6.36	6.53	7.10	7.26	7.42	7.58	16	26
24	17	6.29	6.45	7. 2	7.19	7.36	7.52	8. 9	18	24
21	20	6.39	6.56	7.13	7.31	7.48	8. 5	8.22	21	21
18	23	6.48	7. 6	7.24	7.42	8. 0	8.17	8.34	24	18
15	Feb. 26	6.57	7.15	7.34	7.52	8.10	8.28	8.46	27	15
12	March 1	7. 6	7.24	7.42	8. 1	8.20	8.38	8.57	30 August.	12
9	4	7.12	7.31	7.50	8. 9	8.28	8.46	9. 6	2 Septem.	9
6	7	7.17	7.36	7.55	8.14	8.33	8.53	9.12	5	6
October 3	10	7.23	7.42	8. 1	8.20	8.39	8.59	9.18	8	3 April.
Septem. 30	13	7.26	7.45	8. 4	8.24	8.43	9. 3	9.22	11	31 March.
27	16	7.29	7.48	8. 7	8.27	8.47	9. 6	9.25	14	28
24	19	7.30	7.50	8.10	8.29	8.49	9. 8	9.27	17	25
21	22	7.31	7.50	8.10	8.30	8.50	9. 9	9.28	20	22

TABLE VI. For reducing the SUN's DECLINATION, as given in the Nautical Almanac for Noon at GREENWICH, to any other Time under that Meridian; or to Noon under any other Meridian.

Add aft. N. Sub. bef. N.	Sub. aft. N. Add bef. N.	H M 10. 0	H M 10. 20	H M 10. 40	H M 11. 0	H M 11. 20	H M 11. 40	H M 12. 0	Sub. aft. N. Add bef. N.	Add aft. N. Sub. bef. N.
Add in W. Sub. in E.	Sub. in W. Add in E.	D 150	D 155	D 160	D 165	D 170	D 175	D 180	Sub. in W. Add in E.	Add in W. Sub. in E.
Days.	Days.	M S	M S	M S	M S	M S	M S	M S	Days.	Days.
Decem. 21	Decem. 21	0. 0	0. 0	0. 0	0. 0	0. 0	0. 0	0. 0	21 June.	21 June.
20	22	0. 11	0. 11	0. 12	0. 12	0. 12	0. 13	0. 13	22	20
19	23	0. 22	0. 23	0. 24	0. 24	0. 25	0. 26	0. 26	23	19
18	24	0. 33	0. 34	0. 35	0. 36	0. 37	0. 38	0. 39	24	18
17	25	0. 44	0. 46	0. 47	0. 48	0. 50	0. 51	0. 53	25	17
16	26	0. 55	0. 57	0. 58	1. 0	1. 2	1. 4	1. 6	26	16
15	27	1. 6	1. 8	1. 11	1. 13	1. 15	1. 17	1. 19	27	15
14	28	1. 17	1. 20	1. 23	1. 25	1. 27	1. 30	1. 32	28	14
13	29	1. 28	1. 31	1. 34	1. 37	1. 40	1. 43	1. 46	29	13
12	30	1. 39	1. 42	1. 45	1. 40	[illegible]	1. 55	1. 59	30	12
11	Decem. 31	1. 50	1. 54	1. 57	2. 1	2. 5	2. 8	2. 12	1 July.	11
10	January 1	2. 1	2. 5	2. 9	2. 13	2. 17	2. 21	2. 25	2	10
9	2	2. 12	2. 16	2. 20	2. 25	2. 30	2. 34	2. 38	3	9
8	3	2. 23	2. 27	2. 32	2. 37	2. 42	2. 47	2. 51	4	8
7	4	2. 34	2. 39	2. 44	2. 49	2. 54	2. 59	3. 4	5	7
6	5	2. 44	2. 50	2. 55	3. 0	3. 6	3. 12	3. 17	6	6
5	6	2. 55	3. 1	3. 6	3. 12	3. 18	3. 24	3. 30	7	5
4	7	3. 5	3. 11	3. 17	3. 23	3. 29	3. 36	3. 42	8	4
3	8	3. 15	3. 21	3. 28	3. 34	3. 41	3. 48	3. 54	9	3
2	9	3. 25	3. 32	3. 38	3. 45	3. 52	3. 59	4. 6	10	2
Decem. 1	10	3. 35	3. 42	3. 49	3. 56	4. 4	4. 11	4. 18	11	1 June.
Novem. 30	11	3. 45	3. 52	3. 59	4. 7	4. 15	4. 22	4. 30	12	31 May.
29	12	3. 55	4. 3	4. 10	4. 18	4. 26	4. 34	4. 42	13	30
28	13	4. 5	4. 13	4. 21	4. 29	4. 38	4. 46	4. 54	14	29
27	14	4. 15	4. 23	4. 31	4. 40	4. 49	4. 57	5. 5	15	28
26	15	4. 24	4. 33	4. 41	4. 50	4. 59	5. 8	5. 17	16	27
25	16	4. 34	4. 43	4. 52	5. 1	5. 10	5. 19	5. 28	17	26
24	17	4. 43	4. 53	5. 2	5. 11	5. 21	5. 30	5. 40	18	25
23	18	4. 52	5. 2	5. 12	5. 22	5. 32	5. 41	5. 51	19	24
22	19	5. 1	5. 12	5. 22	5. 32	5. 42	5. 52	6. 2	20	23
21	20	5. 10	5. 21	5. 31	5. 42	5. 53	6. 3	6. 13	21	22
20	21	5. 20	5. 31	5. 41	5. 52	6. 3	6. 14	6. 24	22	21
19	22	5. 29	5. 40	5. 51	6. 2	6. 13	6. 24	6. 34	23	20
18	23	5. 37	5. 49	6. 0	6. 11	6. 23	6. 34	6. 44	24	19
17	24	5. 45	5. 57	6. 9	6. 20	6. 32	6. 43	6. 54	25	18
16	25	5. 54	6. 6	6. 17	6. 29	6. 41	6. 53	7. 4	26	17
15	26	6. 2	6. 14	6. 26	6. 38	6. 51	7. 3	7. 14	27	16
14	27	6. 10	6. 22	6. 34	6. 47	7. 0	7. 12	7. 24	28	15
13	28	6. 19	6. 31	6. 43	6. 56	7. 9	7. 22	7. 34	29	14
11	January 30	6. 34	6. 47	7. 0	7. 13	7. 26	7. 40	7. 53	31 July.	12
9	February 1	6. 49	7. 3	7. 16	7. 30	7. 43	7. 57	8. 11	2 August.	10
7	3	7. 3	7. 17	7. 31	7. 45	7. 59	8. 13	8. 28	4	8
5	5	7. 16	7. 31	7. 45	8. 0	8. 14	8. 28	8. 43	6	6
3	7	7. 29	7. 44	7. 59	8. 14	8. 28	8. 43	8. 58	8	4
Novem. 1	9	7. 41	7. 56	8. 12	8. 27	8. 42	8. 58	9. 13	10	2 May.
October 30	11	7. 53	8. 8	8. 24	8. 40	8. 56	9. 12	9. 28	12	30 April.
28	13	8. 4	8. 20	8. 36	8. 53	9. 9	9. 25	9. 42	14	28
26	15	8. 15	8. 32	8. 48	9. 5	9. 21	9. 38	9. 54	16	26
24	17	8. 26	8. 43	9. 0	9. 17	9. 34	9. 50	10. 7	18	24
21	20	8. 40	8. 57	9. 14	9. 32	9. 49	10. 6	10. 24	21	21
18	23	8. 52	9. 10	9. 28	9. 46	10. 3	10. 21	10. 39	24	18
15	Feb. 26	9. 4	9. 22	9. 40	9. 58	10. 16	10. 34	10. 53	27	15
12	March 1	9. 15	9. 33	9. 51	10. 10	10. 29	10. 47	11. 6	30 August.	12
9	4	9. 24	9. 43	10. 1	10. 20	10. 39	10. 58	11. 16	2 Septem.	9
6	7	9. 30	9. 50	10. 9	10. 28	10. 47	11. 6	11. 24	5	6
October 3	10	9. 37	9. 56	10. 16	10. 35	10. 54	11. 13	11. 32	8	3 April.
Septem. 30	13	9. 41	10. 0	10. 21	10. 40	10. 59	11. 18	11. 38	11	31 March.
27	16	9. 45	10. 4	10. 24	10. 44	11. 3	11. 22	11. 42	14	28
24	19	9. 47	10. 6	10. 26	10. 46	11. 5	11. 24	11. 44	17	25
21	22	9. 48	10. 7	10. 27	10. 47	11. 6	11. 25	11. 45	20	22

TABLE VII. The Right Ascensions and Declinations of the principal FIXED STARS of the First and Second Magnitudes, adapted to the Beginning of the Year 1780, with their annual Variations.

Names and Situations of the Stars.	Character.	Magnitude.	Right Ascension in Time.	An. var. in Right Ascens.	Declination.	An. var. in Declination.
			H M S	S +	D M S	S
Extremity of the wing of Pegasus, *Algenib*	γ	2	0. 1. 56	3,07	13. 57. 35 N	+20,05
In the head of the Phœnix - - -	α	2	0. 15. 22	3,00	43. 29. 48 S	—20,00
Bright star in the tail of the Whale - -	β	2	0. 32. 32	3,01	19. 11. 50 S	—19,86
In the girdle of Andromeda - - - -	β	2	0. 57. 29	3,30	34. 26. 56 N	+19,45
The spring of the river Erida. *Achernar*	α	1	1. 29. 31	2,25	58. 21. 35 S	—18,55
In the preceding horn of the Ram - -	α	2	1. 54. 49	3,33	22. 24. 47 N	+17,60
In the neck of the Whale - - -		2	2. 8. 54	3,03	3. 59. 06 S	—17,04
In the jaw of the Whale - - -	α	2	2. 50. 48	3,12	3. 13. 6 N	+14,76
In the head of Medusa, *Algol* - -	β	2	2. 53. 56	3,85	40. 5. 37 N	+14,63
The bright star in Perseus - - -	α	2	3. 8. 43	4,20	49. 3. 43 N	+13,72
The southern eye of the Bull, *Aldebaran*	α	1	4. 23. 19	3,42	16. 3. 2 N	+ 8,26
In the left shoulder of Auriga, *Capella* -	α	1	5. 0. 27	4,37	45. 45. 8 N	+ 5,21
The bright foot of Orion, *Rigel* - -	β	1	5. 3. 58	2,87	8. 28. 11 S	— 4,88
Northern horn of the Bull - - -	β	2	5. 12. 24	3,77	28. 24. 8 N	+ 4,19
The western shoulder of Orion - - -	γ	2	5. 13. 21	3,22	6. 8. 2 N	+ 4,15
Preceding star in the belt of Orion - -	δ	2	5. 20. 47	3,07	0. 28. 40 S	— 3,50
Bright star in the Dove - - - - -	α	2	5. 31. 43	2,18	34. 12. 07 S	— 2,48
The eastern shoulder of Orion - - -	α	1	5. 43. 16	3,24	7. 20. 59 N	+ 1,51
In the poop of the Ship Argo, *Canopus* -	α	1	6. 19. 5	1,34	52. 34. 58 S	+ 1,67
In the mouth of the greater Dog, *Sirius*	α	1	6. 35. 27	2,64	16. 25. 39 S	+ 4,25
In the back of the greater Dog - - -	δ	2	6. 59. 28	2,45	26. 3. 28 S	+ 5,14
In the tail of the greater Dog - - -	η	2	7. 15. 24	2,38	28. 53. 5 S	+ 6,42
In the head of the northern Twin, *Castor*	α	1	7. 20. 32	3,85	32. 21. 0 N	— 6,85
The lesser Dog, *Procyon* - - - - -	α	1	7. 27. 46	3,14	5. 46. 41 N	— 7,45
In the head of the southern Twin, *Pollux*	β	1	7. 31. 49	3,68	28. 32. 24 N	— 7,77
In the row-lock of the Ship Argo - -	ζ	2	7. 55. 52	2,12	39. 23. 29 S	+ 9,70
In the poop of the Ship Argo - -	γ	2	8. 2. 47	1,86	46. 41. 41 S	+10,23
In the middle of the Ship Argo - -	δ	2	8. 38. 37	1,66	53. 54. 25 S	+12,79
In the oars of the Ship Argo - - -	β	1	9. 10. 44	0,75	68. 48. 50 S	+14,83
The heart of the female Hydra - - -	α	2	9. 16. 47	2,95	7. 42. 49 S	+15,14
The Lion's heart, *Regulus* - - -	α	1	9. 56. 38	3,20	13. 2. 5 N	—17,19
Southerm. star in the squ. of the great Bear	β	2	10. 48. 27	3,74	57. 33. 25 N	—19,05
Northerm. star in the squ. of the great Bear	α	1	10. 50. 0	3,88	62. 56. 5 N	—19,09
The Lion's tail - - - - -	β	2	11. 37. 50	3,11	15. 48. 6 N	—19,95
In the foot of the Cross - - -	α	1	12. 14. 33	3,24	61. 52. 47 S	+20,00
In the top of the Cross. - - -	γ	2	12. 19. 4	3,24	55. 52. 42 S	+19,98
In the following arm of the Cross - -	β	2	12. 35. 1	3,41	58. 29. 2 S	+19,81
The Virgin's Spike - - -	α	1	13. 13. 37	3,14	10. 0. 24 S	+19,04
Last star in the tail of the great Bear - -	η	2	13. 38. 52	2,41	50. 25. 3 N	—18,24
The western foot of the Centaur - -	β	2	13. 48. 30	4,10	59. 17. 58 S	+17,86
In the tail of the Dragon - - -	α	2	13. 58. 27	1,63	65. 25. 54 N	—17,46
The bright star in Bootes, *Arcturus* - -	α	1	14. 5. 38	2,72	20. 20. 7 N	—17,15
Eastern foot of the Centaur - -	α	1	14. 25. 3	4,44	55. 59. 15 S	+16,16
The southern scale of Libra - -	α	2	14. 38. 44	3,30	15. 6. 52 S.	+15,46
The northern scale of Libra - - -	β	2	15. 5. 12	3,22	8. 33. 31 S.	+13,93
Bright star in the Crown - - -	α	2	15. 25. 22	2,53	27. 27. 59 N	—12,56
In the neck of the Serpent - - -	α	2	15. 33. 26	2,93	7. 7. 49 N	—12,00
The Scorpion's heart, *Antares* - -	α	1	16. 15. 57	3,65	25. 55. 28 S	+ 8,84
In the head of Hercules - -	α	2	17. 4. 38	2,74	14. 39. 18 N	— 4,87
In the head of Ophiuchus - -	α	2	17. 24. 42	2,77	12. 44. 8 N	— 3,12
In the head of the Dragon -	γ	2	17. 51. 31	1,37	51. 31. 21 N	— 0,78
The bright star in the Harp, *Lyra* - -	α	1	18. 29. 29	2,01	38. 35. 18 N	+ 2,54
Bright star in the Eagle, *Atair* -	α	1	19. 40. 3.	2,93	8. 17. 57 N	+ 8,44
The eye of the Peacock - - -	α	2	20. 8. 7.	4,85	57. 25. 11 S	—10,63
The tail of the Swan - - -	α	2	20. 33. 56.	2,04	44. 30. 8 N	+12,46
The western wing of the Crane - -	α	2	21. 54. 17.	3,85	48. 0. 50 S	—17,11
In the mouth of the south. Fish, *Fomalhaut*	α	1	22. 46. 27	3,32	30. 46. 58 S	—18,98
In the shoulder of Pegasus - -	β	2	22. 53. 8	2,88	26. 53. 32 N	+19,18
In the wing of Pegasus, *Markab* - -	α	2	22. 53. 49	2,97	14. 1. 32 N	+19,20
The head of Andromeda - - -	α	2	23. 57. 3	3,06	27. 52. 30 N	+20,04

Table VIII. For reducing the apparent Altitude of the Moon to the true.

Moon's horizontal Parallax.		Apparent Altitude of Moon's Center.								
		3°	4°	5°	6°	7°	8°	9°	10°	11°
		Corr.	Corr.	Corr.	Corr.	Corr.	Corr.	Corr.	Corr.	Corr.
M	S	M S	M S	M S	M S	M S	M S	M S	M S	M S
53	0	38.20	41. 1	42.54	44.15	45.16	46. 0	46.32	46.57	47.15
	10	38.30	41.11	43. 4	44.25	45.26	46.10	46.42	47. 7	47.25
	20	38.40	41.21	43.14	44.35	45.36	46.20	46.52	47.17	47.35
	30	38.50	41.31	43.24	44.45	45.46	46.30	47. 2	47.26	47.45
	40	39. 0	41.41	43.34	44.54	45.55	46.39	47.12	47.36	47.54
	50	39.10	41.51	43.43	45. 4	46. 5	46.49	47.22	47.46	48. 4
54	0	39.20	42. 1	43.53	45.14	46.15	46.59	47.32	47.56	48.14
	10	39.30	42.11	44. 3	45.24	46.25	47. 9	47.42	48. 6	48.24
	20	39.40	42.21	44.13	45.34	46.35	47.19	47.51	48.16	48.34
	30	39.50	42.31	44.23	45.44	46.45	47.29	48. 1	48.26	48.43
	40	40. 0	42.41	44.33	45.54	46.55	47.38	48.11	48.35	48.53
	50	40.10	42.51	44.43	46. 4	47. 5	47.48	48.21	48.45	49. 3
55	0	40.20	43. 1	44.53	46.14	47.15	47.58	48.31	48.55	49.13
	10	40.30	43.11	45. 3	46.24	47.25	48. 8	48.41	49. 5	49.23
	20	40.40	43.21	45.13	46.34	47.35	48.18	48.50	49.15	49.32
	30	40.50	43.31	45.23	46.44	47.45	48.28	49. 0	49.25	49.42
	40	41. 0	43.41	45.33	46.54	47.54	48.38	49.10	49.34	49.52
	50	41.10	43.51	45.43	47. 4	48. 4	48.48	49.20	49.44	50. 2
56	0	41.20	44. 1	45.53	47.14	48.14	48.58	49.30	49.54	50.12
	10	41.30	44.11	46. 3	47.24	48.24	49. 7	49.40	50. 4	50.21
	20	41.40	44.21	46.13	47.34	48.34	49.17	49.50	50.14	50.31
	30	41.50	44.31	46.23	47.44	48.44	49.27	49.59	50.24	50.41
	40	42. 0	44.41	46.33	47.54	48.54	49.37	50. 9	50.34	50.51
	50	42.10	44.51	46.43	48. 3	49. 4	49.47	50.19	50.43	51. 1
57	0	42.20	45. 1	46.53	48.13	49.14	49.57	50.29	50.53	51.11
	10	42.30	45.11	47. 3	48.23	49.24	50. 7	50.39	51. 3	51.20
	20	42.40	45.21	47.13	48.33	49.34	50.17	50.49	51.13	51.30
	30	42.50	45.31	47.23	48.43	49.44	50.27	50.59	51.23	51.40
	40	43. 0	45.41	47.33	48.53	49.54	50.37	51. 9	51.33	51.50
	50	43.10	45.51	47.42	49. 3	50. 4	50.47	51.19	51.42	52. 0
58	0	43.20	46. 0	47.52	49.13	50.14	50.57	51.29	51.52	52. 9
	10	43.30	46.10	48. 2	49.23	50.24	51. 6	51.38	52. 2	52.19
	20	43.40	46.20	48.12	49.33	50.34	51.16	51.48	52.12	52.29
	30	43.50	46.30	48.22	49.43	50.43	51.26	51.58	52.22	52.39
	40	44. 0	46.40	48.32	49.53	50.53	51.36	52. 8	52.32	52.49
	50	44.10	46.50	48.42	50. 3	51. 3	51.46	52.18	52.41	52.59
59	0	44.20	47. 0	48.52	50.13	51.13	51.56	52.28	52.51	53. 8
	10	44.30	47.10	49. 2	50.23	51.23	52. 6	52.38	53. 1	53.18
	20	44.40	47.20	49.12	50.33	51.33	52.16	52.48	53.11	53.28
	30	44.50	47.30	49.22	50.43	51.43	52.26	52.58	53.21	53.38
	40	45. 0	47.40	49.32	50.53	51.53	52.36	53. 7	53.31	53.48
	50	45. 9	47.50	49.42	51. 2	52. 3	52.46	53.17	53.41	53.58
60	0	45.19	48. 0	49.52	51.12	52.13	52.56	53.27	53.50	54. 7
	10	45.29	48.10	50. 2	51.22	52.23	53. 5	53.37	54. 0	54.17
	20	45.39	48.20	50.12	51.32	52.33	53.15	53.47	54.10	54.27
	30	45.49	48.30	50.22	51.42	52.43	53.25	53.57	54.20	54.37
	40	45.59	48.40	50.32	51.52	52.52	53.35	54. 7	54.30	54.47
	50	46. 9	48.50	50.42	52. 2	53. 2	53.45	54.16	54.40	54.57
61	0	46.19	49. 0	50.52	52.12	53.12	53.55	54.26	54.50	55. 6
	10	46.29	49.10	51. 2	52.22	53.22	54. 4	54.36	54.59	55.16
	20	46.39	49.20	51.12	52.32	53.32	54.14	54.46	55. 9	55.26
	30	46.49	49.30	51.22	52.42	53.42	54.24	54.56	55.19	55.36
	40	46.59	49.40	51.32	52.52	53.52	54.34	55. 6	55.29	55.46
	50	47. 9	49.50	51.42	53. 2	54. 2	54.44	55.16	55.39	55.56
62	0	47.19	50. 0	51.52	53.12	54.12	54.54	55.26	55.49	56. 5

Table VIII. For reducing the apparent Altitude of the Moon to the true.

Moon's horizontal Parallax.		Apparent Altitude of the Moon's Center.								
		12°	13°	14°	15°	16°	17°	18°	19°	20°
		Corr.	Corr.	Corr.	Corr.	Corr.	Corr.	Corr.	Corr.	Corr.
M	S	M S	M S	M S	M S	M S	M S	M S	M S	M S
53	0	47.27	47.35	47.40	47.42	47.40	47.36	47.31	47.23	47.13
	10	47.37	47.45	47.50	47.52	47.50	47.46	47.41	47.33	47.22
	20	47.47	47.55	47.59	48. 1	47.59	47.55	47.50	47.42	47.32
	30	47.56	48. 4	48. 9	48.11	48. 9	48. 5	48. 0	47.52	47.41
	40	48. 6	48.14	48.19	48.21	48.19	48.15	48. 9	48. 1	47.50
	50	48.16	48.24	48.28	48.30	48.28	48.24	48.19	48.10	48. 0
54	0	48.26	48.34	48.38	48.40	48.38	48.34	48.28	48.20	48. 9
	10	48.36	48.43	48.48	48.50	48.47	48.43	48.38	48.29	48.19
	20	48.45	48.53	48.58	48.59	48.57	48.53	48.47	48.39	48.28
	30	48.55	49. 3	49. 7	49. 9	49. 6	49. 2	48.57	48.48	48.38
	40	49. 5	49.13	49.17	49.19	49.16	49.12	49. 6	48.58	48.47
	50	49.15	49.22	49.27	49.28	49.26	49.21	49.16	49. 7	48.57
55	0	49.25	49.32	49.36	49.38	49.35	49.31	49.25	49.16	49. 6
	10	49.34	49.42	49.46	49.48	49.45	49.41	49.35	49.25	49.16
	20	49.44	49.52	49.56	49.57	49.54	49.50	49.44	49.35	49.25
	30	49.54	50. 1	50. 5	50. 7	50. 4	50. 0	49.54	49.44	49.34
	40	50. 4	50.11	50.15	50.16	50.14	50.10	50. 3	49.53	49.44
	50	50.14	50.21	50.25	50.26	50.23	50.19	50.13	50. 3	49.53
56	0	50.23	50.31	50.35	50.36	50.33	50.29	50.22	50.13	50. 2
	10	50.33	50.41	50.44	50.45	50.42	50.38	50.32	50.22	50.12
	20	50.43	50.50	50.54	50.55	50.52	50.48	50.41	50.32	50.21
	30	50.53	51. 0	51. 4	51. 5	51. 2	50.57	50.51	50.41	50.31
	40	51. 2	51.10	51.13	51.14	51.11	51. 7	51. 0	50.51	50.40
	50	51.12	51.20	51.23	51.24	51.21	51.16	51.10	51. 0	50.50
57	0	51.22	51.29	51.33	51.34	51.31	51.26	51.19	51.10	50.59
	10	51.32	51.39	51.42	51.43	51.40	51.35	51.29	51.19	51. 8
	20	51.42	51.49	51.52	51.53	51.50	51.45	51.38	51.29	51.18
	30	51.51	51.59	52. 2	52. 2	51.59	51.54	51.48	51.38	51.27
	40	52. 1	52. 8	52.11	52.12	52. 9	52. 4	51.57	51.47	51.37
	50	52.11	52.18	52.21	52.22	52.19	52.14	52. 7	51.57	51.46
58	0	52.21	52.28	52.31	52.31	52.28	52.23	52.16	52. 6	51.55
	10	52.30	52.38	52.41	52.41	52.38	52.33	52.26	52.16	52. 5
	20	52.40	52.47	52.50	52.51	52.48	52.43	52.35	52.25	52.14
	30	52.50	52.57	53. 0	53. 0	52.57	52.52	52.45	52.35	52.23
	40	53. 0	53. 7	53.10	53.10	53. 7	53. 2	52.54	52.44	52.33
	50	53.10	53.17	53.19	53.20	53.17	53.11	53. 4	52.54	52.42
59	0	53.19	53.26	53.29	53.29	53.26	53.21	53.13	53. 3	52.51
	10	53.29	53.36	53.39	53.39	53.36	53.30	53.23	53.13	53. 1
	20	53.39	53.46	53.49	53.49	53.46	53.40	53.32	53.22	53.10
	30	53.49	53.56	53.58	53.58	53.55	53.50	53.42	53.32	53.20
	40	53.58	54. 5	54. 8	54. 8	54. 5	53.59	53.51	53.41	53.29
	50	54. 8	54.15	54.18	54.18	54.14	54. 9	54. 1	53.51	53.39
60	0	54.18	54.25	54.28	54.27	54.24	54.18	54.10	54. 0	53.48
	10	54.28	54.35	54.37	54.37	54.34	54.28	54.20	54. 9	53.57
	20	54.38	54.44	54.47	54.47	54.43	54.38	54.29	54.19	54. 7
	30	54.47	54.54	54.57	54.56	54.53	54.47	54.39	54.28	54.16
	40	54.57	55. 4	55. 6	55. 6	55. 2	54.57	54.48	54.38	54.25
	50	55. 7	55.14	55.16	55.16	55.12	55. 6	54.58	54.47	54.35
61	0	55.17	55.23	55.26	55.25	55.21	55.16	55. 7	54.57	54.44
	10	55.27	55.33	55.35	55.35	55.31	55.25	55.17	55. 6	54.53
	20	55.36	55.43	55.45	55.45	55.41	55.35	55.26	55.15	55. 3
	30	55.46	55.53	55.55	55.54	55.50	55.45	55.36	55.25	55.12
	40	55.56	56. 2	56. 4	56. 4	56. 0	55.54	55.45	55.34	55.21
	50	56. 6	56.12	56.14	56.14	56. 9	56. 4	55.55	55.44	55.31
62	0	56.16	56.22	56.24	56.23	56.19	56.13	56. 4	55.53	55.40

TABLE VIII. For reducing the apparent Altitude of the MOON to the true.

Moon's horizontal Parallax.		Apparent Altitude of the Moon's Center.								
		21°	22°	23°	24°	25°	26°	27°	28°	29°
		Corr.	Corr.	Corr.	Corr.	Corr.	Corr.	Corr.	Corr.	Corr.
	S	M S	M S	M S	M S	M S	M S	M S	M S	M S
53	0	47. 2	46.48	46.33	46.18	46. 0	45.42	45.22	45. 1	44.39
	10	47.11	46.57	46.42	46.27	46. 9	45.51	45.31	45.10	44.48
	20	47.21	47. 7	46.52	46.36	46.18	46. 0	45.40	45.19	44.56
	30	47.30	47.16	47. 1	46.45	46.27	46. 9	45.49	45.27	45. 5
	40	47.39	47.25	47.10	46.54	46.36	46.18	45.58	45.36	45.13
	50	47.49	47.34	47.19	47. 3	46.45	46.27	46. 7	45.45	45.22
54	0	47.58	47.44	47.29	47.12	46.55	46.36	46.16	45.54	45.31
	10	48. 7	47.53	47.38	47.22	47. 4	46.45	46.24	46. 3	45.39
	20	48.17	48. 2	47.47	47.31	47.13	46.54	46.33	46.12	45.48
	30	48.26	48.12	47.57	47.40	47.22	47. 3	46.42	46.21	45.57
	40	48.35	48.21	48. 6	47.49	47.31	47.12	46.51	46.29	46. 6
	50	48.45	48.30	48.15	47.58	47.40	47.21	47. 0	46.38	46.15
55	0	48.54	48.39	48.24	48. 7	47.49	47.30	47. 9	46.47	46.24
	10	49. 4	48.49	48.33	48.16	47.58	47.39	47.18	46.56	46.32
	20	49.13	48.58	48.42	48.25	48. 7	47.48	47.27	47. 5	46.41
	30	49.22	49. 7	48.52	48.35	48.17	47.57	47.36	47.13	46.50
	40	49.32	49.17	49. 1	48.44	48.26	48. 6	47.45	47.22	46.58
	50	49.41	49.26	49.10	48.53	48.35	48.15	47.54	47.31	47. 7
56	0	49.50	49.35	49.19	49. 2	48.44	48.24	48. 3	47.40	47.16
	10	49.59	49.44	49.28	49.11	48.53	48.33	48.12	47.49	47.25
	20	50. 9	49.54	49.38	49.20	49. 2	48.42	48.20	47.58	47.34
	30	50.18	50. 3	49.47	49.29	49.11	48.51	48.29	48. 7	47.42
	40	50.27	50.12	49.56	49.39	49.20	49. 0	48.38	48.15	47.51
	50	50.37	50.22	50. 5	49.48	49.29	49. 9	48.47	48.24	48. 0
57	0	50.46	50.31	50.14	49.57	49.38	49.18	48.56	48.33	48. 9
	10	50.55	50.40	50.23	50. 6	49.47	49.27	49. 5	48.42	48.17
	20	51. 5	50.49	50.33	50.15	49.56	49.36	49.14	48.51	48.26
	30	51.14	50.59	50.42	50.24	50. 5	49.45	49.23	49. 0	48.35
	40	51.23	51. 8	50.51	50.34	50.14	49.54	49.31	49. 8	48.44
	50	51.33	51.17	51. 1	50.43	50.23	50. 3	49.40	49.17	48.52
58	0	51.42	51.26	51.10	50.52	50.32	50.12	49.49	49.26	49. 1
	10	51.51	51.36	51.19	51. 1	50.41	50.21	49.58	49.35	49. 9
	20	52. 1	51.45	51.28	51.10	50.50	50.30	50. 7	49.44	49.18
	30	52.10	51.54	51.37	51.19	50.59	50.39	50.16	49.53	49.27
	40	52.19	52. 4	51.47	51.29	51. 9	50.47	50.25	50. 1	49.36
	50	52.29	52.13	51.56	51.38	51.18	50.56	50.34	50.10	49.45
59	0	52.38	52.22	52. 5	51.47	51.27	51. 5	50.43	50.19	49.54
	10	52.47	52.31	52.14	51.56	51.36	51.14	50.51	50.28	50. 2
	20	52.57	52.41	52.23	52. 5	51.45	51.23	51. 0	50.37	50.11
	30	53. 6	52.50	52.32	52.14	51.54	51.32	51. 9	50.46	50.20
	40	53.15	52.59	52.42	52.23	52. 3	51.41	51.18	50.54	50.29
	50	53.25	53. 9	52.51	52.32	52.12	51.50	51.27	51. 3	50.37
60	0	53.34	53.18	53. 0	52.41	52.21	51.59	51.36	51.12	50.46
	10	53.43	53.27	53. 9	52.51	52.30	52. 8	51.45	51.21	50.55
	20	53.53	53.36	53.18	53. 0	52.39	52.17	51.54	51.30	51. 4
	30	54. 2	53.45	53.27	53. 9	52.48	52.26	52. 3	51.39	51.12
	40	54.11	53.55	53.37	53.18	52.57	52.35	52.12	51.47	51.21
	50	54.21	54. 4	53.46	53.27	53. 6	52.44	52.21	51.56	51.30
61	0	54.30	54.13	53.55	53.36	53.15	52.53	52.30	52. 5	51.39
	10	54.39	54.22	54. 4	53.45	53.25	53. 2	52.38	52.14	51.47
	20	54.49	54.32	54.14	53.55	53.34	53.11	52.47	52.23	51.56
	30	54.58	54.41	54.23	54. 4	53.43	53.20	52.56	52.32	52. 5
	40	55. 7	54.50	54.32	54.13	53.52	53.29	53. 5	52.40	52.14
	50	55.17	55. 0	54.42	54.22	54. 1	53.38	53.14	52.49	52.22
62	0	55.26	55. 9	54.51	54.31	54.10	53.47	53.23	52.58	52.31

TABLE VIII. For reducing the apparent Altitude of the MOON to the true.

Moon's horizontal Parallax.		Apparent Altitude of the Moon's Center.								
		30°	31°	32°	33°	34°	35°	36°	37°	38°
		Corr.	Corr.	Corr.	Corr.	Corr.	Corr.	Corr.	Corr.	Corr.
M	S	M S	M S	M S	M S	M S	M S	M S	M S	M S
53	0	44.15	43.51	43.26	42.59	42.32	42. 3	41.34	41. 4	40.33
	10	44.24	44. 0	43.34	43. 7	42.40	42.11	41.42	41.12	40.41
	20	44.33	44. 8	43.43	43.16	42.48	42.19	41.50	41.20	40.49
	30	44.41	44.17	43.51	43.24	42.57	42.28	41.59	41.28	40.56
	40	44.50	44.26	44. 0	43.33	43. 5	42.36	42. 7	41.36	41. 4
	50	44.59	44.34	44. 8	43.41	43.13	42.44	42.15	41.44	41.12
54	0	45. 7	44.43	44.16	43.50	43.22	42.53	42.23	41.52	41.20
	10	45.16	44.51	44.25	43.58	43.30	43. 1	42.32	42. 0	41.28
	20	45.25	45. 0	44.33	44. 7	43.38	43. 9	42.40	42. 8	41.36
	30	45.33	45. 8	44.42	44.15	43.47	43.18	42.48	42.16	41.43
	40	45.42	45.17	44.50	44.23	43.55	43.26	42.56	42.24	41.51
	50	45.51	45.25	44.59	44.32	44. 3	43.34	43. 4	42.32	41.59
55	0	45.59	45.34	45. 7	44.40	44.11	43.42	43.12	42.40	42. 7
	10	46. 8	45.43	45.16	44.48	44.20	43.50	43.20	42.48	42.15
	20	46.17	45.51	45.24	44.57	44.28	43.58	43.28	42.56	42.23
	30	46.25	46. 0	45.33	45. 5	44.36	44. 6	43.36	43. 4	42.31
	40	46.34	46. 8	45.41	45.13	44.45	44.15	43.44	43.12	42.39
	50	46.43	46.17	45.49	45.22	44.53	44.23	43.52	43.20	42.47
56	0	46.51	46.25	45.58	45.30	45. 1	44.31	44. 0	43.28	42.55
	10	47. 0	46.34	46. 6	45.39	45. 9	44.39	44. 8	43.36	43. 2
	20	47. 9	46.42	46.15	45.47	45.17	44.47	44.16	43.44	43.10
	30	47.17	46.51	46.23	45.55	45.26	44.55	44.24	43.52	43.18
	40	47.26	47. 0	46.32	46. 4	45.34	45. 4	44.32	44. 0	43.26
	50	47.35	47. 8	46.40	46.12	45.42	45.12	44.40	44. 8	43.34
57	0	47.43	47.17	46.49	46.21	45.51	45.20	44.48	44.16	43.42
	10	47.52	47.25	46.57	46.29	46. 0	45.28	44.57	44.24	43.50
	20	48. 1	47.34	47. 6	46.38	46. 8	45.36	45. 5	44.32	43.58
	30	48. 9	47.43	47.14	46.46	46.16	45.45	45.13	44.40	44. 5
	40	48.18	47.51	47.23	46.54	46.25	45.53	45.21	44.47	44.13
	50	48.27	48. 0	47.31	47. 3	46.33	46. 1	45.29	44.55	44.21
58	0	48.35	48. 8	47.40	47.11	46.41	46. 9	45.37	45. 3	44.29
	10	48.44	48.17	47.48	47.19	46.49	46.17	45.45	45.11	44.37
	20	48.53	48.26	47.57	47.28	46.57	46.25	45.53	45.19	44.45
	30	49. 1	48.34	48. 5	47.36	47. 6	46.33	46. 1	45.27	44.53
	40	49.10	48.43	48.14	47.44	47.14	46.42	46. 9	45.35	45. 1
	50	49.19	48.52	48.22	47.53	47.22	46.50	46.17	45.43	45. 8
59	0	49.27	49. 0	48.31	48. 1	47.30	46.58	46.25	45.51	45.16
	10	49.36	49. 9	48.39	48.10	47.39	47. 6	46.33	45.59	45.24
	20	49.45	49.17	48.48	48.18	47.47	47.14	46.41	46. 7	45.32
	30	49.53	49.26	48.56	48.27	47.55	47.23	46.50	46.15	45.40
	40	50. 2	49.34	49. 5	48.35	48. 4	47.31	46.58	46.23	45.48
	50	50.11	49.42	49.13	48.43	48.12	47.39	47. 6	46.31	45.56
60	0	50.19	49.51	49.22	48.52	48.20	47.47	47.14	46.39	46. 4
	10	50.28	49.59	49.30	49. 0	48.29	47.55	47.22	46.47	46.11
	20	50.37	50. 8	49.39	49. 8	48.37	48. 4	47.30	46.55	46.19
	30	50.45	50.17	49.47	49.17	48.45	48.12	47.38	47. 3	46.27
	40	50.54	50.26	49.56	49.25	48.54	48.20	47.46	47.11	46.35
	50	51. 3	50.34	50. 4	49.34	49. 2	48.28	47.54	47.19	46.43
61	0	51.11	50.43	50.13	49.42	49.10	48.37	48. 2	47.27	46.51
	10	51.20	50.51	50.21	49.50	49.18	48.45	48.10	47.35	46.59
	20	51.29	51. 0	50.30	49.59	49.27	48.53	48.18	47.43	47. 7
	30	51.37	51. 8	50.38	50. 7	49.35	49. 1	48.27	47.51	47.15
	40	51.46	51.17	50.47	50.15	49.43	49. 9	48.35	47.59	47.23
	50	51.55	51.25	50.55	50.24	49.52	49.18	48.43	48. 7	47.31
62	0	52. 3	51.34	51. 4	50.32	50. 0	49.26	48.51	48.15	47.39

Table VIII. For reducing the apparent Altitude of the Moon to the true.

Moon's horizontal Parallax.		Apparent Altitude of the Moon's Center								
		39°	40°	41°	42°	43°	44°	45°	46°	47°
		Corr.	Corr.	Corr.	Corr.	Corr.	Corr.	Corr.	Corr.	Corr
M	S	M S	M S	M S	M S	M S	M S	M S	M S	M S
53	0	40. 1	39.28	38.54	38.20	37.44	37. 8	36.32	35.54	35.16
	10	40. 8	39.36	39. 2	38.27	37.51	37.15	36.39	36. 1	35.22
	20	40.16	39.43	39. 9	38.34	37.59	37.23	36.46	36. 8	35.29
	30	40.24	39.51	39.17	38.42	38. 6	37.30	36.53	36.15	35.36
	40	40.32	39.59	39.25	38.49	38.13	37.37	37. 0	36.22	35.43
	50	40.39	40. 6	39.32	38.57	38.21	37.44	37. 7	36.29	35.50
54	0	40.47	40.14	39.40	39. 4	38.28	37.52	37.14	36.35	35.56
	10	40.55	40.22	39.47	39.12	38.35	37.59	37.21	36.42	36. 3
	20	41. 3	40.29	39.55	39.19	38.43	38. 6	37.28	36.49	36.10
	30	41.10	40.37	40. 2	39.27	38.50	38.13	37.35	36.56	36.17
	40	41.18	40.45	40.10	39.34	38.57	38.20	37.42	37. 3	36.24
	50	41.26	40.52	40.17	39.42	39. 5	38.28	37.49	37.10	36.31
55	0	41.34	41. 0	40.25	39.49	39.12	38.35	37.56	37.17	36.37
	10	41.42	41. 8	40.32	39.57	39.19	38.42	38. 4	37.24	36.44
	20	41.49	41.15	40.40	40. 4	39.27	38.49	38.11	37.31	36.51
	30	41.57	41.23	40.47	40.12	39.34	38.56	38.18	37.38	36.58
	40	42. 5	41.31	40.55	40.19	39.41	39. 4	38.25	37.45	37. 5
	50	42.13	41.38	41. 2	40.27	39.49	39.11	38.32	37.52	37.12
56	0	42.21	41.46	41.10	40.34	39.56	39.18	38.39	37.59	37.18
	10	42.28	41.54	41.18	40.41	40. 3	39.25	38.46	38. 6	37.25
	20	42.36	42. 1	41.25	40.49	40.11	39.32	38.53	38.13	37.32
	30	42.44	42. 9	41.33	40.56	40.18	39.40	39. 0	38.20	37.39
	40	42.52	42.17	41.41	41. 3	40.25	39.47	39. 7	38.27	37.46
	50	43. 0	42.24	41.49	41.11	40.33	39.54	39.14	38.34	37.53
57	0	43. 7	42.32	41.56	41.18	40.40	40. 1	39.21	38.41	37.59
	10	43.15	42.40	42. 4	41.26	40.47	40. 8	39.29	38.47	38. 6
	20	43.23	42.47	42.11	41.33	40.55	40.15	39.36	38.54	38.13
	30	43.31	42.55	42.19	41.40	41. 2	40.23	39.43	39. 1	38.20
	40	43.38	43. 3	42.26	41.48	41. 9	40.30	39.50	39. 8	38.27
	50	43.46	43.10	42.34	41.55	41.17	40.37	39.57	39.15	38.34
58	0	43.54	43.18	42.41	42. 3	41.24	40.44	40. 4	39.22	38.40
	10	44. 2	43.26	42.49	42.10	41.31	40.51	40.11	39.29	38.47
	20	44. 9	43.33	42.56	42.17	41.39	40.59	40.18	39.36	38.54
	30	44.17	43.41	43. 4	42.25	41.46	41. 6	40.25	39.43	39. 1
	40	44.25	43.49	43.11	42.32	41.53	41.13	40.32	39.50	39. 8
	50	44.33	43.56	43.19	42.40	42. 1	41.20	40.39	39.57	39.15
59	0	44.41	44. 4	43.26	42.47	42. 8	41.27	40.46	40. 4	39.21
	10	44.48	44.12	43.34	42.54	42.15	41.35	40.54	40.11	39.28
	20	44.56	44.19	43.41	43. 2	42.23	41.42	41. 1	40.18	39.35
	30	45. 4	44.27	43.49	43. 9	42.30	41.49	41. 8	40.25	39.42
	40	45.12	44.35	43.56	43.17	42.37	41.56	41.15	40.32	39.49
	50	45.20	44.42	44. 4	43.24	42.44	42. 3	41.22	40.39	39.56
60	0	45.27	44.50	44.11	43.32	42.52	42.11	41.29	40.46	40. 2
	10	45.35	44.58	44.19	43.39	42.59	42.18	41.36	40.52	40. 9
	20	45.43	45. 5	44.27	43.47	43. 6	42.25	41.43	40.59	40.16
	30	45.51	45.13	44.34	43.54	43.14	42.32	41.50	41. 6	40.23
	40	45.59	45.21	44.42	44. 2	43.21	42.39	41.57	41.13	40.30
	50	46. 6	45.28	44.49	44. 9	43.28	42.47	42. 4	41.20	40.37
61	0	40.14	45.36	44.57	44.17	43.36	42.54	42.11	41.27	40.43
	10	46.22	45.44	45. 4	44.24	43.43	43. 1	42.18	41.34	40.50
	20	46.30	45.51	45.12	44.31	43.50	43. 8	42.25	41.41	40.57
	30	46.38	45.59	45.19	44.39	43.58	43.15	42.32	41.48	41. 4
	40	46.45	46. 7	45.27	44.46	44. 5	43.23	42.39	41.55	41.11
	50	46.53	46.14	45.34	44.54	44.12	43.30	42.46	42. 2	41.18
62	0	47. 1	46.22	45.42	45. 1	44.19	43.37	42.53	42. 9	41.24

Table VIII. For reducing the apparent Altitude of the Moon to the true.

Moon's horizontal Parallax.		Apparent Altitude of the Moon's Center.								
		48°	49°	50°	51°	52°	53°	54°	55°	56°
		Corr.	Corr.	Corr.	Corr.	Corr.	Corr.	Corr.	Corr.	Corr.
M	S	M S	M S	M S	M S	M S	M S	M S	M S	M S
53	0	34.37	33.57	33.16	32.35	31.54	31.11	30.28	29.44	29. 0
	10	34.43	34. 4	33.22	32.41	32. 0	31.17	30.34	29.50	29. 6
	20	34.50	34.10	33.29	32.47	32. 6	31.23	30.40	29.56	29.11
	30	34.56	34.17	33.35	32.54	32.12	31.29	30.46	30. 1	29.17
	40	35. 3	34.23	33.42	33. 0	32.18	31.35	30.52	30. 7	29.22
	50	35.10	34.30	33.48	33. 6	32.24	31.41	30.58	30.13	29.28
54	0	35.17	34.36	33.55	33.13	32.30	31.47	31. 3	30.19	29.33
	10	35.23	34.43	34. 1	33.19	32.37	31.53	31. 9	30.24	29.39
	20	35.30	34.49	34. 8	33.25	32.43	31.59	31.15	30.30	29.45
	30	35.37	34.56	34.14	33.32	32.49	32. 5	31.21	30.36	29.50
	40	35.43	35. 2	34.21	33.38	32.55	32.11	31.27	30.42	29.56
	50	35.50	35. 9	34.27	33.44	33. 1	32.17	31.33	30.47	30. 1
55	0	35.57	35.16	34.34	33.51	33. 7	32.23	31.39	30.53	30. 7
	10	36. 3	35.22	34.40	33.57	33.14	32.29	31.44	30.59	30.12
	20	36.10	35.29	34.47	34. 3	33.20	32.35	31.50	31. 4	30.18
	30	36.17	35.35	34.53	34.10	33.26	32.41	31.56	31.10	30.24
	40	36.23	35.42	34.59	34.16	33.32	32.47	32. 2	31.16	30.29
	50	36.30	35.48	35. 6	34.22	33.38	32.53	32. 8	31.22	30.35
56	0	36.37	35.55	35.12	34.29	33.44	32.59	32.14	31.28	30.41
	10	36.43	36. 1	35.19	34.35	33.51	33. 6	32.20	31.33	30.46
	20	36.50	36. 8	35.25	34.41	33.57	33.12	32.26	31.39	30.52
	30	36.57	36.14	35.31	34.48	34. 3	33.18	32.31	31.45	30.57
	40	37. 3	36.21	35.38	34.54	34. 9	33.24	32.37	31.50	31. 3
	50	37.10	36.28	35.44	35. 0	34.15	33.30	32.43	31.56	31. 8
57	0	37.17	36.34	35.51	35. 6	34.21	33.36	32.49	32. 2	31.14
	10	37.23	36.41	35.57	35.12	34.28	33.42	32.55	32. 8	31.19
	20	37.30	36.47	36. 3	35.19	34.34	33.48	33. 1	32.13	31.25
	30	37.37	36.54	36.10	35.25	34.40	33.54	33. 7	32.19	31.31
	40	37.43	37. 1	36.16	35.31	34.46	34. 0	33.13	32.25	31.36
	50	37.50	37. 7	36.22	35.37	34.52	34. 6	33.18	32.30	31.42
58	0	37.57	37.14	36.29	35.44	34.58	34.12	33.24	32.36	31.48
	10	38. 3	37.20	36.35	35.50	35. 5	34.18	33.30	32.42	31.53
	20	38.10	37.27	36.42	35.56	35.11	34.24	33.36	32.48	31.59
	30	38.17	37.33	36.48	36. 3	35.17	34.30	33.42	32.53	32. 4
	40	38.23	37.40	36.55	36. 9	35.23	34.36	33.48	32.59	32.10
	50	38.30	37.46	37. 1	36.15	35.29	34.42	33.54	33. 5	32.15
59	0	38.37	37.53	37. 8	36.22	35.35	34.48	34. 0	33.11	32.21
	10	38.43	37.59	37.14	36.28	35.42	34.54	34. 5	33.16	32.27
	20	38.50	38. 6	37.21	36.34	35.48	35. 0	34.11	33.22	32.32
	30	38.57	38.13	37.27	36.41	35.54	35. 6	34.17	33.28	32.38
	40	39. 4	38.19	37.33	36.47	36. 0	35.12	34.23	33.33	32.43
	50	39.11	38.26	37.40	36.53	36. 6	35.18	34.29	33.39	32.49
60	0	39.18	38.32	37.46	37. 0	36.12	35.24	34.35	33.45	32.55
	10	39.24	38.39	37.53	37. 6	36.19	35.30	34.40	33.51	33. 0
	20	39.31	38.45	37.59	37.12	36.25	35.36	34.46	33.57	33. 6
	30	39.38	38.52	38. 6	37.18	36.31	35.42	34.52	34. 2	33.11
	40	39.44	38.59	38.12	37.25	36.37	35.48	34.58	34. 8	33.17
	50	39.51	39. 5	38.19	37.31	36.43	35.54	35. 4	34.14	33.22
61	0	39.58	39.12	38.25	37.37	36.49	36. 0	35.10	34.20	33.28
	10	40. 4	39.18	38.32	37.44	36.56	36. 6	35.15	34.25	33.34
	20	40.11	39.25	38.38	37.50	37. 2	36.12	35.21	34.31	33.39
	30	40.18	39.31	38.44	37.56	37. 8	36.18	35.27	34.37	33.45
	40	40.24	39.38	38.50	38. 3	37.14	36.24	35.33	34.42	33.50
	50	40.31	39.44	38.57	38. 9	37.20	36.30	35.39	34.48	33.56
62	0	40.38	39.51	39. 3	38.15	37.26	36.36	35.45	34.54	34. 2

Table VIII. For reducing the apparent Altitude of the Moon to the true.

Moon's horizontal Parallax.		Apparent Altitude of the Moon's Center								
		57°	58°	59°	60°	61°	62°	63°	64°	65°
		Corr.	Corr.	Corr.	Corr.	Corr.	Corr.	Corr.	Corr.	Corr.
M	S	M S	M S	M S	M S	M S	M S	M S	M S	M S
53	0	28. 15	27. 30	26. 44	25. 57	25. 10	24. 22	23. 35	22. 46	21. 57
	10	28. 20	27. 35	26. 49	26. 2	25. 15	24. 27	23. 39	22. 50	22. 1
	20	28. 26	27. 40	26. 54	26. 7	25. 20	24. 32	23. 44	22. 55	22. 5
	30	28. 31	27. 46	26. 59	26. 12	25. 25	24. 36	23. 48	22. 59	22. 10
	40	28. 37	27. 51	27. 4	26. 17	25. 30	24. 41	23. 53	23. 3	22. 14
	50	28. 42	27. 56	27. 9	26. 22	25. 35	24. 46	23. 57	23. 8	22. 18
54	0	28. 48	28. 1	27. 14	26. 27	25. 39	24. 51	24. 2	23. 12	22. 23
	10	28. 53	28. 7	27. 20	26. 32	25. 44	24. 55	24. 6	23. 17	22. 27
	20	28. 59	28. 12	27. 25	26. 37	25. 49	25. 0	24. 11	23. 21	22. 31
	30	29. 4	28. 17	27. 30	26. 42	25. 54	25. 5	24. 15	23. 26	22. 36
	40	29. 9	28. 23	27. 35	26. 47	25. 59	25. 9	24. 20	23. 30	22. 40
	50	29. 15	28. 28	27. 40	26. 52	26. 3	25. 14	24. 24	23. 34	22. 44
55	0	29. 20	28. 33	27. 45	26. 57	26. 8	25. 19	24. 29	23. 39	22. 48
	10	29. 26	28. 38	27. 50	27. 2	26. 13	25. 23	24. 33	23. 43	22. 52
	20	29. 31	28. 44	27. 56	27. 7	26. 18	25. 28	24. 38	23. 47	22. 57
	30	29. 36	28. 49	28. 1	27. 12	26. 23	25. 32	24. 42	23. 52	23. 1
	40	29. 42	28. 54	28. 6	27. 17	26. 28	25. 37	24. 47	23. 56	23. 5
	50	29. 47	29. 0	28. 11	27. 22	26. 33	25. 42	24. 51	24. 0	23. 9
56	0	29. 53	29. 5	28. 16	27. 27	26. 37	25. 47	24. 56	24. 5	23. 13
	10	29. 58	29. 10	28. 22	27. 32	26. 42	25. 51	25. 0	24. 9	23. 18
	20	30. 4	29. 16	28. 27	27. 37	26. 47	25. 56	25. 5	24. 13	23. 22
	30	30. 9	29. 21	28. 32	27. 42	26. 52	26. 1	25. 9	24. 18	23. 26
	40	30. 15	29. 26	28. 37	27. 47	26. 57	26. 5	25. 14	24. 22	23. 31
	50	30. 20	29. 31	28. 42	27. 52	27. 2	26. 10	25. 19	24. 26	23. 35
57	0	30. 26	29. 37	28. 47	27. 57	27. 6	26. 15	25. 23	24. 31	23. 39
	10	30. 31	29. 42	28. 53	28. 2	27. 11	26. 19	25. 28	24. 35	23. 43
	20	30. 37	29. 47	28. 58	28. 7	27. 16	26. 24	25. 32	24. 40	23. 47
	30	30. 42	29. 53	29. 3	28. 12	27. 21	26. 29	25. 37	24. 44	23. 52
	40	30. 47	29. 58	29. 8	28. 17	27. 26	26. 33	25. 42	24. 49	23. 56
	50	30. 53	30. 3	29. 13	28. 22	27. 31	26. 38	25. 46	24. 53	24. 0
58	0	30. 58	30. 9	29. 18	28. 27	27. 35	26. 43	25. 51	24. 58	24. 4
	10	31. 4	30. 14	29. 24	28. 32	27. 40	26. 47	25. 55	25. 2	24. 8
	20	31. 9	30. 19	29. 29	28. 37	27. 45	26. 52	26. 0	25. 6	24. 13
	30	31. 15	30. 24	29. 34	28. 42	27. 50	26. 57	26. 4	25. 11	24. 17
	40	31. 20	30. 30	29. 39	28. 47	27. 55	27. 1	26. 9	25. 15	24. 21
	50	31. 26	30. 35	29. 44	28. 52	28. 0	27. 6	26. 13	25. 19	24. 25
59	0	31. 31	30. 40	29. 49	28. 57	28. 4	27. 11	26. 18	25. 24	24. 30
	10	31. 37	30. 45	29. 55	29. 2	28. 9	27. 15	26. 22	25. 28	24. 34
	20	31. 42	30. 51	30. 0	29. 7	28. 14	27. 20	26. 27	25. 32	24. 38
	30	31. 48	30. 56	30. 5	29. 12	28. 19	27. 25	26. 31	25. 37	24. 42
	40	31. 53	31. 1	30. 10	29. 17	28. 24	27. 30	26. 36	25. 41	24. 47
	50	31. 58	31. 6	30. 15	29. 22	28. 29	27. 35	26. 40	25. 45	24. 51
60	0	32. 4	31. 12	30. 20	29. 27	28. 34	27. 40	26. 45	25. 50	24. 55
	10	32. 9	31. 17	30. 26	29. 32	28. 39	27. 44	26. 49	25. 54	24. 59
	20	32. 15	31. 22	30. 31	29. 37	28. 44	27. 49	26. 54	25. 59	25. 3
	30	32. 20	31. 28	30. 36	29. 42	28. 49	27. 54	26. 58	26. 3	25. 8
	40	32. 26	31. 33	30. 41	29. 47	28. 54	27. 58	27. 3	26. 8	25. 12
	50	32. 31	31. 38	30. 46	29. 52	28. 59	28. 3	27. 8	26. 12	25. 16
61	0	32. 36	31. 44	30. 51	29. 57	29. 3	28. 8	27. 12	26. 17	25. 20
	10	32. 42	31. 49	30. 57	30. 2	29. 8	28. 12	27. 17	26. 21	25. 24
	20	32. 47	31. 54	31. 2	30. 7	29. 13	28. 17	27. 21	26. 26	25. 29
	30	32. 53	32. 0	31. 7	30. 12	29. 18	28. 22	27. 26	26. 30	25. 33
	40	32. 58	32. 5	31. 12	30. 17	29. 23	28. 26	27. 31	26. 34	25. 37
	50	33. 4	32. 10	31. 17	30. 22	29. 28	28. 31	27. 35	26. 39	25. 41
62	0	33. 9	32. 16	31. 22	30. 27	29. 32	28. 36	27. 40	26. 43	25. 46

Table VIII. For reducing the apparent Altitude of the Moon to the true.

Moon's horizontal Parallax.		Apparent Altitude of the Moon's Center.								
		66°	67°	68°	69°	70°	71°	72°	73°	74°
		Corr.	Corr.	Corr.	Corr.	Corr.	Corr.	Corr.	Corr.	Corr.
M	S	M S	M S	M S	M S	M S	M S	M S	M S	M S
53	0	21. 8	20.18	19.28	18.38	17.47	16.56	16. 4	15.12	14.20
	10	21.12	20.22	19.32	18.41	17.50	16.59	16. 7	15.15	14.23
	20	21.16	20.26	19.35	18.45	17.54	17. 3	16.10	15.18	14.26
	30	21.20	20.30	19.39	18.48	17.57	17. 6	16.13	15.21	14.28
	40	21.24	20.34	19.43	18.52	18. 0	17. 9	16.16	15.24	14.31
	50	21.28	20.38	19.47	18.55	18. 4	17.12	16.20	15.27	14.34
54	0	21.32	20.42	19.51	18.59	18. 7	17.15	16.23	15.30	14.37
	10	21.36	20.46	19.54	19. 3	18.11	17.19	16.26	15.33	14.40
	20	21.40	20.50	19.58	19. 6	18.14	17.22	16.29	15.36	14.42
	30	21.45	20.53	20. 2	19.10	18.18	17.25	16.32	15.38	14.45
	40	21.49	20.57	20. 6	19.14	18.21	17.28	16.35	15.41	14.48
	50	21.53	21. 1	20.10	19.17	18.24	17.32	16.38	15.44	14.51
55	0	21.57	21. 5	20.13	19.21	18.28	17.35	16.41	15.47	14.53
	10	22. 1	21. 9	20.17	19.24	18.31	17.38	16.44	15.50	14.56
	20	22. 5	21.13	20.21	19.28	18.34	17.41	16.47	15.53	14.59
	30	22. 9	21.17	20.24	19.31	18.38	17.44	16.51	15.56	15. 1
	40	22.13	21.21	20.28	19.35	18.42	17.48	16.54	15.59	15. 4
	50	22.17	21.25	20.32	19.39	18.45	17.51	16.57	16. 2	15. 7
56	0	22.21	21.29	20.36	19.42	18.49	17.54	17. 0	16. 5	15.10
	10	22.25	21.33	20.39	19.46	18.52	17.58	17. 3	16. 8	15.13
	20	22.29	21.37	20.43	19.49	18.55	18. 1	17. 6	16.11	15.15
	30	22.34	21.40	20.47	19.53	18.59	18. 4	17. 9	16.14	15.18
	40	22.38	21.44	20.50	19.57	19. 2	18. 7	17.12	16.17	15.21
	50	22.42	21.48	20.54	20. 0	19. 5	18.11	17.15	16.20	15.24
57	0	22.46	21.52	20.58	20. 4	19. 9	18.14	17.18	16.23	15.26
	10	22.50	21.56	21. 2	20. 7	19.12	18.17	17.21	16.26	15.29
	20	22.54	22. 0	21. 6	20.11	19.16	18.21	17.25	16.29	15.32
	30	22.58	22. 4	21. 9	20.15	19.19	18.24	17.28	16.32	15.35
	40	23. 2	22. 8	21.13	20.18	19.23	18.27	17.31	16.34	15.37
	50	23. 6	22.12	21.17	20.22	19.26	18.30	17.34	16.37	15.40
58	0	23.10	22.16	21.21	20.25	19.30	18.33	17.37	16.40	15.43
	10	23.14	22.20	21.24	20.29	19.33	18.37	17.40	16.43	15.46
	20	23.18	22.24	21.28	20.32	19.36	18.40	17.43	16.46	15.49
	30	23.22	22.27	21.32	20.36	19.40	18.43	17.46	16.49	15.51
	40	23.26	22.31	21.35	20.40	19.43	18.46	17.49	16.52	15.54
	50	23.30	22.35	21.39	20.43	19.47	18.50	17.52	16.55	15.57
59	0	23.34	22.39	21.43	20.47	19.50	18.53	17.55	16.58	16. 0
	10	23.39	22.43	21.47	20.50	19.54	18.56	17.59	17. 1	16. 2
	20	23.43	22.47	21.50	20.54	19.57	18.59	18. 2	17. 3	16. 5
	30	23.47	22.51	21.54	20.57	20. 1	19. 3	18. 5	17. 6	16. 8
	40	23.51	22.55	21.58	21. 1	20. 4	19. 6	18. 8	17. 9	16.11
	50	23.55	22.58	22. 2	21. 4	20. 7	19. 9	18.11	17.12	16.13
60	0	23.59	23. 2	22. 6	21. 8	20.11	19.12	18.14	17.15	16.16
	10	24. 3	23. 6	22. 9	21.12	20.14	19.15	18.17	17.18	16.19
	20	24. 7	23.10	22.13	21.15	20.18	19.19	18.20	17.21	16.22
	30	24.11	23.14	22.17	21.19	20.21	19.22	18.24	17.24	16.24
	40	24.15	23.18	22.21	21.22	20.24	19.25	18.27	17.27	16.27
	50	24.19	23.22	22.24	21.26	20.28	19.29	18.30	17.30	16.30
61	0	24.23	23.26	22.28	21.30	20.31	19.32	18.33	17.33	16.33
	10	24.27	23.30	22.32	21.33	20.35	19.35	18.36	17.36	16.35
	20	24.31	23.33	22.36	21.37	20.39	19.39	18.39	17.39	16.38
	30	24.35	23.37	22.39	21.40	20.42	19.42	18.42	17.41	16.41
	40	24.39	23.41	22.43	21.44	20.46	19.45	18.45	17.44	16.44
	50	24.44	23.45	22.47	21.47	20.49	19.48	18.48	17.47	16.46
62	0	24.48	23.49	22.51	21.51	20.52	19.52	18.51	17.50	16.49

TABLE VIII. For reducing the apparent Altitude of the MOON to the true.

Moon's horizontal Parallax.		Apparent Altitude of the Moon's Center.								
		75°	76°	77°	78°	79°	80°	81°	82°	83°
		Corr	Corr.	Corr.	Corr.	Corr.	Corr.	Corr.	Corr.	Corr.
M	S	M S	M S	M S	M S	M S	M S	M S	M S	M S
53	0	13.28	12.35	11.42	10.49	9.55	9. 2	8. 8	7.15	6.21
	10	13.30	12.37	11.44	10.51	9.57	9. 3	8. 9	7.16	6.22
	20	13.33	12.40	11.46	10.53	9.59	9. 5	8.11	7.18	6.23
	30	13.35	12.42	11.49	10.55	10. 1	9. 7	8.13	7.19	6.25
	40	13.38	12.45	11.51	10.57	10. 3	9. 9	8.14	7.20	6.26
	50	13.40	12.47	11.53	10.59	10. 5	9.11	8.16	7.22	6.27
54	0	13.43	12.50	11.56	11. 2	10. 7	9.13	8.18	7.23	6.28
	10	13.45	12.52	11.58	11. 4	10. 9	9.14	8.19	7.25	6.29
	20	13.48	12.54	12. 0	11. 6	10.11	9.16	8.21	7.26	6.30
	30	13.51	12.57	12. 2	11. 8	10.13	9.18	8.22	7.28	6.32
	40	13.54	12.59	12. 5	11.10	10.15	9.20	8.24	7.29	6.33
	50	13.56	13. 2	12. 7	11.12	10.17	9.21	8.25	7.30	6.34
55	0	13.59	13. 4	12. 9	11.14	10.19	9.23	8.27	7.31	6.35
	10	14. 1	13. 7	12.12	11.16	10.20	9.25	8.29	7.33	6.36
	20	14. 4	13. 9	12.14	11.18	10.22	9.26	8.30	7.34	6.38
	30	14. 6	13.11	12.16	11.21	10.24	9.28	8.31	7.36	6.39
	40	14. 9	13.14	12.19	11.23	10.26	9.30	8.33	7.37	6.40
	50	14.11	13.16	12.21	11.25	10.28	9.32	8.35	7.39	6.41
56	0	14.14	13.19	12.23	11.27	10.30	9.33	8.37	7.40	6.42
	10	14.17	13.21	12.25	11.29	10.32	9.35	8.38	7.41	6.44
	20	14.19	13.23	12.28	11.31	10.34	9.37	8.39	7.42	6.45
	30	14.22	13.26	12.30	11.33	10.36	9.38	8.41	7.44	6.46
	40	14.24	13.28	12.32	11.35	10.38	9.40	8.42	7.45	6.47
	50	14.27	13.31	12.34	11.37	10.40	9.42	8.44	7.47	6.48
57	0	14.30	13.33	12.36	11.39	10.42	9.44	8.46	7.48	6.50
	10	14.32	13.36	12.39	11.41	10.43	9.46	8.47	7.49	6.52
	20	14.35	13.38	12.41	11.43	10.45	9.47	8.48	7.51	6.53
	30	14.38	13.41	12.43	11.45	10.47	9.49	8.50	7.52	6.54
	40	14.40	13.43	12.45	11.47	10.49	9.51	8.51	7.53	6.55
	50	14.43	13.46	12.48	11.49	10.51	9.53	8.53	7.55	6.56
58	0	14.46	13.48	12.50	11.51	10.53	9.54	8.55	7.56	6.57
	10	14.48	13.50	12.52	11.54	10.55	9.56	8.56	7.57	6.59
	20	14.51	13.53	12.54	11.56	10.57	9.58	8.57	7.59	7. 0
	30	14.53	13.55	12.57	11.58	10.58	9.59	8.59	8. 0	7. 1
	40	14.56	13.57	12.59	12. 0	11. 0	10. 1	9. 1	8. 2	7. 2
	50	14.58	13.59	13. 1	12. 2	11. 2	10. 3	9. 3	8. 3	7. 3
59	0	15. 1	14. 2	13. 3	12. 4	11. 4	10. 5	9. 5	8. 5	7. 4
	10	15. 4	14. 5	13. 5	12. 6	11. 6	10. 6	9. 6	8. 6	7. 6
	20	15. 6	14. 7	13. 8	12. 8	11. 8	10. 8	9. 8	8. 7	7. 7
	30	15. 9	14.10	13.10	12.10	11.10	10.10	9. 9	8. 9	7. 8
	40	15.12	14.12	13.12	12.12	11.12	10.11	9.11	8.10	7. 9
	50	15.14	14.15	13.14	12.14	11.14	10.13	9.12	8.12	7.10
60	0	15.17	14.17	13.17	12.16	11.16	10.15	9.14	8.13	7.12
	10	15.19	14.19	13.19	12.19	11.18	10.17	9.16	8.14	7.13
	20	15.22	14.22	13.21	12.21	11.20	10.18	9.17	8.16	7.14
	30	15.25	14.24	13.23	12.23	11.21	10.20	9.19	8.17	7.15
	40	15.27	14.27	13.26	12.25	11.23	10.22	9.21	8.18	7.16
	50	15.30	14.29	13.28	12.27	11.25	10.24	9.22	8.20	7.17
61	0	15.32	14.31	13.30	12.29	11.27	10.25	9.24	8.21	7.19
	10	15.33	14.34	13.32	12.31	11.29	10.27	9.25	8.22	7.20
	20	15.36	14.36	13.35	12.33	11.31	10.29	9.27	8.24	7.21
	30	15.38	14.39	13.37	12.35	11.33	10.31	9.28	8.25	7.22
	40	15.41	14.41	13.39	12.37	11.35	10.32	9.30	8.27	7.23
	50	15.44	14.44	13.41	12.39	11.37	10.34	9.31	8.28	7.25
62	0	15.48	14.46	13.44	12.41	11.39	10.36	9.33	8.30	7.26

TABLE VIII. For reducing the apparent Altitude of the MOON to the true.

Moon's horizontal Parallax.		Apparent Altitude of the Moon's Center.					
		84°	85°	86°	87°	88°	89°
		Corr.	Corr.	Corr.	Corr.	Corr	Corr.
M	S	M S	M S	M S	M S	M S	M S
53	0	5.26	4.32	3.38	2.43	1.49	0.54
	10	5.27	4.33	3.39	2.43	1.49	0.54
	20	5.28	4.34	3.39	2.44	1.49	0.54
	30	5.29	4.35	3.40	2.45	1.50	0.55
	40	5.30	4.36	3.41	2.45	1.50	0.55
	50	5.31	4.37	3.42	2.46	1.51	0.55
54	0	5.33	4.37	3.42	2.47	1.51	0.56
	10	5.34	4.38	3.43	2.47	1.51	0.56
	20	5.35	4.39	3.44	2.48	1.52	0.56
	30	5.36	4.40	3.44	2.48	1.52	0.56
	40	5.37	4.41	3.45	2.49	1.52	0.56
	50	5.38	4.42	3.46	2.49	1.53	0.57
55	0	5.39	4.43	3.46	2.50	1.53	0.57
	10	5.40	4.44	3.47	2.50	1.54	0.57
	20	5.41	4.45	3.48	2.51	1.54	0.57
	30	5.42	4.46	3.48	2.51	1.54	0.57
	40	5.43	4.46	3.49	2.52	1.55	0.57
	50	5.44	4.47	3.50	2.52	1.55	0.58
56	0	5.45	4.48	3.50	2.53	1.55	0.58
	10	5.46	4.49	3.51	2.53	1.56	0.58
	20	5.47	4.50	3.52	2.54	1.56	0.58
	30	5.48	4.51	3.52	2.54	1.56	0.58
	40	5.49	4.52	3.53	2.55	1.57	0.58
	50	5.50	4.52	3.54	2.55	1.57	0.59
57	0	5.51	4.53	3.55	2.56	1.57	0.59
	10	5.53	4.54	3.55	2.56	1.58	0.59
	20	5.54	4.55	3.56	2.57	1.58	0.59
	30	5.55	4.56	3.57	2.57	1.58	0.59
	40	5.56	4.57	3.57	2.58	1.59	0.59
	50	5.57	4.58	3.58	2.58	1.59	0.59
58	0	5.58	4.58	3.59	2.59	1.59	1. 0
	10	5.59	4.59	3.59	2.59	2. 0	1. 0
	20	6. 0	5. 0	4. 0	3. 0	2. 0	1. 0
	30	6. 1	5. 1	4. 1	3. 1	2. 1	1. 0
	40	6. 2	5. 2	4. 1	3. 1	2. 1	1. 0
	50	6. 3	5. 3	4. 2	3. 2	2. 1	1. 0
59	0	6. 4	5. 4	4. 3	3. 2	2. 2	1. 1
	10	6. 5	5. 5	4. 3	3. 3	2. 2	1. 1
	20	6. 6	5. 5	4. 4	3. 3	2. 2	1. 1
	30	6. 7	5. 6	4. 5	3. 4	2. 3	1. 1
	40	6. 8	5. 7	4. 5	3. 4	2. 3	1. 1
	50	6. 9	5. 8	4. 6	3. 5	2. 3	1. 1
60	0	6.10	5. 9	4. 7	3. 5	2. 4	1. 2
	10	6.12	5.10	4. 7	3. 6	2. 4	1. 2
	20	6.13	5.10	4. 8	3. 6	2. 5	1. 2
	30	6.14	5.11	4. 9	3. 7	2. 5	1. 2
	40	6.15	5.12	4. 9	3. 7	2. 5	1. 2
	50	6.16	5.13	4.10	3. 8	2. 6	1. 3
61	0	6.17	5.14	4.11	3. 9	2. 6	1. 3
	10	6.18	5.15	4.11	3. 9	2. 6	1. 3
	20	6.19	5.15	4.12	3.10	2. 7	1. 3
	30	6.20	5.16	4.13	3.10	2. 7	1. 3
	40	6.21	5.17	4.13	3.11	2. 7	1. 3
	50	6.22	5.18	4.14	3.11	2. 8	1. 4
62	0	6.23	5.19	4.15	3.12	2. 8	1. 4

TABLE IX. Logarithms for readily computing the true Distance of the MOON from the SUN or a Fixed Star.

Horizontal Parallax of the Moon.		Apparent Altitude of the Moon's Center.					
		3°	4°	5°	6°	7°	8°
M	S	Logarithm.	Logarithm.	Logarithm.	Logarithm.	Logarithm.	Logarithm.
53	0	9·99983·9	9·99972·7	9·99961·2	9·99949·6	9·99938·0	9·99926·4
	10	9·99983·8	9·99972·5	9·99961·0	9·99949·4	9·99937·7	9·99926·1
	20	9·99983·6	9·99972·3	9·99960·8	9·99949·1	9·99937·4	9·99925·7
	30	9·99983·5	9·99972·1	9·99960·6	9·99948·9	9·99937·1	9·99925·4
	40	9·99983·3	9·99972·0	9·99960·4	9·99948·6	9·99936·9	9·99925·1
	50	9·99983·2	9·99971·8	9·99960·2	9·99948·4	9·99936·6	9·99924·7
54	0	9·99983·1	9·99971·6	9·99959·9	9·99948·1	9·99936·3	9·99924·4
	10	9·99982·9	9·99971·4	9·99959·7	9·99947·9	9·99936·0	9·99924·1
	20	9·99982·8	9·99971·3	9·99959·5	9·99947·6	9·99935·7	9·99923·8
	30	9·99982·7	9·99971·1	9·99959·3	9·99947·4	9·99935·4	9·99923·4
	40	9·99982·6	9·99970·9	9·99959·1	9·99947·1	9·99935·1	9·99923·1
	50	9·99982·4	9·99970·7	9·99958·9	9·99946·9	9·99935·8	9·99922·8
55	0	9·99982·3	9·99970·6	9·99958·7	9·99946·6	9·99934·5	9·99922·5
	10	9·99982·1	9·99970·4	9·99958·4	9·99946·4	9·99934·2	9·99922·2
	20	9·99982·0	9·99970·2	9·99958·2	9·99946·1	9·99933·9	9·99921·9
	30	9·99981·9	9·99970·0	9·99958·0	9·99945·9	9·99933·7	9·99921·6
	40	9·99981·7	9·99969·9	9·99957·8	9·99945·6	9·99933·4	9·99921·2
	50	9·99981·6	9·99969·7	9·99957·6	9·99945·4	9·99933·1	9·99920·9
56	0	9·99981·5	9·99969·5	9·99957·4	9·99945·1	9·99932·8	9·99920·6
	10	9·99981·3	9·99969·3	9·99957·1	9·99944·9	9·99932·5	9·99920·3
	20	9·99981·2	9·99969·2	9·99956·9	9·99944·7	9·99932·2	9·99919·9
	30	9·99981·1	9·99969·0	9·99956·7	9·99944·4	9·99932·0	9·99919·6
	40	9·99980·9	9·99968·8	9·99956·5	9·99944·2	9·99931·7	9·99919·3
	50	9·99980·8	9·99968·6	9·99956·3	9·99943·9	9·99931·4	9·99919·0
57	0	9·99980·7	9·99968·5	9·99956·1	9·99943·7	9·99931·1	9·99918·6
	10	9·99980·5	9·99968·3	9·99955·9	9·99943·4	9·99930·8	9·99918·3
	20	9·99980·4	9·99968·1	9·99955·7	9·99943·2	9·99930·5	9·99918·0
	30	9·99980·3	9·99968·0	9·99955·5	9·99942·9	9·99930·3	9·99917·6
	40	9·99980·1	9·99967·8	9·99955·3	9·99942·7	9·99930·0	9·99917·3
	50	9·99980·0	9·99967·6	9·99955·1	9·99942·4	9·99929·7	9·99917·0
58	0	9·99979·9	9·99967·5	9·99954·9	9·99942·2	9·99929·4	9·99916·7
	10	9·99979·7	9·99967·3	9·99954·6	9·99941·9	9·99929·1	9·99916·3
	20	9·99979·6	9·99967·1	9·99954·4	9·99941·7	9·99928·8	9·99916·0
	30	9·99979·4	9·99966·9	9·99954·2	9·99941·4	9·99928·6	9·99915·7
	40	9·99979·3	9·99966·8	9·99954·0	9·99941·2	9·99928·3	9·99915·4
	50	9·99979·1	9·99966·6	9·99953·8	9·99940·9	9·99928·0	9·99915·1
59	0	9·99979·0	9·99966·4	9·99953·6	9·99940·7	9·99927·7	9·99914·7
	10	9·99978·9	9·99966·2	9·99953·3	9·99940·4	9·99927·4	9·99914·4
	20	9·99978·7	9·99966·1	9·99953·1	9·99940·2	9·99927·1	9·99914·1
	30	9·99978·6	9·99965·9	9·99952·9	9·99939·9	9·99926·8	9·99913·7
	40	9·99978·5	9·99965·7	9·99952·7	9·99939·7	9·99926·5	9·99913·4
	50	9·99978·3	9·99965·5	9·99952·5	9·99939·4	9·99926·2	9·99913·1
60	0	9·99978·2	9·99965·3	9·99952·3	9·99939·2	9·99925·9	9·99912·8
	10	9·99978·1	9·99965·2	9·99952·0	9·99938·9	9·99925·7	9·99912·4
	20	9·99977·9	9·99965·0	9·99951·8	9·99938·7	9·99925·4	9·99912·1
	30	9·99977·8	9·99964·8	9·99951·6	9·99938·4	9·99925·1	9·99911·8
	40	9·99977·7	9·99964·6	9·99951·4	9·99938·2	9·99924·8	9·99911·5
	50	9·99977·5	9·99964·5	9·99951·2	9·99937·9	9·99924·5	9·99911·1
61	0	9·99977·4	9·99964·3	9·99951·0	9·99937·6	9·99924·2	9·99910·8
	10	9·99977·2	9·99964·1	9·99950·7	9·99937·4	9·99923·9	9·99910·5
	20	9·99977·1	9·99963·9	9·99950·5	9·99937·1	9·99923·6	9·99910·2
	30	9·99976·9	9·99963·8	9·99950·3	9·99936·9	9·99923·3	9·99909·8
	40	9·99976·8	9·99963·6	9·99950·1	9·99936·6	9·99923·0	9·99909·5
	50	9·99976·6	9·99963·4	9·99949·9	9·99936·4	9·99922·7	9·99909·2
62	0	9·99976·5	9·99963·2	9·99949·7	9·99936·1	9·99922·4	9·99908·9

TABLE IX. Logarithms for readily computing the true Diſtance of the MOON from the SUN or a Fixed Star.

Horizontal Parallax of the Moon.		Apparent Altitude of the Moon's Center.					
		9°	10°	11°	12°	13°	14°
M	S	Logarithm.	Logarithm.	Logarithm.	Logarithm.	Logarithm.	Logarithm.
53	0	9·99914·8	9·99903·2	9·99891·7	9·99880·3	9·99868·8	9·99857·4
	10	9·99914·4	9·99902·8	9·99891·3	9·99879·2	9·99868·3	9·99856·9
	20	9·99914·0	9·99902·4	9·99890·8	9·99879·4	9·99867·8	9·99856·3
	30	9·99913·7	9·99902·1	9·99890·4	9·99878·9	9·99867·3	9·99855·8
	40	9·99913·3	9·99901·7	9·99890·0	9·99878·4	9·99866·8	9·99855·3
	50	9·99912·9	9·99901·3	9·99889·5	9·99877·9	9·99866·3	9·99854·7
54	0	9·99912·6	9·99900·9	9·99889·1	9·99877·4	9·99865·8	9·99854·2
	10	9·99912·2	9·99900·5	9·99888·6	9·99877·0	9·99865·3	9·99853·7
	20	9·99911·9	9·99900·1	9·99888·2	9·99876·5	9·99864·8	9·99853·1
	30	9·99911·5	9·99899·7	9·99887·8	9·99876·0	9·99864·3	9·99852·6
	40	9·99911·2	9·99899·3	9·99887·3	9·99875·6	9·99863·8	9·99852·1
	50	9·99910·8	9·99898·9	9·99886 9	9·99875·1	9·99863·3	9·99851·5
55	0	9·99910·5	9·99898·5	9·99886·5	9·99874·6	9·99862·8	9·99851·0
	10	9·99910·1	9·99898·1	9·99886·0	9·99874·2	9·99862·3	9·99850·4
	20	9·99909·8	9·99897·7	9·99885·6	9·99873·7	9·99861·8	9·99849·8
	30	9·99909·4	9·99897·3	9·99885·2	9·99873·2	9·99861·3	9·99849·3
	40	9·99909·1	9·99896·9	9·99884·7	9·99872·7	9·99860·7	9·99848·8
	50	9·99908·7	9·99896·5	9·99884·3	9·99872·2	9·99860·2	9·99848·2
56	0	9·99908·3	9·99896·1	9·99883·9	9·99871·8	9·99859·7	9·99847·7
	10	9·99907·9	9·99895·7	9·99883·4	9·99871·3	9·99859·2	9·99847·1
	20	9·99907·6	9·99895·3	9·99883·0	9·99870·8	9·99858·7	9·99846·6
	30	9·99907·2	9·99894·9	9·99882·6	9·99870·4	9·99858·2	9·99846·0
	40	9·99906·9	9·99894·5	9·99882·1	9·99869·9	9·99857·7	9·99845·5
	50	9·99906·5	9·99894·1	9·99881·7	9·99869·4	9·99857·2	9·99844·9
57	0	9·99906·2	9·99893·7	9·99881·3	9·99869·0	9·99856·7	9·99844·4
	10	9·99905·8	9·99893·4	9·99880·8	9·99868·5	9·99856·2	9·99843·9
	20	9·99905·5	9·99893·0	9·99880·4	9·99868·0	9·99855·7	9·99843·3
	30	9·99905·1	9·99892·6	9·99880·0	9·99867·6	9·99855·2	9·99842·8
	40	9·99904·8	9·99892·2	9·99879·5	9·99867·1	9·99854·6	9·99842·3
	50	9·99904·4	9·99891·8	9·99879·1	9·99866·6	9·99854·1	9·99841·8
58	0	9·99904·0	9·99891·4	9·99878·7	9·99866·2	9·99853·6	9·99841·2
	10	9·99903·7	9·99891·0	9·99878·2	9·99865·7	9·99853·1	9·99840·7
	20	9·99903·3	9·99890·6	9·99877·8	9·99865·2	9·99852·6	9·99840·1
	30	9·99902·9	9·99890·2	9·99877·4	9·99864·8	9·99852·1	9·99839·6
	40	9·99902·6	9·99889·8	9·99876·9	9·99864·3	9·99851·6	9·99839·1
	50	9·99902·2	9·99889·4	9·99876·5	9·99863·8	9·99851·1	9·99838·5
59	0	9·99901·8	9·99889·0	9·99876·1	9·99863·4	9·99850·6	9·99838·0
	10	9·99901·4	9·99888·6	9·99875·6	9·99862·9	9·99850·1	9·99837·4
	20	9·99901·1	9·99888·2	9·99875·2	9·99862·4	9·99849·6	9·99836·9
	30	9·99900·7	9·99887·8	9·99874·8	9·99861·9	9·99849·1	9·99836·3
	40	9·99900·4	9·99887·4	9·99874·3	9·99861·5	9·99848·6	9·99835·8
	50	9·99900·0	9·99887·0	9·99873·9	9·99861·0	9·99848·1	9·99835·2
60	0	9·99899·7	9·99886·6	9·99873·5	9·99860·5	9·99847·6	9·99834·7
	10	9·99899·3	9·99886·2	9·99873·0	9·99860·0	9·99847·1	9·99834·1
	20	9·99899·0	9·99885·8	9·99872·6	9·99859·6	9·99846·6	9·99833·6
	30	9·99898·6	9·99885·4	9·99872·2	9·99859·1	9·99846·1	9·99833·0
	40	9·99898·2	9·99885·0	9·99871·7	9·99858·6	9·99845·5	9·99832·5
	50	9·99897·9	9·99884·6	9·99871·3	9·99858·1	9·99845·0	9·99831·9
61	0	9·99897·5	9·99884·2	9·99870·9	9·99857·7	9·99844·5	9·99831·4
	10	9·99897·1	9·99883·8	9·99870·4	9·99857·2	9·99844·0	9·99830·8
	20	9·99896·8	9·99883·4	9·99870·0	9·99856·7	9·99843·5	9·99830·3
	30	9·99896·4	9·99883·0	9·99869·5	9·99856·2	9·99843·0	9·99829·7
	40	9·99896·0	9·99882·6	9·99869·1	9·99855·8	9·99842·5	9·99829·2
	50	9·99895·7	9·99882·2	9·99868·7	9·99855·3	9·99842·0	9·99828·6
62	0	9·99895·3	9·99881·8	9·99868·3	9·99854·8	9·99841·5	9·99828·1

TABLE IX. Logarithms for readily computing the true Distance of the MOON from the SUN or a Fixed Star.

Horizontal Parallax of the Moon.		Apparent Altitude of the Moon's Center.					
		15°	16°	17°	18°	19°	20°
M	S	Logarithm.	Logarithm.	Logarithm.	Logarithm.	Logarithm.	Logarithm.
53	0	9·99846·0	9·99834·8	9·99823·6	9·99812·4	9·99801·3	9·99790·2
	10	9·99845·4	9·99834·2	9·99823·0	9·99811·7	9·99800·6	9·99789·5
	20	9·99844·9	9·99833·6	9·99822·3	9·99811·0	9·99799·8	9·99788·7
	30	9·99844·3	9·99832·9	9·99821·7	9·99810·4	9·99799·1	9·99788·0
	40	9·99843·7	9·99832·3	9·99821·0	8·99809·7	9·99798·4	9·99787·2
	50	9·99843·2	9·99831·7	9·99820·3	9·99809·0	9·99797·7	9·99786·5
54	0	9·99842·6	9·99831·1	9·99819·7	9·99808·3	9·99797·0	9·99785·7
	10	9·99842·0	9·99830·5	9·99819·0	9·99807·6	9·99796·3	9·99785·0
	20	9·99841·4	9·99829·9	9·99818·4	9·99806·9	9·99795·5	9·99784·2
	30	9·99840·9	9·99829·3	9·99817·7	9·99806·3	9·99794·8	9·99783·5
	40	9·99840·3	9·99828·7	9·99817·1	9·99805·6	9·99794·1	9·99782·7
	50	9·99839·7	9·99828·1	9·99816·4	9·99804·9	9·99793·4	9·99782·0
55	0	9·99839·1	9·99827·5	9·99815·8	9·99804·2	9·99792·7	9·99781·2
	10	9·99838·6	9·99826·9	9·99815·1	9·99803·5	9·99792·0	9·99780·5
	20	9·99838·0	9·99826·2	9·99814·5	9·99803·8	9·99791·3	9·99779·7
	30	9·99837·4	9·99825·6	9·99813·8	9·99803·2	9·99790·5	9·99779·0
	40	9·99836·8	9·99825·0	9·99813·2	9·99801·5	9·99789·8	9·99778·2
	50	9·99836·3	9·99824·4	9·99812·5	9·99800·8	9·99789·1	9·99777·5
56	0	9·99835·7	9·99823·8	9·99811·9	9·99800·1	9·99788·4	9·99776·7
	10	9·99835·1	9·99823·2	9·99811·2	9·99799·4	9·99787·7	9·99776·0
	20	9·99834·5	9·99822·5	9·99810·6	9·99798·7	9·99786·9	9·99775·2
	30	9·99833·9	9·99822·9	9·99809·9	9·99798·1	9·99786·2	9·99774·5
	40	9·99833·4	9·99821·3	9·99809·3	9·99797·4	9·99785·5	9·99773·7
	50	9·99832·8	9·99820·7	9·99808·6	9·99796·7	9·99784·8	9·99773·0
57	0	9·99832·2	9·99820·1	9·99808·0	9·99796·0	9·99784·1	9·99772·2
	10	9·99831·6	9·99819·5	9·99807·3	9·99795·3	9·99783·4	9·99771·5
	20	9·99831·1	9·99818·9	9·99806·7	9·99794·6	9·99782·6	9·99770·7
	30	9·99830·5	9·99818·3	9·99806·0	9·99794·0	9·99781·9	9·99770·0
	40	9·99829·9	9·99817·7	9·99805·4	9·99793·3	9·99781·2	9·99769·2
	50	9·99829·4	9·99817·1	9·99804·7	9·99792·6	9·99780·5	9·99768·5
58	0	9·99828·8	9·99816·5	9·99804·1	9·99791·9	9·99779·8	9·99767·7
	10	9·99828·2	9·99815·9	9·99803·4	9·99791·2	9·99779·0	9·99767·0
	20	9·99827·6	9·99815·2	9·99802·8	9·99790·5	9·99778·3	9·99766·2
	30	9·99827·1	9·99814·6	9·99802·1	9·99789·9	9·99777·6	9·99765·5
	40	9·99826·5	9·99814·0	9·99801·5	9·99789·2	9·99776·9	9·99764·7
	50	9·99825·9	9·99812·4	9·99800·8	9·99788·5	9·99776·2	9·99764·0
59	0	9·99825·3	9·99812·8	9·99800·2	9·99787·8	9·99775·4	9·99763·2
	10	9·99824·7	9·99812·2	9·99799·5	9·99787·1	9·99774·7	9·99762·5
	20	9·99824·1	9·99811·5	9·99798·9	9·99786·4	9·99774·0	9·99761·7
	30	9·99823·5	9·99810·9	9·99798·2	9·99785·8	9·99773·3	9·99761·0
	40	9·99823·0	9·99810·3	9·99797·6	9·99785·1	9·99772·5	9·99760·2
	50	9·99822·4	9·99809·7	9·99796·9	9·99784·4	9·99771·8	9·99759·4
60	0	9·99821·8	9·99809·1	9·99796·3	9·99783·7	9·99771·1	9·99758·6
	10	9·99821·2	9·99808·5	9·99795·6	9·99783·0	9·99770·4	9·99757·9
	20	9·99820·6	9·99807·8	9·99795·0	9·99782·3	9·99769·6	9·99757·1
	30	9·99820·1	9·99807·2	9·99794·3	9·99781·7	9·99768·9	9·99756·4
	40	9·99819·5	9·99806·6	9·99793·7	9·99781·0	9·99768·2	9·99755·6
	50	9·99818·9	9·99806·0	9·99793·0	9·99780·3	9·99767·5	9·99754·9
61	0	9·99818·3	9·99805·4	9·99792·4	9·99779·6	9·99766·7	9·99754·1
	10	9·99817·7	9·99804·8	9·99791·7	9·99778·9	9·99766·0	9·99753·4
	20	9·99817·1	9·99804·1	9·99791·1	9·99778·2	9·99765·3	9·99752·6
	30	9·99816·5	9·99803·5	9·99790·4	9·99777·5	9·99764·6	9·99751·9
	40	9·99816·0	9·99802·9	9·99789·8	9·99776·8	9·99763·8	9·99751·1
	50	9·99815·4	9·99802·3	9·99789·1	9·99776·1	9·99763·1	9·99750·4
62	0	9·99814·8	9·99801·7	9·99788·5	9·99775·4	9·99762·4	9·99749·6

Table IX. Logarithms for readily computing the true Diſtance of the Moon from the Sun or a Fixed Star.

Horizontal Parallax of the Moon.		Apparent Altitude of the Moon's Center.					
		21°	22°	23°	24°	25°	26°
M	S	Logarithm.	Logarithm.	Logarithm.	Logarithm.	Logarithm.	Logarithm.
53	0	9·99779·2	9·99768·4	9·99757·7	9·99746·8	9·99736·3	9·99725·7
	10	9·99778·4	9·99767·5	9·99756·8	9·99745·9	9·99735·4	9·99724·7
	20	9·99777·6	9·99766·7	9·99756·0	9·99745·0	9·99734·4	9·99723·8
	30	9·99776·9	9·99765·9	9·99755·1	9·99744·2	9·99733·5	9·99722·8
	40	9·99776·1	9·99765·1	9·99754·2	9·99743·3	9·99732·6	9·99721·8
	50	9·99775·3	9·99764·3	9·99753·4	9·99742·4	9·99731·7	9·99720·9
54	0	9·99774·5	9·99763·5	9·99752·5	9·99741·5	9·99730·7	9·99719·9
	10	9·99773·7	9·99762·6	9·99751·7	9·99740·6	9·99729·8	9·99719·0
	20	9·99773·0	9·99761·8	9·99750·8	9·99740·7	9·99728·9	9·99718·0
	30	9·99772·2	9·99761·0	9·99750·0	9·99738·8	9·99728·0	9·99717·1
	40	9·99771·4	9·99760·2	9·99749·1	9·99738·0	9·99727·0	9·99716·1
	50	9·99770·6	9·99759·4	9·99748·3	9·99737·1	9·99726·1	9·99715·2
55	0	9·99769·8	9·99258·6	9·99747·4	9·99736·2	9·99725·2	9·99714·2
	10	9·99769·0	9·99757·7	9·99746·5	9·99735·3	9·99724·3	9·99713·2
	20	9·99768·3	9·99756·9	9·99745·7	9·99734·4	9·99723·3	9·99712·3
	30	9·99767·5	9·99756·1	9·99744·8	9·99733·5	9·99722·4	9·99711·3
	40	9·99766·7	9·99755·3	9·99743·9	9·99732·6	9·99721·5	9·99710·3
	50	9·99765·9	9·99754·5	9·99743·1	9·99731·8	9·99720·6	9·99709·4
56	0	9·99765·1	9·99753·7	9·99742·2	9·99730·9	9·99719·6	9·99708·4
	10	9·99764·4	9·99752·8	9·99741·3	9·99730·0	9·99718·7	9·99707·5
	20	9·99763·6	9·99752·0	9·99740·5	9·99729·1	9·99717·8	9·99706·5
	30	9·99762·8	9·99751·2	9·99739·6	9·99728·2	9·99716·9	9·99705·6
	40	9·99762·0	9·99750·4	9·99738·8	9·99727·3	9·99716·0	9·99704·6
	50	9·99761·2	9·99749·5	9·99738·0	9·99726·4	9·99715·0	9·99703·7
57	0	9·99760·4	9·99748·7	9·99737·1	9·99725·5	9·99714·1	9·99702·7
	10	9·99759·6	9·99747·9	9·99736·2	9·99724·6	9·99713·2	9·99701·8
	20	9·99758·8	9·99747·0	9·99735·4	9·99723·7	9·99712·3	9·99700·8
	30	9·99758·0	9·99746·2	9·99734·5	9·99722·8	9·99711·3	9·99699·9
	40	9·99757·2	9·99745·4	9·99733·6	9·99722·0	9·99710·4	9·99698·9
	50	9·99756·4	9·99744·6	9·99732·8	9·99721·1	9·99709·5	9·99698·0
58	0	9·99755·6	9·99743·8	9·99731·9	9·99720·2	9·99708·6	9·99697·0
	10	9·99754·9	9·99742·9	9·99731·0	9·99719·3	9·99707·6	9·99696·1
	20	9·99754·1	9·99742·1	9·99730·2	9·99718·4	9·99706·7	9·99695·1
	30	9·99753·3	9·99741·3	9·99729·3	9·99717·5	9·99705·8	9·99694·2
	40	9·99752·5	9·99740·5	9·99728·5	9·99716·6	9·99704·9	9·99693·2
	50	9·99751·7	9·99739·6	9·99727·6	9·99715·7	9·99704·0	9·99692·3
59	0	9·99750·9	9·99738·8	9·99726·8	9·99714·8	9·99703·0	9·99691·3
	10	9·99750·1	9·99738·0	9·99725·9	9·99713·9	9·99702·1	9·99690·4
	20	9·99749·3	9·99737·1	9·99725·1	9·99713·0	9·99701·2	9·99689·4
	30	9·99748·6	9·99736·3	9·99724·2	9·99712·2	9·99700·3	9·99688·4
	40	9·99747·8	9·99735·5	9·99723·4	9·99711·3	9·99699·3	9·99687·5
	50	9·99747·0	9·99734·7	9·99722·5	9·99710·4	9·99698·4	9·99686·5
60	0	9·99746·2	9·99733·9	9·99721·7	9·99709·5	9·99697·5	9·99685·5
	10	9·99745·4	9·99733·0	9·99720·8	9·99708·6	9·99696·6	9·99684·6
	20	9·99744·6	9·99732·2	9·99719·9	9·99707·7	9·99695·6	9·99683·6
	30	9·99743·8	9·99731·4	9·99719·1	9·99706·8	9·99694·7	9·99682·7
	40	9·99743·0	9·99730·6	9·99718·2	9·99706·0	9·99693·8	9·99681·7
	50	9·99742·2	9·99729·7	9·99717·4	9·99705·1	9·99692·9	9·99680·8
61	0	9·99741·4	9·99729·0	9·99716·5	9·99704·2	9·99691·9	9·99679·8
	10	9·99740·7	9·99728·1	9·99715·7	9·99703·3	9·99691·0	9·99678·8
	20	9·99739·9	9·99727·3	9·99714·8	9·99702·4	9·99690·1	9·99677·9
	30	9·99739·1	9·99726·5	9·99714·0	9·99701·5	9·99689·1	9·99676·9
	40	9·99738·3	9·99725·7	9·99713·1	9·99700·6	9·99688·2	9·99675·9
	50	9·99737·5	9·99724·8	9·99712·3	9·99699·7	9·99687·3	9·99675·0
62	0	9·99736·7	9·99724·0	9·99711·4	9·99698·8	9·99686·3	9·99674·0

TABLE IX. Logarithms for readily computing the true Distance of the MOON from the SUN or a Fixed Star.

Horizontal Parallax of the Moon.		Apparent Altitude of the Moon's Center.					
		27°	28°	29°	30°	31°	32°
M	S	Logarithm.	Logarithm.	Logarithm.	Logarithm.	Logarithm.	Logarithm.
53	0	9.99715·2	9.99704·8	9.99694·5	9.99684·4	9.99674·3	9.99664·3
	10	9.99714·2	9.99703·8	9.99693·5	9.99683·3	9.99673·2	9.99663·2
	20	9.99713·2	9.99702·8	9.99692·4	9.99682·2	9.99672·1	9.99662·0
	30	9.99712·2	9.99701·7	9.99691·4	9.99681·2	9.99671·0	9.99660·9
	40	9.99711·2	9.99700·7	9.99690·3	9.99680·1	9.99669·9	9.99659·8
	50	9.99710·2	9.99699·7	9.99689·3	9.99679·0	9.99668·8	9.99658·6
54	0	9.99709·2	9.99698·7	9.99688·2	9.99677·9	9.99667·6	9.99657·5
	10	9.99708·3	9.99697·7	9.99687·2	9.99676·8	9.99666·5	9.99656·3
	20	9.99707·3	9.99696·6	9.99686·1	9.99675·7	9.99665·4	9.99655·2
	30	9.99706·3	9.99695·6	9.99685·1	9.99674·6	9.99664·3	9.99654·0
	40	9.99705·3	9.99694·6	9.99684·0	9.99673·5	9.99663·2	9.99652·9
	50	9.99704·3	9.99693·6	9.99683·0	9.99672·4	9.99662·0	9.99651·7
55	0	9.99703·3	9.99692·6	9.99681·9	9.99671·3	9.99660·9	9.99650·6
	10	9.99702·3	9.99691·5	9.99680·9	9.99670·3	9.99659·8	9.99649·5
	20	9.99701·4	9.99690·5	9.99679·8	9.99669·2	9.99658·7	9.99648·3
	30	9.99700·4	9.99689·5	9.99678·8	9.99668·1	9.99657·6	9.99647·2
	40	9.99699·4	9.99688·5	9.99677·7	9.99667·0	9.99656·4	9.99646·0
	50	9.99698·4	9.99687·5	9.99676·7	9.99665·9	9.99655·3	9.99644·9
56	0	9.99697·4	9.99686·4	9.99675·6	9.99664·8	9.99654·2	9.99643·7
	10	9.99696·4	9.99685·4	9.99674·6	9.99663·8	9.99653·1	9.99642·6
	20	9.99695·4	9.99684·4	9.99673·5	9.99662·7	9.99652·0	9.99641·4
	30	9.99694·5	9.99683·4	9.99672·5	9.99661·6	9.99650·8	9.99640·3
	40	9.99693·5	9.99682·4	9.99671·4	9.99660·5	9.99649·7	9.99639·1
	50	9.99692·5	9.99681·3	9.99670·4	9.99659·4	9.99648·6	9.99638·0
57	0	9.99691·5	9.99680·3	9.99669·3	9.99658·3	9.99647·5	9.99636·8
	10	9.99690·5	9.99679·3	9.99668·3	9.99657·3	9.99646·4	9.99635·7
	20	9.99689·5	9.99678·3	9.99667·2	9.99656·2	9.99645·2	9.99634·5
	30	9.99688·5	9.99677·2	9.99666·2	9.99655·1	9.99644·1	9.99633·4
	40	9.99687·6	9.99676·2	9.99665·1	9.99654·0	9.99643·0	9.99632·2
	50	9.99686·6	9.99675·2	9.99664·1	9.99652·9	9.99641·9	9.99631·1
58	0	9.99685·6	9.99674·2	9.99663·0	9.99651·8	9.99640·8	9.99629·9
	10	9.99684·6	9.99673·1	9.99662·0	9.99650·8	9.99639·6	9.99628·8
	20	9.99683·6	9.99672·1	9.99660·9	9.99649·7	9.99638·5	9.99627·6
	30	9.99682·6	9.99671·1	9.99659·8	9.99648·6	9.99637·4	9.99626·5
	40	9.99681·6	9.99670·1	9.99658·8	9.99647·5	9.99636·3	9.99625·3
	50	9.99680·6	9.99669·0	9.99657·7	9.99646·4	9.99635·2	9.99624·2
59	0	9.99679·6	9.99668·0	9.99656·6	9.99645·3	9.99634·0	9.99623·0
	10	9.99678·6	9.99667·0	9.99655·6	9.99644·2	9.99632·9	9.99621·9
	20	9.99677·6	9.99666·0	9.99654·5	9.99643·1	9.99631·8	9.99620·7
	30	9.99676·6	9.99664·9	9.99653·5	9.99642·0	9.99630·7	9.99619·6
	40	9.99675·6	9.99663·9	9.99652·4	9.99640·9	9.99629·6	9.99618·4
	50	9.99674·6	9.99662·9	9.99651·4	9.99639·8	9.99628·4	9.99617·3
60	0	9.99673·7	9.99661·9	9.99650·3	9.99638·7	9.99627·3	9.99616·1
	10	9.99672·7	9.99660·8	9.99649·3	9.99637·7	9.99626·2	9.99615·0
	20	9.99671·7	9.99659·8	9.99648·2	9.99636·6	9.99625·1	9.99613·8
	30	9.99670·7	9.99658·8	9.99647·1	9.99635·5	9.99624·0	9.99612·6
	40	9.99669·7	9.99657·8	9.99646·1	9.99634·4	9.99622·8	9.99611·5
	50	9.99668·7	9.99656·7	9.99645·0	9.99633·3	9.99621·7	9.99610·3
61	0	9.99667·7	9.99655·7	9.99643·9	9.99632·2	9.99620·6	9.99609·1
	10	9.99666·7	9.99654·7	9.99642·9	9.99631·2	6.99619·5	9.99608·0
	20	9.99665·7	9.99653·7	9.99641·8	9.99630·1	9.99618·4	9.99606·8
	30	9.99664·7	9.99652·6	9.99640·8	9.99629·0	9.99617·3	9.99605·7
	40	6.99663·7	9.99651·6	9.99639·7	9.99627·9	9.99616·1	9.99604·5
	50	9.99662·7	9.99650·6	9.99638·6	9.99626·8	9.99615·0	9.99603·4
62	0	9.99661·7	9.99649·6	9.99637·6	9.99625·7	9.99613·9	9.99602·2

TABLE IX. Logarithms for readily computing the true Distance of the MOON from the SUN or a Fixed Star.

Horizontal Parallax of the Moon.		Apparent Altitude of the Moon's Center.					
		33°	34°	35°	36°	37°	38°
M	S	Logarithm.	Logarithm.	Logarithm.	Logarithm.	Logarithm.	Logarithm.
53	0	9·99654·5	9·99644·7	9·99635·1	9·99625·6	9·99616·2	9·99606·9
	10	9·99653·3	9·99643·5	9·99633·9	9·99624·3	9·99614·9	9·99605·6
	20	9·99652·1	9·99642·3	9·99632·6	9·99623·1	9·99613·6	9·99604·2
	30	9·99651·0	9·99641·1	9·99631·4	9·99621·8	9·99612·3	9·99602·9
	40	9·99649·8	9·99639·9	9·99630·2	9·99620·5	9·99611·0	9·99601·6
	50	9·99648·6	9·99638·6	9·99628·9	9·99619·3	9·99609·7	9·99600·3
54	0	9·99647·4	9·99637·4	9·99627·7	9·99618·0	9·99608·4	9·99598·9
	10	9·99646·2	9·99636·2	9·99626·4	9·99616·7	9·99607·1	9·99597·6
	20	9·99645·0	9·99635·0	9·99625·2	9·99615·4	9·99605·8	9·99596·3
	30	9·99643·8	9·99633·8	9·99623·9	9·99614·2	9·99604·5	9·99595·0
	40	9·99642·7	9·99632·6	9·99622·7	9·99612·9	9·99603·2	9·99593·6
	50	9·99641·5	9·99631·4	9·99621·4	9·99611·6	9·99601·9	9·99592·3
55	0	9·99640·3	9·99630·2	9·99620·2	9·99610·3	9·99600·6	9·99591·0
	10	9·99639·1	9·99628·9	9·99619·0	9·99609·1	9·99599·3	9·99589·6
	20	9·99637·9	9·99627·7	9·99617·7	9·99607·8	9·99598·0	9·99588·3
	30	9·99636·8	9·99626·5	9·99616·5	9·99606·5	9·99596·7	9·99587·0
	40	9·99635·6	9·99625·3	9·99615·3	9·99605·2	9·99595·4	9·99585·6
	50	9·99634·4	9·99624·1	9·99614·0	9·99604·0	9·99594·1	9·99584·3
56	0	9·99633·2	9·99622·9	9·99612·8	9·99602·7	9·99592·8	9·99583·0
	10	9·99632·1	9·99621·7	9·99611·5	9·99601·4	9·99591·5	9·99581·6
	20	9·99630·9	9·99620·5	9·99610·3	9·99600·2	9·99590·2	9·99580·3
	30	9·99629·7	9·99619·3	9·99609·0	9·99598·9	9·99588·9	9·99579·0
	40	9·99628·5	9·99618·1	9·99607·8	9·99597·6	9·99587·6	9·99577·6
	50	9·99627·3	9·99616·9	9·99606·5	9·99596·3	9·99586·3	9·99576·3
57	0	9·99626·2	9·99615·7	9·99605·3	9·99595·1	9·99585·0	9·99575·0
	10	9·99625·0	9·99614·4	9·99604·1	9·99593·8	9·99583·7	9·99573·6
	20	9·99623·8	9·99613·2	9·99602·8	9·99592·6	9·99582·4	9·99572·3
	30	9·99622·6	9·99612·0	9·99601·6	9·99591·3	9·99581·1	9·99571·0
	40	9·99621·4	9·99610·8	9·99600·3	9·99590·0	9·99579·8	9·99568·6
	50	9·99620·3	9·99609·6	9·99599·1	9·99588·7	9·99578·5	9·99567·3
58	0	9·99619·1	9·99608·4	9·99597·9	9·99587·5	9·99577·2	9·99567·0
	10	9·99617·9	9·99607·2	9·99596·6	9·99586·2	9·99575·9	9·99565·6
	20	9·99616·7	9·99606·0	9·99595·4	9·99584·9	9·99574·6	9·99564·3
	30	9·99615·5	9·99604·7	9·99594·1	9·99583·6	9·99573·3	9·99563·0
	40	9·99614·4	9·99603·5	9·99592·9	9·99582·4	9·99572·0	9·99561·6
	50	9·99613·2	9·99602·3	9·99591·6	9·99581·1	9·99570·7	9·99560·3
59	0	9·99612·0	9·99601·1	9·99590·4	9·99579·8	9·99569·4	9·99559·0
	10	9·99610·8	9·99599·9	9·99589·2	9·99578·5	9·99568·0	9·99557·6
	20	9·99609·6	9·99598·7	9·99587·9	9·99577·3	9·99566·7	9·99556·3
	30	9·99608·5	9·99597·5	9·99586·7	9·99576·0	9·99565·4	9·99555·0
	40	9·99607·3	9·99596·3	9·99585·5	9·99574·7	9·99564·1	9·99553·6
	50	9·99606·1	9·99595·1	9·99584·2	9·99573·5	9·99562·8	9·99552·3
60	0	9·99604·9	9·99593·9	9·99583·0	9·99572·2	9·99561·5	9·99551·0
	10	9·99603·7	9·99592·6	9·99581·7	9·99570·9	9·99560·2	9·99549·6
	20	9·99602·5	9·99591·4	9·99580·5	9·99569·6	9·99558·9	9·99548·3
	30	9·99601·4	9·99590·2	9·99579·2	9·99568·4	9·99557·6	9·99547·0
	40	9·99600·2	9·99589·0	9·99578·0	9·99567·1	9·99556·3	9·99545·6
	50	9·99599·0	9·99587·8	9·99576·7	9·99565·8	9·99555·0	9·99544·3
61	0	9·99597·8	9·99586·6	9·99575·5	9·99564·5	9·99553·7	9·99543·0
	10	9·99596·6	9·99585·3	9·99574·2	9·99563·3	9·99552·4	9·99541·6
	20	9·99595·4	9·99584·1	9·99573·0	9·99562·0	9·99551·1	9·99540·3
	30	9·99594·3	9·99582·9	9·99571·7	9·99560·7	9·99549·8	9·99539·0
	40	9·99593·1	9·99581·7	9·99570·5	9·99559·4	9·99548·5	9·99537·6
	50	9·99591·9	9·99580·5	9·99569·2	9·99558·2	9·99547·2	9·99536·3
62	0	9·99590·7	9·99579·3	9·99568·0	9·99556·9	9·99545·9	9·99535·0

TABLE IX. Logarithms for readily computing the true Diſtance of the MOON from the SUN or a Fixed Star.

Horizontal Parallax of the Moon.		Apparent Altitude of the Moon's Center.					
		39°	40°	41°	42°	43°	44°
M	S	Logarithm.	Logarithm.	Logarithm.	Logarithm.	Logarithm.	Logarithm.
53	0	9·99597·7	9·99588·7	9·99579·8	9·99571·1	9·99562·5	9·99554·0
	10	9·99596·4	9·99587·3	9·99578·4	9·99569·7	9·99561·0	9·99552·5
	20	9·99595·0	9·99585·9	9·99577·0	9·99568·2	9·99559·5	9·99551·0
	30	9·99593·7	9·99584·6	9·99575·6	9·99566·8	9·99558·1	9·99549·5
	40	9·99592·3	9·99583·2	9·99574·1	9·99565·3	9·99556·6	9·99548·0
	50	9·99591·0	9·99581·8	9·99572·7	9·99563·9	9·99555·1	9·99546·5
54	0	9·99589·6	9·99580·4	9·99571·3	9·99562·4	9·99553·6	9·99545·0
	10	9·99588·3	9·99579·0	9·99569·9	9·99561·0	9·99552·2	9·99543·5
	20	9·99586·9	9·99577·6	9·99568·5	9·99559·6	9·99550·7	9·99542·0
	30	9·99585·6	9·99576·2	9·99567·1	9·99558·1	9·99549·2	9·99540·5
	40	9·99584·2	9·99574·8	9·99565·7	9·99556·7	9·99547·8	9·99539·0
	50	9·99582·9	9·99573·5	9·99564·3	9 99555·2	9·99546·3	9·99537·5
55	0	9·99581·5	9·99572·1	9·99562·8	9·99553·8	9·99544·8	9·99536·0
	10	9·99580·1	9·99570·7	9·99561·4	9·99552·3	9·99543·4	9·99534·5
	20	9·99578·8	9·99569·3	9·99560·0	9·99550·9	9·99541·9	9·99533·1
	30	9·99577·4	9·99567·9	9·99558·6	9·99549·4	9·99540·4	9·99531·6
	40	9·99576·1	9·99566·5	9·99557·2	9·99548·0	9·99539·0	9·99530·1
	50	9·99574·7	9·99565·2	9·99555·8	9·99546·5	9·99537·5	9·99528·6
56	0	9·99573·3	9·99563·8	9·99554·4	9·99545·1	9·99536·0	9·99527·1
	10	9·99572·0	9·99562·4	9·99552·9	9·99543·7	9·99534·6	9·99525·6
	20	9·99570·6	9·99561·0	9·99551·5	9·99542·2	9·99533·1	9·99524·1
	30	9·99569·3	9·99559·6	9·99550·1	9·99540·8	9·99531·6	9·99522·6
	40	9·99567·9	9·99558·2	9·99548·7	9·99539·4	9·99530·2	9·99521·1
	50	9·99566·6	9·99556·8	9·99547·3	9·99537·9	9·99528·7	9·99519·5
57	0	9·99565·2	9·99555·4	9·99545·9	9·99536·5	9·99527·2	9·99518·1
	10	9·99563·8	9·99554·1	9·99544·4	9·99535·0	9·99525·8	9·99516·6
	20	9·99562·5	9·99552·7	9·99543·0	9·99533·6	9·99524·3	9·99515·1
	30	9·99561·1	9·99551·3	9·99541·6	9·99532·1	9·99522·8	9·99513·6
	40	9·99559·7	9·99549·9	9·99540·2	9·99530·7	9·99521·4	9·99512·1
	50	9·99558·4	9·99548·5	9·99538·8	9·99529·2	9·99519·9	9·99510·6
58	0	9·99557·0	9·99547·1	9·99537·4	9·99527·8	9·99518·4	9·99509·1
	10	9·99555·6	9·99545·7	9·99535·9	9·99526·3	9·99516·9	9·99507·6
	20	9·99554·3	9·99544·3	9·99534·5	9·99524·9	9·99515·5	9·99506·1
	30	9·99552·9	9·99542·9	9·99533·1	9·99523·4	9·99514·0	9·99504·6
	40	9·99551·6	9·99541·6	9·99531·7	9·99522·0	9·99512·5	9·99503·1
	50	9·99550·2	9·99540·2	9·99530·3	9·99520·5	9·99511·0	9·99501·6
59	0	9·99548·8	9·99538·8	9·99528·9	9·99519·1	9·99509·5	9·99500·1
	10	9·99547·5	9·99537·4	9·99527·4	9·99517·7	9·99508·1	9·99498·6
	20	9·99546·1	9·99536·0	9·99526·0	9·99516·3	9·99506·6	9·99497·1
	30	9·99544·7	9·99534·6	9·99524·6	9·99514·8	9·99505·1	9·99495·6
	40	9·99543·4	9·99533·2	9·99523·2	9·99513·4	9·99503·7	9·99494·1
	50	9·99542·0	9·99531·8	9·99521·8	9·99511·9	9·99502.2	9·99492·6
60	0	9·99540·7	9·99530·4	9·99520·4	9·99510·5	9·99500·7	9·99491·1
	10	9·99539·3	9·99529·1	9·99518·9	9·99509·0	9·99499·3	9·99489·6
	20	9·99537·9	9·99527·7	9·99517·5	9·99507·6	9·99497·8	9·99488·1
	30	9·99536·6	9·99526·3	9·99516·1	9·99506·1	9·99496·3	9·99486·6
	40	9·99535·2	9·99524·9	9·99514·7	9·99504·7	9·99494·9	9·99485·1
	50	9·99533·8	9·99523·5	9·99513·3	9·99503·2	9·99493·4	9·99483·6
61	0	9·99532·5	9·99522·1	9·99511·9	9·99501·8	9·99491·9	9·99482·1
	10	9·99531·1	9·99520·7	9·99510·4	9·99500·3	9·99490·4	9·99480·6
	20	9·99529·7	9·99519·3	9·99509·0	9·99498·9	9·99489·0	9·99479·1
	30	9·99528·4	9·99518·0	9·99507·6	9·99497·4	9·99487·5	9·99477·6
	40	9·99527·0	9·99516·6	9·99506·2	9·99496·0	9·99486·0	9·99476·1
	50	9·99525·6	9·99515·2	9·99504·8	9·99494·5	9·99484·5	9·99474·6
62	0	9·99524·3	9·99513·8	9·99503·3	9·99493·1	9·99483·0	9·99473·1

TABLE IX. Logarithms for readily computing the true Distance of the MOON from the SUN or a Fixed Star.

Horizontal Parallax of the Moon.		Apparent Altitude of the Moon's Center.					
		45°	46°	47°	48°	49°	50°
M	S	Logarithm.	Logarithm.	Logarithm.	Logarithm.	Logarithm.	Logarithm.
53	0	9·99545·6	9·99537·4	9·99529·4	9·99521·5	9·99513·7	9·99506·1
	10	9·99544·1	9·99535·9	9·99527·9	9·99519·9	9·99512·1	9·99504·5
	20	9·99542·6	9·99534·4	9·99526·3	9·99518·3	9·99510·5	9·99502·8
	30	9·99541·0	9·99532·8	9·99524·7	9·99516·7	9·99508·9	9·99501·2
	40	9·99539·5	9·99531·3	9·99523·1	9·99515·1	9·99507·2	9·99499·5
	50	9·99538·0	9·99529·8	9·99521·6	9·99513·5	9·99505·6	9·99497·9
54	0	9·99536·5	9·99528·2	9·99520·0	9·99511·9	9·99504·0	9·99496·2
	10	9·99535·0	9·99526·7	9·99518·4	9·99510·3	9·99502·4	9·99494·6
	20	9·99533·4	9·99525·1	9·99516·8	9·99508·7	9·99500·8	9·99493·0
	30	9·99531·9	9·99523·6	9·99515·3	9·99507·1	9·99499·1	9·99491·3
	40	9·99530·4	9·99522·0	9·99513·7	9·99505·5	9·99497·5	9·99489·7
	50	9·99528·9	9 99520·5	9·99512·1	9·99503·9	9·99495·9	9·99488·0
55	0	9·99527·4	9·99518·9	9·99510·5	9·99502·3	9·99494·3	9·99486·4
	10	9·99525·8	9·99517·4	9·99508·9	9·99500·7	9·99492·6	9·99484·7
	20	9·99524·3	9·99515·8	9·99507·4	9·99499·1	9·99491·0	9·99483·1
	30	9·99522·8	9·99514·3	9·99505·8	9·99497·5	9·99489·4	9·99481·4
	40	9·99521·3	9·99512·7	9·99504·2	9·99495·9	9·99487·8	9·99479·8
	50	9·99519·7	9·99511·2	9·99502·6	9·99494·3	9·99486·1	9·99478·1
56	0	9·99518·2	9·99509·6	9·99501·1	9·99492·7	9·99484·5	9·99476·5
	10	9·99516·7	9·99508·0	9·99499·5	9·99491·1	9·99482·9	9·99474·8
	20	9·99515·2	9·99506·5	9·99497·9	9·99489·5	9·99481·3	9·99473·2
	30	9·99513·6	9·99504·9	9·99496·4	9·99487·9	9·99479·6	9·99471·5
	40	9·99512·1	9·99503·4	9·99494·8	9·99486·3	9·99478·0	9·99469·9
	50	9·99510·6	9·99501·8	9·99493·2	9·99484·7	9·99476·4	9·99468·2
57	0	9·99509·1	9·99500·3	9·99491·6	9·99483·1	9·99474·8	9·99466·6
	10	9·99507·6	9·99498·7	9·99490·1	9·99481·5	9·99473·1	9·99464·9
	20	9·99506·0	9·99497·2	9·99488·5	9·99479·9	9·99471·5	9·99463·3
	30	9·99504·5	9·99495·6	9·99486·9	9·99478·3	9·99469·9	9·99461·6
	40	9·99503·0	9·99494·1	9·99485·3	9·99476·7	9·99468·3	9·99460·0
	50	9·99501·5	9·99492·5	9·99483·7	9·99475·1	9·99466·6	9·99458·3
58	0	9·99500·0	9·99491·0	9·99482·2	9·99473·5	9·99465·0	9·99456·7
	10	9·99498·4	9·99489·4	9·99480·6	9·99471·9	9·99463·4	9·99455·0
	20	9·99496·9	9·99487·9	9·99479·0	9·99470·3	9·99461·8	9·99453·4
	30	9·99495·4	9·99486·3	9·99477·5	9·99468·7	9·99460·1	9·99451·7
	40	9·99493·9	9·99484·8	9·99475·9	9·99467·1	9·99458·5	9·99450·1
	50	9·99492.3	9·99483·2	9·99474·3	9·99465·5	9·99456·9	9·99448·4
59	0	9·99490·8	9·99481·7	9·99472·7	9·99463·9	9·99455·3	9·99446·8
	10	9·99489·3	9·99470·1	9·99471·2	9·99462·3	9·99453·6	9·99445·1
	20	9·99487·8	9·99478·6	9·99469·6	9·99460·7	9·99452·0	9·99443·5
	30	9·99486·2	9·99477·0	9·99468·0	9·99459·1	9·99450·4	9·99441·8
	40	9·99484·7	9·99475·5	9·99465·5	9·99457·5	9·99448·8	9·99440·2
	50	9·99483·2	9·99473·9	9·99464·9	9·99455·9	9·99447·2	9·99438·5
60	0	9·99481·7	9·99472·4	9·99463·3	9·99454·3	9·99445·5	9·99436·9
	10	9·99480·1	9·99470·8	9·99461·7	9·99452·7	9·99443·9	9·99435·2
	20	9·99478·6	9·99469·3	9·99460·1	9·99451·1	9·99442·3	9·99433·6
	30	9·99477·1	9·99467·7	9·99458·6	9·99449·5	9·99440·7	9·99431·9
	40	9·99475·6	9·99466·2	9·99457·0	9·99447·9	9·99439·0	9·99430·3
	50	9·99474·0	9·99464·6	9·99455·4	9·99446·3	9·99437·4	9·99428·6
61	0	9·99472·5	9·99463·1	9·99453·8	9·99444·7	9·99435·8	9·99427·0
	10	9·99471·0	9·99461·5	9·99452·3	9·99443·1	9·99434·2	9·99425·3
	20	9·99469·5	9·99460·0	9·99450·7	9·99441·5	9·99432·5	9·99423·7
	30	9·99467·9	9·99458·4	9·99449·1	9·99439·9	9·99430·9	9·99422·0
	40	9·99466·4	9·99456·9	9·99447·6	9·99438·3	9·99429·3	9·99420·4
	50	9·99464·9	9·99455·3	9·99446·0	9·99436·7	9·99427·7	9·99418·7
62	0	9·99463·4	9·99453·8	9·99444·4	9·99435·1	9·99426·0	9·99417·1

TABLE IX. Logarithms for readily computing the true Diſtance of the MOON from the SUN or a Fixed Star.

Horizontal Parallax of the Moon.		Apparent Altitude of the Moon's Center.					
		51°	52°	53°	54°	55°	56°
M	S	Logarithm.	Logarithm.	Logarithm.	Logarithm.	Logarithm.	Logarithm.
53	0	9·99498·6	9·99491·3	9·99484·2	9·99477·3	9·99471·5	9·99463·9
	10	9·99496·9	9·99489·6	9·99482·5	9·99475·6	9·99468·7	9·99462·1
	20	9·99495·2	9·99487·9	9·99480·8	9·99473·8	9·99467·0	9·99460·3
	30	9·99493·6	9·99486·2	9·99479·1	9·99472·1	9·99465·2	9·99458·6
	40	9·99491·9	9·99484·6	9·99477·4	9·99470·3	9·99463·5	9·99456·8
	50	9·99490·2	9·99482·9	9·99475·7	9·99468·6	9·99461·7	9·99455·0
54	0	9·99488·6	9·99481·2	9·99473·9	9·99466·8	9·99459·9	9·99453·2
	10	9·99486·9	9·99479·5	9·99472·2	9·99465·1	9·99458·2	9·99451·4
	20	9·99485·2	9·99477·8	9·99470·5	9·99463·4	9·99456·4	9·99449·6
	30	9·99483·6	9·99476·1	9·99468·8	9·99461·6	9·99454·7	9·99447·9
	40	9·99481·9	9·99474·4	9·99467·1	9·99459·9	9·99452·9	9·99446·1
	50	9·99480·2	9·99472·7	9·99465·4	9·99458·2	9·99451·2	9·99444·3
55	0	9·99478·6	9·99471·0	9·99463·7	9·99456·4	9·99449·4	9·99442·5
	10	9·99476·9	9·99469·3	9·99461·9	9·99454·7	9·99447·6	9·99440·8
	20	9·99475·2	9·99467·6	9·99460·2	9·99453·0	9·99445·9	9·99439·0
	30	9·99473·6	9·99466·0	9·99458·5	9·99451·2	9·99444·1	9·99437·2
	40	9·99471·9	9·99464·3	9·99456·8	9·99449·5	9·99442·3	9·99435·4
	50	9·99470·2	9·99462·6	9·99455·1	9·99447·8	9·99440·6	9·99433·7
56	0	9·99468·6	9·99460·9	9·99453·4	9·99446·0	9·99438·8	9·99431·9
	10	9·99466·9	9·99459·2	9·99451·6	9·99444·3	9·99437·1	9·99430·1
	20	9·99465·2	9·99457·5	9·99449·9	9·99442·5	9·99435·3	9·99428·3
	30	9·99463·6	9·99455·8	9·99448·2	9·99440·8	9·99433·6	9·99426·5
	40	9·99461·9	9·99454·1	9·99446·5	9·99439·1	9·99431·8	9·99424·7
	50	9·99460·2	9·99452·4	9·99444·8	9·99437·3	9·99430·1	9·99423·0
57	0	9·99458·6	9·99450·7	9·99443·1	9·99435·6	9·99428·3	9·99421·2
	10	9·99456·9	9·99449·0	9·99441·4	9·99433·9	9·99426·5	9·99419·4
	20	9·99455·2	9·99447·3	9·99439·6	9·99432·1	9·99424·8	9·99417·6
	30	9·99453·6	9·99445·7	9·99437·9	9·99430·4	9·99423·0	9·99415·8
	40	9·99451·9	9·99444·0	9·99436·2	9·99428·7	9·99421·3	9·99414·0
	50	9·99450·2	9·99442·3	9·99434·5	9·99426·9	9·99419·5	9·99412·3
58	0	9·99448·6	9·99440·6	9·99432·8	9·99425·2	9·99417·7	9·99410·5
	10	9·99446·9	9·99438·9	9·99431·1	9·99423·4	9·99416·0	9·99408·7
	20	9·99445·2	9·99436·2	9·99429·4	9·99421·7	9·99414·2	9·99406·9
	30	9·99443·6	9·99434·5	9·99427·6	9·99420·0	9·99412·5	9·99405·1
	40	9·99441·9	9·99432·8	9·99425·9	9·99418·2	9·99410·7	9·99403·3
	50	9·99440·2	9·99431·1	9·99424·2	9·99416·5	9·99409·0	9·99401·6
59	0	9·99438·5	9·99430·4	9·99422·5	9·99414·7	9·99407·2	9·99399·8
	10	9·99436·9	9·99428·7	9·99420·8	9·99413·0	9·99405·4	9·99398·0
	20	9·99435·2	9·99427·0	9·99419·1	9·99411·2	9·99403·7	9·99396·2
	30	9·99433·5	9·99425·3	9·99417·4	9·99409·5	9·99401·9	9·99394·4
	40	9·99431·9	9·99423·6	9·99415·6	9·99407·8	9·99400·2	9·99392·7
	50	9·99430·2	9·99421·0	9·99413·9	9·99406·0	9·99398·4	9·99390·9
60	0	9·99428·5	9·99420·2	9·99412·2	9·99404·3	9·99396·6	9·99389·1
	10	9·99426·9	9·99418·5	9·99410·5	9·99402·6	9·99394·9	9·99387·3
	20	9·99425·2	9·99416·8	9·99408·8	9·99400·8	9·99393·1	9·99385·5
	30	9·99423·5	9·99415·2	9·99407·1	9·99399·1	9·99391·3	9·99383·7
	40	9·99421·9	9·99413·5	9·99405·4	9·99397·4	9·99389·6	9·99382·0
	50	9·99420·2	9·99411·8	9·99403·6	9·99395·6	9·99387·8	9·99380·2
61	0	9·99418·5	9·99410·1	9·99401·9	9·99393·9	9·99386·0	9·99378·4
	10	9·99416·8	9·99408·4	9·99400·2	9·99392·1	9·99384·3	9·99376·6
	20	9·99415·2	9·99406·7	9·99398·5	9·99390·4	9·99382·5	9·99374·8
	30	9·99413·5	9·99405·0	9·99396·8	9·99388 6	9·99380·8	9·99373·1
	40	9·99411·8	9·99403·3	9·99395·1	9·99386·9	9·99379·0	9·99371·3
	50	9·99410·1	9·99401·6	9·99393·4	9·99385·1	9·99377·3	9·99369·5
62	0	9·99408·4	9·99399·9	9·99391·6	9·99383·4	9·99375·5	9·99367·7

TABLE IX. Logarithms for readily computing the true Diſtance of the MOON from the SUN or a Fixed Star.

Horizontal Parallax of the Moon.		Apparent Altitude of the Moon's Center.					
		57°	58°	59°	60°	61°	62°
M	S	Logarithm.	Logarithm.	Logarithm.	Logarithm.	Logarithm.	Logarithm.
53	0	9·99457·4	9·99451·2	9·99445·1	9·99439·2	9·99433·5	9·99427·9
	10	9·99455·6	9·99449·4	9·99443·2	9·99437·4	9·99431·6	9·99426·0
	20	9·99453·8	9·99447·6	9·99441·4	9·99435·5	9·99429·7	9·99424·1
	30	9·99452·0	9·99445·8	9·99439·6	9·99433·7	9·99427·9	9·99422·2
	40	9·99450·2	9·99443·9	9·99437·7	9·99431·8	9·99426·0	9·99420·3
	50	9·99448·4	9·99442·1	9·99435·9	9·99430·0	9·99424·1	9·99418·4
54	0	9·99446·6	9·99440·3	9·99434·1	9·99428·1	9·99422·2	9·99416·5
	10	9·99444·8	9·99438·5	9·99432·2	9·99426·3	9·99420·4	9·99414·6
	20	9·99443·0	9·99436·6	9·99430·4	9·99424·4	9·99418·5	9·99412·7
	30	9·99441·2	9·99434·8	9·99428·5	9·99422·5	9·99416·6	9 99410·9
	40	9·99439·4	9·99433·0	9·99426·7	9·99420·7	9·99414·7	9·99409·0
	50	9·99437·6	9·99431·2	9·99424·9	9·99418·8	9·99412·9	9·99407·1
55	0	9·99435·8	9·99429·4	9·99423·0	9·99416·9	9·99411·0	9·99405·2
	10	9·99434·0	9·99427·5	9·99421·2	9·99415·1	9·99409·1	9·99403·3
	20	9·99432·2	9·49425·7	9·99419·4	9·99413·2	9·99407·2	9·99401·4
	30	9·99430·4	9·99423·9	9·99417·5	9·99411·4	9·99405·4	9·99399·5
	40	9·99428·6	9·99422·1	9·99415·7	9·99409·5	9·99403·5	9·99397·6
	50	9·99426·8	9·99420·3	9·99413·9	9·99407·7	9·99401·6	9·99395·7
56	0	9·99425·0	9·99418·4	9·99412·0	9·99405·8	9·99399·7	9·99393·8
	10	9·99423·2	9·99416·6	9·99410·2	9·99403·9	9·99397·8	9·99391·9
	20	9·99421·4	9·99414·8	9·99408·3	9·99402·1	9·99395·9	9·99390·0
	30	9·99419·6	9·99413·0	9·99406·5	9·99400·2	9·99394·0	9·99388·2
	40	9·99417·8	9·99411·2	9·99404·6	9·99398·4	9·99392·2	9·99386·3
	50	9·99416·0	9·99409·3	9·99422·8	9·99396·5	9·99390·3	9·99384·4
57	0	9·99414·2	9·99407·5	9·99400·9	9·99394·6	9·99388·5	9·99382·5
	10	9·99412·4	9·99405·7	9·99399·1	9·99392·8	9·99386·6	9·99380·6
	20	9·99410·6	9·99403·9	9·99397·3	9·99390·9	9·99384·7	9·99378·7
	30	9·90408·8	9·99402·1	9·99395·4	9·99389·1	9·99382·8	9·99376·8
	40	9·99407·0	9·99400·2	9·99393·6	9·99387·2	9·99381·0	9·99374·9
	50	9·99405·2	9·99398·4	9·99391·8	9·99385·4	9·99379·1	9·99373·0
58	0	9·99403·4	9·99396·6	9·99389·9	9·99383·5	9·99377·2	9·99371·1
	10	9·99401·6	9·99394·8	9·99388·1	9·99381·6	9·99375·3	9·99369·2
	20	9·99399·8	9·99393·0	9·99386·3	9·99379·8	9·99373·5	9·99367·3
	30	9·99398·0	9·99391·1	9·99384·4	9·99377·9	9·99371·6	9·99365·4
	40	9·99396·2	9·99389·3	9·99382·6	9·99376·0	9·99369·7	9·99363·5
	50	9·99394·4	9·99387·5	9·99380·8	9·99374·2	9·99367·8	9·99361·6
59	0	9·99392·6	9·99385·7	9·99378·9	9·99372·3	9·99366·0	9·99359·7
	10	9·99390·8	9·99383·9	9·99377·1	9·99370·5	9·99364·1	9·99357·9
	20	9·99389·0	9·99382·0	9·99375·3	9·99368·6	9·99362·2	9·99356·0
	30	9·99387·2	9·99380·2	9·99373·4	9·99366·8	9·99360·3	9·99354·1
	40	9·99385·4	9·99378·4	9·99371·6	9·99364·9	9·99358·4	9·99352·2
	50	9·99383·6	9·99376·6	9·99369·7	9·99363·0	9·99356·6	9·99350·3
60	0	9·99381·8	9·99374·8	9·99367·9	9·99361·2	9·99354·7	9·99348·4
	10	9·99380·0	9·99372·9	9·99366·0	9·99359·3	9·99352·8	9·99346·5
	20	9·99378·2	9·99371·1	9·99364·2	9·99357·4	9·99350·9	9·99344·6
	30	9·99376·4	9·99369·3	9·99362·3	9·99355·6	9·99349·0	9·99342·7
	40	9·99374·6	9·99367·5	9·99360·5	9·99353·7	9·99347·2	9·99340·8
	50	9·99372·8	9·99365·7	9·99358·7	9·99351·8	9·99345·3	9·99338·9
61	0	9·99371·0	9·99363·8	9·99356·8	9·99350·0	9·99343·4	9·99337·0
	10	9·99369·2	9·99362·0	9·99355·0	9·99348·1	9·99341·5	9·99335·1
	20	9·99367·4	9·99360·2	9·99353·2	9·99346·2	9·99339·6	9·99333·2
	30	9·99365·6	9·99358·4	9·99351·3	9·99344·4	9·99337·8	9·99331·3
	40	9·99363·8	9·99356·6	9·99349·5	9·99342·5	9·99335·9	9·99329·4
	50	9·99362·0	9·99354·8	9·99347·7	9·99340·6	9·99334·0	9·99327·5
62	0	9·99360·2	9·99352·9	9·99345·8	9·99338·8	9·99332·1	9·99325·6

TABLE IX. Logarithms for readily computing the true Distance of the MOON from the SUN or a Fixed Star.

Horizontal Parallax of the Moon.		Apparent Altitude of the Moon's Center.					
		63°	64°	65°	66°	67°	68°
M	S	Logarithm.	Logarithm.	Logarithm.	Logarithm.	Logarithm.	Logarithm.
53	0	9·99422·4	9·99417·2	9·99412·1	9·99407·3	9·99402·7	9·99398·2
	10	9·99420·5	9·99415·3	9·99410·2	9·99405·3	9·99400·7	9·99396·2
	20	9·99418·6	9·99413·4	9·99408·3	9·99403·4	9·99398·7	9·99394·2
	30	9·99416·7	9·99411·4	9·99406·3	9·99401·4	9·99396·8	9·99392·2
	40	9·99414·8	9·99409·5	9·99404·4	9·99399·5	9·99394·8	9·99390·2
	50	9·99412·9	9·99407·6	9·99402·5	9·99397·5	9·99392·8	9·99388·2
54	0	9·99411·0	9·99405·7	9·99400·5	9·99395·6	9·99390·8	9·99386·2
	10	9·99409·1	9·99403·8	9·99398·6	9·99393·6	9·99388·9	9·99384·3
	20	9·99407·2	9·99401·8	9·99396·6	9·99391·7	9·99386·9	9·99382·3
	30	9·99405·3	9·99399·9	9·99394·7	9·99389·7	9·99384·9	9·99380·3
	40	9·99403·4	9·99398·0	9·99392·7	9·99387·7	9·99383·0	9·99378·3
	50	9·99401·5	9·99396·1	9·99390·8	9·99385·8	9·99381·0	9·99376·3
55	0	9·99399·6	9·99394·1	9·99388·8	9·99383·8	9·99379·0	9·99374·3
	10	9·99397·7	9·99392·2	9·99386·9	9·99381·9	9·99377·0	9·99372·4
	20	9·99395·7	9·99390·3	9·99385·0	9·99379·9	9·99375·1	9·99370·4
	30	9·99393·8	9·99388·4	9·99383·0	9·99378·0	9·99373·1	9·99368·4
	40	9·99391·9	9·99386·4	9·99381·1	9·99376·0	9·99371·1	9·99366·4
	50	9·99390·0	9·99384·5	9·99379·1	9·99374·0	9·99369·2	9·99364·4
56	0	9·99388·1	9·99382·6	9·99377·2	9·99372·1	9·99367·2	9·99362·4
	10	9·99386·2	9·99380·7	9·99375·3	9·99370·1	9·99365·2	9·99360·5
	20	9·99384·3	9·99378·7	9·99373·3	9·99368·2	9·99363·2	9·99358·5
	30	9·99382·4	9·99376·8	9·99371·4	9·99366·2	9·99361·3	9·99356·5
	40	9·99380·5	9·99374·9	9·99369·5	9·99364·2	9·99359·3	9·99354·5
	50	9·99378·6	9·99373·0	9·99367·5	9·99362·3	9·99357·3	9·99352·5
57	0	9·99376·6	9·99371·0	9·99365·6	9·99360·3	9·99355·3	9·99350·5
	10	9·99374·7	9·99369·1	9·99363·6	9·99358·4	9·99353·4	9·99348·6
	20	9·99372·8	9·99367·2	9·99362·7	9·99356·4	9·99351·4	9·99346·6
	30	9·99370·9	9·99365·2	9·99359·8	9·99354·5	9·99349·4	9·99344·6
	40	9·99369·0	9·99363·3	9·99357·8	9·99352·5	9·99347·4	9·99342·6
	50	9·99367·1	9·99361·4	9·99355·9	9·99350·5	9·99345·5	9·99340·6
58	0	9·99365·2	9·99359·4	9·99353·9	9·99348·6	9·99343·5	9·99338·6
	10	9·99363·2	9·99357·5	9·99352·0	9·99346·6	9·99341·5	9·99336·6
	20	9·99361·3	9·99355·6	9·99350·0	9·99344·7	9·99339·6	9·99334·6
	30	9·99359·4	9·99353·7	9·99348·1	9·99342·7	9·99337·6	9·99332·7
	40	9·99357·5	9·99351·7	9·99346·1	9·99340·7	9·99335·6	9·99330·7
	50	9·99355·6	9·99349·8	9·99344·2	9·99338·8	9·99333·6	9·99328·7
59	0	9·99353·7	9·99347·9	9·99342·2	9·99336·8	9·99331·7	9·99326·7
	10	9·99351·8	9·99345·9	9·99340·3	9·99334·9	9·99329·7	9·99324·7
	20	9·99349·8	9·99344·0	9·99338·4	9·99332·9	9·99327·7	9·99322·7
	30	9·99347·9	9·99342·1	9·99336·4	9·99331·0	9·99325·8	9·99320·7
	40	9·99346·0	9·99340·2	9·99334·5	9·99329·0	9·99323·8	9·99318·7
	50	9·99344·1	9·99338·2	9·99332·5	9·99327·0	9·99321·8	9·99316·7
60	0	9·99342·2	9·99336·3	9·99330·6	9·99325·1	9·99319·8	9·99314·7
	10	9·99340·3	9·99334·4	9·99328·6	9·99323·1	9·99317·9	9·99312·8
	20	9·99338·4	9·99332·4	9·99326·7	9·99321·2	9·99315·9	9·99310·8
	30	9·99336·5	9·99330·5	9·99324·8	9·99319·2	9·99313·9	9·99308·8
	40	9·99334·6	9·99328·6	9·99322·8	9·99317·2	9·99311·9	9·99306·8
	50	9·99332·7	9·99326·7	9·99320·9	9·99315·3	9·99310·0	9·99304·8
61	0	9·99330·8	9·99324·7	9·99318·9	9·99313·3	9·99308·0	9·99302·8
	10	9·99328·9	9·99322·8	9·99317·0	9·99311·4	9·99306·0	9·99300·8
	20	9·99327·0	9·99320·9	9·99315·0	9·99309·4	9·99304·0	9·99298·8
	30	9·99325·0	9·99318·9	9·99313·1	9·99307·5	9·99302·1	9·99296·8
	40	9·99323·1	9·99317·0	9·99311·1	9·99305·5	9·99300·1	9·99294·8
	50	9·99321·2	9·99315·1	9·99309·2	9·99303·5	9·99298·1	9·99292·8
62	0	9·99319·3	9·99314·1	9·99307·2	9·99301·6	9·99296·1	9·99290·8

Table IX. Logarithms for readily computing the true Distance of the Moon from the Sun or a Fixed Star.

Horizontal Parallax of the Moon.		Apparent Altitude of the Moon's Center.					
		69°	70°	71°	72°	73°	74°
M	S	Logarithm.	Logarithm.	Logarithm.	Logarithm.	Logarithm.	Logarithm.
53	0	9·99393·9	9·99389·8	9·99385·8	9·99382·2	9·99378·8	9·99375·3
	10	9·99391·9	9·99387·8	9·99383·8	9·99380·2	9·99376·7	9·99373·2
	20	9·99389·9	9·99385·8	9·99381·7	9·99378·1	9·99374·6	9·99371·2
	30	9·99387·9	9·99383·8	9·99379·7	9·99376·1	9·99372·6	9·99369·1
	40	9·99385·9	9·99381·8	9·99377·7	9·99374·0	9·99370·5	9·99367·1
	50	9·99383·9	9·99379·8	9·99375·7	9·99372·0	9·99368·4	9·99365·0
54	0	9·99381·8	9·99377·7	9·99373·7	9·99369·9	9·99366·4	9·99363·0
	10	9·99379·8	9·99375·7	9·99371·6	9·99367·9	9·99364·3	9·99360·9
	20	9·99377·8	9·99373·7	9·99369·6	9·99365·8	9·99362·3	9·99358·8
	30	9·99375·8	9·99371·7	9·99367·6	9·99363·8	9·99360·2	9·99356·8
	40	9·99373·8	9·99369·7	9·99365·6	9·99361·7	9·99358·2	9·99354·7
	50	9·99371·8	9·99367·7	9·99363·6	9·99359·7	9·99356·1	9·99352·6
55	0	9·99369·8	9·99365·6	9·99361·5	9·99357·6	9·99354·1	9·99350·6
	10	9·99367·8	9·99363·6	9·99359·5	9·99355·6	9·99352·0	9·99348·5
	20	9·99365·8	9·99361·6	9·99357·5	9·99353·6	9·99350·0	9·99346·4
	30	9·99363·8	9·99359·6	9·99355·5	9·99351·5	9·99347·9	9·99344·4
	40	9·99361·8	9·99357·6	9·99353·5	9·99349·5	9·99345·9	9·99342·3
	50	9·99359·8	9·99355·6	9·99351·4	9·99347·5	9·99343·8	9·99340·2
56	0	9·99357·8	9·99353·5	9·99349·4	9·99345·5	9·99341·8	9·99338·2
	10	9·99355·8	9·99351·5	9·99347·4	9·99343·4	9·99339·7	9·99336·1
	20	9·99353·8	9·99349·5	9·99345·4	9·99341·4	9·99337·7	9·99334·0
	30	9·99351·8	9·99347·5	9·99343·4	9·99339·4	9·99335·6	9·99332·0
	40	9·99349·8	9·99345·5	9·99341·3	9·99337·3	9·99333·6	9·99329·9
	50	9·99347·8	9·99343 5	9·99339·3	9·99335·3	9·99331·5	9·99327·8
57	0	9·99345·8	9·99341·5	9·99337·3	9·99333·3	9·99329·5	9·99325·8
	10	9·99343·8	9·99339·4	9·99335·3	9·99331·2	9·99327·4	9·99323·7
	20	9·99341·8	9·99337·4	9·99333·2	9·99329·2	9·99325·4	9·99321·7
	30	9·99339·8	9·99335·4	9·99331·2	9·99327·2	9·99323·3	9·99319·6
	40	9·99337·8	9·99333·4	9·99329·2	9·99325·1	9·99321·3	9·99317·6
	50	9·99335·8	9·99331·4	9·99327·2	9·99323·1	9·99319·2	9·99315·5
58	0	9·99333·8	9·99329·4	9·99325·1	9·99321·1	9·99317·2	9·99313·5
	10	9·99331·8	9·99327·3	9·99323·1	9·99319·0	9·99315·1	9·99311·4
	20	9·99329·8	9·99325·3	9·99321·1	9·99317·0	9·99313·1	9·99309·4
	30	9·99327·8	9·99323·3	9·99319·1	9·99314·9	9·99311·0	9·99307·3
	40	9·99325·8	9·99321·3	9·99317·0	9·99312·9	9·99309·0	9·99305·3
	50	9·99323·8	9·99319·3	9·99315·0	9·99310·8	9·99306·9	9·99303·2
59	0	9·99321·8	9·99317·3	9·99313·0	9·99308·8	9·99304·9	9·99301·2
	10	9·99319·8	9·99315·2	9·99311·0	9·99306·8	9·99302·8	9·99299·1
	20	9·99317·8	9·99313·2	9·99308·9	9·99304·7	9·99300·8	9·99297·0
	30	9·99315·8	9·99311·2	9·99306·9	9·99302·7	9·99298·7	9·99295·0
	40	9·99313·8	9·99309·2	9·99304·9	9·99300·7	9·99296·7	9·99292·9
	50	9·99311·8	9·99307·2	9·99302·9	9·99298·6	9·99294·6	9·99290·8
60	0	9·99309·8	9·99305·2	9·99300·8	9·99296·6	9·99292·6	9·99288·8
	10	9·99307·8	9·99303·1	9·99298·8	9·99294·6	9·99290·5	9·99286·7
	20	9·99305·8	9·99301·1	9·99296·8	9·99292·5	9·99288·5	9·99284·7
	30	9·99303·8	9·99299·1	9·99294·8	9·99290·5	9·99286·4	9·99282·6
	40	9·99301·8	9·99297·1	9·99292·7	9·99288·5	9·99284·4	9·99280·6
	50	9·99299·8	9·99295 1	9·99290·7	9·99286·4	9·99282·3	9·99278·5
61	0	9·99297·8	9·99293·1	9·99288 7	9·99284·4	9·99280·3	9·99276·5
	10	9·99295·8	9·99291·0	9·99286·7	9·99282·4	9·99278·2	9·99274·4
	20	9·99293·8	9·99289·0	9·99284·6	9·99280·3	9·99276·2	9·99272·3
	30	9·99291·8	9·99287·0	9·99282·6	9·99278·3	9·99274·1	9·99270·3
	40	9·99289·8	9·99285·0	9·99280·6	9·99276·2	9·99272·1	9·99268·2
	50	9·99287·8	9·99283·0	9·99278·6	9·99274·2	9·99270·0	9·99266·1
62	0	9·99285·8	9·99281·0	9·99276·5	9·99272·1	9·99268·0	9·99264·1

TABLE IX. Logarithms for readily computing the true Distance of the Moon from the SUN or a Fixed Star.

Horizontal Parallax of the Moon.		Apparent Altitude of the Moon's Center.					
		75°	76°	77°	78°	79°	80°
M	S	Logarithm.	Logarithm.	Logarithm.	Logarithm.	Logarithm.	Logarithm.
53	0	9.99372·1	9.99369·1	9.99366·4	9.99364·0	9.99361·7	9.99359·5
	10	9.99370·0	9.99367·0	9.99364·3	9.99361·9	9.99359·6	9.99357·4
	20	9.99367·9	9.99364·9	9.99362·3	9.99359·8	9.99357·5	9.99355·3
	30	9.99365·9	9.99362·9	9.99360·2	9.99357·7	9.99355·4	9.99353·2
	40	9.99363·8	9.99360·8	9.99358·1	9.99355·6	9.99353·3	9.99351·1
	50	9.99361·7	9.99358·7	9.99356·0	9.99353·5	9.99351·2	9.99349·0
54	0	9.99359·7	9.99356·7	9.99354·0	9.99351·4	9.99349·1	9.99346·9
	10	9.99357·6	9.99354·6	9.99351·9	9.99349·3	9.99347·0	9.99344·8
	20	9.99355·5	9.99352·5	9.99349·8	9.99347·2	9.99344·9	9.99342·7
	30	9.99353·5	9.99350·5	9.99347·7	9.99345·1	9.99342·8	9.99340·6
	40	9.99351·4	9.99348·4	9.99345·6	9.99343·0	9.99340·7	9.99338·5
	50	9.99349·3	9.99346·3	9.99343·6	9.99340·9	9.99338·6	9.99336·4
55	0	9.99347·3	9.99344·3	9.99341·5	9.99338·8	9.99336·5	9.99334·3
	10	9.99345·2	9.99342·2	9.99339·4	9.99336·8	9.99334·4	9.99332·2
	20	9.99343·1	9.99340·1	9.99337·3	9.99334·7	9.99332·3	9.99330·1
	30	9.99341·1	9.99338·0	9.99335·2	9.99332·6	9.99330·2	9.99328·0
	40	9.99339·0	9.99336·0	9.99333·1	9.99330·5	9.99328·1	9.99325·9
	50	9.99336·9	9.99333·9	9.99331·0	9.99328·4	9.99326·0	9.99323·8
56	0	9.99334·9	9.99331·8	9.99328·9	9.99326·3	9.99323·9	9.99321·7
	10	9.99332·8	9.99329·7	9.99326·9	9.99324·2	9.99321·8	9.99319·6
	20	9.99330·7	9.99327·6	9.99324·8	9.99322·1	9.99319·7	9.99317·5
	30	9.99328·7	9.99325·5	9.99322·7	9.99320·0	9.99317·6	9.99315·4
	40	9.99326·6	9.99323·4	9.99320·6	9.99317·9	9.99315·5	9.99313·3
	50	9.99324·5	9.99321·4	9.99318·5	9.99315·8	9.99313·4	9.99311·1
57	0	9.99322·5	9.99319·3	9.99316·4	9.99313·7	9.99311·3	9.99309·0
	10	9.99320·4	9.99317·2	9.99314·4	9.99311·7	9.99309·2	9.99306·9
	20	9.99318·3	9.99315·1	9.99312·3	9.99309·6	9.99307·1	9.99304·8
	30	9.99316·3	9.99313·1	9.99310·2	9.99307·5	9.99305·0	9.99302·7
	40	9.99314·2	9.99311·0	9.99308·1	9.99305·4	9.99302·9	9.99300·6
	50	9.99312·1	9.99308·9	9.99306·0	9.99303·3	9.99300·8	9.99298·5
58	0	9.99310·1	9.99306·8	9.99303·9	9.99301·2	9.99298·7	9.99296·4
	10	9.99308·0	9.99304·7	9.99301·8	9.99299·1	9.99296·6	9.99294·3
	20	9.99305·9	9.99302·7	9.99299·7	9.99297·0	9.99294·5	9.99292·2
	30	9.99303·9	9.99300·6	9.99297·7	9.99294·9	9.99292·4	9.99290·1
	40	9.99301·8	9.99298·5	9.99295·6	9.99292·8	9.99290·2	9.99288·0
	50	9.99299·7	9.99296·4	9.99293·5	9.99290·7	9.99288·1	9.99285·8
59	0	9.99297·7	9.99294·4	9.99291·4	9.99288·6	9.99286·0	9.99283·7
	10	9.99295·6	9.99292·3	9.99289·3	9.99286·5	9.99283·9	9.99281·6
	20	9.99293·5	9.99290·2	9.99287·2	9.99284·4	9.99281·8	9.99279·5
	30	9.99291·5	9.99288·1	9.99285·1	9.99282·3	9.99279·7	9.99277·4
	40	9.99289·4	9.99286·0	9.99283·0	9.99280·2	9.99277·6	9.99275·2
	50	9.99287·3	9.99284·0	9.99280·9	9.99278·1	9.99275·5	9.99273·1
60	0	9.99285·3	9.99281·9	9.99278·8	9.99276·0	9.99273·4	9.99271·0
	10	9.99283·2	9.99279·8	9.99276·8	9.99273·9	9.99271·3	9.99268·9
	20	9.99281·1	9.99277·7	9.99274·7	9.99271·8	9.99269·2	9.99266·8
	30	9.99279·1	9.99275·6	9.99272·6	9.99269·7	9.99267·1	9.99264·7
	40	9.99277·0	9.99273·6	9.99270·5	9.99267·6	9.99265·0	9.99262·6
	50	9.99274·9	9.99271·5	9.99268·4	9.99265·5	9.99262·9	9.99260·5
61	0	9.99272·9	9.99269·4	9.99266·3	9.99263·4	9.99260·8	9.99258·4
	10	9.99270·8	9.99267·3	9.99264·2	9.99261·4	9.99258·7	9.99256·3
	20	9.99268·7	9.99265·3	9.99262·1	9.99259·3	9.99256·6	9.99254·2
	30	9.99266·6	9.99263·2	9.99260·0	9.99257·2	9.99254·5	9.99252·0
	40	9.99264·5	9.99261·1	9.99258·0	9.99255·1	9.99252·4	9.99249·9
	50	9.99262·5	9.99259·0	9.99255·9	9.99255·0	9.99250·3	9.99247·8
62	0	9.99260·4	9.99257·0	9.99253·8	9.99250·9	9.99248·2	9.99245·7

Table IX. Logarithms for readily computing the true Diſtance of the Moon from the Sun or a Fixed Star.

Horizontal Parallax of the Moon.		Apparent Altitude of the Moon's Center.					
		81°	82°	83°	84°	85°	86°
M	S	Logarithm.	Logarithm.	Logarithm.	Logarithm.	Logarithm.	Logarithm.
53	0	9.99357·7	9.99356·0	9.99354·5	9.99353·2	9.99352·1	9.99351·2
	10	9.99355·6	9.99353·9	9.99352·3	9.99351·1	9.99350·0	9.99349·1
	20	9.99353·5	9.99351·8	9.99350·2	9.99348·9	9.99347·8	9.99346·9
	30	9.99351·3	9.99349·6	9.99348·1	9.99346·8	9.99345·7	9.99344·8
	40	9.99349·2	9.99347·5	9.99346·0	9.99344·7	9.99343·6	9.99342·7
	50	9.99347·1	9.99345·4	9.99343·9	9.99342·6	9.99341·5	9.99340·5
54	0	9.99345·0	9.99343·3	9.99341·8	9.99340·5	9.99339·3	9.99338·4
	10	9.99342·9	9.99341·2	9.99339·7	9.99338·3	9.99337·2	9.99336·2
	20	9.99340·8	9.99339·0	9.99337·5	9.99336·2	9.99335·1	9.99334·1
	30	9.99338·7	9.99336·9	9.99335·4	9.99334·1	9.99332·9	9.99331·9
	40	9.99336·5	9.99334·8	9.99333·3	9.99332·0	9.99330·8	9.99329·8
	50	9.99334·4	9.99332·7	9.99331·2	9.99329·8	9.99328·7	9.99327·7
55	0	9.99332·3	9.99330·6	9.99329·0	9.99327·7	9.99326·5	9.99325·5
	10	9.99330·2	9.99328·4	9.99326·9	9.99325·6	9.99324·4	9.99323·4
	20	9.99328·1	9.99326·3	9.99324·7	9.99323·4	9.99322·3	9.99321·3
	30	9.99326·0	9.99324·2	9.99322·6	9.99321·3	9.99320·1	9.99319·1
	40	9.99323·8	9.99322·1	9.99320·5	9.99319·2	9.99318·0	9.99317·0
	50	9.99321·7	9.99320·0	9.99318·4	9.99317·1	9.99315·9	9.99314·9
56	0	9.99319·6	9.99317·8	9.99316·2	9.99314·9	9.99313·7	9.99312·7
	10	9.99317·5	9.99315·7	9.99314·1	9.99312·8	9.99311·6	9.99310·6
	20	9.99315·4	9.99313·6	9.99312·0	9.99310·6	9.99309·5	9.99308·5
	30	9.99313·3	9.99311·5	9.99309·8	9.99308·5	9.99307·3	9.99306·3
	40	9.99311·1	9.99309·4	9.99307·7	9.99306·4	9.99305·2	9.99304·2
	50	9.99309·0	9.99307·2	9.99305·6	9.99304·2	9.99303·1	9.99302·1
57	0	9.99306·9	9.99305·1	9.99303·5	9.99302·1	9.99300·9	9.99299·9
	10	9.99304·8	9.99303·0	9.99301·3	9.99299·9	9.99298·8	9.99297·8
	20	9.99302·7	9.99300·9	9.99299·2	9.99297·8	9.99296·7	9.99295·7
	30	9.99300·6	9.99298·8	9.99297·1	9.99295·7	9.99294·6	9.99293·5
	40	9.99298·5	9.99296·6	9.99295·0	9.99293·6	9.99292·4	9.99291·4
	50	9.99296·4	9.99294·5	9.99292·8	9.99291·4	9.99290·3	9.99289·3
58	0	9.99294·3	9.99292·4	9.99290·7	9.99289·3	9.99288·1	9.99287·1
	10	9.99292·1	9.99290·3	9.99288·6	9.99287·1	9.99286·0	9.99285·0
	20	9.99290·0	9.99288·1	9.99286·5	9.99285·0	9.99283·9	9.99282·9
	30	9.99287·9	9.99286·0	9.99284·3	9.99282·9	9.99281·7	9 99280·7
	40	9.99285·8	9.99283·9	9.99282·2	9.99280·7	9.99279·6	9.99278·6
	50	9.99283·7	9.99281·8	9.99280·1	9.99278·6	9.99277·5	9.99276·5
59	0	9.99281·6	9.99279·7	9.99278·0	9.99276·5	9.99275·3	9.99274·3
	10	9.99279·5	9.99277·5	9.99275·8	9.99274·4	9.99273·2	9.99272·2
	20	9.99277·3	9.99275·4	9.99273·7	9.99272·2	9.99271·1	9.99270·1
	30	9.99275·2	9.99273·3	9.99271·6	9.99270·1	9.99269·0	9.99267·9
	40	9.99273·1	9.99271·2	9.99269·5	9.99268·0	9.99266·8	9.99265·8
	50	9.99271·0	9.99269·1	9.99267·3	9.99265·9	9.99264·7	9.99263·7
60	0	9.99268·9	9.99266·9	9.99265·2	9.99263·8	9.99262·5	9.99261·5
	10	9.99266·8	9.99264·8	9.99263·1	9.99261·6	9.99260·4	9.99259·4
	20	9.99264·7	9.99262·7	9.99261·0	9.99259·5	9.99258·3	9 99257·3
	30	9.99262·6	9.99260·6	9.99258·8	9.99257·4	9.99256·1	9.99255·1
	40	9.99260·4	9.99258·5	9.99256·7	9.99255·2	9.99254·0	9.99253·0
	50	9.99258·3	9.99256·3	9.99254·6	9.99253·1	9.99251·9	9.99250·8
61	0	9.99256·2	9.99254·2	9.99252·5	9.99251·0	9.99249·7	9.99248·7
	10	9.99254·1	9.99252·1	9.99250·3	9.99248·8	9.99247·6	9.99246·5
	20	9.99252·0	9.99250·0	9.99248·2	9.99246·7	9.99245·5	9.99244·4
	30	9.99249·9	9.99247·9	9.99246·1	9.99244·6	9.99243·3	9.99242·3
	40	9.99247·8	9.99245·7	9.99244·0	9.99242·4	9.99241·2	9.99240·1
	50	9.99245·6	9.99243·6	9.99241·8	9.99240·3	9.99239·1	9.99238·0
62	0	9.99243·5	9.99241·5	9.99239·7	9.99238·2	9.99236·9	9.99235·8

Table IX. Logarithms for readily computing the true Distance of the Moon from the Sun or a Fixed Star.

Horizontal Parallax of the Moon.		Apparent Altitude of the Moon's Center.			
		87°	88°	89°	90°
M	S	Logarithm.	Logarithm.	Logarithm.	Logarithm.
53	0	9·99350·5	9·99349·9	9·99349·7	9·99349·5
	10	9·99348·3	9·99347·7	9·99347·5	9·99347·4
	20	9·99346·2	9·99345·6	9·99345·4	9·99345·2
	30	9·99344·1	9·99343·5	9·99343·2	9·99343·1
	40	9·99341·9	9·99341·3	9·99341·1	9·99340·9
	50	9·99339·8	9·99339·2	9·99338·9	9·99338·8
54	0	9·99337·7	9·99337·1	9·99336·8	9·99336·6
	10	9·99335·5	9·99334·9	9·99334·6	9·99334·5
	20	9·99333·4	9·99332·8	9·99332·5	9·99332·3
	30	9·99331·3	9·99330·6	9·99330·3	9·99330·1
	40	9·99329·1	9·99328·5	9·99328·2	9·99328·0
	50	9·99327·0	9·99326·4	9·99326·1	9·99325·8
55	0	9·99324·8	9·99324·2	9·99323·9	9·99323·7
	10	9·99322·7	9·99322·1	9·99321·8	9·99321·5
	20	9·99320·5	9·99319·9	9·99319·7	9·99319·4
	30	9·99318·4	9·99317·8	9·99317·5	9·99317·2
	40	9·99316·3	9·99315·6	9·99315·4	9·99315·1
	50	9·99314·1	9·99313·5	9·99313·2	9·99312·9
56	0	9·99312·0	9·99311·4	9·99311·1	9·99310·8
	10	9·99309·8	9·99309·2	9·99309·0	9·99308·7
	20	9·99307·7	9·99307·1	9·99306·8	9·99306·5
	30	9·99305·6	9·99304·9	9·99304·7	9·99304·4
	40	9·99303·4	9·99302·8	9·99302·5	9·99302·3
	50	9·99301·3	9·99300·7	9·99300·4	9·99300·1
57	0	9·99299·1	9·99298·5	9·99298·2	9·99298·0
	10	9·99297·0	9·99296·4	9·99296·1	9·99295·9
	20	9·99294·9	9·99294·3	9·99294·0	9·99293·8
	30	9·99292·7	9·99292·1	9·99291·8	9·99291·7
	40	9·99290·6	9·99290·0	9·99289·7	9·99289·5
	50	9·99288·5	9·99287·9	9·99287·6	9·99287·4
58	0	9·99286·3	9·99285·7	9·99285·4	9·99285·3
	10	9·99284·2	9·99283·6	9·99283·3	9·99283·1
	20	9·99282·1	9·99281·4	9·99281·2	9·99281·0
	30	9·99279·9	9·99279·3	9·99279·1	9·99278·8
	40	9·99277·8	9·99277·1	9·99276·9	9·99276·7
	50	9·99275·7	9·99275·0	9·99274·8	9·99274·6
59	0	9·99273·5	9·99272·9	9·99272·6	9·99272·5
	10	9·99271·4	9·99270·7	9·99270·5	9·99270·3
	20	9·99269·3	9·99268·6	9·99268·3	9·99268·2
	30	9·99267·1	9·99266·4	9·99266·2	9·99266·0
	40	9·99265·0	9·99264·3	9·99264·0	9·99263·9
	50	9·99262·9	9·99262·2	9·99261·9	9·99262·7
60	0	9·99260·7	9·99260·0	9·99259·7	9·99259·6
	10	9·99258·6	9·99257·9	9·99257·6	9·99257·4
	20	9·99256·5	9·99255·8	9·99255·5	9·99255·3
	30	9·99254·3	9·99253·7	9·99253·3	9·99253·1
	40	9·99252·2	9·99251·5	9·99251·2	9·99251·0
	50	9·99250·1	9·99249·4	9·99249·0	9·99248·8
61	0	9·99247·9	9·99247·2	9·99246·9	9·99246·7
	10	9·99245·8	9·99245·1	9·99244·8	9·99244·5
	20	9·99243·6	9·99243·0	9·99242·6	9·99242·4
	30	9·99241·5	9·99240·8	9·99240·5	9·99240·2
	40	9·99239·3	9·99238·7	9·99238·3	9·99238·1
	50	9·99237·2	9·99236·6	9·99236·2	9·99235·9
62	0	9·99235·0	9·99234·4	9·99234·0	9·99233·8

Table X.

Numbers to be subtracted from the Logarithms in Table IX. when the Moon's Distance from the Sun is observed.

App. Alt. of the Sun's Center.	Number to be subtracted.	App. Alt. of the Sun's Center.	Number to be subtracted.	App. Alt. of the Sun's Center.	Number to be subtracted.
°		°		°	
3	2,8	30	1,0	60	1,6
4	1,9	32	1,0	62	1,6
5	1,4	33	1,1	63	1,7
6	1,1	34	1,1	64	1,7
7	0,9	36	1,1	66	1,7
8	0,8	37	1,2	68	1,7
9	0,7	38	1,2	69	1,8
10	0,7	40	1,2	70	1,8
12	0,7	41	1,3	72	1,8
14	0,7	42	1,3	74	1,8
16	0,7	44	1,3	76	1,8
18	0,7	46	1,4	78	1,8
20	0,7	48	1,4	79	1,8
21	0,8	49	1,4	80	1,8
22	0,8	50	1,5	82	1,8
24	0,8	52	1,5	84	1,8
25	0,8	54	1,5	86	1,8
26	0,9	55	1,6	88	1,8
28	0,9	56	1,6	90	1,8
29	1,0	58	1,6		

Table XI.

Numbers to be subtracted from the Logarithms in Table IX. when the Moon's Distance from a Star is observed.

App. Alt. of the Star.	Numbers to be subtracted.	App. Alt. of the Star.	Numbers to be subtracted.
°		°	
3	2,7	12	0,3
4	1,8	13	0,2
5	1,3	14	0,2
6	0,9	15	0,1
7	0,7	16	0,1
8	0,6	20	0,1
9	0,5	25	0,1
10	0,4	26	0,0
11	0,3	&c.	

Table XII.

The Moon's Parallax in Altitude.

☽'s App. Alt.	The Moon's Horizontal Parallax.									
	53′	54′	55′	56′	57′	58′	59′	60′	61′	62′
D.	M.	M.	M.	M.	M.	M.	M.	M.	M.	M.
0	53	54	55	56	57	58	59	60	61	62
5	53	54	55	56	57	58	59	60	61	62
10	52	53	54	55	56	57	58	59	60	61
15	51	52	53	54	55	56	57	58	59	60
18	50	51	52	53	54	55	56	57	58	59
20	50	51	52	53	54	54	55	56	57	58
22	49	50	51	52	53	54	55	56	56	57
24	48	49	50	51	52	53	54	55	56	57
26	47	48	49	50	51	52	53	54	55	56
28	47	48	49	49	50	51	52	53	54	55
30	46	47	48	48	49	50	51	52	53	54
32	45	46	47	47	48	49	50	51	52	53
34	44	45	46	46	47	48	49	50	51	52
36	43	44	44	45	46	47	48	48	49	50
38	42	43	43	44	45	46	46	47	48	49
40	40	41	42	43	44	44	45	46	47	48
42	39	40	41	42	42	43	44	45	45	46
44	38	39	40	40	41	42	42	43	44	45
46	36	37	38	39	40	40	41	42	42	43
48	35	36	37	37	38	39	39	40	41	42
50	34	35	35	36	37	37	38	39	39	40
51	33	34	35	35	36	36	37	38	38	39
52	32	33	34	34	35	36	36	37	38	39
53	31	32	33	34	34	35	35	36	37	38
54	31	32	32	33	33	34	35	35	36	37
55	30	31	31	32	33	33	34	34	35	36
56	29	30	31	31	32	32	33	34	34	35
57	28	29	30	30	31	32	32	33	33	34
58	28	29	29	30	30	31	31	32	32	33
59	27	28	28	29	29	30	30	31	31	32
60	26	27	27	28	28	29	29	30	30	30
61	26	26	27	27	28	28	29	29	30	30
62	25	25	26	26	27	27	28	28	29	29
63	24	24	25	25	26	26	27	27	28	28
64	24	24	24	24	25	25	26	26	27	27
65	23	23	23	24	24	24	25	25	26	26
66	22	22	22	23	23	24	24	24	25	25
67	21	21	21	22	22	23	23	23	24	24
68	20	20	21	21	21	22	22	22	23	23
69	19	19	20	20	20	21	21	21	22	22
70	18	18	19	19	19	20	20	20	21	21
71	18	18	18	18	19	19	19	19	20	20
72	17	17	17	17	18	18	18	18	19	19
73	16	16	16	16	17	17	17	17	18	18
74	15	15	15	15	16	16	16	16	17	17
75	14	14	14	14	15	15	15	15	16	16
76	13	13	13	14	14	14	14	14	15	15
77	12	12	12	13	13	13	13	13	14	14
78	11	11	11	12	12	12	12	12	13	13
79	10	10	10	11	11	11	11	11	12	12
80	9	9	10	10	10	10	10	10	11	11
81	8	8	9	9	9	9	9	9	10	10
82	7	7	8	8	8	8	8	8	8	9
83	7	7	7	7	7	7	7	7	7	8
84	6	6	6	6	6	6	6	6	6	7
85	5	5	5	5	5	5	5	5	5	5
86	4	4	4	4	4	4	4	4	4	4
87	3	3	3	3	3	3	3	3	3	3
88	2	2	2	2	2	2	2	2	2	2
89	1	1	1	1	1	1	1	1	1	1
90	0	0	0	0	0	0	0	0	0	0

TABLE XIII. For computing the Effects of Parallax on the Moon's Distance from the SUN or a STAR by Mr. LYONS's Method.

Parallax in Altitude or Distance.	Apparent Distance. Add the Difference of the two Numbers taken out of this Table, if the Apparent Distance is less than 90°, and subtract it if above.															
	10°	11°	12°	13°	14°	15°	16°	17°	18°	19°	20°	21°	22°	23°	24°	25°
M	″	″	″	″	″	″	″	″	″	″	″	″	″	″	″	″
5	1	1	1	1	1	1	1	1	0	0	0	0	0	0	0	0
8	3	3	2	2	2	2	2	2	2	2	1	1	1	1	1	1
10	5	5	4	4	4	3	3	3	3	2	2	2	2	2	2	2
11	6	5	5	4	4	4	4	3	3	3	3	3	3	3	2	2
12	7	6	6	5	5	4	4	4	4	3	3	3	3	3	3	3
13	8	8	7	6	6	5	5	5	5	4	4	4	3	3	3	3
14	10	9	8	7	7	6	6	6	6	5	5	4	4	4	4	4
15	11	10	9	8	8	7	7	6	6	6	5	5	5	4	4	4
16	13	11	10	9	9	8	8	7	7	6	6	6	6	5	5	5
17	14	13	12	11	10	9	9	8	8	7	7	6	6	6	5	5
18	16	14	13	12	11	10	10	9	9	8	8	7	7	6	6	6
19	18	16	15	14	13	12	11	10	10	9	8	8	8	7	7	7
20	20	18	16	15	14	13	12	11	11	10	9	9	9	8	8	7
21	22	20	18	17	15	14	13	12	12	11	10	10	10	9	9	8
22	24	22	20	18	17	16	15	14	13	12	12	11	11	10	10	9
23	26	24	22	20	18	17	16	15	14	14	13	12	11	11	10	10
24	29	26	24	22	20	19	18	17	16	15	14	13	12	11	11	10
25	31	28	26	24	22	21	19	18	17	16	15	14	13	12	12	11
26	34	31	28	26	24	22	21	19	18	17	16	15	14	13	13	12
27	36	33	30	28	26	24	22	21	19	18	17	16	15	15	14	13
28	39	35	32	30	28	26	24	22	21	20	19	18	17	16	15	14
29	42	38	34	32	30	28	25	24	22	21	20	19	18	17	16	15
30	45	41	37	34	32	29	27	25	24	22	21	20	19	18	17	16
31	48	44	39	37	34	31	29	27	25	24	23	22	21	19	18	18
32	51	46	42	39	36	33	31	29	27	25	24	23	22	21	20	19
33	54	49	44	41	38	35	33	31	29	27	25	24	23	22	21	20
34	57	52	47	44	41	38	35	33	31	29	27	25	24	23	22	21
35	60	55	50	46	43	40	37	35	33	31	29	27	25	24	23	23
36	64	58	53	49	45	42	40	37	35	33	31	29	27	26	25	24
37	67	61	56	52	48	45	42	39	37	35	32	31	29	28	26	25
38	71	65	59	55	51	47	44	41	39	36	34	32	31	29	28	27
39	75	68	62	58	53	50	46	43	41	38	36	34	32	31	29	28
40	79	72	66	61	56	52	49	46	43	40	38	36	34	32	31	30
41	83	76	69	64	59	55	51	48	45	42	40	38	36	34	33	32
42	87	80	73	67	62	58	54	50	47	44	42	40	38	36	35	33
43	91	84	76	70	64	60	56	53	49	47	44	42	39	38	36	35
44	96	88	80	73	67	63	59	55	52	49	46	43	41	39	38	36
45	100	92	83	77	70	66	61	58	54	51	48	46	43	41	40	38
46	105	96	87	80	74	69	64	60	57	54	51	48	45	43	42	40
47	109	100	91	84	77	72	67	63	59	56	53	49	47	45	43	42
48	114	104	95	87	80	75	70	65	61	58	55	52	50	47	45	43
49	119	109	99	91	83	78	73	69	64	61	57	55	52	49	46	45
50	124	113	103	95	87	81	76	71	67	63	60	57	54	51	48	46
51	129	117	107	98	91	85	79	74	69	66	62	59	56	53	50	49
52	134	121	111	102	95	89	83	77	72	68	65	61	58	55	53	51
53	139	126	115	106	98	92	86	80	74	71	67	64	60	58	55	53
54	144	131	120	110	102	95	89	83	77	73	70	66	63	60	57	54
55	149	136	124	114	106	99	92	86	80	76	72	69	65	62	59	57
56	155	141	129	119	110	103	96	89	83	79	75	71	68	65	62	59
57	160	146	133	123	114	107	99	93	86	82	77	74	70	67	64	61
58	166	151	138	127	118	110	103	96	90	85	80	76	73	69	66	63
59	172	156	143	133	123	115	106	100	93	88	83	79	75	72	68	65
60	178	162	148	137	128	119	110	103	97	91	86	82	78	74	70	67
61	184	167	153	141	131	122	113	107	100	94	89	85	80	76	72	69
62	190	173	158	145	135	125	117	110	103	97	92	87	83	79	75	72

TABLE XIII. For computing the Effects of Parallax on the MOON's Distance from the SUN or a STAR, by Mr. LYONS's Method.

Apparent Distance.
Add the Difference of the two Numbers taken out of this Table, if the Apparent Distance is less than 90°, and subtract it if above.

Parallax in Altitude or Distance.	26°	27°	28°	29°	30°	31°	32°	33°	34°	35°	36°	37°	38°
M	″	″	″	″	″	″	″	″	″	″	″	″	″
5	0	0	0	0	0	0	0	0	0	0	0	0	0
8	1	1	1	1	1	1	1	1	1	1	1	0	0
10	2	2	2	1	1	1	1	1	1	1	1	1	1
11	2	2	2	2	2	2	2	2	1	1	1	1	1
12	3	2	2	2	2	2	2	2	2	2	2	1	1
13	3	3	3	3	2	2	2	2	2	2	2	2	2
14	4	3	3	3	3	3	3	2	2	2	2	2	2
15	4	4	4	4	3	3	3	3	3	3	3	2	2
16	5	5	5	4	4	4	4	3	3	3	3	2	2
17	5	5	5	5	4	4	4	4	4	4	3	3	3
18	6	6	6	5	5	5	5	4	4	4	4	3	3
19	6	6	6	6	5	5	5	5	5	4	4	4	4
20	7	7	7	6	6	6	6	5	5	5	5	4	4
21	8	7	7	7	7	6	6	6	6	5	5	5	5
22	9	8	8	7	7	7	7	6	6	6	6	5	5
23	9	9	9	8	8	7	7	7	7	6	6	6	6
24	10	9	9	9	9	8	8	7	7	7	7	6	6
25	11	10	10	10	9	9	9	8	8	8	7	7	7
26	12	11	11	10	10	9	9	9	9	8	8	7	7
27	13	12	12	11	11	10	10	10	9	9	9	8	8
28	14	13	13	12	12	11	11	10	10	9	9	8	8
29	15	14	14	13	13	12	12	11	11	10	10	9	9
30	16	15	15	14	14	13	13	12	12	11	11	10	10
31	17	16	16	15	15	14	14	13	13	12	11	11	11
32	18	17	17	16	16	15	15	14	14	13	12	11	11
33	19	19	18	17	17	16	16	15	14	14	13	12	12
34	21	20	19	18	18	17	17	16	15	14	14	13	13
35	22	21	20	19	19	18	17	17	16	15	14	14	13
36	23	22	21	20	20	19	18	17	17	16	15	14	14
37	24	23	22	21	21	20	19	18	18	17	16	15	15
38	26	24	23	22	22	21	20	19	19	18	17	16	16
39	27	26	24	24	23	22	21	20	20	19	18	17	17
40	29	27	26	25	24	23	22	21	21	20	19	18	18
41	31	29	27	26	25	24	23	23	22	21	20	19	19
42	32	30	29	28	27	26	25	24	23	22	21	20	20
43	33	32	30	29	28	27	26	25	24	23	22	21	21
44	35	33	32	30	29	28	27	26	25	24	23	22	22
45	36	35	33	32	30	29	28	27	26	25	24	23	23
46	38	36	35	33	32	30	29	28	27	26	25	24	24
47	40	38	36	35	33	32	30	29	28	27	26	26	25
48	42	40	38	36	35	33	32	31	30	29	28	27	26
49	43	41	39	38	36	35	33	32	31	30	29	28	27
50	45	43	41	39	38	36	35	33	32	31	30	29	28
51	47	45	43	41	39	38	36	35	33	32	31	30	29
52	49	47	45	43	41	39	38	36	35	33	32	31	30
53	50	48	46	44	42	41	39	38	36	35	33	32	31
54	52	50	48	46	44	42	41	39	38	36	35	33	32
55	54	52	49	47	45	44	42	41	39	38	36	35	33
56	56	53	51	49	47	45	44	42	41	39	38	36	35
57	58	55	53	51	49	47	45	44	42	41	39	37	36
58	60	57	55	53	51	49	47	45	44	42	40	38	37
59	62	59	57	55	53	51	48	47	45	43	41	40	38
60	64	61	59	56	54	52	50	48	47	45	43	41	40
61	66	63	61	58	56	54	52	50	48	46	44	43	41
62	69	66	63	60	58	56	54	52	50	48	46	44	43

TABLE XIII. For computing the Effects of Parallax on the MOON's Distance from the SUN or a STAR, by Mr. LYONS's Method.

Parallax in Altitude or Distance.	Apparent Distance. Add the Difference of the two Numbers taken out of this Table, if the Apparent Distance is less than 90°, and subtract it if above.												
	39°	40°	41°	42°	43°	44°	45°	46°	47°	48°	49°	50°	51°
M	"	"	"	"	"	"	"	"	"	"	"	"	"
5	0	0	0	0	0	0	0	0	0	0	0	0	0
8	0	0	0	0	0	0	0	0	0	0	0	0	0
10	1	1	1	1	1	1	1	1	1	1	1	0	0
11	1	1	1	1	1	1	1	1	1	1	1	0	0
12	1	1	1	1	1	1	1	1	1	1	1	0	0
13	2	2	2	2	2	1	1	1	1	1	1	1	1
14	2	2	2	2	2	2	2	1	1	1	1	1	1
15	2	2	2	2	2	2	2	2	2	1	1	1	1
16	2	2	2	2	2	2	2	2	2	2	2	2	1
17	3	3	3	3	3	3	2	2	2	2	2	2	2
18	3	3	3	3	3	3	3	3	3	2	2	2	2
19	4	3	3	3	3	3	3	3	3	3	3	3	3
20	4	4	4	4	3	3	3	3	3	3	3	3	3
21	5	4	4	4	4	4	4	4	4	3	3	3	3
22	5	5	5	5	4	4	4	4	4	3	3	3	3
23	5	5	5	5	5	5	4	4	4	4	4	3	3
24	6	6	6	6	5	5	5	5	5	4	4	4	4
25	7	6	6	6	6	6	5	5	5	5	5	4	4
26	7	7	7	7	6	6	6	6	6	5	5	5	5
27	8	7	7	7	7	6	6	6	6	5	5	5	5
28	8	8	8	8	7	7	7	7	7	6	6	6	6
29	9	9	9	8	8	7	7	7	7	6	6	6	6
30	9	9	9	9	8	8	8	8	7	7	6	6	6
31	10	10	10	9	9	8	8	8	8	7	7	7	6
32	10	10	10	10	9	9	9	9	8	8	7	7	6
33	11	10	10	10	10	10	9	9	8	8	7	7	7
34	12	11	11	11	10	10	10	10	9	9	8	8	7
35	13	12	12	11	11	11	10	10	9	9	8	8	8
36	13	13	13	12	11	11	11	11	10	10	9	9	9
37	14	13	13	12	12	11	11	11	10	10	10	10	10
38	15	14	14	13	13	12	12	12	12	11	11	11	11
39	16	15	15	14	14	13	13	13	13	12	12	11	11
40	17	16	16	15	15	14	14	14	13	13	12	12	12
41	18	17	17	16	15	15	14	14	14	13	13	12	12
42	19	18	18	17	16	15	15	15	14	14	13	13	13
43	20	18	18	17	16	16	15	15	14	14	13	13	13
44	20	19	19	18	17	16	16	16	15	14	13	13	13
45	21	20	20	19	18	17	17	16	15	14	14	13	13
46	22	21	20	19	19	18	18	17	16	15	14	14	14
47	23	22	22	21	20	20	19	18	17	16	15	15	15
48	24	23	23	22	22	21	20	19	18	17	16	16	16
49	26	24	24	24	23	22	21	20	19	18	17	17	17
50	27	26	26	25	24	23	22	21	20	19	18	18	18
51	28	27	26	25	24	23	22	22	21	20	19	18	18
52	29	28	27	26	25	24	23	22	21	20	19	19	18
53	30	29	28	27	26	25	24	23	22	21	20	19	19
54	31	30	29	28	27	26	25	24	23	22	21	20	19
55	32	31	30	29	28	27	26	25	24	23	22	21	20
56	33	32	31	30	29	28	27	26	25	24	23	22	21
57	35	33	32	31	30	29	28	27	26	25	24	23	22
58	36	35	33	32	31	30	29	28	27	26	25	24	23
59	37	36	34	33	32	31	30	29	28	27	26	25	24
60	38	37	35	34	33	32	31	30	29	28	27	26	25
61	40	38	36	35	34	33	32	31	30	29	28	27	26
62	41	40	38	36	35	34	33	32	31	30	29	28	27

TABLE XIII. For computing the Effects of Parallax on the MOON's Distance from the SUN or a STAR, by Mr. LYONS's Method.

Apparent Distance.

Add the Difference of the two Numbers taken out of this Table, if the apparent Distance is less than 90°, and subtract it if above.

Parallax in Altitude or Distance.	52°	53°	54°	55°	56°	57°	58°	59°	60° 120	65° 115	70° 110	75° 105	80° 100	85° 95	90° 90
M	"	"	"	"	"	"	"	"	"	"	"	"	"	"	"
5	0	0	0	0	0	0	0	0	0	0	0	0	0	0	0
8	0	0	0	0	0	0	0	0	0	0	0	0	0	0	0
10	0	0	0	0	0	0	0	0	0	0	0	0	0	0	0
11	0	0	0	0	0	0	0	0	0	0	0	0	0	0	0
12	0	0	0	0	0	0	0	0	0	0	0	0	0	0	0
13	1	1	1	1	1	1	1	0	0	0	0	0	0	0	0
14	1	1	1	1	1	1	1	1	1	1	0	0	0	0	0
15	1	1	1	1	1	1	1	1	1	1	0	0	0	0	0
16	1	1	1	1	1	1	1	1	1	1	0	0	0	0	0
17	2	2	2	1	1	1	1	1	1	1	0	0	0	0	0
18	2	2	2	2	2	2	2	2	2	1	1	0	0	0	0
19	3	2	2	2	2	2	2	2	2	1	1	0	0	0	0
20	3	2	2	2	2	2	2	2	2	1	1	1	0	0	0
21	3	3	3	2	2	2	2	2	2	1	1	1	0	0	0
22	3	3	3	3	3	3	2	2	2	2	1	1	0	0	0
23	3	3	3	3	3	3	3	3	2	2	1	1	0	0	0
24	4	3	3	3	3	3	3	3	3	2	1	1	1	0	0
25	4	4	4	3	3	3	3	3	3	2	1	1	1	0	0
26	5	4	4	4	4	4	3	3	3	3	2	1	1	0	0
27	5	5	5	4	4	4	4	4	3	3	2	1	1	0	0
28	6	5	5	5	5	5	4	4	4	3	2	2	1	0	0
29	6	5	5	5	5	5	4	4	4	3	2	2	1	0	0
30	6	5	5	5	5	5	4	4	4	4	3	2	1	0	0
31	6	5	5	5	5	5	5	5	4	4	3	2	1	0	0
32	6	5	5	5	5	5	5	5	5	4	3	2	1	0	0
33	6	6	6	5	5	5	5	5	5	4	3	2	1	0	0
34	7	6	6	6	6	6	5	5	5	4	4	2	1	0	0
35	8	7	7	6	6	6	6	6	5	4	4	2	1	0	0
36	8	8	7	7	7	7	6	6	6	5	4	3	2	1	0
37	9	9	8	8	8	7	7	7	6	5	4	3	2	1	0
38	10	10	9	9	9	8	8	7	7	5	4	3	2	1	0
39	11	10	10	9	9	9	8	8	7	5	4	3	2	1	0
40	11	11	10	10	9	9	8	8	8	6	5	3	2	1	0
41	12	12	11	10	10	10	9	9	8	6	5	3	2	1	0
42	12	12	11	11	10	10	9	9	9	7	5	4	2	1	0
43	12	12	11	11	10	10	9	9	9	7	5	4	2	1	0
44	12	12	11	11	11	10	10	9	9	7	6	4	2	1	0
45	13	12	12	11	11	11	10	10	9	7	6	4	2	1	0
46	13	13	12	12	12	11	11	10	10	8	7	5	3	1	0
47	14	14	13	12	12	12	11	11	10	8	7	5	3	1	0
48	15	14	13	13	12	12	12	11	11	9	7	5	3	2	0
49	16	15	14	14	14	13	13	12	11	9	7	5	3	2	0
50	17	16	15	15	14	13	13	12	12	10	8	6	4	2	0
51	17	16	16	15	15	14	14	13	12	10	8	6	4	2	0
52	17	17	16	16	15	15	14	14	13	10	8	6	4	2	0
53	18	18	17	16	16	15	14	14	13	10	8	6	4	2	0
54	19	18	17	17	16	16	15	15	14	11	9	7	4	2	0
55	19	18	18	17	17	16	16	15	14	11	9	7	4	2	0
56	20	19	18	18	17	16	16	15	15	12	9	7	5	2	0
57	21	20	19	19	19	18	17	16	15	12	9	7	5	2	0
58	22	21	20	20	19	18	17	16	16	13	10	7	5	2	0
59	23	22	21	21	20	19	18	17	17	13	10	7	5	2	0
60	24	23	22	22	21	20	19	18	18	14	11	8	5	3	0
61	25	24	23	23	22	21	20	19	18	15	11	8	5	3	0
62	26	25	24	23	22	21	20	19	19	16	12	9	6	3	0

TABLE XIV. For turning Degrees and Minutes into Time, and the contrary.

D	H M	D	H M	D	H M	D	H M	D	H M	D	H M
M	M S	M	M S	M	M S	M	M S	M	M S	M	M S
1	0. 4	61	4. 4	121	8. 4	181	12. 4	241	16. 4	301	20. 4
2	0. 8	62	4. 8	122	8. 8	182	12. 8	242	16. 8	302	20. 8
3	0. 12	63	4. 12	123	8. 12	183	12. 12	243	16. 12	303	20. 12
4	0. 16	64	4. 16	124	8. 16	184	12. 16	244	16. 16	304	20. 16
5	0. 20	65	4. 20	125	8. 20	185	12. 20	245	16. 20	305	20. 20
6	0. 24	66	4. 24	126	8. 24	186	12. 24	246	16. 24	306	20. 24
7	0. 28	67	4. 28	127	8. 28	187	12. 28	247	16. 28	307	20. 28
8	0. 32	68	4. 32	128	8. 32	188	12. 32	248	16. 32	308	20. 32
9	0. 36	69	4. 36	129	8. 36	189	12. 36	249	16. 36	309	20. 36
10	0. 40	70	4. 40	130	8. 40	190	12. 40	250	16. 40	310	20. 40
11	0. 44	71	4. 44	131	8. 44	191	12. 44	251	16. 44	311	20. 44
12	0. 48	72	4. 48	132	8. 48	192	12. 48	252	16. 48	312	20. 48
13	0. 52	73	4. 52	133	8. 52	193	12. 52	253	16. 52	313	20. 52
14	0. 56	74	4. 56	134	8. 56	194	12. 56	254	16. 56	314	20. 56
15	1. 0	75	5. 0	135	9. 0	195	13. 0	255	17. 0	315	21. 0
16	1. 4	76	5. 4	136	9. 4	196	13. 4	256	17. 4	316	21. 4
17	1. 8	77	5. 8	137	9. 8	197	13. 8	257	17. 8	317	21. 8
18	1. 12	78	5. 12	138	9. 12	198	13. 12	258	17. 12	318	21. 12
19	1. 16	79	5. 16	139	9. 16	199	13. 16	259	17. 16	319	22. 16
20	1. 20	80	5. 20	140	9. 20	200	13. 20	260	17. 20	320	21. 20
21	1. 24	81	5. 24	141	9. 24	201	13. 24	261	17. 24	321	21. 24
22	1. 28	82	5. 28	142	9. 28	202	13. 28	262	17. 28	322	21. 28
23	1. 32	83	5. 32	143	9. 32	203	13. 32	263	17. 32	323	21. 32
24	1. 36	84	5. 36	144	9. 36	204	13. 36	264	17. 36	324	21. 36
25	1. 40	85	5. 40	145	9. 40	205	13. 40	265	17. 40	325	21. 40
26	1. 44	86	5. 44	146	9. 44	206	13. 44	266	17. 44	326	21. 44
27	1. 48	87	5. 48	147	9. 48	207	13. 48	267	17. 48	327	21. 48
28	1. 52	88	5. 52	148	9. 52	208	13. 52	268	17. 52	328	21. 52
29	1. 56	89	5. 56	149	9. 56	209	13. 56	269	17. 56	329	21. 56
30	2. 0	90	6. 0	150	10. 0	210	14. 0	270	18. 0	330	22. 0
31	2. 4	91	6. 4	151	10. 4	211	14. 4	271	18. 4	331	22. 4
32	2. 8	92	6. 8	152	10. 8	212	14. 8	272	18. 8	332	22. 8
33	2. 12	93	6. 12	153	10. 12	213	14. 12	273	18. 12	333	22. 12
34	2. 16	94	6. 16	154	10. 16	214	14. 16	274	18. 16	334	22. 16
35	2. 20	95	6. 20	155	10. 20	215	14. 20	275	18. 20	335	22. 20
36	2. 24	96	6. 24	156	10. 24	216	14. 24	276	18. 24	336	22. 24
37	2. 28	97	6. 28	157	10. 28	217	14. 28	277	18. 28	337	22. 28
38	2. 32	98	6. 32	158	10. 32	218	14. 32	278	18. 32	338	22. 32
39	2. 36	99	6. 36	159	10. 36	219	14. 36	279	18. 36	339	22. 36
40	2. 40	100	6. 40	160	10. 40	220	14. 40	280	18. 40	340	22. 40
41	2. 44	101	6. 44	161	10. 44	221	14. 44	281	18. 44	341	22. 44
42	2. 48	102	6. 48	162	10. 48	222	14. 48	282	18. 48	342	22. 48
43	2. 52	103	6. 52	163	10. 52	223	14. 52	283	18. 52	343	22. 52
44	2. 56	104	6. 56	164	10. 56	224	14. 56	284	18. 56	344	22. 56
45	3. 0	105	7. 0	165	11. 0	225	15. 0	285	19. 0	345	23. 0
46	3. 4	106	7. 4	166	11. 4	226	15. 4	286	19. 4	346	23. 4
47	3. 8	107	7. 8	167	11. 8	227	15. 8	287	19. 8	347	23. 8
48	3. 12	108	7. 12	168	11. 12	228	15. 12	288	19. 12	348	23. 12
49	3. 16	109	7. 16	169	11. 16	229	15. 16	289	19. 16	349	23. 16
50	3. 20	110	7. 20	170	11. 20	230	15. 20	290	19. 20	350	23. 20
51	3. 24	111	7. 24	171	11. 24	231	15. 24	291	19. 24	351	23. 24
52	3. 28	112	7. 28	172	11. 28	232	15. 28	292	19. 28	352	23. 28
53	3. 32	113	7. 32	173	11. 32	233	15. 32	293	19. 32	353	23. 32
54	3. 36	114	7. 36	174	11. 36	234	15. 36	294	19. 36	354	23. 36
55	3. 40	115	7. 40	175	11. 40	235	15. 40	295	19. 40	355	23. 40
56	3. 44	116	7. 44	176	11. 44	236	15. 44	296	19. 44	356	23. 44
57	3. 48	117	7. 48	177	11. 48	237	15. 48	297	19. 48	357	23. 48
58	3. 52	118	7. 52	178	11. 52	238	15. 52	298	19. 52	358	23. 52
59	3. 56	119	7. 56	179	11. 56	239	15. 56	299	19. 56	359	23. 56
60	4. 0	120	8. 0	180	12. 0	240	16. 0	300	20. 0	360	24. 0

TABLE XV.

PROPORTIONAL LOCARITHMS.

TABLE XV. Proportional Logarithms.

M	h ′ 0° 0′	h ′ 0° 1′	h ′ 0° 2′	h ′ 0° 3′	h ′ 0° 4′	h ′ 0° 5′	h ′ 0° 6′	h ′ 0° 7′	h ′ 0° 8′
0		2.2553	1.9542	1.7782	1.6532	1.5563	1.4771	1.4102	1.3522
1	4.0334	2.2481	1.9506	1.7757	1.6514	1.5548	1.4759	1.4091	1.3513
2	3.7324	2.2410	1.9470	1.7733	1.6496	1.5534	1.4747	1.4081	1.3504
3	3.5563	2.2341	1.9435	1.7710	1.6478	1.5520	1.4735	1.4071	1.3495
4	3.4313	2.2272	1.9400	1.7686	1.6460	1.5505	1.4723	1.4060	1.3486
5	3.3344	2.2205	1.9365	1.7662	1.6442	1.5491	1.4711	1.4050	1.3477
6	3.2553	2.2139	1.9331	1.7639	1.6425	1.5477	1.4699	1.4040	1.3468
7	3.1883	2.2073	1.9296	1.7616	1.6407	1.5463	1.4687	1.4030	1.3459
8	3.1303	2.2009	1.9262	1.7592	1.6390	1.5449	1.4676	1.4020	1.3450
9	3.0792	2.1946	1.9228	1.7570	1.6372	1.5435	1.4664	1.4010	1.3441
10	3.0334	2.1883	1.9195	1.7546	1.6355	1.5420	1.4652	1.3999	1.3432
11	2.9920	2.1821	1.9161	1.7524	1.6337	1.5406	1.4640	1.3989	1.3423
12	2.9542	2.1761	1.9128	1.7501	1.6320	1.5393	1.4629	1.3979	1.3415
13	2.9195	2.1701	1.9096	1.7478	1.6303	1.5379	1.4617	1.3969	1.3406
14	2.8873	2.1642	1.9063	1.7456	1.6286	1.5365	1.4605	1.3959	1.3397
15	2.8573	2.1584	1.9031	1.7434	1.6269	1.5351	1.4594	1.3949	1.3388
16	2.8293	2.1526	1.8999	1.7411	1.6252	1.5337	1.4582	1.3939	1.3379
17	2.8030	2.1469	1.8967	1.7389	1.6235	1.5323	1.4571	1.3929	1.3370
18	2.7782	2.1413	1.8935	1.7368	1.6218	1.5310	1.4559	1.3919	1.3362
19	2.7546	2.1358	1.8904	1.7345	1.6201	1.5296	1.4548	1.3909	1.3353
20	2.7324	2.1303	1.8873	1.7324	1.6184	1.5283	1.4536	1.3899	1.3344
21	2.7112	2.1249	1.8842	1.7302	1.6168	1.5269	1.4525	1.3890	1.3336
22	2.6910	2.1196	1.8811	1.7281	1.6151	1.5255	1.4513	1.3880	1.3327
23	2.6717	2.1143	1.8781	1.7259	1.6134	1.5242	1.4502	1.3870	1.3318
24	2.6532	2.1091	1.8751	1.7238	1.6118	1.5229	1.4491	1.3860	1.3310
25	2.6355	2.1040	1.8720	1.7216	1.6102	1.5215	1.4479	1.3850	1.3301
26	2.6184	2.0989	1.8690	1.7195	1.6085	1.5202	1.4468	1.3841	1.3293
27	2.6021	2.0939	1.8661	1.7175	1.6069	1.5189	1.4457	1.3831	1.3284
28	2.5862	2.0889	1.8631	1.7153	1.6053	1.5175	1.4446	1.3821	1.3275
29	2.5710	2.0840	1.8602	1.7133	1.6037	1.5162	1.4435	1.3812	1.3267
30	2.5563	2.0792	1.8573	1.7112	1.6021	1.5149	1.4424	1.3802	1.3259
31	2.5420	2.0744	1.8544	1.7091	1.6004	1.5136	1.4412	1.3792	1.3250
32	2.5283	2.0696	1.8516	1.7071	1.5988	1.5123	1.4401	1.3783	1.3241
33	2.5149	2.0649	1.8487	1.7050	1.5973	1.5110	1.4390	1.3773	1.3233
34	2.5019	2.0603	1.8459	1.7030	1.5957	1.5097	1.4379	1.3763	1.3224
35	2.4893	2.0557	1.8431	1.7010	1.5941	1.5084	1.4368	1.3754	1.3216
36	2.4771	2.0512	1.8403	1.6990	1.5925	1.5071	1.4357	1.3745	1.3208
37	2.4652	2.0466	1.8375	1.6969	1.5909	1.5058	1.4346	1.3735	1.3199
38	2.4536	2.0422	1.8347	1.6949	1.5894	1.5045	1.4335	1.3725	1.3191
39	2.4424	2.0378	1.8320	1.6930	1.5878	1.5032	1.4325	1.3716	1.3183
40	2.4313	2.0334	1.8293	1.6910	1.5862	1.5019	1.4313	1.3706	1.3174
41	2.4206	2.0291	1.8266	1.6890	1.5847	1.5006	1.4303	1.3697	1.3166
42	2.4102	2.0248	1.8239	1.6871	1.5832	1.4994	1.4292	1.3688	1.3158
43	2.3999	2.0206	1.8212	1.6851	1.5816	1.4981	1.4281	1.3678	1.3149
44	2.3899	2.0164	1.8186	1.6832	1.5801	1.4968	1.4270	1.3669	1.3141
45	2.3802	2.0122	1.8159	1.6812	1.5786	1.4956	1.4260	1.3660	1.3133
46	2.3706	2.0081	1.8133	1.6793	1.5770	1.4943	1.4249	1.3650	1.3124
47	2.3613	2.0040	1.8107	1.6774	1.5755	1.4931	1.4238	1.3641	1.3116
48	2.3522	2.0000	1.8081	1.6755	1.5740	1.4918	1.4228	1.3632	1.3108
49	2.3432	1.9960	1.8055	1.6736	1.5725	1.4906	1.4217	1.3622	1.3099
50	2.3344	1.9920	1.8030	1.6717	1.5710	1.4893	1.4206	1.3613	1.3091
51	2.3259	1.9881	1.8004	1.6698	1.5695	1.4881	1.4196	1.3604	1.3083
52	2.3174	1.9842	1.7979	1.6679	1.5680	1.4869	1.4185	1.3595	1.3075
53	2.3091	1.9803	1.7954	1.6660	1.5665	1.4856	1.4175	1.3585	1.3067
54	2.3010	1.9765	1.7929	1.6642	1.5651	1.4844	1.4165	1.3576	1.3059
55	2.2930	1.9727	1.7904	1.6623	1.5636	1.4832	1.4154	1.3567	1.3050
56	2.2852	1.9689	1.7879	1.6605	1.5621	1.4820	1.4143	1.3558	1.3042
57	2.2775	1.9652	1.7855	1.6587	1.5607	1.4808	1.4133	1.3549	1.3034
58	2.2700	1.9615	1.7830	1.6568	1.5592	1.4795	1.4122	1.3540	1.3026
59	2.2626	1.9579	1.7805	1.6550	1.5577	1.4783	1.4112	1.3531	1.3018
60	2.2553	1.9542	1.7782	1.6532	1.5563	1.4771	1.4102	1.3522	1.3010

Table XV. Proportional Logarithms.

S.	h. m. 0° 9′	h. m. 0° 10′	h. m. 0° 11′	h. m. 0° 12′	h. m. 0° 13′	h. m. 0° 14′	h. m. 0° 15′	h. m. 0° 16′	h. m. 0° 17′
0	1.3010	1.2553	1.2139	1.1761	1.1413	1.1091	1.0792	1.0512	1.0248
1	1.3002	1.2545	1.2132	1.1755	1.1408	1.1086	1.0787	1.0507	1.0244
2	1.2994	1.2538	1.2126	1.1749	1.1402	1.1081	1.0782	1.0502	1.0240
3	1.2986	1.2531	1.2119	1.1743	1.1397	1.1076	1.0777	1 0498	1.0235
4	1.2978	1.2524	1.2113	1.1737	1.1391	1.1071	1.0773	1.0493	1.0231
5	1.2970	1.2517	1.2106	1.1731	1.1386	1.1066	1.0768	1.0489	1.0227
6	1.2962	1.2510	1.2099	1.1725	1.1380	1.1061	1.0763	1.0484	1.0223
7	1.2954	1.2502	1.2093	1.1719	1.1374	1.1055	1.0758	1.0480	1.0219
8	1.2946	1.2495	1.2086	1.1713	1.1369	1.1050	1.0753	1.0475	1.0214
9	1.2939	1.2488	1.2080	1.1707	1.1363	1.1045	1.0749	1.0471	1.0210
10	1.2931	1.2481	1.2073	1.1701	1.1358	1.1040	1.0744	1.0467	1.0206
11	1.2923	1.2474	1.2067	1.1695	1.1352	1.1035	1.0739	1.0462	1.0202
12	1.2915	1.2467	1.2061	1.1689	1.1347	1.1030	1.0734	1.0458	1.0197
13	1.2907	1.2460	1.2054	1.1683	1.1342	1.1025	1.0730	1.0453	1.0193
14	1.2899	1.2453	1.2048	1.1677	1.1336	1.1020	1.0725	1.0449	1.0189
15	1.2891	1.2445	1.2041	1.1671	1.1331	1.1015	1.0720	1.0444	1.0185
16	1.2883	1.2438	1.2035	1.1665	1.1325	1.1009	1.0715	1.0440	1.0181
17	1.2876	1.2431	1.2028	1.1660	1.1320	1.1004	1.0711	1.0435	1.0176
18	1.2868	1.2424	1.2022	1.1654	1.1314	1.0999	1.0706	1.0431	1.0172
19	1.2860	1.2417	1.2016	1.1648	1.1309	1.0994	1.0701	1.0426	1.0168
20	1.2852	1.2410	1.2009	1.1642	1.1303	1.0989	1.0696	1.0422	1.0164
21	1.2845	1.2403	1.2003	1.1636	1.1298	1.0984	1.0692	1.0418	1.0160
22	1.2837	1.2396	1.1996	1.1630	1.1292	1.0979	1.0687	1.0413	1.0156
23	1.2829	1.2389	1.1990	1.1624	1.1287	1.0974	1.0682	1.0409	1.0151
24	1.2821	1.2382	1.1984	1.1619	1.1282	1.0969	1.0678	1.0404	1.0147
25	1.2814	1.2375	1.1977	1.1613	1.1276	1.0964	1.0673	1.0400	1.0143
26	1.2806	1.2368	1.1971	1.1607	1.1271	1.0959	1.0668	1.0395	1.0139
27	1.2798	1.2362	1.1965	1.1601	1.1266	1.0954	1.0663	1.0391	1.0135
28	1.2791	1.2355	1.1958	1.1595	1.1260	1.0949	1.0659	1.0387	1.0131
29	1.2783	1.2348	1.1952	1.1589	1.1255	1.0944	1.0654	1.0382	1.0126
30	1.2775	1.2341	1.1946	1.1584	1.1249	1.0939	1.0649	1.0378	1.0122
31	1.2768	1.2334	1.1939	1.1578	1.1244	1.0934	1.0645	1.0374	1.0118
32	1.2760	1.2327	1.1933	1.1572	1.1239	1.0929	1.0640	1.0369	1.0114
33	1.2753	1.2320	1.1927	1.1566	1.1233	1.0924	1.0635	1.0365	1.0110
34	1.2745	1.2313	1.1921	1.1561	1.1228	1.0919	1.0631	1.0360	1.0106
35	1.2738	1.2307	1.1914	1.1555	1.1223	1.0914	1.0626	1.0356	1.0102
36	1.2730	1.2300	1.1908	1.1549	1.1217	1.0909	1.0621	1.0352	1.0098
37	1.2722	1.2293	1.1902	1.1543	1.1212	1.0904	1.0617	1.0347	1.0093
38	1.2715	1.2286	1.1896	1.1538	1.1207	1.0899	1.0612	1.0343	1.0089
39	1.2707	1.2279	1.1889	1.1532	1.1201	1.0894	1.0608	1.0339	1.0085
40	1.2700	1.2272	1.1883	1.1526	1.1196	1.0889	1.0603	1.0334	1.0081
41	1.2692	1.2266	1.1877	1.1520	1.1191	1.0884	1.0598	1.0330	1.0077
42	1.2685	1.2259	1.1871	1.1515	1.1186	1.0880	1.0594	1.0326	1.0073
43	1.2678	1.2252	1.1865	1.1509	1.1180	1.0875	1.0589	1.0321	1.0069
44	1.2670	1.2245	1.1858	1.1503	1.1175	1.0870	1.0585	1.0317	1.0065
45	1.2663	1.2239	1.1852	1.1498	1.1170	1.0865	1.0580	1.0313	1.0061
46	1.2655	1.2232	1.1846	1.1492	1.1164	1.0860	1.0575	1.0308	1.0057
47	1.2648	1.2225	1.1840	1.1486	1.1159	1.0855	1.0571	1.0304	1.0053
48	1.2640	1.2218	1.1834	1.1481	1.1154	1.0850	1.0566	1.0300	1.0049
49	1.2633	1.2212	1.1828	1.1475	1.1149	1.0845	1.0562	1.0295	1.0044
50	1.2626	1.2205	1.1822	1.1469	1.1143	1.0840	1.0557	1.0291	1.0040
51	1.2618	1.2198	1.1816	1.1464	1.1138	1.0835	1.0552	1.0287	1.0036
52	1.2611	1.2192	1.1809	1.1458	1.1133	1.0831	1.0548	1.0282	1.0032
53	1.2604	1.2185	1.1803	1.1452	1.1128	1.0826	1.0543	1.0278	1.0028
54	1.2596	1.2178	1.1797	1.1447	1.1123	1.0821	1.0539	1.0274	1.0024
55	1.2589	1.2172	1.1791	1.1441	1.1117	1.0816	1.0534	1.0270	1.0020
56	1.2582	1.2165	1.1785	1.1436	1.1112	1.0811	1.0530	1.0265	1.0016
57	1.2574	1.2159	1.1779	1.1430	1.1107	1.0806	1.0525	1.0261	1.0012
58	1.2567	1.2152	1.1773	1.1424	1.1102	1.0801	1.0521	1.0257	1.0008
59	1.2560	1.2145	1.1767	1.1419	1.1097	1.0797	1.0516	1.0252	1.0004
60	1.2553	1.2139	1.1761	1.1413	1.1091	1.0792	1.0512	1.0248	1.0000

Table XV. Proportional Logarithms.

S.	h. m. 0° 18′	h. m. 0° 19′	h. m. 0° 20′	h. m. 0° 21′	h. m. 0° 22′	h. m. 0° 23′	h. m. 0° 24′	h. m. 0° 25′	h. m. 0° 26′	h. m. 0° 27′	h. m. 0° 28′	h. m. 0° 29′
0	0000	9765	9542	9331	9128	8935	8751	8573	8403	8239	8081	7929
1	9996	9761	9539	9327	9125	8932	8748	8570	8400	8236	8079	7926
2	9992	9758	9535	9324	9122	8929	8745	8568	8397	8234	8076	7924
3	9988	9754	9532	9320	9119	8926	8742	8565	8395	8231	8073	7921
4	9984	9750	9528	9317	9115	8923	8739	8562	8392	8228	8071	7919
5	9980	9746	9524	9313	9112	8920	8736	8559	8389	8226	8068	7916
6	9976	9742	9521	9310	9109	8917	8733	8556	8386	8223	8066	7914
7	9972	9739	9517	9306	9106	8913	8730	8553	8384	8220	8063	7911
8	9968	9735	9514	9303	9102	8910	8727	8550	8381	8218	8061	7909
9	9964	9731	9510	9300	9099	8907	8724	8547	8378	8215	8058	7906
10	9960	9727	9506	9296	9096	8904	8721	8544	8375	8212	8055	7904
11	9956	9723	9503	9293	9092	8901	8718	8542	8372	8210	8053	7901
12	9952	9720	9499	9289	9089	8898	8715	8539	8370	8207	8050	7899
13	9948	9716	9496	9286	9086	8895	8712	8536	8367	8204	8048	7896
14	9944	9712	9492	9283	9083	8892	8709	8533	8364	8202	8045	7894
15	9940	9708	9488	9279	9079	8888	8706	8530	8361	8199	8043	7891
16	9936	9705	9485	9276	9076	8885	8703	8527	8359	8196	8040	7889
17	9932	9701	9481	9272	9073	8882	8700	8524	8356	8194	8037	7887
18	9928	9697	9478	9269	9070	8879	8697	8522	8353	8191	8035	7884
19	9924	9693	9474	9266	9066	8876	8694	8519	8350	8188	8032	7882
20	9920	9690	9471	9262	9063	8873	8691	8516	8348	8186	8030	7879
21	9916	9686	9467	9259	9060	8870	8688	8513	8345	8183	8027	7877
22	9912	9682	9464	9255	9057	8867	8685	8510	8342	8181	8025	7874
23	9908	9678	9460	9252	9053	8864	8682	8507	8339	8178	8022	7872
24	9905	9675	9456	9249	9050	8861	8679	8504	8337	8175	8020	7869
25	9901	9671	9453	9245	9047	8857	8676	8502	8334	8173	8017	7867
26	9897	9667	9449	9242	9044	8854	8673	8499	8331	8170	8014	7864
27	9893	9664	9446	9238	9041	8851	8670	8496	8328	8167	8012	7862
28	9889	9660	9442	9235	9037	8848	8667	8493	8326	8165	8009	7859
29	9885	9656	9439	9232	9034	8845	8664	8490	8323	8162	8007	7857
30	9881	9652	9435	9228	9031	8842	8661	8487	8320	8159	8004	7855
31	9877	9649	9432	9225	9028	8839	8658	8484	8318	8157	8002	7852
32	9873	9645	9428	9222	9024	8836	8655	8482	8315	8154	7999	7850
33	9869	9641	9425	9218	9021	8833	8652	8479	8312	8152	7997	7847
34	9865	9638	9421	9215	9018	8830	8649	8476	8309	8149	7994	7845
35	9861	9634	9418	9212	9015	8827	8646	8473	8307	8146	7992	7842
36	9858	9630	9414	9208	9012	8824	8643	8470	8304	8144	7989	7840
37	9854	9626	9411	9205	9008	8821	8640	8467	8301	8141	7987	7837
38	9850	9623	9407	9201	9005	8817	8637	8465	8298	8138	7984	7835
39	9846	9619	9404	9198	9002	8814	8635	8462	8296	8136	7981	7832
40	9842	9615	9400	9195	8999	8811	8632	8459	8293	8133	7979	7830
41	9838	9612	9397	9191	8996	8808	8629	8456	8290	8131	7976	7828
42	9834	9608	9393	9188	8992	8805	8626	8453	8288	8128	7974	7825
43	9830	9604	9390	9185	8989	8802	8623	8451	8285	8125	7971	7823
44	9827	9601	9386	9181	8986	8799	8620	8448	8282	8123	7969	7820
45	9823	9597	9383	9178	8983	8796	8617	8445	8279	8120	7966	7818
46	9819	9593	9379	9175	8980	8793	8614	8442	8277	8117	7964	7815
47	9815	9590	9376	9172	8977	8790	8611	8439	8274	8115	7961	7813
48	9811	9586	9372	9168	8973	8787	8608	8437	8271	8112	7959	7811
49	9807	9582	9369	9165	8970	8784	8605	8434	8269	8110	7956	7808
50	9803	9579	9365	9162	8967	8781	8602	8431	8266	8107	7954	7806
51	9800	9575	9362	9158	8964	8778	8599	8428	8263	8104	7951	7803
52	9796	9571	9358	9155	8961	8775	8597	8425	8261	8102	7949	7801
53	9792	9568	9355	9152	8958	8772	8594	8423	8258	8099	7946	7798
54	9788	9564	9351	9148	8954	8769	8591	8420	8255	8097	7944	7796
55	9784	9561	9348	9145	8951	8766	8588	8417	8253	8094	7941	7794
56	9780	9557	9344	9142	8948	8763	8585	8414	8250	8091	7939	7791
57	9777	9553	9341	9138	8945	8760	8582	8411	8247	8089	7936	7789
58	9773	9550	9337	9135	8942	8757	8579	8409	8244	8086	7934	7786
59	9760	9546	9334	9132	8939	8754	8576	8406	8242	8084	7931	7784
60	9765	9542	9331	9128	8935	8751	8573	8403	8239	8081	7929	7782

Table XV. Proportional Logarithms.

S.	h. m. 0° 30′	h. m. 0° 31′	h. m. 0° 32′	h. m. 0° 33′	h. m. 0° 34′	h. m. 0° 35′	h. m. 0° 36′	h. m. 0° 37′	h. m. 0° 38′	h. m. 0° 39′	h. m. 0° 40′	h. m. 0° 41′
0	7782	7639	7501	7368	7238	7112	6990	6871	6755	6642	6532	6425
1	7779	7637	7499	7365	7236	7110	6988	6869	6753	6640	6530	6423
2	7777	7634	7497	7363	7234	7108	6980	6867	6751	6638	6529	6421
3	7774	7632	7494	7361	7232	7106	6984	6865	6749	6637	6527	6420
4	7772	7630	7492	7359	7229	7104	6982	6863	6747	6635	6525	6418
5	7769	7627	7490	7357	7227	7102	6980	6861	6745	6633	6523	6416
6	7767	7625	7488	7354	7225	7100	6978	6859	6743	6631	6521	6414
7	7765	7623	7485	7352	7223	7098	6976	6857	6742	6629	6519	6413
8	7762	7620	7483	7350	7221	7096	6974	6855	6740	6627	6518	6411
9	7760	7618	7481	7548	7219	7093	6972	6853	6738	6625	6516	6409
10	7757	7616	7479	7346	7217	7091	6970	6851	6736	6624	6514	6407
11	7755	7613	7476	7344	7215	7089	6968	6849	6734	6622	6512	6406
12	7753	7611	7474	7341	7212	7087	6966	6847	6732	6620	6510	6404
13	7750	7609	7472	7339	7210	7085	6964	6845	6730	6618	6509	6402
14	7748	7607	7470	7337	7208	7083	6962	6843	6728	6616	6507	6400
15	7745	7604	7467	7335	7206	7081	6960	6841	6726	6614	6505	6398
16	7743	7602	7465	7333	7204	7079	6958	6840	6725	6612	6503	6397
17	7741	7600	7463	7330	7202	7077	6956	6838	6723	6611	6501	6395
18	7738	7597	7461	7328	7200	7075	6954	6836	6721	6609	6500	6393
19	7736	7595	7458	7326	7198	7073	6952	6834	6719	6607	6498	6391
20	7734	7593	7456	7324	7196	7071	6950	6832	6717	6605	6496	6390
21	7731	7590	7454	7322	7193	7069	6948	6830	6715	6603	6494	6388
22	7729	7588	7452	7320	7191	7067	6946	6828	6713	6601	6492	6386
23	7726	7586	7450	7317	7189	7065	6944	6826	6711	6600	6491	6384
24	7724	7583	7447	7315	7187	7063	6942	6824	6709	6598	6489	6383
25	7722	7581	7445	7313	7185	7061	6940	6822	6708	6596	6487	6381
26	7719	7579	7443	7311	7183	7059	6938	6820	6706	6594	6485	6379
27	7717	7577	7441	7309	7181	7057	6936	6818	6704	6592	6484	6377
28	7714	7574	7438	7307	7179	7055	6934	6816	6702	6590	6482	6376
29	7712	7572	7436	7304	7177	7052	6932	6814	6700	6589	6480	6374
30	7710	7570	7434	7302	7175	7050	6930	6812	6698	6587	6478	6372
31	7707	7567	7432	7300	7172	7048	6928	6810	6696	6585	6476	6371
32	7705	7565	7429	7298	7170	7046	6926	6809	6694	6583	6475	6369
33	7703	7563	7427	7296	7168	7044	6924	6807	6692	6581	6473	6367
34	7700	7560	7425	7294	7166	7042	6922	6805	6691	6579	6471	6365
35	7698	7558	7423	7291	7164	7040	6920	6803	6689	6578	6469	6364
36	7696	7556	7421	7289	7162	7038	6918	6801	6687	6576	6467	6362
37	7693	7554	7418	7287	7160	7036	6916	6799	6685	6574	6466	6360
38	7691	7551	7416	7285	7158	7034	6914	6797	6683	6572	6464	6358
39	7688	7549	7414	7283	7156	7032	6912	6795	6681	6570	6462	6357
40	7686	7547	7412	7281	7154	7030	6910	6793	6679	6568	6460	6355
41	7684	7544	7409	7279	7152	7028	6908	6791	6677	6567	6459	6353
42	7681	7542	7407	7276	7149	7026	6906	6789	6676	6565	6457	6351
43	7679	7540	7405	7274	7147	7024	6904	6787	6674	6563	6455	6350
44	7677	7538	7403	7272	7145	7022	6902	6785	6672	6561	6453	6348
45	7674	7535	7401	7270	7143	7020	6900	6784	6670	6559	6451	6346
46	7672	7533	7398	7268	7141	7018	6898	6782	6668	6558	6450	6344
47	7670	7531	7396	7266	7139	7016	6895	6780	6666	6556	6448	6343
48	7667	7528	7394	7264	7137	7014	6894	6778	6664	6554	6446	6341
49	7665	7526	7392	7261	7135	7012	6892	6776	6663	6552	6444	6339
50	7663	7524	7390	7259	7133	7010	6890	6774	6661	6550	6443	6338
51	7660	7522	7387	7257	7131	7008	6888	6772	6659	6548	6441	6336
52	7658	7519	7385	7255	7129	7006	6886	6770	6657	6547	6439	6334
53	7655	7517	7383	7253	7127	7004	6884	6768	6655	6545	6437	6332
54	7653	7515	7381	7251	7124	7002	6882	6766	6653	6543	6435	6331
55	7651	7513	7379	7249	7122	7000	6881	6764	6651	6541	6434	6329
56	7648	7510	7376	7246	7120	6998	6879	6763	6650	6539	6432	6327
57	7646	7508	7374	7244	7118	6996	6877	6761	6648	6538	6430	6325
58	7644	7506	7372	7242	7116	6994	6875	6759	6646	6536	6428	6324
59	7641	7503	7370	7240	7114	6992	6873	6757	6644	6534	6427	6322
60	7639	7501	7368	7238	7112	6990	6871	6755	6642	6532	6425	6320

Table XV. Proportional Logarithms.

S.	h. m. 0° 42′	h. m. 0° 43′	h. m. 0° 44′	h. m. 0° 45	h. m. 0° 46′	h. m. 0° 47′	h. m. 0° 48′	h. m. 0° 49′	h. m. 0° 50′	h. m. 0° 51′	h. m. 0° 52′	h. m. 0° 53′
0	6320	6218	6118	6021	5925	5832	5740	5651	5563	5477	5393	5310
1	6319	6216	6117	6019	5924	5830	5739	5649	5562	5476	5391	5309
2	6317	6215	6115	6017	5922	5829	5737	5648	5560	5474	5390	5307
3	6315	6213	6113	6016	5920	5827	5736	5646	5559	5473	5389	5306
4	6313	6211	6112	6014	5919	5826	5734	5645	5557	5471	5387	5305
5	6312	6210	6110	6013	5917	5824	5733	5643	5556	5470	5386	5303
6	6310	6208	6108	6011	5916	5823	5731	5642	5554	5469	5384	5302
7	6308	6206	6107	6009	5914	5821	5730	5640	5553	5467	5383	5300
8	6306	6205	6105	6008	5913	5819	5728	5639	5551	5466	5382	5299
9	6305	6203	6103	6006	5911	5818	5727	5637	5550	5464	5380	5298
10	6303	6201	6102	6005	5909	5816	5725	5636	5549	5463	5379	5296
11	6301	6200	6100	6003	5908	5815	5724	5635	5547	5461	5377	5295
12	6300	6198	6099	6001	5906	5813	5722	5633	5546	5460	5376	5294
13	6298	6196	6097	6000	5905	5812	5721	5632	5544	5459	5375	5292
14	6296	6195	6095	5998	5903	5810	5719	5630	5543	5457	5373	5291
15	6294	6193	6094	5997	5902	5809	5718	5629	5541	5456	5372	5290
16	6293	6191	6092	5995	5900	5807	5716	5627	5540	5454	5370	5288
17	6291	6190	6090	5993	5898	5806	5715	5626	5538	5453	5369	5287
18	6289	6188	6089	5992	5897	5804	5713	5624	5537	5452	5368	5285
19	6288	6186	6087	5990	5895	5803	5712	5623	5536	5450	5366	5284
20	6286	6185	6085	5989	5894	5801	5710	5621	5534	5449	5365	5283
21	6284	6183	6084	5987	5892	5800	5709	5620	5533	5447	5364	5281
22	6282	6181	6082	5985	5891	5798	5707	5618	5531	5446	5362	5280
23	6281	6179	6081	5984	5889	5796	5706	5617	5530	5445	5361	5279
24	6279	6178	6079	5982	5888	5795	5704	5615	5528	5443	5359	5277
25	6277	6176	6077	5981	5886	5793	5703	5614	5527	5442	5358	5276
26	6276	6174	6076	5979	5884	5792	5701	5613	5526	5440	5357	5275
27	6274	6173	6074	5977	5883	5790	5700	5611	5524	5439	5355	5273
28	6272	6171	6072	5976	5881	5789	5698	5610	5523	5437	5354	5272
29	6271	6169	6071	5974	5880	5787	5697	5608	5521	5436	5353	5271
30	6269	6168	6069	5973	5878	5786	5695	5607	5520	5435	5351	5269
31	6267	6166	6067	5971	5877	5784	5694	5605	5518	5433	5350	5268
32	6265	6165	6066	5969	5875	5783	5692	5604	5517	5432	5348	5266
33	6264	6163	6064	5968	5874	5781	5691	5602	5516	5430	5347	5265
34	6262	6161	6063	5966	5872	5780	5689	5601	5514	5429	5346	5264
35	6260	6160	6061	5965	5870	5778	5688	5599	5513	5428	5344	5262
36	6259	6158	6059	5963	5869	5777	5686	5598	5511	5426	5343	5261
37	6257	6156	6058	5961	5867	5775	5685	5596	5510	5425	5341	5260
38	6255	6155	6056	5960	5866	5774	5683	5595	5508	5423	5340	5258
39	6254	6153	6055	5958	5864	5772	5682	5594	5507	5422	5339	5257
40	6252	6151	6053	5957	5863	5771	5680	5592	5506	5421	5337	5256
41	6250	6150	6051	5955	5861	5769	5679	5591	5504	5419	5336	5254
42	6248	6148	6050	5954	5860	5768	5677	5589	5503	5418	5335	5253
43	6247	6146	6048	5952	5858	5766	5676	5588	5501	5416	5333	5252
44	6245	6145	6046	5950	5856	5765	5674	5586	5500	5415	5332	5250
45	6243	6143	6045	5949	5855	5763	5673	5585	5498	5414	5331	5249
46	6242	6141	6043	5947	5853	5761	5671	5583	5497	5412	5329	5248
47	6240	6140	6042	5946	5852	5760	5670	5582	5496	5411	5328	5246
48	6238	6138	6040	5944	5850	5758	5669	5580	5494	5409	5326	5245
49	6237	6136	6038	5942	5849	5757	5667	5579	5493	5408	5325	5244
50	6235	6135	6037	5941	5847	5755	5666	5578	5491	5407	5324	5242
51	6233	6133	6035	5939	5846	5754	5664	5576	5490	5405	5322	5241
52	6232	6131	6033	5938	5844	5752	5663	5575	5488	5404	5321	5240
53	6230	6130	6032	5936	5843	5751	5661	5573	5487	5402	5320	5238
54	6228	6128	6030	5935	5841	5749	5660	5572	5486	5401	5318	5237
55	6226	6126	6029	5933	5839	5748	5658	5570	5484	5400	5317	5235
56	6225	6125	6027	5931	5838	5746	5657	5569	5483	5398	5315	5234
57	6223	6123	6025	5930	5836	5745	5655	5567	5481	5397	5314	5233
58	6221	6121	6024	5928	5835	5743	5654	5566	5480	5395	5313	5231
59	6220	6120	6022	5927	5833	5742	5652	5564	5478	5394	5311	5230
60	6218	6118	6021	5925	5832	5740	5651	5563	5477	5393	5310	5229

Table XV. Proportional Logarithms.

S.	h. m. 0° 54′	h. m. 0° 55′	h. m. 0° 56′	h. m. 0° 57′	h. m. 0° 58′	h. m. 0° 59′	h. m. 1° 0′	h. m. 1° 1′	h. m. 1° 2′	h. m. 1° 3′	h. m. 1° 4′	h. m. 1° 5′
0	5229	5149	5071	4994	4918	4844	4771	4699	4629	4559	4491	4424
1	5227	5148	5070	4993	4917	4843	4770	4698	4628	4558	4490	4422
2	5226	5146	5068	4991	4916	4842	4769	4697	4626	4557	4489	4421
3	5225	5145	5067	4990	4915	4841	4768	4696	4625	4556	4488	4420
4	5223	5144	5066	4989	4913	4839	4766	4695	4624	4555	4486	4419
5	5222	5143	5064	4988	4912	4838	4765	4693	4623	4554	4485	4418
6	5221	5141	5063	4986	4911	4837	4764	4692	4622	4552	4484	4417
7	5219	5140	5062	4985	4910	4836	4763	4691	4621	4551	4483	4416
8	5218	5139	5061	4984	4908	4834	4762	4690	4619	4550	4482	4415
9	5217	5137	5059	4983	4907	4833	4760	4689	4618	4549	4481	4414
10	5215	5136	5058	4981	4906	4832	4759	4688	4617	4548	4480	4412
11	5214	5135	5057	4980	4905	4831	4758	4686	4616	4547	4479	4411
12	5213	5133	5055	4979	4903	4830	4757	4685	4615	4546	4477	4410
13	5211	5132	5054	4977	4902	4828	4756	4684	4614	4544	4476	4409
14	5210	5131	5053	4976	4901	4827	4754	4683	4612	4543	4475	4408
15	5209	5129	5051	4975	4900	4826	4753	4682	4611	4542	4474	4407
16	5207	5128	5050	4974	4899	4825	4752	4680	4610	4541	4473	4406
17	5206	5127	5049	4972	4897	4823	4751	4679	4609	4540	4472	4405
18	5205	5125	5048	4971	4896	4822	4750	4678	4608	4539	4471	4404
19	5203	5124	5046	4970	4895	4821	4748	4677	4607	4538	4469	4402
20	5202	5123	5045	4969	4894	4820	4747	4676	4606	4536	4468	4401
21	5201	5122	5044	4967	4892	4819	4746	4675	4604	4535	4467	4400
22	5199	5120	5043	4966	4891	4817	4745	4673	4603	4534	4466	4399
23	5198	5119	5041	4965	4890	4816	4744	4672	4602	4533	4465	4398
24	5197	5118	5040	4964	4889	4815	4742	4671	4601	4532	4464	4397
25	5195	5116	5039	4962	4887	4814	4741	4670	4600	4531	4463	4396
26	5194	5115	5037	4961	4886	4812	4740	4669	4599	4530	4462	4395
27	5193	5114	5036	4960	4885	4811	4739	4668	4597	4528	4460	5394
28	5191	5112	5035	4959	4884	4810	4738	4666	4596	4527	4459	4393
29	5190	5111	5034	4957	4882	4809	4736	4665	4595	4526	4458	4391
30	5189	5110	5032	4956	4881	4808	4735	4664	4594	4525	4457	4390
31	5187	5108	5031	4955	4880	4806	4734	4663	4593	4524	4456	4389
32	5186	5107	5030	4954	4879	4805	4733	4662	4592	4523	4455	4388
33	5185	5106	5028	4952	4877	4804	4732	4660	4590	4522	4454	4387
34	5183	5105	5027	4951	4876	4803	4730	4659	4589	4520	4453	4386
35	5182	5103	5026	4950	4875	4801	4729	4658	4588	4519	4452	4385
36	5181	5102	5025	4949	4874	4800	4728	4657	4587	4518	4450	4384
37	5179	5101	5023	4947	4873	4799	4727	4656	4586	4517	4449	4383
38	5178	5099	5022	4946	4871	4798	4726	4655	4585	4516	4448	4381
39	5177	5098	5021	4945	4870	4797	4724	4653	4584	4515	4447	4380
40	5175	5097	5019	4943	4869	4795	4723	4652	4582	4514	4446	4379
41	5174	5095	5018	4942	4868	4794	4722	4651	4581	4512	4445	4378
42	5173	5094	5017	4941	4866	4793	4721	4650	4580	4511	4444	4377
43	5172	5093	5016	4940	4865	4792	4720	4649	4579	4510	4443	4376
44	5170	5092	5014	4938	4864	4791	4718	4648	4578	4509	4441	4375
45	5169	5090	5013	4937	4863	4789	4717	4646	4577	4508	4440	4374
46	5168	5089	5012	4936	4861	4788	4716	4645	4575	4507	4439	4373
47	5166	5088	5011	4935	4860	4787	4715	4644	4574	4506	4438	4372
48	5165	5086	5009	4933	4859	4786	4714	4643	4573	4505	4437	4370
49	5164	5085	5008	4932	4858	4784	4712	4642	4572	4503	4436	4369
50	5162	5084	5007	4931	4856	4783	4711	4640	4571	4502	4435	4368
51	5161	5082	5005	4930	4855	4782	4710	4639	4570	4501	4434	4367
52	5160	5081	5004	4928	4854	4781	4709	4638	4569	4500	4433	4366
53	5158	5080	5003	4927	4853	4780	4708	4637	4567	4499	4431	4365
54	5157	5079	5002	4926	4852	4778	4707	4636	4566	4498	4430	4364
55	5156	5077	5000	4925	4850	4777	4705	4635	4565	4497	4429	4363
56	5154	5076	4999	4923	4849	4776	4704	4633	4564	4495	4428	4362
57	5153	5075	4998	4922	4848	4775	4703	4632	4563	4494	4427	4361
58	5152	5073	4997	4921	4847	4774	4702	4631	4562	4493	4426	4359
59	5150	5072	4995	4920	4845	4772	4701	4630	4560	4492	4425	4358
60	5149	5071	4994	4918	4844	4771	4699	4629	4559	4491	4424	4357

Table XV. Proportional Logarithms.

S.	h. m. 1° 6′	h. m. 1° 7′	h. m. 1° 8′	h. m. 1° 9′	h. m. 1° 10′	h. m. 1° 11′	h. m. 1° 12′	h. m. 1° 13′	h. m. 1° 14′	h. m. 1° 15′	h. m. 1° 16′	h. m. 1° 17′
0	4357	4292	4228	4164	4102	4040	3979	3919	3860	3802	3745	3688
1	4356	4291	4227	4163	4101	4039	3978	3919	3859	3801	3744	3687
2	4355	4290	4226	4162	4100	4038	3977	3918	3858	3800	3743	3686
3	4354	4289	4224	4161	4099	4037	3976	3917	3857	3799	3742	3685
4	4353	4288	4223	4160	4098	4036	3975	3916	3856	3798	3741	3684
5	4352	4287	4222	4159	4097	4035	3974	3915	3856	3797	3740	3683
6	4351	4285	4221	4158	4096	4034	3973	3914	3855	3796	3739	3682
7	4350	4284	4220	4157	4095	4033	3972	3913	3854	3795	3738	3681
8	4349	4283	4219	4156	4093	4032	3971	3912	3853	3794	3737	3680
9	4347	4282	4218	4155	4092	4031	3970	3911	3852	3793	3736	3679
10	4346	4281	4217	4154	4091	4030	3969	3910	3851	3792	3735	3678
11	4345	4280	4216	4153	4090	4029	3968	3909	3850	3792	3734	3677
12	4344	4279	4215	4152	4089	4028	3967	3908	3849	3791	3733	3677
13	4343	4278	4214	4151	4088	4027	3966	3907	3848	3790	3732	3676
14	4342	4277	4213	4150	4087	4026	3965	3906	3847	3789	3731	3675
15	4341	4276	4212	4149	4086	4025	3964	3905	3846	3788	3730	3674
16	4340	4275	4211	4147	4085	4024	3963	3904	3845	3787	3729	3673
17	4339	4274	4210	4146	4084	4023	3962	3903	3844	3786	3728	3672
18	4338	4273	4209	4145	4083	4022	3961	3902	3843	3785	3727	3671
19	4336	4271	4207	4144	4082	4021	3960	3901	3842	3784	3727	3670
20	4335	4270	4206	4143	4081	4020	3959	3900	3841	3783	3726	3669
21	4334	4269	4205	4142	4080	4019	3958	3899	3840	3782	3725	3668
22	4333	4268	4204	4141	4079	4018	3957	3898	3839	3781	3724	3667
23	4332	4267	4203	4140	4078	4017	3956	3897	3838	3780	3723	3666
24	4331	4266	4202	4139	4077	4016	3955	3896	3837	3779	3722	3665
25	4330	4265	4201	4138	4076	4015	3954	3895	3836	3778	3721	3664
26	4329	4264	4200	4137	4075	4014	3953	3894	3835	3777	3720	3663
27	4328	4263	4199	4136	4074	4013	3952	3893	3834	3776	3719	3663
28	4327	4262	4198	4135	4073	4012	3951	3892	3833	3775	3718	3662
29	4326	4261	4197	4134	4072	4011	3950	3891	3832	3774	3717	3661
30	4325	4260	4196	4133	4071	4010	3949	3890	3831	3773	3716	3660
31	4323	4259	4195	4132	4070	4009	3948	3889	3830	3772	3715	3659
32	4322	4258	4194	4131	4069	4008	3947	3888	3829	3771	3714	3658
33	4321	4256	4193	4130	4068	4007	3946	3887	3828	3770	3713	3657
34	4320	4255	4192	4129	4067	4006	3945	3886	3827	3769	3712	3656
35	4319	4254	4191	4128	4066	4005	3944	3885	3826	3768	3711	3655
36	4318	4253	4189	4127	4065	4004	3943	3884	3825	3768	3710	3654
37	4317	4252	4188	4126	4064	4003	3942	3883	3824	3767	3709	3653
38	4316	4251	4187	4125	4063	4002	3941	3882	3823	3766	3709	3652
39	4315	4250	4186	4124	4062	4001	3940	3881	3822	3765	3708	3651
40	4314	4249	4185	4122	4061	4000	3939	3880	3821	3764	3707	3650
41	4313	4248	4184	4121	4060	3999	3938	3879	3820	3763	3706	3649
42	4311	4247	4183	4120	4059	3998	3937	3878	3820	3762	3705	3649
43	4310	4246	4182	4119	4058	3997	3936	3877	3819	3761	3704	3648
44	4309	4245	4181	4118	4056	3996	3935	3876	3818	3760	3703	3647
45	4308	4244	4180	4117	4055	3995	3934	3875	3817	3759	3702	3646
46	4307	4243	4179	4116	4054	3993	3933	3874	3816	3758	3701	3645
47	4306	4241	4178	4115	4053	3992	3932	3873	3815	3757	3700	3644
48	4305	4240	4177	4114	4052	3991	3931	3872	3814	3756	3699	3643
49	4304	4239	4176	4113	4051	3990	3930	3871	3813	3755	3698	3642
50	4303	4238	4175	4112	4050	3989	3929	3870	3812	3754	3697	3641
51	4302	4237	4174	4111	4049	3988	3928	3869	3811	3753	3696	3640
52	4301	4236	4173	4110	4048	3987	3927	3868	3810	3752	3695	3639
53	4300	4235	4172	4109	4047	3986	3926	3867	3809	3751	3694	3638
54	4298	4234	4171	4108	4046	3985	3925	3866	3808	3750	3693	3637
55	4297	4233	4169	4107	4045	3984	3924	3865	3807	3749	3693	3636
56	4296	4232	4168	4106	4044	3983	3923	3864	3806	3748	3692	3635
57	4295	4231	4167	4105	4043	3982	3922	3863	3805	3747	3691	3635
58	4294	4230	4166	4104	4042	3981	3921	3862	3804	3746	3690	3634
59	4293	4229	4165	4103	4041	3980	3920	3861	3803	3746	3689	3633
60	4292	4228	4164	4102	4040	3979	3919	3860	3802	3745	3688	3632

TABLE XV. Proportional Logarithms.

S.	h. m. 1° 18′	h. m. 1° 19′	h. m. 1° 20′	h. m. 1° 21′	h. m. 1° 22′	h. m. 1° 23′	h. m. 1° 24′	h. m. 1° 25	h. m. 1° 26′	h. m. 1° 27	h. m. 1° 28	h. m. 1° 29
0	3632	3576	3522	3468	3415	3362	3310	3259	3208	3158	3108	3059
1	3631	3576	3521	3467	3414	3361	3309	5258	3207	3157	3107	3058
2	3630	3575	3520	3466	3413	3360	3308	3257	3206	3156	3106	3057
3	3629	3574	3519	3465	3412	3359	3307	3256	3205	3155	3105	3056
4	3628	3573	3518	3464	3411	3358	3306	3255	3204	3154	3105	3056
5	3627	3572	3517	3463	3410	3358	3306	3254	3204	3153	3104	3055
6	3626	3571	3516	3463	3409	3357	3305	3253	3203	3153	3103	3054
7	3625	3570	3515	3462	3408	3356	3304	3253	3202	3152	3102	3053
8	3624	3569	3514	3461	3408	3355	3303	3252	3201	3151	3101	3052
9	3623	3568	3514	3460	3407	3354	3302	3251	3200	3150	3101	3052
10	3623	3567	3513	3459	3406	3353	3301	3250	3199	3149	3100	3051
11	3622	3566	3512	3458	3405	3352	3300	3249	3198	3148	3099	3050
12	3621	3565	3511	3457	3404	3351	3300	3248	3198	3148	3098	3049
13	3620	3565	3510	3456	3403	3351	3299	3247	3197	3147	3097	3048
14	3619	3564	3509	3455	3402	3350	3298	3247	3196	3146	3096	3047
15	3618	3563	3508	3454	3401	3349	3297	3246	3195	3145	3096	3047
16	3617	3562	3507	3454	3400	3348	3296	3245	3194	3144	3095	3046
17	3616	3561	3506	3453	3400	3347	3295	3244	3193	3143	3094	3045
18	3615	3560	3506	3452	3399	3346	3294	3243	3193	3143	3093	3044
19	3614	3559	3505	3451	3398	3345	3294	3242	3192	3142	3092	3043
20	3613	3558	3504	3450	3397	3345	3293	3242	3191	3141	3091	3043
21	3612	3557	3503	3449	3396	3344	3292	3241	3190	3140	3091	3042
22	3611	3556	3502	3448	3395	3343	3291	3240	3189	3139	3090	3041
23	3610	3555	3501	3447	3394	3342	3290	3239	3188	3138	3089	3040
24	3610	3555	3500	3446	3393	3341	3289	3238	3188	3138	3088	3039
25	3609	3554	3499	3446	3393	3340	3288	3237	3187	3137	3087	3039
26	3608	3553	3498	3445	3392	3339	3288	3236	3186	3136	3087	3038
27	3607	3552	3497	3444	3391	3338	3287	3236	3185	3135	3086	3037
28	3606	3551	3497	3443	3390	3338	3286	3235	3184	3134	3085	3036
29	3605	3550	3496	3442	3389	3337	3285	3234	3183	3133	3084	3035
30	3604	3549	3495	3441	3388	3336	3284	3233	3183	3133	3083	3034
31	3603	3548	3494	3440	3387	3335	3283	3232	3182	3132	3082	3034
32	3602	3547	3493	3439	3386	3334	3282	3231	3181	3131	3082	3033
33	3601	3546	3492	3438	3386	3333	3282	3231	3180	3130	3081	3032
34	3600	3545	3491	3438	3385	3332	3281	3230	3179	3129	3080	3031
35	3599	3545	3490	3437	3384	3332	3280	3229	3178	3129	3079	3030
36	3598	3544	3489	3436	3383	3331	3279	3228	3178	3128	3078	3030
37	3598	3543	3488	3435	3382	3330	3278	3227	3177	3127	3078	3029
38	3597	3542	3488	3434	3381	3329	3277	3226	3176	3126	3077	3028
39	3596	3541	3487	3433	3380	3328	3276	3225	3175	3125	3076	3027
40	3595	3540	3486	3432	3379	3327	3276	3225	3174	3124	3075	3026
41	3594	3539	3485	3431	3379	3326	3275	3224	3173	3124	3074	3026
42	3593	3538	3484	3431	3378	3325	3274	3223	3173	3123	3073	3025
43	3592	3537	3483	3430	3377	3325	3273	3222	3172	3122	3073	3024
44	3591	3536	3482	3429	3376	3324	3272	3221	3171	3121	3072	3023
45	3590	3535	3481	3428	3375	3323	3271	3220	3170	3120	3071	3022
46	3589	3535	3480	3427	3374	3322	3270	3220	3169	3119	3070	3022
47	3588	3534	3480	3426	3373	3321	3270	3219	3168	3119	3069	3021
48	3587	3533	3479	3425	3372	3320	3269	3218	3168	3118	3069	3020
49	3587	3532	3478	3424	3372	3319	3268	3217	3167	3117	3068	3019
50	3586	3531	3477	3423	3371	3319	3267	3216	3166	3116	3067	3018
51	3585	3530	3476	3423	3370	3318	3266	3215	3165	3115	3066	3018
52	3584	3529	3475	3422	3369	3317	3265	3214	3164	3114	3065	3017
53	3583	3528	3474	3421	3368	3316	3265	3214	3163	3114	3065	3016
54	3582	3527	3473	3420	3367	3315	3264	3213	3163	3113	3064	3015
55	3581	3526	3472	3419	3366	3314	3263	3212	3162	3112	3063	3014
56	3580	3525	3471	3418	3365	3313	3262	3211	3161	3111	3062	3014
57	3579	3525	3471	3417	3365	3313	3261	3210	3160	3110	3061	3013
58	3578	3524	3470	3416	3364	3312	3260	3209	3159	3110	3060	3012
59	3577	3523	3469	3415	3363	3311	3259	3209	3158	3109	3060	3011
60	3576	3522	3468	3415	3362	3310	3259	3208	3158	3108	3059	3010

Table XV. Proportional Logarithms.

S.	h. m. 1° 30′	h. m. 1° 31′	h. m. 1° 32′	h. m. 1° 33′	h. m. 1° 34′	h. m 1° 35′	h. m. 1° 36′	h. m. 1° 37′	h. m. 1° 38′	h. m. 1° 39′	h. m. 1° 40′	h. m. 1° 41′
0	3010	2962	2915	2868	2821	2775	2730	2685	2640	2596	2553	2510
1	3009	2962	2914	2867	2821	2775	2729	2684	2640	2596	2552	2509
2	3009	2961	2913	2866	2820	2774	2729	2683	2639	2595	2551	2508
3	3008	2960	2912	2866	2819	2773	2728	2683	2638	2594	2551	2507
4	3007	2959	2912	2865	2818	2772	2727	2682	2638	2593	2550	2507
5	3006	2958	2911	2864	2818	2772	2726	2681	2637	2593	2549	2506
6	3005	2958	2910	2863	2817	2771	2725	2681	2636	2592	2548	2505
7	3005	2957	2909	2862	2816	2770	2725	2680	2635	2591	2548	2504
8	3004	2956	2909	2862	2815	2769	2724	2679	2635	2591	2547	2504
9	3003	2955	2908	2861	2815	2769	2723	2678	2634	2590	2546	2503
10	3002	2954	2907	2860	2814	2768	2722	2678	2633	2589	2545	2502
11	3001	2954	2906	2859	2813	2767	2722	2677	2632	2588	2545	2502
12	3001	2953	2905	2859	2812	2766	2721	2676	2632	2588	2544	2501
13	3000	2952	2905	2858	2811	2766	2720	2675	2631	2587	2543	2500
14	2999	2951	2904	2857	2811	2765	2719	2679	2630	2586	2543	2499
15	2998	2950	2903	2856	2810	2764	2719	2674	2629	2585	2542	2499
16	2997	2950	2902	2855	2809	2763	2718	2673	2629	2585	2541	2498
17	2997	2949	2901	2855	2808	2763	2717	2672	2628	2584	2540	2497
18	2996	2948	2901	2854	2808	2762	2716	2672	2627	2583	2540	2497
19	2995	2947	2900	2853	2807	2761	2716	2671	2626	2583	2539	2496
20	2994	2946	2899	2852	2806	2760	2715	2670	2626	2582	2538	2495
21	2993	2946	2898	2852	2805	2760	2714	2669	2625	2581	2538	2494
22	2993	2945	2898	2851	2805	2759	2713	2669	2624	2580	2537	2494
23	2992	2944	2897	2850	2804	2758	2713	2668	2624	2580	2536	2493
24	2991	2943	2896	2849	2803	2757	2712	2667	2623	2579	2535	2492
25	2990	2942	2895	2848	2802	2756	2711	2666	2622	2578	2535	2492
26	2989	2942	2894	2848	2801	2755	2710	2666	2621	2577	2534	2491
27	2989	2941	2894	2847	2801	2755	2710	2665	2621	2577	2533	2490
28	2988	2940	2893	2846	2800	2754	2709	2664	2620	2576	2533	2489
29	2987	2939	2892	2845	2799	2753	2708	2663	2619	2575	2532	2489
30	2986	2939	2891	2845	2798	2753	2707	2663	2618	2574	2531	2488
31	2985	2938	2891	2844	2798	2752	2707	2662	2618	2574	2530	2487
32	2985	2937	2890	2843	2797	2751	2706	2661	2617	2573	2530	2487
33	2984	2936	2889	2842	2796	2750	2705	2660	2616	2572	2529	2486
34	2983	2935	2888	2842	2795	2750	2704	2660	2615	2572	2528	2485
35	2982	2935	2887	2841	2795	2749	2704	2659	2615	2571	2527	2485
36	2981	2934	2887	2840	2794	2748	2703	2658	2614	2570	2527	2484
37	2981	2933	2886	2839	2793	2747	2702	2657	2613	2569	2526	2483
38	2980	2932	2885	2838	2792	2747	2701	2657	2612	2569	2525	2482
39	2979	2931	2884	2838	2792	2746	2701	2656	2612	2568	2525	2482
40	2978	2931	2883	2837	2791	2745	2700	2655	2611	2567	2524	2481
41	2977	2930	2883	2836	2790	2744	2699	2655	2610	2566	2523	2480
42	2977	2929	2882	2835	2789	2744	2698	2654	2610	2566	2522	2480
43	2976	2928	2881	2835	2788	2743	2698	2653	2609	2565	2522	2479
44	2975	2927	2880	2834	2788	2742	2697	2652	2608	2564	2521	2478
45	2974	2927	2880	2833	2787	2741	2696	2652	2607	2564	2520	2477
46	2973	2926	2879	2832	2786	2741	2696	2651	2607	2563	2520	2477
47	2973	2925	2878	2831	2785	2740	2695	2650	2606	2562	2519	2476
48	2972	2924	2877	2831	2785	2739	2694	2649	2605	2561	2518	2475
49	2971	2924	2876	2830	2784	2738	2693	2649	2604	2561	2517	2475
50	2970	2923	2876	2829	2783	2738	2692	2648	2604	2560	2517	2474
51	2969	2922	2875	2828	2782	2737	2692	2647	2603	2559	2516	2473
52	2969	2921	2874	2828	2782	2736	2691	2646	2602	2558	2515	2472
53	2968	2920	2873	2827	2781	2735	2690	2646	2601	2558	2515	2472
54	2967	2920	2873	2826	2780	2735	2689	2645	2601	2557	2514	2471
55	2966	2919	2872	2825	2779	2734	2689	2644	2600	2556	2513	2470
56	2965	2918	2871	2825	2779	2733	2688	2643	2599	2556	2512	2470
57	2965	2917	2870	2824	2778	2732	2687	2643	2599	2555	2512	2469
58	2964	2916	2869	2823	2777	2732	2687	2642	2598	2554	2511	2468
59	2963	2916	2869	2822	2776	2731	2686	2641	2597	2553	2510	2467
60	2962	2915	2868	2821	2775	2730	2685	2640	2596	2553	2510	2467

TABLE XV. Proportional Logarithms.

S.	h. m. 1° 42′	h. m. 1° 43′	h. m. 1° 44′	h. m. 1° 45′	h. m. 1° 46′	h. m. 1° 47′	h. m. 1° 48′	h. m. 1° 49′	h. m. 1° 50′	h. m. 1° 51′	h. m. 1° 52′	h. m. 1° 53′
0	2467	2424	2382	2341	2300	2259	2218	2178	2139	2099	2061	2022
1	2466	2424	2382	2340	2299	2258	2218	2178	2138	2099	2060	2021
2	2465	2423	2381	2339	2298	2258	2217	2177	2137	2098	2059	2021
3	2465	2422	2380	2339	2298	2257	2216	2176	2137	2098	2059	2020
4	2464	2422	2380	2338	2297	2256	2216	2176	2136	2097	2058	2019
5	2463	2421	2379	2337	2296	2256	2215	2175	2136	2096	2057	2019
6	2462	2420	2378	2337	2296	2255	2214	2174	2135	2096	2057	2018
7	2462	2419	2378	2336	2295	2254	2214	2174	2134	2095	2056	2017
8	2461	2419	2377	2335	2294	2253	2213	2173	2134	2094	2055	2017
9	2460	2418	2376	2335	2294	2253	2212	2172	2133	2094	2055	2016
10	2460	2417	2375	2334	2293	2252	2212	2172	2132	2093	2054	2016
11	2459	2417	2375	2333	2292	2251	2211	2171	2132	2092	2053	2015
12	2458	2416	2374	2333	2291	2251	2210	2170	2131	2092	2053	2014
13	2458	2415	2373	2332	2291	2250	2210	2170	2130	2091	2052	2014
14	2457	2415	2373	2331	2290	2249	2209	2169	2130	2090	2052	2013
15	2456	2414	2372	2331	2289	2249	2208	2169	2129	2090	2051	2012
16	2455	2413	2371	2330	2289	2248	2208	2168	2128	2089	2050	2012
17	2455	2412	2371	2329	2288	2247	2207	2167	2128	2088	2050	2011
18	2454	2412	2370	2328	2287	2247	2206	2167	2127	2088	2049	2010
19	2453	2412	2369	2328	2287	2246	2206	2166	2126	2087	2048	2010
20	2453	2410	2368	2327	2286	2245	2205	2165	2126	2086	2048	2009
21	2452	2410	2368	2326	2285	2245	2204	2165	2125	2086	2047	2009
22	2451	2409	2367	2326	2285	2244	2204	2164	2124	2085	2046	2008
23	2450	2408	2366	2325	2284	2243	2203	2163	2124	2085	2046	2007
24	2450	2408	2366	2324	2283	2243	2202	2163	2123	2084	2045	2007
25	2449	2407	2365	2324	2283	2242	2202	2162	2122	2083	2044	2006
26	2448	2406	2364	2323	2282	2241	2201	2161	2122	2083	2044	2005
27	2448	2405	2364	2322	2281	2241	2200	2161	2121	2082	2043	2005
28	2447	2405	2363	2322	2281	2240	2200	2160	2120	2081	2042	2004
29	2446	2404	2362	2321	2280	2239	2199	2159	2120	2081	2042	2003
30	2445	2403	2362	2320	2279	2239	2198	2159	2119	2080	2041	2003
31	2445	2403	2361	2320	2279	2238	2198	2158	2118	2079	2041	2002
32	2444	2402	2360	2319	2278	2237	2197	2157	2118	2079	2040	2001
33	2443	2401	2359	2318	2277	2237	2196	2157	2117	2078	2039	2001
34	2443	2401	2359	2317	2277	2236	2196	2156	2116	2077	2039	2000
35	2442	2400	2358	2317	2276	2235	2195	2155	2116	2077	2038	2000
36	2441	2399	2357	2316	2275	2235	2194	2155	2115	2076	2037	1999
37	2441	2398	2357	2315	2274	2234	2194	2154	2115	2075	2037	1998
38	2440	2398	2356	2315	2274	2233	2193	2153	2114	2075	2036	1998
39	2439	2397	2355	2314	2273	2233	2192	2153	2113	2074	2035	1997
40	2438	2396	2355	2313	2272	2232	2192	2152	2113	2073	2035	1996
41	2438	2396	2354	2313	2272	2231	2191	2151	2112	2073	2034	1996
42	2437	2395	2353	2312	2271	2231	2190	2151	2111	2072	2033	1995
43	2436	2394	2353	2311	2270	2230	2190	2150	2111	2072	2033	1994
44	2436	2394	2352	2311	2270	2229	2189	2149	2110	2071	2032	1994
45	2435	2393	2351	2310	2269	2229	2188	2149	2109	2070	2032	1993
46	2434	2392	2350	2309	2268	2228	2188	2148	2109	2070	2031	1993
47	2433	2391	2350	2309	2268	2227	2187	2147	2108	2069	2030	1992
48	2433	2391	2349	2308	2267	2227	2186	2147	2107	2068	2030	1991
49	2432	2390	2348	2307	2266	2226	2186	2146	2107	2068	2029	1991
50	2431	2389	2348	2307	2266	2225	2185	2145	2106	2067	2028	1990
51	2431	2389	2347	2306	2265	2225	2184	2145	2105	2066	2028	1989
52	2430	2388	2346	2305	2264	2224	2184	2144	2105	2066	2027	1989
53	2429	2387	2346	2304	2264	2223	2183	2143	2104	2065	2026	1988
54	2429	2387	2345	2304	2263	2223	2182	2143	2103	2064	2026	1987
55	2428	2386	2344	2303	2262	2222	2182	2142	2103	2064	2025	1987
56	2427	2385	2344	2302	2262	2221	2181	2141	2102	2063	2025	1986
57	2426	2384	2343	2302	2261	2220	2180	2141	2101	2062	2024	1986
58	2426	2384	2342	2301	2260	2220	2180	2140	2101	2062	2023	1985
59	2425	2383	2342	2300	2260	2219	2179	2139	2100	2061	2023	1984
60	2424	2382	2341	2300	2259	2218	2178	2139	2099	2061	2022	1984

Table XV. Proportional Logarithms.

S.	h. m. 1° 54′	h. m. 1° 55′	h. m. 1° 56′	h. m. 1° 57′	h. m. 1° 58′	h. m. 1° 59′	h. m. 2° 0′	h. m. 2° 1′	h. m. 2° 2′	h. m. 2° 3′	h. m. 2° 4′
0	1984	1946	1908	1871	1834	1797	1761	1725	1689	1654	1619
1	1983	1945	1908	1870	1833	1797	1760	1724	1689	1653	1618
2	1982	1944	1907	1870	1833	1796	1760	1724	1688	1652	1617
3	1982	1944	1906	1869	1832	1795	1759	1723	1687	1652	1617
4	1981	1943	1906	1868	1831	1795	1759	1722	1687	1651	1616
5	1981	1943	1905	1868	1831	1794	1758	1722	1686	1651	1616
6	1980	1942	1904	1867	1830	1794	1757	1721	1686	1650	1615
7	1979	1941	1904	1867	1830	1793	1757	1721	1685	1650	1614
8	1979	1941	1903	1866	1829	1792	1756	1720	1684	1649	1614
9	1978	1940	1903	1865	1828	1792	1755	1719	1684	1648	1613
10	1977	1939	1902	1865	1828	1791	1755	1719	1683	1648	1613
11	1977	1939	1901	1864	1827	1791	1754	1718	1683	1647	1612
12	1976	1938	1901	1863	1827	1790	1754	1718	1682	1647	1612
13	1975	1938	1900	1863	1826	1789	1753	1717	1681	1646	1611
14	1975	1937	1899	1862	1825	1789	1752	1717	1681	1645	1610
15	1974	1936	1899	1862	1825	1788	1752	1716	1680	1645	1610
16	1974	1936	1898	1861	1824	1788	1751	1715	1680	1644	1609
17	1973	1935	1898	1860	1823	1787	1751	1715	1679	1644	1609
18	1972	1934	1897	1860	1823	1786	1750	1714	1678	1643	1608
19	1972	1934	1896	1859	1822	1786	1749	1714	1678	1643	1607
20	1971	1933	1896	1859	1822	1785	1749	1713	1677	1642	1607
21	1970	1933	1895	1858	1821	1785	1748	1712	1677	1641	1606
22	1970	1932	1894	1857	1820	1784	1748	1712	1676	1641	1606
23	1969	1931	1894	1857	1820	1783	1747	1711	1676	1640	1605
24	1968	1931	1893	1856	1819	1783	1746	1711	1675	1640	1605
25	1968	1930	1893	1855	1819	1782	1746	1710	1674	1639	1604
26	1967	1929	1892	1855	1818	1781	1745	1709	1674	1638	1603
27	1967	1929	1891	1854	1817	1781	1745	1709	1673	1638	1603
28	1966	1928	1891	1854	1817	1780	1744	1708	1673	1637	1602
29	1965	1928	1890	1853	1816	1780	1743	1708	1672	1637	1602
30	1965	1927	1889	1852	1816	1779	1743	1707	1671	1636	1601
31	1964	1926	1889	1852	1815	1778	1742	1706	1671	1635	1600
32	1963	1926	1888	1851	1814	1778	1742	1706	1670	1635	1600
33	1963	1925	1888	1850	1814	1777	1741	1705	1670	1634	1599
34	1962	1924	1887	1850	1813	1777	1740	1705	1669	1634	1599
35	1962	1924	1886	1849	1812	1776	1740	1704	1668	1633	1598
36	1961	1923	1886	1849	1812	1775	1739	1703	1668	1633	1598
37	1960	1923	1885	1848	1811	1775	1739	1703	1667	1632	1597
38	1960	1922	1884	1847	1811	1774	1738	1702	1667	1631	1596
39	1959	1921	1884	1847	1810	1774	1737	1702	1666	1631	1596
40	1958	1921	1883	1846	1809	1773	1737	1701	1665	1630	1595
41	1958	1920	1883	1846	1809	1772	1736	1700	1665	1630	1595
42	1957	1919	1882	1845	1808	1772	1736	1700	1664	1629	1594
43	1956	1919	1881	1844	1808	1771	1735	1699	1664	1628	1593
44	1956	1918	1881	1844	1807	1771	1734	1699	1663	1628	1593
45	1955	1918	1880	1843	1806	1770	1734	1698	1663	1627	1592
46	1955	1917	1880	1843	1806	1769	1733	1697	1662	1627	1592
47	1954	1916	1879	1842	1805	1769	1733	1697	1661	1626	1591
48	1953	1916	1878	1841	1805	1768	1732	1696	1661	1626	1591
49	1953	1915	1878	1841	1804	1768	1731	1696	1660	1625	1590
50	1952	1914	1877	1840	1803	1767	1731	1695	1660	1624	1589
51	1951	1914	1876	1839	1803	1766	1730	1694	1659	1624	1589
52	1951	1913	1876	1839	1802	1766	1730	1694	1658	1623	1588
53	1950	1913	1875	1838	1802	1765	1729	1693	1658	1623	1588
54	1950	1912	1875	1838	1801	1765	1728	1693	1657	1622	1587
55	1949	1911	1874	1837	1800	1764	1728	1692	1657	1621	1587
56	1948	1911	1873	1836	1800	1763	1727	1692	1656	1621	1586
57	1948	1910	1873	1836	1799	1763	1727	1691	1655	1620	1585
58	1947	1909	1872	1835	1798	1762	1726	1690	1655	1620	1585
59	1946	1909	1871	1835	1798	1762	1725	1690	1654	1619	1584
60	1946	1908	1871	1834	1797	1761	1725	1689	1654	1619	1584

Table XV. Proportional Logarithms.

S.	h. m. 2° 5′	h. m. 2° 6′	h. m. 2° 7′	h. m. 2° 8′	h. m. 2° 9′	h. m. 2° 10′	h. m. 2° 11′	h. m. 2° 12′	h. m. 2° 13′	h. m. 2° 14′	h. m. 2° 15′
0	1584	1549	1515	1481	1447	1413	1380	1347	1314	1282	1249
1	1583	1548	1514	1480	1446	1413	1379	1346	1314	1281	1249
2	1582	1548	1514	1479	1446	1412	1379	1346	1313	1281	1248
3	1582	1547	1513	1479	1445	1412	1378	1345	1313	1280	1248
4	1581	1547	1512	1478	1445	1411	1378	1345	1312	1280	1247
5	1581	1546	1512	1478	1444	1411	1377	1344	1311	1279	1247
6	1580	1546	1511	1477	1443	1410	1377	1344	1311	1278	1246
7	1580	1545	1511	1477	1443	1409	1376	1343	1310	1278	1246
8	1579	1544	1510	1476	1442	1409	1376	1343	1310	1277	1245
9	1578	1544	1510	1476	1442	1408	1375	1342	1309	1277	1245
10	1578	1543	1509	1475	1441	1408	1374	1342	1309	1276	1244
11	1577	1543	1508	1474	1441	1407	1374	1341	1308	1276	1243
12	1577	1542	1508	1474	1440	1407	1373	1340	1308	1275	1243
13	1576	1542	1507	1473	1440	1406	1373	1340	1307	1275	1242
14	1576	1541	1507	1473	1439	1406	1372	1339	1307	1274	1242
15	1575	1540	1506	1472	1438	1405	1372	1339	1306	1274	1241
16	1574	1540	1506	1472	1438	1404	1371	1338	1306	1273	1241
17	1574	1539	1505	1471	1437	1404	1371	1338	1305	1273	1240
18	1573	1539	1504	1470	1437	1403	1370	1337	1304	1272	1240
19	1573	1538	1504	1470	1436	1403	1370	1337	1304	1271	1239
20	1572	1538	1503	1469	1436	1402	1369	1336	1303	1271	1239
21	1571	1537	1503	1469	1435	1402	1368	1335	1303	1270	1238
22	1571	1536	1502	1468	1435	1401	1368	1335	1302	1270	1238
23	1570	1536	1502	1468	1434	1401	1367	1334	1302	1269	1237
24	1570	1535	1501	1467	1433	1400	1367	1334	1301	1269	1237
25	1569	1535	1500	1467	1433	1399	1366	1333	1301	1268	1236
26	1569	1534	1500	1466	1432	1399	1366	1333	1300	1268	1235
27	1568	1534	1499	1465	1432	1398	1365	1332	1300	1267	1235
28	1567	1533	1499	1465	1431	1398	1365	1332	1299	1267	1234
29	1567	1532	1498	1464	1431	1397	1364	1331	1298	1266	1234
30	1566	1532	1498	1464	1430	1397	1363	1331	1298	1266	1233
31	1566	1531	1497	1463	1429	1396	1363	1330	1297	1265	1233
32	1565	1531	1496	1463	1429	1396	1362	1329	1297	1264	1232
33	1565	1530	1496	1462	1428	1395	1362	1329	1296	1264	1232
34	1564	1530	1495	1461	1428	1394	1361	1328	1296	1263	1231
35	1563	1529	1495	1461	1427	1394	1361	1328	1295	1263	1231
36	1563	1528	1494	1460	1427	1393	1360	1327	1295	1262	1230
37	1562	1528	1494	1460	1426	1393	1360	1327	1294	1262	1230
38	1562	1527	1493	1459	1426	1392	1359	1326	1294	1261	1229
39	1561	1527	1493	1459	1425	1392	1359	1326	1293	1261	1229
40	1561	1526	1492	1458	1424	1391	1358	1325	1292	1260	1228
41	1560	1526	1491	1458	1424	1391	1357	1325	1292	1260	1227
42	1559	1525	1491	1457	1423	1390	1357	1324	1291	1259	1227
43	1559	1524	1490	1456	1423	1389	1356	1323	1291	1259	1226
44	1558	1524	1490	1456	1422	1389	1356	1323	1290	1258	1226
45	1558	1523	1489	1455	1422	1388	1355	1322	1290	1257	1225
46	1557	1523	1489	1455	1421	1388	1355	1322	1289	1257	1225
47	1556	1522	1488	1454	1421	1387	1354	1321	1289	1256	1224
48	1556	1522	1487	1454	1420	1387	1354	1321	1288	1256	1224
49	1555	1521	1487	1453	1419	1386	1353	1320	1288	1255	1223
50	1555	1520	1486	1452	1419	1386	1352	1320	1287	1255	1223
51	1554	1520	1486	1452	1418	1385	1352	1319	1287	1254	1222
52	1554	1519	1485	1451	1418	1384	1351	1319	1286	1254	1222
53	1553	1519	1485	1451	1417	1384	1351	1318	1285	1253	1221
54	1552	1518	1484	1450	1417	1383	1350	1317	1285	1253	1221
55	1552	1518	1483	1450	1416	1383	1350	1317	1284	1252	1220
56	1551	1517	1483	1449	1416	1382	1349	1316	1284	1252	1219
57	1551	1516	1482	1449	1415	1382	1349	1316	1283	1251	1219
58	1550	1516	1482	1448	1414	1381	1348	1315	1283	1250	1218
59	1550	1515	1481	1447	1414	1381	1348	1315	1282	1250	1218
60	1549	1515	1481	1447	1413	1380	1347	1314	1282	1249	1217

Table XV. Proportional Logarithms.

S.	h. m. 2° 16′	h. m. 2° 17′	h. m. 2° 18′	h. m. 2° 19′	h. m. 2° 20′	h. m. 2° 21′	h. m. 2° 22′	h. m. 2° 23′	h. m. 2° 24′	h. m. 2° 25′	h. m. 2° 26′
0	1217	1186	1154	1123	1091	1061	1030	0999	0969	0939	0909
1	1217	1185	1153	1122	1091	1060	1029	0999	0969	0939	0909
2	1216	1184	1153	1122	1090	1060	1029	0998	0968	0938	0908
3	1216	1184	1152	1121	1090	1059	1028	0998	0968	0938	0908
4	1215	1183	1152	1120	1089	1058	1028	0997	0967	0937	0907
5	1215	1183	1151	1120	1089	1058	1027	0997	0967	0937	0907
6	1214	1182	1151	1119	1088	1057	1027	0996	0966	0936	0906
7	1214	1182	1150	1119	1088	1057	1026	0996	0966	0936	0906
8	1213	1181	1150	1118	1087	1056	1026	0995	0965	0935	0905
9	1213	1181	1149	1118	1087	1056	1025	0995	0965	0935	0905
10	1212	1180	1149	1117	1086	1055	1025	0994	0964	0934	0904
11	1211	1180	1148	1117	1086	1055	1024	0994	0964	0934	0904
12	1211	1179	1148	1116	1085	1054	1024	0993	0963	0933	0903
13	1210	1179	1147	1116	1085	1054	1023	0993	0963	0933	0903
14	1210	1178	1147	1115	1084	1053	1023	0992	0962	0932	0902
15	1209	1178	1146	1115	1084	1053	1022	0992	0962	0932	0902
16	1209	1177	1146	1114	1083	1052	1022	0991	0961	0931	0901
17	1208	1177	1145	1114	1083	1052	1021	0991	0961	0931	0901
18	1208	1176	1145	1113	1082	1051	1021	0990	0960	0930	0900
19	1207	1175	1144	1113	1082	1051	1020	0990	0960	0930	0900
20	1207	1175	1143	1112	1081	1050	1020	0989	0959	0929	0899
21	1206	1174	1143	1112	1081	1050	1019	0989	0959	0929	0899
22	1206	1174	1142	1111	1080	1049	1019	0988	0958	0928	0898
23	1205	1173	1142	1111	1080	1049	1018	0988	0958	0928	0898
24	1205	1173	1141	1110	1079	1048	1018	0987	0957	0927	0897
25	1204	1172	1141	1110	1079	1048	1017	0987	0957	0927	0897
26	1204	1172	1140	1109	1078	1047	1017	0986	0956	0926	0896
27	1203	1171	1140	1109	1078	1047	1016	0986	0956	0926	0896
28	1202	1171	1139	1108	1077	1046	1016	0985	0955	0925	0895
29	1202	1170	1139	1108	1076	1046	1015	0985	0955	0925	0895
30	1201	1170	1138	1107	1076	1045	1015	0984	0954	0924	0894
31	1201	1169	1138	1106	1075	1045	1014	0984	0954	0924	0894
32	1200	1169	1137	1106	1075	1044	1014	0983	0953	0923	0893
33	1200	1168	1137	1105	1074	1044	1013	0983	0953	0923	0893
34	1199	1168	1136	1105	1074	1043	1013	0982	0952	0922	0892
35	1199	1167	1136	1104	1073	1043	1012	0982	0952	0922	0892
36	1198	1167	1135	1104	1073	1042	1012	0981	0951	0921	0891
37	1198	1166	1135	1103	1072	1042	1011	0981	0951	0921	0891
38	1197	1165	1134	1103	1072	1041	1011	0980	0950	0920	0890
39	1197	1165	1134	1102	1071	1041	1010	0980	0950	0920	0890
40	1196	1164	1133	1102	1071	1040	1009	0979	0949	0919	0889
41	1196	1164	1132	1101	1070	1040	1009	0979	0949	0919	0889
42	1195	1163	1132	1101	1070	1039	1008	0978	0948	0918	0888
43	1195	1163	1131	1100	1069	1039	1008	0978	0948	0918	0888
44	1194	1162	1131	1100	1069	1038	1007	0977	0947	0917	0887
45	1193	1162	1130	1099	1068	1037	1007	0977	0947	0917	0887
46	1193	1161	1130	1099	1068	1037	1006	0976	0946	0916	0886
47	1192	1161	1129	1098	1067	1036	1006	0976	0946	0916	0886
48	1192	1160	1129	1098	1067	1036	1005	0975	0945	0915	0885
49	1191	1160	1128	1097	1066	1035	1005	0975	0945	0915	0885
50	1191	1159	1128	1097	1066	1035	1004	0974	0944	0914	0884
51	1190	1159	1127	1096	1065	1034	1004	0974	0944	0914	0884
52	1190	1158	1127	1096	1065	1034	1003	0973	0943	0913	0883
53	1189	1158	1126	1095	1064	1033	1003	0973	0943	0913	0883
54	1189	1157	1126	1095	1064	1033	1002	0972	0942	0912	0883
55	1188	1157	1125	1094	1063	1032	1002	0972	0942	0912	0882
56	1188	1156	1125	1094	1063	1032	1001	0971	0941	0911	0882
57	1187	1156	1124	1093	1062	1031	1001	0971	0941	0911	0881
58	1187	1155	1124	1092	1062	1031	1000	0970	0940	0910	0881
59	1186	1154	1123	1092	1061	1030	1000	0970	0940	0910	0880
60	1186	1154	1123	1091	1061	1030	0999	0969	0939	0909	0880

Table XV. Proportional Logarithms.

S.	h. m. 2° 27′	h. m. 2° 28′	h. m. 2° 29′	h. m. 2° 30′	h. m. 2° 31′	h. m. 2° 32′	h. m. 2° 33′	h. m. 2° 34′	h. m. 2° 35′	h. m. 2° 36′	h. m. 2° 37′
0	0880	0850	0821	0792	0763	0734	0706	0678	0649	0621	0594
1	0879	0850	0820	0791	0762	0734	0705	0677	0649	0621	0593
2	0879	0849	0820	0791	0762	0733	0705	0677	0648	0621	0593
3	0878	0849	0819	0790	0762	0733	0704	0676	0648	0620	0592
4	0878	0848	0819	0790	0761	0732	0704	0676	0648	0620	0592
5	0877	0848	0818	0789	0761	0732	0703	0675	0647	0619	0591
6	0877	0847	0818	0789	0760	0731	0703	0675	0647	0619	0591
7	0876	0847	0817	0788	0760	0731	0703	0674	0646	0618	0591
8	0876	0846	0817	0788	0759	0730	0702	0674	0646	0618	0590
9	0875	0846	0816	0787	0759	0730	0702	0673	0645	0617	0590
10	0875	0845	0816	0787	0758	0730	0701	0673	0645	0617	0589
11	0874	0845	0816	0787	0758	0729	0701	0672	0644	0616	0589
12	0874	0844	0815	0786	0757	0729	0700	0672	0644	0616	0588
13	0873	0844	0815	0786	0757	0728	0700	0671	0643	0615	0588
14	0873	0843	0814	0785	0756	0728	0699	0671	0643	0615	0587
15	0872	0843	0814	0785	0756	0727	0699	0670	0642	0615	0587
16	0872	0842	0813	0784	0755	0727	0698	0670	0642	0614	0586
17	0871	0842	0813	0784	0755	0726	0698	0670	0641	0614	0586
18	0871	0841	0812	0783	0754	0726	0697	0669	0641	0613	0585
19	0870	0841	0812	0783	0754	0725	0697	0669	0641	0613	0585
20	0870	0840	0811	0782	0753	0725	0696	0668	0640	0612	0585
21	0869	0840	0811	0782	0753	0724	0696	0668	0640	0612	0584
22	0869	0839	0810	0781	0752	0724	0695	0667	0639	0611	0584
23	0868	0839	0810	0781	0752	0723	0695	0667	0639	0611	0583
24	0868	0838	0809	0780	0751	0723	0695	0666	0638	0610	0583
25	0867	0838	0809	0780	0751	0722	0694	0666	0638	0610	0582
26	0867	0837	0808	0779	0751	0722	0694	0665	0637	0609	0582
27	0866	0837	0808	0779	0750	0721	0693	0665	0637	0609	0581
28	0866	0836	0807	0778	0750	0721	0693	0664	0636	0609	0581
29	0865	0836	0807	0778	0749	0721	0692	0664	0636	0608	0580
30	0865	0835	0806	0777	0749	0720	0692	0663	0635	0608	0580
31	0864	0835	0806	0777	0748	0720	0691	0663	0635	0607	0579
32	0864	0834	0805	0776	0748	0719	0691	0663	0635	0607	0579
33	0863	0834	0805	0776	0747	0719	0690	0662	0634	0606	0579
34	0863	0834	0804	0775	0747	0718	0690	0662	0634	0606	0578
35	0862	0833	0804	0775	0746	0718	0689	0661	0633	0605	0578
36	0862	0833	0803	0774	0746	0717	0689	0661	0633	0605	0577
37	0861	0832	0803	0774	0745	0717	0688	0660	0632	0604	0577
38	0861	0832	0802	0774	0745	0716	0688	0660	0632	0604	0576
39	0860	0831	0802	0773	0744	0716	0687	0659	0631	0603	0576
40	0860	0831	0801	0773	0744	0715	0687	0659	0631	0603	0575
41	0859	0830	0801	0772	0743	0715	0686	0658	0630	0602	0575
42	0859	0830	0801	0772	0743	0714	0686	0658	0630	0602	0574
43	0858	0829	0800	0771	0742	0714	0686	0657	0629	0602	0574
44	0858	0829	0800	0771	0742	0713	0685	0657	0629	0601	0573
45	0857	0828	0799	0770	0741	0713	0685	0656	0628	0601	0573
46	0857	0828	0799	0770	0741	0712	0684	0656	0628	0600	0573
47	0856	0827	0798	0769	0740	0712	0684	0655	0628	0600	0572
48	0856	0827	0798	0769	0740	0711	0683	0655	0627	0599	0572
49	0855	0826	0797	0768	0740	0711	0683	0655	0627	0599	0571
50	0855	0826	0797	0768	0739	0711	0682	0654	0626	0598	0571
51	0855	0825	0796	0767	0739	0710	0682	0654	0626	0598	0570
52	0854	0825	0796	0767	0738	0710	0681	0653	0625	0597	0570
53	0854	0824	0795	0766	0738	0709	0681	0653	0625	0597	0570
54	0853	0824	0795	0766	0737	0709	0680	0652	0624	0596	0569
55	0853	0823	0794	0765	0737	0708	0680	0652	0624	0596	0568
56	0852	0823	0794	0765	0736	0708	0679	0651	0623	0596	0568
57	0852	0822	0793	0764	0736	0707	0679	0651	0623	0595	0568
58	0851	0822	0793	0764	0735	0707	0678	0650	0622	0595	0567
59	0851	0821	0792	0763	0735	0706	0678	0650	0622	0594	0567
60	0850	0821	0792	0763	0734	0706	0678	0649	0621	0594	0566

Table XV. Proportional Logarithms.

S.	h. m. 2° 38′	h. m. 2° 39′	h. m. 2° 40′	h. m. 2° 41′	h. m. 2° 42′	h. m. 2° 43′	h. m. 2° 44′	h. m. 2° 45′	h. m. 2° 46′	h. m. 2° 47′	h. m. 2° 48′
0	0566	0539	0512	0484	0458	0431	0404	0378	0352	0326	0300
1	0566	0538	0511	0484	0457	0430	0404	0377	0351	0325	0299
2	0565	0538	0511	0484	0457	0430	0403	0377	0351	0325	0299
3	0565	0537	0510	0483	0456	0430	0403	0377	0350	0324	0298
4	0564	0537	0510	0483	0456	0429	0403	0376	0350	0324	0298
5	0564	0536	0509	0482	0455	0429	0402	0376	0349	0323	0297
6	0563	0536	0509	0482	0455	0428	0402	0375	0349	0323	0297
7	0563	0536	0508	0481	0454	0428	0401	0375	0349	0323	0297
8	0562	0535	0508	0481	0454	0427	0401	0374	0348	0322	0296
9	0562	0535	0507	0480	0454	0427	0400	0374	0348	0322	0296
10	0562	0534	0507	0480	0453	0426	0400	0374	0347	0321	0295
11	0561	0534	0507	0480	0453	0426	0399	0373	0347	0321	0295
12	0561	0533	0506	0479	0452	0426	0399	0373	0346	0320	0294
13	0560	0533	0506	0479	0452	0425	0399	0372	0346	0320	0294
14	0560	0532	0505	0478	0451	0425	0398	0372	0346	0319	0294
15	0559	0532	0505	0478	0451	0424	0398	0371	0345	0319	0293
16	0559	0531	0504	0477	0450	0424	0397	0371	0345	0319	0293
17	0558	0531	0504	0477	0450	0423	0397	0370	0344	0318	0292
18	0558	0531	0503	0476	0450	0423	0396	0370	0344	0318	0292
19	0557	0530	0503	0476	0449	0422	0396	0370	0343	0317	0291
20	0557	0530	0502	0475	0449	0422	0395	0369	0343	0317	0291
21	0557	0529	0502	0475	0448	0422	0395	0369	0342	0316	0291
22	0556	0529	0502	0475	0448	0421	0395	0368	0342	0316	0290
23	0556	0528	0501	0474	0447	0421	0394	0368	0342	0316	0290
24	0555	0528	0501	0474	0447	0420	0394	0367	0341	0315	0289
25	0555	0527	0500	0473	0446	0420	0393	0367	0341	0315	0289
26	0554	0527	0500	0473	0446	0419	0393	0366	0340	0314	0288
27	0554	0526	0499	0472	0446	0419	0392	0366	0340	0314	0288
28	0553	0526	0499	0472	0445	0418	0392	0366	0339	0313	0288
29	0553	0526	0498	0471	0445	0418	0391	0365	0339	0313	0287
30	0552	0525	0498	0471	0444	0418	0391	0365	0339	0313	0287
31	0552	0525	0498	0471	0444	0417	0391	0364	0338	0312	0286
32	0552	0524	0497	0470	0443	0417	0390	0364	0338	0312	0286
33	0551	0524	0497	0470	0443	0416	0390	0363	0337	0311	0285
34	0551	0523	0496	0469	0442	0416	0389	0363	0337	0311	0285
35	0550	0523	0496	0469	0442	0415	0389	0363	0336	0310	0285
36	0550	0522	0495	0468	0442	0415	0388	0362	0336	0310	0284
37	0549	0522	0495	0468	0441	0414	0388	0362	0336	0310	0284
38	0549	0521	0494	0467	0441	0414	0388	0361	0335	0309	0283
39	0548	0521	0494	0467	0440	0414	0387	0361	0335	0309	0283
40	0548	0521	0493	0467	0440	0413	0387	0360	0334	0308	0282
41	0547	0520	0493	0466	0439	0413	0386	0360	0334	0308	0282
42	0547	0520	0493	0466	0439	0412	0386	0360	0333	0307	0282
43	0546	0519	0492	0465	0438	0412	0385	0359	0333	0307	0281
44	0546	0519	0492	0465	0438	0411	0385	0359	0333	0307	0281
45	0546	0518	0491	0464	0438	0411	0384	0358	0332	0306	0280
46	0545	0518	0491	0464	0437	0410	0384	0358	0332	0306	0280
47	0545	0517	0490	0463	0437	0410	0384	0357	0331	0305	0279
48	0544	0517	0490	0463	0436	0410	0383	0357	0331	0305	0279
49	0544	0517	0489	0462	0436	0409	0383	0356	0330	0304	0279
50	0543	0516	0489	0462	0435	0409	0382	0356	0330	0304	0278
51	0543	0516	0489	0462	0435	0408	0382	0356	0329	0304	0278
52	0542	0515	0488	0461	0434	0408	0381	0355	0329	0303	0277
53	0542	0515	0488	0461	0434	0407	0381	0355	0329	0303	0277
54	0541	0514	0487	0460	0434	0407	0381	0354	0328	0302	0276
55	0541	0514	0487	0460	0433	0406	0380	0354	0328	0302	0276
56	0541	0513	0486	0459	0433	0406	0380	0353	0327	0301	0276
57	0540	0513	0486	0459	0432	0406	0379	0353	0327	0301	0275
58	0540	0512	0485	0458	0432	0405	0379	0353	0326	0300	0275
59	0539	0512	0485	0458	0431	0405	0378	0352	0326	0300	0274
60	0539	0512	0484	0458	0431	0404	0378	0352	0326	0300	0274

Table XV. Proportional Logarithms.

S.	h. m. 2° 49′	h. m. 2° 50′	h. m. 2° 51′	h. m. 2° 52′	h. m. 2° 53′	h. m. 2° 54′	h. m. 2° 55′	h. m. 2° 56′	h. m. 2° 57′	h. m. 2° 58′	h. m. 2° 59′
0	0274	0248	0223	0197	0172	0147	0122	0098	0073	0049	0024
1	0273	0248	0222	0197	0172	0147	0122	0097	0073	0048	0024
2	0273	0247	0222	0197	0171	0146	0122	0097	0072	0048	0023
3	0273	0247	0221	0196	0171	0146	0121	0096	0072	0047	0023
4	0272	0247	0221	0196	0171	0146	0121	0096	0071	0047	0023
5	0272	0246	0221	0195	0170	0145	0120	0096	0071	0046	0022
6	0271	0246	0220	0195	0170	0145	0120	0095	0071	0046	0022
7	0271	0245	0220	0194	0169	0144	0119	0095	0070	0046	0021
8	0270	0245	0219	0194	0169	0144	0119	0094	0070	0045	0021
9	0270	0244	0219	0194	0169	0143	0119	0094	0069	0045	0021
10	0270	0244	0219	0193	0168	0143	0118	0093	0069	0044	0020
11	0269	0244	0218	0193	0168	0143	0118	0093	0068	0044	0020
12	0269	0243	0218	0192	0167	0142	0117	0093	0068	0044	0019
13	0268	0243	0217	0192	0167	0142	0117	0092	0068	0043	0019
14	0268	0242	0217	0192	0166	0141	0117	0092	0067	0043	0019
15	0267	0242	0216	0191	0166	0141	0116	0091	0067	0042	0018
16	0267	0241	0216	0191	0166	0141	0116	0091	0066	0042	0018
17	0267	0241	0216	0190	0165	0140	0115	0091	0066	0042	0017
18	0266	0241	0215	0190	0165	0140	0115	0090	0066	0041	0017
19	0266	0240	0215	0189	0164	0139	0114	0090	0065	0041	0017
20	0265	0240	0214	0189	0164	0139	0114	0089	0065	0040	0016
21	0265	0239	0214	0189	0163	0139	0114	0089	0064	0040	0016
22	0264	0239	0213	0188	0163	0138	0113	0089	0064	0040	0015
23	0264	0238	0213	0188	0163	0138	0113	0088	0064	0039	0015
24	0264	0238	0213	0187	0162	0137	0112	0088	0063	0039	0015
25	0263	0238	0212	0187	0162	0137	0112	0087	0063	0038	0014
26	0263	0237	0212	0187	0161	0136	0112	0087	0062	0038	0014
27	0262	0237	0211	0186	0161	0136	0111	0087	0062	0038	0013
28	0262	0236	0211	0186	0161	0136	0111	0086	0662	0037	0013
29	0261	0236	0211	0185	0160	0135	0110	0086	0061	0037	0012
30	0261	0235	0210	0185	0160	0135	0110	0085	0061	0036	0012
31	0261	0235	0210	0184	0159	0134	0110	0085	0060	0036	0012
32	0260	0235	0209	0184	0159	0134	0109	0084	0060	0036	0011
33	0260	0234	0209	0184	0158	0134	0109	0084	0060	0035	0011
34	0259	0234	0208	0183	0158	0133	0108	0084	0059	0035	0010
35	0259	0233	0208	0183	0158	0133	0108	0083	0059	0034	0010
36	0258	0233	0208	0182	0157	0132	0107	0083	0058	0034	0010
37	0258	0233	0207	0182	0157	0132	0107	0082	0058	0034	0009
38	0258	0232	0207	0181	0156	0131	0107	0082	0057	0033	0009
39	0257	0232	0206	0181	0156	0131	0106	0082	0057	0033	0008
40	0257	0231	0206	0181	0156	0131	0106	0081	0057	0032	0008
41	0256	0231	0205	0180	0155	0130	0105	0081	0056	0032	0008
42	0256	0230	0205	0180	0155	0130	0105	0080	0056	0031	0007
43	0255	0230	0205	0179	0154	0129	0105	0080	0055	0031	0007
44	0255	0230	0204	0179	0154	0129	0104	0080	0055	0031	0006
45	0255	0229	0204	0179	0153	0129	0104	0079	0055	0030	0006
46	0254	0229	0203	0178	0153	0128	0103	0079	0054	0030	0006
47	0254	0228	0203	0178	0153	0128	0103	0078	0054	0029	0005
48	0253	0228	0202	0177	0152	0127	0103	0078	0053	0029	0005
49	0253	0227	0202	0177	0152	0127	0102	0077	0053	0029	0004
50	0252	0227	0202	0176	0151	0126	0102	0077	0053	0028	0004
51	0252	0227	0201	0176	0151	0126	0101	0077	0052	0028	0004
52	0252	0226	0201	0176	0151	0126	0101	0076	0052	0027	0003
53	0251	0226	0200	0175	0150	0125	0100	0076	0051	0027	0003
54	0251	0225	0200	0175	0150	0125	0100	0075	0051	0027	0002
55	0250	0225	0200	0174	0149	0124	0100	0075	0051	0026	0002
56	0250	0224	0199	0174	0149	0124	0099	0075	0050	0026	0002
57	0250	0224	0199	0174	0148	0124	0099	0074	0050	0025	0001
58	0249	0224	0198	0173	0148	0123	0098	0074	0049	0025	0001
59	0249	0223	0198	0173	0148	0123	0098	0073	0049	0025	0000
60	0248	0223	0197	0172	0147	0122	0098	0073	0049	0024	0000

TABLE XVI.

FOR COMPUTING

THE LATITUDE OF A SHIP AT SEA,

HAVING THE LATITUDE BY ACCOUNT,

TWO OBSERVED ALTITUDES OF THE SUN,

THE TIME ELAPSED BETWEEN THE OBSERVATIONS MEASURED BY A COMMON WATCH,

AND THE

SUN's DECLINATION.

H

TABLE XVI. For computing the Latitude of a Ship at Sea from two Altitudes of the Sun, &c.

0 HOUR.

M.	S.	Log. ½ elap. Time.	Log. Mid. Time.	Logarith. Rising.	M.	S.	Log. ½ elap. Time.	Log. Mid. Time.	Logarith. Rising.
0	0				10	0	1.36032	3.94071	1.97854
	10	3.13833	2.16270	8.42230		10	1.35315	3.94788	1.99289
	20	2.83730	2.46373	9.02436		20	1.34609	3.95494	2.00699
	30	2.66121	2.63982	9.37654		30	1.33915	3.96188	2.02091
	40	2.53627	2.76476	9.62642		40	1.33231	3.96872	2.03458
	50	2.43936	2.86167	9.82024		50	1.32558	3.97545	2.04805
1	0	2.36018	2.94085	9.97860	11	0	1.31896	3.98207	2.06131
	10	2.29324	3.00779	0.11250		10	1.31243	3.98860	2.07437
	20	2.23525	3.06578	0.22848		20	1.30600	3.99503	2.08723
	30	2.18409	3.11694	0.33079		30	1.29967	4.00136	2.09991
	40	2.13834	3.16269	0.42230		40	1.29342	4.00761	2.11240
	50	2.09695	3.20408	0.50509		50	1.28727	4.01376	2.12472
2	0	2.05916	3.24187	0.58066	12	0	1.28120	4.01983	2.13687
	10	2.02440	3.27663	0.65019		10	1.27522	4.02581	2.14885
	20	1.99221	3.30882	0.71455		20	1.26931	4.03172	2.16066
	30	1.96225	3.33878	0.77448		30	1.26349	4.03754	2.17223
	40	1.93422	3.36681	0.83054		40	1.25774	4.04329	2.18382
	50	1.90790	3.39313	0.88319		50	1.25207	4.04896	2.19517
3	0	1.88307	3.41796	0.93284	13	0	1.24647	4.05456	2.20638
	10	1.85959	3.44144	0.97980		10	1.24095	4.06008	2.21744
	20	1.83732	3.46371	1.02435		20	1.23549	4.06554	2.22836
	30	1.81613	3.48490	1.06673		30	1.23010	4.07093	2.23915
	40	1.79593	3.50510	1.10714		40	1.22477	4.07626	2.24980
	50	1.77663	3.52440	1.14575		50	1.21952	4.08251	2.26033
4	0	1.75814	3.54289	1.18271	14	0	1.21432	4.08671	2.27073
	10	1.74042	3.56061	1.21817		10	1.20919	4.09184	2.28100
	20	1.72339	3.57764	1.25224		20	1.20412	4.09691	2.29116
	30	1.70700	3.59403	1.28502		30	1.19910	4.10193	2.30120
	40	1.69121	3.60982	1.31660		40	1.19415	4.10688	2.31112
	50	1.67597	3.62506	1.34708		50	1.18925	4.11178	2.32093
5	0	1.66125	3.63978	1.37653	15	0	1.18440	4.11663	2.33063
	10	1.64701	3.65402	1.40501		10	1.17961	4.12142	2.34023
	20	1.63322	3.66781	1.43258		20	1.17487	4.12616	2.34972
	30	1.61986	3.68117	1.45931		30	1.17018	4.13085	2.35910
	40	1.60690	3.69413	1.48524		40	1.16554	4.13549	2.36839
	50	1.59431	3.70672	1.51041		50	1.16096	4.14007	2.37758
6	0	1.58208	3.71895	1.53488	16	0	1.15642	4.14461	2.38667
	10	1.57018	3.73085	1.55868		10	1.15192	4.14911	2.39567
	20	1.55861	3.74242	1.58184		20	1.14748	4.15355	2.40457
	30	1.54733	3.75370	1.60440		30	1.14307	4.15796	2.41338
	40	1.53634	3.76469	1.62639		40	1.13872	4.16231	2.42211
	50	1.52561	3.77542	1.64784		50	1.13440	4.16663	2.43075
7	0	1.51515	3.78588	1.66877	17	0	1.13013	4.17090	2.43930
	10	1.50494	3.79609	1.68920		10	1.12590	4.17513	2.44777
	20	1.49496	3.80607	1.70917		20	1.12171	4.17932	2.45616
	30	1.48520	3.81583	1.72869		30	1.11757	4.18346	2.46447
	40	1.47566	3.82537	1.74778		40	1.11346	4.18757	2.47270
	50	1.46632	3.83471	1.76646		50	1.10939	4.19164	2.48085
8	0	1.45718	3.84385	1.78474	18	0	1.10536	4.19567	2.48893
	10	1.44823	3.85280	1.80265		10	1.10136	4.19967	2.49693
	20	1.43946	3.86157	1.82019		20	1.09740	4.20363	2.50486
	30	1.43086	3.87017	1.83739		30	1.09348	4.20755	2.51271
	40	1.42243	3.87860	1.85426		40	1.08960	4.21143	2.52050
	50	1.41417	3.88686	1.87080		50	1.08575	4.21528	2.52821
9	0	1.40605	3.89498	1.88703	19	0	1.08193	4.21910	2.53586
	10	1.39809	3.90294	1.90297		10	1.07814	4.22289	2.54344
	20	1.39027	3.91076	1.91862		20	1.07439	4.22664	2.55096
	30	1.38258	3.91845	1.93399		30	1.07067	4.23036	2.55841
	40	1.37503	3.92600	1.94909		40	1.06698	4.23405	2.56580
	50	1.36762	3.93341	1.96394		50	1.06333	4.23770	2.57312

TABLE XVI. For computing the Latitude of a Ship at Sea from two Altitudes of the Sun, &c.

o HOUR.

M.	S.	Log. ½ elap. Time.	Log. Mid. Time.	Logarith. Rising.	M.	S.	Log. ½ elap. Time.	Log. Mid. Time.	Logarith. Rising.
20	0	1.05970	4.24133	2.58039	30	0	0.88430	4.41673	2.93223
	10	1.05610	4.24493	2.58759		10	0.88191	4.41912	2.93703
	20	1.05254	4.24849	2.59473		20	0.37953	4.42150	2.94181
	30	1.04901	4.25202	2.60182		30	0.87717	4.42386	2.94656
	40	1.04550	4.25553	2.60885		40	0.87481	4.42622	2.95129
	50	1.04202	4.25901	2.61582		50	0.87247	4.42856	2.95599
21	0	1.03857	4.26246	2.62274	31	0	0.87015	4.43088	2.96067
	10	1.03515	4.26588	2.62960		10	0.86783	4.43320	2.96532
	20	1.03175	4.26928	2.63641		20	0.86553	4.43550	2.96994
	30	1.02838	4.27265	2.64316		30	0.86324	4.43779	2.97454
	40	1.02504	4.27599	2.64987		40	0.86096	4.44007	2.97912
	50	1.02172	4.27931	2.65652		50	0.85870	4.44233	2.98367
22	0	1.01843	4.28260	2.66312	32	0	0.85644	4.44459	2.98820
	10	1.01516	4.28587	2.66967		10	0.85420	4.44683	2.99270
	20	1.01192	4.28911	2.67617		20	0.85197	4.44906	2.99718
	30	1.00870	4.29233	2.68262		30	0.84976	4.45127	3.00164
	40	1.00550	4.29553	2.68903		40	0.84755	4.45348	3.00608
	50	1.00233	4.29870	2.69538		50	0.84535	4.45568	3.01049
23	0	0.99918	4.30185	2.70169	33	0	0.84317	4.45786	3.01488
	10	0.99606	4.30497	2.70796		10	0.84100	4.46003	3.01925
	20	0.99296	4.30807	2.71418		20	0.83884	4.46219	3.02360
	30	0.98988	4.31115	2.72036		30	0.83669	4.46434	3.02792
	40	0.98682	4.31421	2.72649		40	0.83455	4.46648	3.03222
	50	0.98378	4.31725	2.73258		50	0.83242	4.46861	3.03650
24	0	0.98077	4.32026	2.73863	34	0	0.83030	4.47073	3.04077
	10	0.97777	4.32326	2.74464		10	0.82819	4.47284	3.04501
	20	0.97480	4.32623	2.75060		20	0.82609	4.47494	3.04922
	30	0.97184	4.32919	2.75652		30	0.82401	4.47702	3.05342
	40	0.96891	4.33212	2.76241		40	0.82193	4.47910	3.05760
	50	0.96600	4.33503	2.76825		50	0.81986	4.48117	3.06176
25	0	0.96310	4.33793	2.77405	35	0	0.81780	4.48323	3.06590
	10	0.96023	4.34080	2.77982		10	0.81576	4.48527	3.07001
	20	0.95738	4.34365	2.78555		20	0.81372	4.48731	3.07411
	30	0.95454	4.34649	2.79124		30	0.81169	4.48934	3.07819
	40	0.95172	4.34931	2.79689		40	0.80967	4.49136	3.08225
	50	0.94892	4.35211	2.80251		50	0.80767	4.49336	3.08630
26	0	0.94614	4.35489	2.80809	36	0	0.80567	4.49536	3.09032
	10	0.94338	4.35765	2.81363		10	0.80368	4.49735	3.09432
	20	0.94063	4.36040	2.81914		20	0.80170	4.49933	3.09830
	30	0.93790	4.36313	2.82461		30	0.79973	4.50130	3.10227
	40	0.93519	4.36584	2.83005		40	0.79777	4.50326	3.10622
	50	0.93250	4.36853	2.83546		50	0.79581	4.50522	3.11015
27	0	0.92982	4.37121	2.84083	37	0	0.79387	4.50716	3.11406
	10	0.92716	4.37387	2.84617		10	0.79193	4.50910	3.11796
	20	0.92452	4.37651	2.85148		20	0.79001	4.51102	3.12184
	30	0.92189	4.37914	2.85675		30	0.78809	4.51294	3.12570
	40	0.91928	4.38175	2.86199		40	0.78618	4.51485	3.12954
	50	0.91669	4.38434	2.86720		50	0.78428	4.51675	3.13337
28	0	0.91411	4.38692	2.87238	38	0	0.78239	4.51864	3.13718
	10	0.91154	4.38949	2.87753		10	0.78051	4.52052	3.14097
	20	0.90899	4.39204	2.88265		20	0.77863	4.52240	3.14475
	30	0.90646	4.39457	2.88773		30	0.77677	4.52426	3.14850
	40	0.90394	4.39709	2.89279		40	0.77491	4.52612	3.15225
	50	0.90143	4.39960	2.89782		50	0.77306	4.52707	3.15597
29	0	0.89894	4.40209	2.90282	39	0	0.77122	4.52981	3.15969
	10	0.89647	4.40456	2.90779		10	0.76938	4.53165	3.16338
	20	0.89401	4.40702	2.91273		20	0.76756	4.53347	3.16706
	30	0.89156	4.40947	2.91765		30	0.76574	4.53529	3.17072
	40	0.88913	4.41190	2.92254		40	0.76393	4.53710	3.17437
	50	0.88671	4.41432	2.92740		50	0.76212	4.53891	3.17800

TABLE XVI. For computing the Latitude of a Ship at Sea from two Altitudes of the Sun, &c.

0 HOUR.

M.	S.	Log. ½ elap. Time.	Log. Mid. Time.	Logarith. Rising.	M.	S.	Log. ½ elap. Time.	Log. Mid. Time.	Logarith. Rising.
40	0	0.76033	4.54070	3.18162	50	0	0.66466	4.63637	3.37482
	10	0.75854	4.54249	3.18522		10	0.66324	4.63779	3.37770
	20	0.75676	4.54427	3.18881		20	0.66182	4.63921	3.38057
	30	0.75499	4.54604	3.19238		30	0.66041	4.64062	3.38343
	40	0.75323	4.54780	3.19594		40	0.65900	4.64203	3.38628
	50	0.75147	4.54956	3.19948		50	0.65760	4.64343	3.38912
41	0	0.74972	4.55131	3.20301	51	0	0.65620	4.64483	3.39195
	10	0.74797	4.55306	3.20653		10	0.65481	4.64622	3.39477
	20	0.74624	4.55479	3.21003		20	0.65342	4.64761	3.39759
	30	0.74451	4.55652	3.21351		30	0.65204	4.64899	3.40039
	40	0.74279	4.55824	3.21698		40	0.65066	4.65037	3.40318
	50	0.74107	4.55996	3.22044		50	0.64928	4.65175	3.40597
42	0	0.73937	4.56166	3.22389	52	0	0.64791	4.65312	3.40875
	10	0.73767	4.56336	3.22732		10	0.64655	4.65448	3.41151
	20	0.73597	4.56506	3.23073		20	0.64519	4.65584	3.41427
	30	0.73429	4.56674	3.23414		30	0.64383	4.65720	3.41702
	40	0.73261	4.56842	3.23753		40	0.64248	4.65855	3.41976
	50	0.73093	4.57010	3.24090		50	0.64113	4.65990	3.42250
43	0	0.72926	4.57177	3.24427	53	0	0.63978	4.66125	3.42523
	10	0.72760	4.57343	3.24762		10	0.63844	4.66259	3.42794
	20	0.72595	4.57508	3.25095		20	0.63711	4.66392	3.43064
	30	0.72430	4.57673	3.25428		30	0.63578	4.66525	3.43334
	40	0.72266	4.57837	3.25759		40	0.63445	4.66658	3.43603
	50	0.72103	4.58000	3.26089		50	0.63313	4.66790	3.43871
44	0	0.71940	4.58163	3.26418	54	0	0.63181	4.66922	3.44138
	10	0.71778	4.58325	3.26745		10	0.63050	4.67053	3.44404
	20	0.71616	4.58487	3.27072		20	0.62919	4.67184	3.44670
	30	0.71455	4.58648	3.27396		30	0.62789	4.67314	3.44935
	40	0.71295	4.58008	3.27720		40	0.62659	4.67444	3.45199
	50	0.71135	4.58968	3.28042		50	0.62529	4.67574	3.45462
45	0	0.70976	4.59127	3.28363	55	0	0.62400	4.67703	3.45724
	10	0.70818	4.59285	3.28683		10	0.62271	4.67832	3.45986
	20	0.70660	4.59443	3.29002		20	0.62142	4.67961	3.46247
	30	0.70503	4.59600	3.29320		30	0.62014	4.68089	3.46507
	40	0.70346	4.59751	3.29637		40	0.61886	4.68217	3.46765
	50	0.70190	4.59913	3.29952		50	0.61759	4.68344	3.47024
46	0	0.70034	4.60069	3.30266	56	0	0.61632	4.68471	3.47282
	10	0.69879	4.60224	3.30579		10	0.61506	4.68597	3.47539
	20	0.69725	4.60378	3.30891		20	0.61380	4.68723	3.47795
	30	0.69571	4.60532	3.31202		30	0.61254	4.68849	3.48050
	40	0.69418	4.60685	3.31512		40	0.61129	4.68974	3.48305
	50	0.69265	4.60838	3.31820		50	0.61004	4.69099	3.48558
47	0	0.69113	4.60990	3.32128	57	0	0.60879	4.69224	3.48811
	10	0.68962	4.61141	3.32434		10	0.60755	4.69348	3.49064
	20	0.68811	4.61292	3.32739		20	0.60631	4.69472	3.49315
	30	0.68660	4.61443	3.33044		30	0.60508	4.69595	3.49566
	40	0.68510	4.61593	3.33347		40	0.60385	4.69718	3.49816
	50	0.68361	4.61742	3.33649		50	0.60262	4.69841	3.50066
48	0	0.68212	4.61891	3.33950	58	0	0.60140	4.69963	3.50314
	10	0.68064	4.62039	3.34250		10	0.60018	4.70085	3.50562
	20	0.67916	4.62187	3.34549		20	0.59896	4.70207	3.50809
	30	0.67769	4.62334	3.34847		30	0.59775	4.70328	3.51056
	40	0.67622	4.62481	3.35144		40	0.59654	4.70449	3.51301
	50	0.67476	4.62627	3.35439		50	0.59534	4.70569	3.51547
49	0	0.67330	4.62773	3.35734	59	0	0.59414	4.70689	3.51791
	10	0.67185	4.62918	3.36028		10	0.59294	4.70809	3.52035
	20	0.67040	4.63063	3.36321		20	0.59175	4.70928	3.52278
	30	0.66896	4.63207	3.36613		30	0.59056	4.71047	3.52520
	40	0.66752	4.63351	3.36903		40	0.58937	4.71166	3.52761
	50	0.66609	4.63494	3.37193		50	0.58818	4.71285	3.53002

TABLE XVI. For computing the Latitude of a Ship at Sea from two Altitudes of the Sun, &c.

1 HOUR.

M.	S.	Log. ½ elap. Time.	Log. Mid. Time.	Logarith. Rising.	M.	S.	Log. ½ elap. Time.	Log. Mid. Time.	Logarith. Rising.
0	0	0.58700	4.71403	3.53243	10	0	0.52186	4.77917	3.66542
	10	0.58582	4.71521	3.53482		10	0.52086	4.78017	3.66747
	20	0.58465	4.71638	3.53721		20	0.51986	4.78117	3.66952
	30	0.58348	4.71755	3.53959		30	0.51886	4.78217	3.67156
	40	0.58231	4.71872	3.54197		40	0.51787	4.78316	3.67359
	50	0.58115	4.71988	3.54434		50	0.51688	4.78415	3.67562
1	0	0.57999	4.72104	3.54670	11	0	0.51589	4.78514	3.67756
	10	0.57883	4.72220	3.54905		10	0.51490	4.78613	3.67967
	20	0.57768	4.72335	3.55140		20	0.51392	4.78711	3.68168
	30	0.57653	4.72450	3.55375		30	0.51294	4.78809	3.68369
	40	0.57538	4.72565	3.55608		40	0.51196	4.78907	3.68570
	50	0.57424	4.72679	3.55841		50	0.51099	4.79004	3.68770
2	0	0.57310	4.72793	3.56074	12	0	0.51002	4.79101	3.68969
	10	0.57196	4.72907	3.56306		10	0.50905	4.79198	3.69169
	20	0.57083	4.73020	3.56537		20	0.50808	4.79295	3.69367
	30	0.56970	4.73133	3.56767		30	0.50711	4.79392	3.69566
	40	0.56857	4.73246	3.56997		40	0.50615	4.79488	3.69763
	50	0.56745	4.73358	3.57226		50	0.50519	4.79584	3.69961
3	0	0.56633	4.73470	3.57455	13	0	0.50423	4.79680	3.70158
	10	0.56521	4.73582	3.57683		10	0.50327	4.79776	3.70354
	20	0.56409	4.73694	3.57910		20	0.50232	4.79871	3.70550
	30	0.56298	4.73805	3.58137		30	0.50137	4.79966	3.70745
	40	0.56187	4.73916	3.58363		40	0.50042	4.80061	3.70940
	50	0.56076	4.74027	3.58589		50	0.49947	4.80156	3.71135
4	0	0.55966	4.74137	3.58814	14	0	0.49852	4.80251	3.71329
	10	0.55856	4.74247	3.59038		10	0.49758	4.80345	3.71523
	20	0.55746	4.74357	3.59262		20	0.49664	4.80439	3.71716
	30	0.55637	4.74466	3.59486		30	0.49570	4.80533	3.71909
	40	0.55528	4.74575	3.59708		40	0.49476	4.80627	3.72101
	50	0.55419	4.74684	3.59930		50	0.49383	4.80720	3.72293
5	0	0.55311	4.74792	3.60152	15	0	0.49290	4.80813	3.72485
	10	0.55203	4.74900	3.60373		10	0.49197	4.80906	3.72676
	20	0.55095	4.75008	3.60593		20	0.49104	4.80999	3.72867
	30	0.54987	4.75116	3.60813		30	0.49012	4.81091	3.73057
	40	0.54880	4.75223	3.61032		40	0.48920	4.81183	3.73247
	50	0.54773	4.75330	3.61251		50	0.48828	4.81275	3.73436
6	0	0.54666	4.75437	3.61469	16	0	0.48736	4.81367	3.73625
	10	0.54559	4.75544	3.61686		10	0.48644	4.81459	3.73813
	20	0.54453	4.75650	3.61903		20	0.48553	4.81550	3.74001
	30	0.54347	4.75756	3.62120		30	0.48462	4.81641	3.74189
	40	0.54241	4.75862	3.62336		40	0.48371	4.81732	3.74376
	50	0.54136	4.75967	3.62551		50	0.48280	4.81823	3.74563
7	0	0.54031	4.76072	3.62766	17	0	0.48189	4.81914	3.74750
	10	0.53926	4.76177	3.62980		10	0.48099	4.82004	3.74936
	20	0.53822	4.76281	3.63194		20	0.48009	4.82094	3.75121
	30	0.53718	4.76385	3.63407		30	0.47919	4.82184	3.75307
	40	0.53614	4.76489	3.63620		40	0.47829	4.82274	3.75491
	50	0.53510	4.76593	3.63832		50	0.47739	4.82364	3.75676
8	0	0.53406	4.76697	3.64043	18	0	0.47650	4.82453	3.75860
	10	0.53303	4.76800	3.64254		10	0.47561	4.82542	3.76043
	20	0.53200	4.76903	3.64465		20	0.47472	4.82631	3.76227
	30	0.53097	4.77006	3.64675		30	0.47383	4.82720	3.76409
	40	0.52995	4.77108	3.64885		40	0.47295	4.82808	3.76592
	50	0.52893	4.772 0	3.65094		50	0.47207	4.82896	3.76774
9	0	0.52791	4.77312	3.65302	19	0	0.47119	4.82984	3.76955
	10	0.52690	4.77413	3.65510		10	0.47031	4.83072	3.77137
	20	0.52589	4.77514	3.65717		20	0.46943	4.83160	3.77318
	30	0.52488	4.77615	3.65924		30	0.46856	4.83247	3.77498
	40	0.52387	4.77716	3.66131		40	0.46769	4.83334	3.77678
	50	0.52286	4.77817	3.66337		50	0.46682	4.83421	3.77858

Table XVI. For computing the Latitude of a Ship at Sea from two Altitudes of the Sun, &c.

1 HOUR.

M.	S.	Log. ½ elap. Time.	Log. Mid. Time.	Logarith. Rising.	M.	S.	Log. ½ elap. Time.	Log. Mid. Time.	Logarith. Rising.
20	0	0.46595	4.83508	3.78037	30	0	0.41716	4.88387	3.88150
	10	0.46508	4.83595	3.78216		10	0.41640	4.88463	3.88309
	20	0.46421	4.83682	3.78395		20	0.41564	4.88539	3.88467
	30	0.46335	4.83768	3.78573		30	0.41488	4.88615	3.88625
	40	0.46249	4.83854	3.78750		40	0.41412	4.88691	3.88783
	50	0.46163	4.83940	3.78928		50	0.41336	4.88767	3.88940
21	0	0.46077	4.84026	3.79105	31	0	0.41261	4.88842	3.89097
	10	0.45992	4.84111	3.79282		10	0.41186	4.88917	3.89254
	20	0.45907	4.84196	3.79458		20	0.41111	4.88992	3.89411
	30	0.45822	4.84281	3.79634		30	0.41036	4.89067	3.89567
	40	0.45737	4.84366	3.79809		40	0.40961	4.89142	3.89723
	50	0.45652	4.84451	3.79985		50	0.40886	4.89217	3.89879
22	0	0.45567	4.84536	3.80159	32	0	0.40812	4.89291	3.90034
	10	0.45483	4.84620	3.80334		10	0.40738	4.89365	3.90189
	20	0.45399	4.84704	3.80508		20	0.40664	4.89439	3.90344
	30	0.45315	4.84788	3.80682		30	0.40590	4.89513	3.90498
	40	0.45231	4.84872	3.80855		40	0.40516	4.89587	3.90653
	50	0.45147	4.84956	3.81028		50	0.40442	4.89661	3.90807
23	0	0.45064	4.85039	3.81201	33	0	0.40368	4.89735	3.90960
	10	0.44981	4.85122	3.81373		10	0.40295	4.89808	3.91114
	20	0.44898	4.85205	3.81545		20	0.40222	4.89881	3.91267
	30	0.44815	4.85288	3.81717		30	0.40149	4.89954	3.91420
	40	0.44732	4.85371	3.81888		40	0.40076	4.90027	3.91572
	50	0.44649	4.85454	3.82059		50	0.40003	4.90100	3.91724
24	0	0.44567	4.85536	3.82230	34	0	0.39930	4.90173	3.91876
	10	0.44485	4.85618	3.82400		10	0.39857	4.90246	3.92028
	20	0.44403	4.85700	3.82570		20	0.39785	4.90318	3.92179
	30	0.44321	4.85782	3.82739		30	0.39713	4.90390	3.92331
	40	0.44239	4.85864	3.82908		40	0.39641	4.90462	3.92482
	50	0.44158	4.85945	3.83077		50	0.39569	4.90534	3.92632
25	0	0.44077	4.86026	3.83246	35	0	0.39497	4.90606	3.92782
	10	0.43996	4.86107	3.83414		10	0.39425	4.90678	3.92932
	20	0.43915	4.86188	3.83582		20	0.39353	4.90750	3.93082
	30	0.43834	4.86269	3.83749		30	0.39282	4.90821	3.93232
	40	0.43753	4.86350	3.83917		40	0.39211	4.90892	3.93381
	50	0.43673	4.86430	3.84083		50	0.39140	4.90963	3.93530
26	0	0.43593	4.86510	3.84250	36	0	0.39069	4.91034	3.93679
	10	0.43513	4.86590	3.84416		10	0.38998	4.91105	3.93827
	20	0.43433	4.86670	3.84582		20	0.38927	4.91176	3.93975
	30	0.43353	4.86750	3.84748		30	0.38856	4.91247	3.94123
	40	0.43273	4.86830	3.84913		40	0.38786	4.91317	3.94271
	50	0.43193	4.86910	3.85078		50	0.38716	4.91387	3.94418
27	0	0.43114	4.86989	3.85242	37	0	0.38646	4.91457	3.94566
	10	0.43035	4.87068	3.85406		10	0.38576	4.91527	3.94712
	20	0.42956	4.87147	3.85570		20	0.38506	4.91597	3.94859
	30	0.42877	4.87226	3.85734		30	0.38436	4.91667	3.95005
	40	0.42799	4.87304	3.85897		40	0.38366	4.91737	3.95151
	50	0.42721	4.87382	3.86060		50	0.38296	4.91807	3.95297
28	0	0.42643	4.87460	3.86223	38	0	0.38227	4.91876	3.95443
	10	0.42565	4.87538	3.86385		10	0.38158	4.91945	3.95588
	20	0.42487	4.87616	3.86547		20	0.38089	4.92014	3.95733
	30	0.42409	4.87694	3.86709		30	0.38020	4.92083	3.95878
	40	0.42331	4.87772	3.86870		40	0.37951	4.92152	3.96023
	50	0.42253	4.87850	3.87031		50	0.37882	4.92221	3.96167
29	0	0.42176	4.87927	3.87192	39	0	0.37813	4.92290	3.96311
	10	0.42099	4.88004	3.87352		10	0.37745	4.92358	3.96455
	20	0.42022	4.88081	3.87513		20	0.37677	4.92426	3.96599
	30	0.41945	4.88158	3.87672		30	0.37609	4.92494	3.96742
	40	0.41868	4.88235	3.87832		40	0.37541	4.92562	3.96885
	50	0.41792	4.88311	3.87991		50	0.37473	4.92630	3.97028

TABLE XVI. For computing the Latitude of a Ship at Sea from two Altitudes of the Sun, &c.

1 HOUR.

M.	S.	Log. ½ elap. Time.	Log. Mid. Time.	Logarith. Rising.	M.	S.	Log. ½ elap. Time.	Log. Mid. Time.	Logarith. Rising.
40	0	0.37405	4.92698	3.97170	50	0	0.33559	4.96544	4.05304
	10	0.37337	4.92766	3.97313		10	0.33498	4.96605	4.05433
	20	0.37269	4.92834	3.97455		20	0.33438	4.96665	4.05561
	30	0.37202	4.92901	3.97597		30	0.33378	4.96725	4.05690
	40	0.37135	4.92968	3.97738		40	0.33318	4.96785	4.05818
	50	0.37068	4.93035	3.97880		50	0.33258	4.96845	4.05946
41	0	0.37001	4.93102	3.98021	51	0	0.33197	4.96906	4.06074
	10	0.36934	4.93169	3.98162		10	0.33137	4.96966	4.06202
	20	0.36867	4.93236	3.98302		20	0.33077	4.97026	4.06330
	30	0.36800	4.93303	3.98443		30	0.33017	4.97086	4.06457
	40	0.36734	4.93369	3.98583		40	0.32958	4.97145	4.06584
	50	0.36668	4.93435	3.98723		50	0.32899	4.97204	4.06711
42	0	0.36602	4.93501	3.98862	52	0	0.32839	4.97264	4.06838
	10	0.36536	4.93567	3.99002		10	0.32780	4.97323	4.06965
	20	0.36470	4.93633	3.99141		20	0.32720	4.97383	4.07091
	30	0.36404	4.93699	3.99280		30	0.32661	4.97442	4.07217
	40	0.36338	4.93765	3.99419		40	0.32602	4.97501	4.07343
	50	0.36272	4.93831	3.99557		50	0.32543	4.97560	4.07469
43	0	0.36206	4.93897	3.99696	53	0	0.32485	4.97618	4.07595
	10	0.36141	4.93962	3.99834		10	0.32426	4.97677	4.07720
	20	0.36076	4.94027	3.99972		20	0.32367	4.97736	4.07845
	30	0.36011	4.94092	4.00109		30	0.32309	4.97794	4.07970
	40	0.35946	4.94157	4.00247		40	0.32250	4.97853	4.08095
	50	0.35881	4.94222	4.00384		50	0.32192	4.97911	4.08220
44	0	0.35816	4.94287	4.00521	54	0	0.32134	4.97969	4.08344
	10	0.35751	4.94352	4.00657		10	0.32076	4.98027	4.08468
	20	0.35686	4.94417	4.00793		20	0.32018	4.98085	4.08592
	30	0.35622	4.94481	4.00930		30	0.31960	4.98143	4.08716
	40	0.35558	4.94545	4.01066		40	0.31902	4.98201	4.08840
	50	0.35494	4.94609	4.01202		50	0.31844	4.98259	4.08964
45	0	0.35430	4.94673	4.01337	55	0	0.31787	4.98316	4.09087
	10	0.35366	4.94737	4.01473		10	0.31729	4.98374	4.09210
	20	0.35302	4.94801	4.01608		20	0.31672	4.98431	4.09333
	30	0.35238	4.94865	4.01743		30	0.31614	4.98489	4.09456
	40	0.35174	4.94929	4.01877		40	0.31557	4.98546	4.09578
	50	0.35110	4.94993	4.02012		50	0.31500	4.98603	4.09701
46	0	0.35047	4.95056	4.02146	56	0	0.31443	4.98660	4.09823
	10	0.34984	4.95119	4.02280		10	0.31386	4.98717	4.09945
	20	0.34921	4.95182	4.02414		20	0.31329	4.98774	4.10067
	30	0.34858	4.95245	4.02547		30	0.31272	4.98831	4.10188
	40	0.34795	4.95308	4.02681		40	0.31216	4.98887	4.10310
	50	0.34732	4.95371	4.02814		50	0.31159	4.98944	4.10431
47	0	0.34669	4.95434	4.02947	57	0	0.31103	4.99000	4.10552
	10	0.34606	4.95497	4.03080		10	0.31046	4.99057	4.10673
	20	0.34544	4.95559	4.03212		20	0.30990	4.99113	4.10794
	30	0.34482	4.95621	4.03344		30	0.30934	4.99169	4.10915
	40	0.34420	4.95683	4.03477		40	0.30878	4.99225	4.11035
	50	0.34358	4.95745	4.03608		50	0.30822	4.99281	4.11155
48	0	0.34296	4.95807	4.03740	58	0	0.30766	4.99337	4.11275
	10	0.34234	4.95869	4.03871		10	0.30710	4.99393	4.11395
	20	0.34172	4.95931	4.04003		20	0.30655	4.99448	4.11515
	30	0.34110	4.95993	4.04134		30	0.30599	4.99504	4.11634
	40	0.34048	4.96055	4.04265		40	0.30544	4.99559	4.11754
	50	0.33986	4.96117	4.04395		50	0.30488	4.99615	4.11873
49	0	0.3392	4.96178	4.04526	59	0	0.30433	4.99670	4.11992
	10	0.3386	4.96239	4.04656		10	0.30378	4.99725	4.12111
	20	0.33803	4.96300	4.04786		20	0.30323	4.99780	4.12229
	30	0.33742	4.96361	4.04916		30	0.30268	4.99835	4.12348
	40	0.33681	4.96422	4.05045		40	0.30213	4.99890	4.12466
	50	0.33620	4.96483	4.05175		50	0.30158	4.99945	4.12584

TABLE XVI. For computing the Latitude of a Ship at Sea from two Altitudes of the Sun, &c.

2 HOURS.

M.	S.	Log. ½ elap. Time.	Log. Mid. Time.	Logarith. Rising.	M.	S.	Log. ½ elap. Time.	Log. Mid. Time.	Logarith. Rising.
0	0	0.30103	5.00000	4.12702	10	0	0.26978	5.03125	4.19482
	10	0.30048	5.00055	4.12820		10	0.26929	5.03174	4.19590
	20	0.29994	5.00109	4.12938		20	0.26879	5.03224	4.19698
	30	0.29939	5.00164	4.13055		30	0.26830	5.03275	4.19806
	40	0.29885	5.00218	4.13172		40	0.26781	5.03322	4.19914
	50	0.29831	5.00272	4.13289		50	0.26731	5.03372	4.20021
1	0	0.29776	5.00327	4.13406	11	0	0.26682	5.03421	4.20129
	10	0.29722	5.00381	4.13523		10	0.26633	5.03470	4.20236
	20	0.29668	5.00435	4.13640		20	0.26584	5.03519	4.20344
	30	0.29614	5.00489	4.13756		30	0.26535	5.03568	4.20451
	40	0.29560	5.00543	4.13872		40	0.26486	5.03617	4.20558
	50	0.29507	5.00596	4.13988		50	0.26438	5.03665	4.20665
2	0	0.29453	5.00650	4.14104	12	0	0.26389	5.03714	4.20771
	10	0.29399	5.00704	4.14220		10	0.26340	5.03763	4.20878
	20	0.29346	5.00757	4.14336		20	0.26292	5.03811	4.20984
	30	0.29293	5.00810	4.14451		30	0.26244	5.03859	4.21091
	40	0.29239	5.00864	4.14566		40	0.26195	5.03908	4.21197
	50	0.29186	5.00917	4.14682		50	0.26147	5.03956	4.21303
3	0	0.29133	5.00970	4.14797	13	0	0.26099	5.04004	4.21409
	10	0.29080	5.01023	4.14911		10	0.26051	5.04052	4.21514
	20	0.29027	5.01076	4.15026		20	0.26003	5.04100	4.21620
	30	0.28974	5.01129	4.15140		30	0.25955	5.04148	4.21725
	40	0.28921	5.01182	4.15255		40	0.25907	5.04196	4.21831
	50	0.28869	5.01234	4.15369		50	0.25859	5.04244	4.21936
4	0	0.28816	5.01287	4.15483	14	0	0.25811	5.04292	4.22041
	10	0.28764	5.01339	4.15597		10	0.25763	5.04340	4.22146
	20	0.28711	5.01392	4.15710		20	0.25716	5.04387	4.22250
	30	0.28659	5.01444	4.15824		30	0.25668	5.04435	4.22355
	40	0.28607	5.01496	4.15937		40	0.25621	5.04482	4.22459
	50	0.28554	5.01549	4.16050		50	0.25573	5.04530	4.22564
5	0	0.28502	5.01601	4.16163	15	0	0.25526	5.04577	4.22668
	10	0.28450	5.01653	4.16276		10	0.25479	5.04624	4.22772
	20	0.28398	5.01705	4.16389		20	0.25432	5.04671	4.22876
	30	0.28346	5.01757	4.16501		30	0.25385	5.04718	4.22980
	40	0.28295	5.01808	4.16614		40	0.25338	5.04765	4.23083
	50	0.28243	5.01860	4.16726		50	0.25291	5.04812	4.23187
6	0	0.28191	5.01912	4.16838	16	0	0.25244	5.04859	4.23290
	10	0.28140	5.01963	4.16950		10	0.25197	5.04906	4.23393
	20	0.28089	5.02014	4.17062		20	0.25150	5.04953	4.23496
	30	0.28037	5.02066	4.17173		30	0.25104	5.04999	4.23599
	40	0.27986	5.02117	4.17285		40	0.25057	5.05046	4.23702
	50	0.27935	5.02168	4.17396		50	0.25011	5.05092	4.23805
7	0	0.27884	5.02219	4.17507	17	0	0.24964	5.05139	4.23907
	10	0.27833	5.02270	4.17618		10	0.24918	5.05185	4.24010
	20	0.27782	5.02321	4.17729		20	0.24872	5.05231	4.24112
	30	0.27731	5.02372	4.17839		30	0.24825	5.05278	4.24214
	40	0.27680	5.02423	4.17950		40	0.24779	5.05324	4.24316
	50	0.27630	5.02473	4.18060		50	0.24733	5.05370	4.24418
8	0	0.27579	5.02524	4.18171	18	0	0.24687	5.05416	4.24520
	10	0.27529	5.02574	4.18281		10	0.24641	5.05462	4.24622
	20	0.27478	5.02625	4.18391		20	0.24595	5.05508	4.24723
	30	0.27428	5.02675	4.18500		30	0.24550	5.05553	4.24825
	40	0.27378	5.02725	4.18610		40	0.24504	5.05599	4.24926
	50	0.27327	5.02776	4.18719		50	0.24458	5.05645	4.25027
9	0	0.27277	5.02826	4.18828	19	0	0.24413	5.05690	4.25128
	10	0.27227	5.02876	4.18938		10	0.24367	5.05736	4.25229
	20	0.27177	5.02926	4.19047		20	0.24322	5.05781	4.25330
	30	0.27127	5.02976	4.19156		30	0.24276	5.05827	4.25430
	40	0.27077	5.03026	4.19265		40	0.24231	5.05872	4.25531
	50	0.27028	5.03075	4.19373		50	0.24186	5.05917	4.25631

TABLE XVI. For computing the Latitude of a Ship at Sea from two Altitudes of the Sun. &c.

2 HOURS.

M.	S.	Log. ½ elap. Time.	Log. Mid Time.	Logarith. Rising.	M.	S.	Log. ½ elap. Time.	Log. Mid. Time.	Logarith. Rising.
20	0	0.24141	5.05962	4.25731	30	0	0.21555	5.08548	4.31523
	10	0.24096	5.06007	4.25831		10	0.21514	5.08589	4.31616
	20	0.24051	5.06052	4.25931		20	0.21473	5.08630	4.31709
	30	0.24006	5.06097	4.26031		30	0.21432	5.08671	4.31801
	40	0.23961	5.06142	4.26131		40	0.21391	5.08712	4.31894
	50	0.23916	5.06187	4.26231		50	0.21350	5.08753	4.31987
21	0	0.23871	5.06232	4.26330	31	0	0.21309	5.08794	4.32079
	10	0.23827	5.06276	4.26429		10	0.21269	5.08834	4.32171
	20	0.23782	5.06321	4.26529		20	0.21228	5.08875	4.32264
	30	0.23738	5.06365	4.26628		30	0.21187	5.08916	4.32356
	40	0.23693	5.06410	4.26727		40	0.21147	5.08956	4.32448
	50	0.23649	5.06454	4.26826		50	0.21106	5.08997	4.32540
22	0	0.23605	5.06498	4.26924	32	0	0.21066	5.09037	4.32631
	10	0.23560	5.06543	4.27023		10	0.21025	5.09078	4.32723
	20	0.23516	5.06587	4.27121		20	0.20985	5.09118	4.32815
	30	0.23472	5.06631	4.27220		30	0.20945	5.09158	4.32906
	40	0.23428	5.06675	4.27318		40	0.20905	5.09198	4.32997
	50	0.23384	5.06710	4.27416		50	0.20864	5.09239	4.33089
23	0	0.23340	5.06763	4.27514	33	0	0.20824	5.09279	4.33180
	10	0.23296	5.06807	4.27612		10	0.20784	5.09319	4.33271
	20	0.23252	5.06851	4.27710		20	0.20744	5.09359	4.33362
	30	0.23209	5.06894	4.27807		30	0.20704	5.09399	4.33453
	40	0.23165	5.06938	4.27905		40	0.20665	5.09438	4.33543
	50	0.23122	5.06981	4.28002		50	0.20625	5.09478	4.33634
24	0	0.23078	5.07025	4.28099	34	0	0.20585	5.09518	4.33724
	10	0.23035	5.07068	4.28197		10	0.20545	5.09558	4.33815
	20	0.22991	5.07112	4.28294		20	0.20506	5.09597	4.33905
	30	0.22948	5.07155	4.28391		30	0.20466	5.09637	4.33995
	40	0.22905	5.07198	4.28487		40	0.20427	5.09676	4.34085
	50	0.22862	5.07241	4.28584		50	0.20387	5.09716	4.34175
25	0	0.22819	5.07284	4.28681	35	0	0.20348	5.09755	4.34265
	10	0.22775	5.07328	4.28777		10	0.20309	5.09794	4.34355
	20	0.22732	5.07371	4.28873		20	0.20269	5.09834	4.34444
	30	0.22690	5.07413	4.28969		30	0.20230	5.09873	4.34534
	40	0.22647	5.07456	4.29065		40	0.20191	5.09912	4.34623
	50	0.22604	5.07499	4.29162		50	0.20152	5.09951	4.34713
26	0	0.22561	5.07542	4.29257	36	0	0.20113	5.09990	4.34802
	10	0.22519	5.07584	4.29353		10	0.20074	5.10029	4.34891
	20	0.22476	5.07627	4.29449		20	0.20035	5.10068	4.34980
	30	0.22433	5.07670	4.29544		30	0.19996	5.10107	4.35069
	40	0.22391	5.07712	4.29639		40	0.19957	5.10146	4.35158
	50	0.22349	5.07754	4.29735		50	0.19919	5.10184	4.35247
27	0	0.22306	5.07797	4.29830	37	0	0.19880	5.10223	4.35335
	10	0.22264	5.07839	4.29925		10	0.19841	5.10262	4.35424
	20	0.22222	5.07881	4.30020		20	0.19803	5.10300	4.35512
	30	0.22180	5.07923	4.30115		30	0.19764	5.10339	4.35601
	40	0.22138	5.07965	4.30209		40	0.19726	5.10377	4.35689
	50	0.22096	5.08007	4.30304		50	0.19687	5.10416	4.35777
28	0	0.22054	5.08049	4.30398	38	0	0.19649	5.10454	4.35865
	10	0.22012	5.08091	4.30493		10	0.19611	5.10492	4.35953
	20	0.21970	5.08133	4.30587		20	0.19572	5.10531	4.36041
	30	0.21928	5.08175	4.30681		30	0.19534	5.10569	4.36128
	40	0.21887	5.08216	4.30775		40	0.19496	5.10607	4.36216
	50	0.21845	5.08258	4.30869		50	0.19458	5.10645	4.36303
29	0	0.21803	5.08300	4.30963	39	0	0.19420	5.10683	4.36391
	10	0.21762	5.08341	4.31056		10	0.19382	5.10721	4.36478
	20	0.21720	5.08383	4.31150		20	0.19344	5.10759	4.36565
	30	0.21679	5.08424	4.31243		30	0.19306	5.10797	4.36653
	40	0.21638	5.08465	4.31337		40	0.19269	5.10834	4.36740
	50	0.21596	5.08507	4.31430		50	0.19231	5.10872	4.36827

TABLE XVI. For computing the Latitude of a Ship at Sea from two Altitudes of the Sun, &c.

2 HOURS.

M.	S.	Log. ½ elap. Time.	Log. Mid. Time.	Logarith. Rising.	M.	S.	Log. ½ elap. Time.	Log. Mid. Time.	Logarith. Rising.
40	0	0.19193	5.10910	4.36913	50	0	0.17032	5.13071	4.41950
	10	0.19156	5.10947	4.37000		10	0.16997	5.13106	4.42031
	20	0.19118	5.10985	4.37087		20	0.16963	5.13140	4.42112
	30	0.19081	5.11022	4.37173		30	0.16928	5.13175	4.42193
	40	0.19043	5.11060	4.37260		40	0.16894	5.13209	4.42274
	50	0.19006	5.11097	4.37346		50	0.16860	5.13243	4.42355
41	0	0.18968	5.11135	4.37432	51	0	0.16826	5.13277	4.42435
	10	0.18931	5.11172	4.37518		10	0.16792	5.13311	4.42516
	20	0.18894	5.11209	4.37604		20	0.16758	5.13345	4.42597
	30	0.18857	5.11246	4.37690		30	0.16724	5.13379	4.42677
	40	0.18820	5.11283	4.37776		40	0.16690	5.13413	4.42758
	50	0.18783	5.11320	4.37862		50	0.16656	5.13447	4.42838
42	0	0.18746	5.11357	4.37948	52	0	0.16622	5.13481	4.42918
	10	0.18709	5.11394	4.38033		10	0.16588	5.13515	4.42998
	20	0.18672	5.11431	4.38119		20	0.16554	5.13549	4.43078
	30	0.18635	5.11468	4.38204		30	0.16520	5.13583	4.43158
	40	0.18598	5.11505	4.38289		40	0.16487	5.13616	4.43238
	50	0.18561	5.11542	4.38374		50	0.16453	5.13650	4.43318
43	0	0.18525	5.11578	4.38459	53	0	0.16419	5.13684	4.43398
	10	0.18488	5.11615	4.38544		10	0.16386	5.13717	4.43477
	20	0.18451	5.11652	4.38629		20	0.16352	5.13751	4.43557
	30	0.18415	5.11688	4.38714		30	0.16319	5.13784	4.43636
	40	0.18378	5.11725	4.38799		40	0.16285	5.13818	4.43716
	50	0.18342	5.11761	4.38884		50	0.16252	5.13851	4.43795
44	0	0.18306	5.11797	4.38968	54	0	0.16219	5.13884	4.43874
	10	0.18269	5.11834	4.39052		10	0.16186	5.13917	4.43953
	20	0.18233	5.11870	4.39137		20	0.16152	5.13951	4.44032
	30	0.18197	5.11906	4.39221		30	0.16119	5.13984	4.44111
	40	0.18161	5.11942	4.39305		40	0.16086	5.14017	4.44190
	50	0.18124	5.11979	4.39389		50	0.16053	5.14050	4.44269
45	0	0.18089	5.12014	4.39473	55	0	0.16020	5.14083	4.44348
	10	0.18053	5.12050	4.39557		10	0.15987	5.14116	4.44426
	20	0.18017	5.12086	4.39641		20	0.15954	5.14149	4.44505
	30	0.17981	5.12122	4.39725		30	0.15921	5.14182	4.44583
	40	0.17945	5.12158	4.39808		40	0.15888	5.14215	4.44662
	50	0.17009	5.12194	4.39892		50	0.15856	5.14247	4.44740
46	0	0.17874	5.12229	4.39975	56	0	0.15823	5.14280	4.44818
	10	0.17838	5.12265	4.40058		10	0.15790	5.14313	4.44896
	20	0.17802	5.12301	4.40142		20	0.15758	5.14345	4.44974
	30	0.17767	5.12336	4.40225		30	0.15725	5.14378	4.45052
	40	0.17731	5.12372	4.40308		40	0.15692	5.14411	4.45130
	50	0.17696	5.12407	4.40391		50	0.15660	5.14443	4.45208
47	0	0.17660	5.12443	4.40474	57	0	0.15628	5.14475	4.45286
	10	0.17625	5.12478	4.40556		10	0.15595	5.14508	4.45363
	20	0.17590	5.12513	4.40639		20	0.15563	5.14540	4.45441
	30	0.17554	5.12549	4.40722		30	0.15530	5.14573	4.45518
	40	0.17519	5.12584	4.40804		40	0.15498	5.14605	4.45596
	50	0.17484	5.12619	4.40886		50	0.15466	5.14637	4.45673
48	0	0.17449	5.12654	4.40969	58	0	0.15434	5.14669	4.45750
	10	0.17414	5.12689	4.41051		10	0.15402	5.14701	4.45827
	20	0.17379	5.12724	4.41133		20	0.15370	5.14733	4.45904
	30	0.17344	5.12759	4.41215		30	0.15338	5.14765	4.45981
	40	0.17309	5.12794	4.41297		40	0.15306	5.14797	4.46058
	50	0.17274	5.12829	4.41379		50	0.15274	5.14829	4.46135
49	0	0.17239	5.12864	4.41461	59	0	0.15242	5.14861	4.46212
	10	0.17205	5.12898	4.41542		10	0.15210	5.14893	4.46289
	20	0.17170	5.12933	4.41624		20	0.15178	5.14925	4.46365
	30	0.17135	5.12968	4.41706		30	0.15146	5.14957	4.46442
	40	0.17101	5.13002	4.41787		40	0.15115	5.14988	4.46518
	50	0.17066	5.13037	4.41868		50	0.15083	5.15020	4.46595

TABLE XVI. For computing the Latitude of a Ship at Sea from two Altitudes of the Sun, &c.

3 HOURS.

M.	S.	Log. ½ elap. Time.	Log. Mid. Time.	Logarith. Rising.	M.	S.	Log. ½ elap. Time.	Log. Mid. Tim .	Logarith. Rising
0	0	0. 15051	5. 15052	4. 46671	10	0	0. 13237	5. 16866	4. 51109
	10	0. 15020	5. 15083	4. 46747		10	0. 13208	5. 16895	4. 51181
	20	0. 14988	5. 15115	4. 46823		20	0. 13179	5. 16924	4. 51253
	30	0. 14957	5. 15146	4. 46899		30	0. 13150	5. 16953	4. 51325
	40	0. 14926	5. 15177	4. 46975		40	0. 13121	5. 16982	4. 51396
	50	0. 14894	5. 15209	4. 47051		50	0. 13093	5. 17010	4. 51467
1	0	0. 14863	5. 15240	4. 47127	11	0	0. 13064	5. 17039	4. 51539
	10	0. 14832	5. 15271	4. 47203		10	0. 13035	5. 17068	4. 51610
	20	0. 14800	5. 15303	4. 47278		20	0. 13007	5. 17096	4. 51681
	30	0. 14769	5. 15334	4. 47354		30	0. 12978	5. 17125	4. 51753
	40	0. 14738	5. 15365	4. 47430		40	0. 12950	5. 17153	4. 51824
	50	0. 14707	5. 15396	4. 47505		50	0. 12921	5. 17182	4. 51895
2	0	0. 14676	5. 15427	4. 47580	12	0	0. 12893	5. 17210	4. 51966
	10	0. 14645	5. 15458	4. 47656		10	0. 12864	5. 17239	4. 52037
	20	0. 14614	5. 15489	4. 47731		20	0. 12836	5. 17267	4. 52107
	30	0. 14583	5. 15520	4. 47806		30	0. 12807	5. 17296	4. 52178
	40	0. 14552	5. 15551	4. 47881		40	0. 12779	5. 17324	4. 52249
	50	0. 14521	5. 15582	4. 47956		50	0. 12751	5. 17352	4. 52319
3	0	0. 14490	5. 15613	4. 48031	13	0	0. 12723	5. 17380	4. 52390
	10	0. 14460	5. 15643	4. 48106		10	0. 12695	5. 17408	4. 52461
	20	0. 14429	5. 15674	4. 48180		20	0. 12666	5. 17437	4. 52531
	30	0. 14398	5. 15705	4. 48255		30	0. 12638	5. 17465	4. 52601
	40	0. 14368	5. 15735	4. 48330		40	0. 12610	5. 17493	4. 52672
	50	0. 14337	5. 15766	4. 48404		50	0. 12582	5. 17521	4. 52742
4	0	0. 14307	5. 15796	4. 48479	14	0	0. 12554	5. 17549	4. 52812
	10	0. 14276	5. 15827	4. 48553		10	0. 12526	5. 17577	4. 52882
	20	0. 14246	5. 15857	4. 48627		20	0. 12499	5. 17604	4. 52952
	30	0. 14215	5. 15888	4. 48701		30	0. 12471	5. 17632	4. 53022
	40	0. 14185	5. 15918	4. 48776		40	0. 12443	5. 17660	4. 53092
	50	0. 14155	5. 15948	4. 48850		50	0. 12415	5. 17688	4. 53162
5	0	0. 14124	5. 15979	4. 48924	15	0	0. 12387	5. 17716	4. 53231
	10	0. 14094	5. 16009	4. 48998		10	0. 12360	5. 17743	4. 53301
	20	0. 14064	5. 16039	4. 49071		20	0. 12332	5. 17771	4. 53371
	30	0. 14034	5. 16069	4. 49145		30	0. 12305	5. 17798	4. 53440
	40	0. 14004	5. 16099	4. 49219		40	0. 12277	5. 17826	4. 53510
	50	0. 13974	5. 16129	4. 49293		50	0. 12249	5. 17854	4. 53579
6	0	0. 13944	5. 16159	4. 49366	16	0	0. 12222	5. 17881	4. 53648
	10	0. 13914	5. 16189	4. 49440		10	0. 12195	5. 17908	4. 53718
	20	0. 13884	5. 16219	4. 49513		20	0. 12167	5. 17936	4. 53787
	30	0. 13854	5. 16249	4. 49586		30	0. 12140	5. 17963	4. 53856
	40	0. 13824	5. 16279	4. 49659		40	0. 12113	5. 17990	4. 53925
	50	0. 13794	5. 16309	4. 49733		50	0. 12085	5. 18018	4. 53994
7	0	0. 13765	5. 16338	4. 49806	17	0	0. 12058	5. 18045	4. 54063
	10	0. 13735	5. 16368	4. 49879		10	0. 12031	5. 18072	4. 54132
	20	0. 13705	5. 16398	4. 49952		20	0. 12004	5. 18099	4. 54201
	30	0. 13676	5. 16427	4. 50025		30	0. 11977	5. 18126	4. 54269
	40	0. 13646	5. 16457	4. 50098		40	0. 11949	5. 18154	4. 54338
	50	0. 13617	5. 16486	4. 50170		50	0. 11922	5. 18181	4. 54407
8	0	0. 13587	5. 16516	4. 50243	18	0	0. 11895	5. 18208	4. 54475
	10	0. 13558	5. 16545	4. 50316		10	0. 11868	5. 18235	4. 54544
	20	0. 13528	5. 16575	4. 50388		20	0. 11842	5. 18261	4. 54612
	30	0. 13499	5. 16604	4. 50461		30	0. 11815	5. 18288	4. 54680
	40	0. 13470	5. 16633	4. 50533		40	0. 11788	5. 18315	4. 54749
	50	0. 13441	5. 16662	4. 50605		50	0. 11761	5. 18342	4. 54817
9	0	0. 13411	5. 16692	4. 50677	19	0	0. 11734	5. 18369	4. 54885
	10	0. 13382	5. 16721	4. 50750		10	0. 11708	5. 18395	4. 54953
	20	0. 13353	5. 16750	4. 50822		20	0. 11681	5. 18422	4. 55021
	30	0. 13324	5. 16779	4. 50894		30	0. 11654	5. 18449	4. 55089
	40	0. 13295	5. 16808	4. 50966		40	0. 11628	5. 18475	4. 55157
	50	0. 13266	5. 16837	4. 51038		50	0. 11601	5. 18502	4. 55225

Table XVI. For computing the Latitude of a Ship at Sea from two Altitudes of the Sun, &c.

3 HOURS.

M.	S.	Log. ½ elap. Time.	Log. Mid. Time.	Logarith. Rising.	M.	S.	Log. ½ elap. Time.	Log. Mid. Time.	Logarith. Rising.
20	0	0.11575	5.18528	4.55293	30	0	0.10053	5.20050	4.59244
	10	0.11548	5.18555	4.55360		10	0.10029	5.20074	4.59398
	20	0.11522	5.18581	4.55428		20	0.10005	5.20098	4.59372
	30	0.11495	5.18608	4.55496		30	0.09981	5.20122	4.59436
	40	0.11469	5.18634	4.55563		40	0.09957	5.20146	4.59500
	50	0.11443	5.18660	4.55630		50	0.09933	5.20170	4.59564
21	0	0.11416	5.18687	4.55698	31	0	0.09909	5.20194	4.59627
	10	0.11390	5.18713	4.55765		10	0.09885	5.20218	4.59691
	20	0.11364	5.18739	4.55832		20	0.09861	5.20242	4.59755
	30	0.11338	5.18765	4.55900		30	0.09837	5.20266	4.59818
	40	0.11312	5.18791	4.55967		40	0.09813	5.20290	4.59882
	50	0.11285	5.18818	4.56034		50	0.09789	5.20314	4.59945
22	0	0.11259	5.18844	4.56101	32	0	0.09765	5.20338	4.60008
	10	0.11233	5.18870	4.56168		10	0.09741	5.20362	4.60072
	20	0.11207	5.18896	4.56235		20	0.09718	5.20385	4.60135
	30	0.11181	5.18922	4.56301		30	0.09694	5.20409	4.60198
	40	0.11155	5.18948	4.56368		40	0.09670	5.20433	4.60261
	50	0.11130	5.18973	4.56435		50	0.09647	5.20456	4.60324
23	0	0.11104	5.18999	4.56501	33	0	0.09623	5.20480	4.60387
	10	0.11078	5.19025	4.56568		10	0.09599	5.20504	4.60450
	20	0.11052	5.19051	4.56634		20	0.09576	5.20527	4.60513
	30	0.11027	5.19076	4.56701		30	0.09552	5.20551	4.60576
	40	0.11001	5.19102	4.56767		40	0.09529	5.20574	4.60639
	50	0.10975	5.19128	4.56834		50	0.09506	5.20597	4.60701
24	0	0.10950	5.19153	4.56900	34	0	0.09482	5.20621	4.60764
	10	0.10924	5.19179	4.56966		10	0.09459	5.20644	4.60827
	20	0.10899	5.19204	4.57032		20	0.09435	5.20668	4.60890
	30	0.10873	5.19230	4.57098		30	0.09412	5.20691	4.60952
	40	0.10848	5.19255	4.57164		40	0.09389	5.20714	4.61015
	50	0.10822	5.19281	4.57230		50	0.09366	5.20737	4.61077
25	0	0.10797	5.19306	4.57296	35	0	0.09343	5.20760	4.61139
	10	0.10772	5.19331	4.57362		10	0.09319	5.20784	4.61202
	20	0.10746	5.19357	4.57428		20	0.09296	5.20807	4.61264
	30	0.10721	5.19382	4.57494		30	0.09273	5.20830	4.61326
	40	0.10696	5.19407	4.57559		40	0.09250	5.20853	4.61388
	50	0.10671	5.19432	4.57625		50	0.09227	5.20876	4.61450
26	0	0.10646	5.19457	4.57690	36	0	0.09204	5.20899	4.61512
	10	0.10620	5.19483	4.57756		10	0.09181	5.20922	4.61574
	20	0.10595	5.19508	4.57821		20	0.09158	5.20945	4.61636
	30	0.10570	5.19533	4.57886		30	0.09136	5.20967	4.61698
	40	0.10545	5.19558	4.57951		40	0.09113	5.20990	4.61760
	50	0.10520	5.19483	4.58017		50	0.09090	5.21013	4.61822
27	0	0.10495	5.19608	4.58082	37	0	0.09067	5.21036	4.61883
	10	0.10471	5.19632	4.58147		10	0.09044	5.21059	4.61945
	20	0.10446	5.19657	4.58212		20	0.09022	5.21081	4.62006
	30	0.10421	5.19682	4.58277		30	0.08999	5.21104	4.62068
	40	0.10396	5.19707	4.58342		40	0.08976	5.21127	4.62129
	50	0.10371	5.19732	4.58407		50	0.08954	5.21149	4.62191
28	0	0.10347	5.19756	4.58471	38	0	0.08931	5.21172	4.62252
	10	0.10322	5.19781	4.58536		10	0.08909	5.21194	4.62313
	20	0.10297	5.19806	4.58601		20	0.08886	5.21217	4.62375
	30	0.10272	5.19831	4.58665		30	0.08864	5.21239	4.62436
	40	0.10248	5.19855	4.58730		40	0.08842	5.21261	4.62497
	50	0.10224	5.19879	4.58794		50	0.08819	5.21284	4.62558
29	0	0.10199	5.19904	4.58859	39	0	0.08797	5.21306	4.62619
	10	0.10175	5.19928	4.58923		10	0.08774	5.21329	4.62680
	20	0.10151	5.19952	4.58988		20	0.08752	5.21351	4.62741
	30	0.10126	5.19977	4.59052		30	0.08730	5.21373	4.62802
	40	0.10102	5.20001	4.59116		40	0.08708	5.21395	4.62863
	50	0.10078	5.20025	4.59180		50	0.08686	5.21417	4.62923

Table XVI. For computing the Latitude of a Ship at Sea from two Altitudes of the Sun, &c.

3 HOURS.

M.	S.	Log. ½ elap. Time.	Log. Mid. Time.	Logarith. Rising.	M.	S.	Log. ½ elap. Time.	Log. Mid. Time.	Logarith. Rising.
40	0	0.08664	5.21439	4.62984	50	0	0.07397	5.22706	4.66530
	10	0.08641	5.21462	4.63045		10	0.07377	5.22725	4.66588
	20	0.08619	5.21484	4.63105		20	0.07357	5.22746	4.66645
	30	0.08597	5.21506	4.63166		30	0.07337	5.22766	4.66702
	40	0.08575	5.21528	4.63226		40	0.07317	5.22786	4.66760
	50	0.08553	5.21550	4.63287		50	0.07297	5.22806	4.66817
41	0	0.08531	5.21572	4.63347	51	0	0.07277	5.22826	4.66874
	10	0.08510	5.21593	4.63407		10	0.07257	5.22846	4.66932
	20	0.08488	5.21615	4.63468		20	0.07237	5.22866	4.66989
	30	0.08466	5.21637	4.63528		30	0.07217	5.22886	4.67046
	40	0.08444	5.21659	4.63588		40	0.07197	5.22906	4.67103
	50	0.08422	5.21681	4.63648		50	0.07178	5.22925	4.67160
42	0	0.08401	5.21702	4.63708	52	0	0.07158	5.22945	4.67217
	10	0.08379	5.21724	4.63768		10	0.07138	5.22965	4.67274
	20	0.08357	5.21746	4.63828		20	0.07119	5.22984	4.67331
	30	0.08336	5.21767	4.63888		30	0.07099	5.23004	4.67388
	40	0.08314	5.21789	4.63948		40	0.07079	5.23024	4.67445
	50	0.08293	5.21810	4.64008		50	0.07060	5.23043	4.67502
43	0	0.08271	5.21832	4.64068	53	0	0.07040	5.23063	4.67558
	10	0.08250	5.21853	4.64127		10	0.07021	5.23082	4.67615
	20	0.08228	5.21875	4.64187		20	0.07001	5.23102	4.67671
	30	0.08207	5.21896	4.64246		30	0.06982	5.23121	4.67728
	40	0.08185	5.21918	4.64306		40	0.06962	5.23141	4.67785
	50	0.08164	5.21939	4.64365		50	0.06943	5.23160	4.67841
44	0	0.08143	5.21960	4.64425	54	0	0.06923	5.23180	4.67897
	10	0.08121	5.21982	4.64484		10	0.06904	5.23199	4.67954
	20	0.08100	5.22003	4.64544		20	0.06885	5.23218	4.68010
	30	0.08079	5.22024	4.64603		30	0.06865	5.23238	4.68066
	40	0.08058	5.22045	4.64662		40	0.06846	5.23257	4.68123
	50	0.08036	5.22067	4.64721		50	0.06827	5.23276	4.68179
45	0	0.08015	5.22088	4.64780	55	0	0.06808	5.23295	4.68235
	10	0.07994	5.22109	4.64839		10	0.06789	5.23314	4.68291
	20	0.07973	5.22130	4.64898		20	0.06770	5.23333	4.68347
	30	0.07952	5.22151	4.64957		30	0.06751	5.23352	4.68403
	40	0.07931	5.22172	4.65016		40	0.06731	5.23372	4.68459
	50	0.07910	5.22193	4.65075		50	0.06712	5.23391	4.68515
46	0	0.07889	5.22214	4.65134	56	0	0.06693	5.23410	4.68571
	10	0.07868	5.22235	4.65193		10	0.06674	5.23429	4.68627
	20	0.07848	5.22255	4.65251		20	0.06656	5.23447	4.68682
	30	0.07827	5.22276	4.65310		30	0.06637	5.23466	4.68738
	40	0.07806	5.22297	4.65369		40	0.06618	5.23485	4.68794
	50	0.07785	5.22318	4.65427		50	0.06599	5.23504	4.68849
47	0	0.07765	5.22338	4.65486	57	0	0.06580	5.23523	4.68905
	10	0.07744	5.22359	4.65544		10	0.06561	5.23542	4.68960
	20	0.07723	5.22380	4.65602		20	0.06543	5.23560	4.69016
	30	0.07703	5.22400	4.65661		30	0.06524	5.23579	4.69071
	40	0.07682	5.22421	4.65719		40	0.06505	5.23598	4.69127
	50	0.07661	5.22442	4.65777		50	0.06487	5.23616	4.69182
48	0	0.07641	5.22462	4.65836	58	0	0.06468	5.23635	4.69237
	10	0.07620	5.22483	4.65895		10	0.06449	5.23654	4.69292
	20	0.07600	5.22503	4.65952		20	0.06431	5.23672	4.69348
	30	0.07579	5.22524	4.66010		30	0.06412	5.23691	4.69403
	40	0.07559	5.22544	4.66068		40	0.06394	5.23709	4.69458
	50	0.07539	5.22564	4.66126		50	0.06375	5.23728	4.69513
49	0	0.07518	5.22585	4.66184	59	0	0.06357	5.23746	4.69568
	10	0.07498	5.22605	4 66241		10	0.06338	5.23765	4.69623
	20	0.07478	5.22625	4.66299		20	0.06320	5.23783	4.69678
	30	0.07458	5.22645	4.66357		30	0.06302	5.23801	4.69733
	40	0.07437	5.22666	4.66415		40	0.06283	5.23820	4.69787
	50	0.07417	5.22686	4.66472		50	0.06265	5.23838	4.69842

Table XVI. For computing the Latitude of a Ship at Sea from two Altitudes of the Sun, &c.

4 HOURS.

M.	S.	Log. ½ elap. Time.	Log. Mid. Time.	Logarith. Rising.	M.	S.	Log. ½ elap. Time.	Log. Mid. Time.	Logarith. Rising.
0	0	0.06247	5.23856	4.69897	10	0	0.05207	5.24896	4.73098
	10	0.06229	5.23874	4.69952		10	0.05191	5.24912	4.73150
	20	0.06211	5.23892	4.70006		20	0.05174	5.24929	4.73202
	30	0.06192	5.23911	4.70061		30	0.05158	5.24945	4.73254
	40	0.06174	5.23929	4.70115		40	0.05142	5.24961	4.73306
	50	0.06156	5.23947	4.70170		50	0.05125	5.24978	4.73358
1	0	0.06138	5.23965	4.70224	11	0	0.05109	5.24994	4.73410
	10	0.06120	5.23983	4.70279		10	0.05093	5.25010	4.73462
	20	0.06102	5.24001	4.70333		20	0.05076	5.25027	4.73514
	30	0.06084	5.24019	4.70387		30	0.05060	5.25043	4.73565
	40	0.06066	5.24037	4.70442		40	0.05044	5.25059	4.73617
	50	0.06048	5.24055	4.70496		50	0.05028	5.25075	4.73668
2	0	0.06030	5.24073	4.70550	12	0	0.05012	5.25091	4.73720
	10	0.06012	5.24091	4.70604		10	0.04996	5.25107	4.73772
	20	0.05995	5.24108	4.70658		20	0.04980	5.25123	4.73823
	30	0.05977	5.24126	4.70712		30	0.04964	5.25139	4.73874
	40	0.05959	5.24144	4.70766		40	0.04948	5.25155	4.73926
	50	0.05941	5.24162	4.70820		50	0.04932	5.25171	4.73977
3	0	0.05924	5.24179	4.70874	13	0	0.04916	5.25187	4.74028
	10	0.05906	5.24197	4.70928		10	0.04900	5.25203	4.74080
	20	0.05888	5.24215	4.70982		20	0.04884	5.25219	4.74131
	30	0.05871	5.24232	4.71036		30	0.04868	5.25235	4.74182
	40	0.05853	5.24250	4.71089		40	0.04852	5.25251	4.74233
	50	0.05836	5.24267	4.71143		50	0.04837	5.25266	4.74284
4	0	0.05818	5.24285	4.71197	14	0	0.04821	5.25282	4.74335
	10	0.05801	5.24302	4.71250		10	0.04805	5.25298	4.74386
	20	0.05783	5.24320	4.71304		20	0.04789	5.25314	4.74437
	30	0.05766	5.24337	4.71357		30	0.04774	5.25329	4.74488
	40	0.05748	5.24355	4.71411		40	0.04758	5.25345	4.74539
	50	0.05731	5.24372	4.71464		50	0.04743	5.25360	4.74590
5	0	0.05714	5.24389	4.71518	15	0	0.04727	5.25376	4.74641
	10	0.05696	5.24407	4.71571		10	0.04711	5.25392	4.74692
	20	0.05679	5.24424	4.71624		20	0.04696	5.25407	4.74742
	30	0.05662	5.24441	4.71678		30	0.04680	5.25423	4.74793
	40	0.05645	5.24458	4.71731		40	0.04665	5.25438	4.74844
	50	0.05627	5.24476	4.71784		50	0.04649	5.25454	4.74894
6	0	0.05610	5.24493	4.71837	16	0	0.04634	5.25469	4.74945
	10	0.05593	5.24510	4.71890		10	0.04619	5.25484	4.74995
	20	0.05576	5.24527	4.71943		20	0.04603	5.25500	4.75046
	30	0.05559	5.24544	4.71996		30	0.04588	5.25515	4.75096
	40	0.05542	5.24561	4.72049		40	0.04573	5.25530	4.75147
	50	0.05525	5.24578	4.72102		50	0.04557	5.25546	4.75197
7	0	0.05508	5.24595	4.72155	17	0	0.04542	5.25561	4.75247
	10	0.05491	5.24612	4.72208		10	0.04527	5.25576	4.75298
	20	0.05474	5.24629	4.72260		20	0.04512	5.25591	4.75348
	30	0.05457	5.24646	4.72313		30	0.04496	5.25607	4.75398
	40	0.05440	5.24663	4.72366		40	0.04481	5.25622	4.75448
	50	0.05423	5.24680	4.72418		50	0.04466	5.25637	4.75498
8	0	0.05406	5.24697	4.72471	18	0	0.04451	5.25652	4.75549
	10	0.05389	5.24714	4.72523		10	0.04436	5.25667	4.75599
	20	0.05373	5.24730	4.72576		20	0.04421	5.25682	4.75649
	30	0.05356	5.24747	4.72628		30	0.04406	5.25697	4.75699
	40	0.05340	5.24763	4.72681		40	0.04391	5.25712	4.75748
	50	0.05323	5.24780	4.72733		50	0.04376	5.25727	4.75798
9	0	0.05306	5.24797	4.72785	19	0	0.04361	5.25742	4.75848
	10	0.05290	5.24813	4.72838		10	0.04346	5.25757	4.75898
	20	0.05273	5.24830	4.72890		20	0.04332	5.25771	4.75948
	30	0.05257	5.24846	4.72942		30	0.04317	5.25786	4.75997
	40	0.05240	5.24863	4.72994		40	0.04302	5.25801	4.76047
	50	0.05224	5.24879	4.73046		50	0.04287	5.25816	4.76097

TABLE XVI. For computing the Latitude of a Ship at Sea from two Altitudes of the Sun, &c.

4 HOURS.

M.	S.	Log. ½ elap. Time.	Log. Mid. Time.	Logarith. Rising.	M.	S.	Log. ½ elap. Time.	Log. Mid. Time.	Logarith. Rising.
20	0	0.04272	5.25831	4.76146	30	0	0.03438	5.26665	4.79051
	10	0.04258	5.25845	4.76196		10	0.03425	5.26678	4.79098
	20	0.04243	5.25860	4.76245		20	0.03412	5.26691	4.79145
	30	0.04228	5.25875	4.76295		30	0.03399	5.26704	4.79192
	40	0.04214	5.25889	4.76344		40	0.03386	5.26717	4.79240
	50	0.04199	5.25904	4.76394		50	0.03373	5.26730	4.79287
21	0	0.04185	5.25918	4.76443	31	0	0.03360	5.26743	4.79334
	10	0.04170	5.25933	4.76492		10	0.03348	5.26755	4.79381
	20	0.04155	5.25948	4.76542		20	0.03335	5.26768	4.79428
	30	0.04141	5.25962	4.76591		30	0.03322	5.26781	4.79475
	40	0.04127	5.25976	4.76640		40	0.03309	5.26794	4.79522
	50	0.04112	5.25991	4.76689		50	0.03296	5.26807	4.79568
22	0	0.04098	5.26005	4.76738	32	0	0.03283	5.26820	4.79615
	10	0.04083	5.26020	4.76787		10	0.03271	5.26832	4.79662
	20	0.04069	5.26034	4.76836		20	0.03258	5.26845	4.79709
	30	0.04055	5.26048	4.76885		30	0.03245	5.26858	4.79756
	40	0.04040	5.26063	4.76934		40	0.03233	5.26870	4.79802
	50	0.04026	5.26077	4.76983		50	0.03220	5.26883	4.79849
23	0	0.04012	5.26091	4.77032	33	0	0.03207	5.26896	4.79896
	10	0.03998	5.26105	4.77081		10	0.03195	5.26908	4.79942
	20	0.03983	5.26120	4.77130		20	0.03182	5.26921	4.79989
	30	0.03969	5.26134	4.77179		30	0.03170	5.26933	4.80035
	40	0.03955	5.26148	4.77227		40	0.03157	5.26946	4.80082
	50	0.03941	5.26162	4.77276		50	0.03145	5.26958	4.80128
24	0	0.03927	5.26176	4.77325	34	0	0.03132	5.26971	4.80175
	10	0.03913	5.26190	4.77373		10	0.03120	5.26983	4.80221
	20	0.03899	5.26204	4.77422		20	0.03107	5.26996	4.80267
	30	0.03885	5.26218	4.77470		30	0.03095	5.27008	4.80314
	40	0.03871	5.26232	4.77519		40	0.03083	5.27020	4.80360
	50	0.03857	5.26246	4.77567		50	0.03070	5.27033	4.80406
25	0	0.03843	5.26260	4.77616	35	0	0.03058	5.27045	4.80452
	10	0.03829	5.26274	4.77664		10	0.03046	5.27057	4.80498
	20	0.03815	5.26288	4.77713		20	0.03034	5.27069	4.80544
	30	0.03802	5.26301	4.77761		30	0.03021	5.27082	4.80591
	40	0.03788	5.26315	4.77809		40	0.03009	5.27094	4.80637
	50	0.03774	5.26329	4.77857		50	0.02997	5.27106	4.80683
26	0	0.03760	5.26343	4.77906	36	0	0.02985	5.27118	4.80729
	10	0.03746	5.26357	4.77954		10	0.02973	5.27130	4.80775
	20	0.03733	5.26370	4.78002		20	0.02961	5.27142	4.80820
	30	0.03719	5.26384	4.78050		30	0.02949	5.27154	4.80866
	40	0.03706	5.26397	4.78098		40	0.02937	5.27166	4.80912
	50	0.03692	5.26411	4.78146		50	0.02925	5.27178	4.80958
27	0	0.03678	5.26425	4.78194	37	0	0.02913	5.27190	4.81004
	10	0.03665	5.26438	4.78242		10	0.02901	5.27202	4.81049
	20	0.03651	5.26452	4.78290		20	0.02889	5.27214	4.81095
	30	0.03638	5.26465	4.78338		30	0.02877	5.27226	4.81141
	40	0.03624	5.26479	4.78385		40	0.02865	5.27238	4.81186
	50	0.03611	5.26492	4.78433		50	0.02853	5.27250	4.81232
28	0	0.03597	5.26506	4.78481	38	0	0.02841	5.27262	4.81277
	10	0.03584	5.26519	4.78529		10	0.02829	5.27274	4.81323
	20	0.03571	5.26532	4.78576		20	0.02818	5.27285	4.81368
	30	0.03557	5.26546	4.78624		30	0.02806	5.27297	4.81414
	40	0.03544	5.26559	4.78671		40	0.02794	5.27309	4.81459
	50	0.03531	5.26572	4.78719		50	0.02783	5.27320	4.81505
29	0	0.03517	5.26586	4.78767	39	0	0.02771	5.27332	4.81550
	10	0.03504	5.26599	4.78814		10	0.02759	5.27344	4.81595
	20	0.03491	5.26612	4.78861		20	0.02748	5.27355	4.81641
	30	0.03478	5.26625	4.78908		30	0.02736	5.27367	4.81686
	40	0.03465	5.26638	4.78956		40	0.02724	5.27379	4.81731
	50	0.03452	5.26651	4.79003		50	0.02713	5.27390	4.81776

TABLE XVI. For computing the Latitude of a Ship at Sea from two Altitudes of the Sun, &c.

4 HOURS.

M	S.	Log. ½ elap. Time.	Log. Mid. Time.	Logarith. Rising.	M.	S.	Log. ½ elap. Time.	Log. Mid. Time.	Logarith. Rising.
40	0	0.02701	5.27402	4.81821	50	0	0.02058	5.28045	4.84466
	10	0.02690	5.27413	4.81866		10	0.02048	5.28055	4.84509
	20	0.02678	5.27425	4.81911		20	0.02038	5.28065	4.84552
	30	0.02667	5.27436	4.81956		30	0.02028	5.28075	4.84595
	20	0.02656	5.27447	4.82001		40	0.02018	5.28085	4.84638
	50	0.02644	5.27459	4.82046		50	0.02009	5.28094	4.84681
41	0	0.02633	5.27470	4.82091	51	0	0.01999	5.28104	4.84724
	10	0.02622	5.27481	4.82136		10	0.01989	5.28114	4.84767
	20	0.02610	5.27493	4.82181		20	0.01979	5.28124	4.84810
	30	0.02599	5.27504	4.82226		30	0.01969	5.28134	4.84852
	40	0.02588	5.27515	4.82271		40	0.01960	5.28143	4.84895
	50	0.02577	5.27526	4.82315		50	0.01950	5.28153	4.84938
42	0	0.02565	5.27538	4.82360	52	0	0.01940	5.28163	4.84981
	10	0.02554	5.27549	4.82405		10	0.01931	5.28172	4.85023
	20	0.02543	5.27560	4.82449		20	0.01921	5.28182	4.85066
	30	0.02532	5.27571	4.82494		30	0.01912	5.28191	4.85108
	40	0.02521	5.27582	4.82538		40	0.01902	5.28201	4.85151
	50	0.02510	5.27593	4.82583		50	0.01892	5.28211	4.85194
43	0	0.02499	5.27604	4.82628	53	0	0.01883	5.28220	4.85236
	10	0.02488	5.27615	4.82672		10	0.01873	5.28230	4.85278
	20	0.02477	5.27626	4.82716		20	0.01864	5.28239	4.85321
	30	0.02466	5.27637	4.82761		30	0.01854	5.28249	4.85363
	40	0.02455	5.27648	4.82805		40	0.01845	5.28258	4.85406
	50	0.02444	5.27659	4.82850		50	0.01836	5.28267	4.85448
44	0	0.02433	5.27670	4.82894	54	0	0.01826	5.28277	4.85490
	10	0.02422	5.27681	4.82938		10	0.01817	5.28286	4.85533
	20	0.02411	5.27692	4.82982		20	0.01808	5.28295	4.85575
	30	0.02400	5.27703	4.83026		30	0.01798	5.28305	4.85617
	40	0.02390	5.27713	4.83071		40	0.01789	5.28314	4.85659
	50	0.02379	5.27724	4.83115		50	0.01780	5.28323	4.85701
45	0	0.02368	5.27735	4.83159	55	0	0.01771	5.28332	4.85744
	10	0.02357	5.27746	4.83203		10	0.01761	5.28342	4.85786
	20	0.02347	5.27756	4.83247		20	0.01752	5.28351	4.85828
	30	0.02336	5.27767	4.83291		30	0.01743	5.28360	4.85870
	40	0.02326	5.27777	4.83335		40	0.01734	5.28369	4.85912
	50	0.02315	5.27788	4.83379		50	0.01725	5.28378	4.85954
46	0	0.02304	5.27799	4.83423	56	0	0.01716	5.28387	4.85996
	10	0.02294	5.27809	4.83467		10	0.01707	5.28396	4.86037
	20	0.02283	5.27820	4.83510		20	0.01698	5.28405	4.86079
	30	0.02273	5.27830	4.83554		30	0.01689	5.28414	4.86121
	40	0.02262	5.27841	4.83598		40	0.01680	5.28423	4.86163
	50	0.02252	5.27851	4.83642		50	0.01671	5.28432	4.86205
47	0	0.02241	5.27862	4.83685	57	0	0.01662	5.28441	4.86246
	10	0.02231	5.27872	4.83729		10	0.01653	5.28450	4.86288
	20	0.02221	5.27882	4.83773		20	0.01644	5.28459	4.86330
	30	0.02210	5.27893	4.83816		30	0.01635	5.28468	4.86372
	40	0.02200	5.27903	4.83860		40	0.01626	5.28477	4.86413
	50	0.02190	5.27913	4.83903		50	0.01618	5.28485	4.86455
48	0	0.02179	5.27924	4.83947	58	0	0.01609	5.28494	4.86496
	10	0.02169	5.27934	4.83990		10	0.01600	5.28503	4.86538
	20	0.02159	5.27944	4.84034		20	0.01591	5.28512	4.86579
	30	0.02149	5.27954	4.84077		30	0.01583	5.28520	4.86621
	40	0.02139	5.27964	4.84120		40	0.01574	5.28529	4.86662
	50	0.02128	5.27975	4.84164		50	0.01565	5.28538	4.86704
49	0	0.02118	5.27985	4.84207	59	0	0.01557	5.28546	4.86745
	10	0.02108	5.27995	4.84250		10	0.01548	5.28555	4.86786
	20	0.02098	5.28005	4.84293		20	0.01540	5.28563	4.86828
	30	0.02088	5.28015	4.84337		30	0.01531	5.28572	4.86869
	40	0.02078	5.28025	4.84380		40	0.01523	5.28580	4.86910
	50	0.02068	5.28035	4.84423		50	0.01514	5.28589	4.86951

TABLE XVI. For computing the Latitude of a Ship at Sea from two Altitudes of the Sun, &c.

5 HOURS.

M.	S.	Log. ½ elap. Time.	Log. Mid. Time.	Logarith. Rising.	M.	S.	Log. ½ elap. Time.	Log. Mid. Time.	Logarith. Rising.
0	0	0.01506	5.28597	4.86992	10	0	0.01042	5.29061	4.89407
	10	0.01497	5.28606	4.87034		10	0.01035	5.29068	4.89447
	20	0.01489	5.28614	4.87075		20	0.01028	5.29075	4.89486
	30	0.01480	5.28623	4.87116		30	0.01021	5.29082	4.89525
	40	0.01472	5.28631	4.87157		40	0.01014	5.29089	4.89564
	50	0.01464	5.28639	4.87198		50	0.01007	5.29096	4.89604
1	0	0.01455	5.28648	4.87239	11	0	0.01000	5.29103	4.89643
	10	0.01447	5.28656	4.87280		10	0.00993	5.29110	4.89682
	20	0.01439	5.28664	4.87321		20	0.00987	5.29116	4.89721
	30	0.01430	5.28673	4.87362		30	0.00980	5.29123	4.89760
	40	0.01422	5.28681	4.87402		40	0.00973	5.29130	4.89799
	50	0.01414	5.28689	4.87443		50	0.00966	5.29137	4.89838
2	0	0.01406	5.28697	4.87484	12	0	0.00960	5.29143	4.89377
	10	0.01398	5.28705	4.87525		10	0.00953	5.29150	4.89916
	20	0.01390	5.28713	4.87566		20	0.00946	5.29157	4.89955
	30	0.01381	5.28722	4.87606		30	0.00940	5.29163	4.89994
	40	0.01373	5.28730	4.87647		40	0.00933	5.29170	4.90033
	50	0.01365	5.28738	4.87688		50	0.00926	5.29177	4.90072
3	0	0.01357	5.28746	4.87728	13	0	0.00920	5.29183	4.90111
	10	0.01349	5.28754	4.87769		10	0.00913	5.29190	4.90149
	20	0.01341	5.28762	4.87809		20	0.00907	5.29196	4.90188
	30	0.01333	5.28770	4.87850		30	0.00900	5.29203	4.90227
	40	0.01325	5.28778	4.87890		40	0.00894	5.29209	4.90266
	50	0.01317	5.28786	4.87931		50	0.00887	5.29216	4.90305
4	0	0.01310	5.28793	4.87971	14	0	0.00881	5.29222	4.90345
	10	0.01302	5.28801	4.88012		10	0.00874	5.29229	4.90382
	20	0.01294	5.28809	4.88052		20	0.00868	5.29235	4.90421
	30	0.01286	5.28817	4.88093		30	0.00862	5.2924	4.90459
	40	0.01278	5.28825	4.88133		40	0.00855	5.29248	4.90498
	50	0.01270	5.28833	4.88173		50	0.00849	5.29254	4.90536
5	0	0.01263	5.28840	4.88213	15	0	0.00843	5.29260	4.90575
	10	0.01255	5.28848	4.88254		10	0.00836	5.29267	4.90613
	20	0.01247	5.28856	4.88294		20	0.00830	5.29273	4.90652
	30	0.01240	5.28863	4.88334		30	0.00824	5.29279	4.90690
	40	0.01232	5.28871	4.88374		40	0.00818	5.29285	4.90728
	50	0.01224	5.28879	4.88414		50	0.00811	5.29292	4.90767
6	0	0.01217	5.28886	4.88454	16	0	0.00805	5.29298	4.90805
	10	0.01209	5.28894	4.88494		10	0.00799	5.29304	4.90843
	20	0.01202	5.28901	4.88534		20	0.00793	5.29310	4.90882
	30	0.01194	5.28909	4.88574		30	0.00787	5.29316	4.90920
	40	0.01187	5.28916	4.88614		40	0.00781	5.29322	4.90958
	50	0.01179	5.28924	4.88654		50	0.00775	5.29328	4.90996
7	0	0.01172	5.28931	4.88694	17	0	0.00769	5.29334	4.91034
	10	0.01164	5.28939	4.88734		10	0.00763	5.29340	4.91073
	20	0.01157	5.28946	4.88774		20	0.00757	5.29346	4.91111
	30	0.01150	5.28953	4.88814		30	0.00751	5.29352	4.91149
	40	0.01142	5.28961	4.88853		40	0.00745	5.29358	4.91187
	50	0.01135	5.28968	4.88893		50	0.00739	5.29364	4.91225
8	0	0.01128	5.28975	4.88933	18	0	0.00733	5.29370	4.91263
	10	0.01120	5.28983	4.88973		10	0.00728	5.29375	4.91301
	20	0.01113	5.28990	4.89012		20	0.00722	5.29381	4.91339
	30	0.01106	5.28997	4.89052		30	0.00716	5.29387	4.91377
	40	0.01099	5.29004	4.89091		40	0.00710	5.29393	4.91415
	50	0.01091	5.29012	4.89131		50	0.00704	5.29399	4.91452
9	0	0.01084	5.29019	4.89171	19	0	0.00699	5.29404	4.91490
	10	0.01077	5.29026	4.89210		10	0.00693	5.29410	4.91528
	20	0.01070	5.29033	4.89250		20	0.00687	5.29416	4.91566
	30	0.01063	5.29040	4.89289		30	0.00682	5.29421	4.91603
	40	0.01056	5.29047	4.89328		40	0.00676	5.29427	4.91641
	50	0.01049	5.29054	4.89368		50	0.00670	5.29433	4.91679

TABLE XVI. For computing the Latitude of a Ship at Sea from two Altitudes of the Sun, &c.

5 HOURS.

M.	S.	Log. ½ elap. Time.	Log. Mid. Time.	Logarith. Rising.	M.	S.	Log. ½ elap. Time.	Log. Mid. Time.	Logarith. Rising.
20	0	0.00665	5.29438	4.91716	30	0	0.00373	5.29730	4.93926
	10	0.00659	5.29444	4.91754		10	0.00369	5.29734	4.93962
	20	0.00654	5.29449	4.91792		20	0.00365	5.29738	4.93998
	30	0.00648	5.29455	4.91830		30	0.00361	5.29742	4.94034
	40	0.00643	5.29460	4.91867		40	0.00357	5.29746	4.94069
	50	0.00637	5.29466	4.91904		50	0.00353	5.29750	4.94105
21	0	0.00632	5.29471	4.91942	31	0	0.00349	5.29754	4.94141
	10	0.00626	5.29477	4.91979		10	0.00345	5.29758	4.94177
	20	0.00621	5.29482	4.92017		20	0.00341	5.29762	4.94213
	30	0.00616	5.29487	4.92054		30	0.00337	5.29766	4.94249
	40	0.00610	5.29493	4.92092		40	0.00333	5.29770	4.94284
	50	0.00605	5.29498	4.92129		50	0.00329	5.29774	4.94320
22	0	0.00600	5.29503	4.92166	32	0	0.00325	5.29778	4.94356
	10	0.00594	5.29509	4.92203		10	0.00321	5.29782	4.94392
	20	0.00589	5.29514	4.92241		20	0.00317	5.29786	4.94427
	30	0.00584	5.29519	4.92278		30	0.00313	5.29790	4.94463
	40	0.00579	5.29524	4.92315		40	0.00310	5.29793	4.94498
	50	0.00574	5.29529	4.92352		50	0.00306	5.29797	4.94534
23	0	0.00568	5.29535	4.92390	33	0	0.00302	5.29801	4.94570
	10	0.00563	5.29540	4.92427		10	0.00298	5.29805	4.94605
	20	0.00558	5.29545	4.92464		20	0.00295	5.29808	4.94641
	30	0.00553	5.29550	4.92501		30	0.00291	5.29812	4.94676
	40	0.00548	5.29555	4.92538		40	0.00287	5.29816	4.94712
	50	0.00543	5.29560	4.92575		50	0.00284	5.29819	4.94747
24	0	0.00538	5.29565	4.92612	34	0	0.00280	5.29823	4.94782
	10	0.00533	5.29570	4.92649		10	0.00276	5.29827	4.94818
	20	0.00528	5.29575	4.92686		20	0.00273	5.29830	4.94853
	30	0.00523	5.29580	4.92723		30	0.00269	5.29834	4.94888
	40	0.00518	5.29585	4.92760		40	0.00266	5.29837	4.94924
	50	0.00513	5.29590	4.92796		50	0.00262	5.29841	4.94959
25	0	0.00508	5.29595	4.92833	35	0	0.00259	5.29844	4.94994
	10	0.00504	5.29599	4.92870		10	0.00255	5.29848	4.95029
	20	0.00499	5.29604	4.92907		20	0.00252	5.29851	4.95065
	30	0.00494	5.29609	4.92944		30	0.00249	5.29854	4.95100
	40	0.00489	5.29614	4.92980		40	0.00245	5.29858	4.95135
	50	0.00484	5.29619	4.93017		50	0.00242	5.29861	4.95170
26	0	0.00480	5.29623	4.93054	36	0	0.00239	5.29864	4.95205
	10	0.00475	5.29628	4.93090		10	0.00235	5.29868	4.95240
	20	0.00470	5.29633	4.93127		20	0,00232	5.29871	4.95275
	30	0.00466	5.29637	4.93164		30	0.00229	5.29874	4.95310
	40	0.00461	5.29642	4.93200		40	0.00225	5.29878	4.95345
	50	0.00456	5.29647	4.93237		50	0.00222	5.29881	4.95380
27	0	0.00452	5.29651	4.93273	37	0	0.00219	5.29884	4.95415
	10	0.00447	5.29656	4.93310		10	0.00216	5.29887	4.95450
	20	0.00443	5.29660	4.93346		20	0.00213	5.29890	4.95485
	30	0.00438	5.29665	4.93383		30	0.00210	5.29893	4.95520
	40	0.00434	5.29669	4.93419		40	0.00207	5.29896	4.95555
	50	0.00429	5.29674	4.93455		50	0.00203	5.29900	4.95589
28	0	0.00425	5.29678	4.93492	38	0	0.00200	5.29903	4.95624
	10	0.00420	5.29683	4.93528		10	0.00197	5.29906	4.95659
	20	0.00416	5.29687	4.93564		20	0.00194	5.29909	4.95694
	30	0.00412	5.29691	4.93600		30	0.00191	5.29912	4.95728
	40	0.00407	5.29696	4.93637		40	0.00188	5.29915	4.95763
	50	0.00403	5.29700	4.93673		50	0.00185	5.29918	4.95798
29	0	0.00399	5.29704	4.93709	39	0	0.00183	5.29920	4.95832
	10	0.00394	5.29709	4.93745		10	0.00180	5.29923	4.95867
	20	0.00390	5.29713	4.93781		20	0.00177	5.29926	4.95902
	30	0.00386	5.29717	4.93817		30	0.00174	5.29929	4.95936
	40	0.00382	5.29721	4.93854		40	0.00171	5.29932	4.95971
	50	0.00377	5.29726	4.93890		50	0.00168	5.29935	4.96005

Table XVI. For computing the Latitude of a Ship at Sea from two Altitudes of the Sun, &c.

5 HOURS.

M.	S.	Log. ½ elap. Time.	Log. Mid. Time.	Logarith. Rising.	M.	S.	Log. ½ elap. Time.	Log Mid Time.	Logarith. Rising.
40	0	0.00166	5.29937	4.96040	50	0	0.00041	5.30062	4.98063
	10	0.00163	5.29940	4.96074		10	0.00040	5.30063	4.98096
	20	0.00160	5.29943	4.96109		20	0.00039	5.30064	4.98129
	30	0.00157	5.29946	4.96143		30	0.00037	5.30066	4.98162
	40	0.00155	5.29948	4.96177		40	0.00036	5.30067	4.98195
	50	0.00152	5.29951	4.96212		50	0.00035	5.30068	4.98228
41	0	0.00149	5.29954	4.96246	51	0	0.00033	5.30070	4.98261
	10	0.00147	5.29956	4.96280		10	0.00032	5.30071	4.98293
	20	0.00144	5.29959	4.96315		20	0.00031	5.30072	4.98326
	30	0.00142	5.29961	4.96349		30	0.00030	5.30073	4.98359
	40	0.00139	5.29964	4.96383		40	0.00029	5.30074	4.98392
	50	0.00137	5.29966	4.96417		50	0.00028	5.30075	4.98425
42	0	0.00134	5.29969	4.96451	52	0	0.00026	5.30077	4.98457
	10	0.00132	5.29971	4.96486		10	0.00025	5.30078	4.98490
	20	0.00129	5.29974	4.96520		20	0.00024	5.30079	4.98523
	30	0.00127	5.29976	4.96554		30	0.00023	5.30080	4.98555
	40	0.00124	5.29979	4.96588		40	0.00022	5.30081	4.98588
	50	0.00122	5.29981	4.96622		50	0.00021	5.30082	4.98620
43	0	0.00120	5.29983	4.96656	53	0	0.00020	5.30083	4.98653
	10	0.00117	5.29986	4.96690		10	0.00019	5.30084	4.98686
	20	0.00115	5.29988	4.96724		20	0.00018	5.30085	4.98718
	30	0.00113	5.29990	4.96758		30	0.00017	5.30086	4.98751
	40	0.00110	5.29993	4.96792		40	0.00017	5.30086	4.98783
	50	0.00108	5.29995	4.96826		50	0.00016	5.30087	4.98816
44	0	0.00106	5.29997	4.96860	54	0	0.00015	5.30088	4.98848
	10	0.00104	5.29999	4.96894		10	0.00014	5.30089	4.98880
	20	0.00102	5.30001	4.96927		20	0.00013	5.30090	4.98913
	30	0.00099	5.30004	4.96961		30	0.00013	5.30090	4.98945
	40	0.00097	5.30006	4.96995		40	0.00012	5.30091	4.98978
	50	0.00095	5.30008	4.97029		50	0.00011	5.30092	4.99010
45	0	0.00093	5.30010	4.97062	55	0	0.00010	5.30093	4.99042
	10	0.00091	5.30012	4.97096		10	0.00010	5.30093	4.99074
	20	0.00089	5.30014	4.97130		20	0.00009	5.30094	4.99107
	30	0.00087	5.30016	4.97163		30	0.00008	5.30095	4.99139
	40	0.00085	5.30018	4.97197		40	0.00008	5.30095	4.99171
	50	0.00083	5.30020	4.97231		50	0.00007	5.30096	4.99203
46	0	0.00081	5.30022	4.97264	56	0	0.00007	5.30096	4.99235
	10	0.00079	5.30024	4.97298		10	0.00006	5.30097	4.99267
	20	0.00077	5.30026	4.97331		20	0.00006	5.30097	4.99300
	30	0.00075	5.30028	4.97365		30	0.00005	5.30098	4.99332
	40	0.00074	5.30029	4.97398		40	0.00005	5.30098	4.99364
	50	0.00072	5.30031	4.97432		50	0.00004	5.30099	4.99396
47	0	0.00070	5.30033	4.97465	57	0	0.00004	5.30099	4.99428
	10	0.00068	5.30035	4.97499		10	0.00003	5.30100	4.99460
	20	0.00066	5.30037	4.97532		20	0.00003	5.30100	4.99492
	30	0.00065	5.30038	4.97565		30	0.00003	5.30100	4.99524
	40	0.00063	5.30040	4.97599		40	0.00002	5.30101	4.99556
	50	0.00061	5.30042	4.97632		50	0.00002	5.30101	4.99587
48	0	0.00060	5.30043	4.97665	58	0	0.00002	5.30101	4.99619
	10	0.00058	5.30045	4.97699		10	0.00001	5.30102	4.99651
	20	0.00056	5.30047	4.97732		20	0.00001	5.30102	4.99683
	30	0.00055	5.30048	4.97765		30	0.00001	5.30102	4.99715
	40	0.00053	5.30050	4.97798		40	0.00001	5.30102	4.99747
	50	0.00052	5.30051	4.97832		50	0.00001	5.30102	4.99778
49	0	0.00050	5.30053	4.97865	59	0	0.00000	5.30103	4.99810
	10	0.00049	5.30054	4.97898		10	0.00000	5.30103	4.99842
	20	0.00047	5.30056	4.97931		20	0.00000	5.30103	4.99873
	30	0.00046	5.30057	4.97964		30	0.00000	5.30103	4.99905
	40	0.00044	5.30059	4.97997		40	0.00000	5.30103	4.99937
	50	0.00043	5.30060	4.98030		50	0.00000	5.30103	4.99968

TABLE XVI. For computing the Latitude of a Ship at Sea from two Altitudes of the Sun, &c.

6 HOURS.

M.	S.	Logarith. Rising.	M.	S	Logarith. Rising.	M	S.	Logarith. Rising.	M.	S.	Logarith. Rising.
0	0	5.00000	10	0	5.01853	20	0	5.03629	30	0	5.05327
	10	5.00031		10	5.01883		10	5.03658		10	5.05354
	20	5.00063		20	5.01913		20	5.03687		20	5.05382
	30	5.00094		30	5.01943		30	5.03715		30	5.05410
	40	5.00125		40	5.01973		40	5.03744		40	5.05437
	50	5.00156		50	5.02004		50	5.03773		50	5.05465
1	0	5.00188	11	0	5.02034	21	0	5.03801	31	0	5.05493
	10	5.00219		10	5.02064		10	5.03830		10	5.05520
	20	5.00250		20	5.02094		20	5.03859		20	5.05548
	30	5.00282		30	5.02125		30	5.03887		30	5.05576
	40	5.00313		40	5.02155		40	5.03916		40	5.05604
	50	5.00345		50	5.02185		50	5.03945		50	5.05631
2	0	5.00376	12	0	5.02215	22	0	5.03974	32	0	5.05659
	10	5.00407		10	5.02245		10	5.04002		10	5.05686
	20	5.00438		20	5.02275		20	5.04031		20	5.05713
	30	5.00469		30	5.02304		30	5.04060		30	5.05740
	40	5.00501		40	5.02334		40	5.04088		40	5.05768
	50	5.00532		50	5.02364		50	5.04117		50	5.05795
3	0	5.00563	13	0	5.02394	23	0	5.04146	33	0	5.05822
	10	5.00595		10	5.02423		10	5.04174		10	5.05849
	20	5.00626		20	5.02453		20	5.04203		20	5.05876
	30	5.00657		30	5.02483		30	5.04232		30	5.05904
	40	5.00689		40	5.02512		40	5.04261		40	5.05931
	50	5.00720		50	5.02542		50	5.04289		50	5.05958
4	0	5.00751	14	0	5.02572	24	0	5.04318	34	0	5.05985
	10	5.00782		10	5.02602		10	5.04346		10	5.06013
	20	5.00813		20	5.02631		20	5.04374		20	5.06040
	30	5.00844		30	5.02661		30	5.04402		30	5.06067
	40	5.00875		40	5.02691		40	5.04430		40	5.06094
	50	5.00905		50	5.02720		50	5.04459		50	5.06122
5	0	5.00936	15	0	5.02750	25	0	5.04487	35	0	5.06149
	10	5.00967		10	5.02780		10	5.04515		10	5.06176
	20	5.00998		20	5.02810		20	5.04543		20	5.06203
	30	5.01028		30	5.02839		30	5.04571		30	5.06230
	40	5.01059		40	5.02869		40	5.04600		40	5.06258
	50	5.01090		50	5.02899		50	5.04628		50	5.06285
6	0	5.01121	16	0	5.02928	26	0	5.04656	36	0	5.06312
	10	5.01151		10	5.02958		10	5.04684		10	5.06339
	20	5.01182		20	5.02987		20	5.04712		20	5.06365
	30	5.01213		30	5.03016		30	5.04740		30	5.06392
	40	5.01244		40	5.03045		40	5.04769		40	5.06419
	50	5.01275		50	5.03074		50	5.04797		50	5.06445
7	0	5.01305	17	0	5.03104	27	0	5.04825	37	0	5.06472
	10	5.01336		10	5.03133		10	5.04853		10	5.06499
	20	5.01367		20	5.03162		20	5.04881		20	5.06526
	30	5.01398		30	5.03191		30	5.04910		30	5.06553
	40	5.01428		40	5.03220		40	5.04938		40	5.06579
	50	5.01459		50	5.03250		50	5.04966		50	5.06606
8	0	5.01490	18	0	5.03279	28	0	5.04994	38	0	5.06633
	10	5.01520		10	5.03308		10	5.05022		10	5.06660
	20	5.01550		20	5.03337		20	5.05050		20	5.06686
	30	5.01580		30	5.03366		30	5.05077		30	5.06713
	40	5.01611		40	5.03396		40	5.05105		40	5.06740
	50	5.01641		50	5.03425		50	5.05133		50	5.06766
9	0	5.01671	19	0	5.03454	29	0	5.05160	39	0	5.06793
	10	5.01701		10	5.03483		10	5.05188		10	5.06820
	20	5.01732		20	5.03512		20	5.05216		20	5.06847
	30	5.01762		30	5.03542		30	5.05243		30	5.06873
	40	5.01792		40	5.03571		40	5.05271		40	5.06900
	50	5.01822		50	5.03600		50	5.05299		50	5.06927

TABLE XVI. For computing the Latitude of a Ship at Sea from two Altitudes of the Sun, &c.

6 HOURS.						7 HOURS.					
M.	S.	Logarith. Rising.	M.	S.	Logarith. Rising.	M.	S.	Logarith. Rising.	M.	S.	Logarith. Rising.
40	0	5.06954	50	0	5.08508	0	0	5.09996	10	0	5.11417
	10	5.06980		10	5.08533		10	5.10020		10	5.11440
	20	5.07006		20	5.08558		20	5.10044		20	5.11463
	30	5.07033		30	5.08584		30	5.10068		30	5.11486
	40	5.07059		40	5.08609		40	5.10092		40	5.11509
	50	5.07085		50	5.08634		50	5.10116		50	5.11532
41	0	5.07111	51	0	5 08660	1	0	5.10140	11	0	5.11556
	10	5.07138		10	5.08685		10	5.10164		10	5.11579
	20	5.07164		20	5.08710		20	5.10188		20	5.11602
	30	5.07190		30	5.08736		30	5.10212		30	5.11625
	40	5.07217		40	5.08751		40	5.10236		40	5.11648
	50	5.07243		50	5.08787		50	5.10260		50	5.11671
42	0	5.07269	52	0	5.08812	2	0	5.10284	12	0	5.11694
	10	5.07295		10	5.08837		10	5.10308		10	5.11717
	20	5.07322		20	5.08862		20	5.10332		20	5.11740
	30	5.07348		30	5.08887		30	5.10356		30	5.11763
	40	5.07374		40	5.08911		40	5.10380		40	5.11785
	50	5.07400		50	5.08936		50	5.10404		50	5.11808
43	0	5.07427	53	0	5.08961	3	0	5.10429	13	0	5.11831
	10	5.07453		10	5.08986		10	5.10453		10	5.11854
	20	5.07479		20	5.09011		20	5.10477		20	5.11876
	30	5.07505		30	5.09036		30	5.10501		30	5.11899
	40	5.07532		40	5.09061		40	5.10525		40	5.11922
	50	5.07558		50	5.09086		50	5.10549		50	5.11945
44	0	5.07584	54	0	5.09111	4	0	5.10573	14	0	5.11967
	10	5.07610		10	5.09136		10	5.10596		10	5.11990
	20	5.07636		20	5.09160		20	5.10620		20	5.12013
	30	5.07662		30	5.09185		30	5.10643		30	5.12036
	40	5.07687		40	5.09210		40	5.10667		40	5.12058
	50	5.07713		50	5.09235		50	5.10691		50	5.12080
45	0	5.07739	55	0	5.09260	5	0	5.10714	15	0	5.12104
	10	5.07765		10	5.09285		10	5.10738		10	5.12126
	20	5.07791		20	5.09310		20	5.10761		20	5.12149
	30	5.07816		30	5.09335		30	5.10785		30	5.12172
	40	5.07842		40	5.09360		40	5.10809		40	5.12195
	50	5.07868		50	5.09385		50	5.10832		50	5.12217
46	0	5.07894	56	0	5.09409	6	0	5.10856	16	0	5.12240
	10	5.07920		10	5.09434		10	5.10879		10	5.12263
	20	5.07945		20	5.09458		20	5.10903		20	5.12285
	30	5.07971		30	5.09483		30	5.10926		30	5.12307
	40	5.07997		40	5.09507		40	5.10950		40	5.12329
	50	5.08023		50	5.09532		50	5.10974		50	5.12352
47	0	5.08049	57	0	5.09556	7	0	5.10997	17	0	5.12374
	10	5.08074		10	5.09581		10	5.11021		10	5.12396
	20	5.08100		20	5.09605		20	5.11044		20	5.12419
	30	5.08126		30	5.09629		30	5.11068		30	5.12441
	40	5.08152		40	5.09654		40	5.11092		40	5.12463
	50	5.08178		50	5.09678		50	5.11115		50	5.12486
48	0	5.08203	58	0	5.09703	8	0	5.11139	18	0	5.12508
	10	5.08229		10	5.09727		10	5.11162		10	5.12530
	20	5.08254		20	5.09752		20	5.11185		20	5.12553
	30	5.08280		30	5.09776		30	5.11208		30	5.12575
	40	5.08305		40	5.09801		40	5.11231		40	5.12597
	50	5.08330		50	5.09825		50	5.11255		50	5.12619
49	0	5.08356	59	0	5.09850	9	0	5.11278	19	0	5.12642
	10	5.08381		10	5.09874		10	5.11301		10	5.12664
	20	5.08406		20	5.09899		20	5.11324		20	5.12686
	30	5.08432		30	5.09923		30	5.11347		30	5.12709
	40	5.08457		40	5.09947		40	5.11370		40	5.12731
	50	5.08482		50	5.09972		50	5.11393		50	5.12753

TABLE XVI. For computing the Latitude of a Ship at Sea from two Altitudes of the Sun, &c.

7 HOURS.

M.	S.	Logarith. Rising.	M.	S.	Logarith. Rising.	M.	S.	Logarith. Rising.	M.	S.	Logarith. Rising.
20	0	5.12776	30	0	5.14071	40	0	5.15309	50	0	5.16486
	10	5.12798		10	5.14092		10	5.15329		10	5.16505
	20	5.12820		20	5.14113		20	5.15349		20	5.16525
	30	5.12841		30	5.14134		30	5.15369		30	5.16544
	40	5.12863		40	5.14155		40	5.15388		40	5.16563
	50	5.12885		50	5.14176		50	5.15408		50	5.16582
21	0	5.12907	31	0	5.14198	41	0	5.15428	51	0	5.16601
	10	5.12929		10	5.14219		10	5.15448		10	5.16620
	20	5.12951		20	5.14240		20	5.15468		20	5.16640
	30	5.12973		30	5.14261		30	5.15488		30	5.16659
	40	5.12995		40	5.14282		40	5.15508		40	5.16678
	50	5.13017		50	5.14303		50	5.15528		50	5.16697
22	0	5.13039	32	0	5.14324	42	0	5.15548	52	0	5.16716
	10	5.13061		10	5.14345		10	5.15568		10	5.16735
	20	5.13083		20	5.14366		20	5.15588		20	5.16754
	30	5.13104		30	5.14386		30	5.15608		30	5.16773
	40	5.13126		40	5.14407		40	5.15628		40	5.16791
	50	5.13148		50	5.14428		50	5.15648		50	5.16810
23	0	5.13170	33	0	5.14449	43	0	5.15667	53	0	5.16829
	10	5.13192		10	5.14469		10	5.15687		10	5.16848
	20	5.13214		20	5.14490		20	5.15707		20	5.16866
	30	5.13236		30	5.14511		30	5.15727		30	5.16885
	40	5.13258		40	5.14531		40	5.15747		40	5.16904
	50	5.13280		50	5.14552		50	5.15767		50	5.16923
24	0	5.13302	34	0	5.14573	44	0	5.15787	54	0	5.16942
	10	5.13323		10	5.14593		10	5.15807		10	5.16960
	20	5.13345		20	5.14614		20	5.15826		20	5.16979
	30	5.13366		30	5.14635		30	5.15846		30	5.16998
	40	5.13388		40	5.14656		40	5.15865		40	5.17017
	50	5.13409		50	5.14676		50	5.15885		50	5.17026
25	0	5.13431	35	0	5.14697	45	0	5.15904	55	0	5.17054
	10	5.13452		10	5.14718		10	5.15924		10	5.17073
	20	5.13474		20	5.14738		20	5.15943		20	5.17092
	30	5.13495		30	5.14759		30	5.15963		30	5.17111
	40	5.13517		40	5.14780		40	5.15983		40	5.17129
	50	5.13538		50	5.14800		50	5.16002		50	5.17148
26	0	5.13560	36	0	5.14821	46	0	5.16022	56	0	5.17167
	10	5.13581		10	5.14842		10	5.16041		10	5.17185
	20	5.13603		20	5.14862		20	5.16061		20	5.17204
	30	5.13624		30	5.14882		30	5.16080		30	5.17222
	40	5.13646		40	5.14902		40	5.16100		40	5.17241
	50	5.13667		50	5.14922		50	5.16119		50	5.17259
27	0	5.13689	37	0	5.14943	47	0	5.16139	57	0	5.17277
	10	5.13710		10	5.14963		10	5.16158		10	5.17296
	20	5.13732		20	5.14984		20	5.16178		20	5.17314
	30	5.13753		30	5.15004		30	5.16197		30	5.17333
	40	5.13775		40	5.15024		40	5.16217		40	5.17351
	50	5.13796		50	5.15045		50	5.16237		50	5.17369
28	0	5.13818	38	0	5.15065	48	0	5.16256	58	0	5.17388
	10	5.13839		10	5.15085		10	5.16275		10	5.17406
	20	5.13860		20	5.15106		20	5.16295		20	5.17425
	30	5.13881		30	5.15126		30	5.16314		30	5.17443
	40	5.13902		40	5.15146		40	5.16333		40	5.17462
	50	5.13923		50	5.15166		50	5.16352		50	5.17480
29	0	5.13944	39	0	5.15187	49	0	5.16371	59	0	5.17498
	10	5.13966		10	5.15207		10	5.16390		10	5.17517
	20	5.13987		20	5.15227		20	5.16410		20	5.17535
	30	5.14008		30	5.15248		30	5.16429		30	5.17554
	40	5.14029		40	5.15268		40	5.16448		40	5.17572
	50	5.14050		50	5.15288		50	5.16467		50	5.17590

TABLE XVI. For computing the Latitude of a Ship at Sea from two Altitudes of the Sun, &c.

8 HOURS.

M.	S.	Logarith. Rising.	M.	S.	Logarith. Rising.	M.	S.	Logarith. Rising.
0	0	5.17609	10	0	5.18675	20	0	5.19689
	10	5.17627		10	5.18692		10	5.19705
	20	5.17645		20	5.18709		20	5.19721
	30	5.17663		30	5.18727		30	5.19738
	40	5.17681		40	5.18744		40	5.19754
	50	5.17699		50	5.18761		50	5.19770
1	0	5.17717	11	0	5.18779	21	0	5.19786
	10	5.17735		10	5.18796		10	5.19803
	20	5.17753		20	5.18813		20	5.19819
	30	5.17772		30	5.18831		30	5.19835
	40	5.17790		40	5.18848		40	5.19851
	50	5.17808		50	5.18865		50	5.19868
2	0	5.17826	12	0	5.18883	22	0	5.19884
	10	5.17844		10	5.18900		10	5.19900
	20	5.17862		20	5.18917		20	5.19917
	30	5.17880		30	5.18934		30	5.19933
	40	5.17898		40	5.18951		40	5.19949
	50	5.17916		50	5.18968		50	5.19965
3	0	5.17934	13	0	5.18985	23	0	5.19982
	10	5.17952		10	5.19002		10	5.19998
	20	5.17970		20	5.19019		20	5.20014
	30	5.17988		30	5.19035		30	5.20030
	40	5.18006		40	5.19052		40	5.20047
	50	5.18024		50	5.19069		50	5.20063
4	0	5.18042	14	0	5.19086	24	0	5.20079
	10	5.18060		10	5.19103		10	5.20095
	20	5.18078		20	5.19120		20	5.20111
	30	5.18095		30	5.19137		30	5.20127
	40	5.18113		40	5.19154		40	5.20143
	50	5.18131		50	5.19171		50	5.20159
5	0	5.18148	15	0	5.19188	25	0	5.20175
	10	5.18166		10	5.19205		10	5.20191
	20	5.18184		20	5.19222		20	5.20206
	30	5.18202		30	5.19239		30	5.20222
	40	5.18219		40	5.19256		40	5.20238
	50	5.18237		50	5.19273		50	5.20254
6	0	5.18255	16	0	5.19290	26	0	5.20270
	10	5.18272		10	5.19307		10	5.20286
	20	5.18290		20	5.19323		20	5.20302
	30	5.18308		30	5.19340		30	5.20318
	40	5.18325		40	5.19356		40	5.20334
	50	5.18343		50	5.19373		50	5.20350
7	0	5.18361	17	0	5.19390	27	0	5.20366
	10	5.18378		10	5.19406		10	5.20382
	20	5.18396		20	5.19423		20	5.20398
	30	5.18414		30	5.19430		30	5.20413
	40	5.18431		40	5.19466		40	5.20429
	50	5.18449		50	5.19483		50	5.20445
8	0	5.18467	18	0	5.19489	28	0	5.20461
	10	5.18484		10	5.19506		10	5.20477
	20	5.18501		20	5.19523		20	5.20492
	30	5.18519		30	5.19539		30	5.20508
	40	5.18536		40	5.19556		40	5.20523
	50	5.18553		50	5.19572		50	5.20539
9	0	5.18571	19	0	5.19569	29	0	5.20555
	10	5.18588		10	5.19606		10	5.20570
	20	5.18605		20	5.19622		20	5.20586
	30	5.18623		30	5.19639		30	5.20601
	40	5.18640		40	5.19656		40	5.20617
	50	5.18657		50	5.19672		50	5.20633

TABLE XVI. For computing the Latitude of a Ship at Sea from two Altitudes of the Sun, &c.

8 HOURS.

M.	S.	Logarith. Rising.	M.	S.	Logarith. Rising.	M.	S.	Logarith. Rising.
30	0	5.20648	40	0	5.21558	50	0	5.22416
	10	5.20664		10	5.21573		10	5.22430
	20	5.20679		20	5.21587		20	5.22444
	30	5.20695		30	5.21602		30	5.22457
	40	5.20710		40	5.21616		40	5.22471
	50	5.20726		50	5.21631		50	5.22485
31	0	5.20742	41	0	5.21645	51	0	5.22499
	10	5.20757		10	5.21660		10	5.22513
	20	5.20773		20	5.21675		20	5.22527
	30	5.20788		30	5.21689		30	5.22541
	40	5.20804		40	5.21704		40	5.22555
	50	5.20819		50	5.21718		50	5.22569
32	0	5.20835	42	0	5.21733	52	0	5.22583
	10	5.20850		10	5.21747		10	5.22596
	20	5.20865		20	5.21762		20	5.22610
	30	5.20881		30	5.21777		30	5.22623
	40	5.20896		40	5.21791		40	5.22637
	50	5.20911		50	5.21806		50	5.22650
33	0	5.20926	43	0	5.21820	53	0	5.22664
	10	5.20943		10	5.21835		10	5.22678
	20	5.20957		20	5.21849		20	5.22691
	30	5.20972		30	5.21864		30	5.22705
	40	5.20987		40	5.21878		40	5.22718
	50	5.21002		50	5.21893		50	5.22732
34	0	5.21018	44	0	5.21908	54	0	5.22745
	10	5.21033		10	5.21922		10	5.22759
	20	5.21048		20	5.21936		20	5.22773
	30	5.21063		30	5.21950		30	5.22786
	40	5.21079		40	5.21964		40	5.22800
	50	5.21094		50	5.21979		50	5.22813
35	0	5.21109	45	0	5.21993	55	0	5.22827
	10	5.21124		10	5.22007		10	5.22840
	20	5.21140		20	5.22021		20	5.22854
	30	5.21155		30	5.22036		30	5.22868
	40	5.21170		40	5.22050		40	5.22881
	50	5.21185		50	5.22064		50	5.22895
36	0	5.21201	46	0	5.22078	56	0	5.22908
	10	5.21215		10	5.22092		10	5.22921
	20	5.21230		20	5.22107		20	5.22935
	30	5.21245		30	5.22121		30	5.22948
	40	5.21260		40	5.22135		40	5.22961
	50	5.21275		50	5.22149		50	5.22974
37	0	5.21290	47	0	5.22164	57	0	5.22988
	10	5.21305		10	5.22178		10	5.23001
	20	5.21320		20	5.22192		20	5.23014
	30	5.21335		30	5.22206		30	5.23027
	40	5.21350		40	5.22221		40	5.23040
	50	5.21364		50	5.22235		50	5.23054
38	0	5.21379	48	0	5.22249	58	0	5.23067
	10	5.21394		10	5.22263		10	5.23080
	20	5.21409		20	5.22277		20	5.23093
	30	5.21424		30	5.22291		30	5.23107
	40	5.21439		40	5.22305		40	5.23120
	50	5.21454		50	5.22318		50	5.23133
39	0	5.21469	49	0	5.22332	59	0	5.23146
	10	5.21484		10	5.22346		10	5.23160
	20	5.21499		20	5.22360		20	5.23173
	30	5.21513		30	5.22374		30	5.23186
	40	5.21528		40	5.22388		40	5.23199
	50	5.21543		50	5.22402		50	5.23213

TABLE XVII.

NATURAL SINES

TO EVERY DEGREE AND MINUTE

OF THE

QUADRANT.

Table XVII. Natural Sines.

	0°		1°		2		3°		4°		
M	N. sine.	N. cos.	N. sine.	N. cos.	N. sine.	N. cos.	N. sine.	N. cos.	N. sine.	N. cos.	M
0	00000	100000	01745	99985	03490	99939	05234	99863	06976	99756	60
1	00029	100000	01774	99984	03519	99938	05263	99861	07005	99754	59
2	00058	100000	01803	99984	03548	99937	05292	99860	07034	99752	58
3	00087	100000	01832	99983	03577	99936	05321	99858	07063	99750	57
4	00116	100000	01862	99983	03606	99935	05350	99857	07092	99748	56
5	00145	100000	01891	99982	03635	99934	05379	99855	07121	99746	55
6	00175	100000	01920	99982	03664	99933	05408	99854	07150	99744	54
7	00204	100000	01949	99981	03693	99932	05437	99852	07179	99742	53
8	00233	100000	01978	99980	03723	99931	05466	99851	07208	99740	52
9	00262	100000	02007	99980	03752	99930	05495	99849	07237	99738	51
10	00291	100000	02036	99979	03781	99929	05524	99847	07266	99736	50
11	00320	99999	02065	99979	03810	99927	05553	99846	07295	99734	49
12	00349	99999	02094	99978	03839	99926	05582	99844	07324	99731	48
13	00378	99999	02123	99977	03868	99925	05611	99842	07353	99729	47
14	00407	99999	02152	99977	03897	99924	05640	99841	07382	99727	46
15	00436	99999	02181	99976	03926	99923	05669	99839	07411	99725	45
16	00465	99999	02211	99976	03955	99922	05698	99838	07440	99723	44
17	00495	99999	02240	99975	03984	99921	05727	99836	07469	99721	43
18	00524	99999	02269	99974	04013	99919	05756	99834	07498	99719	42
19	00553	99998	02298	99974	04042	99918	05785	99833	07527	99716	41
20	00582	99998	02327	99973	04071	99917	05814	99831	07556	99714	40
21	00611	99998	02356	99972	04100	99916	05844	99829	07585	99712	39
22	00640	99998	02385	99972	04129	99915	05873	99827	07614	99710	38
23	00669	99998	02414	99971	04159	99913	05902	99826	07643	99708	37
24	00698	99998	02443	99970	04188	99912	05931	99824	07672	99705	36
25	00727	99997	02472	99969	04217	99911	05960	99822	07701	99703	35
26	00756	99997	02501	99969	04246	99910	05989	99821	07730	99701	34
27	00785	99997	02530	99968	04275	99909	06018	99819	07759	99699	33
28	00814	99997	02560	99967	04304	99907	06047	99817	07788	99696	32
29	00844	99996	02589	99966	04333	99906	06076	99815	07817	99694	31
30	00873	99996	02618	99966	04362	99905	06105	99813	07846	99692	30
31	00902	99996	02647	99965	04391	99904	06134	99812	07875	99689	29
32	00931	99996	02676	99964	04420	99902	06163	99810	07904	99687	28
33	00960	99995	02705	99963	04449	99901	06192	99808	07933	99685	27
34	00989	99995	02734	99963	04478	99900	06221	99806	07962	99683	26
35	01018	99995	02763	99962	04507	99898	06250	99804	07991	99680	25
36	01047	99995	02792	99961	04536	99897	06279	99803	08020	99678	24
37	01076	99994	02821	99960	04565	99896	06308	99801	08049	99676	23
38	01105	99994	02850	99959	04594	99894	06337	99799	08078	99673	22
39	01134	99994	02879	99959	04623	99893	06366	99797	08107	99671	21
40	01164	99993	02908	99958	04653	99892	06395	99795	08136	99668	20
41	01193	99993	02938	99957	04682	99890	06424	99793	08165	99666	19
42	01222	99993	02967	99956	04711	99889	06453	99792	08194	99664	18
43	01251	99992	02996	99955	04740	99888	06482	99790	08223	99661	17
44	01280	99992	03025	99954	04769	99886	06511	99788	08252	99659	16
45	01309	99991	03054	99953	04798	99885	06540	99786	08281	99657	15
46	01338	99991	03083	99952	04827	99883	06569	99784	08310	99654	14
47	01367	99991	03112	99952	04856	99882	06598	99782	08339	99652	13
48	01396	99990	03141	99951	04885	99881	06627	99780	08368	99649	12
49	01425	99990	03170	99950	04914	99879	06656	99778	08397	99647	11
50	01454	99989	03199	99949	04943	99878	06685	99776	08426	99644	10
51	01483	99989	03228	99948	04972	99876	06714	99774	08455	99642	9
52	01513	99989	03257	99947	05001	99875	06743	99772	08484	99639	8
53	01542	99988	03286	99946	05030	99873	06773	99770	08513	99637	7
54	01571	99988	03316	99945	05059	99872	06802	99768	08542	99635	6
55	01600	99987	03345	99944	05088	99870	06831	99766	08571	99632	5
56	01629	99987	03374	99943	05117	99869	06860	99764	08600	99630	4
57	01658	99986	03403	99942	05146	99867	06889	99762	08629	99627	3
58	01687	99986	03432	99941	05175	99866	06918	99760	08658	99625	2
59	01716	99985	03461	99940	05205	99864	06947	99758	08687	99622	1
M	N. cos.	N. sine.	N. cos.	N. sine.	N. cos.	N. sine.	N. cos.	N. sine.	N. cos.	N. sine.	M
	89°		88°		87°		86°		85°		

Table XVII. Natural Sines.

M	5° N. sine.	5° N. cos.	6° N. sine.	6° N. cos.	7° N. sine.	7° N. cos.	8° N. sine.	8° N. cos.	9° N. sine.	9° N. cos.	M
0	08716	99619	10453	99452	12187	99255	13917	99027	15643	98769	60
1	08745	99617	10482	99449	12216	99251	13946	99023	15672	98764	59
2	08774	99614	10511	99446	12245	99248	13975	99019	15701	98760	58
3	08803	99612	10540	99443	12274	99244	14004	99015	15730	98755	57
4	08831	99609	10569	99440	12302	99240	14033	99011	15758	98751	56
5	08860	99607	10597	99437	12331	99237	14061	99006	15787	98746	55
6	08889	99604	10626	99434	12360	99233	14090	99002	15816	98741	54
7	08918	99602	10655	99431	12389	99230	14119	98998	15845	98737	53
8	08947	99599	10684	99428	12418	99226	14148	98994	15873	98732	52
9	08976	99596	10713	99424	12447	99222	14177	98990	15902	98728	51
10	09005	99594	10742	99421	12476	99219	14205	98986	15931	98723	50
11	09034	99591	10771	99418	12504	99215	14234	98982	15959	98718	49
12	09063	99588	10800	99415	12533	99211	14263	98978	15988	98714	48
13	09092	99586	10829	99412	12562	99208	14292	98973	16017	98709	47
14	09121	99583	10858	99409	12591	99204	14320	98969	16046	98704	46
15	09150	99580	10887	99406	12620	99200	14349	98965	16074	98700	45
16	09179	99578	10916	99402	12649	99197	14378	98961	16103	98695	44
17	09208	99575	10945	99399	12678	99193	14407	98957	16132	98690	43
18	09237	99572	10973	99396	12706	99189	14436	98953	16161	98686	42
19	09266	99570	11002	99393	12735	99186	14464	98948	16189	98681	41
20	09295	99567	11031	99390	12764	99182	14493	98944	16218	98676	40
21	09324	99564	11060	99386	12793	99178	14522	98940	16246	98671	39
22	09353	99562	11089	99383	12822	99175	14551	98936	16275	98667	38
23	09382	99559	11118	99380	12851	99171	14580	98931	16304	98662	37
24	09411	99556	11147	99377	12880	99167	14608	98927	16333	98657	36
25	09440	99553	11176	99374	12908	99163	14637	98923	16361	98652	35
26	09469	99551	11205	99370	12937	99160	14666	98919	16390	98648	34
27	09498	99548	11234	99367	12966	99156	14695	98914	16419	98643	33
28	09527	99545	11263	99364	12995	99152	14723	98910	16447	98638	32
29	09556	99542	11291	99360	13024	99148	14752	98906	16476	98633	31
30	09585	99540	11320	99357	13053	99144	14781	98902	16505	98629	30
31	09614	99537	11349	99354	13081	99141	14810	98897	16533	98624	29
32	09642	99534	11378	99351	13110	99137	14838	98893	16562	98619	28
33	09671	99531	11407	99347	13139	99133	14867	98889	16591	98614	27
34	09700	99528	11436	99344	13168	99129	14896	98884	16620	98609	26
35	09729	99526	11465	99341	13197	99125	14925	98880	16648	98604	25
36	09758	99523	11494	99337	13226	99122	14954	98876	16677	98600	24
37	09787	99520	11523	99334	13254	99118	14982	98871	16706	98595	23
38	09816	99517	11552	99331	13283	99114	15011	98867	16734	98590	22
39	09845	99514	11580	99327	13312	99110	15040	98863	16763	98685	21
40	09874	99511	11609	99324	13341	99106	15069	98858	16792	98580	20
41	09903	99508	11638	99320	13370	99102	15097	98854	16820	98575	19
42	09932	99506	11667	99317	13399	99098	15126	98849	16849	98570	18
43	09961	99503	11696	99314	13427	99094	15155	98845	16878	98565	17
44	09990	99500	11725	99310	13456	99091	15184	98841	16906	98561	16
45	10019	99497	11754	99307	13485	99087	15212	98836	16935	98556	15
46	10048	99494	11783	99303	13514	99083	15241	98832	16964	98551	14
47	10077	99491	11812	99300	13543	99079	15270	98827	16992	98546	13
48	10106	99488	11840	99297	13572	99075	15299	98823	17021	98541	12
49	10135	99485	11869	99293	13600	99071	15327	98818	17050	98536	11
50	10164	99482	11898	99290	13629	99067	15356	98814	17078	98531	10
51	10192	99479	11927	99286	13658	99063	15385	98809	17107	98526	9
52	10221	99476	11956	99283	13687	99059	15414	98805	17136	98521	8
53	10250	99473	11985	99279	13716	99055	15442	98800	17164	98516	7
54	10279	99470	12014	99276	13744	99051	15471	98796	17193	98511	6
55	10308	99467	12043	99272	13773	99047	15500	98791	17222	98506	5
56	10337	99464	12071	99269	13802	99043	15529	98787	17250	98501	4
57	10366	99461	12100	99265	13831	99039	15557	98782	17279	98496	3
58	10395	99458	12129	99262	13860	99035	15586	98778	17308	98491	2
59	10424	99455	12158	99258	13889	99031	15615	98773	17336	98486	1
M	N. cos. 84°	N. sine. 84°	N. cos. 83°	N. sine 83°	N. cos. 82°	N. sine. 82°	N. cos 81°	N. sine. 81°	N. cos. 80°	N. sine 80°	M

Table XVII. N tural Sines.

M	10° N. sine.	10° N. cos.	11° N. sine.	11° N. cos.	12° N. sine.	12° N. cos.	13° N. sine	13° N. cos.	14° N. sine.	14° N. cos.	M
0	17365	98481	19081	98163	20791	97815	22495	97437	24192	97030	60
1	17393	98476	19109	98157	20820	97809	22523	97430	24220	97023	59
2	17422	98471	19138	98152	20848	97803	22552	97424	24249	97015	58
3	17451	98466	19167	98146	20877	97797	22580	97417	24277	97008	57
4	17479	98461	19195	98140	20905	97791	22608	97411	24305	97001	56
5	17508	98455	19224	98135	20933	97784	22637	97404	24333	96994	55
6	17537	98450	19252	98129	20962	97778	22665	97398	24362	96987	54
7	17565	98445	19281	98124	20990	97772	22693	97391	24390	96980	53
8	17594	98440	19309	98118	21019	97766	22722	97384	24418	96973	52
9	17623	98435	19338	98112	21047	97760	22750	97378	24446	96966	51
10	17651	98430	19366	98107	21076	97754	22778	97371	24474	96959	50
11	17680	98425	19395	98101	21104	97748	22807	97365	24503	96952	49
12	17708	98420	19423	98096	21132	97742	22835	97358	24531	96945	48
13	17737	98414	19452	98090	21161	97735	22863	97351	24559	96937	47
14	17766	98409	19481	98084	21189	97729	22892	97345	24587	96930	46
15	17794	98404	19509	98079	21218	97723	22920	97338	24615	96923	45
16	17823	98399	19538	98073	21246	97717	22948	97331	24644	96916	44
17	17852	98394	19566	98067	21275	97711	22977	97325	24672	96909	43
18	17880	98389	19595	98061	21303	97705	23005	97318	24700	96902	42
19	17909	98383	19623	98056	21331	97698	23033	97311	24728	96894	41
20	17937	98378	19652	98050	21360	97692	23062	97304	24756	96887	40
21	17966	98373	19680	98044	21388	97686	23090	97298	24784	96880	39
22	17995	98368	19709	98039	21417	97680	23118	97291	24813	96873	38
23	18023	98362	19737	98033	21445	97673	23146	97284	24841	96866	37
24	18052	98357	19766	98027	21474	97667	23175	97278	24869	96858	36
25	18081	98352	19794	98021	21502	97661	23203	97271	24897	96851	35
26	18109	98347	19823	98016	21530	97655	23231	97264	24925	96844	34
27	18138	98341	19851	98010	21559	97648	23260	97257	24953	96837	33
28	18166	98336	19880	98004	21587	97642	23288	97251	24982	96829	32
29	18195	98331	19908	97998	21616	97636	23316	97244	25010	96822	31
30	18224	98325	19937	97992	21644	97630	23345	97237	25038	96815	30
31	18252	98320	19965	97987	21672	97623	23373	97230	25066	96807	29
32	18281	98315	19994	97981	21701	97617	23401	97223	25094	96800	28
33	18309	98310	20022	97975	21729	97611	23429	97217	25122	96793	27
34	18338	98304	20051	97969	21758	97604	23458	97210	25151	96786	26
35	18367	98299	20079	97963	21786	97598	23486	97203	25179	96778	25
36	18395	98294	20108	97958	21814	97592	23514	97196	25207	96771	24
37	18424	98288	20136	97952	21843	97585	23542	97189	25235	96764	23
38	18452	98283	20165	97946	21871	97579	23571	97182	25263	96756	22
39	18481	98277	20193	97940	21899	97573	23599	97176	25291	96749	21
40	18509	98272	20222	97934	21928	97566	23627	97169	25320	96742	20
41	18538	98267	20250	97928	21956	97560	23656	97162	25348	96734	19
42	18567	98261	20279	97922	21985	97553	23684	97155	25376	96727	18
43	18595	98256	20307	97916	22013	97547	23712	97148	25404	96719	17
44	18624	98250	20336	97910	22041	97541	23740	97141	25432	96712	16
45	18652	98245	20364	97905	22070	97534	23769	97134	25460	96705	15
46	18681	98240	20393	97899	22098	97528	23797	97127	25488	96697	14
47	18710	96234	20421	97893	22126	97521	23825	97120	25516	96690	13
48	18738	98229	20450	97887	22155	97515	23853	97113	25545	96682	12
49	18767	98223	20478	97881	22183	97508	23882	97106	25573	96675	11
50	18795	98218	20507	97875	22212	97502	23910	97100	25601	96667	10
51	18824	98212	20535	97869	22240	97496	23938	97093	25629	96660	9
52	18852	98207	20563	97863	22268	97489	23966	97086	25657	96653	8
53	18881	98201	20592	97857	22297	97483	23995	97079	25685	96645	7
54	18910	98196	20620	97851	22325	97476	24023	97072	25713	96638	6
55	18938	98190	20649	97845	22353	97470	24051	97065	25741	96630	5
56	18967	98185	20677	97839	22382	97463	24079	97058	25769	96623	4
57	18995	98179	20706	97833	22410	97457	24108	97051	25798	96615	3
58	19024	98174	20734	97827	22438	97450	24136	97044	25826	96608	2
59	19052	98168	20763	97821	22467	97444	24164	97037	25854	96600	1
M	79° N. cos.	79° N. sine	78° N. cos.	78° N. sine	77° N. cos.	77° N. sine.	76° N. cos.	76° N. sine.	75° N. cos.	75° N. sine.	M

Table XVII. Natural Sines.

	15°		16°		17°		18°		19°		
M	N. sine.	N. cos.	N. sine.	N. cos.	N. sine.	N. cos.	N. sine.	N. cos.	N. sine.	N. cos.	M
0	25882	96593	27564	96126	29237	95630	30902	95106	32557	94552	60
1	25910	96585	27592	96118	29265	95622	30929	95097	32584	94542	59
2	25938	96578	27620	96110	29293	95613	30957	95088	32612	94533	58
3	25966	96570	27648	96102	29321	95605	30985	95079	32639	94523	57
4	25994	96562	27676	96094	29348	95596	31012	95070	32667	94514	56
5	26022	96555	27704	96086	29376	95588	31040	95061	32694	94504	55
6	26050	96547	27731	96078	29404	95579	31068	95052	32722	94495	54
7	26079	96540	27759	96070	29432	95571	31095	95043	32749	94485	53
8	26107	96532	27787	96062	29460	95562	31123	95033	32777	94476	52
9	26135	96524	27815	96054	29487	95554	31151	95024	32804	94466	51
10	26163	96517	27843	96046	29515	95545	31178	95015	32832	94457	50
11	26191	96509	27871	96037	29543	95536	31206	95006	32859	94447	49
12	26219	96502	27899	96029	29571	95528	31233	94997	32887	94438	48
13	26247	96494	27927	96021	29599	95519	31261	94988	32914	94428	47
14	26275	96486	27955	96013	29626	95511	31289	94979	32942	94418	46
15	26303	96479	27983	96005	29654	95502	31316	94970	32969	94409	45
16	26331	96471	28011	95997	29682	95493	31344	94961	32997	94399	44
17	26359	96463	28039	95989	29710	95485	31372	94952	33024	94390	43
18	26387	96456	28067	95981	29737	95476	31399	94943	33051	94380	42
19	26415	96448	28095	95972	29765	95467	31427	94933	33079	94370	41
20	26443	96440	28123	95964	29793	95459	31454	94924	33106	94361	40
21	26471	96433	28150	95956	29821	95450	31482	94915	33134	94351	39
22	26500	96425	28178	95948	29849	95441	31510	94906	33161	94342	38
23	26528	96417	28206	95940	29876	95433	31537	94897	33189	94332	37
24	26556	96410	28234	95931	29904	95424	31565	94888	33216	94322	36
25	26584	96402	28262	95923	29932	95415	31593	94878	33244	94313	35
26	26612	96394	28290	95915	29960	95407	31620	94869	33271	94303	34
27	26640	96386	28318	95907	29987	95398	31648	94860	33298	94293	33
28	26668	96379	28346	95898	30015	95389	31675	94851	33326	94284	32
29	26696	96371	28374	95890	30043	95380	31703	94842	33353	94274	31
30	26724	96363	28402	95882	30071	95372	31730	94832	33381	94264	30
31	26752	96355	28429	95874	30098	95363	31758	94823	33408	94254	29
32	26780	96347	28457	95865	30126	95354	31786	94814	33436	94245	28
33	26808	96340	28485	95857	30154	95345	31813	94805	33463	94235	27
34	26836	96332	28513	95849	30182	95337	31841	94795	33490	94225	26
35	26864	96324	28541	95841	30209	95328	31868	94786	33518	94215	25
36	26892	96316	28569	95832	30237	95319	31896	94777	33545	94206	24
37	26920	96308	28597	95824	30265	95310	31923	94768	33573	94196	23
38	26948	96301	28625	95816	30292	95301	31951	94758	33600	94186	22
39	26976	96293	28652	95807	30320	95293	31979	94749	33627	94176	21
40	27004	96285	28680	95799	30348	95284	32006	94740	33655	94167	20
41	27032	96277	28708	95791	30376	95275	32034	94730	33682	94157	19
42	27060	96269	28736	95782	30403	95266	32061	94721	33710	94147	18
43	27088	96261	28764	95774	30431	95257	32089	94712	33737	94137	17
44	27116	96253	28792	95766	30459	95248	32116	94702	33764	94127	16
45	27144	96246	28820	95757	30486	95240	32144	94693	33792	94118	15
46	27172	96238	28847	95749	30514	95231	32171	94684	33819	94108	14
47	27200	96230	28875	95740	30542	95222	32199	94674	33846	94098	13
48	27228	96222	28903	95732	30570	95213	32227	94665	33874	94088	12
49	27256	96214	28931	95724	30597	95204	32254	94656	33901	94078	11
50	27284	96206	28959	95715	30625	95195	32282	94646	33929	94068	10
51	27312	96198	28987	95707	30653	95186	32309	94637	33956	94058	9
52	27340	96190	29015	95698	30680	95177	32337	94627	33983	94049	8
53	27368	96182	29042	95690	30708	95168	32364	94618	34011	94039	7
54	27396	96174	29070	95681	30736	95159	32392	94609	34038	94029	6
55	27424	96166	29098	95673	30763	95150	32419	94599	34065	94019	5
56	27452	96158	29126	95664	30791	95142	32447	94590	34093	94009	4
57	27480	96150	29154	95656	30819	95133	32474	94580	34120	93999	3
58	27508	96142	29182	95647	30846	95124	32502	94571	34147	93989	2
59	27536	96134	29209	95639	30874	95115	32529	94561	34175	93979	1
M	N. cos.	N. sine.	N. cos.	N. sine.	N. cos.	N. sine.	N. cos.	N. sine.	N. cos.	N. sine.	M
	74°		73°		72°		71°		70°		

Table XVII. Natural Sines.

M	20° N. sine	20° N. cos.	21° N. sine	21° N. cos.	22° N. sine	22° N. cos.	23° N. sine	23° N. cos.	24° N. sine	24° N. cos.	M
0	34202	93969	35837	93358	37461	92718	39073	92050	40674	91355	60
1	34229	93959	35864	93348	37488	92707	39100	92039	40700	91343	59
2	34257	93949	35891	93337	37515	92697	39127	92028	40727	91331	58
3	34284	93939	35918	93327	37542	92686	39153	92016	40753	91319	57
4	34311	93929	35945	93316	37569	92675	39180	92005	40780	91307	56
5	34339	93919	35973	93306	37595	92664	39207	91994	40806	91295	55
6	34366	93909	36000	93295	37622	92653	39234	91982	40833	91283	54
7	34393	93899	36027	93285	37649	92642	39260	91971	40860	91272	53
8	34421	93889	36054	93274	37676	92631	39287	91959	40886	91260	52
9	34448	93879	36081	93264	37703	92620	39314	91948	40913	91248	51
10	34475	93869	36108	93253	37730	92609	39341	91936	40939	91236	50
11	34503	93859	36135	93243	37757	92598	39367	91925	40966	91224	49
12	34530	93849	36162	93232	37784	92587	39394	91914	40992	91212	48
13	34557	93839	36190	93222	37811	92576	39421	91902	41019	91200	47
14	34584	93829	36217	93211	37838	92565	39448	91891	41045	91188	46
15	34612	93819	36244	93201	37865	92554	39474	91879	41072	91176	45
16	34639	93809	36271	93190	37892	92543	39501	91868	41098	91164	44
17	34666	93799	36298	93180	37919	92532	39528	91856	41125	91152	43
18	34694	93789	36325	93169	37946	92521	39555	91845	41151	91140	42
19	34721	93779	36352	93159	37973	92510	39581	91833	41178	91128	41
20	34748	93769	36379	93148	37999	92499	39608	91822	41204	91116	40
21	34775	93759	36406	93137	38026	92488	39635	91810	41231	91104	39
22	34803	93748	36434	93127	38053	92477	39661	91799	41257	91092	38
23	34830	93738	36461	93116	38080	92466	39688	91787	41284	91080	37
24	34857	93728	36488	93106	38107	92455	39715	91775	41310	91068	36
25	34884	93718	36515	93095	38134	92444	39741	91764	41337	91056	35
26	34912	93708	36542	93084	38161	92432	39768	91752	41363	91044	34
27	34939	93698	36569	93074	38188	92421	39795	91741	41390	91032	33
28	34966	93688	36596	93063	38215	92410	39822	91729	41416	91020	32
29	34993	93677	36623	93052	38241	92399	39848	91718	41443	91008	31
30	35021	93667	36650	93042	38268	92388	39875	91706	41469	90996	30
31	35048	93657	36677	93031	38295	92377	39902	91694	41496	90984	29
32	35075	93647	36704	93020	38322	92366	39928	91683	41522	90972	28
33	35102	93637	36731	93010	38349	92355	39955	91671	41549	90960	27
34	35130	93626	36758	92999	38376	92343	39982	91660	41575	90948	26
35	35157	93616	36785	92988	38403	92332	40008	91648	41602	90936	25
36	35184	93606	36812	92978	38430	92321	40035	91636	41628	90924	24
37	35211	93596	36839	92967	38456	92310	40062	91625	41655	90911	23
38	35239	93585	36867	92956	38483	92299	40088	91613	41681	90899	22
39	35266	93575	36894	92945	38510	92287	40115	91601	41707	90887	21
40	35293	93565	36921	92935	38537	92276	40141	91590	41734	90875	20
41	35320	93555	36948	92924	38564	92265	40168	91578	41760	90863	19
42	35347	93544	36975	92913	38591	92254	40195	91566	41787	90851	18
43	35375	93534	37002	92902	38617	92243	40221	91555	41813	90839	17
44	35402	93524	37029	92892	38644	92231	40248	91543	41840	90826	16
45	35429	93514	37056	92881	38671	92220	40275	91531	41866	90814	15
46	35456	93503	37083	92870	38698	92209	40301	91519	41892	90802	14
47	35484	93493	37110	92859	38725	92198	40328	91508	41919	90790	13
48	35511	93483	37137	92849	38752	92186	40355	91496	41945	90778	12
49	35538	93472	37164	92838	38778	92175	40381	91484	41972	90766	11
50	35565	93462	37191	92827	38805	92164	40408	91472	41998	90753	10
51	35592	93452	37218	92816	38832	92152	40434	91461	42024	90741	9
52	35619	93441	37245	92805	38859	92141	40461	91449	42051	90729	8
53	35647	93431	37272	92794	38886	92130	40488	91437	42077	90717	7
54	35674	93420	37299	92784	38912	92119	40514	91425	42104	90704	6
55	35701	93410	37326	92773	38939	92107	40541	91414	42130	90692	5
56	35728	93400	37353	92762	38966	92096	40567	91402	42156	90680	4
57	35755	93389	37380	92751	38993	92085	40594	91390	42183	90668	3
58	35782	93379	37407	92740	39020	92073	40621	91378	42209	90655	2
59	45810	93368	37434	92729	39046	92062	40647	91366	42235	90643	1
M	N. cos.	N. sine.	N. cos.	N. sine.	N. cos.	N. sine.	N. cos.	N. sine.	N. cos.	N. sine.	M
	69°		68°		67°		66°		65°		

Table XVII. Natural Sines.

	25°		26°		27°		28°		29°		
M	N. sine.	N. cos.	N. sine.	N. cos.	N. sine.	N. cos.	N. sine.	N. cos.	N. sine.	N. cos.	M
0	42262	90631	43837	89879	45399	89101	46947	88295	48481	87462	60
1	42288	90618	43863	89867	45425	89087	46973	88281	48506	87448	59
2	42315	90606	43889	89854	45451	89074	46999	88267	48532	87434	58
3	42341	90594	43916	89841	45477	89061	47024	88254	48557	87420	57
4	42367	90582	43942	89828	45503	89048	47050	88240	48583	87406	56
5	42394	90569	43968	89816	45529	89035	47076	88226	48608	87391	55
6	42420	90557	43994	89803	45554	89021	47101	88213	48634	87377	54
7	42446	90545	44020	89790	45580	89008	47127	88199	48659	87363	53
8	42473	90532	44046	89777	45606	88995	47153	88185	48684	87349	52
9	42499	90520	44072	89764	45632	88981	47178	88172	48710	87335	51
10	42525	90507	44098	89752	45658	88968	47204	88158	48735	87321	50
11	42552	90495	44124	89739	45684	88955	47229	88144	48761	87306	49
12	42578	90483	44151	89726	45710	88942	47255	88130	48786	87292	48
13	42604	90470	44177	89713	45736	88928	47281	88117	48811	87278	47
14	42631	90458	44203	89700	45762	88915	47306	88103	48837	87264	46
15	42657	90446	44229	89687	45787	88902	47332	88089	48862	87250	45
16	42683	90433	44255	89674	45813	88888	47358	88075	48888	87235	44
17	42709	90421	44281	89662	45839	88875	47383	88062	48913	87221	43
18	42736	90408	44307	89649	45865	88862	47409	88048	48938	87207	42
19	42762	90396	44333	89636	45891	88848	47434	88034	48964	87193	41
20	42788	90383	44359	89623	45917	88835	47460	88020	48989	87178	40
21	42815	90371	44385	89610	45942	88822	47486	88006	49014	87164	39
22	42841	90358	44411	89597	45968	88808	47511	87993	49040	87150	38
23	42867	90346	44437	89584	45994	88795	47537	87979	49065	87136	37
24	42894	90334	44464	89571	46020	88782	47562	87965	49090	87121	36
25	42920	90321	44490	89558	46046	88768	47588	87951	49116	87107	35
26	42946	90309	44516	89545	46072	88755	47614	87937	49141	87093	34
27	42972	90296	44542	89532	46097	88741	47639	87923	49166	87079	33
28	42999	90284	44568	89519	46123	88728	47665	87909	49192	87064	32
29	43025	90271	44594	89506	46149	88715	47690	87896	49217	87050	31
30	43051	90259	44620	89493	46175	88701	47716	87882	49242	87036	30
31	43077	90246	44646	89480	46201	88688	47741	87868	49268	87021	29
32	43104	90233	44672	89467	46226	88674	47767	87854	49293	87007	28
33	43130	90221	44698	89454	46252	88661	47793	87840	49318	86993	27
34	43156	90208	44724	89441	46278	88647	47818	87826	49344	86978	26
35	43182	90196	44750	89428	46304	88634	47844	87812	49369	86964	25
36	43209	90183	44776	89415	46330	88620	47869	87798	49394	86949	24
37	43235	90171	44802	89402	46355	88607	47895	87784	49419	86935	23
38	43261	90158	44828	89389	46381	88593	47920	87770	49445	86921	22
39	43287	90146	44854	89376	46407	88580	47946	87756	49470	86906	21
40	43313	90133	44880	89363	46433	88566	47971	87743	49495	86892	20
41	43340	90120	44906	89350	46458	88553	47997	87729	49521	86878	19
42	43366	90108	44932	89337	46484	88539	48022	87715	49546	86863	18
43	43392	90095	44958	89324	46510	88526	48048	87701	49571	86849	17
44	43418	90082	44984	89311	46536	88512	48073	87687	49596	86834	16
45	43445	90070	45010	89298	46561	88499	48099	87673	49622	86820	15
46	43471	90057	45036	89285	46587	88485	48124	87659	49647	86805	14
47	43497	90045	45062	89272	46613	88472	48150	87645	49672	86791	13
48	43523	90032	45088	89259	46639	88458	48175	87631	49697	86777	12
49	43549	90019	45114	89245	46664	88445	48201	87617	49723	86762	11
50	43575	90007	45140	89232	46690	88431	48226	87603	49748	86748	10
51	43602	89994	45166	89219	46716	88417	48252	87589	49773	86733	9
52	43628	89981	45192	89206	46742	88404	48277	87575	49798	86719	8
53	43654	89968	45218	89193	46767	88390	48303	87561	49824	86704	7
54	43680	89956	45243	89180	46793	88377	48328	87546	49849	86690	6
55	43706	89943	45269	89167	46819	88363	48354	87532	49874	86675	5
56	43733	89930	45295	89153	46844	88349	48379	87518	49899	86661	4
57	43759	89918	45321	89140	46870	88336	48405	87504	49924	86646	3
58	43785	89905	45347	89127	46896	88322	48430	87490	49950	86632	2
59	43811	89892	45373	89114	46921	88308	48456	87476	49975	86617	1
M	N. cos.	N. sine.	N. cos.	N. sine.	N. cos.	N. sine.	N. cos.	N. sine.	N. cos.	N. sine.	M
	64°		63°		62°		61°		60°		

Table XVII. Natural Sines.

	30°		31°		32°		33°		34°		
M	N. sine.	N. cos.	N. sine.	N. cos.	N. sine.	N. cos.	N. sine.	N. cos	N. sine.	N. cos.	M
0	50000	86603	51504	85717	52992	84805	54464	83867	55919	82904	60
1	50025	86588	51529	85702	53017	84789	54488	83851	55943	82887	59
2	50050	86573	51554	85687	53041	84774	54513	83835	55968	82871	58
3	50076	86559	51579	85672	53066	84759	54537	83819	55992	82855	57
4	50101	86544	51604	85657	53091	84743	54561	83804	56016	82839	56
5	50126	86530	51628	85642	53115	84728	54586	83788	56040	82822	55
6	50151	86515	51653	85627	53140	84712	54610	83772	56064	82806	54
7	50176	86501	51678	85612	53164	84697	54635	83756	56088	82790	53
8	50201	86486	51703	85597	53189	84681	54659	83740	56112	82773	52
9	50227	86471	51728	85582	53214	84666	54683	83724	56136	82757	51
10	50252	86457	51753	85567	53238	84650	54708	83708	56160	82741	50
11	50277	86442	51778	85551	53263	84635	54732	83692	56184	82724	49
12	50302	86427	51803	85536	53288	84619	54756	83670	56208	82708	48
13	50327	86413	51828	85521	53312	84604	54781	83660	56232	82692	47
14	50352	86398	51852	85506	53337	84588	54805	83645	56256	82675	46
15	50377	86384	51877	85491	53361	84573	54829	83629	56280	82659	45
16	50403	86369	51902	85476	53386	84557	54854	83613	56305	82643	44
17	50428	86354	51927	85461	53411	84542	54878	83597	56329	82626	43
18	50453	86340	51952	85446	53435	84526	54902	83581	56353	82610	42
19	50478	86325	51977	85431	53460	84511	54927	83565	56377	82593	41
20	50503	86310	52002	85416	53484	84495	54951	83549	56401	82577	40
21	50528	86295	52026	85401	53509	84480	54975	83533	56425	82561	39
22	50553	86281	52051	85385	53534	84464	54999	83517	56449	82544	38
33	50578	86266	52076	85370	53558	84448	55024	83501	56473	82528	37
24	50603	86251	52101	85355	53583	84433	55048	83485	56497	82511	36
25	50628	86237	52126	85340	53607	84417	55072	83469	56521	82495	35
26	50654	86222	52151	85325	53632	84402	55097	83453	56545	82478	34
27	50679	86207	52175	85310	53656	84386	55121	83437	56569	82462	33
28	50704	86192	52200	85294	53681	84370	55145	83421	56593	82446	32
29	50729	86178	52225	85279	53705	84355	55169	83405	56617	82429	31
30	50754	86163	52250	85264	53730	84339	55194	83389	56641	82413	30
31	50779	86148	52275	85249	53754	84324	55218	83373	56665	82396	29
32	50804	86133	52299	85234	53779	84308	55242	83356	56689	82380	28
33	50829	86119	52324	85218	53804	84292	55266	83340	56713	82363	27
34	50854	86104	52349	85203	53828	84277	55291	83324	56736	82347	26
35	50879	86089	52374	85188	53853	84261	55315	83308	56760	82330	25
36	50904	86074	52399	85173	53877	84245	55339	83292	56784	82314	24
37	50929	86059	52423	85157	53902	84230	55363	83276	56808	82297	23
38	50954	86045	52448	85142	53926	84214	55388	83260	56832	82281	22
39	50979	86030	52473	85127	53951	84198	55412	83244	56856	82264	21
40	51004	86015	52498	85112	53975	84182	55436	83228	56880	82248	20
41	51029	86000	52522	85096	54000	84167	55460	83212	56904	82231	19
42	51054	85985	52547	85081	54024	84151	55484	83195	56928	82214	18
43	51079	85970	52572	85066	54049	84135	55509	83179	56952	82198	17
44	51104	85956	52597	85051	54073	84120	55533	83163	56976	82181	16
45	51129	85941	52621	85035	54097	84104	55557	83147	57000	82165	15
46	51154	85926	52646	85020	54122	84088	55581	83131	57024	82148	14
47	51179	85911	52671	85005	54146	84072	55605	83115	57047	82132	13
48	51204	85896	52696	84989	54171	84057	55630	83098	57071	82115	12
49	51229	85881	52720	84974	54195	84041	55654	83082	57095	82098	11
50	51254	85866	52745	84959	54220	84025	55678	83066	57119	82082	10
51	51279	85851	52770	84943	54244	84009	55702	83050	57143	82065	9
52	51304	85836	52794	84928	54269	83994	55726	83034	57167	82048	8
53	51329	85821	52819	84913	54293	83978	55750	83017	57191	82032	7
54	51354	85806	52844	84897	54317	83962	55775	83001	57215	82015	6
55	51379	85792	52869	84882	54342	83946	55799	82985	57238	81999	5
56	51404	85777	52893	84866	54366	83930	55823	82969	57262	81982	4
57	51429	85762	52918	84851	54391	83915	55847	82953	57286	81965	3
58	51454	85747	52943	84836	54415	83899	55871	82936	57310	81949	2
59	51479	85732	52967	84820	54440	83883	55895	82920	57334	81932	1
M	N. cos.	N. sine.	N. cos.	N. sine.	N. cos.	N. sine.	N. cos.	N. sine.	N. cos	N. sine	M
	59°		58°		57°		56°		55°		

Table XVII. Natural Sines.

	35°		36°		37°		38°		39		
M	N. sine.	N. cos	N. sine.	N. cos.	N. sine.	N. cos	N. sine.	N. cos.	N. sine.	N. cos.	M
0	57358	81915	58779	80902	60181	79864	61566	78801	62932	77715	60
1	57381	81899	58802	80885	60205	79846	61589	78783	62955	77696	59
2	57405	81882	58826	80887	60228	79829	61612	78765	62977	77678	58
3	57429	81865	58849	80850	60251	79811	61635	78747	63000	77660	57
4	57453	81848	58873	80833	60274	79793	61658	78729	63022	77641	56
5	57477	81832	58896	80816	60298	79776	61681	78711	63045	77623	55
6	57501	81815	58920	80799	60321	79758	61704	78693	63068	77605	54
7	57524	81798	58943	80782	60344	79741	61726	78676	63090	77586	53
8	57548	81781	58967	80765	60367	79723	61749	78658	63113	77568	52
9	57572	81765	58990	80748	60390	79706	61772	78640	63135	77550	51
10	57596	81748	59014	80730	60414	79688	61795	78622	63158	77531	50
11	57619	81731	59037	80713	60437	79671	61818	78604	63180	77513	49
12	57643	81714	59061	80696	60460	79653	61841	78586	63203	77494	48
13	57667	81698	59084	80679	60483	79635	61864	78568	63225	77476	47
14	57691	81681	59107	80662	60506	79618	61887	78550	63248	77458	46
15	57715	81664	59131	80644	60529	79600	61909	78532	63271	77439	45
16	57738	81647	59154	80627	60553	79583	61932	78514	63293	77421	44
17	57762	81631	59178	80610	60576	79565	61955	78496	63316	77402	43
18	57786	81614	59201	80593	60599	79547	61978	78478	63338	77384	42
19	57809	81597	59225	80576	60622	79530	62001	78460	63361	77366	41
20	57833	81580	59248	80558	60645	79512	62024	78442	63383	77347	40
21	57857	81563	59272	80541	60668	79494	62046	78424	63406	77329	39
22	57881	81546	59295	80524	60691	79477	62069	78405	63428	77310	38
23	57904	81530	59318	80507	60714	79459	62092	78387	63451	77292	37
24	57928	81513	59342	80489	60738	79441	62115	78369	63473	77273	36
25	57952	81496	59365	80472	60761	79424	62138	78351	63496	77255	35
26	57976	81479	59389	80455	60784	79406	62160	78333	63518	77236	34
27	57999	81462	59412	80438	60807	79388	62183	78315	63540	77218	33
28	58023	81445	59435	80420	60830	79371	62206	78297	63563	77199	32
29	58047	81428	59459	80403	60853	79353	62229	78279	63585	77181	31
30	58070	81412	59482	80386	60876	79335	62251	78261	63608	77162	30
31	58094	81395	59506	80368	60899	79318	62274	78243	63630	77144	29
32	58118	81378	59529	80351	60922	79300	62297	78225	63653	77125	28
33	58141	81361	59552	80334	60945	79282	62320	78206	63675	77107	27
34	58165	81344	59576	80316	60968	79264	62342	78188	63698	77088	26
35	58189	81327	59599	80299	60991	79247	62365	78170	63720	77070	25
36	58212	81310	59622	80282	61015	79229	62388	78152	63742	77051	24
37	58236	81293	59646	80264	61038	79211	62411	78134	63765	77033	23
38	58260	81276	59669	80247	61061	79193	62433	78116	63787	77014	22
39	58283	81259	59693	80230	61084	79176	62456	78098	63810	76996	21
40	58307	81242	59716	80212	61107	79158	62479	78079	63832	76977	20
41	58330	81225	59739	80195	61130	79140	62502	78061	63854	76959	19
42	58354	81208	59763	80178	61153	79122	62524	78043	63877	76940	18
43	58378	81191	59786	80160	61176	79105	62547	78025	63899	76921	17
44	58401	81174	59809	80143	61199	79087	62570	78007	63922	76903	16
45	58425	81157	59832	80125	61222	79069	62592	77988	63944	76884	15
46	58449	81140	59856	80108	61245	79051	62615	77970	63966	76866	14
47	58472	81123	59879	80091	61268	79033	62638	77952	63989	76847	13
48	58496	81106	59902	80073	61291	79015	62660	77934	64011	76828	12
49	58519	81089	59926	80056	61314	78998	62683	77916	64033	76810	11
50	58543	81072	59949	80038	61337	78980	62706	77897	64056	76791	10
51	58567	81055	59972	80021	61360	78962	62728	77879	64078	76772	9
52	58590	81038	59995	80003	61383	78944	62751	77861	64100	76754	8
53	58614	81021	60019	79986	61406	78926	62774	77843	64123	76735	7
54	58637	81004	60042	79968	61429	78908	62796	77824	64145	76717	6
55	58661	80987	60065	79951	61451	78891	62819	77806	64167	76698	5
56	58684	80970	60089	79934	61474	78873	22842	77788	64190	76679	4
57	58708	80953	60112	79916	61497	78855	62864	77769	64212	76661	3
58	58731	80936	60135	79899	61520	78837	62887	77751	64234	76642	2
59	58755	80919	60158	79881	61543	78819	62909	77733	64256	76623	1
60	58779	80902	60181	79864	61566	78801	62932	77715	64279	76604	0
M	N. cos.	N. sine.	N. cos.	N. sine.	N. cos.	N. sine.	N. cos.	N. sine.	N. cos.	N. sine.	M
	54°		53°		52°		51°		50°		

Table XVII. Natural Sines.

	40°		41°		42°		43°		44°		
M	N. sine.	N. cos	N. sine	N. cos.	N. sin	N. cos	N. sine.	N. cos.	N. sine.	N. cos.	M
0	64279	76604	65606	75471	66913	74314	68200	73135	69466	71934	60
1	64301	76586	65628	75452	66935	74295	68221	73116	69487	71914	59
2	64323	76567	65650	75433	66956	74276	68242	73096	69508	71894	58
3	64346	76548	65672	75414	66978	74256	68264	73076	69529	71873	57
4	64368	76530	65694	75395	66999	74237	68285	73056	69549	71853	56
5	64390	76511	65716	75375	67021	74217	68306	73036	69570	71833	55
6	64412	76492	65738	75356	67043	74198	68327	73016	69591	71813	54
7	64435	76473	65759	75337	67064	74178	68349	72996	69612	71792	53
8	64457	76455	65781	75318	67086	74159	68370	72976	69633	71772	52
9	64479	76436	65803	75299	67107	74139	68391	72957	69654	71752	51
10	64501	76417	65825	75280	67129	74120	68412	72937	69675	71732	50
11	64524	76398	65847	75261	67151	74100	68433	72917	69696	71711	49
12	64546	76380	65869	75241	67172	74080	68455	72897	69717	71691	48
13	64568	76361	65891	75222	67194	74061	68476	72877	69737	71671	47
14	64590	76342	65913	75203	67215	74041	68497	72857	69758	71650	46
15	64612	76323	65935	75184	67237	74022	68518	72837	69779	71630	45
16	64635	76304	65956	75165	67258	74002	68539	72817	69800	71610	44
17	64657	76286	65978	75146	67280	73983	68561	72797	69821	71590	43
18	64679	76267	66000	75126	67301	73963	68582	72777	69842	71569	42
19	64701	76248	66022	75107	67323	73944	68603	72757	69862	71549	41
20	64723	76229	66044	75088	67344	73924	68624	72737	69883	71529	40
21	64746	76210	66066	75069	67366	73904	68645	72717	69904	71508	39
22	64768	76192	66088	75050	67387	73885	68666	72697	69925	71488	38
23	64790	76173	66109	75030	67409	73865	68688	72677	69946	71468	37
24	64812	76154	66131	75011	67430	73846	68709	72657	69966	71447	36
25	64834	76135	66153	74992	67452	73826	68730	72637	69987	71427	35
26	64856	76116	66175	74973	67473	73806	68751	72617	70008	71407	34
27	64878	76097	66197	74953	67495	73787	68772	72597	70029	71386	33
28	64901	76078	66218	74934	67516	73767	68793	72577	70049	71366	32
29	64923	76059	66240	74915	67538	73747	68814	72557	70070	71345	31
30	64945	76041	66262	74896	67559	73728	68835	72537	70091	71325	30
31	64967	76022	66284	74876	67580	73708	68857	72517	70112	71305	29
32	64989	76003	66306	74857	67602	73688	68878	72497	70132	71284	28
33	65011	75984	66327	74838	67623	73669	68899	72477	70153	71264	27
34	65033	75965	66349	74818	67645	73649	68920	72457	70174	71243	26
35	65055	75946	66371	74799	67666	73629	68941	72437	70195	71223	25
36	65077	75927	66393	74780	67688	73610	68962	72417	70215	71203	24
37	65099	75908	66414	74760	67709	73590	68983	72397	70236	71182	23
38	65122	75889	66436	74741	67730	73570	69004	72377	70257	71162	22
39	65144	75870	66458	74722	67752	73551	69025	72357	70277	71141	21
40	65166	75851	66480	74703	67773	73531	69046	72337	70298	71121	20
41	65188	75832	66501	74683	67795	73511	69067	72317	70319	71100	19
42	65210	75813	66523	74664	67816	73491	69088	72297	70339	71080	18
43	65232	75794	66545	74644	67837	73472	69109	72277	70360	71059	17
44	65254	75775	66566	74625	67859	73452	69130	72257	70381	71039	16
45	65276	75756	66588	74606	67880	73432	69151	72236	70401	71019	15
46	65298	75738	66610	74586	67901	73412	69172	72216	70422	70998	14
47	65320	75719	66632	74567	67923	73393	69193	72196	70443	70978	13
48	65342	75699	66653	74548	67944	73373	69214	72176	70463	70957	12
49	65364	75680	66675	74528	67965	73353	69235	72156	70484	70937	11
50	65386	75661	66697	74509	67987	73333	69256	72136	70505	70916	10
51	65408	75642	66718	74489	68008	73314	69277	72116	70525	70896	9
52	65430	75623	66740	74470	68029	73294	69298	72095	70546	70875	8
53	65452	75604	66762	74451	68051	73274	69319	72075	70567	70855	7
54	65474	75585	66783	74431	68072	73254	69340	72055	70587	70834	6
55	65496	75566	66805	74412	68093	73234	69361	72035	70608	70813	5
56	65518	75547	66827	74392	68115	73215	69382	72015	70628	70793	4
57	65540	75528	66848	74373	68136	73195	69403	71995	70649	70772	3
58	65562	75509	66870	74353	68157	73175	69424	71974	70670	70752	2
59	65584	75490	66891	74334	68179	73155	69445	71954	70690	70731	1
60	65606	75471	66913	74314	68200	73135	69466	71934	70711	70711	0
M	N. cos.	N. sine.	N. cos	N. sine.	N. cos	N. sine	N. cos.	N. sine.	N. cos.	N. sine.	
	49		48°		47°		46°		45°		

TABLE XVIII.

THE

LOGARITHMS OF NUMBERS

FROM

One to Ten Thousand.

TABLE XVIII. Logarithms of Numbers.

N° 1——100. Log. 1,00000——200000.

N.	Log.	N.	Log.	N.	Log.	N.	Log.	N.	Log.
1	0,00000	21	1,32222	41	1,61278	61	1,78533	81	1,90849
2	0,30103	22	1,34242	42	1,62325	62	1,79239	82	1,91381
3	0,47712	23	1,36173	43	1,63347	63	1,79934	83	1,91908
4	0,60206	24	1,38021	44	1,64345	64	1,80618	84	1,92428
5	0,69897	25	1,39794	45	1,65321	65	1,81291	85	1,92942
6	0,77815	26	1,41497	46	1,66276	66	1,81954	86	1,93450
7	0,84510	27	1,43136	47	1,67210	67	1,82607	87	1,93952
8	0,90309	28	1,44716	48	1,68124	68	1,83251	88	1,94448
9	0,95424	29	1,46240	49	1,69020	69	1,83885	89	1,94939
10	1,00000	30	1,47712	50	1,69897	70	1,84510	90	1,95424
11	1,04139	31	1,49136	51	1,70757	71	1,85126	91	1,95904
12	1,07918	32	1,50515	52	1,71600	72	1,85733	92	1,96379
13	1,11394	33	1,51851	53	1,72428	73	1,86332	93	1,96848
14	1,14613	34	1,53148	54	1,73239	74	1,86923	94	1,97313
15	1,17609	35	1,54407	55	1,74036	75	1,87506	95	1,97772
16	1,20412	36	1,55630	56	1,74819	76	1,88081	96	1,98227
17	1,23045	37	1,56820	57	1,75587	77	1,88649	97	1,98677
18	1,25527	38	1,57978	58	1,76343	78	1,89209	98	1,99123
19	1,27875	39	1,59106	59	1,77085	79	1,89763	99	1,99564
20	1,30103	40	1,60206	60	1,77815	80	1,90309	100	2,00000

TABLE XVIII. Logarithms of Numbers.

N° 100———1600. Log. 00000———20412.

N°	0	1	2	3	4	5	6	7	8	9
100	00000	00043	00087	00130	00173	00217	00260	00303	00346	00389
101	00432	00475	00518	00561	00604	00647	00689	00732	00775	00817
102	00860	00903	00945	00988	01030	01072	01115	01157	01199	01242
103	01284	01326	01368	01410	01452	01494	01536	01578	01620	01662
104	01703	01745	01787	01828	01870	01912	01953	01995	02036	02078
105	02119	02160	02202	02243	02284	02325	02366	02407	02449	02490
106	02531	02572	02612	02653	02694	02735	02776	02816	02857	02898
107	02938	02979	03019	03060	03100	03141	03181	03222	03262	03302
108	03342	03383	03423	03463	03503	03543	03583	03623	03663	03703
109	03743	03782	03822	03862	03902	03941	03981	04021	04060	04100
110	04139	04179	04218	04258	04297	04336	04376	04415	04454	04493
111	04532	04571	04610	04650	04689	04727	04766	04805	04844	04883
112	04922	04961	04999	05038	05077	05115	05154	05192	05231	05269
113	05308	05346	05385	05423	05461	05500	05538	05576	05614	05652
114	05690	05729	05767	05805	05843	05881	05918	05956	05994	06032
115	06070	06108	06145	06183	06221	06258	06296	06333	06371	06408
116	06446	06483	06521	06558	06595	06633	06670	06707	06744	06781
117	06819	06856	06893	06930	06967	07004	07041	07078	07115	07151
118	07188	07225	07262	07298	07335	07372	07408	07445	07482	07518
119	07555	07591	07628	07664	07700	07737	07773	07809	07846	07882
120	07918	07954	07990	08027	08063	08099	08135	08171	08207	08243
121	08279	08314	08350	08386	08422	08458	08493	08529	08565	08600
122	08636	08672	08707	08743	08778	08814	08849	08884	08920	08955
123	08991	09026	09061	09096	09132	09167	09202	09237	09272	09307
124	09342	09377	09412	09447	09482	09517	09552	09587	09621	09656
125	09691	09726	09760	09795	09830	09864	09899	09934	09968	10003
126	10037	10072	10106	10140	10175	10209	10243	10278	10312	10346
127	10380	10415	10449	10483	10517	10551	10585	10619	10653	10687
128	10721	10755	10789	10823	10857	10890	10924	10958	10992	11025
129	11059	11093	11126	11160	11193	11227	11261	11294	11327	11361
130	11394	11428	11461	11494	11528	11561	11594	11628	11661	11694
131	11727	11760	11793	11826	11860	11893	11926	11959	11992	12024
132	12057	12090	12123	12156	12189	12222	12254	12287	12320	12352
133	12385	12418	12450	12483	12516	12548	12581	12613	12646	12678
134	12710	12743	12775	12808	12840	12872	12905	12937	12969	13001
135	13033	13066	13098	13130	13162	13194	13226	13258	13290	13322
136	13354	13386	13418	13450	13481	13513	13545	13577	13609	13640
137	13672	13704	13735	13767	13799	13830	13862	13893	13925	13956
138	13988	14019	14051	14082	14114	14145	14176	14208	14239	14270
139	14301	14333	14364	14395	14426	14457	14489	14520	14551	14582
140	14613	14644	14675	14706	14737	14768	14799	14829	14860	14891
141	14922	14953	14983	15014	15045	15076	15106	15137	15168	15198
142	15229	15259	15290	15320	15351	15381	15412	15442	15473	15503
143	15534	15564	15594	15625	15655	15685	15715	15746	15776	15806
144	15836	15866	15897	15927	15957	15987	16017	16047	16077	16107
145	16137	16167	16197	16227	16256	16286	16316	16346	16376	16406
146	16435	16465	16495	16524	16554	16584	16613	16643	16673	16702
147	16732	16761	16791	16820	16850	16879	16909	16938	16967	16997
148	17026	17056	17085	17114	17143	17173	17202	17231	17260	17289
149	17219	17348	17377	17406	17435	17464	17493	17522	17551	17580
150	17609	17638	17667	17696	17725	17754	17782	17811	17840	17869
151	17898	17926	17955	17984	18013	18041	18070	18099	18127	18156
152	18184	18213	18241	18270	18298	18327	18355	18384	18412	18441
153	18469	18498	18526	18554	18583	18611	18639	18667	18696	18724
154	18752	18780	18808	18837	18865	18893	18921	18949	18977	19005
155	19033	19061	19089	19117	19145	19173	19201	19229	19257	19285
156	19312	19340	19368	19396	19424	19451	19479	19507	19535	19562
157	19590	19618	19645	19673	19700	19728	19756	19783	19811	19838
158	19866	19893	19921	19948	19976	20003	20030	20058	20085	20112
159	20140	20167	20194	20222	20249	20276	20303	20330	20358	20385
N	0	1	2	3	4	5	6	7	8	9

TABLE XVIII. Logarithms of Numbers.

N° 1600——2200. Log. 20412——34242.

N°	0	1	2	3	4	5	6	7	8	9
160	20412	20439	20466	20493	20520	20548	20575	20602	20629	20656
161	20683	20710	20737	20763	20790	20817	20844	20871	20898	20925
162	20951	20978	21005	21032	21059	21085	21112	21139	21165	21192
163	21219	21245	21272	21299	21325	21352	21378	21405	21431	21458
164	21484	21511	21537	21564	21590	21617	21643	21669	21696	21722
165	21748	21775	21801	21827	21854	21880	21906	21932	21958	21985
166	22011	22037	22063	22089	22115	22141	22167	22194	22220	22246
167	22272	22298	22324	22350	22376	22401	22427	22453	22479	22505
168	22531	22557	22583	22608	22634	22660	22686	22712	22737	22763
169	22789	22814	22840	22866	22891	22917	22943	22968	22994	23019
170	23045	23070	23096	23121	23147	23172	23198	23223	23249	23274
171	23300	23325	23350	23376	23401	23426	23452	23477	23502	23528
172	23553	23578	23603	23629	23654	23679	23704	23729	23754	23779
173	23805	23830	23855	23880	23905	23930	23955	23980	24005	24030
174	24055	24080	24105	24130	24155	24180	24204	24229	24254	24279
175	24304	24329	24353	24378	24403	24428	24452	24477	24502	24527
176	24551	24576	24601	24625	24650	24674	24699	24724	24748	24773
177	24797	24822	24846	24871	24895	24920	24944	24969	24993	25018
178	25042	25066	25091	25115	25139	25164	25188	25212	25237	25261
179	25285	25310	25334	25358	25382	25406	25431	25455	25479	25503
180	25527	25551	25575	25600	25624	25648	25672	25696	25720	25744
181	25768	25792	25816	25840	25864	25888	25912	25935	25959	25983
182	26007	26031	26055	26079	26102	26126	26150	26174	26198	26221
183	26245	26269	26293	26316	26340	26364	26387	26411	26435	26458
184	26482	26505	26529	26553	26576	26600	26623	26647	26670	26694
185	26717	26741	26764	26788	26811	26834	26858	26881	26905	26928
186	26951	26975	26998	27021	27045	27068	27091	27114	27138	27161
187	27184	27207	27231	27254	27277	27300	27323	27346	27370	27393
188	27416	27439	27462	27485	27508	27531	27554	27577	27600	27623
189	27646	27669	27692	27715	27738	27761	27784	27807	27830	27852
190	27875	27898	27921	27944	27967	27989	28012	28035	28058	28081
191	28103	28126	28149	28171	28194	28217	28240	28262	28285	28307
192	28330	28353	28375	28398	28421	28443	28466	28488	28511	28533
193	28556	28578	28601	28623	28646	28668	28691	28713	28735	28758
194	28780	28803	28825	28847	28870	28892	28914	28937	28959	28981
195	29003	29026	29048	29070	29092	29115	29137	29159	29181	29203
196	29226	29248	29270	29292	29314	29336	29358	29380	29403	29425
197	29447	29469	29491	29513	29535	29557	29579	29601	29623	29645
198	29667	29688	29710	29732	29754	29776	29798	29820	29842	29863
199	29885	29907	29929	29951	29973	29994	30016	30038	30060	30081
200	30103	30125	30146	30168	30190	30211	30233	30255	30276	30298
201	30320	30341	30363	30384	30406	30428	30449	30471	30492	30514
202	30535	30557	30578	30600	30621	30643	30664	30685	30707	30728
203	30750	30771	30792	30814	30835	30856	30878	30899	30920	30942
204	30963	30984	31006	31027	31048	31069	31091	31112	31133	31154
205	31175	31197	31218	31239	31260	31281	31302	31323	31345	31366
206	31387	31408	31429	31450	31471	31492	31513	31534	31555	31576
207	31597	31618	31639	31660	31681	31702	31723	31744	31765	31785
208	31806	31827	31848	31869	31890	31911	31931	31952	31973	31994
209	32015	32035	32056	32077	32098	32118	32139	32160	32181	32201
210	32222	32243	32263	32284	32305	32325	32346	32366	32387	32408
211	32428	32449	32469	32490	32510	32531	32552	32572	32593	32613
212	32634	32654	32675	32695	32715	32736	32756	32777	32797	32818
213	32838	32858	32879	32899	32919	32940	32960	32980	33001	33021
214	33041	33062	33082	33102	33122	33143	33163	33183	33203	33224
215	33244	33264	33284	33304	33325	33345	33365	33385	33405	33425
216	33445	33465	33486	33506	33526	33546	33566	33586	33606	33626
217	33646	33666	33686	33706	33726	33746	33766	33786	33806	33826
218	33846	33866	33885	33905	33925	33945	33965	33985	34005	34025
219	34044	34064	34084	34104	34124	34143	34163	34183	34203	34223
N°	0	1	2	3	4	5	6	7	8	9

Table XVIII. Logarithms of Numbers.

N° 2200 —— 2800. Log. 34242 —— 44716.

N°	0	1	2	3	4	5	6	7	8	9
220	34242	34262	34282	34301	34321	34341	34361	34380	34400	34420
221	34439	34459	34479	34498	34518	34537	34557	34577	34596	34616
222	34635	34655	34674	34694	34713	34733	34753	34772	34792	34811
223	34830	34850	34869	34889	34908	34928	34947	34967	34986	35005
224	35025	35044	35064	35083	35102	35122	35141	35160	35180	35199
225	35218	35238	35257	35276	35295	35315	35334	35353	35372	35392
226	35411	35430	35449	35468	35488	35507	35526	35545	35564	35583
227	35603	35622	35641	35660	35679	35698	35717	35736	35755	35774
228	35793	35813	35832	35851	35870	35889	35908	35927	35946	35965
229	35984	36003	36021	36040	36059	36078	36097	36116	36135	36154
230	36173	36192	36211	36229	36248	36267	36286	36305	36324	36342
231	36361	36380	36399	36418	36436	36455	36474	36493	36511	36530
232	36549	36568	36586	36605	36624	36642	36661	36680	36698	36717
233	36736	36754	36773	36791	36810	36829	36847	36866	36884	36903
234	36922	36940	36959	36977	36996	37014	37033	37051	37070	37088
235	37107	37125	37144	37162	37181	37199	37218	37236	37254	37273
236	37291	37310	37328	37346	37365	37383	37401	37420	37438	37457
237	37475	37493	37511	37530	37548	37566	37585	37603	37621	37639
238	37658	37676	37694	37712	37731	37749	37767	37785	37803	37822
239	37840	37858	37876	37894	37912	37931	37949	37967	37985	38003
240	38021	38039	38057	38075	38093	38112	38130	38148	38166	38184
241	38202	38220	38238	38256	38274	38292	38310	38328	38346	38364
242	38382	38399	38417	38435	38453	38471	38489	38507	38525	38543
243	38561	38578	38596	38614	38632	38650	38668	38686	38703	38721
244	38739	38757	38775	38792	38810	38828	38846	38863	38881	38899
245	38917	38934	38952	38970	38987	39005	39023	39041	39058	39076
246	39094	39111	39129	39146	39164	39182	39199	39217	39235	39252
247	39270	39287	39305	39322	39340	39358	39375	39393	39410	39428
248	39445	39463	39480	39498	39515	39533	39550	39568	39585	39602
249	39620	39637	39655	39672	39690	39707	39724	39742	39759	39777
250	39794	39811	39829	39846	39863	39881	39898	39915	39933	39950
251	39967	39985	40002	40019	40037	40054	40071	40088	40106	40123
252	40140	40157	40175	40192	40209	40226	40243	40261	40278	40295
253	40312	40329	40346	40364	40381	40398	40415	40432	40449	40466
254	40483	40500	40518	40535	40552	40569	40586	40603	40620	40637
255	40654	40671	40688	40705	40722	40739	40756	40773	40790	40807
256	40824	40841	40858	40875	40892	40909	40926	40943	40960	40976
257	40993	41010	41027	41044	41061	41078	41095	41111	41128	41145
258	41162	41179	41196	41212	41229	41246	41263	41280	41296	41313
259	41330	41347	41363	41380	41397	41414	41430	41447	41464	41481
260	41497	41514	41531	41547	41564	41581	41597	41614	41631	41647
261	41664	41681	41697	41714	41731	41747	41764	41780	41797	41814
262	41830	41847	41863	41880	41896	41913	41929	41946	41963	41979
263	41996	42012	42029	42045	42062	42078	42095	42111	42127	42144
264	42160	42177	42193	42210	42226	42243	42259	42275	42292	42308
265	42325	42341	42357	42374	42390	42406	42423	42439	42455	42472
266	42488	42504	42521	42537	42553	42570	42586	42602	42619	42635
267	42651	42667	42684	42700	42716	42732	42749	42765	42781	42797
268	42813	42830	42846	42862	42878	42894	42911	42927	42943	42959
269	42975	42991	43008	43024	43040	43056	43072	43088	43104	43120
270	43136	43152	43169	43185	43201	43217	43233	43249	43265	43281
271	43297	43313	43329	43345	43361	43377	43393	43409	43425	43441
272	43457	43473	43489	43505	43521	43537	43553	43569	43584	43600
273	43616	43632	43648	43664	43680	43696	43712	43727	43743	43759
274	43775	43791	43807	43823	43838	43854	43870	43886	43902	43917
275	43933	43949	43965	43981	43996	44012	44028	44044	44059	44075
276	44091	44107	44122	44138	44154	44170	44185	44201	44217	44232
277	44248	44264	44279	44295	44311	44326	44342	44358	44373	44389
278	44404	44420	44436	44451	44467	44483	44498	44514	44529	44545
279	44560	44576	44592	44607	44623	44638	44654	44669	44685	44700
N	0	1	2	3	4	5	6	7	8	9

Table XVIII. Logarithms of Numbers.

N° 2800———3400. Log. 44716———53148.

N	0	1	2	3	4	5	6	7	8	9
280	44716	44731	44747	44762	44778	44793	44809	44824	44840	44855
281	44871	44886	44902	44917	44932	44948	44963	44979	44994	45010
282	45025	45040	45056	45071	45086	45102	45117	45133	45148	45163
283	45179	45194	45209	45225	45240	45255	45271	45286	45301	45317
284	45332	45347	45362	45378	45393	45408	45423	45439	45454	45469
285	45484	45500	45515	45530	45545	45561	45576	45591	45606	45621
286	45637	45652	45667	45682	45697	45712	45728	45743	45758	45773
287	45788	45803	45818	45834	45849	45864	45879	45894	45909	45924
288	45939	45954	45969	45984	46000	46015	46030	46045	46060	46075
289	46090	46105	46120	46135	46150	46165	46180	46195	46210	46225
290	46240	46255	46270	46285	46300	46315	46330	46345	46359	46374
291	46389	46404	46419	46434	46449	46464	46479	46494	46509	46523
292	46538	46553	46568	46583	46598	46613	46627	46642	46657	46672
293	46687	46702	46716	46731	46746	46761	46776	46790	46805	46820
294	46835	46850	46864	46879	46894	46909	46923	46938	46953	46967
295	46982	46997	47012	47026	47041	47056	47070	47085	47100	47114
296	47129	47144	47159	47173	47188	47202	47217	47232	47246	47261
297	47276	47290	47305	47319	47334	47349	47363	47378	47392	47407
298	47422	47436	47451	47465	47480	47494	47509	47524	47538	47553
299	47567	47582	47596	47611	47625	47640	47654	47669	47683	47698
300	47712	47727	47741	47756	47770	47784	47799	47813	47828	47842
301	47857	47871	47885	47900	47914	47929	47943	47958	47972	47986
302	48001	48015	48029	48044	48058	48073	48087	48101	48116	48130
303	48144	48159	48173	48187	48202	48216	48230	48244	48259	48273
304	48287	48302	48316	48330	48344	48359	48373	48387	48401	48416
305	48430	48444	48458	48473	48487	48501	48515	48530	48544	48558
306	48572	48586	48601	48615	48629	48643	48657	48671	48686	48700
307	48714	48728	48742	48756	48770	48785	48799	48813	48827	48841
308	48855	48869	48883	48897	48911	48926	48940	48954	48968	48982
309	48996	49010	49024	49038	49052	49066	49080	49094	49108	49122
310	49136	49150	49164	49178	49192	49206	49220	49234	49248	49262
311	49276	49290	49304	49318	49332	49346	49360	49374	49388	49402
312	49415	49429	49443	49457	49471	49485	49499	49513	49527	49541
313	49554	49568	49582	49596	49610	49624	49638	49651	49665	49679
314	49693	49707	49721	49734	49748	49762	49776	49790	49803	49817
315	49831	49845	49859	49872	49886	49900	49914	49927	49941	49955
316	49969	49982	49996	50010	50024	50037	50051	50065	50079	50092
317	50106	50120	50133	50147	50161	50174	50188	50202	50215	50229
318	50243	50256	50270	50284	50297	50311	50325	50338	50352	50365
319	50379	50393	50406	50420	50433	50447	50461	50474	50488	50501
320	50515	50529	50542	50556	50569	50583	50596	50610	50623	50637
321	50651	50664	50678	50691	50705	50718	50732	50745	50759	50772
322	50786	50799	50813	50826	50840	50853	50866	50880	50893	50907
323	50920	50934	50947	50961	50974	50987	51001	51014	51028	51041
324	51055	51068	51081	51095	51108	51121	51135	51148	51162	51175
325	51188	51202	51215	51228	51242	51255	51268	51282	51295	51308
326	51322	51335	51348	51362	51375	51388	51402	51415	51428	51441
327	51455	51468	51481	51495	51508	51521	51534	51548	51561	51574
328	51587	51601	51614	51627	51640	51654	51667	51680	51693	51706
329	51720	51733	51746	51759	51772	51786	51799	51812	51825	51838
330	51851	51865	51878	51891	51904	51917	51930	51943	51957	51970
331	51983	51996	52009	52022	52035	52048	52061	52075	52088	52101
332	52114	52127	52140	52153	52166	52179	52192	52205	52218	52231
333	52244	52257	52270	52284	52297	52310	52323	52336	52349	52362
334	52375	52388	52401	52414	52427	52440	52453	52466	52479	52492
335	52504	52517	52530	52543	52556	52569	52582	52595	52608	52621
336	52634	52647	52660	52673	52686	52699	52711	52724	52737	52750
337	52763	52776	52789	52802	52815	52827	52840	52853	52866	52879
338	52892	52905	52917	52930	52943	52956	52969	52982	52994	53007
339	53020	53033	53046	53058	53071	53084	53097	53110	53122	53135
N	0	1	2	3	4	5	6	7	8	9

Table XVIII. Logarithms of Numbers.

N° 3400——4000. Log. 53148——60206.

N°	0	1	2	3	4	5	6	7	8	9
340	53148	53161	53173	53186	53199	53212	53224	53237	53250	53263
341	53275	53288	53301	53314	53326	53339	53352	53364	53377	53390
342	53403	53415	53428	53441	53453	53466	53479	53491	53504	53517
343	53529	53542	53555	53567	53580	53593	53605	53618	53631	53643
344	53656	53668	53681	53694	53706	53719	53732	53744	53757	53769
345	53782	53794	53807	53820	53832	53845	53857	53870	53882	53895
346	53908	53920	53933	53945	53958	53970	53983	53995	54008	54020
347	54033	54045	54058	54070	54083	54095	54108	54120	54133	54145
348	54158	54170	54183	54195	54208	54220	54233	54245	54258	54270
349	54283	54295	54307	54320	54332	54345	54357	54370	54382	54394
350	54407	54419	54432	54444	54456	54469	54481	54494	54506	54518
351	54531	54543	54555	54568	54580	54593	54605	54617	54630	54642
352	54654	54667	54679	54691	54704	54716	54728	54741	54753	54765
353	54777	54790	54802	54814	54827	54839	54851	54864	54876	54888
354	54900	54913	54925	54937	54949	54962	54974	54986	54998	55011
355	55023	55035	55047	55060	55072	55084	55096	55108	55121	55133
356	55145	55157	55169	55182	55194	55206	55218	55230	55242	55255
357	55267	55279	55291	55303	55315	55328	55340	55352	55364	55376
358	55388	55400	55413	55425	55437	55449	55461	55473	55485	55497
359	55509	55522	55534	55546	55558	55570	55582	55594	55606	55618
360	55630	55642	55654	55666	55678	55691	55703	55715	55727	55739
361	55751	55763	55775	55787	55799	55811	55823	55835	55847	55859
362	55871	55883	55895	55907	55919	55931	55943	55955	55967	55979
363	55991	56003	56015	56027	56038	56050	56062	56074	56086	56098
364	56110	56122	56134	56146	56158	56170	56182	56194	56205	56217
365	56229	56241	56253	56265	56277	56289	56301	56312	56324	56336
366	56348	56360	56372	56384	56396	56407	56419	56431	56443	56455
367	56467	56478	56490	56502	56514	56526	56538	56549	56561	56573
368	56585	56597	56608	56620	56632	56644	56656	56667	56679	56691
369	56703	56714	56726	56738	56750	56761	56773	56785	56797	56808
370	56820	56832	56844	56855	56867	56879	56891	56902	56914	56926
371	56937	56949	56961	56972	56984	56996	57008	57019	57031	57043
372	57054	57066	57078	57089	57101	57113	57124	57136	57148	57159
373	57171	57183	57194	57206	57217	57229	57241	57252	57264	57276
374	57287	57299	57310	57322	57334	57345	57357	57368	57380	57392
375	57403	57415	57426	57438	57449	57461	57473	57484	57496	57507
376	57519	57530	57542	57553	57565	57576	57588	57600	57611	57623
377	57634	57646	57657	57669	57680	57692	57703	57715	57726	57738
378	57749	57761	57772	57784	57795	57807	57818	57830	57841	57852
379	57864	57875	57887	57898	57910	57921	57933	57944	57955	57967
380	57978	57990	58001	58013	58024	58035	58047	58058	58070	58081
381	58092	58104	58115	58127	58138	58149	58161	58172	58184	58195
382	58206	58218	58229	58240	58252	58263	58274	58286	58297	58309
383	58320	58331	58343	58354	58365	58377	58388	58399	58410	58422
384	58433	58444	58456	58467	58478	58490	58501	58512	58524	58535
385	58546	58557	58569	58580	58591	58602	58614	58625	58636	58647
386	58659	58670	58681	58692	58704	58715	58726	58737	58749	58760
387	58771	58782	58794	58805	58816	58827	58838	58850	58861	58872
388	58883	58894	58906	58917	58928	58939	58950	58961	58973	58984
389	58995	59006	59017	59028	59040	59051	59062	59073	59084	59095
390	59106	59118	59129	59140	59151	59162	59173	59184	59195	59207
391	59218	59229	59240	59251	59262	59273	59284	59295	59306	59318
392	59329	59340	59351	59362	59373	59384	59395	59406	59417	59428
393	59439	59450	59461	59472	59483	59494	59506	59517	59528	59539
394	59550	59561	59572	59583	59594	59605	59616	59627	59638	59649
395	59660	59671	59682	59693	59704	59715	59726	59737	59748	59759
396	59770	59780	59791	59802	59813	59824	59835	59846	59857	59868
397	59879	59890	59901	59912	59923	59934	59945	59956	59966	59977
398	59988	59999	60010	60021	60032	60043	60054	60065	60076	60086
399	60097	60108	60119	60130	60141	60152	60163	60173	60184	60195
N	0	1	2	3	4	5	6	7	8	9

TABLE XVIII. Logarithms of Numbers.

N° 4000———4600. Log. 60206———66276.

N°	0	1	2	3	4	5	6	7	8	9
400	60206	60217	60228	60239	60249	60260	60271	60282	60293	60304
401	60314	60325	60336	60347	60358	60369	60379	60390	60401	60412
402	60423	60433	60444	60455	60466	60477	60487	60498	60509	60520
403	60531	60541	60552	60563	60574	60584	60595	60606	60617	60627
404	60638	60649	60660	60670	60681	60692	60703	60713	60724	60735
405	60746	60756	60767	60778	60788	60799	60810	60821	60831	60842
406	60853	60863	60874	60885	60895	60906	60917	60927	60938	60949
407	60959	60970	60981	60991	61002	61013	61023	61034	61045	61055
408	61066	61077	61087	61098	61109	61119	61130	61140	61151	61162
409	61172	61183	61194	61204	61215	61225	61236	61247	61257	61268
410	61278	61289	61300	61310	61321	61331	61342	61352	61363	61374
411	61384	61395	61405	61416	61426	61437	61448	61458	61469	61479
412	61490	61500	61511	61521	61532	61542	61553	61563	61574	61584
413	61595	61606	61616	61627	61637	61648	61658	61669	61679	61690
414	61700	61711	61721	61731	61742	61752	61763	61773	61784	61794
415	61805	61815	61826	61836	61847	61857	61868	61878	61888	61899
416	61909	61920	61930	61941	61951	61962	61972	61982	61993	62003
417	62014	62024	62034	62045	62055	62066	62076	62086	62097	62107
418	62118	62128	62138	62149	62159	62170	62180	62190	62201	62211
419	62221	62232	62242	62252	62263	62273	62284	62294	62304	62315
420	62325	62335	62346	62356	62366	62377	62387	62397	62408	62418
421	62428	62439	62449	62459	62469	62480	62490	62500	62511	62521
422	62531	62542	62552	62562	62572	62583	62593	62603	62613	62624
423	62634	62644	62655	62665	62675	62685	62696	62706	62716	62726
424	62737	62747	62757	62767	62778	62788	62798	62808	62818	62829
425	62839	62849	62859	62870	62880	62890	62900	62910	62921	62931
426	62941	62951	62961	62972	62982	62992	63002	63012	63022	63033
427	63043	63053	63063	63073	63083	63094	63104	63114	63124	63134
428	63144	63155	63165	63175	63185	63195	63205	63215	63225	63236
429	63246	63256	63266	63276	63286	63296	63306	63317	63327	63337
430	63347	63357	63367	63377	63387	63397	63407	63417	63428	63438
431	63448	63458	63468	63478	63488	63498	63508	63518	63528	63538
432	63548	63558	63568	63579	63589	63599	63609	63619	63629	63639
433	63649	63659	63669	63679	63689	63699	63709	63719	63729	63739
434	63749	63759	63769	63779	63789	63799	63809	63819	63829	63839
435	63849	63859	63869	63879	63889	63899	63909	63919	63929	63939
436	63949	63959	63969	63979	63988	63998	64008	64018	64028	64038
437	64048	64058	64068	64078	64088	64098	64108	64118	64128	64137
438	64147	64157	64167	64177	64187	64197	64207	64217	64227	64237
439	64246	64256	64266	64276	64286	64296	64306	64316	64326	64335
440	64345	64355	64365	64375	64385	64395	64404	64414	64424	64434
441	64444	64454	64464	64473	64483	64493	64503	64513	64523	64532
442	64542	64552	64562	64572	64582	64591	64601	64611	64621	64631
443	64640	64650	64660	64670	64680	64689	64699	64709	64719	64729
444	64738	64748	64758	64768	64777	64787	64797	64807	64816	64826
445	64836	64846	64856	64865	64875	64885	64895	64904	64914	64924
446	64933	64943	64953	64963	64972	64982	64992	65002	65011	65021
447	65031	65040	65050	65060	65070	65079	65089	65099	65108	65118
448	65128	65137	65147	65157	65167	65176	65186	65196	65205	65215
449	65225	65234	65244	65254	65263	65273	65283	65292	65302	65312
450	65321	65331	65341	65350	65360	65369	65379	65389	65398	65408
451	65418	65427	65427	65447	65456	65466	65475	65485	65495	65504
452	65514	65523	65533	65543	65552	65562	65571	65581	65591	65600
453	65610	65619	65629	65639	65648	65658	65667	65677	65686	65696
454	65706	65715	65725	65734	65744	65753	65763	65772	65782	65792
455	65801	65811	65820	65830	65839	65849	65858	65868	65877	65887
456	65896	65906	65916	65925	65935	65944	65954	65963	65973	65982
457	65992	66001	66011	66020	66030	66039	66049	66058	66068	66077
458	66087	66096	66106	66115	66124	66134	66143	66153	66162	66172
459	66181	66191	66200	66210	66219	66229	66238	66247	66257	66266
N°	0	1	2	3	4	5	6	7	8	9

TABLE XVIII. Logarithms of Numbers.

N° 4600——5200 Log. 66276——71600.

N°	0	1	2	3	4	5	6	7	8	9
460	66276	66285	66295	66304	66314	66323	66332	66342	66351	66361
461	66370	66380	66389	66398	66408	66417	66427	66436	66445	66455
462	66464	66474	66483	66492	66502	66511	66521	66530	66539	66549
463	66558	66567	66577	66586	66596	66605	66614	66624	66633	66642
464	66652	66661	66671	66680	66689	66699	66708	66717	66727	66736
465	66745	66755	66764	66773	66783	66792	66801	66811	66820	66829
466	66839	66848	66857	66867	66876	66885	66894	66904	66913	66922
467	66932	66941	66950	66960	66969	66978	66987	66997	67006	67015
468	67025	67034	67043	67052	67062	67071	67080	67089	67099	67108
469	67117	67127	67136	67145	67154	67164	67173	67182	67191	67201
470	67210	67219	67228	67237	67247	67256	67265	67274	67284	67293
471	67302	67311	67321	67330	67339	67348	67357	67367	67376	67385
472	67394	67403	67413	67422	67431	67440	67449	67459	67468	67477
473	67486	67495	67504	67514	67523	67532	67541	67550	67560	67569
474	67578	67587	67596	67605	67614	67624	67633	67642	67651	67660
475	67669	67679	67688	67697	67706	67715	67724	67733	67742	67752
476	67761	67770	67779	67788	67797	67806	67815	67825	67834	67843
477	67852	67861	67870	67879	67888	67897	67906	67916	67925	67934
478	67943	67952	67961	67970	67979	67988	67997	68006	68015	68024
479	68034	68043	68052	68061	68070	68079	68088	68097	68106	68115
480	68124	68133	68142	68151	68160	68169	68178	68187	68196	68205
481	68215	68224	68233	68242	68251	68260	68269	68278	68287	68296
482	68305	68314	68323	68332	68341	68350	68359	68368	68377	68386
483	68395	68404	68413	68422	68431	68440	68449	68458	68467	68476
484	68485	68494	68502	68511	68520	68529	68538	68547	68556	68565
485	68574	68583	68592	68601	68610	68619	68628	68637	68646	68655
486	68664	68673	68681	68690	68699	68708	68717	68726	68735	68744
487	68753	68762	68771	68780	68789	68797	68806	68815	68824	68833
488	68842	68851	68860	68869	68878	68886	68895	68904	68913	68922
489	68931	68940	68949	68958	68966	68975	68984	68993	69002	69011
490	69020	69028	69037	69046	69055	69064	69073	69082	69090	69099
491	69108	69117	69126	69135	69144	69152	69161	69170	69179	69188
492	69197	69205	69214	69223	69232	69241	69249	69258	69267	69276
493	69285	69294	69302	69311	69320	69329	69338	69346	69355	69364
494	69373	69381	69390	69399	69408	69417	69425	69434	69443	69452
495	69461	69469	69478	69487	69496	69504	69513	69522	69531	69539
496	69548	69557	69566	69574	69583	69592	69601	69609	69618	69627
497	69636	69644	69653	69662	69671	69679	69688	69697	69705	69714
498	69723	69732	69740	69749	69758	69767	69775	69784	69793	69801
499	69810	69819	69827	69836	69845	69854	69862	69871	69880	69888
500	69897	69906	69914	69923	69932	69940	69949	69958	69966	69975
501	69984	69992	70001	70010	70018	70027	70036	70044	70053	70062
502	70070	70079	70088	70096	70105	70114	70122	70131	70140	70148
503	70157	70165	70174	70183	70191	70200	70209	70217	70226	70234
504	70243	70252	70260	70269	70278	70286	70295	70303	70312	70321
505	70329	70338	70346	70355	70364	70372	70381	70389	70398	70406
506	70415	70424	70432	70441	70449	70458	70467	70475	70484	70492
507	70501	70509	70518	70526	70535	70544	70552	70561	70569	70578
508	70586	70595	70603	70612	70621	70629	70638	70646	70655	70663
509	70672	70680	70689	70697	70706	70714	70723	70731	70740	70749
510	70757	70766	70774	70783	70791	70800	70808	70817	70825	70834
511	70842	70851	70859	70868	70876	70885	70893	70902	70910	70919
512	70927	70935	70944	70952	70961	70969	70978	70986	70995	71003
513	71012	71020	71029	71037	71046	71054	71063	71071	71079	71088
514	71096	71105	71113	71122	71130	71139	71147	71155	71164	71172
515	71181	71189	71198	71206	71214	71223	71231	71240	71248	71257
516	71265	71273	71282	71290	71299	71307	71315	71324	71332	71341
517	71349	71357	71366	71374	71383	71391	71399	71408	71416	71425
518	71433	71441	71450	71458	71466	71475	71483	71492	71500	71508
519	71517	71525	71533	71542	71550	71559	71567	71575	71584	71592
N°	0	1	2	3	4	5	6	7	8	9

TABLE XVIII. Logarithms of Numbers.

N° 5200——5800. Log. 71600——76343.

N°	0	1	2	3	4	5	6	7	8	9
520	71600	71609	71617	71625	71634	71642	71650	71659	71667	71675
521	71684	71692	71700	71709	71717	71725	71734	71742	71750	71759
522	71767	71775	71784	71792	71800	71809	71817	71825	71834	71842
523	71850	71858	71867	71875	71883	71892	71900	71908	71917	71925
524	71933	71941	71950	71958	71966	71975	71983	71991	71999	72008
525	72016	72024	72032	72041	72049	72057	72066	72074	72082	72090
526	72099	72107	72115	72123	72132	72140	72148	72156	72165	72173
527	72181	72189	72198	72206	72214	72222	72230	72239	72247	72255
528	72263	72272	72280	72288	72296	72304	72313	72321	72329	72337
529	72346	72354	72362	72370	72378	72387	72395	72403	72411	72419
530	72428	72436	72444	72452	72460	72469	72477	72485	72493	72501
531	72509	72518	72526	72534	72542	72550	72558	72567	72575	72583
532	72591	72599	72607	72616	72624	72632	72640	72648	72656	72665
533	72673	72681	72689	72697	72705	72713	72722	72730	72738	72746
534	72754	72762	72770	72779	72787	72795	72803	72811	72819	72827
535	72835	72843	72852	72860	72868	72876	72884	72892	72900	72908
536	72916	72925	72933	72941	72949	72957	72965	72973	72981	72989
537	72997	73006	73014	73022	73030	73038	73046	73054	73062	73070
538	73078	73086	73094	73102	73111	73119	73127	73135	73143	73151
539	73159	73167	73175	73183	73191	73199	73207	73215	73223	73231
540	73239	73247	73255	73263	73272	73280	73288	73296	73304	73312
541	73320	73328	73336	73344	73352	73360	73368	73376	73384	73392
542	73400	73408	73416	73424	73432	73440	73448	73456	73464	73472
543	73480	73488	73496	73504	73512	73520	73528	73536	73544	73552
544	73560	73568	73576	73584	73592	73600	73608	73616	73624	73632
545	73640	73648	73656	73664	73672	73679	73687	73695	73703	73711
546	73719	73727	73735	73743	73751	73759	73767	73775	73783	73791
547	73799	73807	73815	73823	73830	73838	73846	73854	73862	73870
548	73878	73886	73894	73902	73910	73918	73926	73933	73941	73949
549	73957	73965	73973	73981	73989	73997	74005	74013	74020	74028
550	74036	74044	74052	74060	74068	74076	74084	74092	74099	74107
551	74115	74123	74131	74139	74147	74155	74162	74170	74178	74186
552	74194	74202	74210	74218	74225	74233	74241	74249	74257	74265
553	74273	74280	74288	74296	74304	74312	74320	74327	74335	74343
554	74351	74359	74367	74374	74382	74390	74398	74406	74414	74421
555	74429	74437	74445	74453	74461	74468	74476	74484	74492	74500
556	74507	74515	74523	74531	74539	74547	74554	74562	74570	74578
557	74586	74593	74601	74609	74617	74624	74632	74640	74648	74656
558	74663	74671	74679	74687	74695	74702	74710	74718	74726	74733
559	74741	74749	74757	74764	74772	74780	74788	74796	74803	74811
560	74819	74827	74834	74842	74850	74858	74865	74873	74881	74889
561	74896	74904	74912	74920	74927	74935	74943	74950	74958	74966
562	74974	74981	74989	74997	75005	75012	75020	75028	75035	75043
563	75051	75059	75066	75074	75082	75089	75097	75105	75113	75120
564	75128	75136	75143	75151	75159	75166	75174	75182	75189	75197
565	75205	75213	75220	75228	75236	75243	75251	75259	75266	75274
566	75282	75289	75297	75305	75312	75320	75328	75335	75343	75351
567	75358	75366	75374	75381	75389	75397	75404	75412	75420	75427
568	75435	75442	75450	75458	75465	75473	75481	75488	75496	75504
569	75511	75519	75526	75534	75542	75549	75557	75565	75572	75580
570	75587	75595	75603	75610	75618	75626	75633	75641	75648	75656
571	75664	75671	75679	75686	75694	75702	75709	75717	75724	75732
572	75740	75747	75755	75762	75770	75778	75785	75793	75800	75808
573	75815	75823	75831	75838	75846	75853	75861	75868	75876	75884
574	75891	75899	75906	75914	75921	75929	75937	75944	75952	75959
575	75967	75974	75982	75989	75997	76005	76012	76020	76027	76035
576	76042	76050	76057	76065	76072	76080	76087	76095	76103	76110
577	76118	76125	76133	76140	76148	76155	76163	76170	76178	76185
578	76193	76200	76208	76215	76223	76230	76238	76245	76253	76260
579	76268	76275	76283	76290	76298	76305	76313	76320	76328	76335
N°	0	1	2	3	4	5	6	7	8	9

Table XVI. Logarithms of Numbers.

N° 5800——6400. Log. 76343——80618.

N°	0	1	2	3	4	5	6	7	8	9
580	76343	76350	76358	76365	76373	76380	76388	76395	76403	76410
581	76418	76425	76433	76440	76448	76455	76462	76470	76477	76485
582	76492	76500	76507	76515	76522	76530	76537	76545	76552	76559
583	76567	76574	76582	76589	76597	76604	76612	76619	76626	76634
584	76641	76649	76656	76664	76671	76678	76686	76693	76701	76708
585	76716	76723	76730	76738	76745	76753	76760	76768	76775	76782
586	76790	76797	76805	76812	76819	76827	76834	76842	76849	76856
587	76864	76871	76879	76886	76893	76901	76908	76916	76923	76930
588	76938	76945	76953	76960	76967	76975	76982	76989	76997	77004
589	77012	77019	77026	77034	77041	77048	77056	77063	77070	77078
590	77085	77093	77100	77107	77115	77122	77129	77137	77144	77151
591	77159	77166	77173	77181	77188	77195	77203	77210	77217	77225
592	77232	77240	77247	77254	77262	77269	77276	77283	77291	77298
593	77305	77313	77320	77327	77335	77342	77349	77357	77364	77371
594	77379	77386	77393	77401	77408	77415	77422	77430	77437	77444
595	77452	77459	77466	77474	77481	77488	77495	77503	77510	77517
596	77525	77532	77539	77546	77554	77561	77568	77576	77583	77590
597	77597	77605	77612	77619	77627	77634	77641	77648	77656	77663
598	77670	77677	77685	77692	77699	77706	77714	77721	77728	77735
599	77743	77750	77757	77764	77772	77779	77786	77793	77801	77808
600	77815	77822	77830	77837	77844	77851	77859	77866	77873	77880
601	77887	77895	77902	77909	77916	77924	77931	77938	77945	77952
602	77960	77967	77974	77981	77988	77996	78003	78010	78017	78025
603	78032	78039	78046	78053	78061	78068	78075	78082	78089	78097
604	78104	78111	78118	78125	78132	78140	78147	78154	78161	78168
605	78176	78183	78190	78197	78204	78211	78219	78226	78233	78240
606	78247	78254	78262	78269	78276	78283	78290	78297	78305	78312
607	78319	78326	78333	78340	78347	78355	78362	78369	78376	78383
608	78390	78398	78405	78412	78419	78426	78433	78440	78447	78455
609	78462	78469	78476	78483	78490	78497	78504	78512	78519	78526
610	78533	78540	78547	78554	78561	78569	78576	78583	78590	78597
611	78604	78611	78618	78625	78633	78640	78647	78654	78661	78668
612	78675	78682	78689	78696	78704	78711	78718	78725	78732	78739
613	78746	78753	78760	78767	78774	78781	78789	78796	78803	78810
614	78817	78824	78831	78838	78845	78852	78859	78866	78873	78880
615	78888	78895	78902	78909	78916	78923	78930	78937	78944	78951
616	78958	78965	78972	78979	78986	78993	79000	79007	79014	79021
617	79029	79036	79043	79050	79057	79064	79071	79078	79085	79092
618	79099	79106	79113	79120	79127	79134	79141	79148	79155	79162
619	79169	79176	79183	79190	79197	79204	79211	79218	79225	79232
620	79239	79246	79253	79260	79267	79274	79281	79288	79295	79302
621	79309	79316	79323	79330	79337	79344	79351	79358	79365	79372
622	79379	79386	79393	79400	79407	79414	79421	79428	79435	79442
623	79449	79456	79463	79470	79477	79484	79491	79498	79505	79511
624	79518	79525	79532	79539	79546	79553	79560	79567	79574	79581
625	79588	79595	79602	79609	79616	79623	79630	79637	79644	79650
626	79657	79664	79671	79678	79685	79692	79699	79706	79713	79720
627	79727	79734	79741	79748	79754	79761	79768	79775	79782	79789
628	79796	79803	79810	79817	79824	79831	79837	79844	79851	79858
629	79865	79872	79879	79886	79893	79900	79906	79913	79920	79927
630	79934	79941	79948	79955	79962	79969	79975	79982	79989	79996
631	80003	80010	80017	80024	80030	80037	80044	80051	80058	80065
632	80072	80079	80085	80092	80099	80106	80113	80120	80127	80134
633	80140	80147	80154	80161	80168	80175	80182	80188	80195	80202
634	80209	80216	80223	80229	80236	80243	80250	80257	80264	80271
635	80277	80284	80291	80298	80305	80312	80318	80325	80332	80339
636	80346	80353	80359	80366	80373	80380	80387	80393	80400	80407
637	80414	80421	80428	80434	80441	80448	80455	80462	80468	80475
638	80482	80489	80406	80502	80509	80516	80523	80530	80536	80543
639	80550	80557	80564	80570	80577	80584	80591	80598	80604	80611
N°	0	1	2	3	4	5	6	7	8	9

TABLE XVIII. Logarithms of Numbers.

N° 6400——7000. Log. 80618——84510.

N°	0	1	2	3	4	5	6	7	8	9
640	80618	80625	80632	80638	80645	80652	80659	80665	80672	80679
641	80686	80693	80699	80706	80713	80720	80726	80733	80740	80747
642	80754	80760	80767	80774	80781	80787	80794	80801	80808	80814
643	80821	80828	80835	80841	80848	80855	80862	80868	80875	80882
644	80889	80895	80902	80909	80916	80922	80929	80936	80943	80949
645	80956	80963	80969	80976	80983	80990	80996	81003	81010	81017
646	81023	81030	81037	81043	81050	81057	81064	81070	81077	81084
647	81090	81097	81104	81111	81117	81124	81131	81137	81144	81151
648	81158	81164	81171	81178	81184	81191	81198	81204	81211	81218
649	81224	81231	81238	81245	81251	81258	81265	81271	81278	81285
650	81291	81298	81305	81311	81318	81325	81331	81338	81345	81351
651	81358	81365	81371	81378	81385	81391	81398	81405	81411	81418
652	81425	81431	81438	81445	81451	81458	81465	81471	81478	81485
653	81491	81498	81505	81511	81518	81525	81531	81538	81544	81551
654	81558	81564	81571	81578	81584	81591	81598	81604	81611	81617
655	81624	81631	81637	81644	81651	81657	81664	81671	81677	81684
656	81690	81697	81704	81710	81717	81723	81730	81737	81743	81750
657	81757	81763	81770	81776	81783	81790	81796	81803	81809	81816
658	81823	81829	81836	81842	81849	81856	81862	81869	81875	81882
659	81889	81895	81902	81908	81915	81921	81928	81935	81941	81948
660	81954	81961	81968	81974	81981	81987	81994	82000	82007	82014
661	82020	82027	82033	82040	82046	82053	82060	82066	82073	82079
662	82086	82092	82099	82105	82112	82119	82125	82132	82138	82145
663	82151	82158	82164	82171	82178	82184	82191	82197	82204	82210
664	82217	82223	82230	82236	82243	82249	82256	82263	82269	82276
665	82282	82289	82295	82302	82308	82315	82321	82328	82334	82341
666	82347	82354	82360	82367	82373	82380	82387	82393	82400	82406
667	82413	82419	82426	82432	82439	82445	82452	82458	82465	82471
668	82478	82484	82491	82497	82504	82510	82517	82523	82530	82536
669	82543	82549	82556	82562	82569	82575	82582	82588	82595	82601
670	82607	82614	82620	82627	82633	82640	82646	82653	82659	82666
671	82672	82679	82685	82692	82698	82705	82711	82718	82724	82730
672	82737	82743	82750	82756	82763	82769	82776	82782	82789	82795
673	82802	82808	82814	82821	82827	82834	82840	82847	82853	82860
674	82866	82872	82879	82885	82892	82898	82905	82911	82918	82924
675	82930	82937	82943	82950	82956	82963	82969	82975	82982	82988
676	82995	83001	83008	83014	83020	83027	83033	83040	83046	83052
677	83059	83065	83072	83078	83085	83091	83097	83104	83110	83117
678	83123	83129	83136	83142	83149	83155	83161	83168	83174	83181
679	83187	83193	83200	83206	83213	83219	83225	83232	83238	83245
680	83251	83257	83264	83270	83276	83283	83289	83296	83302	83308
681	83315	83321	83327	83334	83340	83347	83353	83359	83366	83372
682	83378	83385	83391	83398	83404	83410	83417	83423	83429	83436
683	83442	83448	83455	83461	83467	83474	83480	83487	83493	83499
684	83506	83512	83518	83525	83531	83537	83544	83550	83556	83563
685	83569	83575	83582	83588	83594	83601	83607	83613	83620	83626
686	83632	83639	83645	83651	83658	83664	83670	83677	83683	83689
687	83696	83702	83708	83715	83721	83727	83734	83740	83746	83753
688	83759	83765	83771	83778	83784	83790	83797	83803	83809	83816
689	83822	83828	83835	83841	83847	83853	83860	83866	83872	83879
690	83885	83891	83897	83904	83910	83916	83923	83929	83935	83942
691	83948	83954	83960	83967	83973	83979	83985	83992	83998	84004
692	84011	84017	84023	84029	84036	84042	84048	84055	84061	84067
693	84073	84080	84086	84092	84098	84105	84111	84117	84123	84130
694	84136	84142	84148	84155	84161	84167	84173	84180	84186	84192
695	84198	84205	84211	84217	84223	84230	84236	84242	84248	84255
696	84261	84267	84273	84280	84286	84292	84298	84305	84311	84317
697	84323	84330	84336	84342	84348	84354	84361	84367	84373	84379
698	84386	84392	84398	84404	84410	84417	84423	84429	84435	84442
699	84448	84454	84460	84466	84473	84479	84485	84491	84497	84504
N°	0	1	2	3	4	5	6	7	8	9

TABLE XVIII. Logarithms of Numbers.

N° 7000——7600. Log. 84510——88081.

N°	0	1	2	3	4	5	6	7	8	9
700	84510	84516	84522	84528	84535	84541	84547	84553	84559	84566
701	84572	84578	84584	84590	84597	84603	84609	84615	84621	84628
702	84634	84640	84646	84652	84658	84665	84671	84677	84683	84689
703	84696	84702	84708	84714	84720	84726	84733	84739	84745	84751
704	84757	84763	84770	84776	84782	84788	84794	84800	84807	84813
705	84819	84825	84831	84837	84844	84850	84856	84862	84868	84874
706	84880	84887	84893	84899	84905	84911	84917	84924	84930	84936
707	84942	84948	84954	84960	84967	84973	84979	84985	84991	84997
708	85003	85009	85016	85022	85028	85034	85040	85046	85052	85058
709	85065	85071	85077	85083	85089	85095	85101	85107	85114	85120
710	85126	85132	85138	85144	85150	85156	85163	85169	85175	85181
711	85187	85193	85199	85205	85211	85217	85224	85230	85236	85242
712	85248	85254	85260	85266	85272	85278	85285	85291	85297	85303
713	85309	85315	85321	85327	85333	85339	85345	85352	85358	85364
714	85370	85376	85382	85388	85394	85400	85406	85412	85418	85425
715	85431	85437	85443	85449	85455	85461	85467	85473	85479	85485
716	85491	85497	85503	85509	85516	85522	85528	85534	85540	85546
717	85552	85558	85564	85570	85576	85582	85588	85594	85600	85606
718	85612	85618	85625	85631	85637	85643	85649	85655	85661	85667
719	85673	85679	85685	85691	85697	85703	85709	85715	85721	85727
720	85733	85739	85745	85751	85757	85763	85769	85775	85781	85788
721	85794	85800	85806	85812	85818	85824	85830	85836	85842	85848
722	85854	85860	85866	85872	85878	85884	85890	85896	85902	85908
723	85914	85920	85926	85932	85938	85944	85950	85956	85962	85968
724	85974	85980	85986	85992	85998	86004	86010	86016	86022	86028
725	86034	86040	86046	86052	86058	86064	86070	86076	86082	86088
726	86094	86100	86106	86112	86118	86124	86130	86136	86141	86147
727	86153	86159	86165	86171	86177	86183	86189	86195	86201	86207
728	86213	86219	86225	86231	86237	86243	86249	86255	86261	86267
729	86273	86279	86285	86291	86297	86303	86308	86314	86320	86326
730	86332	86338	86344	86350	86356	86362	86368	86374	86380	86386
731	86392	86398	86404	86410	86415	86421	86427	86433	86439	86445
732	86451	86457	86463	86469	86475	86481	86487	86493	86499	86504
733	86510	86516	86522	86528	86534	86540	86546	86552	86558	86564
734	86570	86576	86581	86587	86593	86599	86605	86611	86617	86623
735	86629	86635	86641	86646	86652	86658	86664	86670	86676	86682
736	86688	86694	86700	86705	86711	86717	86723	86729	86735	86741
737	86747	86753	86759	86764	86770	86776	86782	86788	86794	86800
738	86806	86812	86817	86823	86829	86835	86841	86847	86853	86859
739	86864	86870	86876	86882	86888	86894	86900	86906	86911	86917
740	86923	86929	86935	86941	86947	86953	86958	86964	86970	86976
741	86982	86988	86994	86999	87005	87011	87017	87023	87029	87035
742	87040	87046	87052	87058	87064	87070	87075	87081	87087	87093
743	87099	87105	87111	87116	87122	87128	87134	87140	87146	87151
744	87157	87163	87169	87175	87181	87186	87192	87198	87204	87210
745	87216	87221	87227	87233	87239	87245	87251	87256	87262	87268
746	87274	87280	87286	87291	87297	87303	87309	87315	87320	87326
747	87332	87338	87344	87349	87355	87361	87367	87373	87379	87384
748	87390	87396	87402	87408	87413	87419	87425	87431	87437	87442
749	87448	87454	87460	87466	87471	87477	87483	87489	87495	87500
750	87506	87512	87518	87523	87529	87535	87541	87547	87552	87558
751	87564	87570	87576	87581	87587	87593	87599	87604	87610	87616
752	87622	87628	87633	87639	87645	87651	87656	87662	87668	87674
753	87679	87685	87691	87697	87703	87708	87714	87720	87726	87731
754	87737	87743	87749	87754	87760	87766	87772	87777	87783	87789
755	87795	87800	87806	87812	87818	87823	87829	87835	87841	87846
756	87852	87858	87864	87869	87875	87881	87887	87892	87898	87904
757	87910	87915	87921	87927	87933	87938	87944	87950	87955	87961
758	87967	87973	87978	87984	87990	87996	88001	88007	88013	88018
759	88024	88030	88036	88041	88047	88053	88058	88064	88070	88076
N°	0	1	2	3	4	5	6	7	8	9

TABLE XVIII. Logarithms of Numbers.

N° 7600——8200. Log. 88081—— 91381.

N°	0	1	2	3	4	5	6	7	8	9
760	88081	88087	88093	88098	88104	88110	88116	88121	88127	88133
761	88138	88144	88150	88156	88161	88167	88173	88178	88184	88190
762	88195	88201	88207	88213	88218	88224	88230	88235	88241	88247
763	88252	88258	88264	88270	88275	88281	88287	88292	88298	88304
764	88309	88315	88321	88326	88332	88338	88343	88349	88355	88360
765	88366	88372	88377	88383	88389	88395	88400	88406	88412	88417
766	88423	88429	88434	88440	88446	88451	88457	88463	88468	88474
767	88480	88485	88491	88497	88502	88508	88513	88519	88525	88530
768	88536	88542	88547	88553	88559	88564	88570	88576	88581	88587
769	88593	88598	88604	88610	88615	88621	88627	88632	88638	88643
770	88649	88655	88660	88666	88672	88677	88683	88689	88694	88700
771	88705	88711	88717	88722	88728	88734	88739	88745	88750	88756
772	88762	88767	88773	88779	88784	88790	88795	88801	88807	88812
773	88818	88824	88829	88835	88840	88846	88852	88857	88863	88868
774	88874	88880	88885	88891	88897	88902	88908	88913	88919	88925
775	88930	88936	88941	88947	88953	88958	88964	88969	88975	88981
776	88986	88992	88997	89003	89009	89014	89020	89025	89031	89037
777	89042	89048	89053	89059	89064	89070	89076	89081	89087	89092
778	89098	89104	89109	89115	89120	89126	89131	89137	89143	89148
779	89154	89159	89165	89170	89176	89182	89187	89193	89198	89204
780	89209	89215	89221	89226	89232	89237	89243	89248	89254	89260
781	89265	89271	89276	89282	89287	89293	89298	89304	89310	89315
782	89321	89326	89332	89337	89343	89348	89354	89360	89365	89371
783	89376	89382	89387	89393	89398	89404	89409	89415	89421	89426
784	89432	89437	89443	89448	89454	89459	89465	89470	89476	89481
785	89487	89492	89498	89504	89509	89515	89520	89526	89531	89537
786	89542	89548	89553	89559	89564	89570	89575	89581	89586	89592
787	89597	89603	89609	89614	89620	89625	89631	89636	89642	89647
788	89653	89658	89664	89669	89675	89680	89686	89691	89697	89702
789	89708	89713	89719	89724	89730	89735	89741	89746	89752	89757
790	89763	89768	89774	89779	89785	89790	89796	89801	89807	89812
791	89818	89823	89829	89834	89840	89845	89851	89856	89862	89867
792	89873	89878	89883	89889	89894	89900	89905	89911	89916	89922
793	89927	89933	89938	89944	89949	89955	89960	89966	89971	89977
794	89982	89988	89993	89998	90004	90009	90015	90020	90026	90031
795	90037	90042	90048	90053	90059	90064	90069	90075	90080	90086
796	90091	90097	90102	90108	90113	90119	90124	90129	90135	90140
797	90146	90151	90157	90162	90168	90173	90179	90184	90189	90195
798	90200	90206	90211	90217	90222	90227	90233	90238	90244	90249
799	90255	90260	90266	90271	90276	90282	90287	90293	90298	90304
800	90309	90314	90320	90325	90331	90336	90342	90347	90352	90358
801	90363	90369	90374	90380	90385	90390	90396	90401	90407	90412
802	90417	90423	90428	90434	90439	90445	90450	90455	90461	90466
803	90472	90477	90482	90488	90493	90499	90504	90509	90515	90520
804	90526	90531	90536	90542	90547	90553	90558	90563	90569	90574
805	90580	90585	90590	90596	90601	90607	90612	90617	90623	90628
806	90634	90639	90644	90650	90655	90660	90666	90671	90677	90682
807	90687	90693	90698	90703	90709	90714	90720	90725	90730	90736
808	90741	90747	90752	90757	90763	90768	90773	90779	90784	90789
809	90795	90800	90806	90811	90816	90822	90827	90832	90838	90843
810	90849	90854	90859	90865	90870	90875	90881	90886	90891	90897
811	90902	90907	90913	90918	90924	90929	90934	90940	90945	90950
812	90956	90961	90966	90972	90977	90982	90988	90993	90998	91004
813	91009	91014	91020	91025	91030	91036	91041	91046	91052	91057
814	91062	91068	91073	91078	91084	91089	91094	91100	91105	91110
815	91116	91121	91126	91132	91137	91142	91148	91153	91158	91164
816	91169	91174	91180	91185	91190	91196	91201	91206	91212	91217
817	91222	91228	91233	91238	91243	91249	91254	91259	91265	91270
818	91275	91281	91286	91291	91297	91302	91307	91312	91318	91323
819	91328	91334	91339	91344	91350	91355	91360	91365	91371	91376
N°	0	1	2	3	4	5	6	7	8	9

TABLE XVIII. Logarithms of Numbers.

N° 8200——8800. Log. 91381——94448.

N°	0	1	2	3	4	5	6	7	8	9
820	91381	91387	91392	91397	91403	91408	91413	91418	91424	91429
821	91434	91440	91445	91450	91455	91461	91466	91471	91477	91482
822	91487	91492	91498	91503	91508	91514	91519	91524	91529	91535
823	91540	91545	91551	91556	91561	91566	91572	91577	91582	91587
824	91593	91598	91603	91609	91614	91619	91624	91630	91635	91640
825	91645	91651	91656	91661	91666	91672	91677	91682	91687	91693
826	91698	91703	91709	91714	91719	91724	91730	91735	91740	91745
827	91751	91756	91761	91766	91772	91777	91782	91787	91793	91798
828	91803	91808	91814	91819	91824	91829	91834	91840	91845	91850
829	91855	91861	91866	91871	91876	91882	91887	91892	91897	91903
830	91908	91913	91918	91924	91929	91934	91939	91944	91950	91955
831	91960	91965	91971	91976	91981	91986	91991	91997	92002	92007
832	92012	92018	92023	92028	92033	92038	92044	92049	92054	92059
833	92065	92070	92075	92080	92085	92091	92096	92101	92106	92111
834	92117	92122	92127	92132	92137	92143	92148	92153	92158	92163
835	92169	92174	92179	92184	92189	92195	92200	92205	92210	92215
836	92221	92226	92231	92236	92241	92247	92252	92257	92262	92267
837	92273	92278	92283	92288	92293	92298	92304	92309	92314	92319
838	92324	92330	92335	92340	92345	92350	92355	92361	92366	92371
839	92376	92381	92387	92392	92397	92402	92407	92412	92418	92423
840	92428	92433	92438	92443	92449	92454	92459	92464	92469	92474
841	92480	92485	92490	92495	92500	92505	92511	92516	92521	92526
842	92531	92536	92542	92547	92552	92557	92562	92567	92572	92578
843	92583	92588	92593	92598	92603	92609	92614	92619	92624	92629
844	92634	92639	92645	92650	92655	92660	92665	92670	92675	92681
845	92686	92691	92696	92701	92706	92711	92716	92722	92727	92732
846	92737	92742	92747	92752	92758	92763	92768	92773	92778	92783
847	92788	92793	92799	92804	92809	92814	92819	92824	92829	92834
848	92840	92845	92850	92855	92860	92865	92870	92875	92881	92886
849	92891	92896	92901	92906	92911	92916	92921	92927	92932	92937
850	92942	92947	92952	92957	92962	92967	92973	92978	92983	92988
851	92993	92998	93003	93008	93013	93018	93024	93029	93034	93039
852	93044	93049	93054	93059	93064	93069	93075	93080	93085	93090
853	93095	93100	93105	93110	93115	93120	93125	93131	93136	93141
854	93146	93151	93156	93161	93166	93171	93176	93181	93186	93192
855	93197	93202	93207	93212	93217	93222	93227	93232	93237	93242
856	93247	93252	93258	93263	93268	93273	93278	93283	93288	93293
857	93298	93303	93308	93313	93318	93323	93328	93334	93339	93344
858	93349	93354	93359	93364	93369	93374	93379	93384	93389	93394
859	93399	93404	93409	93414	93420	93425	93430	93435	93440	93445
860	93450	93455	93460	93465	93470	93475	93480	93485	93490	93495
861	93500	93505	93510	93515	93520	93526	93531	93536	93541	93546
862	93551	93556	93561	93566	93571	93576	93581	93586	93591	93596
863	93601	93606	93611	93616	93621	93626	93631	93636	93641	93646
864	93651	93656	93661	93666	93671	93676	93682	93687	93692	93697
865	93702	93707	93712	93717	93722	93727	93732	93737	93742	93747
866	93752	93757	93762	93767	93772	93777	93782	93787	93792	93797
867	93802	93807	93812	93817	93822	93827	93832	93837	93842	93847
868	93852	93857	93862	93867	93872	93877	93882	93887	93892	93897
869	93902	93907	93912	93917	93922	93927	93932	93937	93942	93947
870	93952	93957	93962	93967	93972	93977	93982	93987	93992	93997
871	94002	94007	94012	94017	94022	94027	94032	94037	94042	94047
872	94052	94057	94062	94067	94072	94077	94082	94086	94091	94096
873	94101	94106	94111	94116	94121	94126	94131	94136	94141	94146
874	94151	94156	94161	94166	94171	94176	94181	94186	94191	94196
875	94201	94206	94211	94216	94221	94226	94231	94236	94240	94245
876	94250	94255	94260	94265	94270	94275	94280	94285	94290	94295
877	94300	94305	94310	94315	94320	94325	94330	94335	94340	94345
878	94349	94354	94359	94364	94369	94374	94379	94384	94389	94394
879	94399	94404	94409	94414	94419	94424	94429	94433	94438	94443
N°	0	1	2	3	4	5	6	7	8	9

Table XVIII. Logarithms of Numbers.

Nº 8800——9400. Log. 94448——97313.

Nº	0	1	2	3	4	5	6	7	8	9
880	94448	94453	94458	94463	94468	94473	94478	94483	94488	94493
881	94498	94503	94507	94512	94517	94522	94527	94532	94537	94542
882	94547	94552	94557	94562	94567	94571	94576	94581	94586	94591
883	94596	94601	94606	94611	94616	94621	94626	94630	94635	94640
884	94645	94650	94655	94660	94665	94670	94675	94680	94685	94689
885	94694	94699	94704	94709	94714	94719	94724	94729	94734	94738
886	94743	94748	94753	94758	94763	94768	94773	94778	94783	94787
887	94792	94797	94802	94807	94812	94817	94822	94827	94832	94836
888	94841	94846	94851	94856	94861	94866	94871	94876	94880	94885
889	94890	94895	94900	94905	94910	94915	94919	94924	94929	94934
890	94939	94944	94949	94954	94959	94963	94968	94973	94978	94983
891	94988	94993	94998	95002	95007	95012	95017	95022	95027	95032
892	95036	95041	95046	95051	95056	95061	95066	95071	95075	95080
893	95085	95090	95095	95100	95105	95109	95114	95119	95124	95129
894	95134	95139	95143	95148	95153	95158	95163	95168	95173	95177
895	95182	95187	95192	95197	95202	95207	95211	95216	95221	95226
896	95231	95236	95240	95245	95250	95255	95260	95265	95270	95274
897	95279	95284	95289	95294	95299	95303	95308	95313	95318	95323
898	95328	95332	95337	95342	95347	95352	95357	95361	95366	95371
899	95376	95381	95386	95390	95395	95400	95405	95410	95415	95419
900	95424	95429	95434	95439	95444	95448	95453	95458	95463	95468
901	95472	95477	95482	95487	95492	95497	95501	95506	95511	95516
902	95521	95525	95530	95535	95540	95545	95550	95554	95559	95564
903	95569	95574	95578	95583	95588	95593	95598	95602	95607	95612
904	95617	95622	95626	95631	95636	95641	95646	95650	95655	95660
905	95665	95670	95674	95679	95684	95689	95694	95698	95703	95708
906	95713	95718	95722	95727	95732	95737	95742	95746	95751	95756
907	95761	95766	95770	95775	95780	95785	95789	95794	95799	95804
908	95809	95813	95818	95823	95828	95832	95837	95842	95847	95852
909	95856	95861	95866	95871	95875	95880	95885	95890	95895	95899
910	95904	95909	95914	95918	95923	95928	95933	95938	95942	95947
911	95952	95957	95961	95966	95971	95976	95980	95985	95990	95995
912	95999	96004	96009	96014	96019	96023	96028	96033	96038	96042
913	96047	96052	96057	96061	96066	96071	96076	96080	96085	96090
914	96095	96099	96104	96109	96114	96118	96123	96128	96133	96137
915	96142	96147	96152	96156	96161	96166	96171	96175	96180	96185
916	96190	96194	96199	96204	96209	96213	96218	96223	96227	96232
917	96237	96242	96246	96251	96256	96261	96265	96270	96275	96280
918	96284	96289	96294	96298	96303	96308	96313	96317	96322	96327
919	96332	96336	96341	96346	96350	96355	96360	96365	96369	96374
920	96379	96384	96388	96393	96398	96402	96407	96412	96417	96421
921	96426	96431	96435	96440	96445	96450	96454	96459	96464	96468
922	96473	96478	96483	96487	96492	96497	96501	96506	96511	96515
923	96520	96525	96530	96534	96539	96544	96548	96553	96558	96562
924	96567	96572	96577	96581	96586	96591	96595	96600	96605	96609
925	96614	96619	96624	96628	96633	96638	96642	96647	96652	96656
926	96661	96666	96670	96675	96680	96685	96689	96694	96699	96703
927	96708	96713	96717	96722	96727	96731	96736	96741	96745	96750
928	96755	96759	96764	96769	96774	96778	96783	96788	96792	96797
929	96802	96806	96811	96816	96820	96825	96830	96834	96839	96844
930	96848	96853	96858	96862	96867	96872	96876	96881	96886	96890
931	96895	96900	96904	96909	96914	96918	96923	96928	96932	96937
932	96942	96946	96951	96956	96960	96965	96970	96974	96979	96984
933	96988	96993	96997	97002	97007	97011	97016	97021	97025	97030
934	97035	97039	97044	97049	97053	97058	97063	97067	97072	97077
935	97081	97086	97090	97095	97100	97104	97109	97114	97118	97123
936	97128	97132	97137	97142	97146	97151	97155	97160	97165	97169
937	97174	97179	97183	97188	97192	97197	97202	97206	97211	97216
938	97220	97225	97230	97234	97239	97243	97248	97253	97257	97262
939	97267	97271	97276	97280	97285	97290	97294	97299	97304	97308
Nº	0	1	2	3	4	5	6	7	8	9

TABLE XVIII. Logarithms of Numbers.

N° 9400——10000. Log. 97313——99996.

N°	0	1	2	3	4	5	6	7	8	9
940	97313	97317	97322	97327	97331	97336	97340	97345	97350	97354
941	97359	97364	97368	97373	97377	97382	97387	97391	97396	97400
942	97405	97410	97414	97419	97424	97428	97433	97437	97442	97447
943	97451	97456	97460	97465	97470	97474	97479	97483	97488	97493
944	97497	97502	97506	97511	97516	97520	97525	97529	97534	97539
945	97543	97548	97552	97557	97562	97566	97571	97575	97580	97585
946	97589	97594	97598	97603	97607	97612	97617	97621	97626	97630
947	97635	97640	97644	97649	97653	97658	97663	97667	97672	97676
948	97681	97685	97690	97695	97699	97704	97708	97713	97717	97722
949	97727	97731	97736	97740	97745	97749	97754	97759	97763	97768
950	97772	97777	97782	97786	97791	97795	97800	97804	97809	97813
951	97818	97823	97827	97832	97836	97841	97845	97850	97855	97859
952	97864	97868	97873	97877	97882	97886	97891	97896	97900	97905
953	97909	97914	97918	97923	97928	97932	97937	97941	97946	97950
954	97955	97959	97964	97968	97973	97978	97982	97987	97991	97996
955	98000	98005	98009	98014	98019	98023	98028	98032	98037	98041
956	98046	98050	98055	98059	98064	98068	98073	98078	98082	98087
957	98091	98096	98100	98105	98109	98114	98118	98123	98127	98132
958	98137	98141	98146	98150	98155	98159	98164	98168	98173	98177
959	98182	98186	98191	98195	98200	98204	98209	98214	98218	98223
960	98227	98232	98236	98241	98245	98250	98254	98259	98263	98268
961	98272	98277	98281	98286	98290	98295	98299	98304	98308	98313
962	98318	98322	98327	98331	98336	98340	98345	98349	98354	98358
963	98363	98367	98372	98376	98381	98385	98390	98394	98399	98403
964	98408	98412	98417	98421	98426	98430	98435	98439	98444	98448
965	98453	98457	98462	98466	98471	98475	98480	98484	98489	98493
966	98498	98502	98507	98511	98516	98520	98525	98529	98534	98538
967	98543	98547	98552	98556	98561	98565	98570	98574	98579	98583
968	98588	98592	98597	98601	98605	98610	98614	98619	98623	98628
969	98632	98637	98641	98646	98650	98655	98659	98664	98668	98673
970	98677	98682	98686	98691	98695	98700	98704	98709	98713	98717
971	98722	98726	98731	98735	98740	98744	98749	98753	98758	98762
972	98767	98771	98776	98780	98784	98789	98793	98798	98802	98807
973	98811	98816	98820	98825	98829	98834	98838	98843	98847	98851
974	98856	98860	98865	98869	98874	98878	98883	98887	98892	98896
975	98900	98905	98909	98914	98918	98923	98927	98932	98936	98941
976	98945	98949	98954	98958	98963	98967	98972	98976	98981	98985
977	98989	98994	98998	99003	99007	99012	99016	99021	99025	99029
978	99034	99038	99043	99047	99052	99056	99061	99065	99069	99074
979	99078	99083	99087	99092	99096	99100	99105	99109	99114	99118
980	99123	99127	99131	99136	99140	99145	99149	99154	99158	99162
981	99167	99171	99176	99180	99185	99189	99193	99198	99202	99207
982	99211	99216	99220	99224	99229	99233	99238	99242	99247	99251
983	99255	99260	99264	99269	99273	99277	99282	99286	99291	99295
984	99300	99304	99308	99313	99317	99322	99326	99330	99335	99339
985	99344	99348	99352	99357	99361	99366	99370	99374	99379	99383
986	99388	99392	99396	99401	99405	99410	99414	99419	99423	99427
987	99432	99436	99441	99445	99449	99454	99458	99463	99467	99471
988	99476	99480	99484	99489	99493	99498	99502	99506	99511	99515
989	99520	99524	99528	99533	99537	99542	99546	99550	99555	99559
990	99564	99568	99572	99577	99581	99585	99590	99594	99599	99603
991	99607	99612	99616	99621	99625	99629	99634	99638	99642	99647
992	99651	99656	99660	99664	99669	99673	99677	99682	99686	99691
993	99695	99699	99704	99708	99712	99717	99721	99726	99730	99734
994	99739	99743	99747	99752	99756	99760	99765	99769	99774	99778
995	99782	99787	99791	99795	99800	99804	99808	99813	99817	99822
996	99826	99830	99835	99839	99843	99848	99852	99856	99861	99865
997	99870	99874	99878	99883	99887	99891	99896	99900	99904	99909
998	99913	99917	99922	99926	99930	99935	99939	99944	99948	99952
999	99957	99961	99965	99970	99974	99978	99983	99987	99991	99996
N°	0	1	2	3	4	5	6	7	8	9

TABLE XIX.

LOGARITHMIC SINES, TANGENTS,

AND

SECANTS.

Table XIX. Logarithmic Sines, Tangents, and Secants.

0 Degree.

M	Sine.	Diff 100″	Co-sine.	D.	Secant.	Co-secant.	Tangent.	Co-tang	M
0	0.00000·0		10.00000·0		10.00000	Infinite.	0.00000	Infinite.	60
1	6.46372·6		10.00000·0	00	10.00000	13.53627	6.46373	13.53627	59
2	6.76475·6	501717	10.00000·0	00	10.00000	13.23524	6.76476	13.23524	58
3	6.94084·7	293485	10.00000·0	00	10.00000	13.05915	6.94085	13.05915	57
4	7.06578·6	208231	10.00000·0	00	10.00000	12.93421	7.06579	12.93421	56
5	7.16269·6	161517	10.00000·0	00	10.00000	12.83730	7.16270	12.83730	55
6	7.24187·7	131968	9.99999·9	01	10.00000	12.75812	7.24188	12.75812	54
7	7.30882·4	111575	9.99999·9	00	10.00000	12.69118	7.30882	12.69118	53
8	7.36681·6	96653	9.99999·9	00	10.00000	12.63318	7.36682	12.63318	52
9	7.41796·8	85254	9.99999·9	00	10.00000	12.58203	7.41797	12.58203	51
10	7.46372·6	76263	9.99999·8	01	10.00000	12.53627	7.46373	12.53627	50
11	7.50511·8	68988	9.99999·8	00	10.00000	12.49488	7.50512	12.49488	49
12	7.54290·6	62981	9.99999·7	01	10.00000	12.45709	7.54291	12.45709	48
13	7.57766·8	57936	9.99999·7	00	10.00000	12.42233	7.57767	12.42233	47
14	7.60985·3	53641	9.99999·6	01	10.00000	12.39015	7.60986	12.39014	46
15	7.63981·6	49938	9.99999·6	00	10.00000	12.36018	7.63982	12.36018	45
16	7.66784·5	46714	9.99999·5	01	10.00000	12.33216	7.66785	12.33215	44
17	7.69417·3	43881	9.99999·5	00	10.00001	12.30583	7.69418	12.30582	43
18	7.71899·7	41372	9.99999·4	01	10.00001	12.28100	7.71900	12.28100	42
19	7.74247·8	39135	9.99999·3	01	10.00001	12.25752	7.74248	12.25752	41
20	7.76475·4	37127	9.99999·3	00	10.00001	12.23525	7.76476	12.23524	40
21	7.78594·3	35315	9.99999·2	01	10.00001	12.21406	7.78595	12.21405	39
22	7.80614·6	33672	9.99999·1	01	10.00001	12.19385	7.80615	12.19385	38
23	7.82545·1	32175	9.99999·0	01	10.00001	12.17455	7.82546	12.17454	37
24	7.84393·4	30805	9.99998·9	01	10.00001	12.15607	7.84394	12.15606	36
25	7.86166·2	29547	9.99998·9	00	10.00001	12.13834	7.86167	12.13833	35
26	7.87869·5	28388	9.99998·8	01	10.00001	12.12130	7.87871	12.12129	34
27	7.89508·5	27317	9.99998·7	01	10.00001	12.10491	7.89510	12.10490	33
28	7.91087·9	26323	9.99998·6	01	10.00001	12.08912	7.91089	12.08911	32
29	7.92611·9	25399	9.99998·5	01	10.00002	12.07388	7.92613	12.07387	31
30	7.94084·2	24538	9.99998·3	03	10.00002	12.05916	7.94086	12.05914	30
31	7.95508·2	23733	9.99998·2	01	10.00002	12.04492	7.95510	12.04490	29
32	7.96887·0	22980	9.99998·1	01	10.00002	12.03113	7.96889	12.03111	28
33	7.98223·3	22273	9.99998·0	01	10.00002	12.01777	7.98225	12.01775	27
34	7.99519·8	21608	9.99997·9	01	10.00002	12.00480	7.99522	12.00478	26
35	8.00778·7	20981	9.99997·7	03	10.00002	11.99221	8.00781	11.99219	25
36	8.02002·1	20390	9.99997·6	01	10.00002	11.97998	8.02004	11.97996	24
37	8.03191·9	19831	9.99997·5	01	10.00003	11.96808	8.03194	11.96806	23
38	8.04350·1	19302	9.99997·3	03	10.00003	11.95650	8.04353	11.95647	22
39	8.05478·1	18801	9.99997·2	01	10.00003	11.94522	8.05481	11.94519	21
40	8.06577·6	18325	9.99997·1	01	10.00003	11.93422	8.06581	11.93419	20
41	8.07650·0	17872	9.99996·9	03	10.00003	11.92350	8.07653	11.92347	19
42	8.08696·5	17441	9.99996·8	01	10.00003	11.91304	8.08700	11.91300	18
43	8.09718·3	17031	9.99996·6	03	10.00003	11.90282	8.09722	11.90278	17
44	8.10716·7	16639	9.99996·4	03	10.00004	11.89283	8.10720	11.89280	16
45	8.11692·6	16265	9.99996·3	01	10.00004	11.88307	8.11696	11.88304	15
46	8.12647·1	15908	9.99996·1	03	10.00004	11.87353	8.12651	11.87349	14
47	8.13581·0	15566	9.99995·9	03	10.00004	11.86419	8.13585	11.86415	13
48	8.14495·3	15238	9.99995·8	01	10.00004	11.85505	8.14500	11.85500	12
49	8.15390·7	14924	9.99995·6	03	10.00004	11.84609	8.15395	11.84605	11
50	8.16268·1	14622	9.99995·4	03	10.00005	11.83732	8.16273	11.83727	10
51	8.17128·0	14333	9.99995·2	03	10.00005	11.82872	8.17133	11.82867	9
52	8.17971·3	14054	9.99995·0	03	10.00005	11.82029	8.17976	11.82024	8
53	8.18798·5	13786	9.99994·8	03	10.00005	11.81202	8.18804	11.81196	7
54	8.19610·2	13529	9.99994·6	03	10.00005	11.80390	8.19616	11.80384	6
55	8.20407·0	13280	9.99994·4	03	10.00006	11.79593	8.20413	11.79587	5
56	8.21189·5	13041	9.99994·2	03	10.00006	11.78811	8.21195	11.78805	4
57	8.21958·1	12810	9.99994·0	03	10.00006	11.78042	8.21964	11.78036	3
58	8.22713·4	12587	9.99993·8	03	10.00006	11.77287	8.22720	11.77280	2
59	8.23455·7	12372	9.99993·6	03	10.00006	11.76544	8.23462	11.76538	1
60	8.24185·5	12164	9.99993·4	03	10.00007	11.75814	8.24192	11.75808	0
M	Co-sine.		Sine		Co-secant.	Secant.	Co-tang.	Tangent.	M.

89 Degrees.

Table XIX. Logarithmic Sines, Tangents, and Secants.

1 Degree.

M	Sine.	Diff100″	Co-sine.	D.	Secant.	Co-secant.	Tangent.	Co-tang.	M
0	8.24185·5	11963	9.99993·4	03	10.00007	11.75814	8.24192	11.75808	60
1	8.24903·3	11768	9.99993·2	05	10.00007	11.75097	8.24910	11.75090	59
2	8.25609·4	11580	9.99992·9	03	10.00007	11.74391	8.25616	11.74384	58
3	8.26304·2	11398	9.99992·7	03	10.00007	11.73696	8.26312	11.73688	57
4	8.26988·1	11221	9.99992·5	05	10.00008	11.73012	8.26996	11.73004	56
5	8.27661·4	11050	9.99992·2	03	10.00008	11.72339	8.27669	11.72331	55
6	8.28324·3	10883	9.99992·0	03	10.00008	11.71676	8.28332	11.71668	54
7	8.28977·3	10721	9.99991·8	05	10.00008	11.71023	8.28986	11.71014	53
8	8.29620·7	10565	9.99991·5	03	10.00008	11.70379	8.29629	11.70371	52
9	8.30254·6	10413	9.99991·3	05	10.00009	11.69745	8.30263	11.69737	51
10	8.30879·4	10266	9.99991·0	05	10.00009	11.69121	8.30888	11.69112	50
11	8.31495·4	10122	9.99990·7	03	10.00009	11.68505	8.31505	11.68495	49
12	8.32102·7	9982	9.99990·5	05	10.00010	11.67897	8.32112	11.67888	48
13	8.32701·6	9847	9.99990·2	05	10.00010	11.67298	8.32711	11.67289	47
14	8.33292·4	9714	9.99989·9	03	10.00010	11.66708	8.33302	11.66698	46
15	8.33875·3	9586	9.99989·7	05	10.00010	11.66125	8.33886	11.66114	45
16	8.34450·4	9460	9.99989·4	05	10.00011	11.65550	8.34461	11.65539	44
17	8.35018·1	9338	9.99989·1	05	10.00011	11.64982	8.35029	11.64971	43
18	8.35578·3	9219	9.99988·8	05	10.00011	11.64422	8.35590	11.64410	42
19	8.36131·5	9103	9.99988·5	05	10.00011	11.63869	8.36143	11.63857	41
20	8.36677·7	8990	9.99988·2	05	10.00012	11.63322	8.36689	11.63311	40
21	8.37217·1	8880	9.99987·9	05	10.00012	11.62783	8.37229	11.62771	39
22	8.37749·9	8772	9.99987·6	05	10.00012	11.62250	8.37762	11.62238	38
23	8.38276·2	8667	9.99987·3	05	10.00013	11.61724	8.38289	11.61711	37
24	8.38796·2	8564	9.99987·0	05	10.00013	11.61204	8.38809	11.61191	36
25	8.39310·1	8464	9.99986·7	05	10.00013	11.60690	8.39323	11.60677	35
26	8.39817·9	8366	9.99986·4	05	10.00014	11.60182	8.39832	11.60168	34
27	8.40319·9	8271	9.99986·1	05	10.00014	11.59680	8.40334	11.59666	33
28	8.40816·1	8177	9.99985·8	07	10.00014	11.59184	8.40830	11.59170	32
29	8.41306·8	8086	9.99985·4	05	10.00015	11.58693	8.41321	11.58679	31
30	8.41791·9	7996	9.99985·1	05	10.00015	11.58208	8.41807	11.58193	30
31	8.42271·7	7909	9.99984·8	07	10.00015	11.57728	8.42287	11.57713	29
32	8.42746·2	7823	9.99984·4	05	10.00016	11.57254	8.42762	11.57238	28
33	8.43215·6	7740	9.99984·1	05	10.00016	11.56784	8.43232	11.56768	27
34	8.43680·0	7657	9.99983·8	07	10.00016	11.56320	8.43696	11.56304	26
35	8.44139·4	7577	9.99983·4	05	10.00017	11.55861	8.44156	11.55844	25
36	8.44594·1	7499	9.99983·1	07	10.00017	11.55406	8.44611	11.55389	24
37	8.45044·0	7422	9.99982·7	05	10.00017	11.54956	8.45061	11.54939	23
38	8.45489·3	7346	9.99982·4	07	10.00018	11.54511	8.45507	11.54493	22
39	8.45930·1	7273	9.99982·0	07	10.00018	11.54070	8.45948	11.54052	21
40	8.46366·5	7200	9.99981·6	05	10.00018	11.53634	8.46385	11.53615	20
41	8.46798·5	7129	9.99981·3	07	10.00019	11.53201	8.46817	11.53183	19
42	8.47226·3	7060	9.99980·9	07	10.00019	11.52774	8.47245	11.52755	18
43	8.47649·8	6991	9.99980·5	07	10.00019	11.52350	8.47669	11.52331	17
44	8.48069·3	6924	9.99980·1	07	10.00020	11.51931	8.48089	11.51911	16
45	8.48484·8	6859	9.99979·7	05	10.00020	11.51515	8.48505	11.51495	15
46	8.48896·3	6794	9.99979·4	07	10.00021	11.51104	8.48917	11.51083	14
47	8.49304·0	6731	9.99979·0	07	10.00021	11.50696	8.49325	11.50675	13
48	8.49707·8	6669	9.99978·6	07	10.00021	11.50292	8.49729	11.50271	12
49	8.50108·0	6608	9.99978·2	07	10.00022	11.49892	8.50130	11.49870	11
50	8.50504·5	6548	9.99977·8	07	10.00022	11.49496	8.50527	11.49473	10
51	8.50897·4	6489	9.99977·4	08	10.00023	11.49103	8.50920	11.49080	9
52	8.51286·7	6431	9.99976·9	07	10.00023	11.48713	8.51310	11.48690	8
53	8.51672·6	6375	9.99976·5	07	10.00023	11.48327	8.51696	11.48304	7
54	8.52055·1	6319	9.99976·1	07	10.00024	11.47945	8.52079	11.47921	6
55	8.52434·3	6264	9.99975·7	07	10.00024	11.47566	8.52459	11.47541	5
56	8.52810·2	6211	9.99975·3	08	10.00025	11.47190	8.52835	11.47165	4
57	8.53182·8	6158	9.99974·8	07	10.00025	11.46817	8.53208	11.46792	3
58	8.53552·3	6106	9.99974·4	07	10.00026	11.46448	8.53578	11.46422	2
59	8.53918·6	6055	9.99974·0	08	10.00026	11.46081	8.53945	11.46055	1
60	8.54281·9		9.99973·5		10.00026	11.45718	8.54303	11.45692	0
M	Co-sine.		Sine.		Co-secant.	Secant.	Co-tang.	Tangent.	M

88 Degrees.

Table XIX. Logarithmic Sines, Tangents, and Secants.

2 Degrees.

M	Sine.	Diff 100″	Co-sine.	D.	Secant.	Co-secant.	Tangent.	Co-tangent.	M
0	8.54281·9	6004	9.99973·5	07	10.00026	11.45718	8.54308	11.45692	60
1	8.54642·2	5955	9.99973·1	08	10.00027	11.45358	8.54669	11.45331	59
2	8.54999·5	5906	9.99972·6	07	10.00027	11.45001	8.55027	11.44973	58
3	8.55353·9	5858	9.99972·2	08	10.00028	11.44646	8.55382	11.44618	57
4	8.55705·4	5811	9.99971·7	07	10.00028	11.44295	8.55734	11.44266	56
5	8.56054·0	5765	9.99971·3	08	10.00029	11.43946	8.56083	11.43917	55
6	8.56399·9	5719	9.99970·8	07	10.00029	11.43600	8.56429	11.43571	54
7	8.56743·1	5674	9.99970·4	08	10.00030	11.43257	8.56773	11.43227	53
8	8.57083·6	5630	9.99969·9	08	10.00030	11.42916	8.57114	11.42886	52
9	8.57421·4	5587	9.99969·4	08	10.00031	11.42579	8.57452	11.42548	51
10	8.57756·6	5544	9.99968·9	07	10.00031	11.42243	8.57788	11.42212	50
11	8.58089·2	5502	9.99968·5	08	10.00032	11.41911	8.58121	11.41879	49
12	8.58419·3	5460	9.99968·0	08	10.00032	11.41581	8.58451	11.41549	48
13	8.58746·9	5419	9.99967·5	08	10.00033	11.41253	8.58779	11.41221	47
14	8.59072·1	5379	9.99967·0	08	10.00033	11.40928	8.59105	11.40895	46
15	8.59394·8	5339	9.99966·5	08	10.00033	11.40605	8.59428	11.40572	45
16	8.59715·2	5300	9.99966·0	08	10.00034	11.40285	8.59749	11.40251	44
17	8.60033·2	5261	9.99965·5	08	10.00034	11.39967	8.60068	11.39932	43
18	8.60348·9	5223	9.99965·0	08	10.00035	11.39651	8.60384	11.39616	42
19	8.60662·3	5186	9.99964·5	08	10.00036	11.39338	8.60698	11.39302	41
20	8.60973·4	5149	9.99964·0	08	10.00036	11.39027	8.61009	11.38991	40
21	8.61282·3	5112	9.99963·5	10	10.00037	11.38718	8.61319	11.38681	39
22	8.61589·1	5076	9.99962·9	08	10.00037	11.38411	8.61626	11.38374	38
23	8.61893·7	5041	9.99962·4	08	10.00038	11.38106	8.61931	11.38069	37
24	8.62196·2	5006	9.99961·9	08	10.00038	11.37804	8.62234	11.37766	36
25	8.62496·5	4972	9.99961·4	10	10.00039	11.37503	8.62535	11.3746[illegible]	35
26	8.62794·8	4938	9.99960·8	08	10.00039	11.37205	8.62834	11.37166	34
27	8.63091·1	4904	9.99960·3	10	10.00040	11.36909	8.63131	11.36869	33
28	8.63385·4	4871	9.99959·7	08	10.00040	11.36615	8.63426	11.36574	32
29	8.63677·6	4839	9.99959·2	10	10.00041	11.36322	8.63718	11.36282	31
30	8.63968·0	4806	9.99958·6	08	10.00041	11.36032	8.64009	11.35991	30
31	8.64256·3	4775	9.99958·1	10	10.00042	11.35744	8.64298	11.35702	29
32	8.64542·8	4743	9.99957·5	08	10.00042	11.35457	8.64585	11.35415	28
33	8.64827·4	4712	9.99957·0	10	10.00043	11.35173	8.64870	11.35130	27
34	8.65110·2	4682	9.99956·4	10	10.00044	11.34890	8.65154	11.34846	26
35	8.65391·1	4652	9.99955·8	08	10.00044	11.34609	8.65435	11.34565	25
36	8.65670·2	4622	9.99955·3	10	10.00045	11.34330	8.65715	11.34285	24
37	8.65947·5	4592	9.99954·7	10	10.00045	11.34053	8.65993	11.34007	23
38	8.66223·0	4563	9.99954·1	10	10.00046	11.33777	8.66269	11.33731	22
39	8.66496·8	4535	9.99953·5	10	10.00046	11.33503	8.66543	11.33457	21
40	8.66768·9	4506	9.99952·9	08	10.00047	11.33231	8.66816	11.33184	20
41	8.67039·3	4479	9.99952·4	10	10.00048	11.32961	8.67087	11.32913	19
42	8.67308·0	4451	9.99951·8	10	10.00048	11.32692	8.67356	11.32644	18
43	8.67575·1	4424	9.99951·2	10	10.00049	11.32425	8.67624	11.32376	17
44	8.67840·5	4397	9.99950·6	10	10.00049	11.32159	8.67890	11.32110	16
45	8.68104·3	4370	9.99950·0	12	10.00050	11.31896	8.68154	11.31846	15
46	8.68366·5	4344	9.99949·3	10	10.00051	11.31633	8.68417	11.31583	14
47	8.68627·2	4318	9.99948·7	10	10.00051	11.31373	8.68678	11.31322	13
48	8.68886·3	4292	9.99948·1	10	10.00052	11.31114	8.68938	11.31062	12
49	8.69143·8	4267	9.99947·5	10	10.00052	11.30856	8.69196	11.30804	11
50	8.69399·8	4242	9.99946·9	10	10.00053	11.30600	8.69453	11.30547	10
51	8.69654·3	4217	9.99946·3	12	10.00054	11.30346	8.69708	11.30292	9
52	8.69907·3	4192	9.99945·6	10	10.00054	11.30093	8.69962	11.30038	8
53	8.70158·9	4168	9.99945·0	12	10.00055	11.29841	8.70214	11.29786	7
54	8.70409·0	4144	9.99944·3	10	10.00056	11.29591	8.70465	11.29535	6
55	8.70657·7	4121	9.99943·7	10	10.00056	11.29342	8.70714	11.29286	5
56	8.70904·9	4097	9.99943·1	12	10.00057	11.29095	8.70962	11.29038	4
57	8.71150·7	4074	9.99942·4	10	10.00058	11.28849	8.71208	11.28792	3
58	8.71395·2	4051	9.99941·8	12	10.00058	11.28605	8.71453	11.28547	2
59	8.71638·3	4029	9.99941·1	12	10.00059	11.28362	8.71697	11.28303	1
60	8.71880·0		9.99940·4		10.00060	11.28120	8.71940	11.28060	0
M	Co-sine.		Sine.		Co-secant.	Secant.	Co-tang.	Tangent.	M

87 Degrees.

Table XIX. Logarithmic Sines, Tangents, and Secants.

3 Degrees.

M	Sine.	Diff 100″	Co-sine.	D.	Secant.	Co-secant.	Tangent.	Co-tang.	M
0	8.71880·0	4006	9.99940·4	10	10.00060	11.28120	8.71940	11.28060	60
1	8.72120·4	3984	9.99939·8	12	10.00060	11.27880	8.72181	11.27819	59
2	8.72359·5	3962	9.99939·1	12	10.00061	11.27641	8.72420	11.27580	58
3	8.72597·2	3941	9.99938·4	10	10.00062	11.27403	8.72659	11.27341	57
4	8.72833·7	3919	9.99937·8	12	10.00062	11.27166	8.72896	11.27104	56
5	8.73068·8	3898	9.99937·1	12	10.00063	11.26931	8.73132	11.26868	55
6	8.73302·7	3877	9.99936·4	12	10.00064	11.26697	8.73366	11.26634	54
7	8.73535·4	3857	9.99935·7	12	10.00064	11.26465	8.73600	11.26400	53
8	8.73766·7	3836	9.99935·0	12	10.00065	11.26233	8.73832	11.26168	52
9	8.73996·9	3816	9.99934·3	12	10.00066	11.26003	8.74063	11.25937	51
10	8.74225·9	3796	9.99933·6	12	10.00066	11.25774	8.74292	11.25708	50
11	8.74453·6	3776	9.99932·9	12	10.00067	11.25546	8.74521	11.25479	49
12	8.74680·2	3756	9.99932·2	12	10.00068	11.25320	8.74748	11.25252	48
13	8.74905·5	3737	9.99931·5	12	10.00068	11.25094	8.74974	11.25026	47
14	8.75129·7	3717	9.99930·8	12	10.00069	11.24870	8.75199	11.24801	46
15	8.75352·8	3698	9.99930·1	12	10.00070	11.24647	8.75423	11.24577	45
16	8.75574·7	3679	9.99929·4	12	10.00071	11.24425	8.75645	11.24355	44
17	8.75795·5	3661	9.99928·7	13	10.00071	11.24205	8.75867	11.24133	43
18	8.76015·1	3642	9.99927·9	12	10.00072	11.23985	8.76087	11.23913	42
19	8.76233·7	3624	9.99927·2	12	10.00073	11.23766	8.76306	11.23694	41
20	8.76451·1	3606	9.99926·5	13	10.00074	11.23549	8.76525	11.23475	40
21	8.76667·5	3588	9.99925·7	12	10.00074	11.23333	8.76742	11.23258	39
22	8.76882·8	3570	9.99925·0	13	10.00075	11.23117	8.76958	11.23042	38
23	8.77097·0	3553	9.99924·2	12	10.00076	11.22903	8.77173	11.22827	37
24	8.77310·1	3535	9.99923·5	13	10.00077	11.22690	8.77387	11.22613	36
25	8.77522·3	3518	9.99922·7	12	10.00077	11.22478	8.77600	11.22400	35
26	8.77733·3	3501	9.99922·0	13	10.00078	11.22267	8.77811	11.22189	34
27	8.77943·4	3480	9.99921·2	12	10.00079	11.22057	8.78022	11.21978	33
28	8.78152·4	3467	9.99920·5	13	10.00080	11.21848	8.78232	11.21768	32
29	8.78360·5	3451	9.99919·7	13	10.00080	11.21640	8.78441	11.21559	31
30	8.78567·5	3431	9.99918·9	13	10.00081	11.21432	8.78649	11.21351	30
31	8.78773·6	3418	9.99918·1	12	10.00082	11.21226	8.78855	11.21145	29
32	8.78978·7	3402	9.99917·4	13	10.00083	11.21021	8.79061	11.20939	28
33	8.79182·8	3386	9.99916·6	13	10.00083	11.20817	8.79266	11.20734	27
34	8.79385·9	3370	9.99915·8	13	10.00084	11.20614	8.79470	11.20530	26
35	8.79588·1	3354	9.99915·0	13	10.00085	11.20412	8.79673	11.20327	25
36	8.79789·4	3339	9.99914·2	13	10.00086	11.20211	8.79875	11.20125	24
37	8.79989·7	3323	9.99913·4	13	10.00087	11.20010	8.80076	11.19924	23
38	8.80189·2	3308	9.99912·6	13	10.00087	11.19811	8.80277	11.19723	22
39	8.80387·6	3293	9.99911·8	13	10.00088	11.19612	8.80476	11.19524	21
40	8.80585·2	3278	9.99911·0	13	10.00089	11.19415	8.80674	11.19326	20
41	8.80781·9	3263	9.99910·2	13	10.00090	11.19218	8.80872	11.19128	19
42	8.80977·7	3249	9.99909·4	13	10.00091	11.19022	8.81068	11.18932	18
43	8.81172·6	3234	9.99908·6	15	10.00091	11.18827	8.81264	11.18736	17
44	8.81366·7	3219	9.99907·7	13	10.00092	11.18633	8.81459	11.18541	16
45	8.81559·9	3205	9.99906·9	13	10.00093	11.18440	8.81653	11.18347	15
46	8.81752·2	3191	9.99906·1	13	10.00094	11.18248	8.81846	11.18154	14
47	8.81943·6	3177	9.99905·3	15	10.00095	11.18056	8.82038	11.17962	13
48	8.82134·3	3163	9.99904·4	13	10.00096	11.17866	8.82230	11.17770	12
49	8.82324·0	3149	9.99903·6	15	10.00096	11.17676	8.82420	11.17580	11
50	8.82513·0	3135	9.99902·7	13	10.00097	11.17487	8.82610	11.17300	10
51	8.82701·1	3122	9.99901·9	15	10.00098	11.17299	8.82799	11.17201	9
52	8.82888·4	3108	9.99901·0	13	10.00099	11.17112	8.82987	11.17013	8
53	8.83074·9	3095	9.99900·2	15	10.00100	11.16925	8.83175	11.16825	7
54	8.83260·7	3082	9.99899·3	15	10.00101	11.16739	8.83361	11.16639	6
55	8.83445·6	3069	9.99898·4	13	10.00102	11.16554	8.83547	11.16453	5
56	8.83629·7	3056	9.99897·6	15	10.00102	11.16370	8.83732	11.16268	4
57	8.83813·0	3043	9.99896·7	15	10.00103	11.16187	8.83916	11.16084	3
58	8.83995·6	3030	9.99895·8	13	10.00104	11.16004	8.84100	11.15900	2
59	8.84177·4	3017	9.99895·0	15	10.00105	11.15823	8.84282	11.15718	1
60	8.84358·5		9.99894·1		10.00106	11.15642	8.84464	11.15536	0
	Co-sine.		Sine.		Co-secant.	Secant.	Co-tang.	Tangent.	M

86 Degrees.

Table XIX. Logarithmic Sines, Tangents, and Secants.

4 Degrees.

M	Sine.	Diff100″	Co-sine.	D.	Secant.	Co-secant.	Tangent.	Co-tang.	M
0	8.84358·5		9.99894·1		10.00106	11.15642	8.84464	11.15536	60
1	8.84538·7	3005	9.99893·2	15	10.00107	11.15461	8.84646	11.15354	59
2	8.84718·3	2992	9.99892·3	15	10.00108	11.15282	8.84826	11.15174	58
3	8.84897·1	2980	9.99891·4	15	10.00109	11.15103	8.85006	11.14994	57
4	8.85075·1	2967	9.99890·5	15	10.00109	11.14925	8.85185	11.14815	56
5	8.85252·5	2955	9.99889·6	15	10.00110	11.14748	8.85363	11.14637	55
6	8.85429·1	2943	9.99888·7	15	10.00111	11.14571	8.85540	11.14460	54
7	8.85604·9	2931	9.99887·8	15	10.00112	11.14395	8.85717	11.14283	53
8	8.85780·1	2919	9.99886·9	15	10.00113	11.14220	8.85893	11.14107	52
9	8.85954·6	2907	9.99886·0	15	10.00114	11.14045	8.86069	11.13931	51
10	8.86128·3	2896	9.99885·1	15	10.00115	11.13872	8.86243	11.13757	50
11	8.86301·4	2884	9.99884·1	17	10.00116	11.13699	8.86417	11.13583	49
12	8.86473·8	2873	9.99883·2	15	10.00117	11.13526	8.86591	11.13409	48
13	8.86645·5	2861	9.99882·3	15	10.00118	11.13355	8.86763	11.13237	47
14	8.86816·5	2850	9.99881·3	17	10.00119	11.13184	8.86935	11.13065	46
15	8.86986·8	2839	9.99880·4	15	10.00120	11.13013	8.87106	11.12894	45
16	8.87156·5	2828	9.99879·5	15	10.00121	11.12844	8.87277	11.12723	44
17	8.87325·5	2818	9.99878·5	17	10.00121	11.12675	8.87447	11.12553	43
18	8.87493·8	2806	9.99877·6	15	10.00122	11.12506	8.87616	11.12384	42
19	8.87661·5	2795	9.99876·6	17	10.00123	11.12339	8.87785	11.12215	41
20	8.87828·5	2786	9.99875·7	15	10.00124	11.12171	8.87953	11.12047	40
21	8.87994·9	2773	9.99874·7	17	10.00125	11.12005	8.88120	11.11880	39
22	8.88160·7	2763	9.99873·8	15	10.00126	11.11839	8.88287	11.11713	38
23	8.88325·8	2752	9.99872·8	17	10.00127	11.11674	8.88453	11.11547	37
24	8.88490·3	2742	9.99871·8	17	10.00128	11.11510	8.88618	11.11382	36
25	8.88654·2	2731	9.99870·8	17	10.00129	11.11346	8.88783	11.11217	35
26	8.88817·4	2721	9.99869·9	15	10.00130	11.11183	8.88948	11.11052	34
27	8.88980·1	2711	9.99868·9	17	10.00131	11.11020	8.89111	11.10889	33
28	8.89142·1	2700	9.99867·9	17	10.00132	11.10858	8.89274	11.10726	32
29	8.89303·5	2690	9.99866·9	17	10.00133	11.10696	8.89437	11.10563	31
30	8.89464·3	2680	9.99865·9	17	10.00134	11.10536	8.89598	11.10402	30
31	8.89624·6	2670	9.99864·9	17	10.00135	11.10375	8.89760	11.10240	29
32	8.89784·2	2660	9.99863·9	17	10.00136	11.10216	8.89920	11.10080	28
33	8.89943·2	2651	9.99862·9	17	10.00137	11.10057	8.90080	11.09920	27
34	8.90101·7	2641	9.99861·9	17	10.00138	11.09898	8.90240	11.09760	26
35	8.90259·6	2631	9.99860·9	17	10.00139	11.09740	8.90399	11.09601	25
36	8.90416·9	2622	9.99859·9	17	10.00140	11.09583	8.90557	11.09443	24
37	8.90573·6	2612	9.99858·9	17	10.00141	11.09426	8.90715	11.09285	23
38	8.90729·7	2603	9.99857·8	18	10.00142	11.09270	8.90872	11.09128	22
39	8.90885·3	2593	9.99856·8	17	10.00143	11.09115	8.91029	11.08971	21
40	8.91040·4	2584	9.99855·8	17	10.00144	11.08960	8.91185	11.08815	20
41	8.91194·9	2575	9.99854·8	17	10.00145	11.08805	8.91340	11.08660	19
42	8.91348·8	2566	9.99853·7	18	10.00146	11.08651	8.91495	11.08505	18
43	8.91502·2	2556	9.99852·7	17	10.00147	11.08498	8.91650	11.08350	17
44	8.91655·0	2547	9.99851·6	18	10.00148	11.08345	8.91803	11.08197	16
45	8.91807·3	2538	9.99850·6	17	10.00149	11.08193	8.91957	11.08043	15
46	8.91959·1	2529	9.99849·5	18	10.00150	11.08041	8.92110	11.07890	14
47	8.92110·3	2520	9.99848·5	17	10.00152	11.07890	8.92262	11.07738	13
48	8.92261·0	2512	9.99847·4	18	10.00153	11.07739	8.92414	11.07586	12
49	8.92411·2	2503	9.99846·4	17	10.00154	11.07589	8.92565	11.07435	11
50	8.92560·9	2494	9.99845·3	18	10.00155	11.07439	8.92716	11.07284	10
51	8.92710·0	2486	9.99844·2	18	10.00156	11.07290	8.92866	11.07134	9
52	8.92858·7	2477	9.99843·1	18	10.00157	11.07141	8.93016	11.06984	8
53	8.93006·8	2469	9.99842·1	17	10.00158	11.06993	8.93165	11.06835	7
54	8.93154·4	2460	9.99841·0	18	10.00159	11.06846	8.93313	11.06687	6
55	8.93301·5	2452	9.99839·9	18	10.00160	11.06699	8.93462	11.06538	5
56	8.93448·1	2443	9.99838·8	18	10.00161	11.06552	8.93609	11.06391	4
57	8.93594·2	2435	9.99837·7	18	10.00162	11.06406	8.93756	11.06244	3
58	8.93739·8	2427	9.99836·6	18	10.00163	11.06260	8.93903	11.06097	2
59	8.93885·0	2429	9.99835·5	18	10.00164	11.06115	8.94049	11.05951	1
60	8.94029·6	2411	9.99834·4	18	10.00166	11.05970	8.94195	11.05805	0
M	Co-sine.		Sine.		Co-secant.	Secant.	Co-tang.	Tangent.	M

85 Degrees.

TABLE XIX. Logarithmic Sines, Tangents, and Secants.

5 Degrees.

M	Sine.	Diff100″	Co-fine	D.	Secant.	Co-fecant.	Tangent.	Co-tang.	M
0	8.94029·6	2403	9.99834·4	18	10.00166	11.05970	8.94195	11.05805	60
1	8.94173·8	2394	9.99833·3	18	10.00167	11.05826	8.94340	11.05660	59
2	8.94317·4	2387	9.99832·2	18	10.00168	11.05683	8.94485	11.05515	58
3	8.94460·6	2379	9.99831·1	18	10.00169	11.05539	8.94630	11.05370	57
4	8.94603·4	2371	9.99830·0	18	10.00170	11.05397	8.94773	11.05227	56
5	8.94745·6	2363	9.99828·9	20	10.00171	11.05254	8.94917	11.05083	55
6	8.94887·4	2355	9.99827·7	18	10.00172	11.05113	8.95060	11.04940	54
7	8.95028·7	2348	9.99826·6	18	10.00173	11.04971	8.95202	11.04798	53
8	8.95169·6	2340	9.99825·5	20	10.00175	11.04830	8.95344	11.04656	52
9	8.95310·0	2332	9.99824·3	18	10.00176	11.04690	8.95486	11.04514	51
10	8.95449·9	2325	9.99823·2	20	10.00177	11.04550	8.95627	11.04373	50
11	8.95589·4	2317	9.99822·0	18	10.00178	11.04411	8.95767	11.04233	49
12	8.95728·4	2310	9.99820·9	20	10.00179	11.04272	8.95908	11.04092	48
13	8.95867·0	2302	9.99819·7	18	10.00180	11.04133	8.96047	11.03953	47
14	8.96005·2	2295	9.99818·6	20	10.00181	11.03995	8.96187	11.03813	46
15	8.96142·9	2288	9.99817·4	18	10.00183	11.03857	8.96325	11.03675	45
16	8.96280·1	2280	9.99816·3	20	10.00184	11.03720	8.96464	11.03536	44
17	8.96417·0	2273	9.99815·1	20	10.00185	11.03583	8.96602	11.03398	43
18	8.96553·4	2266	9.99813·9	18	10.00186	11.03447	8.96739	11.03261	42
19	8.96689·3	2259	9.99812·8	20	10.00187	11.03311	8.96877	11.03123	41
20	8.96824·9	2252	9.99811·6	20	10.00188	11.03175	8.97013	11.02987	40
21	8.96960·0	2244	9.99810·4	20	10.00190	11.03040	8.97150	11.02850	39
22	8.97094·7	2238	9.99809·2	20	10.00191	11.02905	8.97285	11.02715	38
23	8.97228·9	2231	9.99808·0	20	10.00192	11.02771	8.97421	11.02579	37
24	8.97362·8	2224	9.99806·8	20	10.00193	11.02637	8.97556	11.02444	36
25	8.97496·2	2217	9.99805·6	20	10.00194	11.02504	8.97691	11.02309	35
26	8.97629·3	2210	9.99804·4	20	10.00196	11.02371	8.97825	11.02175	34
27	8.97761·9	2203	9.99803·2	20	10.00197	11.02238	8.97959	11.02041	33
28	8.97894·1	2197	9.99802·0	20	10.00198	11.02106	8.98092	11.01908	32
29	8.98025·9	2190	9.99800·8	20	10.00199	11.01974	8.98225	11.01775	31
30	8.98157·3	2183	9.99799·6	20	10.00200	11.01843	8.98358	11.01642	30
31	8.98288·3	2177	9.99798·4	20	10.00202	11.01712	8.98490	11.01510	29
32	8.98418·9	2170	9.99797·2	22	10.00203	11.01581	8.98622	11.01378	28
33	8.98549·1	2163	9.99795·9	20	10.00204	11.01451	8.98753	11.01247	27
34	8.98678·9	2157	9.99794·7	20	10.00205	11.01321	8.98884	11.01116	26
35	8.98808·3	2150	9.99793·5	22	10.00207	11.01192	8.99015	11.00985	25
36	8.98937·4	2144	9.99792·2	20	10.00208	11.01063	8.99145	11.00855	24
37	8.99066·0	2138	9.99791·0	22	10.00209	11.00934	8.99275	11.00725	23
38	8.99194·3	2131	9.99789·7	20	10.00210	11.00806	8.99405	11.00595	22
39	8.99322·2	2125	9.99788·5	22	10.00212	11.00678	8.99534	11.00466	21
40	8.99449·7	2119	9.99787·2	20	10.00213	11.00550	8.99662	11.00338	20
41	8.99576·8	2112	9.99786·0	22	10.00214	11.00423	8.99791	11.00209	19
42	8.99703·6	2106	9.99784·7	20	10.00215	11.00296	8.99919	11.00081	18
43	8.99829·9	2100	9.99783·5	22	10.00217	11.00170	9.00046	10.99954	17
44	8.99956·0	2094	9.99782·2	22	10.00218	11.00044	9.00174	10.99826	16
45	9.00081·6	2087	9.99780·9	20	10.00219	10.99918	9.00301	10.99699	15
46	9.00206·9	2082	9.99779·7	22	10.00220	10.99793	9.00427	10.99573	14
47	9.00331·8	2076	9.99778·4	22	10.00222	10.99668	9.00553	10.99447	13
48	9.00456·3	2070	9.99777·1	22	10.00223	10.99544	9.00679	10.99321	12
49	9.00580·5	2064	9.99775·8	22	10.00224	10.99419	9.00805	10.99195	11
50	9.00704·4	2058	9.99774·5	22	10.00225	10.99296	9.00930	10.99070	10
51	9.00827·8	2052	9.99773·2	22	10.00227	10.99172	9.01055	10.98945	9
52	9.00951·0	2046	9.99771·9	22	10.00228	10.99049	9.01179	10.98821	8
53	9.01073·7	2040	9.99770·6	22	10.00229	10.98926	9.01303	10.98697	7
54	9.01196·2	2034	9.99769·3	22	10.00231	10.98804	9.01427	10.98573	6
55	9.01318·2	2029	9.99768·0	22	10.00232	10.98682	9.01550	10.98450	5
56	9.01440·0	2023	9.99766·7	22	10.00233	10.98560	9.01673	10.98327	4
57	9.01561·3	2017	9.99765·4	22	10.00235	10.98439	9.01796	10.98204	3
58	9.01682·4	2012	9.99764·1	22	10.00236	10.98318	9.01918	10.98082	2
59	9.01803·1	2006	9.99762·8	23	10.00237	10.98197	9.02040	10.97960	1
60	9.01923·5		9.99761·4		10.00239	10.98077	9.02162	10.97838	0
M	Co-fine.		Sine.		Co-fecant.	Secant.	Co-tang.	Tangent.	M

84 Degrees.

Table XIX. Logarithmic Sines, Tangents, and Secants.

6 Degrees.

M	Sine.	Diff. 100″	Co-sine.	D.	Secant.	Co-secant.	Tangent.	Co-tang.	M
0	9.01923·5	2000	9.99761·4	22	10.00239	10.98077	9.02162	10.97838	60
1	9.02043·5	1995	9.99760·1	22	10.00240	10.97957	9.02283	10.97717	59
2	9.02163·2	1989	9.99758·8	23	10.00241	10.97837	9.02404	10.97596	58
3	9.02282·5	1984	9.99757·4	22	10.00243	10.97717	9.02525	10.97475	57
4	9.02401·6	1978	9.99756·1	23	10.00244	10.97598	9.02645	10.97355	56
5	9.02520·3	1973	9.99754·7	22	10.00245	10.97480	9.02766	10.97234	55
6	9.02638·6	1967	9.99753·4	23	10.00247	10.97361	9.02885	10.97115	54
7	9.02756·7	1962	9.99752·0	22	10.00248	10.97243	9.03005	10.96995	53
8	9.02874·4	1957	9.99750·7	23	10.00249	10.97126	9.03124	10.96876	52
9	9.02991·8	1951	9.99749·3	22	10.00251	10.97008	9.03242	10.96758	51
10	9.03108·9	1947	9.99748·0	23	10.00252	10.96891	9.03361	10.96639	50
11	9.03225·7	1941	9.99746·6	23	10.00253	10.96774	9.03479	10.96521	49
12	9.03342·1	1936	9.99745·2	22	10.00255	10.96658	9.03597	10.96403	48
13	9.03458·2	1930	9.99743·9	23	10.00256	10.96542	9.03714	10.96286	47
14	9.03574·1	1925	9.99742·5	23	10.00258	10.96426	9.03832	10.96168	46
15	9.03689·6	1920	9.99741·1	23	10.00259	10.96310	9.03948	10.96052	45
16	9.03804·8	1915	9.99739·7	23	10.00260	10.96195	9.04065	10.95935	44
17	9.03919·7	1910	9.99738·3	23	10.00262	10.96080	9.04181	10.95819	43
18	9.04034·2	1905	9.99736·9	23	10.00263	10.95966	9.04297	10.95703	42
19	9.04148·5	1899	9.99735·5	23	10.00264	10.95851	9.04413	10.95587	41
20	9.04262·5	1894	9.99734·1	23	10.00266	10.95738	9.04528	10.95472	40
21	9.04376·2	1889	9.99732·7	23	10.00267	10.95624	9.04643	10.95357	39
22	9.04489·5	1884	9.99731·3	23	10.00269	10.95510	9.04758	10.95242	38
23	9.04602·6	1879	9.99729·9	23	10.00270	10.95397	9.04873	10.95127	37
24	9.04715·4	1875	9.99728·5	23	10.00272	10.95285	9.04987	10.95013	36
25	9.04827·9	1870	9.99727·1	23	10.00273	10.95172	9.05101	10.94899	35
26	9.04940·0	1865	9.99725·7	25	10.00274	10.95060	9.05214	10.94786	34
27	9.05051·9	1860	9.99724·2	23	10.00276	10.94948	9.05328	10.94672	33
28	9.05163·5	1855	9.99722·8	23	10.00277	10.94836	9.05441	10.94559	32
29	9.05274·9	1850	9.99721·4	25	10.00279	10.94725	9.05553	10.94447	31
30	9.05385·9	1845	9.99719·9	23	10.00280	10.94614	9.05666	10.94334	30
31	9.05496·6	1841	9.99718·5	25	10.00282	10.94503	9.05778	10.94222	29
32	9.05607·1	1836	9.99717·0	23	10.00283	10.94393	9.05890	10.94110	28
33	9.05717·2	1831	9.99715·6	25	10.00284	10.94283	9.06002	10.93998	27
34	9.05827·1	1827	9.99714·1	23	10.00286	10.94173	9.06113	10.93887	26
35	9.05936·7	1822	9.99712·7	25	10.00287	10.94063	9.06224	10.93776	25
36	9.06046·0	1817	9.99711·2	23	10.00289	10.93954	9.06335	10.93665	24
37	9.06155·1	1813	9.99709·8	25	10.00290	10.93845	9.06445	10.93555	23
38	9.06263·9	1808	9.99708·3	25	10.00292	10.93736	9.06556	10.93444	22
39	9.06372·4	1804	9.99706·8	25	10.00293	10.93628	9.06666	10.93334	21
40	9.06480·6	1799	9.99705·3	23	10.00295	10.93519	9.06775	10.93225	20
41	9.06588·5	1794	9.99703·9	25	10.00296	10.93411	9.06885	10.93115	19
42	9.06696·2	1790	9.99702·4	25	10.00298	10.93304	9.06994	10.93006	18
43	9.06803·6	1786	9.99700·9	25	10.00299	10.93196	9.07103	10.92897	17
44	9.06910·7	1781	9.99699·4	25	10.00301	10.93089	9.07211	10.92789	16
45	9.07017·6	1777	9.99697·9	25	10.00302	10.92982	9.07320	10.92680	15
46	9.07124·2	1772	9.99696·4	25	10.00304	10.92876	9.07428	10.92572	14
47	9.07230·6	1768	9.99694·9	25	10.00305	10.92769	9.07536	10.92464	13
48	9.07336·6	1763	9.99693·4	25	10.00307	10.92663	9.07643	10.92357	12
49	9.07442·4	1759	9.99691·9	25	10.00308	10.92558	9.07751	10.92249	11
50	9.07548·0	1755	9.99690·4	25	10.00310	10.92452	9.07858	10.92142	10
51	9.07653·3	1750	9.99688·9	25	10.00311	10.92347	9.07964	10.92036	9
52	9.07758·3	1746	9.99687·4	27	10.00313	10.92242	9.08071	10.91929	8
53	9.07863·1	1742	9.99685·8	25	10.00314	10.92137	9.08177	10.91823	7
54	9.07967·6	1738	9.99684·3	25	10.00316	10.92032	9.08283	10.91717	6
55	9.08071·9	1733	9.99682·8	27	10.00317	10.91928	9.08389	10.91611	5
56	9.08175·9	1729	9.99681·2	25	10.00319	10.91824	9.08495	10.91505	4
57	9.08279·7	1725	9.99679·7	25	10.00320	10.91720	9.08600	10.91400	3
58	9.08383·2	1721	9.99678·2	27	10.00322	10.91617	9.08705	10.91295	2
59	9.08486·4	1717	9.99676·6	25	10.00323	10.91514	9.08810	10.91190	1
60	9.08589·4		9.99675·1		10.00325	10.91411	9.08914	10.91086	0
M	Co-sine.		Sine.		Co-secant.	Secant.	Co-tang.	Tangent.	M

83 Degrees.

Table XIX. Logarithmic Sines, Tangents, and Secants.

7 Degrees.

M	Sine.	Diff 100"	Co-sine.	D.	Secant.	Co-secant.	Tangent.	Co-tang.	M
0	9.08589·4	1713	9.99675·1	27	10.00325	10.91411	9.08914	10.91086	60
1	9.08692·2	1709	9.99673·5	25	10.00326	10.91308	9.09019	10.90981	59
2	9.08794·7	1704	9.99672·0	27	10.00328	10.91205	9.09123	10.90877	58
3	9.08897·0	1700	9.99670·4	27	10.00330	10.91103	9.09227	10.90773	57
4	9.08999·0	1696	9.99668·8	25	10.00331	10.91001	9.09330	10.90670	56
5	9.09100·8	1692	9.99667·3	27	10.00333	10.90899	9.09434	10.90566	55
6	9.09202·4	1688	9.99665·7	27	10.00334	10.90798	9.09537	10.90463	54
7	9.09303·7	1684	9.99664·1	27	10.00336	10.90696	9.09640	10.90360	53
8	9.09404·7	1680	9.99662·5	25	10.00337	10.90595	9.09742	10.90258	52
9	9.09505·6	1676	9.99661·0	27	10.00339	10.90494	9.09845	10.90155	51
10	9.09606·2	1673	9.99659·4	27	10.00341	10.90394	9.09947	10.90053	50
11	9.09706·5	1668	9.99657·8	27	10.00342	10.90293	9.10049	10.89951	49
12	9.09806·6	1665	9.99656·2	27	10.00344	10.90193	9.10150	10.89850	48
13	9.09906·5	1661	9.99654·6	27	10.00345	10.90093	9.10252	10.89748	47
14	9.10006·2	1657	9.99653·0	27	10.00347	10.89994	9.10353	10.89647	46
15	9.10105·6	1653	9.99651·4	27	10.00349	10.89894	9.10454	10.89546	45
16	9.10204·8	1649	9.99649·8	27	10.00350	10.89795	9.10555	10.89445	44
17	9.10303·7	1645	9.99648·2	28	10.00352	10.89696	9.10656	10.89344	43
18	9.10402·5	1641	9.99646·5	27	10.00353	10.89598	9.10756	10.89244	42
19	9.10501·0	1638	9.99644·9	27	10.00355	10.89499	9.10856	10.89144	41
20	9.10599·2	1634	9.99643·3	27	10.00357	10.89401	9.10956	10.89044	40
21	9.10697·3	1630	9.99641·7	28	10.00358	10.89303	9.11056	10.88944	39
22	9.10795·1	1627	9.99640·0	27	10.00360	10.89205	9.11155	10.88845	38
23	9.10892·7	1623	9.99638·4	27	10.00362	10.89107	9.11254	10.88746	37
24	9.10990·1	1619	9.99636·8	28	10.00363	10.89010	9.11353	10.88647	36
25	9.11087·3	1616	9.99635·1	27	10.00365	10.88913	9.11452	10.88548	35
26	9.11184·2	1612	9.99633·5	28	10.00367	10.88816	9.11551	10.88449	34
27	9.11280·9	1608	9.99631·8	27	10.00368	10.88719	9.11649	10.88351	33
28	9.11377·4	1605	9.99630·2	28	10.00370	10.88623	9.11747	10.88253	32
29	9.11473·7	1601	9.99628·5	27	10.00371	10.88526	9.11845	10.88155	31
30	9.11569·8	1597	9.99626·9	28	10.00373	10.88430	9.11943	10.88057	30
31	9.11665·6	1594	9.99625·2	28	10.00375	10.88334	9.12040	10.87960	29
32	9.11761·3	1590	9.99623·5	27	10.00376	10.88239	9.12138	10.87862	28
33	9.11856·7	1587	9.99621·9	28	10.00378	10.88143	9.12235	10.87765	27
34	9.11951·9	1583	9.99620·2	28	10.00380	10.88048	9.12332	10.87668	26
35	9.12046·9	1580	9.99618·5	28	10.00382	10.87953	9.12428	10.87572	25
36	9.12141·7	1576	9.99616·8	28	10.00383	10.87858	9.12525	10.87475	24
37	9.12236·2	1573	9.99615·1	28	10.00385	10.87764	9.12621	10.87379	23
38	9.12330·6	1569	9.99613·4	28	10.00387	10.87669	9.12717	10.87283	22
39	9.12424·8	1566	9.99611·7	28	10.00388	10.87575	9.12813	10.87187	21
40	9.12518·7	1562	9.99610·0	28	10.00390	10.87481	9.12909	10.87091	20
41	9.12612·5	1559	9.99608·3	28	10.00392	10.87388	9.13004	10.86996	19
42	9.12706·0	1556	9.99606·6	28	10.00393	10.87294	9.13099	10.86901	18
43	9.12799·3	1552	9.99604·9	28	10.00395	10.87201	9.13194	10.86806	17
44	9.12892·5	1549	9.99603·2	28	10.00397	10.87108	9.13289	10.86711	16
45	9.12985·4	1545	9.99601·5	28	10.00399	10.87015	9.13384	10.86616	15
46	9.13078·1	1542	9.99599·8	30	10.00400	10.86922	9.13478	10.86522	14
47	9.13170·6	1539	9.99598·0	28	10.00402	10.86829	9.13573	10.86427	13
48	9.13263·0	1535	9.99596·3	28	10.00404	10.86737	9.13667	10.86333	12
49	9.13355·1	1532	9.99594·6	30	10.00405	10.86645	9.13761	10.86239	11
50	9.13447·0	1529	9.99592·8	28	10.00407	10.86553	9.13854	10.86146	10
51	9.13538·7	1525	9.99591·1	28	10.00409	10.86461	9.13948	10.86052	9
52	9.13630·3	1522	9.99589·4	30	10.00411	10.86370	9.14041	10.85959	8
53	9.13721·6	1519	9.99587·6	28	10.00412	10.86278	9.14134	10.85866	7
54	9.13812·8	1516	9.99585·9	30	10.00414	10.86187	9.14227	10.85773	6
55	9.13903·7	1512	9.99584·1	30	10.00416	10.86096	9.14320	10.85680	5
56	9.13994·4	1509	9.99582·3	28	10.00418	10.86006	9.14412	10.85588	4
57	9.14085·0	1506	9.99580·6	30	10.00419	10.85915	9.14504	10.85496	3
58	9.14175·4	1503	9.99578·8	28	10.00421	10.85825	9.14597	10.85403	2
59	9.14265·5	1500	9.99577·1	30	10.00423	10.85734	9.14688	10.85312	1
60	9.14355·5		9.99575·3		10.00425	10.85644	9.14780	10.85220	0
M	Co-sine.		Sine.		Co-secant.	Secant.	Co-tang.	Tangent.	M

82 Degrees.

Table XIX. Logarithmic Sines, Tangents, and Secants.

8 Degrees.

M	Sine	Diff. 100″	Co-sine.	D.	Secant.	Co-secant.	Tangent.	Co-tang.	M
0	9.14355·5	1496	9.99575·3	30	10.00425	10.85644	9.14780	10.85220	60
1	9.14445·3	1493	9.99573·5	30	10.00426	10.85555	9.14872	10.85128	59
2	9.14534·9	1490	9.99571·7	30	10.00428	10.85465	9.14963	10.85037	58
3	9.14624·3	1487	9.99569·9	30	10.00430	10.85376	9.15054	10.84946	57
4	9.14713·6	1484	9.99568·1	28	10.00432	10.85286	9.15145	10.84855	56
5	9.14802·6	1481	9.99566·4	30	10.00434	10.85197	9.15236	10.84764	55
6	9.14891·5	1478	9.99564·6	30	10.00435	10.85109	9.15327	10.84673	54
7	9.14980·2	1475	9.99562·8	30	10.00437	10.85020	9.15417	10.84583	53
8	9.15068·6	1472	9.99561·0	32	10.00439	10.84931	9.15508	10.84492	52
9	9.15156·9	1469	9.99559·1	30	10.00441	10.84843	9.15598	10.84402	51
10	9.15245·1	1466	9.99557·3	30	10.00443	10.84755	9.15688	10.84312	50
11	9.15333·0	1462	9.99555·5	30	10.00444	10.84667	9.15777	10.84223	49
12	9.15420·8	1460	9.99553·7	30	10.00446	10.84579	9.15867	10.84133	48
13	9.15508·3	1457	9.99551·9	30	10.00448	10.84492	9.15956	10.84044	47
14	9.15595·7	1454	9.99550·1	32	10.00450	10.84404	9.16046	10.83954	46
15	9.15683·0	1451	9.99548·2	30	10.00452	10.84317	9.16135	10.83865	45
16	9.15770·0	1448	9.99546·4	30	10.00454	10.84230	9.16224	10.83776	44
17	9.15856·9	1445	9.99544·6	32	10.00455	10.84143	9.16312	10.83688	43
18	9.15943·5	1442	9.99542·7	30	10.00457	10.84056	9.16401	10.83599	42
19	9.16030·1	1439	9.99540·9	32	10.00459	10.83970	9.16489	10.83511	41
20	9.16116·4	1436	9.99539·0	30	10.00461	10.83884	9.16577	10.83423	40
21	9.16202·5	1433	9.99537·2	32	10.00463	10.83797	9.16665	10.83335	39
22	9.16288·5	1430	9.99535·3	32	10.00465	10.83711	9.16753	10.83247	38
23	9.16374·3	1427	9.99533·4	30	10.00467	10.83626	9.16841	10.83159	37
24	9.16460·0	1424	9.99531·6	32	10.00468	10.83540	9.16928	10.83072	36
25	9.16545·4	1422	9.99529·7	32	10.00470	10.83455	9.17016	10.82984	35
26	9.16630·7	1419	9.99527·8	30	10.00472	10.83369	9.17103	10.82897	34
27	9.16715·9	1416	9.99526·0	32	10.00474	10.83284	9.17190	10.82810	33
28	9.16800·8	1413	9.99524·1	32	10.00476	10.83199	9.17277	10.82723	32
29	9.16885·6	1410	9.99522·2	32	10.00478	10.83114	9.17363	10.82637	31
30	9.16970·2	1407	9.99520·3	32	10.00480	10.83030	9.17450	10.82550	30
31	9.17054·7	1405	9.99518·4	32	10.00482	10.82945	9.17536	10.82464	29
32	9.17138·9	1402	9.99516·5	32	10.00483	10.82861	9.17622	10.82378	28
33	9.17223·0	1399	9.99514·6	32	10.00485	10.82777	9.17708	10.82292	27
34	9.17307·0	1396	9.99512·7	32	10.00487	10.82693	9.17794	10.82206	26
35	9.17390·8	1394	9.99510·8	32	10.00489	10.82609	9.17880	10.82120	25
36	9.17474·4	1391	9.99508·9	32	10.00491	10.82526	9.17965	10.82035	24
37	9.17557·8	1388	9.99507·0	32	10.00493	10.82442	9.18051	10.81949	23
38	9.17641·1	1385	9.99505·1	32	10.00495	10.82359	9.18136	10.81864	22
39	9.17724·2	1383	9.99503·2	32	10.00497	10.82276	9.18221	10.81779	21
40	9.17807·2	1380	9.99501·3	33	10.00499	10.82193	9.18306	10.81694	20
41	9.17890·0	1377	9.99499·3	32	10.00501	10.82110	9.18391	10.81609	19
42	9.17972·6	1374	9.99497·4	32	10.00503	10.82027	9.18475	10.81525	18
43	9.18055·1	1372	9.99495·5	33	10.00505	10.81945	9.18560	10.81440	17
44	9.18137·4	1369	9.99493·5	32	10.00506	10.81863	9.18644	10.81356	16
45	9.18219·6	1366	9.99491·6	33	10.00508	10.81780	9.18728	10.81272	15
46	9.18301·6	1364	9.99489·6	32	10.00510	10.81698	9.18812	10.81188	14
47	9.18383·4	1361	9.99487·7	33	10.00512	10.81617	9.18896	10.81104	13
48	9.18465·1	1359	9.99485·7	32	10.00514	10.81535	9.18979	10.81021	12
49	9.18546·6	1356	9.99483·8	33	10.00516	10.81453	9.19063	10.80937	11
50	9.18628·0	1353	9.99481·8	33	10.00518	10.81372	9.19146	10.80854	10
51	9.18709·2	1351	9.99479·8	32	10.00520	10.81291	9.19229	10.80771	9
52	9.18790·3	1348	9.99477·9	33	10.00522	10.81210	9.19312	10.80688	8
53	9.18871·2	1346	9.99475·9	33	10.00524	10.81129	9.19395	10.80605	7
54	9.18951·9	1343	9.99473·9	32	10.00526	10.81048	9.19478	10.80522	6
55	9.19032·5	1341	9.99472·0	33	10.00528	10.80967	9.19561	10.80439	5
56	9.19113·0	1338	9.99470·0	33	10.00530	10.80887	9.19643	10.80357	4
57	9.19193·3	1336	9.99468·0	33	10.00532	10.80807	9.19725	10.80275	3
58	9.19273·4	1333	9.99466·0	33	10.00534	10.80727	9.19807	10.80193	2
59	9.19353·4	1330	9.99464·0	33	10.00536	10.80647	9.19889	10.80111	1
60	9.19433·2		9.99462·0		10.00538	10.80567	9.19971	10.80029	0
M	Co-sine.		Sine.		Co-secant.	Secant.	Co-tang.	Tangent.	M

81 Degrees.

TABLE XIX. Logarithmic Sines, Tangents, and Secants.

9 Degrees.

M	Sine.	Diff. 100″	Co-sine.	D.	Secant.	Co-secant.	Tangent.	Co-tang.	M.
0	9.19433·2		9.99462·0		10.00538	10.80567	9.19971	10.80029	60
1	9.19512·9	1328	9.99460·0	33	10.00540	10.80487	9.20053	10.79947	59
2	9.19592·5	1326	9.99458·0	33	10.00542	10.80408	9.20134	10.79866	58
3	9.19671·9	1323	9.99456·0	33	10.00544	10.80328	9.20216	10.79784	57
4	9.19751·1	1321	9.99454·0	33	10.00546	10.80249	9.20297	10.79703	56
5	9.19830·2	1318	9.99451·9	35	10.00548	10.80170	9.20378	10.79622	55
6	9.19909·1	1316	9.99449·9	33	10.00550	10.80091	9.20459	10.79541	54
7	9.19987·9	1313	9.99447·9	33	10.00552	10.80012	9.20540	10.79460	53
8	9.20066·6	1311	9.99445·9	33	10.00554	10.79933	9.20621	10.79379	52
9	9.20145·1	1308	9.99443·8	35	10.00556	10.79855	9.20701	10.79299	51
10	9.20223·4	1306	9.99441·8	33	10.00558	10.79777	9.20782	10.79218	50
11	9.20301·7	1304	9.99439·8	33	10.00560	10.79698	9.20862	10.79138	49
12	9.20379·7	1301	9.99437·7	35	10.00562	10.79620	9.20942	10.79058	48
13	9.20457·7	1299	9.99435·7	33	10.00564	10.79542	9.21022	10.78978	47
14	9.20535·4	1296	9.99433·6	35	10.00566	10.79465	9.21102	10.78898	46
15	9.20613·1	1294	9.99431·6	33	10.00568	10.79387	9.21182	10.78818	45
16	9.20690·6	1292	9.99429·5	35	10.00571	10.79309	9.21261	10.78739	44
17	9.20767·9	1289	9.99427·4	35	10.00573	10.79232	9.21341	10.78659	43
18	9.20845·2	1287	9.99425·4	33	10.00575	10.79155	9.21420	10.78580	42
19	9.20922·2	1285	9.99423·3	35	10.00577	10.79078	9.21499	10.78501	41
20	9.20999·2	1282	9.99421·2	35	10.00579	10.79001	9.21578	10.78422	40
21	9.21076·0	1280	9.99419·1	35	10.00581	10.78924	9.21657	10.78343	39
22	9.21152·6	1278	9.99417·1	33	10.00583	10.78847	9.21736	10.78264	38
23	9.21229·1	1275	9.99415·0	35	10.00585	10.78771	9.21814	10.78186	37
24	9.21305·5	1273	9.99412·9	35	10.00587	10.78694	9.21893	10.78107	36
25	9.21381·8	1271	9.99410·8	35	10.00589	10.78618	9.21971	10.78029	35
26	9.21457·9	1268	9.99408·7	35	10.00591	10.78542	9.22049	10.77951	34
27	9.21533·8	1266	9.99406·6	35	10.00593	10.78466	9.22127	10.77873	33
28	9.21609·7	1264	9.99404·5	35	10.00596	10.78390	9.22205	10.77795	32
29	9.21685·4	1261	9.99402·4	35	10.00598	10.78315	9.22283	10.77717	31
30	9.21760·9	1259	9.99400·3	35	10.00600	10.78239	9.22361	10.77639	30
31	9.21836·3	1257	9.99398·2	35	10.00602	10.78164	9.22438	10.77562	29
32	9.21911·6	1255	9.99396·0	37	10.00604	10.78088	9.22516	10.77484	28
33	9.21986·8	1253	9.99393·9	35	10.00606	10.78013	9.22593	10.77407	27
34	9.22061·8	1250	9.99391·8	35	10.00608	10.77938	9.22670	10.77330	26
35	9.22136·7	1248	9.99389·7	35	10.00610	10.77863	9.22747	10.77253	25
36	9.22211·5	1246	9.99387·5	37	10.00612	10.77789	9.22824	10.77176	24
37	9.22286·1	1244	9.99385·4	35	10.00615	10.77714	9.22901	10.77099	23
38	9.22360·6	1242	9.99383·2	37	10.00617	10.77639	9.22977	10.77023	22
39	9.22434·9	1239	9.99381·1	35	10.00619	10.77565	9.23054	10.76946	21
40	9.22509·2	1237	9.99378·9	37	10.00621	10.77491	9.23130	10.76870	20
41	9.22583·3	1235	9.99376·8	35	10.00623	10.77417	9.23206	10.76794	19
42	9.22657·3	1233	9.99374·6	37	10.00625	10.77343	9.23283	10.76717	18
43	9.22731·1	1231	9.99372·5	35	10.00628	10.77269	9.23359	10.76641	17
44	9.22804·8	1228	9.99370·3	37	10.00630	10.77195	9.23435	10.76565	16
45	9.22878·4	1226	9.99368·1	37	10.00632	10.77122	9.23510	10.76490	15
46	9.22951·8	1224	9.99366·0	35	10.00634	10.77048	9.23586	10.76414	14
47	9.23025·2	1222	9.99363·8	37	10.00636	10.76975	9.23661	10.76339	13
48	9.23098·4	1220	9.99361·6	37	10.00638	10.76902	9.23737	10.76263	12
49	9.23171·5	1218	9.99359·4	37	10.00641	10.76829	9.23812	10.76188	11
50	9.23244·4	1216	9.99357·2	37	10.00643	10.76756	9.23887	10.76113	10
51	9.23317·2	1214	9.99355·0	37	10.00645	10.76683	9.23962	10.76038	9
52	9.23389·9	1212	9.99352·8	37	10.00647	10.76610	9.24037	10.75963	8
53	9.23462·5	1209	9.99350·6	37	10.00649	10.76538	9.24112	10.75888	7
54	9.23534·9	1207	9.99348·4	37	10.00652	10.76465	9.24186	10.75814	6
55	9.23607·3	1205	9.99346·2	37	10.00654	10.76393	9.24261	10.75739	5
56	9.23679·5	1203	9.99344·0	37	10.00656	10.76321	9.24335	10.75665	4
57	9.23751·5	1201	9.99341·8	37	10.00658	10.76248	9.24410	10.75590	3
58	9.23823·5	1199	9.99339·6	37	10.00660	10.76177	9.24484	10.75516	2
59	9.23895·3	1197	9.99337·4	37	10.00663	10.76105	9.24558	10.75442	1
60	9.23967·0	1195	9.99335·1	38	10.00665	10.76033	9.24632	10.75368	0
M	Co-sine.		Sine.		Co-secant.	Secant.	Co-tang.	Tangent.	M

80 Degrees.

Table XIX. Logarithmic Sines, Tangents, and Secants.

10 Degrees.

M	Sine.	Diff. 100″	Co-sine.	D.	Secant.	Co-secant.	Tangent.	Co-tang.	M
0	9.23967·0	1193	9.99335·1	37	10.00665	10.76033	9.24632	10.75368	60
1	9.24038·6	1191	9.99332·9	37	10.00667	10.75961	9.24706	10.75294	59
2	9.24110·1	1189	9.99330·7	38	10.00669	10.75890	9.24779	10.75221	58
3	9.24181·4	1187	9.99328·4	37	10.00672	10.75819	9.24853	10.75147	57
4	9.24252·6	1185	9.99326·2	37	10.00674	10.75747	9.24926	10.75074	56
5	9.24323·7	1183	9.99324·0	38	10.00676	10.75676	9.25000	10.75000	55
6	9.24394·7	1181	9.99321·7	37	10.00678	10.75605	9.25073	10.74927	54
7	9.24465·6	1179	9.99319·5	38	10.00681	10.75534	9.25146	10.74854	53
8	9.24536·3	1177	9.99317·2	38	10.00683	10.75464	9.25219	10.74781	52
9	9.24606·9	1175	9.99314·9	37	10.00685	10.75393	9.25292	10.74708	51
10	9.24677·5	1173	9.99312·7	38	10.00687	10.75323	9.25365	10.74635	50
11	9.24747·8	1171	9.99310·4	38	10.00690	10.75252	9.25437	10.74563	49
12	9.24818·1	1169	9.99308·1	37	10.00692	10.75182	9.25510	10.74490	48
13	9.24888·3	1167	9.99305·9	38	10.00694	10.75112	9.25582	10.74418	47
14	9.24958·3	1165	9.99303·6	38	10.00696	10.75042	9.25655	10.74345	46
15	9.25028·2	1163	9.99301·3	38	10.00699	10.74972	9.25727	10.74273	45
16	9.25098·0	1161	9.99299·0	38	10.00701	10.74902	9.25799	10.74201	44
17	9.25167·7	1159	9.99296·7	38	10.00703	10.74832	9.25871	10.74129	43
18	9.25237·3	1158	9.99294·4	38	10.00706	10.74763	9.25943	10.74057	42
19	9.25306·7	1156	9.99292·1	38	10.00708	10.74693	9.26015	10.73985	41
20	9.25376·1	1154	9.99289·8	38	10.00710	10.74624	9.26086	10.73914	40
21	9.25445·3	1152	9.99287·5	38	10.00712	10.74555	9.26158	10.73842	39
22	9.25514·4	1150	9.99285·2	38	10.00715	10.74486	9.26229	10.73771	38
23	9.25583·4	1148	9.99282·9	38	10.00717	10.74417	9.26301	10.73699	37
24	9.25652·3	1146	9.99280·6	38	10.00719	10.74348	9.26372	10.73628	36
25	9.25721·1	1144	9.99278·3	40	10.00722	10.74279	9.26443	10.73557	35
26	9.25789·8	1142	9.99275·9	38	10.00724	10.74210	9.26514	10.73486	34
27	9.25858·3	1141	9.99273·6	38	10.00726	10.74142	9.26585	10.73415	33
28	9.25926·8	1139	9.99271·3	38	10.00729	10.74073	9.26655	10.73345	32
29	9.25995·1	1137	9.99269·0	40	10.00731	10.74005	9.26726	10.73274	31
30	9.26063·3	1135	9.99266·6	38	10.00733	10.73937	9.26797	10.73203	30
31	9.26131·4	1133	9.99264·3	40	10.00736	10.73869	9.26867	10.73133	29
32	9.26199·4	1131	9.99261·9	38	10.00738	10.73801	9.26937	10.73063	28
33	9.26267·3	1130	9.99259·6	40	10.00740	10.73733	9.27008	10.72992	27
34	9.26335·1	1128	9.99257·2	38	10.00743	10.73665	9.27078	10.72922	26
35	9.26402·7	1126	9.99254·9	40	10.00745	10.73597	9.27148	10.72852	25
36	9.26470·3	1124	9.99252·5	40	10.00748	10.73530	9.27218	10.72782	24
37	9.26537·7	1122	9.99250·1	38	10.00750	10.73462	9.27288	10.72712	23
38	9.26605·1	1120	9.99247·8	40	10.00752	10.73395	9.27357	10.72643	22
39	9.26672·3	1119	9.99245·4	40	10.00755	10.73328	9.27427	10.72573	21
40	9.26739·5	1117	9.99243·0	40	10.00757	10.73261	9.27496	10.72504	20
41	9.26806·5	1115	9.99240·6	40	10.00759	10.73194	9.27566	10.72434	19
42	9.26873·4	1113	9.99238·2	38	10.00762	10.73127	9.27635	10.72365	18
43	9.26940·2	1111	9.99235·9	40	10.00764	10.73060	9.27704	10.72296	17
44	9.27006·9	1110	9.99233·5	40	10.00767	10.72993	9.27773	10.72227	16
45	9.27073·5	1108	9.99231·1	40	10.00769	10.72927	9.27842	10.72158	15
46	9.27140·0	1106	9.99228·7	40	10.00771	10.72860	9.27911	10.72089	14
47	9.27206·4	1105	9.99226·3	40	10.00774	10.72794	9.27980	10.72020	13
48	9.27272·6	1103	9.99223·9	42	10.00776	10.72727	9.28049	10.71951	12
49	9.27338·8	1101	9.99221·4	40	10.00779	10.72661	9.28117	10.71883	11
50	9.27404·9	1099	9.99219·0	40	10.00781	10.72595	9.28186	10.71814	10
51	9.27470·8	1098	9.99216·6	40	10.00783	10.72529	9.28254	10.71746	9
52	9.27536·7	1096	9.99214·2	40	10.00786	10.72463	9.28323	10.71677	8
53	9.27602·5	1094	9.99211·8	42	10.00788	10.72398	9.28391	10.71609	7
54	9.27668·1	1092	9.99209·3	40	10.00791	10.72332	9.28459	10.71541	6
55	9.27733·7	1091	9.99206·9	42	10.00793	10.72266	9.28527	10.71473	5
56	9.27799·1	1089	9.99204·4	40	10.00796	10.72201	9.28595	10.71405	4
57	9.27864·5	1087	9.99202·0	40	10.00798	10.72136	9.28662	10.71338	3
58	9.27929·7	1086	9.99199·6	42	10.00800	10.72070	9.28730	10.71270	2
59	9.27994·8	1084	9.99197·1	40	10.00803	10.72005	9.28798	10.71202	1
60	9.28059·9		9.99194·7		10.00805	10.71940	9.28865	10.71135	0
M	Co-sine.		Sine.		Co-secant.	Secant.	Co-tang.	Tangent.	M

79 Degrees.

Table XIX. Logarithmic Sines, Tangents, and Secants.

11 Degrees.

M	Sine.	Diff100"	Co-sine.	D.	Secant.	Co-secant.	Tangent.	Co-tang.	M
0	9.28059·9	1082	9.99194·7	42	10.00805	10.71940	9.28865	10.71135	60
1	9.28124·8	1081	9.99192·2	42	10.00808	10.71875	9.28933	10.71067	59
2	9.28189·7	1079	9.99189·7	40	10.00810	10.71810	9.29000	10.71000	58
3	9.28254·4	1077	9.99187·3	42	10.00813	10.71746	9.29067	10.70933	57
4	9.28319·0	1076	9.99184·8	42	10.00815	10.71681	9.29134	10.70866	56
5	9.28383·6	1074	9.99182·3	40	10.00818	10.71616	9.29201	10.70799	55
6	9.28448·0	1072	9.99179·9	42	10.00820	10.71552	9.29268	10.70732	54
7	9.28512·4	1071	9.99177·4	42	10.00823	10.71488	9.29335	10.70665	53
8	9.28576·6	1069	9.99174·9	42	10.00825	10.71423	9.29402	10.70598	52
9	9.28640·8	1067	9.99172·4	42	10.00828	10.71359	9.29468	10.70532	51
10	9.28704·8	1066	9.99169·9	42	10.00830	10.71295	9.29535	10.70465	50
11	9.28768·8	1064	9.99167·4	42	10.00833	10.71231	9.29601	10.70399	49
12	9.28832·6	1063	9.99164·9	42	10.00835	10.71167	9.29668	10.70332	48
13	9.28896·4	1061	9.99162·4	42	10.00838	10.71104	9.29734	10.70266	47
14	9.28960·0	1059	9.99159·9	42	10.00840	10.71040	9.29800	10.70200	46
15	9.29023·6	1058	9.99157·4	42	10.00843	10.70976	9.29866	10.70134	45
16	9.29087·0	1056	9.99154·9	42	10.00845	10.70913	9.29932	10.70068	44
17	9.29150·4	1054	9.99152·4	43	10.00848	10.70850	9.29998	10.70002	43
18	9.29213·7	1053	9.99149·8	42	10.00850	10.70786	9.30064	10.69936	42
19	9.29276·8	1051	9.99147·3	42	10.00853	10.70723	9.30130	10.69870	41
20	9.29339·9	1050	9.99144·8	43	10.00855	10.70660	9.30195	10.69805	40
21	9.29402·9	1048	9.99142·2	42	10.00858	10.70597	9.30261	10.69739	39
22	9.29465·8	1046	9.99139·7	42	10.00860	10.70534	9.30326	10.69674	38
23	9.29528·6	1045	9.99137·2	43	10.00863	10.70471	9.30391	10.69609	37
24	9.29591·3	1043	9.99134·6	42	10.00865	10.70409	9.30457	10.69543	36
25	9.29653·9	1042	9.99132·1	43	10.00868	10.70346	9.30522	10.69478	35
26	9.29716·4	1040	9.99129·5	42	10.00870	10.70284	9.30587	10.69413	34
27	9.29778·8	1039	9.99127·0	43	10.00873	10.70221	9.30652	10.69348	33
28	9.29841·2	1037	9.99124·4	43	10.00876	10.70159	9.30717	10.69283	32
29	9.29903·4	1036	9.99121·8	42	10.00878	10.70097	9.30782	10.69218	31
30	9.29965·5	1034	9.99119·3	43	10.00881	10.70034	9.30846	10.69154	30
31	9.30027·6	1032	9.99116·7	43	10.00883	10.69972	9.30911	10.69089	29
32	9.30089·5	1031	9.99114·1	43	10.00886	10.69910	9.30975	10.69025	28
33	9.30151·4	1029	9.99111·5	42	10.00888	10.69849	9.31040	10.68960	27
34	9.30213·2	1028	9.99109·0	43	10.00891	10.69787	9.31104	10.68896	26
35	9.30274·8	1026	9.99106·4	43	10.00894	10.69725	9.31168	10.68832	25
36	9.30336·4	1025	9.99103·8	43	10.00896	10.69664	9.31233	10.68767	24
37	9.30397·9	1023	9.99101·2	43	10.00899	10.69602	9.31297	10.68703	23
38	9.30459·3	1022	9.99098·6	43	10.00901	10.69541	9.31361	10.68639	22
39	9.30520·7	1020	9.99096·0	43	10.00904	10.69479	9.31425	10.68575	21
40	9.30581·9	1019	9.99093·4	43	10.00907	10.69418	9.31489	10.68511	20
41	9.30643·0	1017	9.99090·8	43	10.00909	10.69357	9.31552	10.68448	19
42	9.30704·1	1016	9.99088·2	45	10.00912	10.69296	9.31616	10.68384	18
43	9.30765·0	1014	9.99085·5	43	10.00914	10.69235	9.31679	10.68321	17
44	9.30825·9	1013	9.99082·9	43	10.00917	10.69174	9.31743	10.68257	16
45	9.30886·7	1011	9.99080·3	43	10.00920	10.69113	9.31806	10.68194	15
46	9.30947·4	1010	9.99077·7	45	10.00922	10.69053	9.31870	10.68130	14
47	9.31008·0	1008	9.99075·0	43	10.00925	10.68992	9.31933	10.68067	13
48	9.31068·5	1007	9.99072·4	45	10.00928	10.68932	9.31996	10.68004	12
49	9.31128·9	1005	9.99069·7	43	10.00930	10.68871	9.32059	10.67941	11
50	9.31189·3	1004	9.99067·1	43	10.00933	10.68811	9.32122	10.67878	10
51	9.31249·5	1003	9.99064·5	45	10.00936	10.68750	9.32185	10.67815	9
52	9.31309·7	1001	9.99061·8	45	10.00938	10.68690	9.32248	10.67752	8
53	9.31369·8	1000	9.99059·1	43	10.00941	10.68630	9.32311	10.67689	7
54	9.31429·7	998	9.99056·5	45	10.00944	10.68570	9.32373	10.67627	6
55	9.31489·7	997	9.99053·8	45	10.00946	10.68510	9.32436	10.67564	5
56	9.31549·5	996	9.99051·1	43	10.00949	10.68451	9.32498	10.67502	4
57	9.31609·2	994	9.99048·5	45	10.00952	10.68391	9.32561	10.67439	3
58	9.31668·9	993	9.99045·8	45	10.00954	10.68331	9.32623	10.67377	2
59	9.31728·4	991	9.99043·1	45	10.00957	10.68272	9.32685	10.67315	1
60	9.31787·9		9.99040·4		10.00960	10.68212	9.32747	10.67253	0
M	Co-sine.		Sine.		Co-secant.	Secant.	Co-tang.	Tangent.	M

78 Degrees.

Table XIX. Logarithmic Sines, Tangents, and Secants.

12 Degrees.

M	Sine.	Diff. 100″	Co-sine.	D.	Secant.	Co-secant.	Tangent.	Co-tang.	M
0	9.31787·9	990	9.99040·4	43	10.00960	10.68212	9.32747	10.67253	60
1	9.31847·3	988	9.99037·8	45	10.00962	10.68153	9.32810	10.67190	59
2	9.31906·6	987	9.99035·1	45	10.00965	10.68093	9.32872	10.67128	58
3	9.31965·8	986	9.99032·4	45	10.00968	10.68034	9.32933	10.67067	57
4	9.32024·9	984	9.99029·7	45	10.00970	10.67975	9.32995	10.67005	56
5	9.32084·0	983	9.99027·0	45	10.00973	10.67916	9.33057	10.66943	55
6	9.32143·0	982	9.99024·3	47	10.00976	10.67857	9.33119	10.66881	54
7	9.32201·9	980	9.99021·5	45	10.00978	10.67798	9.33180	10.66820	53
8	9.32260·7	979	9.99018·8	45	10.00981	10.67739	9.33242	10.66758	52
9	9.32319·4	977	9.99016·1	45	10.00984	10.67681	9.33303	10.66697	51
10	9.32378·0	976	9.99013·4	45	10.00987	10.67622	9.33365	10.66635	50
11	9.32436·6	975	9.99010·7	47	10.00989	10.67563	9.33426	10.66574	49
12	9.32495·0	973	9.99007·9	45	10.00992	10.67505	9.33487	10.66513	48
13	9.32553·4	972	9.99005·2	45	10.00995	10.67447	9.33548	10.66452	47
14	9.32611·7	970	9.99002·5	47	10.00998	10.67388	9.33609	10.66391	46
15	9.32670·0	969	9.98999·7	45	10.01000	10.67330	9.33670	10.66330	45
16	9.32728·1	968	9.98997·0	47	10.01003	10.67272	9.33731	10.66269	44
17	9.32786·2	966	9.98994·2	45	10.01006	10.67214	9.33792	10.66208	43
18	9.32844·2	965	9.98991·5	47	10.01009	10.67156	9.33853	10.66147	42
19	9.32902·1	964	9.98988·7	45	10.01011	10.67098	9.33913	10.66087	41
20	9.32959·9	962	9.98986·0	47	10.01014	10.67040	9.33974	10.66026	40
21	9.33017·6	961	9.98983·2	47	10.01017	10.66982	9.34034	10.65966	39
22	9.33075·3	960	9.98980·4	45	10.01020	10.66925	9.34095	10.65905	38
23	9.33132·9	958	9.98977·7	47	10.01022	10.66867	9.34155	10.65845	37
24	9.33190·3	957	9.98974·9	47	10.01025	10.66810	9.34215	10.65785	36
25	9.33247·8	956	9.98972·1	47	10.01028	10.66752	9.34276	10.65724	35
26	9.33305·1	954	9.98969·3	47	10.01031	10.66695	9.34336	10.65664	34
27	9.33362·4	953	9.98966·5	47	10.01033	10.66638	9.34396	10.65604	33
28	9.33419·5	952	9.98963·7	45	10.01036	10.66580	9.34456	10.65544	32
29	9.33476·7	950	9.98961·0	47	10.01039	10.66523	9.34516	10.65484	31
30	9.33533·7	949	9.98958·2	48	10.01042	10.66466	9.34576	10.65424	30
31	9.33590·6	948	9.98955·3	47	10.01045	10.66409	9.34635	10.65365	29
32	9.33647·5	946	9.98952·5	47	10.01047	10.66353	9.34695	10.65305	28
33	9.33704·3	945	9.98949·7	47	10.01050	10.66296	9.34755	10.65245	27
34	9.33761·0	944	9.98946·9	47	10.01053	10.66239	9.34814	10.65186	26
35	9.33817·6	943	9.98944·1	47	10.01056	10.66182	9.34874	10.65126	25
36	9.33874·2	941	9.98941·3	47	10.01059	10.66126	9.34933	10.65067	24
37	9.33930·7	940	9.98938·5	48	10.01062	10.66069	9.34992	10.65008	23
38	9.33987·1	939	9.98935·6	47	10.01064	10.66013	9.35051	10.64949	22
39	9.34043·4	937	9.98932·8	47	10.01067	10.65957	9.35111	10.64889	21
40	9.34099·6	936	9.98930·0	48	10.01070	10.65900	9.35170	10.64830	20
41	9.34155·8	935	9.98927·1	47	10.01073	10.65844	9.35229	10.64771	19
42	9.34211·9	934	9.98924·3	48	10.01076	10.65788	9.35288	10.64712	18
43	9.34267·9	932	9.98921·4	47	10.01079	10.65732	9.35347	10.64653	17
44	9.34323·9	931	9.98918·6	48	10.01081	10.65676	9.35405	10.64595	16
45	9.34379·7	930	9.98915·7	48	10.01084	10.65620	9.35464	10.64536	15
46	9.34435·5	929	9.98912·8	47	10.01087	10.65564	9.35523	10.64477	14
47	9.34491·2	927	9.98910·0	48	10.01090	10.65509	9.35581	10.64419	13
48	9.34546·9	926	9.98907·1	48	10.01093	10.65453	9.35640	10.64360	12
49	9.34602·4	925	9.98904·2	47	10.01096	10.65398	9.35698	10.64302	11
50	9.34657·9	924	9.98901·4	48	10.01099	10.65342	9.35757	10.64243	10
51	9.34713·4	922	9.98898·5	48	10.01102	10.65287	9.35815	10.64185	9
52	9.34768·7	921	9.98895·6	48	10.01104	10.65231	9.35873	10.64127	8
53	9.34824·0	920	9.98892·7	48	10.01107	10.65176	9.35931	10.64069	7
54	9.34879·2	919	9.98889·8	48	10.01110	10.65121	9.35989	10.64011	6
55	9.34934·3	917	9.98886·9	48	10.01113	10.65066	9.36047	10.63953	5
56	9.34989·3	916	9.98884·0	48	10.01116	10.65011	9.36105	10.63895	4
57	9.35044·3	915	9.98881·1	48	10.01119	10.64956	9.36163	10.63837	3
58	9.35099·2	914	9.98878·2	48	10.01122	10.64901	9.36221	10.63779	2
59	9.35154·0	913	9.98875·3	48	10.01125	10.64846	9.36279	10.63721	1
60	9.35208·8		9.98872·4		10.01128	10.64791	9.36336	10.63664	0
M	Co-sine.		Sine.		Co-secant.	Secant.	Co-tang.	Tangent	M

77 Degrees.

TABLE XIX. Logarithmic Sines, Tangents, and Secants.

13 Degrees.

M	Sine.	Diff. 1'	Co-sine.	D.	Secant.	Co-secant.	Tangent.	Co-tang.	M
0	9.35208·8		9.98872·4		10.01128	10.64791	9.36336	10.63664	60
1	9.35263·5	911	9.98869·5	48	10.01131	10.64737	9.36394	10.63606	59
2	9.35318·1	910	9.98866·6	48	10.01133	10.64682	9.36452	10.63548	58
3	9.35372·6	909	9.98863·6	50	10.01136	10.64627	9.36509	10.63491	57
4	9.35427·1	908	9.98860·7	43	10.01139	10.64573	9.36566	10.63434	56
5	9.35481·5	907	9.98857·8	48	10.01142	10.64519	9.36624	10.63376	55
6	9.35535·8	905	9.98854·8	50	10.01145	10.64464	9.36681	10.63319	54
7	9.35590·1	904	9.98851·9	48	10.01148	10.64410	9.36738	10.63262	53
8	9.35644·3	903	9.98848·9	50	10.01151	10.64356	9.36795	10.63205	52
9	9.35698·4	902	9.98846·0	48	10.01154	10.64302	9.36852	10.63148	51
10	9.35752·4	901	9.98843·0	50	10.01157	10.64248	9.36909	10.63091	50
11	9.35806·4	899	9.98840·1	48	10.01160	10.64194	9.36966	10.63034	49
12	9.35860·3	898	9.98837·1	50	10.01163	10.64140	9.37023	10.62977	48
13	9.35914·1	897	9.98834·2	48	10.01166	10.64086	9.37080	10.62920	47
14	9.35967·8	896	9.98831·2	50	10.01169	10.64032	9.37137	10.62863	46
15	9.36021·5	895	9.98828·2	50	10.01172	10.63978	9.37193	10.62807	45
16	9.36075·2	893	9.98825·2	50	10.01175	10.63925	9.37250	10.62750	44
17	9.36128·7	892	9.98822·3	48	10.01178	10.63871	9.37306	10.62694	43
18	9.36182·2	891	9.98819·3	50	10.01181	10.63818	9.37363	10.62637	42
19	9.36235·6	890	9.98816·3	50	10.01184	10.63764	9.37419	10.62581	41
20	9.36288·9	889	9.98813·3	50	10.01187	10.63711	9.37476	10.62524	40
21	9.36342·2	883	9.98810·3	50	10.01190	10.63658	9.37532	10.62468	39
22	9.36395·4	887	9.98807·3	50	10.01193	10.63605	9.37588	10.62412	38
23	9.36448·5	885	9.98804·3	50	10.01196	10.63551	9.37644	10.62356	37
24	9.36501·6	884	9.98801·3	50	10.01199	10.63498	9.37700	10.62300	36
25	9.36554·6	883	9.98798·3	50	10.01202	10.63445	9.37756	10.62244	35
26	9.36607·5	882	9.98795·3	50	10.01205	10.63392	9.37812	10.62188	34
27	9.36660·4	881	9.98792·2	52	10.01208	10.63340	9.37868	10.62132	33
28	9.36713·1	880	9.98789·2	50	10.01211	10.63287	9.37924	10.62076	32
29	9.36765·9	879	9.98786·2	50	10.01214	10.63234	9.37980	10.62020	31
30	9.36818·5	877	9.98783·2	50	10.01217	10.63181	9.38035	10.61965	30
31	9.36871·1	876	9.98780·1	52	10.01220	10.63129	9.38091	10.61909	29
32	9.36923·6	875	9.98777·1	50	10.01223	10.63076	9.38147	10.61853	28
33	9.36976·1	874	9.98774·0	52	10.01226	10.63024	9.38202	10.61798	27
34	9.37028·5	873	9.98771·0	50	10.01229	10.62972	9.38257	10.61743	26
35	9.37080·8	872	9.98767·9	52	10.01232	10.62919	9.38313	10.61687	25
36	9.37133·0	871	9.98764·9	50	10.01235	10.62867	9.38368	10.61632	24
37	9.37185·2	870	9.98761·8	52	10.01238	10.62815	9.38423	10.61577	23
38	9.37237·3	869	9.98758·8	50	10.01241	10.62763	9.38479	10.61521	22
39	9.37289·4	867	9.98755·7	52	10.01244	10.62711	9.38534	10.61466	21
40	9.37341·4	866	9.98752·6	52	10.01247	10.62659	9.38589	10.61411	20
41	9.37393·3	865	9.98749·6	50	10.01250	10.62607	9.38644	10.61356	19
42	9.37445·2	864	9.98746·5	52	10.01254	10.62555	9.38699	10.61301	18
43	9.37497·0	863	9.98743·4	52	10.01257	10.62503	9.38754	10.61246	17
44	9.37548·7	862	9.98740·3	52	10.01260	10.62451	9.38808	10.61192	16
45	9.37600·3	861	9.98737·2	52	10.01263	10.62400	9.38863	10.61137	15
46	9.37651·9	860	9.98734·1	52	10.01266	10.62348	9.38918	10.61082	14
47	9.37703·5	859	9.98731·0	52	10.01269	10.62297	9.38972	10.61028	13
48	9.37754·9	858	9.98727·9	52	10.01272	10.62245	9.39027	10.60973	12
49	9.37806·3	857	9.98724·8	52	10.01275	10.62194	9.39082	10.60918	11
50	9.37857·7	856	9.98721·7	52	10.01278	10.62142	9.39136	10.60864	10
51	9.37908·9	854	9.98718·6	52	10.01281	10.62091	9.39190	10.60810	9
52	9.37960·1	853	9.98715·5	52	10.01285	10.62040	9.39245	10.60755	8
53	9.38011·3	852	9.98712·4	52	10.01288	10.61989	9.39299	10.60701	7
54	9.38062·4	851	9.98709·2	53	10.01291	10.61938	9.39353	10.60647	6
55	9.38113·4	850	9.98706·1	52	10.01294	10.61887	9.39407	10.60593	5
56	9.38164·3	849	9.98703·0	52	10.01297	10.61836	9.39461	10.60539	4
57	9.38215·2	848	9.98699·8	53	10.01300	10.61785	9.39515	10.60485	3
58	9.38266·1	847	9.98696·7	52	10.01303	10.61734	9.39569	10.60431	2
59	9.38316·8	846	9.98693·6	52	10.01306	10.61683	9.39623	10.60377	1
60	9.38367·5	845	9.98690·4	53	10.01310	10.61632	9.39677	10.60323	0
M	Co sine.		Sine		Co secant.	Secant.	Co-tang.	Tangent.	M

76 Degrees.

Table XIX. Logarithmic Sines, Tangents, and Secants.

14 Degrees.

M	Sine.	Diff 100″	Co-sine.	D.	Secant.	Co-secant.	Tangent.	Co-tang.	M
0	9.38367·5	844	9.98690·4	52	10.01310	10.61632	9.39677	10.60323	60
1	9.38418·2	843	9.98687·3	53	10.01313	10.61582	9.39731	10.60269	59
2	9.38468·7	842	9.98684·1	53	10.01316	10.61531	9.39785	10.60215	58
3	9.38519·2	841	9.98680·9	52	10.01319	10.61481	9.39838	10.60162	57
4	9.38569·7	840	9.98677·8	53	10.01322	10.61430	9.39892	10.60108	56
5	9.38620·1	839	9.98674·6	53	10.01325	10.61380	9.39945	10.60055	55
6	9.38670·4	838	9.98671·4	52	10.01329	10.61330	9.39999	10.60001	54
7	9.38720·7	837	9.98668·3	53	10.01332	10.61279	9.40052	10.59948	53
8	9.38770·9	836	9.98665·1	53	10.01335	10.61229	9.40106	10.59894	52
9	9.38821·0	835	9.98661·9	53	10.01338	10.61179	9.40159	10.59841	51
10	9.38871·1	834	9.98658·7	53	10.01341	10.61129	9.40212	10.59788	50
11	9.38921·1	833	9.98655·5	53	10.01344	10.61079	9.40266	10.59734	49
12	9.38971·1	832	9.98652·3	53	10.01348	10.61029	9.40319	10.59681	48
13	9.39021·0	831	9.98649·1	53	10.01351	10.60979	9.40372	10.59628	47
14	9.39070·8	830	9.98645·9	53	10.01354	10.60929	9.40425	10.59575	46
15	9.39120·5	828	9.98642·7	53	10.01357	10.60879	9.40478	10.59522	45
16	9.39170·3	827	9.98639·5	53	10.01360	10.60830	9.40531	10.59469	44
17	9.39219·9	826	9.98636·3	53	10.01364	10.60780	9.40584	10.59416	43
18	9.39269·5	825	9.98633·1	53	10.01367	10.60730	9.40636	10.59364	42
19	9.39319·1	824	9.98629·9	55	10.01370	10.60681	9.40689	10.59311	41
20	9.39368·5	823	9.98626·6	53	10.01373	10.60631	9.40742	10.59258	40
21	9.39417·9	822	9.98623·4	53	10.01377	10.60582	9.40795	10.59205	39
22	9.39467·3	821	9.98620·2	55	10.01380	10.60533	9.40847	10.59153	38
23	9.39516·6	820	9.98616·9	53	10.01383	10.60483	9.40900	10.59100	37
24	9.39565·8	819	9.98613·7	55	10.01386	10.60434	9.40952	10.59048	36
25	9.39615·0	818	9.98610·4	53	10.01390	10.60385	9.41005	10.58995	35
26	9.39664·1	817	9.98607·2	55	10.01393	10.60336	9.41057	10.58943	34
27	9.39713·2	817	9.98603·9	53	10.01396	10.60287	9.41109	10.58891	33
28	9.39762·1	816	9.98600·7	55	10.01399	10.60238	9.41161	10.58839	32
29	9.39811·1	815	9.98597·4	53	10.01403	10.60189	9.41214	10.58786	31
30	9.39860·0	814	9.98594·2	55	10.01406	10.60140	9.41266	10.58734	30
31	9.39908·8	813	9.98590·9	55	10.01409	10.60091	9.41318	10.58682	29
32	9.39957·5	812	9.98587·6	55	10.01412	10.60042	9.41370	10.58630	28
33	9.40006·2	811	9.98584·3	53	10.01416	10.59994	9.41422	10.58578	27
34	9.40054·9	810	9.98581·1	55	10.01419	10.59945	9.41474	10.58526	26
35	9.40103·5	809	9.98577·8	55	10.01422	10.59897	9.41526	10.58474	25
36	9.40152·0	808	9.98574·5	55	10.01426	10.59848	9.41578	10.58422	24
37	9.40200·5	807	9.98571·2	55	10.01429	10.59800	9.41629	10.58371	23
38	9.40248·9	806	9.98567·9	55	10.01432	10.59751	9.41681	10.58319	22
39	9.40297·2	805	9.98564·6	55	10.01435	10.59703	9.41733	10.58267	21
40	9.40345·5	804	9.98561·3	55	10.01439	10.59654	9.41784	10.58216	20
41	9.40393·8	803	9.98558·0	55	10.01442	10.59606	9.41836	10.58164	19
42	9.40442·0	802	9.98554·7	55	10.01445	10.59558	9.41887	10.58113	18
43	9.40490·1	801	9.98551·4	57	10.01449	10.59510	9.41939	10.58061	17
44	9.40538·2	800	9.98548·0	55	10.01452	10.59462	9.41990	10.58010	16
45	9.40586·2	799	9.98544·7	55	10.01455	10.59414	9.42041	10.57959	15
46	9.40634·1	798	9.98541·4	55	10.01459	10.59366	9.42093	10.57907	14
47	9.40682·0	797	9.98538·1	57	10.01462	10.59318	9.42144	10.57856	13
48	9.40729·9	796	9.98534·7	55	10.01465	10.59270	9.42195	10.57805	12
49	9.40777·7	795	9.98531·4	57	10.01469	10.59222	9.42246	10.57754	11
50	9.40825·4	794	9.98528·0	55	10.01472	10.59175	9.42297	10.57703	10
51	9.40873·1	794	9.98524·7	57	10.01475	10.59127	9.42348	10.57652	9
52	9.40920·7	793	9.98521·3	55	10.01479	10.59079	9.42399	10.57601	8
53	9.40968·2	792	9.98518·0	57	10.01482	10.59032	9.42450	10.57550	7
54	9.41015·7	791	9.98514·6	55	10.01485	10.58984	9.42501	10.57499	6
55	9.41063·2	790	9.98511·3	57	10.01489	10.58937	9.42552	10.57448	5
56	9.41110·6	789	9.98507·9	57	10.01492	10.58889	9.42603	10.57397	4
57	9.41157·9	788	9.98504·5	57	10.01495	10.58842	9.42653	10.57347	3
58	9.41205·2	787	9.98501·1	55	10.01499	10.58795	9.42704	10.57296	2
59	9.41252·4	786	9.98497·8	57	10.01502	10.58748	9.42755	10.57245	1
60	9.41299·6		9.98404·4		10.01506	10.58700	9.42805	10.57195	0
	Co-sine.		Sine.		Co-secant.	Secant.	Co-tang.	Tangent.	

75 Degrees.

Table XIX. Logarithmic Sines, Tangents, and Secants.

15 Degrees.

M	Sine.	Diff 100".	Co-sine.	D.	Secant.	Co-secant.	Tangent.	Co-tang.	M
0	9.41299·6	785	9.98494·4	57	10.01506	10.58700	9.42805	10.57195	60
1	9.41346·7	784	9.98491·0	57	10.01509	10.58653	9.42856	10.57144	59
2	9.41393·8	783	9.98487·6	57	10.01512	10.58606	9.42906	10.57094	58
3	9.41440·8	783	9.98484·2	57	10.01516	10.58559	9.42957	10.57043	57
4	9.41487·8	782	9.98480·8	57	10.01519	10.58512	9.43007	10.56993	56
5	9.41534·7	781	9.98477·4	57	10.01523	10.58465	9.43057	10.56943	55
6	9.41581·5	780	9.98474·0	57	10.01526	10.58418	9.43108	10.56892	54
7	9.41628·3	779	9.98470·6	57	10.01529	10.58372	9.43158	10.56842	53
8	9.41675·1	778	9.98467·2	57	10.01533	10.58325	9.43208	10.56792	52
9	9.41721·7	777	9.98463·8	58	10.01536	10.58278	9.43258	10.56742	51
10	9.41768·4	776	9.98460·3	57	10.01540	10.58232	9.43308	10.56692	50
11	9.41815·0	775	9.98456·9	57	10.01543	10.58185	9.43358	10.56642	49
12	9.41861·5	774	9.98453·5	58	10.01547	10.58139	9.43408	10.56592	48
13	9.41907·9	773	9.98450·0	57	10.01550	10.58092	9.43458	10.56542	47
14	9.41954·4	773	9.98446·6	57	10.01553	10.58046	9.43508	10.56492	46
15	9.42000·7	772	9.98443·2	58	10.01557	10.57999	9.43558	10.56442	45
16	9.42047·0	771	9.98439·7	57	10.01560	10.57953	9.43607	10.56393	44
17	9.42093·3	770	9.98436·3	58	10.01564	10.57907	9.43657	10.56343	43
18	9.42139·5	769	9.98432·8	58	10.01567	10.57860	9.43707	10.56293	42
19	9.42185·7	768	9.98429·4	57	10.01571	10.57814	9.43756	10.56244	41
20	9.42231·8	767	9.98425·9	58	10.01574	10.57768	9.43806	10.56194	40
21	9.42277·8	767	9.98422·4	57	10.01578	10.57722	9.43855	10.56145	39
22	9.42323·8	766	9.98419·0	58	10.01581	10.57676	9.43905	10.56095	38
23	9.42369·7	765	9.98415·5	58	10.01585	10.57630	9.43954	10.56046	37
24	9.42415·6	764	9.98412·0	58	10.01588	10.57584	9.44004	10.55996	36
25	9.42461·5	763	9.98408·5	58	10.01591	10.57539	9.44053	10.55947	35
26	9.42507·3	762	9.98405·0	58	10.01595	10.57493	9.44102	10.55898	34
27	9.42553·0	761	9.98401·5	57	10.01598	10.57447	9.44151	10.55849	33
28	9.42598·7	760	9.98398·1	58	10.01602	10.57401	9.44201	10.55799	32
29	9.42644·3	760	9.98394·6	58	10.01605	10.57356	9.44250	10.55750	31
30	9.42689·9	759	9.98391·1	60	10.01609	10.57310	9.44299	10.55701	30
31	9.42735·4	758	9.98387·5	58	10.01612	10.57265	9.44348	10.55652	29
32	9.42780·9	757	9.98384·0	58	10.01616	10.57219	9.44397	10.55603	28
33	9.42826·3	756	9.98380·5	58	10.01619	10.57174	9.44446	10.55554	27
34	9.42871·7	755	9.98377·0	58	10.01623	10.57128	9.44495	10.55505	26
35	9.42917·0	754	9.98373·5	58	10.01627	10.57083	9.44544	10.55456	25
36	9.42962·3	753	9.98370·0	60	10.01630	10.57038	9.44592	10.55408	24
37	9.43007·5	752	9.98366·4	58	10.01634	10.56992	9.44641	10.55359	23
38	9.43052·7	752	9.98362·9	58	10.01637	10.56947	9.44690	10.55310	22
39	9.43097·8	751	9.98359·4	60	10.01641	10.56902	9.44738	10.55262	21
40	9.43142·9	750	9.98355·8	58	10.01644	10.56857	9.44787	10.55213	20
41	9.43187·9	749	9.98352·3	60	10.01648	10.56812	9.44836	10.55164	19
42	9.43232·9	749	9.98348·7	58	10.01651	10.56767	9.44884	10.55116	18
43	9.43277·8	748	9.98345·2	60	10.01655	10.56722	9.44933	10.55067	17
44	9.43322·6	747	9.98341·6	58	10.01658	10.56677	9.44981	10.55019	16
45	9.43367·5	746	9.98338·1	60	10.01662	10.56633	9.45029	10.54971	15
46	9.43412·2	745	9.98334·5	60	10.01666	10.56588	9.45078	10.54922	14
47	9.43456·9	744	9.98330·9	60	10.01669	10.56543	9.45126	10.54874	13
48	9.43501·6	744	9.98327·3	58	10.01673	10.56498	9.45174	10.54826	12
49	9.43546·2	743	9.98323·8	60	10.01676	10.56454	9.45222	10.54778	11
50	9.43590·8	742	9.98320·2	60	10.01680	10.56409	9.45271	10.54729	10
51	9.43635·3	741	9.98316·6	60	10.01683	10.56365	9.45319	10.54681	9
52	9.43679·8	740	9.98313·0	60	10.01687	10.56320	9.45367	10.54633	8
53	9.43724·2	740	9.98309·4	60	10.01691	10.56276	9.45415	10.54585	7
54	9.43768·6	739	9.98305·8	60	10.01694	10.56231	9.45463	10.54537	6
55	9.43812·9	738	9.98302·2	60	10.01698	10.56187	9.45511	10.54489	5
56	9.43857·2	737	9.98298·6	60	10.01701	10.56143	9.45559	10.54445	4
57	9.43901·4	736	9.98295·0	60	10.01705	10.56099	9.45606	10.54394	3
58	9.43945·6	736	9.98291·4	60	10.01709	10.56054	9.45654	10.54346	2
59	9.43989·7	735	9.98287·8	60	10.01712	10.56010	9.45702	10.54298	1
60	9.44033·8		9.98284·2		10.01716	10.55966	9.45750	10.54255	0
M	Co-sine.		Sine.		Co-secant.	Secant.	Co-tang	Tangent.	M

74 Degrees.

TABLE XIX. Logarithmic Sines, Tangents, and Secants.

16 Degrees.

M	Sine.	Diff 100′	Co-sine.	D.	Secant.	Co-secant.	Tangent.	Co-tang.	M
0	9.44033·8	734	9.98284·2	62	10.01716	10.55966	9.45750	10.54250	60
1	9.44077·8	733	9.98280·5	60	10.01719	10.55922	9.45797	10.54203	59
2	9.44121·8	732	9.98276·9	60	10.01723	10.55878	9.45845	10.54155	58
3	9.44165·8	731	9.98273·3	62	10.01727	10.55834	9.45892	10.54108	57
4	9.44209·6	731	9.98269·6	60	10.01730	10.55790	9.45940	10.54060	56
5	9.44253·5	730	9.98266·0	60	10.01734	10.55747	9.45987	10.54013	55
6	9.44297·3	729	9.98262·4	62	10.01738	10.55703	9.46035	10.53965	54
7	9.44341·0	728	9.98258·7	60	10.01741	10.55659	9.46082	10.53918	53
8	9.44384·7	727	9.98255·1	62	10.01745	10.55615	9.46130	10.53870	52
9	9.44428·4	727	9.98251·4	62	10.01749	10.55572	9.46177	10.53823	51
10	9.44472·0	726	9.98247·7	60	10.01752	10.55528	9.46224	10.53776	50
11	9.44515·5	725	9.98244·1	62	10.01756	10.55484	9.46271	10.53729	49
12	9.44559·0	724	9.98240·4	62	10.01760	10.55441	9.46319	10.53681	48
13	9.44602·5	723	9.98236·7	60	10.01763	10.55398	9.46366	10.53634	47
14	9.44645·9	723	9.98233·1	62	10.01767	10.55354	9.46413	10.53587	46
15	9.44689·3	722	9.98229·4	62	10.01771	10.55311	9.46460	10.53540	45
16	9.44732·6	721	9.98225·7	62	10.01774	10.55267	9.46507	10.53493	44
17	9.44775·9	720	9.98222·0	62	10.01778	10.55224	9.46554	10.53446	43
18	9.44819·1	720	9.98218·3	62	10.01782	10.55181	9.46601	10.53399	42
19	9.44862·3	719	9.98214·6	62	10.01785	10.55138	9.46648	10.53352	41
20	9.44905·4	718	9.98210·9	62	10.01789	10.55095	9.46694	10.53306	40
21	9.44948·5	717	9.98207·2	62	10.01793	10.55052	9.46741	10.53259	39
22	9.44991·5	716	9.98203·5	62	10.01796	10.55008	9.46788	10.53212	38
23	9.45034·5	716	9.98199·8	62	10.01800	10.54965	9.46835	10.53165	37
24	9.45077·5	715	9.98196·1	62	10.01804	10.54923	9.46881	10.53119	36
25	9.45120·4	714	9.98192·4	63	10.01808	10.54880	9.46928	10.53072	35
26	9.45163·2	713	9.98188·6	62	10.01811	10.54837	9.46975	10.53025	34
27	9.45206·0	713	9.98184·9	62	10.01815	10.54794	9.47021	10.52979	33
28	9.45248·8	712	9.98181·2	63	10.01819	10.54751	9.47068	10.52932	32
29	9.45291·5	712	9.98177·4	62	10.01823	10.54708	9.47114	10.52886	31
30	9.45334·2	710	9.98173·7	62	10.01826	10.54666	9.47160	10.52840	30
31	9.45376·8	710	9.98170·0	63	10.01830	10.54623	9.47207	10.52793	29
32	9.45419·4	709	9.98166·2	62	10.01834	10.54581	9.47253	10.52747	28
33	9.45461·9	708	9.98162·5	63	10.01838	10.54538	9.47299	10.52701	27
34	9.45504·4	707	9.98158·7	63	10.01841	10.54496	9.47346	10.52654	26
35	9.45546·9	707	9.98154·9	62	10.01845	10.54453	9.47392	10.52608	25
36	9.45589·3	706	9.98151·2	63	10.01849	10.54411	9.47438	10.52562	24
37	9.45631·6	705	9.98147·4	63	10.01853	10.54368	9.47484	10.52516	23
38	9.45673·9	704	9.98143·6	62	10.01856	10.54326	9.47530	10.52470	22
39	9.45716·2	704	9.98139·9	63	10.01860	10.54284	9.47576	10.52424	21
40	9.45758·4	703	9.98136·1	63	10.01864	10.54242	9.47622	10.52378	20
41	9.45800·6	702	9.98132·3	63	10.01868	10.54199	9.47668	10.52332	19
42	9.45842·7	701	9.98128·5	63	10.01871	10.54157	9.47714	10.52286	18
43	9.45884·8	701	9.98124·7	63	10.01875	10.54115	9.47760	10.52240	17
44	9.45926·8	700	9.98120·9	63	10.01879	10.54073	9.47806	10.52194	16
45	9.45968·8	699	9.98117·1	63	10.01883	10.54031	9.47852	10.52148	15
46	9.46010·8	698	9.98113·3	63	10.01887	10.53989	9.47897	10.52103	14
47	9.46052·7	698	9.98109·5	63	10.01890	10.53947	9.47943	10.52057	13
48	9.46094·6	697	9.98105·7	63	10.01894	10.53905	9.47989	10.52011	12
49	9.46136·4	696	9.98101·9	63	10.01898	10.53864	9.48035	10.51965	11
50	9.46178·2	695	9.98098·1	65	10.01902	10.53822	9.48080	10.51920	10
51	9.46219·9	695	9.98094·2	63	10.01906	10.53780	9.48126	10.51874	9
52	9.46261·6	694	9.98090·4	63	10.01910	10.53738	9.48171	10.51829	8
53	9.46303·2	693	9.98086·6	65	10.01913	10.53697	9.48217	10.51783	7
54	9.46344·8	693	9.98082·7	63	10.01917	10.53655	9.48262	10.51738	6
55	9.46386·4	692	9.98078·9	65	10.01921	10.53614	9.48307	10.51693	5
56	9.46427·9	691	9.98075·0	63	10.01925	10.53572	9.48353	10.51647	4
57	9.46469·4	690	9.98071·2	65	10.01929	10.53531	9.48398	10.51602	3
58	9.46510·8	690	9.98067·3	63	10.01933	10.53489	9.48443	10.51557	2
59	9.46552·2	689	9.98063·5	65	10.01937	10.53448	9.48489	10.51511	1
60	9.46593·5		9.98059·6		10.01940	10.53406	9.48534	10.51466	0
M	Co-sine.		Sine.		Co-secant.	Secant.	Co-tang	Tangent.	M

73 Degrees.

Table XIX. Logarithmic Sines, Tangents, and Secants.

17 Degrees.

M	Sine.	Differ.	Co-sine.	D.	Secant.	Co-secant.	Tangent.	Co-tang.	M
0	9.46593·5	688	9.98059·6	63	10.01940	10.53406	9.48534	10.51466	60
1	9.46634·8	688	9.98055·8	65	10.01944	10.53365	9.48579	10.51421	59
2	9.46676·1	687	9.98051·9	65	10.01948	10.53324	9.48624	10.51376	58
3	9.46717·3	686	9.98048·0	63	10.01952	10.53283	9.48669	10.51331	57
4	9.46758·5	685	9.98044·2	65	10.01956	10.53242	9.48714	10.51286	56
5	9.46799·6	685	9.98040·3	65	10.01960	10.53200	9.48759	10.51241	55
6	9.46840·7	684	9.98036·4	65	10.01964	10.53159	9.48804	10.51196	54
7	9.46881·7	683	9.98032·5	65	10.01968	10.53118	9.48849	10.51151	53
8	9.46922·7	683	9.98028·6	65	10.01971	10.53077	9.48894	10.51106	52
9	9.46963·7	682	9.98024·7	65	10.01975	10.53036	9.48939	10.51061	51
10	9.47004·6	681	9.98020·8	65	10.01979	10.52995	9.48984	10.51016	50
11	9.47045·5	680	9.98016·9	65	10.01983	10.52955	9.49029	10.50971	49
12	9.47086·3	680	9.98013·0	65	10.01987	10.52914	9.49073	10.50927	48
13	9.47127·1	679	9.98009·1	65	10.01991	10.52873	9.49118	10.50882	47
14	9.47167·9	678	9.98005·2	67	10.01995	10.52832	9.49163	10.50837	46
15	9.47208·6	678	9.98001·2	65	10.01999	10.52791	9.49207	10.50793	45
16	9.47249·2	677	9.97997·3	65	10.02003	10.52751	9.49252	10.50748	44
17	9.47289·8	676	9.97993·4	65	10.02007	10.52710	9.49296	10.50704	43
18	9.47330·4	676	9.97989·5	67	10.02011	10.52670	9.49341	10.50659	42
19	9.47371·0	675	9.97985·5	65	10.02014	10.52629	9.49385	10.50615	41
20	9.47411·5	674	9.97981·6	67	10.02018	10.52589	9.49430	10.50570	40
21	9.47451·9	674	9.97977·6	65	10.02022	10.52548	9.49474	10.50526	39
22	9.47492·3	673	9.97973·7	67	10.02026	10.52508	9.49519	10.50481	38
23	9.47532·7	672	9.97969·7	65	10.02030	10.52467	9.49563	10.50437	37
24	9.47573·0	672	9.97965·8	67	10.02034	10.52427	9.49607	10.50393	36
25	9.47613·3	671	9.97961·8	65	10.02038	10.52387	9.49652	10.50348	35
26	9.47653·6	670	9.97957·9	67	10.02042	10.52346	9.49696	10.50304	34
27	9.47693·8	669	9.97953·9	67	10.02046	10.52306	9.49740	10.50260	33
28	9.47734·0	669	9.97949·9	67	10.02050	10.52266	9.49784	10.50216	32
29	9.47774·1	668	9.97945·9	65	10.02054	10.52226	9.49828	10.50172	31
30	9.47814·2	667	9.97942·0	67	10.02058	10.52186	9.49872	10.50128	30
31	9.47854·2	667	9.97938·0	67	10.02062	10.52146	9.49916	10.50084	29
32	9.47894·2	666	9.97934·0	67	10.02066	10.52106	9.49960	10.50040	28
33	9.47934·2	665	9.97930·0	67	10.02070	10.52066	9.50004	10.49996	27
34	9.47974·1	665	9.97926·0	67	10.02074	10.52026	9.50048	10.49952	26
35	9.48014·0	664	9.97922·0	67	10.02078	10.51986	9.50092	10.49908	25
36	9.48053·9	663	9.97918·0	67	10.02082	10.51946	9.50136	10.49864	24
37	9.48093·7	663	9.97914·0	67	10.02086	10.51906	9.50180	10.49820	23
38	9.48133·4	662	9.97910·0	68	10.02090	10.51867	9.50223	10.49777	22
39	9.48173·1	661	9.97905·9	67	10.02094	10.51827	9.50267	10.49733	21
40	9.48212·8	661	9.97901·9	67	10.02098	10.51787	9.50311	10.49689	20
41	9.48252·5	660	9.97897·9	67	10.02102	10.51748	9.50355	10.49645	19
42	9.48292·1	659	9.97893·9	68	10.02106	10.51708	9.50398	10.49602	18
43	9.48331·6	659	9.97889·8	67	10.02110	10.51668	9.50442	10.49558	17
44	9.48371·2	658	9.97885·8	68	10.02114	10.51629	9.50485	10.49515	16
45	9.48410·7	657	9.97881·7	67	10.02118	10.51589	9.50529	10.49471	15
46	9.48450·1	657	9.97877·7	67	10.02122	10.51550	9.50572	10.49428	14
47	9.48489·5	656	9.97873·7	68	10.02126	10.51510	9.50616	10.49384	13
48	9.48528·9	655	9.97869·6	68	10.02130	10.51471	9.50659	10.49341	12
49	9.48568·2	655	9.97865·5	67	10.02134	10.51432	9.50703	10.49297	11
50	9.48607·5	654	9.97861·5	68	10.02139	10.51393	9.50746	10.49254	10
51	9.48646·7	653	9.97857·4	68	10.02143	10.51353	9.50789	10.49211	9
52	9.48686·0	653	9.97853·3	67	10.02147	10.51314	9.50833	10.49167	8
53	9.48725·1	652	9.97849·3	68	10.02151	10.51275	9.50876	10.49124	7
54	9.48764·3	651	9.97845·2	68	10.02155	10.51236	9.50919	10.49081	6
55	9.48803·4	651	9.97841·1	68	10.02159	10.51197	9.50962	10.49038	5
56	9.48842·4	650	9.97837·0	68	10.02163	10.51158	9.51005	10.48995	4
57	9.48881·4	650	9.97832·9	68	10.02167	10.51119	9.51048	10.48952	3
58	9.48920·4	649	9.97828·8	68	10.02171	10.51080	9.51092	10.48908	2
59	9.48959·3	648	9.97824·7	68	10.02175	10.51041	9.51135	10.48865	1
60	9.48998·2		9.97820·6		10.02179	10.51002	9.51178	10.48822	0
M	Cosine.		Sine.		Co-secant.	Secant.	Co-tang.	Tangent.	M

72 Degrees.

Table XIX. Logarithmic Sines, Tangents, and Secants.

18 Degrees.

M	Sine.	Diff. 100″	Co-sine.	D.	Secant.	Co-secant.	Tangent.	Co-tang.	M
0	9.48998·2	648	9.97820·6	68	10.02179	10.51002	9.51178	10.48822	60
1	9.49037·1	648	9.97816·5	68	10.02183	10.50963	9.51221	10.48779	59
2	9.49075·9	647	9.97812·4	68	10.02188	10.50924	9.51264	10.48736	58
3	9.49114·7	646	9.97808·3	69	10.02192	10.50885	9.51306	10.48694	57
4	9.49153·5	646	9.97804·2	69	10.02196	10.50847	9.51349	10.48651	56
5	9.49192·2	645	9.97800·1	69	10.02200	10.50808	9.51392	10.48608	55
6	9.49230·8	644	9.97795·9	69	10.02204	10.50769	9.51435	10.48565	54
7	9.49269·5	644	9.97791·8	69	10.02208	10.50731	9.51478	10.48522	53
8	9.49308·1	643	9.97787·7	69	10.02212	10.50692	9.51520	10.48480	52
9	9.49346·6	642	9.97783·5	69	10.02216	10.50653	9.51563	10.48437	51
10	9.49385·1	642	9.97779·4	69	10.02221	10.50615	9.51606	10.48394	50
11	9.49423·6	641	9.97775·2	69	10.02225	10.50576	9.51648	10.48352	49
12	9.49462·1	641	9.97771·1	69	10.02229	10.50538	9.51691	10.48309	48
13	9.49500·5	640	9.97766·9	69	10.02233	10.50500	9.51734	10.48266	47
14	9.49538·8	639	9.97762·8	69	10.02237	10.50461	9.51776	10.48224	46
15	9.49577·2	639	9.97758·6	69	10.02241	10.50423	9.51819	10.48181	45
16	9.49615·4	638	9.97754·4	70	10.02246	10.50385	9.51861	10.48139	44
17	9.49653·7	637	9.97750·3	70	10.02250	10.50346	9.51903	10.48097	43
18	9.49691·9	637	9.97746·1	70	10.02254	10.50308	9.51946	10.48054	42
19	9.49730·1	636	9.97741·9	70	10.02258	10.50270	9.51988	10.48012	41
20	9.49768·2	636	9.97737·7	70	10.02262	10.50232	9.52031	10.47969	40
21	9.49806·4	635	9.97733·5	70	10.02266	10.50194	9.52073	10.47927	39
22	9.49844·4	634	9.97729·3	70	10.02271	10.50156	9.52115	10.47885	38
23	9.49882·5	634	9.97725·1	70	10.02275	10.50118	9.52157	10.47843	37
24	9.49920·4	633	9.97720·9	70	10.02279	10.50080	9.52200	10.47800	36
25	9.49958·4	632	9.97716·7	70	10.02283	10.50042	9.52242	10.47758	35
26	9.49996·3	632	9.97712·5	70	10.02287	10.50004	9.52284	10.47716	34
27	9.50034·2	631	9.97708·3	70	10.02292	10.49966	9.52326	10.47674	33
28	9.50072·1	631	9.97704·1	70	10.02296	10.49928	9.52368	10.47632	32
29	9.50109·9	630	9.97699·9	70	10.02300	10.49890	9.52410	10.47590	31
30	9.50147·6	629	9.97695·7	70	10.02304	10.49852	9.52452	10.47548	30
31	9.50185·4	629	9.97691·4	70	10.02309	10.49815	9.52494	10.47506	29
32	9.50223·1	628	9.97687·2	70	10.02313	10.49777	9.52536	10.47464	28
33	9.50260·7	628	9.97683·0	71	10.02317	10.49739	9.52578	10.47422	27
34	9.50298·4	627	9.97678·7	71	10.02321	10.49702	9.52620	10.47380	26
35	9.50336·0	626	9.97674·5	71	10.02326	10.49664	9.52661	10.47339	25
36	9.50373·5	626	9.97670·2	71	10.02330	10.49626	9.52703	10.47297	24
37	9.50411·0	625	9.97666·0	71	10.02334	10.49589	9.52745	10.47255	23
38	9.50448·5	625	9.97661·7	71	10.02338	10.49551	9.52787	10.47213	22
39	9.50486·0	624	9.97657·4	71	10.02343	10.49514	9.52829	10.47171	21
40	9.50523·4	623	9.97653·2	71	10.02347	10.49477	9.52870	10.47130	20
41	9.50560·8	623	9.97648·9	71	10.02351	10.49439	9.52912	10.47088	19
42	9.50598·1	622	9.97644·6	71	10.02355	10.49402	9.52953	10.47047	18
43	9.50635·4	622	9.97640·4	71	10.02360	10.49365	9.52995	10.47005	17
44	9.50672·7	621	9.97636·1	71	10.02364	10.49327	9.53037	10.46963	16
45	9.50709·9	620	9.97631·8	71	10.02368	10.49290	9.53078	10.46922	15
46	9.50747·1	620	9.97627·5	71	10.02372	10.49253	9.53120	10.46880	14
47	9.50784·3	619	9.97623·2	72	10.02377	10.49216	9.53161	10.46839	13
48	9.50821·4	619	9.97618·9	72	10.02381	10.49179	9.53202	10.46798	12
49	9.50858·5	618	9.97614·6	72	10.02385	10.49142	9.53244	10.46756	11
50	9.50895·6	618	9.97610·3	72	10.02390	10.49104	9.53285	10.46715	10
51	9.50932·6	617	9.97606·0	72	10.02394	10.49067	9.53327	10.46673	9
52	9.50969·6	616	9.97601·7	72	10.02398	10.49030	9.53368	10.46632	8
53	9.51006·5	616	9.97597·4	72	10.02403	10.48993	9.53409	10.46591	7
54	9.51043·4	615	9.97593·0	72	10.02407	10.48957	9.53450	10.46550	6
55	9.51080·3	615	9.97588·7	72	10.02411	10.48920	9.53492	10.46508	5
56	9.51117·2	614	9.97584·4	72	10.02416	10.48883	9.53533	10.46467	4
57	9.51154·0	613	9.97580·0	72	10.02420	10.48846	9.53574	10.46426	3
58	9.51190·7	613	9.97575·7	72	10.02424	10.48809	9.53615	10.46385	2
59	9.51227·5	612	9.97571·4	72	10.02429	10.48773	9.53656	10.46344	1
60	9.51264·2		9.97567·0		10.02433	10.48736	9.53697	10.46303	0
M	Co-sine.		Sine.		Co-secant	Secant.	Co-tang.	Tangent.	M

71 Degrees.

TABLE XIX. Logarithmic Sines, Tangents, and Secants.

19 Degrees.

M	Sine.	Diff 100″	Co-sine.	D.	Secant.	Co-secant.	Tangent.	Co-tang.	M
0	9.51264·2	612	9.97567·0	72	10.02433	10.48736	9.53697	10.46303	60
1	9.51300·9	611	9.97562·7	73	10.02437	10.48699	9.53738	10.46262	59
2	9.51337·5	611	9.97558·3	73	10.02442	10.48662	9.53779	10.46221	58
3	9.51374·1	610	9.97553·9	73	10.02446	10.48626	9.53820	10.46180	57
4	9.51410·7	609	9.97549·6	73	10.02450	10.48589	9.53861	10.46139	56
5	9.51447·2	609	9.97545·2	73	10.02455	10.48553	9.53902	10.46098	55
6	9.51483·7	608	9.97540·8	73	10.02459	10.48516	9.53943	10.46057	54
7	9.51520·2	608	9.97536·5	73	10.02464	10.48480	9.53984	10.46016	53
8	9.51556·6	607	9.97532·1	73	10.02468	10.48443	9.54025	10.45975	52
9	9.51593·0	607	9.97527·7	73	10.02472	10.48407	9.54065	10.45935	51
10	9.51629·4	606	9.97523·3	73	10.02477	10.48371	9.54106	10.45894	50
11	9.51665·7	605	9.97518·9	73	10.02481	10.48334	9.54147	10.45853	49
12	9.51702·0	605	9.97514·5	73	10.02485	10.48298	9.54187	10.45813	48
13	9.51738·2	604	9.97510·1	73	10.02490	10.48262	9.54228	10.45772	47
14	9.51774·5	604	9.97505·7	73	10.02494	10.48226	9.54269	10.45731	46
15	9.51810·7	603	9.97501·3	73	10.02499	10.48189	9.54309	10.45691	45
16	9.51846·8	603	9.97496·9	74	10.02503	10.48153	9.54350	10.45650	44
17	9.51882·9	602	9.97492·5	74	10.02508	10.48117	9.54390	10.45610	43
18	9.51919·0	601	9.97488·0	74	10.02512	10.48081	9.54431	10.45569	42
19	9.51955·1	601	9.97483·6	74	10.02516	10.48045	9.54471	10.45529	41
20	9.51991·1	600	9.97479·2	74	10.02521	10.48009	9.54512	10.45488	40
21	9.52027·1	600	9.97474·8	74	10.02525	10.47973	9.54552	10.45448	39
22	9.52063·1	599	9.97470·3	74	10.02530	10.47937	9.54593	10.45407	38
23	9.52099·0	599	9.97465·9	74	10.02534	10.47901	9.54633	10.45367	37
24	9.52134·9	598	9.97461·4	74	10.02539	10.47865	9.54673	10.45327	36
25	9.52170·7	598	9.97457·0	74	10.02543	10.47829	9.54714	10.45286	35
26	9.52206·6	597	9.97452·5	74	10.02547	10.47793	9.54754	10.45246	34
27	9.52242·4	596	9.97448·1	74	10.02552	10.47758	9.54794	10.45206	33
28	9.52278·1	596	9.97443·6	74	10.02556	10.47722	9.54835	10.45165	32
29	9.52313·8	595	9.97439·1	74	10.02561	10.47686	9.54875	10.45125	31
30	9.52349·5	595	9.97434·7	75	10.02565	10.47650	9.54915	10.45085	30
31	9.52385·2	594	9.97430·2	75	10.02570	10.47615	9.54955	10.45045	29
32	9.52420·8	594	9.97425·7	75	10.02574	10.47579	9.54995	10.45005	28
33	9.52456·4	593	9.97421·2	75	10.02579	10.47544	9.55035	10.44965	27
34	9.52492·0	593	9.97416·7	75	10.02583	10.47508	9.55075	10.44925	26
35	9.52527·5	592	9.97412·2	75	10.02588	10.47473	9.55115	10.44885	25
36	9.52563·0	591	9.97407·7	75	10.02592	10.47437	9.55155	10.44845	24
37	9.52598·4	591	9.97403·2	75	10.02597	10.47402	9.55195	10.44805	23
38	9.52633·9	590	9.97398·7	75	10.02601	10.47366	9.55235	10.44765	22
39	9.52669·3	590	9.97394·2	75	10.02606	10.47331	9.55275	10.44725	21
40	9.52704·6	589	9.97389·7	75	10.02610	10.47295	9.55315	10.44685	20
41	9.52740·0	589	9.97385·2	75	10.02615	10.47260	9.55355	10.44645	19
42	9.52775·3	588	9.97380·7	75	10.02619	10.47225	9.55395	10.44605	18
43	9.52810·5	588	9.97376·1	75	10.02624	10.47189	9.55434	10.44566	17
44	9.52845·8	587	9.97371·6	76	10.02628	10.47154	9.55474	10.44526	16
45	9.52881·0	587	9.97367·1	76	10.02633	10.47119	9.55514	10.44486	15
46	9.52916·1	586	9.97362·5	76	10.02637	10.47084	9.55554	10.44446	14
47	9.52951·3	586	9.97358·0	76	10.02642	10.47049	9.55593	10.44407	13
48	9.52986·4	585	9.97353·5	76	10.02647	10.47014	9.55633	10.44367	12
49	9.53021·5	585	9.97348·9	76	10.02651	10.46979	9.55673	10.44327	11
50	9.53056·5	584	9.97344·4	76	10.02656	10.46944	9.55712	10.44288	10
51	9.53091·5	584	9.97339·8	76	10.02660	10.46908	9.55752	10.44248	9
52	9.53126·5	583	9.97335·2	76	10.02665	10.46874	9.55791	10.44209	8
53	9.53161·4	582	9.97330·7	76	10.02669	10.46839	9.55831	10.44169	7
54	9.53196·3	582	9.97326·1	76	10.02674	10.46804	9.55870	10.44130	6
55	9.53231·2	581	9.97321·5	76	10.02678	10.46769	9.55910	10.44090	5
56	9.53266·1	581	9.97316·9	76	10.02683	10.46734	9.55949	10.44051	4
57	9.53300·9	580	9.97312·4	76	10.02688	10.46699	9.55989	10.44011	3
58	9.53335·7	580	9.97307·8	76	10.02692	10.46664	9.56028	10.43972	2
59	9.53370·4	579	9.97303·2	76	10.02697	10.46630	9.56067	10.43933	1
60	9.53405·2		9.97298·6		10.02701	10.46595	9.56107	10.43893	0
M	Co-sine.		Sine.		Co-secant.	Secant.	Co-tang.	Tangent	M

70 Degrees.

Table XIX. Logarithmic Sines, Tangents, and Secants.

20 Degrees.

M	Sine.	Diff. 100″	Co-sine.	D.	Secant.	Co-secant.	Tangent.	Co-tang.	M
0	9.53405·2	578	9.97298·6	77	10.02701	10.46595	9.56107	10.43893	60
1	9.53439·9	577	9.97294·0	77	10.02706	10.46560	9.56146	10.43854	59
2	9.53474·5	577	9.97289·4	77	10.02711	10.46525	9.56185	10.43815	58
3	9.53509·2	577	9.97284·8	77	10.02715	10.46491	9.56224	10.43776	57
4	9.53543·8	576	9.97280·2	78	10.02720	10.46456	9.56264	10.43736	56
5	9.53578·3	576	9.97275·5	77	10.02724	10.46422	9.56303	10.43697	55
6	9.53612·9	575	9.97270·9	77	10.02729	10.46387	9.56342	10.43658	54
7	9.53647·4	574	9.97266·3	77	10.02734	10.46353	9.56381	10.43619	53
8	9.53681·8	574	9.97261·7	78	10.02738	10.46318	9.56420	10.43580	52
9	9.53716·3	573	9.97257·0	77	10.02743	10.46284	9.56459	10.43541	51
10	9.53750·7	573	9.97252·4	77	10.02748	10.46249	9.56498	10.43502	50
11	9.53785·1	572	9.97247·8	78	10.02752	10.46215	9.56537	10.43463	49
12	9.53819·4	572	9.97243·1	77	10.02757	10.46181	9.56576	10.43424	48
13	9.53853·8	571	9.97238·5	78	10.02762	10.46146	9.56615	10.43385	47
14	9.53888·0	571	9.97233·8	78	10.02766	10.46112	9.56654	10.43346	46
15	9.53922·3	570	9.97229·1	77	10.02771	10.46078	9.56693	10.43307	45
16	9.53956·5	570	9.97224·5	78	10.02776	10.46043	9.56732	10.43268	44
17	9.53990·7	569	9.97219·8	78	10.02780	10.46009	9.56771	10.43229	43
18	9.54024·9	569	9.97215·1	77	10.02785	10.45975	9.56810	10.43190	42
19	9.54059·0	568	9.97210·5	78	10.02790	10.45941	9.56849	10.43151	41
20	9.54093·1	568	9.97205·8	78	10.02794	10.45907	9.56887	10.43113	40
21	9.54127·2	567	9.97201·1	78	10.02799	10.45873	9.56926	10.43074	39
22	9.54161·3	567	9.97196·4	78	10.02804	10.45839	9.56965	10.43035	38
23	9.54195·3	566	9.97191·7	78	10.02808	10.45805	9.57004	10.42996	37
24	9.54229·3	566	9.97187·0	78	10.02813	10.45771	9.57042	10.42958	36
25	9.54263·2	565	9.97182·3	78	10.02818	10.45737	9.57081	10.42919	35
26	9.54297·1	565	9.97177·6	78	10.02822	10.45703	9.57120	10.42880	34
27	9.54331·0	564	9.97172·9	78	10.02827	10.45669	9.57158	10.42842	33
28	9.54364·9	564	9.97168·2	78	10.02832	10.45635	9.57197	10.42803	32
29	9.54398·7	563	9.97163·5	78	10.02837	10.45601	9.57235	10.42765	31
30	9.54432·5	563	9.97158·8	80	10.02841	10.45567	9.57274	10.42726	30
31	9.54466·3	562	9.97154·0	78	10.02846	10.45534	9.57312	10.42688	29
32	9.54500·0	562	9.97149·3	78	10.02851	10.45500	9.57351	10.42649	28
33	9.54533·8	561	9.97144·6	80	10.02855	10.45466	9.57389	10.42611	27
34	9.54567·4	561	9.97139·8	78	10.02860	10.45433	9.57428	10.42572	26
35	9.54601·1	560	9.97135·1	80	10.02865	10.45399	9.57466	10.42534	25
36	9.54634·7	560	9.97130·3	78	10.02870	10.45365	9.57504	10.42496	24
37	9.54668·3	559	9.97125·6	80	10.02874	10.45332	9.57543	10.42457	23
38	9.54701·9	559	9.97120·8	78	10.02879	10.45298	9.57581	10.42419	22
39	9.54735·4	558	9.97116·1	80	10.02884	10.45265	9.57619	10.42381	21
40	9.54768·9	558	9.97111·3	78	10.02889	10.45231	9.57658	10.42342	20
41	9.54802·4	557	9.97106·6	80	10.02893	10.45198	9.57696	10.42304	19
42	9.54835·9	557	9.97101·8	80	10.02898	10.45164	9.57734	10.42266	18
43	9.54869·3	556	9.97097·0	80	10.02903	10.45131	9.57772	10.42228	17
44	9.54902·7	556	9.97092·2	80	10.02908	10.45097	9.57810	10.42190	16
45	9.54936·0	555	9.97087·4	78	10.02913	10.45064	9.57849	10.42151	15
46	9.54969·3	555	9.97082·7	80	10.02917	10.45031	9.57887	10.42113	14
47	9.55002·6	554	9.97077·9	80	10.02922	10.44997	9.57925	10.42075	13
48	9.55035·9	554	9.97073·1	80	10.02927	10.44964	9.57963	10.42037	12
49	9.55069·2	553	9.97068·3	80	10.02932	10.44931	9.58001	10.41999	11
50	9.55102·4	553	9.97063·5	82	10.02937	10.44898	9.58039	10.41961	10
51	9.55135·6	552	9.97058·6	80	10.02941	10.44864	9.58077	10.41923	9
52	9.55168·7	552	9.97053·8	80	10.02946	10.44831	9.58115	10.41885	8
53	9.55201·8	552	9.97049·0	80	10.02951	10.44798	9.58153	10.41847	7
54	9.55234·9	551	9.97044·2	80	10.02956	10.44765	9.58191	10.41809	6
55	9.55268·0	551	9.97039·4	82	10.02961	10.44732	9.58229	10.41771	5
56	9.55301·0	550	9.97034·5	80	10.02965	10.44699	9.58267	10.41733	4
57	9.55334·1	550	9.97029·7	80	10.02970	10.44666	9.58304	10.41696	3
58	9.55367·0	549	9.97024·9	82	10.02975	10.44633	9.58342	10.41658	2
59	9.55400·0	549	9.97020·0	80	10.02980	10.44600	9.58380	10.41620	1
60	9.55432·9		9.97015·2		10.02985	10.44567	9.58418	10.41582	0
M	Co-sine.		Sine.		Co-secant.	Secant.	Co-tang.	Tangent.	M

69 Degrees.

Table XIX. Logarithmic Sines, Tangents, and Secants.

21 Degrees.

M	Sine.	Diff. 100"	Co-sine.	D.	Secant.	Co-secant.	Tangent.	Co-tang.	M
0	9.55432·9	548	9.97015·2	81	10.02985	10.44567	9.58418	10.41582	60
1	9.55465·8	548	9.97010·3	81	10.02990	10.44534	9.58455	10.41545	59
2	9.55498·7	547	9.97005·5	81	10.02995	10.44501	9.58493	10.41507	58
3	9.55531·5	547	9.97000·6	81	10.02999	10.44468	9.58531	10.41469	57
4	9.55564·3	546	9.96995·7	81	10.03004	10.44436	9.58569	10.41431	56
5	9.55597·1	546	9.96990·9	81	10.03009	10.44403	9.58606	10.41394	55
6	9.55629·9	545	9.96986·0	81	10.03014	10.44370	9.58644	10.41356	54
7	9.55662·6	545	9.96981·1	81	10.03019	10.44337	9.58681	10.41319	53
8	9.55695·3	544	9.96976·2	81	10.03024	10.44305	9.58719	10.41281	52
9	9.55728·0	544	9.96971·4	81	10.03029	10.44272	9.58757	10.41243	51
10	9.55760·6	543	9.96966·5	81	10.03034	10.44239	9.58794	10.41206	50
11	9.55793·2	543	9.96961·6	82	10.03038	10.44207	9.58832	10.41168	49
12	9.55825·8	543	9.96956·7	82	10.03043	10.44174	9.58869	10.41131	48
13	9.55858·3	542	9.96951·8	82	10.03048	10.44142	9.58907	10.41093	47
14	9.55890·9	542	9.96946·9	82	10.03053	10.44109	9.58944	10.41056	46
15	9.55923·4	541	9.96942·0	82	10.03058	10.44077	9.58981	10.41019	45
16	9.55955·8	541	9.96937·0	82	10.03063	10.44044	9.59019	10.40981	44
17	9.55988·3	540	9.96932·1	82	10.03068	10.44012	9.59056	10.40944	43
18	9.56020·7	540	9.96927·2	82	10.03073	10.43979	9.59094	10.40906	42
19	9.56053·1	539	9.96922·3	82	10.03078	10.43947	9.59131	10.40869	41
20	9.56085·5	539	9.96917·3	82	10.03083	10.43915	9.59168	10.40832	40
21	9.56117·8	538	9.96912·4	82	10.03088	10.43882	9.59205	10.40795	39
22	9.56150·1	538	9.96907·5	82	10.03093	10.43850	9.59243	10.40757	38
23	9.56182·4	537	9.96902·5	82	10.03097	10.43818	9.59280	10.40720	37
24	9.56214·6	537	9.96897·6	82	10.03102	10.43785	9.59317	10.40683	36
25	9.56246·8	536	9.96892·6	83	10.03107	10.43753	9.59354	10.40646	35
26	9.56279·0	536	9.96887·7	83	10.03112	10.43721	9.59391	10.40609	34
27	9.56311·2	536	9.96882·7	83	10.03117	10.43689	9.59429	10.40571	33
28	9.56343·3	535	9.96877·7	83	10.03122	10.43657	9.59466	10.40534	32
29	9.56375·5	535	9.96872·8	83	10.03127	10.43625	9.59503	10.40497	31
30	9.56407·5	534	9.96867·8	83	10.03132	10.43592	9.59540	10.40460	30
31	9.56439·6	534	9.96862·8	83	10.03137	10.43560	9.59577	10.40423	29
32	9.56471·6	533	9.96857·8	83	10.03142	10.43528	9.59614	10.40386	28
33	9.56503·6	533	9.96852·8	83	10.03147	10.43496	9.59651	10.40349	27
34	9.56535·6	532	9.96847·9	83	10.03152	10.43464	9.59688	10.40312	26
35	9.56567·6	532	9.96842·9	83	10.03157	10.43432	9.59725	10.40275	25
36	9.56599·5	531	9.96837·9	83	10.03162	10.43401	9.59762	10.40238	24
37	9.56631·4	531	9.96832·9	83	10.03167	10.43369	9.59799	10.40201	23
38	9.56663·2	531	9.96827·8	83	10.03172	10.43337	9.59835	10.40165	22
39	9.56695·1	530	9.96822·8	84	10.03177	10.43305	9.59872	10.40128	21
40	9.56726·9	530	9.96817·8	84	10.03182	10.43273	9.59909	10.40091	20
41	9.56758·7	529	9.96812·8	84	10.03187	10.43241	9.59946	10.40054	19
42	9.56790·4	529	9.96807·8	84	10.03192	10.43210	9.59983	10.40017	18
43	9.56822·2	528	9.96802·7	84	10.03197	10.43178	9.60019	10.39981	17
44	9.56853·9	528	9.96797·7	84	10.03202	10.43146	9.60056	10.39944	16
45	9.56885·6	528	9.96792·7	84	10.03207	10.43114	9.60093	10.39907	15
46	9.56917·2	527	9.96787·6	84	10.03212	10.43083	9.60130	10.39870	14
47	9.56948·8	527	9.96782·6	84	10.03217	10.43051	9.60166	10.39834	13
48	9.56980·4	526	9.96777·5	84	10.03222	10.43020	9.60203	10.39797	12
49	9.57012·0	526	9.96772·5	84	10.03228	10.42988	9.60240	10.39760	11
50	9.57043·5	525	9.96767·4	84	10.03233	10.42956	9.60276	10.39724	10
51	9.57075·1	525	9.96762·4	84	10.03238	10.42925	9.60313	10.39687	9
52	9.57106·6	524	9.96757·3	84	10.03243	10.42893	9.60349	10.39651	8
53	9.57138·0	524	9.96752·2	85	10.03248	10.42862	9.60386	10.39614	7
54	9.57169·5	523	9.96747·1	85	10.03253	10.42831	9.60422	10.39578	6
55	9.57200·9	523	9.96742·1	85	10.03258	10.42799	9.60459	10.39541	5
56	9.57232·3	523	9.96737·0	85	10.03263	10.42768	9.60495	10.39505	4
57	9.57263·6	522	9.96731·9	85	10.03268	10.42736	9.60532	10.39468	3
58	9.57295·0	522	9.96726·8	85	10.03273	10.42705	9.60568	10.39432	2
59	9.57326·3	521	9.96721·7	85	10.03278	10.42674	9.60605	10.39395	1
60	9.57357·5		9.96716·6		10.03283	10.42642	9.60641	10.39359	0
M	Co-sine.		Sine.		Co-secant.	Secant.	Co-tang.	Tangent.	M

68 Degrees.

Table XIX. Logarithmic Sines, Tangents, and Secants.

22 Degrees.

M	Sine.	Diff. 100″	Co-sine.	D.	Secant.	Co-secant.	Tangent.	Co-tang.	M
0	9.57357·5		9.96716·6		10.03283	10.42642	9.60641	10.39359	60
1	9.57388·8	521	9.96711·5	85	10.03289	10.42611	9.60677	10.39323	59
2	9.57420·0	520	9.96706·4	85	10.03294	10.42580	9.60714	10.39286	58
3	9.57451·2	520	9.96701·3	85	10.03299	10.42549	9.60750	10.39250	57
4	9.57482·4	519	9.96696·1	85	10.03304	10.42518	9.60786	10.39214	56
5	9.57513·6	519	9.96691·0	85	10.03309	10.42486	9.60823	10.39177	55
6	9.57544·7	519	9.96685·9	85	10.03314	10.42455	9.60859	10.39141	54
7	9.57575·8	518	9.96680·8	85	10.03319	10.42424	9.60895	10.39105	53
8	9.57606·9	518	9.96675·6	85	10.03324	10.42393	9.60931	10.39069	52
9	9.57637·9	517	9.96670·5	86	10.03330	10.42362	9.60967	10.39033	51
10	9.57668·9	517	9.96665·3	86	10.03335	10.42331	9.61004	10.38996	50
11	9.57699·9	516	9.96660·2	86	10.03340	10.42300	9.61040	10.38960	49
12	9.57730·9	516	9.96655·0	86	10.03345	10.42269	9.61076	10.38924	48
13	9.57761·8	516	9.96649·9	86	10.03350	10.42238	9.61112	10.38888	47
14	9.57792·7	515	9.96644·7	86	10.03355	10.42207	9.61148	10.38852	46
15	9.57823·6	515	9.96629·5	86	10.03360	10.42176	9.61184	10.38816	45
16	9.57854·5	514	9.96634·4	86	10.03366	10.42145	9.61220	10.38780	44
17	9.57885·3	514	9.96629·2	86	10.03371	10.42115	9.61256	10.38744	43
18	9.57916·2	513	9.96624·0	86	10.03376	10.42084	9.61292	10.38708	42
19	9.57947·0	513	9.96618·8	86	10.03381	10.42053	9.61328	10.38672	41
20	9.57977·7	513	9.96613·6	86	10.03386	10.42022	9.61364	10.38636	40
21	9.58008·5	512	9.96608·5	86	10.03392	10.41992	9.61400	10.38600	39
22	9.58039·2	512	9.96603·3	87	10.03397	10.41961	9.61436	10.38564	38
23	9.58069·9	511	9.96598·1	87	10.03402	10.41930	9.61472	10.38528	37
24	9.58100·5	511	9.96592·9	87	10.03407	10.41899	9.61508	10.38492	36
25	9.58131·2	511	9.96587·6	87	10.03412	10.41869	9.61544	10.38456	35
26	9.58161·8	510	9.96582·4	87	10.03418	10.41838	9.61579	10.38421	34
27	9.58192·4	510	9.96577·2	87	10.03423	10.41808	9.61615	10.38385	33
28	9.58222·9	509	9.96572·0	87	10.03428	10.41777	9.61651	10.38349	32
29	9.58253·5	509	9.96566·8	87	10.03433	10.41747	9.61687	10.38313	31
30	9.58284·0	509	9.96561·5	87	10.03438	10.41716	9.61722	10.38278	30
31	9.58314·5	508	9.96556·3	87	10.03444	10.41686	9.61758	10.38242	29
32	9.58344·9	508	9.96551·1	87	10.03449	10.41655	9.61794	10.38206	28
33	9.58375·4	507	9.96545·8	87	10.03454	10.41625	9.61830	10.38170	27
34	9.58405·8	507	9.96540·6	87	10.03459	10.41594	9.61865	10.38135	26
35	9.58436·1	506	9.96535·3	87	10.03465	10.41564	9.61901	10.38099	25
36	9.58466·5	506	9.96530·1	88	10.03470	10.41533	9.61936	10.38064	24
37	9.58496·8	506	9.96524·8	88	10.03475	10.41503	9.61972	10.38028	23
38	9.58527·2	505	9.96519·5	88	10.03480	10.41473	9.62008	10.37992	22
39	9.58557·4	505	9.96514·3	88	10.03486	10.41443	9.62043	10.37957	21
40	9.58587·7	504	9.96509·0	88	10.03491	10.41412	9.62079	10.37921	20
41	9.58617·9	504	9.96503·7	88	10.03496	10.41382	9.62114	10.37886	19
42	9.58648·2	503	9.96498·4	88	10.03502	10.41352	9.62150	10.37850	18
43	9.58678·3	503	9.96493·1	88	10.03507	10.41322	9.62185	10.37815	17
44	9.58708·5	503	9.96487·9	88	10.03512	10.41291	9.62221	10.37779	16
45	9.58738·6	502	9.96482·6	88	10.03517	10.41261	9.62256	10.37744	15
46	9.58768·8	502	9.96477·3	88	10.03523	10.41231	9.62292	10.37708	14
47	9.58798·9	501	9.96472·0	88	10.03528	10.41201	9.62327	10.37673	13
48	9.58828·9	501	9.96466·6	88	10.03533	10.41171	9.62362	10.37638	12
49	9.58859·0	501	9.96461·3	89	10.03539	10.41141	9.62398	10.37602	11
50	9.58889·0	500	9.96456·0	89	10.03544	10.41111	9.62433	10.37567	10
51	9.58919·0	500	9.96450·7	89	10.03549	10.41081	9.62468	10.37532	9
52	9.58948·9	499	9.96445·4	89	10.03555	10.41051	9.62504	10.37496	8
53	9.58978·9	499	9.96440·0	89	10.03560	10.41021	9.62539	10.37461	7
54	9.59008·8	499	9.96434·7	89	10.03565	10.40991	9.62574	10.37426	6
55	9.59038·7	498	9.96429·4	89	10.03571	10.40961	9.62609	10.37391	5
56	9.59068·6	498	9.96424·0	89	10.03576	10.40931	9.62645	10.37355	4
57	9.59098·4	497	9.96418·7	89	10.03581	10.40902	9.62680	10.37320	3
58	9.59128·2	497	9.96413·3	89	10.03587	10.40872	9.62715	10.37285	2
59	9.59158·0	497	9.96408·0	89	10.03592	10.40842	9.62750	10.37250	1
60	9.59187·8	496	9.96402·6	89	10.03597	10.40812	9.62785	10.37215	0
M	Co-sine.		Sine.		Co-secant.	Secant.	Co-tang.	Tangent.	M

67 Degrees.

Table XIX. Logarithmic Sines, Tangents, and Secants.

23 Degrees.

M	Sine.	Diff. 100"	Co-sine.	D.	Secant.	Co-secant.	Tangent.	Co-tang.	M
0	9.59187·8	496	9.96402·6	89	10.03597	10.40812	9.62785	10.37215	60
1	9.59217·6	495	9.96397·2	89	10.03603	10.40782	9.62820	10.37180	59
2	9.59247·3	495	9.96391·9	89	10.03608	10.40753	9.62855	10.37145	58
3	9.59277·0	495	9.96386·5	90	10.03613	10.40723	9.62890	10.37110	57
4	9.59306·7	494	9.96381·1	90	10.03619	10.40693	9.62926	10.37074	56
5	9.59336·3	494	9.96375·7	90	10.03624	10.40664	9.62961	10.37039	55
6	9.59365·9	493	9.96370·4	90	10.03630	10.40634	9.62996	10.37004	54
7	9.59395·5	493	9.96365·0	90	10.03635	10.40604	9.63031	10.36969	53
8	9.59425·1	493	9.96359·6	90	10.03640	10.40575	9.63066	10.36934	52
9	9.59454·7	492	9.96354·2	90	10.03646	10.40545	9.63101	10.36899	51
10	9.59484·2	492	9.96348·8	90	10.03651	10.40516	9.63135	10.36865	50
11	9.59513·7	491	9.96343·4	90	10.03657	10.40486	9.63170	10.36830	49
12	9.59543·2	491	9.96337·9	90	10.03662	10.40457	9.63205	10.36795	48
13	9.59572·7	491	9.96332·5	90	10.03667	10.40427	9.63240	10.36760	47
14	9.59602·1	490	9.96327·1	90	10.03673	10.40398	9.63275	10.36725	46
15	9.59631·5	490	9.96321·7	90	10.03678	10.40368	9.63310	10.36690	45
16	9.59660·9	489	9.96316·3	90	10.03684	10.40339	9.63345	10.36655	44
17	9.59690·3	489	9.96310·8	91	10.03689	10.40310	9.63379	10.36621	43
18	9.59719·6	489	9.96305·4	91	10.03695	10.40280	9.63414	10.36586	42
19	9.59749·0	488	9.96299·9	91	10.03700	10.40251	9.63449	10.36551	41
20	9.59778·3	488	9.96294·5	91	10.03706	10.40222	9.63484	10.36516	40
21	9.59807·5	487	9.96289·0	91	10.03711	10.40192	9.63519	10.36481	39
22	9.59836·8	487	9.96283·6	91	10.03716	10.40163	9.63553	10.36447	38
23	9.59866·0	487	9.96278·1	91	10.03722	10.40134	9.63588	10.36412	37
24	9.59895·2	486	9.96272·7	91	10.03727	10.40105	9.63623	10.36377	36
25	9.59924·4	486	9.96267·2	91	10.03733	10.40076	9.63657	10.36343	35
26	9.59953·6	485	9.96261·7	91	10.03738	10.40046	9.63692	10.36308	34
27	9.59982·7	485	9.96256·2	91	10.03744	10.40017	9.63726	10.36274	33
28	9.60011·8	485	9.96250·8	91	10.03749	10.39988	9.63761	10.36239	32
29	9.60040·9	484	9.96245·3	91	10.03755	10.39959	9.63796	10.36204	31
30	9.60070·0	484	9.96239·8	92	10.03760	10.39930	9.63830	10.36170	30
31	9.60099·0	484	9.96234·3	92	10.03766	10.39901	9.63865	10.36135	29
32	9.60128·0	483	9.96228·8	92	10.03771	10.39872	9.63899	10.36101	28
33	9.60157·0	483	9.96223·3	92	10.03777	10.39843	9.63934	10.36066	27
34	9.60186·0	482	9.96217·8	92	10.03782	10.39814	9.63968	10.36032	26
35	9.60215·0	482	9.96212·3	92	10.03788	10.39785	9.64003	10.35997	25
36	9.60243·9	482	9.96206·7	92	10.03793	10.39756	9.64037	10.35963	24
37	9.60272·8	481	9.96201·2	92	10.03799	10.39727	9.64072	10.35928	23
38	9.60301·7	481	9.96195·7	92	10.03804	10.39698	9.64106	10.35894	22
39	9.60330·5	481	9.96190·2	92	10.03810	10.39669	9.64140	10.35860	21
40	9.60359·4	480	9.96184·6	92	10.03815	10.39641	9.64175	10.35825	20
41	9.60388·2	480	9.96179·1	92	10.03821	10.39612	9.64209	10.35791	19
42	9.60417·0	479	9.96173·5	92	10.03826	10.39583	9.64243	10.35757	18
43	9.60445·7	479	9.96168·0	92	10.03832	10.39554	9.64278	10.35722	17
44	9.60474·5	479	9.96162·4	93	10.03838	10.39526	9.64312	10.35688	16
45	9.60503·2	478	9.96156·9	93	10.03843	10.39497	9.64346	10.35654	15
46	9.60531·9	478	9.96151·3	93	10.03849	10.39468	9.64381	10.35619	14
47	9.60560·6	478	9.96145·8	93	10.03854	10.39439	9.64415	10.35585	13
48	9.60589·2	477	9.96140·2	93	10.03860	10.39411	9.64449	10.35551	12
49	9.60617·9	477	9.96134·6	93	10.03865	10.39382	9.64483	10.35517	11
50	9.60646·5	476	9.96129·0	93	10.03871	10.39354	9.64517	10.35483	10
51	9.60675·1	476	9.96123·5	93	10.03877	10.39325	9.64552	10.35448	9
52	9.60703·6	476	9.96117·9	93	10.03882	10.39296	9.64586	10.35414	8
53	9.60732·2	475	9.96112·3	93	10.03888	10.39268	9.64620	10.35380	7
54	9.60760·7	475	9.96106·7	93	10.03893	10.39239	9.64654	10.35346	6
55	9.60789·2	474	9.96101·1	93	10.03899	10.39211	9.64688	10.35312	5
56	9.60817·7	474	9.96095·5	93	10.03905	10.39182	9.64722	10.35278	4
57	9.60846·1	474	9.96089·9	93	10.03910	10.39154	9.64756	10.35244	3
58	9.60874·5	473	9.96084·3	94	10.03916	10.39125	9.64790	10.35210	2
59	9.60902·9	473	9.96078·6	94	10.03921	10.39097	9.64824	10.35176	1
60	9.60931·3		9.96073·0		10.03927	10.39069	9.64858	10.35142	0
M	Co-sine.		Sine		Co-secant.	Secant.	Co-tang.	Tangent.	M

66 Degrees.

Table XIX. Logarithmic Sines, Tangents, and Secants.

24 Degrees.

M	Sine.	Diff 100'	Co-sine.	D.	Secant.	Co-secant.	Tangent	Co-tang.	M
0	9.60931·3	473	9.96073·0	94	10.03927	10.39069	9.64858	10.35142	60
1	9.60959·7	472	9.96067·4	94	10.03933	10.39040	9.64892	10.35108	59
2	9.60988·0	472	9.96061·8	94	10.03938	10.39012	9.64926	10.35074	58
3	9.61016·4	472	9.96056·1	94	10.03944	10.38984	9.64960	10.35040	57
4	9.61044·7	471	9.96050·5	94	10.03950	10.38955	9.64994	10.35006	56
5	9.61072·9	471	9.96044·8	94	10.03955	10.38927	9.65028	10.34972	55
6	9.61101·2	470	9.96039·2	94	10.03961	10.38899	9.65062	10.34938	54
7	9.61129·4	470	9.96033·5	94	10.03966	10.38871	9.65096	10.34904	53
8	9.61157·6	470	9.96027·9	94	10.03972	10.38842	9.65130	10.34870	52
9	9.61185·8	469	9.96022·2	94	10.03978	10.38814	9.65164	10.34836	51
10	9.61214·0	469	9.96016·5	94	10.03983	10.38786	9.65197	10.34803	50
11	9.61242·1	469	9.96010·9	95	10.03989	10.38758	9.65231	10.34769	49
12	9.61270·2	468	9.96005·2	95	10.03995	10.38730	9.65265	10.34735	48
13	9.61298·3	468	9.95999·5	95	10.04000	10.38702	9.65299	10.34701	47
14	9.61326·4	467	9.95993·8	95	10.04006	10.38674	9.65333	10.34667	46
15	9.61354·5	467	9.95988·2	95	10.04012	10.38646	9.65366	10.34634	45
16	9.61382·5	467	9.95982·5	95	10.04018	10.38618	9.65400	10.34600	44
17	9.61410·5	466	9.95976·8	95	10.04023	10.38589	9.65434	10.34566	43
18	9.61438·5	466	9.95971·1	95	10.04029	10.38562	9.65467	10.34533	42
19	9.61466·5	466	9.95965·4	95	10.04035	10.38534	9.65501	10.34499	41
20	9.61494·4	465	9.95959·6	95	10.04040	10.38506	9.65535	10.34465	40
21	9.61522·3	465	9.95953·9	95	10.04046	10.38478	9.65568	10.34432	39
22	9.61550·2	465	9.95948·2	95	10.04052	10.38450	9.65602	10.34398	38
23	9.61578·1	464	9.95942·5	95	10.04058	10.38422	9.65636	10.34364	37
24	9.61606·0	464	9.95936·8	95	10.04063	10.38394	9.65669	10.34331	36
25	9.61633·8	464	9.95931·0	96	10.04069	10.38366	9.65703	10.34297	35
26	9.61661·6	463	9.95925·3	96	10.04075	10.38338	9.65736	10.34264	34
27	9.61689·4	463	9.95919·5	96	10.04080	10.38311	9.65770	10.34230	33
28	9.61717·2	462	9.95913·8	96	10.04086	10.38283	9.65803	10.34197	32
29	9.61745·0	462	9.95908·0	96	10.04092	10.38255	9.65837	10.34163	31
30	9.61772·7	462	9.95902·3	96	10.04098	10.38227	9.65870	10.34130	30
31	9.61800·4	461	9.95896·5	96	10.04103	10.38200	9.65904	10.34096	29
32	9.61828·1	461	9.95890·8	96	10.04109	10.38172	9.65937	10.34063	28
33	9.61855·8	461	9.95885·0	96	10.04115	10.38144	9.65971	10.34029	27
34	9.61883·4	460	9.95879·2	96	10.04121	10.38117	9.66004	10.33996	26
35	9.61911·0	460	9.95873·4	96	10.04127	10.38089	9.66038	10.33962	25
36	9.61938·6	460	9.95867·7	96	10.04132	10.38061	9.66071	10.33929	24
37	9.61966·2	459	9.95861·9	96	10.04138	10.38034	9.66104	10.33896	23
38	9.61993·8	459	9.95856·1	96	10.04144	10.38006	9.66138	10.33862	22
39	9.62021·3	459	9.95850·3	97	10.04150	10.37979	9.66171	10.33829	21
40	9.62048·8	458	9.95844·5	97	10.04156	10.37951	9.66204	10.33796	20
41	9.62076·3	458	9.95838·7	97	10.04161	10.37924	9.66238	10.33762	19
42	9.62103·8	457	9.95832·9	97	10.04167	10.37896	9.66271	10.33729	18
43	9.62131·3	457	9.95827·1	97	10.04173	10.37869	9.66304	10.33696	17
44	9.62158·7	457	9.95821·3	97	10.04179	10.37841	9.66337	10.33663	16
45	9.62186·1	456	9.95815·4	97	10.04185	10.37814	9.66371	10.33629	15
46	9.62213·5	456	9.95809·6	97	10.04190	10.37786	9.66404	10.33596	14
47	9.62240·9	456	9.95803·8	97	10.04196	10.37759	9.66437	10.33563	13
48	9.62268·2	455	9.95797·9	97	10.04202	10.37732	9.66470	10.33530	12
49	9.62295·6	455	9.95792·1	97	10.04208	10.37704	9.66503	10.33497	11
50	9.62322·9	455	9.95786·3	97	10.04214	10.37677	9.66537	10.33463	10
51	9.62350·2	454	9.95780·4	97	10.04220	10.37650	9.66570	10.33430	9
52	9.62377·4	454	9.95774·6	98	10.04225	10.37623	9.66603	10.33397	8
53	9.62404·7	454	9.95768·7	98	10.04231	10.37595	9.66636	10.33364	7
54	9.62431·9	453	9.95762·8	98	10.04237	10.37568	9.66669	10.33331	6
55	9.62459·1	453	9.95757·0	98	10.04243	10.37541	9.66702	10.33298	5
56	9.62486·3	453	9.95751·1	98	10.04249	10.37514	9.66735	10.33265	4
57	9.62513·5	452	9.95745·2	98	10.04255	10.37487	9.66768	10.33232	3
58	9.62540·6	452	9.95739·3	98	10.04261	10.37459	9.66801	10.33199	2
59	9.62567·7	452	9.95733·5	98	10.04267	10.37432	9.66834	10.33166	1
60	9.62594·8		9.95727·6		10.04272	10.37405	9.66867	10.33133	0
M	Co-sine.		Sine.		Co-secant.	Secant.	Co-tang.	Tangent.	M

65 Degrees.

TABLE XIX. Logarithmic Sines, Tangents, and Secants.

25 Degrees.

M	Sine.	D.100″	Co-fine.	D.	Secant.	Co-fecant.	Tangent.	Co-tang.	M
0	9.62594 ·8		9.95727 ·6		10.04272	10.37405	9.66867	10.33133	60
1	9.62621 ·9	451	9.95721 ·7	98	10.04278	10.37378	9.66900	10.33100	59
2	9.62649 ·0	451	9.95715 ·8	98	10.04284	10.37351	9.66933	10.33067	58
3	9.62676 ·0	451	9.95709 ·9	98	10.04290	10.37324	9.66966	10.33034	57
4	9.62703 ·0	450	9.95704 ·0	98	10.04296	10.37297	9.66999	10.33001	56
5	9.62730 ·0	450	9.95698 ·1	98	10.04302	10.37270	9.67032	10.32968	55
6	9.62757 ·0	450	9.95692 ·1	98	10.04308	10.37243	9.67065	10.32935	54
7	9.62784 ·0	449	9.95686 ·2	99	10.04314	10.37216	9.67098	10.32902	53
8	9.62810 ·9	449	9.95680 ·3	99	10.04320	10.37189	9.67131	10.32869	52
9	9.62837 ·8	449	9.95674 ·4	99	10.04326	10.37162	9.67163	10.32837	51
10	9.62864 ·7	448	9.95668 ·4	99	10.04332	10.37135	9.67196	10.32804	50
11	9.62891 ·6	448	9.95662 ·5	99	10.04337	10.37108	9.67229	10.32771	49
12	9.62918 ·5	447	9.95656 ·6	99	10.04343	10.37082	9.67262	10.32738	48
13	9.62945 ·3	447	9.95650 ·6	99	10.04349	10.37055	9.67295	10.32705	47
14	9.62972 ·1	447	9.95644 ·7	99	10.04355	10.37028	9.67327	10.32673	46
15	9.62998 ·9	446	9.95638 ·7	99	10.04361	10.37001	9.67360	10.32640	45
16	9.63025 ·7	446	9.95632 ·7	99	10.04367	10.36974	9.67393	10.32607	44
17	9.63052 ·4	446	9.95626 ·8	99	10.04373	10.36948	9.67426	10.32574	43
18	9.63079 ·2	446	9.95620 ·8	99	10.04379	10.36921	9.67458	10.32542	42
19	9.63105 ·9	445	9.95614 ·8	100	10.04385	10.36894	9.67491	10.32509	41
20	9.63132 ·6	445	9.95608 ·9	100	10.04391	10.36867	9.67524	10.32476	40
21	9.63159 ·3	445	9.95602 ·9	100	10.04397	10.36841	9.67556	10.32444	39
22	9.63185 ·9	444	9.95596 ·9	100	10.04403	10.36814	9.67589	10.32411	38
23	9.63212 ·5	444	9.95590 ·9	100	10.04409	10.36787	9.67622	10.32378	37
24	9.63239 ·2	444	9.95584 ·9	100	10.04415	10.36761	9.67654	10.32346	36
25	9.63265 ·8	443	9.95578 ·9	100	10.04421	10.36734	9.67687	10.32313	35
26	9.63292 ·3	443	9.95572 ·9	100	10.04427	10.36708	9.67719	10.32281	34
27	9.63318 ·9	443	9.95566 ·9	100	10.04433	10.36681	9.67752	10.32248	33
28	9.63345 ·4	442	9.95560 ·9	100	10.04439	10.36655	9.67785	10.32215	32
29	9.63371 ·9	442	9.95554 ·8	100	10.04445	10.36628	9.67817	10.32183	31
30	9.63398 ·4	442	9.95548 ·8	100	10.04451	10.36602	9.67850	10.32150	30
31	9.63424 ·9	441	9.95542 ·8	101	10.04457	10.36575	9.67882	10.32118	29
32	9.63451 ·4	441	9.95536 ·8	101	10.04463	10.36549	9.67915	10.32085	28
33	9.63477 ·8	440	9.95530 ·7	101	10.04469	10.36522	9.67947	10.32053	27
34	9.63504 ·2	440	9.95524 ·7	101	10.04475	10.36496	9.67980	10.32020	26
35	9.63530 ·6	440	9.95518 ·6	101	10.04481	10.36469	9.68012	10.31988	25
36	9.63557 ·0	439	9.95512 ·6	101	10.04487	10.36443	9.68044	10.31956	24
37	9.63583 ·4	439	9.95506 ·5	101	10.04493	10.36417	9.68077	10.31923	23
38	9.63609 ·7	439	9.95500 ·5	101	10.04500	10.36390	9.68109	10.31891	22
39	9.63636 ·0	438	9.95494 ·4	101	10.04506	10.36364	9.68142	10.31858	21
40	9.63662 ·3	438	9.95488 ·3	101	10.04512	10.36338	9.68174	10.31826	20
41	9.63688 ·6	438	9.95482 ·3	101	10.04518	10.36311	9.68206	10.31794	19
42	9.63714 ·8	437	9.95476 ·2	101	10.04524	10.36285	9.68239	10.31761	18
43	9.63741 ·1	437	9.95470 ·1	101	10.04530	10.36259	9.68271	10.31729	17
44	9.63767 ·3	437	9.95464 ·0	101	10.04536	10.36233	9.68303	10.31697	16
45	9.63793 ·5	437	9.95457 ·9	101	10.04542	10.36206	9.68336	10.31664	15
46	9.63819 ·7	436	9.95451 ·8	102	10.04548	10.36180	9.68368	10.31632	14
47	9.63845 ·8	436	9.95445 ·7	102	10.04554	10.36154	9.68400	10.31600	13
48	9.63872 ·0	436	9.95439 ·6	102	10.04560	10.36128	9.68432	10.31568	12
49	9.63898 ·1	435	9.95433 ·5	102	10.04566	10.36102	9.68465	10.31535	11
50	9.63924 ·2	435	9.95427 ·4	102	10.04573	10.36076	9.68497	10.31503	10
51	9.63950 ·3	435	9.95421 ·3	102	10.04579	10.36050	9.68529	10.31471	9
52	9.63976 ·4	434	9.95415 ·2	102	10.04585	10.36024	9.68561	10.31439	8
53	9.64002 ·4	434	9.95409 ·0	102	10.04591	10.35998	9.68593	10.31407	7
54	9.64028 ·4	434	9.95402 ·9	102	10.04597	10.35972	9.68626	10.31374	6
55	9.64054 ·4	433	9.95396 ·8	102	10.04603	10.35946	9.68658	10.31342	5
56	9.64080 ·4	433	9.95390 ·6	102	10.04609	10.35920	9.68690	10.31310	4
57	9.64106 ·4	433	9.95384 ·5	102	10.04616	10.35894	9.68722	10.31278	3
58	9.64132 ·4	432	9.95378 ·3	102	10.04622	10.35868	9.68754	10.31246	2
59	9.64158 ·3	432	9.95372 ·2	102	10.04628	10.35842	9.68786	10.31214	1
60	9.64184 ·2	432	9.95366 ·0	103	10.04634	10.35816	9.68818	10.31182	0
M	Co-fine.		Sine.		Co-fecant.	Secant.	Co-tang.	Tangent.	M

64 Degrees.

Table XIX. Logarithmic Sines, Tangents, and Secants.

26 Degrees.

M	Sine.	D. 100"	Co-sine.	D.	Secant.	Co secant.	Tangent.	Co-tang.	M
0	9.64184·2		9.95366·0		10.04634	10.35816	9.68818	10.31182	60
1	9.64210·1	431	9.95359·9	103	10.04640	10.35790	9.68850	10.31150	59
2	9.64236·0	431	9.95353·7	103	10.04646	10.35764	9.68882	10.31118	58
3	9.64261·8	431	9.95347·5	103	10.04652	10.35738	9.68914	10.31086	57
4	9.64287·7	430	9.95341·3	103	10.04659	10.35712	9.68946	10.31054	56
5	9.64313·5	430	9.95335·2	103	10.04665	10.35687	9.68978	10.31022	55
6	9.64339·3	430	9.95329·0	103	10.04671	10.35661	9.69010	10.30990	54
7	9.64365·0	430	9.95322·8	103	10.04677	10.35635	9.69042	10.30958	53
8	9.64390·8	429	9.95316·6	103	10.04683	10.35609	9.69074	10.30926	52
9	9.64416·5	429	9.95310·4	103	10.04690	10.35583	9.69106	10.30894	51
10	9.64442·3	429	9.95304·2	103	10.04696	10.35558	9.69138	10.30862	50
11	9.64468·0	428	9.95298·0	103	10.04702	10.35532	9.69170	10.30830	49
12	9.64493·6	428	9.95291·8	104	10.04708	10.35506	9.69202	10.30798	48
13	9.64519·3	428	9.95285·5	104	10.04714	10.35481	9.69234	10.30766	47
14	9.64545·0	427	9.95279·3	104	10.04721	10.35455	9.69266	10.30734	46
15	9.64570·6	427	9.95273·1	104	10.04727	10.35429	9.69298	10.30702	45
16	9.64596·2	427	9.95266·9	104	10.04733	10.35404	9.69329	10.30671	44
17	9.64621·8	426	9.95260·6	104	10.04739	10.35378	9.69361	10.30639	43
18	9.64647·4	426	9.95254·4	104	10.04746	10.35353	9.69393	10.30607	42
19	9.64672·9	426	9.95248·1	104	10.04752	10.35327	9.69425	10.30575	41
20	9.64698·4	425	9.95241·9	104	10.04758	10.35302	9.69457	10.30543	40
21	9.64724·0	425	9.95235·6	104	10.04764	10.35276	9.69488	10.30512	39
22	9.64749·4	425	9.95229·4	104	10.04771	10.35251	9.69520	10.30480	38
23	9.64774·9	424	9.95223·1	104	10.04777	10.35225	9.69552	10.30448	37
24	9.64800·4	424	9.95216·8	104	10.04783	10.35200	9.69584	10.30416	36
25	9.64825·8	424	9.95210·6	105	10.04789	10.35174	9.69615	10.30385	35
26	9.64851·2	424	9.95204·3	105	10.04796	10.35149	9.69647	10.30353	34
27	9.64876·6	423	9.95198·0	105	10.04802	10.35123	9.69679	10.30321	33
28	9.64902·0	423	9.95191·7	105	10.04808	10.35098	9.69710	10.30290	32
29	9.64927·4	423	9.95185·4	105	10.04815	10.35073	9.69742	10.30258	31
30	9.64952·7	422	9.95179·1	105	10.04821	10.35047	9.69774	10.30226	30
31	9.64978·1	422	9.95172·8	105	10.04827	10.35022	9.69805	10.30195	29
32	9.65003·4	422	9.95166·5	105	10.04833	10.34997	9.69837	10.30163	28
33	9.65028·7	422	9.95160·2	105	10.04840	10.34971	9.69868	10.30132	27
34	9.65053·9	421	9.95153·9	105	10.04846	10.34946	9.69900	10.30100	26
35	9.65079·2	421	9.95147·6	105	10.04852	10.34921	9.69932	10.30068	25
36	9.65104·4	421	9.95141·2	105	10.04859	10.34896	9.69963	10.30037	24
37	9.65129·7	420	9.95134·9	105	10.04865	10.34870	9.69995	10.30005	23
38	9.65154·9	420	9.95128·6	106	10.04871	10.34845	9.70026	10.29974	22
39	9.65180·0	420	9.95122·2	106	10.04878	10.34820	9.70058	10.29942	21
40	9.65205·2	419	9.95115·9	106	10.04884	10.34795	9.70089	10.29911	20
41	9.65230·4	419	9.95109·6	106	10.04890	10.34770	9.70121	10.29879	19
42	9.65255·5	419	9.95103·2	106	10.04897	10.34745	9.70152	10.29848	18
43	9.65280·6	418	9.95096·8	106	10.04903	10.34719	9.70184	10.29816	17
44	9.65305·7	418	9.95090·5	106	10.04910	10.34694	9.70215	10.29785	16
45	9.65330·8	418	9.95084·1	106	10.04916	10.34669	9.70247	10.29753	15
46	9.65355·8	418	9.95077·8	106	10.04922	10.34644	9.70278	10.29722	14
47	9.65380·8	417	9.95071·4	106	10.04929	10.34619	9.70309	10.29691	13
48	9.65405·9	417	9.95065·0	106	10.04935	10.34594	9.70341	10.29659	12
49	9.65430·9	417	9.95058·6	106	10.04941	10.34569	9.70372	10.29628	11
50	9.65455·8	416	9.95052·2	106	10.04948	10.34544	9.70404	10.29596	10
51	9.65480·8	416	9.95045·8	107	10.04954	10.34519	9.70435	10.29565	9
52	9.65505·8	416	9.95039·4	107	10.04961	10.34494	9.70466	10.29534	8
53	9.65530·7	415	9.95033·0	107	10.04967	10.34469	9.70498	10.29502	7
54	9.65555·6	415	9.95026·6	107	10.04973	10.34444	9.70529	10.29471	6
55	9.65580·5	415	9.95020·2	107	10.04980	10.34420	9.70560	10.29440	5
56	9.65605·4	415	9.95013·8	107	10.04986	10.34395	9.70592	10.29408	4
57	9.65630·2	414	9.95007·4	107	10.04993	10.34370	9.70623	10.29377	3
58	9.65655·1	414	9.95001·0	107	10.04999	10.34345	9.70654	10.29346	2
59	9.65679·9	414	9.94994·5	107	10.05005	10.34320	9.70685	10.29315	1
60	9.65704·7	413	9.94988·1	107	10.05012	10.34295	9.70717	10.29283	0
M	Co-sine.		Sine.		Co-secant.	Secant.	Co-tang.	Tangent.	M

63 Degrees.

Table XIX. Logarithmic Sines, Tangents, and Secants.

27 Degrees.

M	Sine.	D. 100″	Co-sine.	D.	Secant.	Co-secant.	Tangent.	Co-tang.	M
0	9.65704·7	413	9.94988·1	107	10.05012	10.34295	9.70717	10.29283	60
1	9.65729·5	413	9.94981·6	107	10.05018	10.34271	9.70748	10.29252	59
2	9.65754·2	412	9.94975·2	107	10.05025	10.34246	9.70779	10.29221	58
3	9.65779·0	412	9.94968·8	108	10.05031	10.34221	9.70810	10.29190	57
4	9.65803·7	412	9.94962·3	108	10.05038	10.34196	9.70841	10.29159	56
5	9.65828·4	412	9.94955·8	108	10.05044	10.34172	9.70873	10.29127	55
6	9.65853·1	411	9.94949·4	108	10.05051	10.34147	9.70904	10.29096	54
7	9.65877·8	411	9.94942·9	108	10.05057	10.34122	9.70935	10.29065	53
8	9.65902·5	411	9.94936·4	108	10.05064	10.34098	9.70966	10.29034	52
9	9.65927·1	410	9.94930·0	108	10.05070	10.34073	9.70997	10.29003	51
10	9.65951·7	410	9.94923·5	108	10.05077	10.34048	9.71028	10.28972	50
11	9.65976·3	410	9.94917·0	108	10.05083	10.34024	9.71059	10.28941	49
12	9.66000·9	409	9.94910·5	108	10.05089	10.33999	9.71090	10.28910	48
13	9.66025·5	409	9.94904·0	108	10.05096	10.33975	9.71121	10.28879	47
14	9.66050·1	409	9.94897·5	108	10.05102	10.33950	9.71153	10.28847	46
15	9.66074·6	409	9.94891·0	108	10.05109	10.33925	9.71184	10.28816	45
16	9.66099·1	408	9.94884·5	108	10.05115	10.33901	9.71215	10.28785	44
17	9.66123·6	408	9.94878·0	109	10.05122	10.33876	9.71246	10.28754	43
18	9.66148·1	408	9.94871·5	109	10.05129	10.33852	9.71277	10.28723	42
19	9.66172·6	407	9.94865·0	109	10.05135	10.33827	9.71308	10.28692	41
20	9.66197·0	407	9.94858·4	109	10.05142	10.33803	9.71339	10.28661	40
21	9.66221·4	407	9.94851·9	109	10.05148	10.33779	9.71370	10.28630	39
22	9.66245·9	407	9.94845·4	109	10.05155	10.33754	9.71401	10.28599	38
23	9.66270·3	406	9.94838·8	109	10.05161	10.33730	9.71431	10.28569	37
24	9.66294·6	406	9.94832·3	109	10.05168	10.33705	9.71462	10.28538	36
25	9.66319·0	406	9.94825·7	109	10.05174	10.33681	9.71493	10.28507	35
26	9.66343·3	405	9.94819·2	109	10.05181	10.33657	9.71524	10.28476	34
27	9.66367·7	405	9.94812·6	109	10.05187	10.33632	9.71555	10.28445	33
28	9.66392·0	405	9.94806·0	109	10.05194	10.33608	9.71586	10.28414	32
29	9.66416·3	405	9.94799·5	110	10.05201	10.33584	9.71617	10.28383	31
30	9.66440·6	404	9.94792·9	110	10.05207	10.33559	9.71648	10.28352	30
31	9.66464·8	404	9.94786·3	110	10.05214	10.33535	9.71679	10.28321	29
32	9.66489·1	404	9.94779·7	110	10.05220	10.33511	9.71709	10.28291	28
33	9.66513·3	403	9.94773·1	110	10.05227	10.33487	9.71740	10.28260	27
34	9.66537·5	403	9.94766·5	110	10.05233	10.33463	9.71771	10.28229	26
35	9.66561·7	403	9.94760·0	110	10.05240	10.33438	9.71802	10.28198	25
36	9.66585·9	402	9.94753·3	110	10.05247	10.33414	9.71833	10.28167	24
37	9.66610·0	402	9.94746·7	110	10.05253	10.33390	9.71863	10.28137	23
38	9.66634·2	402	9.94740·1	110	10.05260	10.33366	9.71894	10.28106	22
39	9.66658·3	402	9.94733·5	110	10.05266	10.33342	9.71925	10.28075	21
40	9.66682·4	401	9.94726·9	110	10.05273	10.33318	9.71955	10.28045	20
41	9.66706·5	401	9.94720·3	110	10.05280	10.33294	9.71986	10.28014	19
42	9.66730·5	401	9.94713·6	111	10.05286	10.33269	9.72017	10.27983	18
43	9.66754·6	401	9.94707·0	111	10.05293	10.33245	9.72048	10.27952	17
44	9.66778·6	400	9.94700·4	111	10.05300	10.33221	9.72078	10.27922	16
45	9.66802·7	400	9.94693·7	111	10.05306	10.33197	9.72109	10.27891	15
46	9.66826·7	400	9.94687·1	111	10.05313	10.33173	9.72140	10.27860	14
47	9.66850·6	399	9.94680·4	111	10.05320	10.33149	9.72170	10.27830	13
48	9.66874·6	399	9.94673·8	111	10.05326	10.33125	9.72201	10.27799	12
49	9.66898·6	399	9.94667·1	111	10.05333	10.33101	9.72231	10.27769	11
50	9.66922·5	399	9.94660·4	111	10.05340	10.33078	9.72262	10.27738	10
51	9.66946·4	398	9.94653·8	111	10.05346	10.33054	9.72293	10.27707	9
52	9.66970·3	398	9.94647·1	111	10.05353	10.33030	9.72323	10.27677	8
53	9.66994·2	398	9.94640·4	111	10.05360	10.33006	9.72354	10.27646	7
54	9.67018·1	397	9.94633·7	111	10.05366	10.32982	9.72384	10.27616	6
55	9.67041·9	397	9.94627·0	112	10.05373	10.32958	9.72415	10.27585	5
56	9.67065·8	397	9.94620·3	112	10.05380	10.32934	9.72445	10.27555	4
57	9.67089·6	397	9.94613·6	112	10.05386	10.32910	9.72476	10.27524	3
58	9.67113·4	396	9.94606·9	112	10.05393	10.32887	9.72506	10.27494	2
59	9.67137·2	396	9.94600·2	112	10.05400	10.32863	9.72537	10.27463	1
60	9.67160·9		9.94593·5		10.05407	10.32839	9.72567	10.27433	0
M	Co-sine.		Sine.		Co-secant.	Secant.	Co-tang.	Tangent.	M

62 Degrees.

Table XIX. Logarithmic Sines, Tangents, and Secants.

28 Degrees.

M	Sine.	D. 100″	Co-sine.	D.	Secant.	Co-secant.	Tangent.	Co-tang.	M
0	9.67160·9	396	9.94593·5	112	10.05407	10.32839	9.72567	10.27433	60
1	9.67184·7	395	9.94586·8	112	10.05413	10.32815	9.72598	10.27402	59
2	9.67208·4	395	9.94580·0	112	10.05420	10.32792	9.72628	10.27372	58
3	9.67232·1	395	9.94573·3	112	10.05427	10.32768	9.72659	10.27341	57
4	9.67255·8	395	9.94566·6	112	10.05433	10.32744	9.72689	10.27311	56
5	9.67279·5	394	9.94559·8	112	10.05440	10.32720	9.72720	10.27280	55
6	9.67303·2	394	9.94553·1	112	10.05447	10.32697	9.72750	10.27250	54
7	9.67326·8	394	9.94546·4	113	10.05454	10.32673	9.72780	10.27220	53
8	9.67350·5	394	9.94539·6	113	10.05460	10.32650	9.72811	10.27189	52
9	9.67374·1	393	9.94532·8	113	10.05467	10.32626	9.72841	10.27159	51
10	9.67397·7	393	9.94526·1	113	10.05474	10.32602	9.72872	10.27128	50
11	9.67421·3	393	9.94519·3	113	10.05481	10.32579	9.72902	10.27098	49
12	9.67444·8	392	9.94512·5	113	10.05487	10.32555	9.72932	10.27068	48
13	9.67468·4	392	9.94505·8	113	10.05494	10.32532	9.72963	10.27037	47
14	9.67491·9	392	9.94499·0	113	10.05501	10.32508	9.72993	10.27007	46
15	9.67515·5	392	9.94492·2	113	10.05508	10.32485	9.73023	10.26977	45
16	9.67539·0	391	9.94485·4	113	10.05515	10.32461	9.73054	10.26946	44
17	9.67562·4	391	9.94478·6	113	10.05521	10.32438	9.73084	10.26916	43
18	9.67585·9	391	9.94471·8	113	10.05528	10.32414	9.73114	10.26886	42
19	9.67609·4	391	9.94465·0	113	10.05535	10.32391	9.73144	10.26856	41
20	9.67632·8	390	9.94458·2	114	10.05542	10.32367	9.73175	10.26825	40
21	9.67656·2	390	9.94451·4	114	10.05549	10.32344	9.73205	10.26795	39
22	9.67679·6	390	9.94444·6	114	10.05555	10.32320	9.73235	10.26765	38
23	9.67703·0	390	9.94437·7	114	10.05562	10.32297	9.73265	10.26735	37
24	9.67726·4	389	9.94430·9	114	10.05569	10.32274	9.73295	10.26705	36
25	9.67749·8	389	9.94424·1	114	10.05576	10.32250	9.73326	10.26674	35
26	9.67773·1	389	9.94417·2	114	10.05583	10.32227	9.73356	10.26644	34
27	9.67796·4	388	9.94410·4	114	10.05590	10.32204	9.73386	10.26614	33
28	9.67819·7	388	9.94403·6	114	10.05596	10.32180	9.73416	10.26584	32
29	9.67843·0	388	9.94396·7	114	10.05603	10.32157	9.73446	10.26554	31
30	9.67866·3	388	9.94389·9	114	10.05610	10.32134	9.73476	10.26524	30
31	9.67889·5	387	9.94383·0	114	10.05617	10.32110	9.73507	10.26493	29
32	9.67912·8	387	9.94376·1	114	10.05624	10.32087	9.73537	10.26463	28
33	9.67936·0	387	9.94369·3	115	10.05631	10.32064	9.73567	10.26433	27
34	9.67959·2	387	9.94362·4	115	10.05638	10.32041	9.73597	10.26403	26
35	9.67982·4	386	9.94355·5	115	10.05645	10.32018	9.73627	10.26373	25
36	9.68005·6	386	9.94348·6	115	10.05651	10.31994	9.73657	10.26343	24
37	9.68028·8	386	9.94341·7	115	10.05658	10.31971	9.73687	10.26313	23
38	9.68051·9	385	9.94334·8	115	10.05665	10.31948	9.73717	10.26283	22
39	9.68075·0	385	9.94327·9	115	10.05672	10.31925	9.73747	10.26253	21
40	9.68098·2	385	9.94321·0	115	10.05679	10.31902	9.73777	10.26223	20
41	9.68121·3	385	9.94314·1	115	10.05686	10.31879	9.73807	10.26193	19
42	9.68144·3	384	9.94307·2	115	10.05693	10.31856	9.73837	10.26163	18
43	9.68167·4	384	9.94300·3	115	10.05700	10.31833	9.73867	10.26133	17
44	9.68190·5	384	9.94293·4	115	10.05707	10.31810	9.73897	10.26103	16
45	9.68213·5	384	9.94286·4	115	10.05714	10.31787	9.73927	10.26073	15
46	9.68236·5	383	9.94279·5	116	10.05721	10.31763	9.73957	10.26043	14
47	9.68259·5	383	9.94272·6	116	10.05727	10.31740	9.73987	10.26013	13
48	9.68282·5	383	9.94265·6	116	10.05734	10.31717	9.74017	10.25983	12
49	9.68305·5	383	9.94258·7	116	10.05741	10.31695	9.74047	10.25953	11
50	9.68328·4	382	9.94251·7	116	10.05748	10.31672	9.74077	10.25923	10
51	9.68351·4	382	9.94244·8	116	10.05755	10.31649	9.74107	10.25893	9
52	9.68374·3	382	9.94237·8	116	10.05762	10.31626	9.74137	10.25863	8
53	9.68397·2	382	9.94230·8	116	10.05769	10.31603	9.74166	10.25834	7
54	9.68420·1	381	9.94223·9	116	10.05776	10.31580	9.74196	10.25804	6
55	9.68443·0	381	9.94216·9	116	10.05783	10.31557	9.74226	10.25774	5
56	9.68465·8	381	9.94209·9	116	10.05790	10.31534	9.74256	10.25744	4
57	9.68488·7	380	9.94202·9	116	10.05797	10.31511	9.74286	10.25714	3
58	9.68511·5	380	9.94195·9	116	10.05804	10.31488	9.74316	10.25684	2
59	9.68534·3	380	9.94188·9	117	10.05811	10.31466	9.74345	10.25655	1
60	9.68557·1		9.94181·9		10.05818	10.31443	9.74375	10.25625	0
M	Co-sine.		Sine.		Co-secant.	Secant.	Co-tang.	Tangent.	M

61 Degrees.

Table XIX. Logarithmic Sines, Tangents, and Secants.

29. Degrees.

M	Sine.	D. 100"	Co-sine.	D.	Secant.	Co-secant.	Tangent.	Co-tang.	M
0	9.68557·1	380	9.94181·9	117	10.05818	10.31443	9.74375	10.25625	60
1	9.68579·9	379	9.94174·9	117	10.05825	10.31420	9.74405	10.25595	59
2	9.68602·7	379	9.94167·9	117	10.05832	10.31397	9.74435	10.25565	58
3	9.68625·4	379	9.94160·9	117	10.05839	10.31375	9.74465	10.25535	57
4	9.68648·2	379	9.94153·9	117	10.05846	10.31352	9.74494	10.25506	56
5	9.68670·9	378	9.94146·9	117	10.05853	10.31329	9.74524	10.25476	55
6	9.68693·6	378	9.94139·8	117	10.05860	10.31306	9.74554	10.25446	54
7	9.68716·3	378	9.94132·8	117	10.05867	10.31284	9.74583	10.25417	53
8	9.68738·9	378	9.94125·8	117	10.05874	10.31261	9.74613	10.25387	52
9	9.68761·6	377	9.94118·7	117	10.05881	10.31238	9.74643	10.25357	51
10	9.68784·2	377	9.94111·7	117	10.05888	10.31216	9.74673	10.25327	50
11	9.68806·9	377	9.94104·6	118	10.05895	10.31193	9.74702	10.25298	49
12	9.68829·5	377	9.94097·5	118	10.05902	10.31171	9.74732	10.25268	48
13	9.68852·1	376	9.94090·5	118	10.05910	10.31148	9.74762	10.25238	47
14	9.68874·7	376	9.94083·4	118	10.05917	10.31125	9.74791	10.25209	46
15	9.68897·2	376	9.94076·3	118	10.05924	10.31103	9.74821	10.25179	45
16	9.68919·8	376	9.94069·3	118	10.05931	10.31080	9.74851	10.25149	44
17	9.68942·3	375	9.94062·2	118	10.05938	10.31058	9.74880	10.25120	43
18	9.68964·8	375	9.94055·1	118	10.05945	10.31035	9.74910	10.25090	42
19	9.68987·3	375	9.94048·0	118	10.05952	10.31013	9.74939	10.25061	41
20	9.69009·8	375	9.94040·9	118	10.05959	10.30990	9.74969	10.25031	40
21	9.69032·3	374	9.94033·8	118	10.05966	10.30968	9.74998	10.25002	39
22	9.69054·8	374	9.94026·7	118	10.05973	10.30945	9.75028	10.24972	38
23	9.69077·2	374	9.94019·6	118	10.05980	10.30923	9.75058	10.24942	37
24	9.69099·6	374	9.94012·5	119	10.05988	10.30900	9.75087	10.24913	36
25	9.69122·0	373	9.94005·4	119	10.05995	10.30878	9.75117	10.24883	35
26	9.69144·4	373	9.93998·2	119	10.06002	10.30856	9.75146	10.24854	34
27	9.69166·8	373	9.93991·1	119	10.06009	10.30833	9.75176	10.24824	33
28	9.69189·2	373	9.93984·0	119	10.06016	10.30811	9.75205	10.24795	32
29	9.69211·5	372	9.93976·8	119	10.06023	10.30788	9.75235	10.24765	31
30	9.69233·9	372	9.93969·7	119	10.06030	10.30766	9.75264	10.24736	30
31	9.69256·2	372	9.93962·5	119	10.06037	10.30744	9.75294	10.24706	29
32	9.69278·5	371	9.93955·4	119	10.06045	10.30721	9.75323	10.24677	28
33	9.69300·8	371	9.93948·2	119	10.06052	10.30699	9.75353	10.24647	27
34	9.69323·1	371	9.93941·0	119	10.06059	10.30677	9.75382	10.24618	26
35	9.69345·3	371	9.93933·9	119	10.06066	10.30655	9.75411	10.24589	25
36	9.69367·6	370	9.93926·7	120	10.06073	10.30632	9.75441	10.24559	24
37	9.69389·8	370	9.93919·5	120	10.06080	10.30610	9.75470	10.24530	23
38	9.69412·0	370	9.93912·3	120	10.06088	10.30588	9.75500	10.24500	22
39	9.69434·2	370	9.93905·2	120	10.06095	10.30566	9.75529	10.24471	21
40	9.69456·4	369	9.93898·0	120	10.06102	10.30544	9.75558	10.24142	20
41	9.69478·6	369	9.93890·8	120	10.06109	10.30521	9.75588	10.24412	19
42	9.69500·7	369	9.93883·6	120	10.06116	10.30499	9.75617	10.24383	18
43	9.69522·9	369	9.93876·3	120	10.06124	10.30477	9.75647	10.24353	17
44	9.69545·0	368	9.93869·1	120	10.06131	10.30455	9.75676	10.24324	16
45	9.69567·1	368	9.93861·9	120	10.06138	10.30433	9.75705	10.24295	15
46	9.69589·2	368	9.93854·7	120	10.06145	10.30411	9.75735	10.24265	14
47	9.69611·3	368	9.93847·5	120	10.06153	10.30389	9.75764	10.24236	13
48	9.69633·4	367	9.93840·2	121	10.06160	10.30367	9.75793	10.24207	12
49	9.69655·4	367	9.93833·0	121	10.06167	10.30345	9.75822	10.24178	11
50	9.69677·5	367	9.93825·8	121	10.06174	10.30323	9.75852	10.24148	10
51	9.69699·5	367	9.93818·5	121	10.06181	10.30301	9.75881	10.24119	9
52	9.69721·5	366	9.93811·3	121	10.06189	10.30279	9.75910	10.24090	8
53	9.69743·5	366	9.93804·0	121	10.06196	10.30257	9.75939	10.24061	7
54	9.69765·4	366	9.93796·7	121	10.06203	10.30235	9.75969	10.24031	6
55	9.69787·4	366	9.93789·5	121	10.06211	10.30213	9.75998	10.24002	5
56	9.69809·4	365	9.93782·2	121	10.06218	10.30191	9.76027	10.23973	4
57	9.69831·3	365	9.93774·9	121	10.06225	10.30169	9.76056	10.23944	3
58	9.69853·2	365	9.93767·6	121	10.06232	10.30147	9.76086	10.23914	2
59	9.69875·1	365	9.93760·4	121	10.06240	10.30125	9.76115	10.23885	1
60	9.69897·0		9.93753·1		10.06247	10.30103	9.76144	10.23856	0
M	Co-sine.		Sine.		Co-secant.	Secant.	Co-tang.	Tangent.	M

60 Degrees.

Table XIX. Logarithmic Sines, Tangents, and Secants.

30 Degrees.

M	Sine.	D. 100″	Co-sine.	D.	Secant.	Co-secant.	Tangent	Co-tang.	M
0	9.69897·0	364	9.93753·1	121	10.06247	10.30103	9.76144	10.23856	60
1	9.69918·9	364	9.93745·8	122	10.06254	10.30081	9.76173	10.23827	59
2	9.69940·7	364	9.93738·5	122	10.06262	10.30059	9.76202	10.23798	58
3	9.69962·6	364	9.93731·2	122	10.06269	10.30037	9.76231	10.23769	57
4	9.69984·4	363	9.93723·8	122	10.06276	10.30016	9.76261	10.23739	56
5	9.70006·2	363	9.93716·5	122	10.06283	10.29994	9.76290	10.23710	55
6	9.70028·0	363	9.93709·2	122	10.06291	10.29972	9.76319	10.23681	54
7	9.70049·8	363	9.93701·9	122	10.06298	10.29950	9.76348	10.23652	53
8	9.70071·6	363	9.93694·6	122	10.06305	10.29928	9.76377	10.23623	52
9	9.70093·3	362	9.93687·2	122	10.06313	10.29907	9.76406	10.23594	51
10	9.70115·1	362	9.93679·9	122	10.06320	10.29885	9.76435	10.23565	50
11	9.70136·8	362	9.93672·5	122	10.06327	10.29863	9.76464	10.23536	49
12	9.70158·5	362	9.93665·2	123	10.06335	10.29841	9.76493	10.23507	48
13	9.70180·2	361	9.93657·8	123	10.06342	10.29820	9.76522	10.23478	47
14	9.70201·9	361	9.93650·5	123	10.06350	10.29798	9.76551	10.23449	46
15	9.70223·6	361	9.93643·1	123	10.06357	10.29776	9.76580	10.23420	45
16	9.70245·2	361	9.93635·7	123	10.06364	10.29755	9.76609	10.23391	44
17	9.70266·9	360	9.93628·4	123	10.06372	10.29733	9.76639	10.23361	43
18	9.70288·5	360	9.93621·0	123	10.06379	10.29712	9.76668	10.23332	42
19	9.70310·1	360	9.93613·6	123	10.06386	10.29690	9.76697	10.23303	41
20	9.70331·7	360	9.93606·2	123	10.06394	10.29668	9.76725	10.23275	40
21	9.70353·3	359	9.93598·8	123	10.06401	10.29647	9.76754	10.23246	39
22	9.70374·9	359	9.93591·4	123	10.06409	10.29625	9.76783	10.23217	38
23	9.70396·4	359	9.93584·0	123	10.06416	10.29604	9.76812	10.23188	37
24	9.70417·9	359	9.93576·6	124	10.06423	10.29582	9.76841	10.23159	36
25	9.70439·5	359	9.93569·2	124	10.06431	10.29561	9.76870	10.23130	35
26	9.70461·0	358	9.93561·8	124	10.06438	10.29539	9.76899	10.23101	34
27	9.70482·5	358	9.93554·3	124	10.06446	10.29518	9.76928	10.23072	33
28	9.70504·0	358	9.93546·9	124	10.06453	10.29496	9.76957	10.23043	32
29	9.70525·4	358	9.93539·5	124	10.06461	10.29475	9.76986	10.23014	31
30	9.70546·9	357	9.93532·0	124	10.06468	10.29453	9.77015	10.22985	30
31	9.70568·3	357	9.93524·6	124	10.06475	10.29432	9.77044	10.22956	29
32	9.70589·8	357	9.93517·1	124	10.06483	10.29410	9.77073	10.22927	28
33	9.70611·2	357	9.93509·7	124	10.06490	10.29389	9.77101	10.22899	27
34	9.70632·6	356	9.93502·2	124	10.06498	10.29367	9.77130	10.22870	26
35	9.70653·9	356	9.93494·8	124	10.06505	10.29346	9.77159	10.22841	25
36	9.70675·3	356	9.93487·3	124	10.06513	10.29325	9.77188	10.22812	24
37	9.70696·7	356	9.93479·8	125	10.06520	10.29303	9.77217	10.22783	23
38	9.70718·0	355	9.93472·3	125	10.06528	10.29282	9.77246	10.22754	22
39	9.70739·3	355	9.93464·9	125	10.06535	10.29261	9.77274	10.22726	21
40	9.70760·6	355	9.93457·4	125	10.06543	10.29239	9.77303	10.22697	20
41	9.70781·9	355	9.93449·9	125	10.06550	10.29218	9.77332	10.22668	19
42	9.70803·2	354	9.93442·4	125	10.06558	10.29197	9.77361	10.22639	18
43	9.70824·5	354	9.93434·9	125	10.06565	10.29176	9.77390	10.22610	17
44	9.70845·8	354	9.93427·4	125	10.06573	10.29154	9.77418	10.22582	16
45	9.70867·0	354	9.93419·9	125	10.06580	10.29133	9.77447	10.22553	15
46	9.70888·2	353	9.93412·3	125	10.06588	10.29112	9.77476	10.22524	14
47	9.70909·4	353	9.93404·8	125	10.06595	10.29091	9.77505	10.22495	13
48	9.70930·6	353	9.93397·3	125	10.06603	10.29069	9.77533	10.22467	12
49	9.70951·8	353	9.93389·8	126	10.06610	10.29048	9.77562	10.22438	11
50	9.70973·0	353	9.93382·2	126	10.06618	10.29027	9.77591	10.22409	10
51	9.70994·1	352	9.93374·7	126	10.06625	10.29006	9.77619	10.22381	9
52	9.71015·3	352	9.93367·1	126	10.06633	10.28985	9.77648	10.22352	8
53	9.71036·4	352	9.93359·6	126	10.06640	10.28964	9.77677	10.22323	7
54	9.71057·5	352	9.93352·0	126	10.06648	10.28942	9.77706	10.22294	6
55	9.71078·6	351	9.93344·5	126	10.06656	10.28921	9.77734	10.22266	5
56	9.71099·7	351	9.93336·9	126	10.06663	10.28900	9.77763	10.22237	4
57	9.71120·8	351	9.93329·3	126	10.06671	10.28879	9.77791	10.22209	3
58	9.71141·9	351	9.93321·7	126	10.06678	10.28858	9.77820	10.22180	2
59	9.71162·9	350	9.93314·1	126	10.06686	10.28837	9.77849	10.22151	1
60	9.71183·9		9.93306·6		10.06693	10.28816	9.77877	10.22123	0
M	Co-sine.		Sine.		Co-secant.	Secant.	Co-tang.	Tangent.	M

59 Degrees.

Table XIX. Logarithmic Sines, Tangents, and Secants.

31 Degrees.

M	Sine.	D.100″	Co-sine.	D.	Secant.	Co-secant.	Tang.	Co-tang.	M
0	9.71183·9		9.93306·6		10.06693	10.28816	9.77877	10.22123	60
1	9.71205·0	350	9.93299·0	126	10.06701	10.28795	9.77906	10.22094	59
2	9.71226·0	350	9.93291·4	127	10.06709	10.28774	9.77935	10.22065	58
3	9.71246·9	350	9.93283·8	127	10.06716	10.28753	9.77963	10.22037	57
4	9.71267·9	349	9.93276·2	127	10.06724	10.28732	9.77992	10.22008	56
5	9.71288·9	349	9.93268·5	127	10.06731	10.28711	9.78020	10.21980	55
6	9.71309·8	349	9.93260·9	127	10.06739	10.28690	9.78049	10.21951	54
7	9.71330·8	349	9.93253·3	127	10.06747	10.28669	9.78077	10.21923	53
8	9.71351·7	349	9.93245·7	127	10.06754	10.28648	9.78106	10.21894	52
9	9.71372·6	348	9.93238·0	127	10.06762	10.28627	9.78135	10.21865	51
10	9.71393·5	348	9.93230·4	127	10.06770	10.28607	9.78163	10.21837	50
11	9.71414·4	348	9.93222·8	127	10.06777	10.28586	9.78192	10.21808	49
12	9.71435·2	348	9.93215·1	127	10.06785	10.28565	9.78220	10.21780	48
13	9.71456·1	347	9.93207·5	127	10.06793	10.28544	9.78249	10.21751	47
14	9.71476·9	347	9.93199·8	128	10.06800	10.28523	9.78277	10.21723	46
15	9.71497·8	347	9.93192·1	128	10.06808	10.28502	9.78306	10.21694	45
16	9.71518·6	347	9.93184·5	128	10.06816	10.28481	9.78334	10.21666	44
17	9.71539·4	347	9.93176·8	128	10.06823	10.28461	9.78363	10.21637	43
18	9.71560·2	346	9.93169·1	128	10.06831	10.28440	9.78391	10.21609	42
19	9.71580·9	346	9.93161·4	128	10.06839	10.28419	9.78419	10.21581	41
20	9.71601·7	346	9.93153·7	128	10.06846	10.28398	9.78448	10.21552	40
21	9.71622·4	346	9.93146·0	128	10.06854	10.28378	9.78476	10.21524	39
22	9.71643·2	345	9.93138·3	128	10.06862	10.28357	9.78505	10.21495	38
23	9.71663·9	345	9.93130·6	128	10.06869	10.28336	9.78533	10.21467	37
24	9.71684·6	345	9.93122·9	128	10.06877	10.28315	9.78562	10.21438	36
25	9.71705·3	345	9.93115·2	129	10.06885	10.28295	9.78590	10.21410	35
26	9.71725·9	345	9.93107·5	129	10.06892	10.28274	9.78618	10.21382	34
27	9.71746·6	344	9.93099·8	129	10.06900	10.28253	9.78647	10.21353	33
28	9.71767·3	344	9.93092·1	129	10.06908	10.28233	9.78675	10.21325	32
29	9.71787·9	344	9.93084·3	129	10.06916	10.28212	9.78704	10.21296	31
30	9.71808·5	344	9.93076·6	129	10.06923	10.28191	9.78732	10.21268	30
31	9.71829·1	343	9.93068·8	129	10.06931	10.28171	9.78760	10.21240	29
32	9.71849·7	343	9.93061·1	129	10.06939	10.28150	9.78789	10.21211	28
33	9.71870·3	343	9.93053·3	129	10.06947	10.28130	9.78817	10.21183	27
34	9.71890·9	343	9.93045·6	129	10.06954	10.28109	9.78845	10.21155	26
35	9.71911·4	343	9.93037·8	129	10.06962	10.28089	9.78874	10.21126	25
36	9.71932·0	342	9.93030·0	129	10.06970	10.28068	9.78902	10.21098	24
37	9.71952·5	342	9.93022·3	130	10.06978	10.28048	9.78930	10.21070	23
38	9.71973·0	342	9.93014·5	130	10.06986	10.28027	9.78959	10.21041	22
39	9.71993·5	342	9.93006·7	130	10.06993	10.28006	9.78987	10.21013	21
40	9.72014·0	341	9.92998·9	130	10.07001	10.27986	9.79015	10.20985	20
41	9.72034·5	341	9.92991·1	130	10.07009	10.27966	9.79043	10.20957	19
42	9.72054·9	341	9.92983·3	130	10.07017	10.27945	9.79072	10.20928	18
43	9.72075·4	341	9.92975·5	130	10.07024	10.27925	9.79100	10.20900	17
44	9.72095·8	340	9.92967·7	130	10.07032	10.27904	9.79128	10.20872	16
45	9.72116·2	340	9.92959·9	130	10.07040	10.27884	9.79156	10.20844	15
46	9.72136·6	340	9.92952·1	130	10.07048	10.27863	9.79185	10.20815	14
47	9.72157·0	340	9.92944·2	130	10.07056	10.27843	9.79213	10.20787	13
48	9.72177·4	340	9.92936·4	130	10.07064	10.27823	9.79241	10.20759	12
49	9.72197·8	339	9.92928·6	131	10.07071	10.27802	9.79269	10.20731	11
50	9.72218·1	339	9.92920·7	131	10.07079	10.27782	9.79297	10.20703	10
51	9.72238·5	339	9.92912·9	131	10.07087	10.27762	9.79326	10.20674	9
52	9.72258·8	339	9.92905·0	131	10.07095	10.27741	9.79354	10.20646	8
53	9.72279·1	339	9.92897·2	131	10.07103	10.27721	9.79382	10.20618	7
54	9.72299·4	338	9.92889·3	131	10.07111	10.27701	9.79410	10.20590	6
55	9.72319·7	338	9.92881·5	131	10.07119	10.27680	9.79438	10.20562	5
56	9.72340·0	338	9.92873·6	131	10.07126	10.27660	9.79466	10.20534	4
57	9.72360·3	338	9.92865·7	131	10.07134	10.27640	9.79495	10.20505	3
58	9.72380·5	337	9.92857·8	131	10.07142	10.27619	9.79523	10.20477	2
59	9.72400·7	337	9.92849·9	131	10.07150	10.27599	9.79551	10.20449	1
60	9.72421·0	337	9.92842·0	131	10.07158	10.27579	9.79579	10.20421	0
M	Co-sine.		Sine.		Co-secant.	Secant.	Co-tang.	Tangent.	M

58 Degrees.

Table XIX. Logarithmic Sines, Tangents, and Secants.

32 Degrees.

M	Sine.	D.100″	Co-sine.	D.	Secant.	Co-secant.	Tangent.	Co-tang	M
0	9.72421·0		9.92842·0		10.07158	10.27579	9.79579	10.20421	60
1	9.72441·2	337	9.92834·2	132	10.07166	10.27559	9.79607	10.20393	59
2	9.72461·4	337	9.92826·3	132	10.07174	10.27539	9.79635	10.20365	58
3	9.72481·6	336	9.92818·3	132	10.07182	10.27518	9.79663	10.20337	57
4	9.72501·7	336	9.92810·4	132	10.07190	10.27498	9.79691	10.20309	56
5	9.72521·9	336	9.92802·5	132	10.07197	10.27478	9.79719	10.20281	55
6	9.72542·0	336	9.92794·6	132	10.07205	10.27458	9.79747	10.20253	54
7	9.72562·2	335	9.92786·7	132	10.07213	10.27438	9.79776	10.20224	53
8	9.72582·3	335	9.92778·7	132	10.07221	10.27418	9.79804	10.20196	52
9	9.72602·4	335	9.92770·8	132	10.07229	10.27398	9.79832	10.20168	51
10	9.72622·5	335	9.92762·9	132	10.07237	10.27378	9.79860	10.20140	50
11	9.72642·6	335	9.92754·9	132	10.07245	10.27357	9.79888	10.20112	49
12	9.72662·6	334	9.92747·0	132	10.07253	10.27337	9.79916	10.20084	48
13	9.72682·7	334	9.92739·0	133	10.07261	10.27317	9.79944	10.20056	47
14	9.72702·7	334	9.92731·0	133	10.07269	10.27297	9.79972	10.20028	46
15	9.72722·8	334	9.92723·1	133	10.07277	10.27277	9.80000	10.20000	45
16	9.72742·8	334	9.92715·1	133	10.07285	10.27257	9.80028	10.19972	44
17	9.72762·8	333	9.92707·1	133	10.07293	10.27237	9.80056	10.19944	43
18	9.72782·8	333	9.92699·1	133	10.07301	10.27217	9.80084	10.19916	42
19	9.72802·7	333	9.92691·1	133	10.07309	10.27197	9.80112	10.19888	41
20	9.72822·7	333	9.92683·1	133	10.07317	10.27177	9.80140	10.19860	40
21	9.72842·7	333	9.92675·1	133	10.07325	10.27157	9.80168	10.19832	39
22	9.72862·6	332	9.92667·1	133	10.07333	10.27137	9.80195	10.19805	38
23	9.72882·5	332	9.92659·1	133	10.07341	10.27117	9.80223	10.19777	37
24	9.72902·4	332	9.92651·1	133	10.07349	10.27098	9.80251	10.19749	36
25	9.72922·3	332	9.92643·1	134	10.07357	10.27078	9.80279	10.19721	35
26	9.72942·2	331	9.92635·1	134	10.07365	10.27058	9.80307	10.19693	34
27	9.72962·1	331	9.92627·0	134	10.07373	10.27038	9.80335	10.19665	33
28	9.72982·0	331	9.92619·0	134	10.07381	10.27018	9.80363	10.19637	32
29	9.73001·8	331	9.92611·0	134	10.07389	10.26998	9.80391	10.19609	31
30	9.73021·7	330	9.92602·9	134	10.07397	10.26978	9.80419	10.19581	30
31	9.73041·5	330	9.92594·9	134	10.07405	10.26959	9.80447	10.19553	29
32	9.73061·3	330	9.92586·8	134	10.07413	10.26939	9.80474	10.19526	28
33	9.73081·1	330	9.92578·8	134	10.07421	10.26919	9.80502	10.19498	27
34	9.73100·9	330	9.92570·7	134	10.07429	10.26899	9.80530	10.19470	26
35	9.73120·6	329	9.92562·6	134	10.07437	10.26879	9.80558	10.19442	25
36	9.73140·4	329	9.92554·5	134	10.07445	10.26860	9.80586	10.19414	24
37	9.73160·2	329	9.92546·5	135	10.07454	10.26840	9.80614	10.19386	23
38	9.73179·9	329	9.92538·4	135	10.07462	10.26820	9.80642	10.19358	22
39	9.73199·6	329	9.92530·3	135	10.07470	10.26800	9.80669	10.19331	21
40	9.73219·3	328	9.92522·2	135	10.07478	10.26781	9.80697	10.19303	20
41	9.73239·0	328	9.92514·1	135	10.07486	10.26761	9.80725	10.19275	19
42	9.73258·7	328	9.92506·0	135	10.07494	10.26741	9.80753	10.19247	18
43	9.73278·4	328	9.92497·9	135	10.07502	10.26722	9.80781	10.19219	17
44	9.73298·0	328	9.92489·7	135	10.07510	10.26702	9.80808	10.19192	16
45	9.73317·7	327	9.92481·6	135	10.07518	10.26682	9.80836	10.19164	15
46	9.73337·3	327	9.92473·5	135	10.07527	10.26663	9.80864	10.19136	14
47	9.73356·9	327	9.92465·4	136	10.07535	10.26643	9.80892	10.19108	13
48	9.73376·5	327	9.92457·2	136	10.07543	10.26623	9.80919	10.19081	12
49	9.73396·1	327	9.92449·1	136	10.07551	10.26604	9.80947	10.19053	11
50	9.73415·7	326	9.92440·9	136	10.07559	10.26584	9.80975	10.19025	10
51	9.73435·3	326	9.92432·8	136	10.07567	10.26565	9.81003	10.18997	9
52	9.73454·9	326	9.92424·6	136	10.07575	10.26545	9.81030	10.18970	8
53	9.73474·4	326	9.92416·4	136	10.07584	10.26526	9.81058	10.18942	7
54	9.73493·9	325	9.92408·3	136	10.07592	10.26506	9.81086	10.18914	6
55	9.73513·5	325	9.92400·1	136	10.07600	10.26487	9.81113	10.18887	5
56	9.73533·0	325	9.92391·9	136	10.07608	10.26467	9.81141	10.18859	4
57	9.73552·5	325	9.92383·7	136	10.07616	10.26448	9.81169	10.18831	3
58	9.73571·9	325	9.92375·5	136	10.07624	10.26428	9.81196	10.18804	2
59	9.73591·4	324	9.92367·3	137	10.07633	10.26409	9.81224	10.18776	1
60	9.73610·9	324	9.92359·1	137	10.07641	10.26389	9.81252	10.18748	0
M	Co-sine.		Sine		Co-secant.	Secant.	Co-tang.	Tangent.	M

57 Degrees.

Table XIX. Logarithmic Sines, Tangents, and Secants.

33 Degrees.

M	Sine.	D.100"	Co-secant.	D.	Secant.	Co-secant.	Tangent.	Co-tang	M
0	9.73610·9	324	9.92359·1	137	10.07641	10.26389	9.81252	10.18748	60
1	9.73630·3	324	9.92350·9	137	10.07649	10.26370	9.81279	10.18721	59
2	9.73649·8	324	9.92342·7	137	10.07657	10.26350	9.81307	10.18693	58
3	9.73669·2	323	9.92334·5	137	10.07665	10.26331	9.81335	10.18665	57
4	9.73688·6	323	9.92326·3	137	10.07674	10.26311	9.81362	10.18638	56
5	9.73708·0	323	9.92318·1	137	10.07682	10.26292	9.81390	10.18610	55
6	9.73727·4	323	9.92309·8	137	10.07690	10.26273	9.81418	10.18582	54
7	9.73746·7	323	9.92301·6	137	10.07698	10.26253	9.81445	10.18555	53
8	9.73766·1	322	9.92293·3	137	10.07707	10.26234	9.81473	10.18527	52
9	9.73785·5	322	9.92285·1	137	10.07715	10.26215	9.81500	10.18500	51
10	9.73804·8	322	9.92276·8	138	10.07723	10.26195	9.81528	10.18472	50
11	9.73824·1	322	9.92268·6	138	10.07731	10.26176	9.81556	10.18444	49
12	9.73843·4	322	9.92260·3	138	10.07740	10.26157	9.81583	10.18417	48
13	9.73862·7	321	9.92252·0	138	10.07748	10.26137	9.81611	10.18389	47
14	9.73882·0	321	9.92243·8	138	10.07756	10.26118	9.81638	10.18362	46
15	9.73901·3	321	9.92235·5	138	10.07765	10.26099	9.81666	10.18334	45
16	9.73920·6	321	9.92227·2	138	10.07773	10.26079	9.81693	10.18307	44
17	9.73939·8	321	9.92218·9	138	10.07781	10.26060	9.81721	10.18279	43
18	9.73959·0	320	9.92210·6	138	10.07789	10.26041	9.81748	10.18252	42
19	9.73978·3	320	9.92202·3	138	10.07798	10.26022	9.81776	10.18224	41
20	9.73997·5	320	9.92194·0	138	10.07806	10.26003	9.81803	10.18197	40
21	9.74016·7	320	9.92185·7	139	10.07814	10.25983	9.81831	10.18169	39
22	9.74035·9	320	9.92177·4	139	10.07823	10.25964	9.81858	10.18142	38
23	9.74055·0	319	9.92169·1	139	10.07831	10.25945	9.81886	10.18114	37
24	9.74074·2	319	9.92160·7	139	10.07839	10.25926	9.81913	10.18087	36
25	9.74093·4	319	9.92152·4	139	10.07848	10.25907	9.81941	10.18059	35
26	9.74112·5	319	9.92144·1	139	10.07856	10.25887	9.81968	10.18032	34
27	9.74131·6	319	9.92135·7	139	10.07864	10.25868	9.81996	10.18004	33
28	9.74150·8	318	9.92127·4	139	10.07873	10.25849	9.82023	10.17977	32
29	9.74169·9	318	9.92119·0	139	10.07881	10.25830	9.82051	10.17949	31
30	9.74188·9	318	9.92110·7	139	10.07889	10.25811	9.82078	10.17922	30
31	9.74208·0	318	9.92102·3	139	10.07898	10.25792	9.82106	10.17894	29
32	9.74227·1	318	9.92093·9	139	10.07906	10.25773	9.82133	10.17867	28
33	9.74246·2	317	9.92085·6	140	10.07914	10.25754	9.82161	10.17839	27
34	9.74265·2	317	9.92077·2	140	10.07923	10.25735	9.82188	10.17812	26
35	9.74284·2	317	9.92068·8	140	10.07931	10.25716	9.82215	10.17785	25
36	9.74303·3	317	9.92060·4	140	10.07940	10.25697	9.82243	10.17757	24
37	9.74322·3	317	9.92052·0	140	10.07948	10.25678	9.82270	10.17730	23
38	9.74341·3	316	9.92043·6	140	10.07956	10.25659	9.82298	10.17702	22
39	9.74360·2	316	9.92035·2	140	10.07965	10.25640	9.82325	10.17675	21
40	9.74379·2	316	9.92026·8	140	10.07973	10.25621	9.82352	10.17648	20
41	9.74398·2	316	9.92018·4	140	10.07982	10.25602	9.82380	10.17620	19
42	9.74417·1	316	9.92009·9	140	10.07990	10.25583	9.82407	10.17593	18
43	9.74436·1	315	9.92001·5	140	10.07998	10.25564	9.82435	10.17565	17
44	9.74455·0	315	9.91993·1	141	10.08007	10.25545	9.82462	10.17538	16
45	9.74473·9	315	9.91984·6	141	10.08015	10.25526	9.82489	10.17511	15
46	9.74492·8	315	9.91976·2	141	10.08024	10.25507	9.82517	10.17483	14
47	9.74511·7	315	9.91967·7	141	10.08032	10.25488	9.82544	10.17456	13
48	9.74530·6	314	9.91959·3	141	10.08041	10.25469	9.82571	10.17429	12
49	9.74549·4	314	9.91950·8	141	10.08049	10.25451	9.82599	10.17401	11
50	9.74568·2	314	9.91942·4	141	10.08058	10.25432	9.82626	10.17374	10
51	9.74587·1	314	9.91933·9	141	10.08066	10.25413	9.82653	10.17347	9
52	9.74606·0	314	9.91925·4	141	10.08075	10.25394	9.82681	10.17319	8
53	9.74624·8	313	9.91916·9	141	10.08083	10.25375	9.82708	10.17292	7
54	9.74643·6	313	9.91908·5	141	10.08092	10.25356	9.82735	10.17265	6
55	9.74662·4	313	9.91900·0	142	10.08100	10.25338	9.82762	10.17238	5
56	9.74681·2	313	9.91891·5	142	10.08109	10.25319	9.82790	10.17210	4
57	9.74699·9	313	9.91883·0	142	10.08117	10.25300	9.82817	10.17183	3
58	9.74718·7	312	9.91874·5	142	10.08126	10.25281	9.82844	10.17156	2
59	9.74737·4	312	9.91865·9	142	10.08134	10.25263	9.82871	10.17129	1
60	9.74756·2		9.91857·4		10.08143	10.25244	9.82899	10.17101	0
M	Co-fine.		Sine		Co-fecant.	Secant.	Co-tang.	Tangent.	M

56 Degrees.

TABLE XIX. Logarithmic Sines, Tangents, and Secants.

34 Degrees.

M	Sine.	D. 100"	Co-sine.	D.	Secant.	Co-secant.	Tang.	Co-tang.	M
0	9.74756·2	312	9.91857·4	142	10.08143	10.25244	9.82899	10.17101	60
1	9.74774·9	312	9.91848·9	142	10.08151	10.25225	9.82926	10.17074	59
2	9.74793·6	312	9.91840·4	142	10.08160	10.25206	9.82953	10.17047	58
3	9.74812·3	311	9.91831·8	142	10.08168	10.25188	9.82980	10.17020	57
4	9.74831·0	311	9.91823·3	142	10.08177	10.25169	9.83008	10.16992	56
5	9.74849·7	311	9.91814·7	142	10.08185	10.25150	9.83035	10.16965	55
6	9.74868·3	311	9.91806·2	143	10.08194	10.25132	9.83062	10.16938	54
7	9.74887·0	311	9.91797·6	143	10.08202	10.25113	9.83089	10.16911	53
8	9.74905·6	310	9.91789·1	143	10.08211	10.25094	9.83117	10.16883	52
9	9.74924·3	310	9.91780·5	143	10.08219	10.25076	9.83144	10.16856	51
10	9.74942·9	310	9.91771·9	143	10.08228	10.25057	9.83171	10.16829	50
11	9.74961·5	310	9.91763·4	143	10.08237	10.25039	9.83198	10.16802	49
12	9.74980·1	310	9.91754·8	143	10.08245	10.25020	9.83225	10.16775	48
13	9.74998·7	309	9.91746·2	143	10.08254	10.25001	9.83252	10.16748	47
14	9.75017·2	309	9.91737·6	143	10.08262	10.24983	9.83280	10.16720	46
15	9.75035·8	309	9.91729·0	143	10.08271	10.24964	9.83307	10.16693	45
16	9.75054·3	309	9.91720·4	143	10.08280	10.24946	9.83334	10.16666	44
17	9.75072·9	309	9.91711·8	144	10.08288	10.24927	9.83361	10.16639	43
18	9.75091·4	308	9.91703·2	144	10.08297	10.24909	9.83388	10.16612	42
19	9.75109·9	308	9.91694·6	144	10.08305	10.24890	9.83415	10.16585	41
20	9.75128·4	308	9.91685·9	144	10.08314	10.24872	9.83442	10.16558	40
21	9.75146·9	308	9.91677·3	144	10.08323	10.24853	9.83470	10.16530	39
22	9.75165·4	308	9.91668·7	144	10.08331	10.24835	9.83497	10.16503	38
23	9.75183·9	308	9.91660·0	144	10.08340	10.24816	9.83524	10.16476	37
24	9.75202·3	307	9.91651·4	144	10.08349	10.24798	9.83551	10.16449	36
25	9.75220·8	307	9.91642·7	144	10.08357	10.24779	9.83578	10.16422	35
26	9.75239·2	307	9.91634·1	144	10.08366	10.24761	9.83605	10.16395	34
27	9.75257·6	307	9.91625·4	144	10.08375	10.24742	9.83632	10.16368	33
28	9.75276·0	307	9.91616·7	145	10.08383	10.24724	9.83659	10.16341	32
29	9.75294·4	306	9.91608·1	145	10.08392	10.24706	9.83686	10.16314	31
30	9.75312·8	306	9.91599·4	145	10.08401	10.24687	9.83713	10.16287	30
31	9.75331·2	306	9.91590·7	145	10.08409	10.24669	9.83740	10.16260	29
32	9.75349·5	306	9.91582·0	145	10.08418	10.24650	9.83768	10.16232	28
33	9.75367·9	306	9.91573·3	145	10.08427	10.24632	9.83795	10.16205	27
34	9.75386·2	305	9.91564·6	145	10.08435	10.24614	9.83822	10.16178	26
35	9.75404·6	305	9.91555·9	145	10.08444	10.24595	9.83849	10.16151	25
36	9.75422·9	305	9.91547·2	145	10.08453	10.24577	9.83876	10.16124	24
37	9.75441·2	305	9.91538·5	145	10.08462	10.24559	9.83903	10.16097	23
38	9.75459·5	305	9.91529·7	145	10.08470	10.24541	9.83930	10.16070	22
39	9.75477·8	304	9.91521·0	145	10.08479	10.24522	9.83957	10.16043	21
40	9.75496·0	304	9.91512·3	146	10.08488	10.24504	9.83984	10.16016	20
41	9.75514·3	304	9.91503·5	146	10.08496	10.24486	9.84011	10.15989	19
42	9.75532·6	304	9.91494·8	146	10.08505	10.24467	9.84038	10.15962	18
43	9.75550·8	304	9.91486·0	146	10.08514	10.24449	9.84065	10.15935	17
44	9.75569·0	304	9.91477·3	146	10.08523	10.24431	9.84092	10.15908	16
45	9.75587·2	303	9.91468·5	146	10.08531	10.24413	9.84119	10.15881	15
46	9.75605·4	303	9.91459·8	146	10.08540	10.24395	9.84146	10.15854	14
47	9.75623·6	303	9.91451·0	146	10.08549	10.24376	9.84173	10.15827	13
48	9.75641·8	303	9.91442·2	146	10.08558	10.24358	9.84200	10.15800	12
49	9.75660·0	303	9.91433·4	146	10.08567	10.24340	9.84227	10.15773	11
50	9.75678·2	302	9.91424·6	147	10.08575	10.24322	9.84254	10.15746	10
51	9.75696·3	302	9.91415·8	147	10.08584	10.24304	9.84280	10.15720	9
52	9.75714·4	302	9.91407·0	147	10.08593	10.24286	9.84307	10.15693	8
53	9.75732·6	302	9.91398·2	147	10.08602	10.24267	9.84334	10.15666	7
54	9.75750·7	302	9.91389·4	147	10.08611	10.24249	9.84361	10.15639	6
55	9.75768·8	301	9.91380·6	147	10.08619	10.24231	9.84388	10.15612	5
56	9.75786·9	301	9.91371·8	147	10.08628	10.24213	9.84415	10.15585	4
57	9.75805·0	301	9.91363·0	147	10.08637	10.24195	9.84442	10.15558	3
58	9.75823·0	301	9.91354·1	147	10.08646	10.24177	9.84469	10.15531	2
59	9.75841·1	301	9.91345·3	147	10.08655	10.24159	9.84496	10.15504	1
60	9.75859·1		9.91336·5		10.08664	10.24141	9.84523	10.15477	0
M	Co-sine.		Sine.		Co-secant.	Secant.	Co-tang.	Tangent.	M

55 Degrees.

Table XIX. Logarithmic Sines, Tangents, and Secants.

35 Degrees.

M	Sine.	D. 100	Co-sine.	D.	Secant.	Co-secant.	Tangent.	Co-tang.	M
0	9.75859·1	301	9.91336·5	147	10.08064	10.24141	9.84523	10.15477	60
1	9.75877·2	300	9.91327·6	147	10.08672	10.24123	9.84550	10.15450	59
2	9.75895·2	300	9.91318·7	148	10.08681	10.24105	9.84576	10.15424	58
3	9.75913·2	300	9.91309·9	148	10.08690	10.24087	9.84603	10.15397	57
4	9.75931·2	300	9.91301·0	148	10.08699	10.24069	9.84630	10.15370	56
5	9.75949·2	300	9.91292·2	148	10.08708	10.24051	9.84657	10.15343	55
6	9.75967·2	299	9.91283·3	148	10.08717	10.24033	9.84684	10.15316	54
7	9.75985·2	299	9.91274·4	148	10.08726	10.24015	9.84711	10.15289	53
8	9.76003·1	299	9.91265·5	148	10.08734	10.23997	9.84738	10.15262	52
9	9.76021·1	299	9.91256·6	148	10.08743	10.23979	9.84764	10.15236	51
10	9.76039·0	299	9.91247·7	148	10.08752	10.23961	9.84791	10.15209	50
11	9.76056·9	298	9.91238·8	148	10.08761	10.23943	9.84818	10.15182	49
12	9.76074·8	298	9.91229·9	149	10.08770	10.23925	9.84845	10.15155	48
13	9.76092·7	298	9.91221·0	149	10.08779	10.23907	9.84872	10.15128	47
14	9.76110·6	298	9.91212·1	149	10.08788	10.23889	9.84899	10.15101	46
15	9.76128·5	298	9.91203·1	149	10.08797	10.23871	9.84925	10.15075	45
16	9.76146·4	298	9.91194·2	149	10.08806	10.23854	9.84952	10.15048	44
17	9.76164·2	297	9.91185·3	149	10.08815	10.23836	9.84979	10.15021	43
18	9.76182·1	297	9.91176·3	149	10.08824	10.23818	9.85006	10.14994	42
19	9.76199·9	297	9.91167·4	149	10.08833	10.23880	9.85033	10.14967	41
20	9.76217·7	297	9.91158·4	149	10.08842	10.23782	9.85059	10.14941	40
21	9.76235·6	297	9.91149·5	149	10.08851	10.23764	9.85086	10.14914	39
22	9.76253·4	296	9.91140·5	149	10.08859	10.23747	9.85113	10.14887	38
23	9.76271·2	296	9.91131·5	150	10.08868	10.23729	9.85140	10.14860	37
24	9.76288·9	296	9.91122·6	150	10.08877	10.23711	9.85166	10.14834	36
25	9.76306·7	296	9.91113·6	150	10.08886	10.23693	9.85193	10.14807	35
26	9.76324·5	296	9.91104·6	150	10.08895	10.23676	9.85220	10.14780	34
27	9.76342·2	296	9.91095·6	150	10.08904	10.23658	9.85247	10.14753	33
28	9.76360·0	295	9.91086·6	150	10.08913	10.23640	9.85273	10.14727	32
29	9.76377·7	295	9.91077·6	150	10.08922	10.23622	9.85300	10.14700	31
30	9.76395·4	295	9.91068·6	150	10.08931	10.23605	9.85327	10.14673	30
31	9.76413·1	295	9.91059·6	150	10.08940	10.23587	9.85354	10.14646	29
32	9.76430·8	295	9.91050·6	150	10.08949	10.23569	9.85380	10.14620	28
33	9.76448·5	294	9.91041·5	150	10.08958	10.23552	9.85407	10.14593	27
34	9.76466·2	294	9.91032·9	151	10.08967	10.23534	9.85434	10.14566	26
35	9.76483·8	294	9.91023·5	151	10.08977	10.23516	9.85460	10.14540	25
36	9.76501·5	294	9.91014·4	151	10.08986	10.23499	9.85487	10.14513	24
37	9.76519·1	294	9.91005·4	151	10.08995	10.23481	9.85514	10.14486	23
38	9.76536·7	294	9.90996·3	151	10.09004	10.23463	9.85540	10.14460	22
39	9.76554·4	293	9.90987·3	151	10.09013	10.23446	9.85567	10.14433	21
40	9.76572·0	293	9.90978·2	151	10.09022	10.23428	9.85594	10.14406	20
41	9.76589·6	293	9.90969·1	151	10.09031	10.23410	9.85620	10.14380	19
42	9.76607·2	293	9.90960·1	151	10.09040	10.23393	9.85647	10.14353	18
43	9.76624·7	293	9.90951·0	151	10.09049	10.23375	9.85674	10.14326	17
44	9.76642·3	293	9.90941·9	151	10.09058	10.23358	9.85700	10.14300	16
45	9.76659·8	292	9.90932·8	152	10.09067	10.23340	9.85727	10.14273	15
46	9.76677·4	292	9.90923·7	152	10.09076	10.23323	9.85754	10.14246	14
47	9.76694·9	292	9.90914·6	152	10.09085	10.23305	9.85780	10.14220	13
48	9.76712·4	292	9.90905·5	152	10.09094	10.23288	9.85807	10.14193	12
49	9.76730·0	292	9.90896·4	152	10.09104	10.23270	9.85834	10.14166	11
50	9.76747·5	291	9.90887·3	152	10.09113	10.23253	9.85860	10.14140	10
51	9.76764·9	291	9.90878·1	152	10.09122	10.23235	9.85887	10.14113	9
52	9.76782·4	291	9.90869·0	152	10.09131	10.23218	9.85913	10.14087	8
53	9.76799·9	291	9.90859·9	152	10.09140	10.23200	9.85940	10.14060	7
54	9.76817·3	291	9.90850·7	152	10.09149	10.23183	9.85967	10.14033	6
55	9.76834·8	290	9.90841·6	153	10.09158	10.23165	9.85993	10.14007	5
56	9.76852·2	290	9.90832·4	153	10.09168	10.23148	9.86020	10.13980	4
57	9.76869·7	290	9.90823·3	153	10.09177	10.23130	9.86046	10.13954	3
58	9.76887·1	290	9.90814·1	153	10.09186	10.23113	9.86073	10.13927	2
59	9.76904·5	290	9.90804·9	153	10.09195	10.23096	9.86100	10.13900	1
60	9.76921·9		9.90795·8		10.09204	10.23078	9.86126	10.13874	0
M	Co-sine.		Sine.		Co-secant	Secant.	Co-tang.	Tangent.	M

54 Degrees.

TABLE XIX. Logarithmic Sines, Tangents, and Secants.

36 Degrees.

M	Sine.	D. 100″	Co-sine.	D.	Secant.	Co-secant.	Tangent.	Co-tang.	M
0	9.76921 ·9	290	9.90795 ·8	153	10.09204	10.23078	9.86126	10.13874	60
1	9.76939 ·3	289	9.90786 ·6	153	10.09213	10.23061	9.86153	10.13847	59
2	9.76956 ·6	289	9.90777 ·4	153	10.09223	10.23043	9.86179	10.13821	58
3	9.76974 ·0	289	9.90768 ·2	153	10.09232	10.23026	9.86206	10.13794	57
4	9.76991 ·3	289	9.90759 ·0	153	10.09241	10.23009	9.86232	10.13768	56
5	9.77008 ·[illegible]	289	9.90749 ·8	153	10.09250	10.22991	9.86259	10.13741	55
6	9.77026 ·0	288	9.90740 ·6	153	10.09259	10.22974	9.86285	10.13715	54
7	9.77043 ·3	288	9.90731 ·4	154	10.09269	10.22957	9.86312	10.13688	53
8	9.77060 ·6	288	9.90722 ·2	154	10.09278	10.22939	9.86338	10.13662	52
9	9.77077 ·9	288	9.90712 ·9	154	10.09287	10.22922	9.86365	10.13635	51
10	9.77095 ·2	288	9.90703 ·7	154	10.09296	10.22905	9.86392	10.13608	50
11	9.77112 ·5	288	9.90694 ·5	154	10.09306	10.22888	9.86418	10.13582	49
12	9.77129 ·8	287	9.90685 ·2	154	10.09315	10.22870	9.86445	10.13555	48
13	9.77147 ·0	287	9.90676 ·0	154	10.09324	10.22853	9.86471	10.13529	47
14	9.77164 ·3	287	9.90666 ·7	154	10.09333	10.22836	9.86498	10.13502	46
15	9.77181 ·5	287	9.90657 ·5	154	10.09343	10.22819	9.86524	10.13476	45
16	9.77198 ·7	287	9.90648 ·2	154	10.09352	10.22801	9.86551	10.13449	44
17	9.77215 ·9	287	9.90638 ·9	155	10.09361	10.22784	9.86577	10.13423	43
18	9.77233 ·1	286	9.90629 ·6	155	10.09370	10.22767	9.86603	10.13397	42
19	9.77250 ·3	286	9.90620 ·4	155	10.09380	10.22750	9.86630	10.13370	41
20	9.77267 ·5	286	9.90611 ·1	155	10.09389	10.22732	9.86656	10.13344	40
21	9.77284 ·7	286	9.90601 ·8	155	10.09398	10.22715	9.86683	10.13317	39
22	9.77301 ·8	286	9.90592 ·5	155	10.09408	10.22698	9.86709	10.13291	38
23	9.77319 ·0	286	9.90583 ·2	155	10.09417	10.22681	9.86736	10.13264	37
24	9.77336 ·1	285	9.90573 ·9	155	10.09426	10.22664	9.86762	10.13238	36
25	9.77353 ·3	285	9.90564 ·5	155	10.09435	10.22647	9.86789	10.13211	35
26	9.77370 ·4	285	9.90555 ·2	155	10.09445	10.22630	9.86815	10.13185	34
27	9.77387 ·5	285	9.90545 ·9	155	10.09454	10.22613	9.86842	10.13158	33
28	9.77404 ·6	285	9.90536 ·6	156	10.09463	10.22595	9.86868	10.13132	32
29	9.77421 ·7	285	9.90527 ·2	156	10.09473	10.22578	9.86894	10.13106	31
30	9.77438 ·8	284	9.90517 ·9	156	10.09482	10.22561	9.86921	10.13079	30
31	9.77455 ·8	284	9.90508 ·5	156	10.09491	10.22544	9.86947	10.13053	29
32	9.77472 ·9	284	9.90499 ·2	156	10.09501	10.22527	9.86974	10.13026	28
33	9.77489 ·9	284	9.90489 ·8	156	10.09510	10.22510	9.87000	10.13000	27
34	9.77507 ·0	284	9.90480 ·4	156	10.09520	10.22493	9.87027	10.12973	26
35	9.77524 ·0	284	9.90471 ·1	156	10.09529	10.22476	9.87053	10.12947	25
36	9.77541 ·0	283	9.90461 ·7	156	10.09538	10.22459	9.87079	10.12921	24
37	9.77558 ·0	283	9.90452 ·3	156	10.09548	10.22442	9.87106	10.12894	23
38	9.77575 ·0	283	9.90442 ·9	157	10.09557	10.22425	9.87132	10.12868	22
39	9.77592 ·0	283	9.90433 ·5	157	10.09566	10.22408	9.87158	10.12842	21
40	9.77609 ·0	283	9.90424 ·1	157	10.09576	10.22391	9.87185	10.12815	20
41	9.77625 ·9	283	9.90414 ·7	157	10.09585	10.22374	9.87211	10.12789	19
42	9.77642 ·9	282	9.90405 ·3	157	10.09595	10.22357	9.87238	10.12762	18
43	9.77659 ·8	282	9.90395 ·9	157	10.09604	10.22340	9.87264	10.12736	17
44	9.77676 ·8	282	9.90386 ·4	157	10.09614	10.22323	9.87290	10.12710	16
45	9.77693 ·7	282	9.90377 ·0	157	10.09623	10.22306	9.87317	10.12683	15
46	9.77710 ·6	282	9.90367 ·6	157	10.09632	10.22289	9.87343	10.12657	14
47	9.77727 ·5	281	9.90358 ·1	157	10.09642	10.22272	9.87369	10.12631	13
48	9.77744 ·4	281	9.90348 ·7	157	10.09651	10.22256	9.87396	10.12604	12
49	9.77761 ·3	281	9.90339 ·2	153	10.09661	10.22239	9.87422	10.12578	11
50	9.77778 ·1	281	9.90329 ·8	158	10.09670	10.22222	9.87448	10.12552	10
51	9.77795 ·0	281	9.90320 ·3	158	10.09680	10.22205	9.87475	10.12525	9
52	9.77811 ·9	281	9.90310 ·8	153	10.09689	10.22188	9.87501	10.12499	8
53	9.77828 ·7	280	9.90301 ·4	158	10.09699	10.22171	9.87527	10.12473	7
54	9.77845 ·5	280	9.90291 ·9	158	10.09708	10.22154	9.87554	10.12446	6
55	9.77862 ·4	280	9.90282 ·4	158	10.09718	10.22138	9.87580	10.12420	5
56	9.77879 ·2	280	9.90272 ·9	158	10.09727	10.22121	9.87606	10.12394	4
57	9.77896 ·0	280	9.90263 ·4	158	10.09737	10.22104	9.87633	10.12367	3
58	9.77912 ·8	280	9.90253 ·9	159	10.09746	10.22087	9.87659	10.12341	2
59	9.77929 ·5	279	9.90244 ·4	159	10.09756	10.22070	9.87685	10.12315	1
60	9.77946 ·3		9.90234 ·9		10.09765	10.22054	9.87711	10.12289	0
M	Co-sine.		Sine.		Co-secant.	Secant.	Co-tang.	Tangent.	M

53 Degrees.

Table XIX. Logarithmic Sines, Tangents, and Secants.

37 Degrees.

M	Sine.	D.100"	Co-sine.	D.	Secant.	Co-secant.	Tangent.	Co-tang.	"
0	9.77946·3	279	9.90234·9	159	10.09765	10.22054	9.87711	10.12289	60
1	9.77963·1	279	9.90225·3	159	10.09775	10.22037	9.87738	10.12262	59
2	9.77979·8	279	9.90215·8	159	10.09784	10.22020	9.87764	10.12236	58
3	9.77996·6	279	9.90206·3	159	10.09794	10.22003	9.87790	10.12210	57
4	9.78013·3	279	9.90196·7	159	10.09803	10.21987	9.87817	10.12183	56
5	9.78030·0	278	9.90187·2	159	10.09813	10.21970	9.87843	10.12157	55
6	9.78046·7	278	9.90177·6	159	10.09822	10.21953	9.87869	10.12131	54
7	9.78063·4	278	9.90168·1	159	10.09832	10.21937	9.87895	10.12105	53
8	9.78080·1	278	9.90158·5	159	10.09841	10.21920	9.87922	10.12078	52
9	9.78096·8	278	9.90149·0	159	10.09851	10.21903	9.87948	10.12052	51
10	9.78113·4	278	9.90139·4	160	10.09861	10.21887	9.87974	10.12026	50
11	9.78130·1	277	9.90129·8	160	10.09870	10.21870	9.88000	10.12000	49
12	9.78146·8	277	9.90120·2	160	10.09880	10.21853	9.88027	10.11973	48
13	9.78163·4	277	9.90110·6	160	10.09889	10.21837	9.88053	10.11947	47
14	9.78180·0	277	9.90101·0	160	10.09899	10.21820	9.88079	10.11921	46
15	9.78196·6	277	9.90091·4	160	10.09909	10.21803	9.88105	10.11895	45
16	9.78213·2	277	9.90081·8	160	10.09918	10.21787	9.88131	10.11869	44
17	9.78229·8	276	9.90072·2	160	10.09928	10.21770	9.88158	10.11842	43
18	9.78246·4	276	9.90062·6	160	10.09937	10.21754	9.88184	10.11816	42
19	9.78263·0	276	9.90052·9	160	10.09947	10.21737	9.88210	10.11790	41
20	9.78279·6	276	9.90043·3	161	10.09957	10.21720	9.88236	10.11764	40
21	9.78296·1	276	9.90033·7	161	10.09966	10.21704	9.88262	10.11738	39
22	9.78312·7	276	9.90024·0	161	10.09976	10.21687	9.88289	10.11711	38
23	9.78329·2	275	9.90014·4	161	10.09986	10.21671	9.88315	10.11685	37
24	9.78345·8	275	9.90004·7	161	10.09995	10.21654	9.88341	10.11659	36
25	9.78362·3	275	9.89995·1	161	10.10005	10.21638	9.88367	10.11633	35
26	9.78378·8	275	9.89985·4	161	10.10015	10.21621	9.88393	10.11607	34
27	9.78395·3	275	9.89975·7	161	10.10024	10.21605	9.88420	10.11580	33
28	9.78411·8	275	9.89966·0	161	10.10034	10.21588	9.88446	10.11554	32
29	9.78428·2	274	9.89956·4	161	10.10044	10.21572	9.88472	10.11528	31
30	9.78444·7	274	9.89946·7	162	10.10053	10.21555	9.88498	10.11502	30
31	9.78461·2	274	9.89937·0	162	10.10063	10.21539	9.88524	10.11476	29
32	9.78477·6	274	9.89927·3	162	10.10073	10.21522	9.88550	10.11450	28
33	9.78494·1	274	9.89917·6	162	10.10082	10.21506	9.88577	10.11423	27
34	9.78510·5	274	9.89907·8	162	10.10092	10.21490	9.88603	10.11397	26
35	9.78526·9	273	9.89898·1	162	10.10102	10.21473	9.88629	10.11371	25
36	9.78543·3	273	9.89888·4	162	10.10112	10.21457	9.88655	10.11345	24
37	9.78559·7	273	9.89878·7	162	10.10121	10.21440	9.88681	10.11319	23
38	9.78576·1	273	9.89868·9	162	10.10131	10.21424	9.88707	10.11293	22
39	9.78592·5	273	9.89859·2	162	10.10141	10.21408	9.88733	10.11267	21
40	9.78608·9	273	9.89849·4	163	10.10151	10.21391	9.88759	10.11241	20
41	9.78625·2	272	9.89839·7	163	10.10160	10.21375	9.88786	10.11214	19
42	9.78641·6	272	9.89829·9	163	10.10170	10.21358	9.88812	10.11188	18
43	9.78657·9	272	9.89820·2	163	10.10180	10.21342	9.88838	10.11162	17
44	9.78674·2	272	9.89810·4	163	10.10190	10.21326	9.88864	10.11136	16
45	9.78690·6	272	9.89800·6	163	10.10199	10.21309	9.88890	10.11110	15
46	9.78706·9	272	9.89790·8	163	10.10209	10.21293	9.88916	10.11084	14
47	9.78723·2	271	9.89781·0	163	10.10219	10.21277	9.88942	10.11058	13
48	9.78739·5	271	9.89771·2	163	10.10229	10.21261	9.88968	10.11032	12
49	9.78755·7	271	9.89761·4	163	10.10239	10.21244	9.88994	10.11006	11
50	9.78772·0	271	9.89751·6	163	10.10248	10.21228	9.89020	10.10980	10
51	9.78788·3	271	9.89741·8	164	10.10258	10.21212	9.89046	10.10954	9
52	9.78804·5	271	9.89732·0	164	10.10268	10.21195	9.89073	10.10927	8
53	9.78820·8	271	9.89722·2	164	10.10278	10.21179	9.89099	10.10901	7
54	9.78837·0	270	9.89712·3	164	10.10288	10.21163	9.89125	10.10875	6
55	9.78853·2	270	9.89702·5	164	10.10298	10.21147	9.89151	10.10849	5
56	9.78869·4	270	9.89692·6	164	10.10307	10.21131	9.89177	10.10823	4
57	9.78885·6	270	9.89682·8	164	10.10317	10.21114	9.89203	10.10797	3
58	9.78901·8	270	9.89672·9	164	10.10327	10.21098	9.89229	10.10771	2
59	9.78918·0	270	9.89663·1	164	10.10337	10.21082	9.89255	10.10745	1
60	9.78934·2		9.89653·2		10.10347	10.21066	9.89281	10.10719	0
M	Co-fine.		Sine.		Co-fecant.	Secant.	Co-tang.	Tangent.	M

52 Degrees.

Table XIX. Logarithmic Sines, Tangents, and Secants.

38 Degrees.

M	Sine	D. 100"	Co-sine.	D.	Secant.	Co-secant.	Tangent.	Co-tang.	M
0	9.78934 ·2	269	9.89653 ·2	164	10.10347	10.21066	9.89281	10.10719	60
1	9.78950 ·4	269	9.89643 ·3	165	10.10357	10.21050	9.89307	10.10693	59
2	9.78966 ·5	269	9.89633 ·5	165	10.10367	10.21033	9.89333	10.10667	58
3	9.78982 ·7	269	9.89623 ·6	165	10.10376	10.21017	9.89359	10.10641	57
4	9.78998 ·8	269	9.89613 ·7	165	10.10386	10.21001	9.89385	10.10615	56
5	9.79014 ·9	269	9.89603 ·8	165	10.10396	10.20985	9.89411	10.10589	55
6	9.79031 ·0	268	9.89593 ·9	165	10.10406	10.20969	9.89437	10.10563	54
7	9.79047 ·1	268	9.89584 ·0	165	10.10416	10.20953	9.89463	10.10537	53
8	9.79063 ·2	268	9.89574 ·1	165	10.10426	10.20937	9.89489	10.10511	52
9	9.79079 ·3	268	9.89564 ·1	165	10.10436	10.20921	9.89515	10.10485	51
10	9.79095 ·4	268	9.89554 ·2	165	10.10446	10.20905	9.89541	10.10459	50
11	9.79111 ·5	268	9.89544 ·3	166	10.10456	10.20889	9.89567	10.10433	49
12	9.79127 ·5	267	9.89534 ·3	166	10.10466	10.20872	9.89593	10.10407	48
13	9.79143 ·6	267	9.89524 ·4	166	10.10476	10.20856	9.89619	10.10381	47
14	9.79159 ·6	267	9.89514 ·5	166	10.10486	10.20840	9.89645	10.10355	46
15	9.79175 ·7	267	9.89504 ·5	166	10.10496	10.20824	9.89671	10.10329	45
16	9.79191 ·7	267	9.89494 ·5	166	10.10505	10.20808	9.89697	10.10303	44
17	9.79207 ·7	267	9.89484 ·6	166	10.10515	10.20792	9.89723	10.10277	43
18	9.79223 ·7	266	9.89474 ·6	166	10.10525	10.20776	9.89749	10.10251	42
19	9.79239 ·7	266	9.89464 ·6	166	10.10535	10.20760	9.89775	10.10225	41
20	9.79255 ·7	266	9.89454 ·6	166	10.10545	10.20744	9.89801	10.10199	40
21	9.79271 ·6	266	9.89444 ·6	167	10.10555	10.20728	9.89827	10.10173	39
22	9.79287 ·6	266	9.89434 ·6	167	10.10565	10.20712	9.89853	10.10147	38
23	9.79303 ·5	266	9.89424 ·6	167	10.10575	10.20696	9.89879	10.10121	37
24	9.79319 ·5	265	9.89414 ·6	167	10.10585	10.20681	9.89905	10.10095	36
25	9.79335 ·4	265	9.89404 ·6	167	10.10595	10.20665	9.89931	10.10069	35
26	9.79351 ·4	265	9.89394 ·6	167	10.10605	10.20649	9.89957	10.10043	34
27	9.79367 ·3	265	9.89384 ·6	167	10.10615	10.20633	9.89983	10.10017	33
28	9.79383 ·2	265	9.89374 ·5	167	10.10625	10.20617	9.90009	10.09991	32
29	9.79399 ·1	265	9.89364 ·5	167	10.10636	10.20601	9.90035	10.09965	31
30	9.79415 ·0	264	9.89354 ·4	167	10.10646	10.20585	9.90061	10.09939	30
31	9.79430 ·8	264	9.89344 ·4	168	10.10656	10.20569	9.90086	10.09914	29
32	9.79446 ·7	264	9.89334 ·3	168	10.10666	10.20553	9.90112	10.09888	28
33	9.79462 ·6	264	9.89324 ·3	168	10.10676	10.20537	9.90138	10.09862	27
34	9.79478 ·4	264	9.89314 ·2	168	10.10686	10.20522	9.90164	10.09836	26
35	9.79494 ·2	264	9.89304 ·1	168	10.10696	10.20506	9.90190	10.09810	25
36	9.79510 ·1	264	9.89294 ·0	168	10.10706	10.20490	9.90216	10.09784	24
37	9.79525 ·9	263	9.89283 ·9	168	10.10716	10.20474	9.90242	10.09758	23
38	9.79541 ·7	263	9.89273 ·9	168	10.10726	10.20458	9.90268	10.09732	22
39	9.79557 ·5	263	9.89263 ·8	168	10.10736	10.20442	9.90294	10.09706	21
40	9.79573 ·3	263	9.89253 ·6	168	10.10746	10.20427	9.90320	10.09680	20
41	9.79589 ·1	263	9.89243 ·5	169	10.10756	10.20411	9.90346	10.09654	19
42	9.79604 ·9	263	9.89233 ·4	169	10.10767	10.20395	9.90371	10.09629	18
43	9.79620 ·6	263	9.89223 ·3	169	10.10777	10.20379	9.90397	10.09603	17
44	9.79636 ·4	262	9.89213 ·2	169	10.10787	10.20364	9.90423	10.09577	16
45	9.79652 ·1	262	9.89203 ·0	169	10.10797	10.20348	9.90449	10.09551	15
46	9.79667 ·9	262	9.89192 ·9	169	10.10807	10.20332	9.90475	10.09525	14
47	9.79683 ·6	262	9.89182 ·7	169	10.10817	10.20316	9.90501	10.09499	13
48	9.79699 ·3	262	9.89172 ·6	169	10.10827	10.20301	9.90527	10.09473	12
49	9.79715 ·0	262	9.89162 ·4	169	10.10838	10.20285	9.90553	10.09447	11
50	9.79730 ·7	261	9.89152 ·3	170	10.10848	10.20269	9.90578	10.09422	10
51	9.79746 ·4	261	9.89142 ·1	170	10.10858	10.20254	9.90604	10.09396	9
52	9.79762 ·1	261	9.89131 ·9	170	10.10868	10.20238	9.90630	10.09370	8
53	9.79777 ·7	261	9.89121 ·7	170	10.10878	10.20222	9.90656	10.09344	7
54	9.79793 ·4	261	9.89111 ·5	170	10.10888	10.20207	9.90682	10.09318	6
55	9.79809 ·1	261	9.89101 ·3	170	10.10899	10.20191	9.90708	10.09292	5
56	9.79824 ·7	261	9.89091 ·1	170	10.10909	10.20175	9.90734	10.09266	4
57	9.79840 ·3	260	9.89080 ·9	170	10.10919	10.20160	9.90759	10.09241	3
58	9.79856 ·0	260	9.89070 ·7	170	10.10929	10.20144	9.90785	10.09215	2
59	9.79871 ·6	260	9.89060 ·5	170	10.10940	10.20128	9.90811	10.09189	1
60	9.79887 ·2		9.89050 ·3		10.10950	10.20113	9.90837	10.09163	0
M	Co-sine.		Sine.		Co-secant.	Secant.	Co-tang.	Tangent	M

51 Degrees.

Table XIX. Logarithmic Sines, Tangents, and Secants.

39 Degrees.

M	Sine.	D.100	Co-sine.	D.	Secant.	Co-secant.	Tangent.	Co-tang.	M
0	9.79887·2	260	9.89050·3	170	10.10950	10.20113	9.90837	10.09163	60
1	9.79902·8	260	9.89040·0	171	10.10960	10.20097	9.90863	10.09137	59
2	9.79918·4	260	9.89029·8	171	10.10970	10.20082	9.90889	10.09111	58
3	9.79933·9	259	9.89019·5	171	10.10980	10.20066	9.90914	10.09086	57
4	9.79949·5	259	9.89009·3	171	10.10991	10.20050	9.90940	10.09060	56
5	9.79965·1	259	9.88999·0	171	10.11001	10.20035	9.90966	10.09034	55
6	9.79980·6	259	9.88988·8	171	10.11011	10.20019	9.90992	10.09008	54
7	9.79996·2	259	9.88978·5	171	10.11022	10.20004	9.91018	10.08982	53
8	9.80011·7	259	9.88968·2	171	10.11032	10.19988	9.91043	10.08957	52
9	9.80027·2	258	9.88957·9	171	10.11042	10.19973	9.91069	10.08931	51
10	9.80042·7	238	9.88947·7	171	10.11052	10.19957	9.91095	10.08905	50
11	9.80058·2	258	9.88937·4	172	10.11063	10.19942	9.91121	10.08879	49
12	9.80073·7	258	9.88927·1	172	10.11073	10.19926	9.91147	10.08853	48
13	9.80089·2	258	9.88916·8	172	10.11083	10.19911	9.91172	10.08828	47
14	9.80104·7	258	9.88906·4	172	10.11094	10.19895	9.91198	10.08802	46
15	9.80120·1	258	9.88896·1	172	10.11104	10.19880	9.91224	10.08776	45
16	9.80135·6	257	9.88885·8	172	10.11114	10.19864	9.91250	10.08750	44
17	9.80151·1	257	9.88875·5	172	10.11125	10.19849	9.91276	10.08724	43
18	9.80166·5	257	9.88865·1	172	10.11135	10.19834	9.91301	10.08699	42
19	9.80181·9	257	9.88854·8	172	10.11145	10.19818	9.91327	10.08673	41
20	9.80197·3	257	9.88844·4	173	10.11156	10.19803	9.91353	10.08647	40
21	9.80212·8	257	9.88834·1	173	10.11166	10.19787	9.91379	10.08621	39
22	9.80228·2	256	9.88823·7	173	10.11176	10.19772	9.91404	10.08596	38
23	9.80243·6	256	9.88813·4	173	10.11187	10.19756	9.91430	10.08570	37
24	9.80258·9	256	9.88803·0	173	10.11197	10.19741	9.91456	10.08544	36
25	9.80274·3	256	9.88792·6	173	10.11207	10.19726	9.91482	10.08518	35
26	9.80289·7	256	9.88782·2	173	10.11218	10.19710	9.91507	10.08493	34
27	9.80305·0	256	9.88771·8	173	10.11228	10.19695	9.91533	10.08467	33
28	9.80320·4	256	9.88761·4	173	10.11239	10.19680	9.91559	10.08441	32
29	9.80335·7	255	9.88751·0	173	10.11249	10.19664	9.91585	10.08415	31
30	9.80351·1	255	9.88740·6	174	10.11259	10.19649	9.91610	10.08390	30
31	9.80366·4	255	9.88730·2	174	10.11270	10.19634	9.91636	10.08364	29
32	9.80381·7	255	9.88719·8	174	10.11280	10.19618	9.91662	10.08338	28
33	9.80397·0	255	9.88709·3	174	10.11291	10.19603	9.91688	10.08312	27
34	9.80412·3	255	9.88698·9	174	10.11301	10.19588	9.91713	10.08287	26
35	9.80427·6	254	9.88688·5	174	10.11312	10.19572	9.91739	10.08261	25
36	9.80442·8	254	9.88678·0	174	10.11322	10.19557	9.91765	10.08235	24
37	9.80458·1	254	9.88667·6	174	10.11332	10.19542	9.91791	10.08209	23
38	9.80473·4	254	9.88657·1	174	10.11343	10.19527	9.91816	10.08184	22
39	9.80488·6	254	9.88646·6	174	10.11353	10.19511	9.91842	10.08158	21
40	9.80503·9	254	9.88636·2	175	10.11364	10.19496	9.91868	10.08132	20
41	9.80519·1	254	9.88625·7	175	10.11374	10.19481	9.91893	10.08107	19
42	9.80534·3	253	9.88615·2	175	10.11385	10.19466	9.91919	10.08081	18
43	9.80549·5	253	9.88604·7	175	10.11395	10.19450	9.91945	10.08055	17
44	9.80564·7	253	9.88594·2	175	10.11406	10.19435	9.91971	10.08029	16
45	9.80579·9	253	9.88583·7	175	10.11416	10.19420	9.91996	10.08004	15
46	9.80595·1	253	9.88573·2	175	10.11427	10.19405	9.92022	10.07978	14
47	9.80610·3	253	9.88562·7	175	10.11437	10.19390	9.92048	10.07952	13
48	9.80625·4	253	9.88552·2	175	10.11448	10.19375	9.92073	10.07927	12
49	9.80640·6	252	9.88541·6	175	10.11458	10.19359	9.92099	10.07901	11
50	9.80655·7	252	9.88531·1	176	10.11469	10.19344	9.92125	10.07875	10
51	9.80670·9	252	9.88520·5	176	10.11479	10.19329	9.92150	10.07850	9
52	9.80686·0	252	9.88510·0	176	10.11490	10.19314	9.92176	10.07824	8
53	9.80701·1	252	9.88499·4	176	10.11501	10.19299	9.92202	10.07798	7
54	9.80716·3	252	9.88488·9	176	10.11511	10.19284	9.92227	10.07773	6
55	9.80731·4	252	9.88478·3	176	10.11522	10.19269	9.92253	10.07747	5
56	9.80746·5	251	9.88467·7	176	10.11532	10.19254	9.92279	10.07721	4
57	9.80761·5	251	9.88457·2	176	10.11543	10.19238	9.92304	10.07696	3
58	9.80776·6	251	9.88446·6	176	10.11553	10.19223	9.92330	10.07670	2
59	9.80791·7	251	9.88436·0	176	10.11564	10.19208	9.92356	10.07644	1
60	9.80806·7		9.88425·4		10.11575	10.19193	9.92381	10.07619	0
M	Co-sine.		Sine.		Co-secant.	Secant.	Co-tang.	Tangent.	M

50 Degrees.

Table XIX. Logarithmic Sines, Tangents, and Secants.

40 Degrees.

M	Sine.	D.100′	Co-sine.	D.	Secant.	Co-secant.	Tangent.	Co-tang.	M
0	9.80806.7	251	9.88425.4	177	10.11575	10.19193	9.92381	10.07619	60
1	9.80821.8	251	9.88414.8	177	10.11585	10.19178	9.92407	10.07593	59
2	9.80836.8	251	9.88404.2	177	10.11596	10.19163	9.92433	10.07567	58
3	9.80851.9	250	9.88393.6	177	10.11606	10.19148	9.92458	10.07542	57
4	9.80866.9	250	9.88382.9	177	10.11617	10.19133	9.92484	10.07516	56
5	9.80881.9	250	9.88372.3	177	10.11628	10.19118	9.92510	10.07490	55
6	9.80896.9	250	9.88361.7	177	10.11638	10.19103	9.92535	10.07465	54
7	9.80911.9	250	9.88351.0	177	10.11649	10.19088	9.92561	10.07439	53
8	9.80926.9	250	9.88340.4	177	10.11660	10.19073	9.92587	10.07413	52
9	9.80941.9	249	9.88329.7	178	10.11670	10.19058	9.92612	10.07388	51
10	9.80956.9	249	9.88319.1	178	10.11681	10.19043	9.92638	10.07362	50
11	9.80971.8	249	9.88308.4	178	10.11692	10.19028	9.92663	10.07337	49
12	9.80986.8	249	9.88297.7	178	10.11702	10.19013	9.92689	10.07311	48
13	9.81001.7	249	9.88287.1	178	10.11713	10.18998	9.92715	10.07285	47
14	9.81016.7	249	9.88276.4	178	10.11724	10.18983	9.92740	10.07260	46
15	9.81031.6	248	9.88265.7	178	10.11734	10.18968	9.92766	10.07234	45
16	9.81046.5	248	9.88255.0	178	10.11745	10.18953	9.92792	10.07208	44
17	9.81061.4	248	9.88244.3	178	10.11756	10.18939	9.92817	10.07183	43
18	9.81076.3	248	9.88233.6	179	10.11766	10.18924	9.92843	10.07157	42
19	9.81091.2	248	9.88222.9	179	10.11777	10.18909	9.92868	10.07132	41
20	9.81106.1	248	9.88212.1	179	10.11788	10.18894	9.92894	10.07106	40
21	9.81121.0	248	9.88201.4	179	10.11799	10.18879	9.92920	10.07080	39
22	9.81135.8	247	9.88190.7	179	10.11809	10.18864	9.92945	10.07055	38
23	9.81150.7	247	9.88179.9	179	10.11820	10.18849	9.92971	10.07029	37
24	9.81165.5	247	9.88169.2	179	10.11831	10.18834	9.92996	10.07004	36
25	9.81180.4	247	9.88158.4	179	10.11842	10.18820	9.93022	10.06978	35
26	9.81195.2	247	9.88147.7	179	10.11852	10.18805	9.93048	10.06952	34
27	9.81210.0	247	9.88136.9	179	10.11863	10.18790	9.93073	10.06927	33
28	9.81224.8	246	9.88126.1	180	10.11874	10.18775	9.93099	10.06901	32
29	9.81239.6	246	9.88115.3	180	10.11885	10.18760	9.93124	10.06876	31
30	9.81254.4	246	9.88104.6	180	10.11895	10.18746	9.93150	10.06850	30
31	9.81269.2	246	9.88093.8	180	10.11906	10.18731	9.93175	10.06825	29
32	9.81284.0	246	9.88083.0	180	10.11917	10.18716	9.93201	10.06799	28
33	9.81298.8	246	9.88072.2	180	10.11928	10.18701	9.93227	10.06773	27
34	9.81313.5	246	9.88061.3	180	10.11939	10.18686	9.93252	10.06748	26
35	9.81328.3	245	9.88050.5	180	10.11949	10.18672	9.93278	10.06722	25
36	9.81343.0	245	9.88039.7	181	10.11960	10.18657	9.93303	10.06697	24
37	9.81357.8	245	9.88028.9	181	10.11971	10.18642	9.93329	10.06671	23
38	9.81372.5	245	9.88018.0	181	10.11982	10.18628	9.93354	10.06646	22
39	9.81387.2	245	9.88007.2	181	10.11993	10.18613	9.93380	10.06620	21
40	9.81401.9	245	9.87996.3	181	10.12004	10.18598	9.93406	10.06594	20
41	9.81416.6	245	9.87985.5	181	10.12015	10.18583	9.93431	10.06569	19
42	9.81431.3	244	9.87974.6	181	10.12025	10.18569	9.93457	10.06543	18
43	9.81446.0	244	9.87963.7	181	10.12036	10.18554	9.93482	10.06518	17
44	9.81460.7	244	9.87952.9	181	10.12047	10.18539	9.93508	10.06492	16
45	9.81475.3	244	9.87942.0	181	10.12058	10.18525	9.93533	10.06467	15
46	9.81490.0	244	9.87931.1	182	10.12069	10.18510	9.93559	10.06441	14
47	9.81504.6	244	9.87920.2	182	10.12080	10.18495	9.93584	10.06416	13
48	9.81519.3	244	9.87909.3	182	10.12091	10.18481	9.93610	10.06390	12
49	9.81533.9	243	9.87898.4	182	10.12102	10.18466	9.93636	10.06364	11
50	9.81548.5	243	9.87887.5	182	10.12113	10.18451	9.93661	10.06339	10
51	9.81563.2	243	9.87876.6	182	10.12123	10.18437	9.93687	10.06313	9
52	9.81577.8	243	9.87865.6	182	10.12134	10.18422	9.93712	10.06288	8
53	9.81592.4	243	9.87854.7	182	10.12145	10.18408	9.93738	10.06262	7
54	9.81606.9	243	9.87843.8	182	10.12156	10.18393	9.93763	10.06237	6
55	9.81621.5	243	9.87832.8	183	10.12167	10.18378	9.93789	10.06211	5
56	9.81636.1	242	9.87821.9	183	10.12178	10.18364	9.93814	10.06186	4
57	9.81650.7	242	9.87810.9	183	10.12189	10.18349	9.93840	10.06160	3
58	9.81665.2	242	9.87799.9	183	10.12200	10.18335	9.93865	10.06135	2
59	9.81679.8		9.87789.0		10.12211	10.18320	9.93891	10.06109	1
60	9.81694.3		9.87778.0		10.12222	10.18306	9.93916	10.06084	0
M	Co-sine.		Sine.		Co-secant.	Secant.	Co-tang.	Tangent.	M

49 Degrees.

Table XIX. Logarithmic Sines, Tangents, and Secants.

41 Degrees.

M	Sine.	D.100″	Co-sine.	D.	Secant.	Co-secant.	Tangent.	Co-tang.	M
0	9.81694·3	242	9.87778·0	183	10.12222	10.18306	9.93916	10.06084	60
1	9.81708·8	242	9.87767·0	183	10.12233	10.18291	9.93942	10.06058	59
2	9.81723·3	242	9.87756·0	183	10.12244	10.18277	9.93967	10.06033	58
3	9.81737·9	242	9.87745·0	183	10.12255	10.18262	9.93993	10.06007	57
4	9.81752·4	241	9.87734·0	183	10.12266	10.18248	9.94018	10.05982	56
5	9.81766·8	241	9.87723·0	184	10.12277	10.18233	9.94044	10.05956	55
6	9.81781·3	241	9.87712·0	184	10.12288	10.18219	9.94069	10.05931	54
7	9.81795·8	241	9.87701·0	184	10.12299	10.18204	9.94095	10.05905	53
8	9.81810·3	241	9.87689·9	184	10.12310	10.18190	9.94120	10.05880	52
9	9.81824·7	241	9.87678·9	184	10.12321	10.18175	9.94146	10.05854	51
10	9.81839·2	241	9.87667·8	184	10.12332	10.18161	9.94171	10.05829	50
11	9.81853·6	240	9.87656·8	184	10.12343	10.18146	9.94197	10.05803	49
12	9.81868·1	240	9.87645·7	184	10.12354	10.18132	9.94222	10.05778	48
13	9.81882·5	240	9.87634·7	184	10.12365	10.18118	9.94248	10.05752	47
14	9.81896·9	240	9.87623·6	185	10.12376	10.18103	9.94273	10.05727	46
15	9.81911·3	240	9.87612·5	185	10.12387	10.18089	9.94299	10.05701	45
16	9.81925·7	240	9.87601·4	185	10.12399	10.18074	9.94324	10.05676	44
17	9.81940·1	240	9.87590·4	185	10.12410	10.18060	9.94350	10.05650	43
18	9.81954·5	239	9.87579·3	185	10.12421	10.18045	9.94375	10.05625	42
19	9.81968·9	239	9.87568·2	185	10.12432	10.18031	9.94401	10.05599	41
20	9.81983·2	239	9.87557·1	185	10.12443	10.18017	9.94426	10.05574	40
21	9.81997·6	239	9.87545·9	185	10.12454	10.18002	9.94452	10.05548	39
22	9.82012·0	239	9.87534·8	185	10.12465	10.17988	9.94477	10.05523	38
23	9.82026·3	239	9.87523·7	185	10.12476	10.17974	9.94503	10.05497	37
24	9.82040·6	239	9.87512·6	186	10.12487	10.17959	9.94528	10.05472	36
25	9.82055·0	238	9.87501·4	186	10.12499	10.17945	9.94554	10.05446	35
26	9.82069·3	238	9.87490·3	186	10.12510	10.17931	9.94579	10.05421	34
27	9.82083·6	238	9.87479·1	186	10.12521	10.17916	9.94604	10.05396	33
28	9.82097·9	238	9.87468·0	186	10.12532	10.17902	9.94630	10.05370	32
29	9.82112·2	238	9.87456·8	186	10.12543	10.17888	9.94655	10.05345	31
30	9.82126·5	238	9.87445·6	186	10.12554	10.17874	9.94681	10.05319	30
31	9.82140·7	238	9.87434·4	186	10.12566	10.17859	9.94706	10.05294	29
32	9.82155·0	238	9.87423·2	186	10.12577	10.17845	9.94732	10.05268	28
33	9.82169·3	237	9.87412·1	187	10.12588	10.17831	9.94757	10.05243	27
34	9.82183·5	237	9.87400·9	187	10.12599	10.17816	9.94783	10.05217	26
35	9.82197·7	237	9.87389·6	187	10.12610	10.17802	9.94808	10.05192	25
36	9.82212·0	237	9.87378·4	187	10.12622	10.17788	9.94834	10.05166	24
37	9.82226·2	237	9.87367·2	187	10.12633	10.17774	9.94859	10.05141	23
38	9.82240·4	237	9.87356·0	187	10.12644	10.17760	9.94884	10.05116	22
39	9.82254·6	237	9.87344·8	187	10.12655	10.17745	9.94910	10.05090	21
40	9.82268·8	236	9.87333·5	187	10.12666	10.17731	9.94935	10.05065	20
41	9.82283·0	236	9.87322·3	187	10.12678	10.17717	9.94961	10.05039	19
42	9.82297·2	236	9.87311·0	188	10.12689	10.17703	9.94986	10.05014	18
43	9.82311·4	236	9.87299·8	188	10.12700	10.17689	9.95012	10.04988	17
44	9.82325·5	236	9.87288·5	188	10.12712	10.17674	9.95037	10.04963	16
45	9.82339·7	236	9.87277·2	188	10.12723	10.17660	9.95062	10.04938	15
46	9.82353·9	236	9.87265·9	188	10.12734	10.17646	9.95088	10.04912	14
47	9.82368·0	235	9.87254·7	188	10.12745	10.17632	9.95113	10.04887	13
48	9.82382·1	235	9.87243·4	188	10.12757	10.17618	9.95139	10.04861	12
49	9.82396·3	235	9.87232·1	188	10.12768	10.17604	9.95164	10.04836	11
50	9.82410·4	235	9.87220·8	188	10.12779	10.17590	9.95190	10.04810	10
51	9.82424·5	235	9.87209·5	189	10.12791	10.17576	9.95215	10.04785	9
52	9.82438·6	235	9.87198·1	189	10.12802	10.17561	9.95240	10.04760	8
53	9.82452·7	235	9.87136·8	189	10.12813	10.17547	9.95266	10.04734	7
54	9.82466·8	234	9.87175·5	189	10.12825	10.17533	9.95291	10.04709	6
55	9.82480·8	234	9.87164·1	189	10.12836	10.17519	9.95317	10.04683	5
56	9.82494·9	234	9.87152·8	189	10.12847	10.17505	9.95342	10.04658	4
57	9.82509·0	234	9.87141·4	189	10.12859	10.17491	9.95368	10.04632	3
58	9.82523·0	234	9.87130·1	189	10.12870	10.17477	9.95393	10.04607	2
59	9.82537·1	234	9.87118·7	189	10.12881	10.17463	9.95418	10.04582	1
60	9.82551·1		9.87107·3		10.12893	10.17449	9.95444	10.04556	0
M	Co-sine.		Sine.		Co-secant.	Secant.	Co-tang.	Tangent.	M

48 Degrees.

Table XIX. Logarithmic Sines, Tangents, and Secants.

42 Degrees.

M	Sine.	D. 100″	Co-fine.	D.	Secant.	Co-fecant.	Tangent.	Co-tang.	M
0	9.82551·1	234	9.87107·3	190	10.12893	10.17449	9.95444	10.04556	60
1	9.82565·1	233	9.87096·0	190	10.12904	10.17435	9.95469	10.04531	59
2	9.82579·1	233	9.87084·6	190	10.12915	10.17421	9.95495	10.04505	58
3	9.82593·1	233	9.87073·2	190	10.12927	10.17407	9.95520	10.04480	57
4	9.82607·1	233	9.87061·8	190	10.12938	10.17393	9.95545	10.04455	56
5	9.82621·1	233	9.87050·4	190	10.12950	10.17379	9.95571	10.04429	55
6	9.82635·1	233	9.87039·0	190	10.12961	10.17365	9.95596	10.04404	54
7	9.82649·1	233	9.87027·6	190	10.12972	10.17351	9.95622	10.04378	53
8	9.82663·1	233	9.87016·1	190	10.12984	10.17337	9.95647	10.04353	52
9	9.82677·0	232	9.87004·7	191	10.12995	10.17323	9.95672	10.04328	51
10	9.82691·0	232	9.86993·3	191	10.13007	10.17309	9.95698	10.04302	50
11	9.82704·9	232	9.86981·8	191	10.13018	10.17295	9.95723	10.04277	49
12	9.82718·9	232	9.86970·4	191	10.13030	10.17281	9.95748	10.04252	48
13	9.82732·8	232	9.86958·9	191	10.13041	10.17267	9.95774	10.04226	47
14	9.82746·7	232	9.86947·4	191	10.13053	10.17253	9.95799	10.04201	46
15	9.82760·6	232	9.86936·0	191	10.13064	10.17239	9.95825	10.04175	45
16	9.82774·5	232	9.86924·5	191	10.13076	10.17225	9.95850	10.04150	44
17	9.82788·4	231	9.86913·0	191	10.13087	10.17212	9.95875	10.04125	43
18	9.82802·3	231	9.86901·5	192	10.13098	10.17198	9.95901	10.04099	42
19	9.82816·2	231	9.86890·0	192	10.13110	10.17184	9.95926	10.04074	41
20	9.82830·1	231	9.86878·5	192	10.13121	10.17170	9.95952	10.04048	40
21	9.82843·9	231	9.86867·0	192	10.13133	10.17156	9.95977	10.04023	39
22	9.82857·8	231	9.86855·5	192	10.13145	10.17142	9.96002	10.03998	38
23	9.82871·6	231	9.86844·0	192	10.13156	10.17128	9.96028	10.03972	37
24	9.82885·5	230	9.86832·4	192	10.13168	10.17115	9.96053	10.03947	36
25	9.82899·3	230	9.86820·9	192	10.13179	10.17101	9.96078	10.03922	35
26	9.82913·1	230	9.86809·3	192	10.13191	10.17087	9.96104	10.03896	34
27	9.82926·9	230	9.86797·8	193	10.13202	10.17073	9.96129	10.03871	33
28	9.82940·7	230	9.86786·2	193	10.13214	10.17059	9.96155	10.03845	32
29	9.82954·5	230	9.86774·7	193	10.13225	10.17045	9.96180	10.03820	31
30	9.82968·3	230	9.86763·1	193	10.13237	10.17032	9.96205	10.03795	30
31	9.82982·1	229	9.86751·5	193	10.13248	10.17018	9.96231	10.03769	29
32	9.82995·9	229	9.86739·9	193	10.13260	10.17004	9.96256	10.03744	28
33	9.83009·7	229	9.86728·3	193	10.13272	10.16990	9.96281	10.03719	27
34	9.83023·4	229	9.86716·7	193	10.13283	10.16977	9.96307	10.03693	26
35	9.83037·2	229	9.86705·1	193	10.13295	10.16963	9.96332	10.03668	25
36	9.83050·9	229	9.86693·5	194	10.13306	10.16949	9.96357	10.03643	24
37	9.83064·6	229	9.86681·9	194	10.13318	10.16935	9.96383	10.03617	23
38	9.83078·4	229	9.86670·3	194	10.13330	10.16922	9.96408	10.03592	22
39	9.83092·1	228	9.86658·6	194	10.13341	10.16908	9.96433	10.03567	21
40	9.83105·8	228	9.86647·0	194	10.13353	10.16894	9.96459	10.03541	20
41	9.83119·5	228	9.86635·3	194	10.13365	10.16880	9.96484	10.03516	19
42	9.83133·2	228	9.86623·7	194	10.13376	10.16867	9.96510	10.03490	18
43	9.83146·9	228	9.86612·0	194	10.13388	10.16853	9.96535	10.03465	17
44	9.83160·6	228	9.86600·4	195	10.13400	10.16839	9.96560	10.03440	16
45	9.83174·2	228	9.86588·7	195	10.13411	10.16826	9.96586	10.03414	15
46	9.83187·9	227	9.86577·0	195	10.13423	10.16812	9.96611	10.03389	14
47	9.83201·5	227	9.86565·3	195	10.13435	10.16798	9.96636	10.03364	13
48	9.83215·2	227	9.86553·6	195	10.13446	10.16785	9.96662	10.03338	12
49	9.83228·8	227	9.86541·9	195	10.13458	10.16771	9.96687	10.03313	11
50	9.83242·5	227	9.86530·2	195	10.13470	10.16758	9.96712	10.03288	10
51	9.83256·1	227	9.86518·5	195	10.13482	10.16744	9.96738	10.03262	9
52	9.83269·7	227	9.86506·8	195	10.13493	10.16730	9.96763	10.03237	8
53	9.83283·3	226	9.86495·0	196	10.13505	10.16717	9.96788	10.03212	7
54	9.83296·9	226	9.86483·3	196	10.13517	10.16703	9.96814	10.03186	6
55	9.83310·5	226	9.86471·6	196	10.13528	10.16690	9.96839	10.03161	5
56	9.83324·1	226	9.86459·8	196	10.13540	10.16676	9.96864	10.03136	4
57	9.83337·7	226	9.86448·1	196	10.13552	10.16662	9.96890	10.03110	3
58	9.83351·2	226	9.86436·3	196	10.13564	10.16649	9.96915	10.03085	2
59	9.83364·8	226	9.86424·5	196	10.13575	10.16635	9.96940	10.03060	1
60	9.83378·3		9.86412·7		10.13587	10.16622	9.96966	10.03034	0
M	Co fine.		Sine		Co fecant.	Secant.	Co-tang.	Tangent.	M

47 Degrees.

Table XIX. Logarithmic Sines, Tangents, and Secants.

43 Degrees.

M	Sine.	D.100"	Co-sine.	D.	Secant.	Co-secant.	Tangent.	Co-tang.	M
0	9.83378·3	226	9.86412·7	196	10.13587	10.16622	9.96966	10.03034	60
1	9.83391·9	225	9.86401·0	196	10.13599	10.16608	9.96991	10.03009	59
2	9.83405·4	225	9.86389·2	197	10.13611	10.16595	9.97016	10.02984	58
3	9.83418·9	225	9.86377·4	197	10.13623	10.16581	9.97042	10.02958	57
4	9.83432·5	225	9.86365·6	197	10.13634	10.16568	9.97067	10.02933	56
5	9.83446·0	225	9.86353·8	197	10.13646	10.16554	9.97092	10.02908	55
6	9.83459·5	225	9.86341·9	197	10.13658	10.16541	9.97118	10.02882	54
7	9.83473·0	225	9.86330·1	197	10.13670	10.16527	9.97143	10.02857	53
8	9.83486·5	225	9.86318·3	197	10.13682	10.16514	9.97168	10.02832	52
9	9.83499·9	224	9.86306·4	197	10.13694	10.16500	9.97193	10.02807	51
10	9.83513·4	224	9.86294·6	198	10.13705	10.16487	9.97219	10.02781	50
11	9.83526·9	224	9.86282·7	198	10.13717	10.16473	9.97244	10.02756	49
12	9.83540·3	224	9.86270·9	198	10.13729	10.16460	9.97269	10.02731	48
13	9.83553·8	224	9.86259·0	198	10.13741	10.16446	9.97295	10.02705	47
14	9.83567·2	224	9.86247·1	198	10.13753	10.16433	9.97320	10.02680	46
15	9.83580·7	224	9.86235·3	198	10.13765	10.16419	9.97345	10.02655	45
16	9.83594·1	224	9.86223·4	198	10.13777	10.16406	9.97371	10.02629	44
17	9.83607·5	223	9.86211·5	198	10.13789	10.16392	9.97396	10.02604	43
18	9.83620·9	223	9.86199·6	198	10.13800	10.16379	9.97421	10.02579	42
19	9.83634·3	223	9.86187·7	198	10.13812	10.16366	9.97447	10.02553	41
20	9.83647·7	223	9.86175·8	199	10.13824	10.16352	9.97472	10.02528	40
21	9.83661·1	223	9.86163·8	199	10.13836	10.16339	9.97497	10.02503	39
22	9.83674·5	223	9.86151·9	199	10.13848	10.16326	9.97523	10.02477	38
23	9.83687·8	223	9.86140·0	199	10.13860	10.16312	9.97548	10.02452	37
24	9.83701·2	222	9.86128·0	199	10.13872	10.16299	9.97573	10.02427	36
25	9.83714·6	222	9.86116·1	199	10.13884	10.16285	9.97598	10.02402	35
26	9.83727·9	222	9.86104·1	199	10.13896	10.16272	9.97624	10.02376	34
27	9.83741·2	222	9.86092·2	199	10.13908	10.16259	9.97649	10.02351	33
28	9.83754·6	222	9.86080·2	199	10.13920	10.16245	9.97674	10.02326	32
29	9.83767·9	222	9.86068·2	200	10.13932	10.16232	9.97700	10.02300	31
30	9.83781·2	222	9.86056·2	200	10.13944	10.16219	9.97725	10.02275	30
31	9.83794·5	222	9.86044·2	200	10.13956	10.16205	9.97750	10.02250	29
32	9.83807·8	221	9.86032·2	200	10.13968	10.16192	9.97776	10.02224	28
33	9.83821·1	221	9.86020·2	200	10.13980	10.16179	9.97801	10.02199	27
34	9.83834·4	221	9.86008·2	200	10.13992	10.16166	9.97826	10.02174	26
35	9.83847·7	221	9.85996·2	200	10.14004	10.16152	9.97851	10.02149	25
36	9.83861·0	221	9.85984·2	200	10.14016	10.16139	9.97877	10.02123	24
37	9.83874·2	221	9.85972·1	201	10.14028	10.16126	9.97902	10.02098	23
38	9.83887·5	221	9.85960·1	201	10.14040	10.16113	9.97927	10.02073	22
39	9.83900·7	221	9.85948·0	201	10.14052	10.16099	9.97953	10.02047	21
40	9.83914·0	220	9.85936·0	201	10.14064	10.16086	9.97978	10.02022	20
41	9.83927·2	220	9.85923·9	201	10.14076	10.16073	9.98003	10.01997	19
42	9.83940·4	220	9.85911·9	201	10.14088	10.16060	9.98029	10.01971	18
43	9.83953·6	220	9.85899·8	201	10.14100	10.16046	9.98054	10.01946	17
44	9.83966·8	220	9.85887·7	201	10.14112	10.16033	9.98079	10.01921	16
45	9.83980·0	220	9.85875·6	202	10.14124	10.16020	9.98104	10.01896	15
46	9.83993·2	220	9.85863·5	202	10.14136	10.16007	9.98130	10.01870	14
47	9.84006·4	219	9.85851·4	202	10.14149	10.15994	9.98155	10.01845	13
48	9.84019·6	219	9.85839·3	202	10.14161	10.15980	9.98180	10.01820	12
49	9.84032·8	219	9.85827·2	202	10.14173	10.15967	9.98206	10.01794	11
50	9.84045·9	219	9.85815·1	202	10.14185	10.15954	9.98231	10.01769	10
51	9.84059·1	219	9.85802·9	202	10.14197	10.15941	9.98256	10.01744	9
52	9.84072·2	219	9.85790·8	202	10.14209	10.15928	9.98281	10.01719	8
53	9.84085·4	219	9.85778·6	202	10.14221	10.15915	9.98307	10.01693	7
54	9.84098·5	219	9.85766·5	203	10.14234	10.15902	9.98332	10.01668	6
55	9.84111·6	218	9.85754·3	203	10.14246	10.15888	9.98357	10.01643	5
56	9.84124·7	218	9.85742·2	203	10.14258	10.15875	9.98383	10.01617	4
57	9.84137·8	218	9.85730·0	203	10.14270	10.15862	9.98408	10.01592	3
58	9.84150·9	218	9.85717·8	203	10.14282	10.15849	9.98433	10.01567	2
59	9.84164·0	218	9.85705·6	203	10.14294	10.15836	9.98458	10.01542	1
60	9.84177·1		9.85693·4		10.14307	10.15823	9.98484	10.01516	0
M	Co-sine.		Sine.		Co-secant.	Secant.	Co-tang.	Tangent.	M

46 Degrees.

Table XIX. Logarithmic Sines, Tangents, and Secants.

44 Degrees.

M	Sine.	D. 100″	Co-sine.	D.	Secant.	Co-secant.	Tangent.	Co-tang.	M
0	9.84177·1	218	9.85693·4	203	10.14307	10.15823	9.98484	10.01516	60
1	9.84190·2	218	9.85681·2	203	10.14319	10.15810	9.98509	10.01491	59
2	9.84203·3	218	9.85669·0	204	10.14331	10.15797	9.98534	10.01466	58
3	9.84216·3	217	9.85656·8	204	10.14343	10.15784	9.98560	10.01440	57
4	9.84229·4	217	9.85644·6	204	10.14355	10.15771	9.98585	10.01415	56
5	9.84242·4	217	9.85632·3	204	10.14368	10.15758	9.98610	10.01390	55
6	9.84255·5	217	9.85620·1	204	10.14380	10.15745	9.98635	10.01365	54
7	9.84268·5	217	9.85607·8	204	10.14392	10.15731	9.98661	10.01339	53
8	9.84281·5	217	9.85595·6	204	10.14404	10.15718	9.98686	10.01314	52
9	9.84294·6	217	9.85583·3	204	10.14417	10.15705	9.98711	10.01289	51
10	9.84307·6	217	9.85571·1	205	10.14429	10.15692	9.98737	10.01263	50
11	9.84320·6	216	9.85558·8	205	10.14441	10.15679	9.98762	10.01238	49
12	9.84333·6	216	9.85546·5	205	10.14453	10.15666	9.98787	10.01213	48
13	9.84346·6	216	9.85534·2	205	10.14466	10.15653	9.98812	10.01188	47
14	9.84359·5	216	9.85521·9	205	10.14478	10.15640	9.98838	10.01162	46
15	9.84372·5	216	9.85509·6	205	10.14490	10.15627	9.98863	10.01137	45
16	9.84385·5	216	9.85497·3	205	10.14503	10.15615	9.98888	10.01112	44
17	9.84398·4	216	9.85485·0	205	10.14515	10.15602	9.98913	10.01087	43
18	9.84411·4	216	9.85472·7	206	10.14527	10.15589	9.98939	10.01061	42
19	9.84424·3	215	9.85460·3	206	10.14540	10.15576	9.98964	10.01036	41
20	9.84437·2	215	9.85448·0	206	10.14552	10.15563	9.98989	10.01011	40
21	9.84450·2	215	9.85435·6	206	10.14564	10.15550	9.99015	10.00985	39
22	9.84463·1	215	9.85423·3	206	10.14577	10.15537	9.99040	10.00960	38
23	9.84476·0	215	9.85410·9	206	10.14589	10.15524	9.99065	10.00935	37
24	9.84488·9	215	9.85398·6	206	10.14601	10.15511	9.99090	10.00910	36
25	9.84501·8	215	9.85386·2	206	10.14614	10.15498	9.99116	10.00884	35
26	9.84514·7	215	9.85373·8	206	10.14626	10.15485	9.99141	10.00859	34
27	9.84527·6	214	9.85361·4	207	10.14639	10.15472	9.99166	10.00834	33
28	9.84540·5	214	9.85349·0	207	10.14651	10.15460	9.99191	10.00809	32
29	9.84553·3	214	9.85336·6	207	10.14663	10.15447	9.99217	10.00783	31
30	9.84566·2	214	9.85324·2	207	10.14676	10.15434	9.99242	10.00758	30
31	9.84579·0	214	9.85311·8	207	10.14688	10.15421	9.99267	10.00733	29
32	9.84591·9	214	9.85299·4	207	10.14701	10.15408	9.99293	10.00707	28
33	9.84604·7	214	9.85286·9	207	10.14713	10.15395	9.99318	10.00682	27
34	9.84617·5	214	9.85274·5	207	10.14726	10.15382	9.99343	10.00657	26
35	9.84630·4	214	9.85262·0	207	10.14738	10.15370	9.99368	10.00632	25
36	9.84643·2	213	9.85249·6	208	10.14750	10.15357	9.99394	10.00606	24
37	9.84656·0	213	9.85237·1	208	10.14763	10.15344	9.99419	10.00581	23
38	9.84668·8	213	9.85224·7	208	10.14775	10.15331	9.99444	10.00556	22
39	9.84681·6	213	9.85212·2	208	10.14788	10.15318	9.99469	10.00531	21
40	9.84694·4	213	9.85199·7	208	10.14800	10.15306	9.99495	10.00505	20
41	9.84707·1	213	9.85187·2	208	10.14813	10.15293	9.99520	10.00480	19
42	9.84719·9	213	9.85174·7	208	10.14825	10.15280	9.99545	10.00455	18
43	9.84732·7	213	9.85162·2	208	10.14838	10.15267	9.99570	10.00430	17
44	9.84745·4	212	9.85149·7	209	10.14850	10.15255	9.99596	10.00404	16
45	9.84758·2	212	9.85137·2	209	10.14863	10.15242	9.99621	10.00379	15
46	9.84770·9	212	9.85124·6	209	10.14875	10.15229	9.99646	10.00354	14
47	9.84783·6	212	9.85112·1	209	10.14888	10.15216	9.99672	10.00328	13
48	9.84796·4	212	9.85099·6	209	10.14900	10.15204	9.99697	10.00303	12
49	9.84809·1	212	9.85087·0	209	10.14913	10.15191	9.99722	10.00278	11
50	9.84821·8	212	9.85074·5	209	10.14926	10.15178	9.99747	10.00253	10
51	9.84834·5	212	9.85061·9	209	10.14938	10.15165	9.99773	10.00227	9
52	9.84847·2	211	9.85049·3	210	10.14951	10.15153	9.99798	10.00202	8
53	9.84859·9	211	9.85036·8	210	10.14963	10.15140	9.99823	10.00177	7
54	9.84872·6	211	9.85024·2	210	10.14976	10.15127	9.99848	10.00152	6
55	9.84885·2	211	9.85011·6	210	10.14988	10.15115	9.99874	10.00126	5
56	9.84897·9	211	9.84999·0	210	10.15001	10.15102	9.99899	10.00101	4
57	9.84910·6	211	9.84986·4	210	10.15014	10.15089	9.99924	10.00076	3
58	9.84923·2	211	9.84973·8	210	10.15026	10.15077	9.99949	10.00051	2
59	9.84935·9	211	9.84961·1	210	10.15039	10.15064	9.99975	10.00025	1
60	9.84948·5		9.84948·5		10.15051	10.15051	10.00000	10.00000	0
M	Co-sine		Sine.		Co-secant.	Secant.	Co-tang.	Tangent.	M

45 Degrees.

Table XX. For reducing the Time of the Moon's Paſſage over the Meridian of Greenwich to the Time of its Paſſage over any other Meridian.

Daily Variation of the Moon's paſſing the Meridian.

Ship's Long	40′	42′	44′	46′	48′	50′	52′	54′	56′	58′	60′	62′	64′	66′	Time fr. ☽'s Sou.
°	′	′	′	′	′	′	′	′	′	′	′	′	′	′	h ′
0	0	0	0	0	0	0	0	0	0	0	0	0	0	0	0 0
5	1	1	1	1	1	1	1	1	1	1	1	1	1	1	0 20
10	1	1	1	1	1	1	1	1	1	2	2	2	2	2	0 40
15	2	2	2	2	2	2	2	2	2	2	2	2	3	3	1 0
20	2	2	2	2	3	3	3	3	3	3	3	3	3	4	1 20
25	3	3	3	3	3	3	3	4	4	4	4	4	4	4	1 40
30	3	3	4	4	4	4	4	4	4	5	5	5	5	5	2 0
35	4	4	4	4	5	5	5	5	5	5	6	6	6	6	2 20
40	4	4	5	5	5	5	6	6	6	6	6	7	7	7	2 40
45	5	5	5	6	6	6	6	7	7	7	7	7	8	8	3 0
50	5	6	6	6	6	7	7	7	7	8	8	8	9	9	3 20
55	6	6	7	7	7	7	8	8	8	9	9	9	9	10	3 40
60	6	7	7	7	8	8	8	9	9	9	10	10	10	11	4 0
65	7	7	8	8	8	9	9	9	10	10	10	11	11	11	4 20
70	7	8	8	9	9	9	10	10	10	11	11	12	12	12	4 40
75	8	9	9	9	10	10	10	11	11	12	12	12	13	13	5 0
80	9	9	9	10	10	11	11	12	12	12	13	13	14	14	5 20
85	9	10	10	11	11	11	12	12	13	13	14	14	14	15	5 40
90	10	10	11	11	12	12	13	13	13	14	14	15	15	16	6 0
95	10	11	11	12	12	13	13	14	14	15	15	16	16	17	6 20
100	11	11	12	12	13	13	14	14	15	15	16	17	17	18	6 40
105	11	12	12	13	14	14	15	15	16	16	17	17	18	18	7 0
110	12	12	13	14	14	15	15	16	16	17	18	18	19	19	7 20
115	12	13	14	14	15	15	16	17	17	18	18	19	20	20	7 40
120	13	14	14	15	15	16	17	17	18	19	19	20	20	21	8 0
125	13	14	15	15	16	17	17	18	19	19	20	21	21	22	8 20
130	14	15	15	16	17	17	18	19	19	20	21	21	22	23	8 40
135	14	15	16	17	17	18	19	20	20	21	22	22	23	24	9 0
140	15	16	17	17	18	19	20	20	21	22	22	23	24	25	9 20
145	15	16	17	18	19	19	20	21	22	22	23	24	25	25	9 40
150	16	17	18	19	19	20	21	22	22	23	24	25	26	26	10 0
155	16	18	18	19	20	21	22	22	23	24	25	26	26	27	10 20
160	17	18	19	20	21	21	22	23	24	25	26	26	27	28	10 40
165	17	19	20	20	21	22	23	24	25	26	26	27	28	29	11 0
170	18	19	20	21	22	23	24	25	25	26	27	28	29	30	11 20
175	18	20	21	22	23	23	24	25	26	27	28	29	30	31	11 40
180	19	20	21	22	23	24	25	26	27	28	29	30	31	32	12 0

TABLE XXI. For reducing the Moon's Declination, as given in the Nautical Almanac for Noon and Midnight at Greenwich, to any other Time under that Meridian; or to Noon or Midnight under any other Meridian.

Variation of the Moon's Declination in Twelve Hours.

Ship's Long.	0° 5'	0° 10'	0° 15'	0° 20'	0° 25'	0° 30'	0° 35'	0° 40'	0° 45'	0° 50'	0° 55'	1° 0'	1° 5'	Time from Noon.
°	'	'	'	'	'	'	'	'	'	'	'	'	° '	h '
0	0	0	0	0	0	0	0	0	0	0	0	0	0 0	0 0
3	0	0	0	0	0	0½	1	1	1	1	1	1	0 1	0 12
6	0	0	0½	1	1	1	1	1	1½	2	2	2	0 2	0 24
9	0	0½	1	1	1	1½	2	2	2	2½	3	3	0 3	0 36
12	0	1	1	1	2	2	2	3	3	3	4	4	0 4	0 48
15	0	1	1	2	2	2½	3	3	4	4	5	5	0 5	1 0
18	0½	1	1½	2	2½	3	3½	4	4½	5	5½	6	0 6½	1 12
21	1	1	2	2	3	3½	4	5	5	6	6	7	0 8	1 24
24	1	1	2	3	3	4	5	5	6	7	7	8	0 9	1 36
27	1	1½	2	3	4	4½	5	6	7	7½	8	9	0 10	1 48
30	1	2	2½	3	4	5	6	7	7½	8	9	10	0 11	2 0
33	1	2	3	4	5	5½	6	7	8	9	10	11	0 12	2 12
36	1	2	3	4	5	6	7	8	9	10	11	12	0 13	2 24
39	1	2	3	4	5	6½	8	9	10	11	12	13	0 14	2 36
42	1	2	3½	5	6	7	8	9	10½	12	13	14	0 15	2 48
45	1	2½	4	5	6	7½	9	10	11	12½	14	15	0 16	3 0
48	1	3	4	5	7	8	9	11	12	13	15	16	0 17	3 12
51	1	3	4	6	7	8½	10	11	13	14	16	17	0 18	3 24
54	1½	3	4½	6	7½	9	10½	12	13½	15	16½	18	0 19½	3 36
57	2	3	5	6	8	9½	11	13	14	16	17	19	0 21	3 48
60	2	3	5	7	8	10	12	13	15	17	18	20	0 22	4 0
63	2	3½	5	7	9	10½	12	14	16	17½	19	21	0 23	4 12
66	2	4	5½	7	9	11	13	15	16½	18	20	22	0 24	4 24
69	2	4	6	8	10	11½	13	15	17	19	21	23	0 25	4 36
72	2	4	6	8	10	12	14	16	18	20	22	24	0 26	4 48
75	2	4	6	8	10	12½	15	17	19	21	23	25	0 27	5 0
78	2	4	6½	9	11	13	15	17	19½	22	24	26	0 28	5 12
81	2	4½	7	9	11	13½	16	18	20	22½	25	27	0 29	5 24
84	2	5	7	9	12	14	16	19	21	23	26	28	0 30	5 36
87	2	5	7	10	12	14½	17	19	22	24	27	29	0 31	5 48
90	2½	5	7½	10	12½	15	17½	20	22½	25	27½	30	0 32½	6 0
93	3	5	8	10	13	15½	18	21	23	26	28	31	0 34	6 12
96	3	5	8	11	13	16	19	21	24	27	29	32	0 35	6 24
99	3	5½	8	11	14	16½	19	22	25	27½	30	33	0 36	6 36
102	3	6	8½	11	14	17	20	23	25½	28	31	34	0 37	6 48
105	3	6	9	12	15	17½	20	23	26	29	32	35	0 38	7 0
108	3	6	9	12	15	18	21	24	27	30	33	36	0 39	7 12
111	3	6	9	12	15	18½	22	25	28	31	34	37	0 40	7 24
114	3	6	9½	13	16	19	22	25	28½	32	35	38	0 41	7 36
117	3	6½	10	13	16	19½	23	26	29	32½	36	39	0 42	7 48
120	3	7	10	13	17	20	23	27	30	33	37	40	0 43	8 0
123	3	7	10	14	17	20½	24	27	31	34	38	41	0 44	8 12
126	3½	7	10½	14	17½	21	24½	28	31½	35	38½	42	0 45½	8 24
129	4	7	11	14	18	21½	25	29	32	36	39	43	0 47	8 36
132	4	7	11	15	18	22	26	29	33	37	40	44	0 48	8 48
135	4	7½	11	15	19	22½	26	30	34	37½	41	45	0 49	9 0
138	4	8	11½	15	19	23	27	31	34½	38	42	46	0 50	9 12
141	4	8	12	16	20	23½	27	31	35	39	43	47	0 51	9 24
144	4	8	12	16	20	24	28	32	36	40	44	48	0 52	9 36
147	4	8	12	16	20	24½	29	33	37	41	45	49	0 53	9 48
150	4	8	12½	17	21	25	29	33	37½	42	46	50	0 54	10 0
153	4	8½	13	17	21	25½	30	34	38	42½	47	51	0 55	10 12
156	4	9	13	17	22	26	30	35	39	43	48	52	0 56	10 24
159	4	9	13	18	22	26½	31	35	40	44	49	53	0 57	10 36
162	4½	9	13½	18	22½	27	31½	36	40½	45	49½	54	0 58½	10 48
165	5	9	14	18	23	27½	32	37	41	46	50	55	1 0	11 0
168	5	9	14	19	23	28	33	37	42	47	51	56	1 1	11 12
171	5	9½	14	19	24	28½	33	38	43	47½	52	57	1 2	11 24
174	5	10	14½	19	24	29	34	39	43½	48	53	58	1 3	11 36
177	5	10	15	20	25	29½	34	39	44	49	54	59	1 4	11 48
180	5	10	15	20	25	30	35	40	45	50	55	60	1 5	12 0

Table XXI. For reducing the Moon's Declination, as given in the Nautical Almanac for Noon and Midnight at Greenwich, to any other Time under that Meridian; or to Noon or Midnight under any other Meridian.

Variation of the Moon's Declination in Twelve Hours.

Ship's Long.	1° 10′	1° 15′	1° 20′	1° 25′	1° 30′	1° 35′	1° 40′	1° 45′	1° 50′	1° 55′	Time from Noon.
°	° ′	° ′	° ′	° ′	° ′	° ′	° ′	° ′	° ′	° ′	h ′
0	0 0	0 0	0 0	0 0	0 0	0 0	0 0	0 0	0 0	0 0	0 0
3	0 1	0 1	0 1	0 1	0 1½	0 2	0 2	0 2	0 2	0 2	0 12
6	0 2	0 2½	0 3	0 3	0 3	0 3	0 3	0 3½	0 4	0 4	0 24
9	0 3½	0 4	0 4	0 4	0 4½	0 5	0 5	0 5	0 5½	0 6	0 36
12	0 5	0 5	0 5	0 6	0 6	0 6	0 7	0 7	0 7	0 8	0 48
15	0 6	0 6	0 7	0 7	0 7½	0 8	0 8	0 9	0 9	0 10	1 0
18	0 7	0 7½	0 8	0 8½	0 9	0 9½	0 10	0 10½	0 11	0 11½	1 12
21	0 8	0 9	0 9	0 10	0 10½	0 11	0 12	0 12	0 13	0 13	1 24
24	0 9	0 10	0 11	0 11	0 12	0 13	0 13	0 14	0 15	0 15	1 36
27	0 10½	0 11	0 12	0 13	0 13½	0 14	0 15	0 16	0 16½	0 17	1 48
30	0 12	0 12½	0 13	0 14	0 15	0 16	0 17	0 17½	0 18	0 19	2 0
33	0 13	0 14	0 15	0 16	0 16½	0 17	0 18	0 19	0 20	0 21	2 12
36	0 14	0 15	0 16	0 17	0 18	0 19	0 20	0 21	0 22	0 23	2 24
39	0 15	0 16	0 17	0 18	0 19½	0 21	0 22	0 23	0 24	0 25	2 36
42	0 16	0 17½	0 19	0 20	0 21	0 22	0 23	0 24½	0 26	0 27	2 48
45	0 17½	0 19	0 20	0 21	0 22½	0 24	0 25	0 26	0 27½	0 29	3 0
48	0 19	0 20	0 21	0 23	0 24	0 5	0 27	0 28	0 29	0 31	3 12
51	0 20	0 21	0 23	0 24	0 25½	0 27	0 28	0 30	0 31	0 33	3 24
54	0 21	0 22½	0 24	0 25½	0 27	0 28½	0 30	0 31½	0 33	0 34½	3 36
57	0 22	0 24	0 25	0 27	0 28½	0 30	0 32	0 33	0 35	0 36	3 48
60	0 23	0 25	0 27	0 28	0 30	0 32	0 33	0 35	0 37	0 38	4 0
63	0 24½	0 26	0 28	0 30	0 31½	0 33	0 35	0 37	0 38½	0 40	4 12
66	0 26	0 27½	0 29	0 31	0 33	0 35	0 37	0 38½	0 40	0 42	4 24
69	0 27	0 29	0 31	0 33	0 34½	0 36	0 38	0 40	0 42	0 44	4 36
72	0 28	0 30	0 32	0 34	0 36	0 38	0 40	0 42	0 44	0 46	4 48
75	0 29	0 31	0 33	0 35	0 37½	0 40	0 42	0 44	0 46	0 48	5 0
78	0 30	0 32½	0 35	0 37	0 39	0 41	0 43	0 45½	0 48	0 50	5 12
81	0 31½	0 34	0 36	0 38	0 40½	0 43	0 45	0 47	0 49½	0 52	5 24
84	0 33	0 35	0 37	0 40	0 42	0 44	0 47	0 49	0 51	0 54	5 36
87	0 34	0 36	0 39	0 41	0 43½	0 46	0 48	0 51	0 53	0 56	5 48
90	0 35	0 37½	0 40	0 42½	0 45	0 47½	0 50	0 52½	0 55	0 57½	6 0
93	0 36	0 39	0 41	0 44	0 46½	0 49	0 52	0 54	0 57	0 59	6 12
96	0 37	0 40	0 43	0 45	0 48	0 51	0 53	0 56	0 59	1 1	6 24
99	0 38½	0 41	0 44	0 47	0 49½	0 52	0 55	0 58	1 0½	1 3	6 36
102	0 40	0 42½	0 45	0 48	0 51	0 54	0 57	0 59½	1 2	1 5	6 48
105	0 41	0 44	0 47	0 50	0 52½	0 55	0 58	1 1	1 4	1 7	7 0
108	0 42	0 45	0 48	0 51	0 54	0 57	1 0	1 3	1 6	1 9	7 12
111	0 43	0 46	0 49	0 52	0 55½	0 59	1 2	1 5	1 8	1 11	7 24
114	0 44	0 47½	0 51	0 54	0 57	1 0	1 3	1 6½	1 10	1 13	7 36
117	0 45½	0 49	0 52	0 55	0 58½	1 2	1 5	1 8	1 11½	1 15	7 48
120	0 47	0 50	0 53	0 57	1 0	1 3	1 7	1 10	1 13	1 17	8 0
123	0 48	0 51	0 55	0 58	1 1½	1 5	1 8	1 12	1 15	1 19	8 12
126	0 49	0 52½	0 56	0 59½	1 3	1 6½	1 10	1 13½	1 17	1 20½	8 24
129	0 50	0 54	0 57	1 1	1 4½	1 8	1 12	1 15	1 19	1 22	8 36
132	0 51	0 55	0 59	1 2	1 6	1 10	1 13	1 17	1 21	1 24	8 48
135	0 52½	0 56	1 0	1 4	1 7½	1 11	1 15	1 19	1 22½	1 26	9 0
138	0 54	0 57½	1 1	1 5	1 9	1 13	1 17	1 20½	1 24	1 28	9 12
141	0 55	0 59	1 3	1 7	1 10½	1 14	1 18	1 22	1 26	1 30	9 24
144	0 56	1 0	1 4	1 8	1 12	1 16	1 20	1 24	1 28	1 32	9 36
147	0 57	1 1	1 5	1 9	1 13½	1 18	1 22	1 26	1 30	1 34	9 48
150	0 58	1 2½	1 7	1 11	1 15	1 19	1 23	1 27½	1 32	1 36	10 0
153	0 59½	1 4	1 8	1 12	1 16½	1 21	1 25	1 29	1 33½	1 38	10 12
156	1 1	1 5	1 9	1 14	1 18	1 22	1 27	1 31	1 35	1 40	10 24
159	1 2	1 6	1 11	1 15	1 19½	1 24	1 28	1 33	1 37	1 42	10 36
162	1 3	1 7½	1 12	1 16½	1 21	1 25½	1 30	1 34½	1 39	1 43½	10 48
165	1 4	1 9	1 13	1 18	1 22½	1 27	1 32	1 36	1 41	1 45	11 0
168	1 5	1 10	1 15	1 19	1 24	1 29	1 33	1 38	1 43	1 47	11 12
171	1 6½	1 11	1 16	1 21	1 25½	1 30	1 35	1 40	1 44½	1 49	11 24
174	1 8	1 12½	1 17	1 22	1 27	1 32	1 37	1 41½	1 46	1 51	11 36
177	1 9	1 14	1 19	1 24	1 28½	1 33	1 38	1 43	1 48	1 53	11 48
180	1 10	1 15	1 20	1 25	1 30	1 35	1 40	1 45	1 50	1 55	12 0

TABLE XXI. For reducing the Moon's Declination, as given in the Nautical Almanac for Noon and Midnight at Greenwich, to any other Time under that Meridian; or to Noon or Midnight under any other Meridian.

Variation of the Moon's Declination in Twelve Hours.

Ship's Lon.	2° 0′	2° 5′	2° 10′	2° 15′	2° 20′	2° 25′	2° 30′	2° 35′	2° 40′	2° 45′	2° 50′	Time from Noon.
°	° ′	° ′	° ′	° ′	° ′	° ′	° ′	° ′	° ′	° ′	° ′	h ′
0	0 0	0 0	0 0	0 0	0 0	0 0	0 0	0 0	0 0	0 0	0 0	0 0
3	0 2	0 2	0 2	0 2	0 2	0 2	0 2½	0 3	0 3	0 3	0 3	0 12
6	0 4	0 4	0 4	0 4½	0 5	0 5	0 5	0 5	0 5	0 5½	0 6	0 24
9	0 6	0 6	0 6½	0 7	0 7	0 7	0 7½	0 8	0 8	0 8	0 8½	0 36
12	0 8	0 8	0 9	0 9	0 9	0 10	0 10	0 10	0 11	0 11	0 11	0 48
15	0 10	0 10	0 11	0 11	0 12	0 12	0 12½	0 13	0 13	0 14	0 14	1 0
18	0 12	0 12½	0 13	0 13½	0 14	0 14½	0 15	0 15½	0 16	0 16½	0 17	1 12
21	0 14	0 15	0 15	0 16	0 16	0 17	0 17½	0 18	0 19	0 19	0 20	1 24
24	0 16	0 17	0 17	0 18	0 19	0 19	0 20	0 21	0 21	0 22	0 23	1 36
27	0 18	0 19	0 19½	0 20	0 21	0 22	0 22½	0 23	0 24	0 25	0 25½	1 48
30	0 20	0 21	0 22	0 22½	0 23	0 24	0 25	0 26	0 27	0 27½	0 28	2 0
33	0 22	0 23	0 24	0 25	0 26	0 27	0 27½	0 28	0 29	0 30	0 31	2 12
36	0 24	0 25	0 26	0 27	0 28	0 29	0 30	0 31	0 32	0 33	0 34	2 24
39	0 26	0 27	0 28	0 29	0 30	0 31	0 32½	0 34	0 35	0 36	0 37	2 36
42	0 28	0 29	0 30	0 31½	0 33	0 34	0 35	0 36	0 37	0 38½	0 40	2 48
45	0 30	0 31	0 32½	0 34	0 35	0 36	0 37½	0 39	0 40	0 41	0 42½	3 0
48	0 32	0 33	0 35	0 36	0 37	0 39	0 40	0 41	0 43	0 44	0 45	3 12
51	0 34	0 35	0 37	0 38	0 40	0 41	0 42½	0 44	0 45	0 47	0 48	3 24
54	0 36	0 37½	0 39	0 40½	0 42	0 43½	0 45	0 46½	0 48	0 49½	0 51	3 36
57	0 38	0 40	0 41	0 43	0 44	0 46	0 47½	0 49	0 51	0 52	0 54	3 48
60	0 40	0 42	0 43	0 45	0 47	0 48	0 50	0 52	0 53	0 55	0 57	4 0
63	0 42	0 44	0 45½	0 47	0 49	0 51	0 52½	0 54	0 56	0 58	0 59½	4 12
66	0 44	0 46	0 48	0 49½	0 51	0 53	0 55	0 57	0 59	1 0½	1 2	4 24
69	0 46	0 48	0 50	0 52	0 54	0 56	0 57½	0 59	1 1	1 3	1 5	4 36
72	0 48	0 50	0 52	0 54	0 56	0 58	1 0	1 2	1 4	1 6	1 8	4 48
75	0 50	0 52	0 54	0 56	0 58	1 0	1 2½	1 5	1 7	1 9	1 11	5 0
78	0 52	0 54	0 56	0 58½	1 1	1 3	1 5	1 7	1 9	1 11½	1 14	5 12
81	0 54	0 56	0 58½	1 1	1 3	1 5	1 7½	1 10	1 12	1 14	1 16½	5 24
84	0 56	0 58	1 1	1 3	1 5	1 8	1 10	1 12	1 15	1 17	1 19	5 36
87	0 58	1 0	1 3	1 5	1 8	1 10	1 12½	1 15	1 17	1 20	1 22	5 48
90	1 0	1 2½	1 5	1 7½	1 10	1 12½	1 15	1 17½	1 20	1 22½	1 25	6 0
93	1 2	1 5	1 7	1 10	1 12	1 15	1 17½	1 20	1 23	1 25	1 28	6 12
96	1 4	1 7	1 9	1 12	1 15	1 17	1 20	1 23	1 25	1 28	1 31	6 24
99	1 6	1 9	1 11½	1 14	1 17	1 20	1 22½	1 25	1 28	1 31	1 33½	6 36
102	1 8	1 11	1 14	1 16½	1 19	1 22	1 25	1 28	1 31	1 33½	1 36	6 48
105	1 10	1 13	1 16	1 19	1 22	1 25	1 27½	1 30	1 33	1 36	1 39	7 0
108	1 12	1 15	1 18	1 21	1 24	1 27	1 30	1 33	1 36	1 39	1 42	7 12
111	1 14	1 17	1 20	1 23	1 26	1 29	1 32½	1 36	1 39	1 42	1 45	7 24
114	1 16	1 19	1 22	1 25½	1 29	1 32	1 35	1 38	1 41	1 44½	1 48	7 36
117	1 18	1 21	1 24½	1 28	1 31	1 34	1 37½	1 41	1 44	1 47	1 50½	7 48
120	1 20	1 23	1 27	1 30	1 33	1 37	1 40	1 43	1 47	1 50	1 53	8 0
123	1 22	1 25	1 29	1 32	1 36	1 39	1 42½	1 46	1 49	1 53	1 56	8 12
126	1 24	1 27½	1 31	1 34½	1 38	1 41½	1 45	1 48½	1 52	1 55½	1 59	8 24
129	1 26	1 30	1 33	1 37	1 40	1 44	1 47½	1 51	1 55	1 58	2 2	8 36
132	1 28	1 32	1 35	1 39	1 43	1 46	1 50	1 54	1 57	2 0	2 5	8 48
135	1 30	1 34	1 37½	1 41	1 45	1 49	1 52½	1 56	2 0	2 4	2 7½	9 0
138	1 32	1 36	1 40	1 43½	1 47	1 51	1 55	1 59	2 3	2 6½	2 10	9 12
141	1 34	1 38	1 42	1 46	1 50	1 54	1 57½	2 1	2 5	2 9	2 13	9 24
144	1 36	1 40	1 44	1 48	1 52	1 56	2 0	2 4	2 8	2 12	2 16	9 36
147	1 38	1 42	1 46	1 50	1 54	1 58	2 2½	2 7	2 11	2 15	2 19	9 48
150	1 40	1 44	1 48	1 52½	1 57	2 1	2 5	2 9	2 13	2 17½	2 22	10 0
153	1 42	1 46	1 50½	1 55	1 59	2 3	2 7½	2 12	2 16	2 20	2 25	10 12
156	1 44	1 48	1 53	1 57	2 1	2 6	2 10	2 14	2 19	2 23	2 27½	10 24
159	1 46	1 50	1 55	1 59	2 4	2 8	2 12½	2 17	2 21	2 26	2 30	10 36
162	1 48	1 52½	1 57	2 1½	2 6	2 10½	2 15	2 19½	2 24	2 28½	2 33	10 48
165	1 50	1 55	1 59	2 4	2 8	2 13	2 17½	2 22	2 27	2 31	2 36	11 0
168	1 52	1 57	2 1	2 6	2 11	2 15	2 20	2 25	2 29	2 34	2 39	11 12
171	1 54	1 59	2 3½	2 8	2 13	2 18	2 22½	2 27	2 32	2 37	2 41½	11 24
174	1 56	2 1	2 6	2 10½	2 15	2 20	2 25	2 30	2 35	2 39½	2 44	11 36
177	1 58	2 3	2 8	2 13	2 18	2 23	2 27½	2 32	2 37	2 42	2 47	11 48
180	2 0	2 5	2 10	2 15	2 20	2 25	2 30	2 35	2 40	2 45	2 50	12 0

TABLE XXI. For reducing the Moon's Declination, as given in the Nautical Almanac for Noon and Midnight at Greenwich, to any other Time under that Meridian, or to Noon or Midnight under any other Meridian.

Variation of the Moon's Declination in Twelve Hours.

Ship's Lon.	° ′ 2 55	° ′ 3 0	° ′ 3 5	° ′ 3 10	° ′ 3 15	° ′ 3 20	° ′ 3 25	° ′ 3 30	° ′ 3 35	° ′ 3 40	° ′ 3 45	Time from Noon.
°	° ′	° ′	° ′	° ′	° ′	° ′	° ′	° ′	° ′	° ′	° ′	h ′
0	0 0	0 0	0 0	0 0	0 0	0 0	0 0	0 0	0 0	0 0	0 0	0 0
3	0 3	0 3	0 3	0 3	0 3	0 3	0 3	0 3½	0 4	0 4	0 4	0 12
6	0 6	0 6	0 6	0 6	0 6½	0 7	0 7	0 7	0 7	0 7	0 7½	0 24
9	0 9	0 9	0 9	0 9½	0 10	0 10	0 10	0 10½	0 11	0 11	0 11	0 36
12	0 12	0 12	0 12	0 13	0 13	0 13	0 14	0 14	0 14	0 15	0 15	0 48
15	0 15	0 15	0 15	0 16	0 16	0 17	0 17	0 17½	0 18	0 18	0 19	1 0
18	0 17½	0 18	0 18½	0 19	0 19½	0 20	0 20½	0 21	0 21½	0 22	0 22½	1 12
21	0 20	0 21	0 22	0 22	0 23	0 23	0 24	0 24½	0 25	0 26	0 26	1 24
24	0 23	0 24	0 25	0 25	0 26	0 27	0 27	0 28	0 29	0 29	0 30	1 36
27	0 26	0 27	0 28	0 28½	0 29	0 30	0 31	0 31½	0 32	0 33	0 34	1 48
30	0 29	0 30	0 31	0 32	0 32½	0 33	0 34	0 35	0 36	0 37	0 37½	2 0
33	0 32	0 33	0 34	0 35	0 36	0 37	0 38	0 38½	0 39	0 40	0 41	2 12
36	0 35	0 36	0 37	0 38	0 39	0 40	0 41	0 42	0 43	0 44	0 45	2 24
39	0 38	0 39	0 40	0 41	0 42	0 43	0 44	0 45½	0 47	0 48	0 49	2 36
42	0 41	0 42	0 43	0 44	0 45½	0 47	0 48	0 49	0 50	0 51	0 52½	2 48
45	0 44	0 45	0 46	0 47½	0 49	0 50	0 51	0 52½	0 54	0 55	0 56	3 0
48	0 47	0 48	0 49	0 51	0 52	0 53	0 55	0 56	0 57	0 59	1 0	3 12
51	0 50	0 51	0 52	0 54	0 55	0 57	0 58	0 59½	1 1	1 2	1 4	3 24
54	0 52½	0 54	0 55½	0 57	0 58½	1 0	1 1½	1 3	1 4½	1 6	1 7½	3 36
57	0 55	0 57	0 59	1 0	1 2	1 3	1 5	1 6½	1 8	1 10	1 11	3 48
60	0 58	1 0	1 2	1 3	1 5	1 7	1 8	1 10	1 12	1 13	1 15	4 0
63	1 1	1 3	1 5	1 6½	1 8	1 10	1 12	1 13½	1 15	1 17	1 19	4 12
66	1 4	1 6	1 8	1 10	1 11½	1 13	1 15	1 17	1 19	1 21	1 22½	4 24
69	1 7	1 9	1 11	1 13	1 15	1 17	1 19	1 20½	1 22	1 24	1 26	4 36
72	1 10	1 12	1 14	1 16	1 18	1 20	1 22	1 24	1 26	1 28	1 30	4 48
75	1 13	1 15	1 17	1 19	1 21	1 23	1 25	1 27½	1 29½	1 32	1 34	5 0
78	1 16	1 18	1 20	1 22	1 24½	1 27	1 29	1 31	1 33	1 35	1 37½	5 12
81	1 19	1 21	1 23	1 25½	1 28	1 30	1 32	1 34½	1 37	1 39	1 41	5 24
84	1 22	1 24	1 26	1 29	1 31	1 33	1 36	1 38	1 40	1 43	1 45	5 36
87	1 25	1 27	1 29	1 32	1 34	1 37	1 39	1 41½	1 44	1 46	1 49	5 48
90	1 27½	1 30	1 32½	1 35	1 37½	1 40	1 42½	1 45	1 47½	1 50	1 52½	6 0
93	1 30	1 33	1 36	1 38	1 41	1 43	1 46	1 48½	1 51	1 54	1 56	6 12
96	1 33	1 36	1 39	1 41	1 44	1 47	1 49	1 52	1 55	1 57	2 0	6 24
99	1 36	1 39	1 42	1 44½	1 47	1 50	1 53	1 55½	1 58	2 1	2 4	6 36
102	1 39	1 42	1 45	1 48	1 50½	1 53	1 56	1 59	2 2	2 5	2 7½	6 48
105	1 42	1 45	1 48	1 51	1 54	1 57	2 0	2 2½	2 5	2 8	2 11	7 0
108	1 45	1 48	1 51	1 54	1 57	2 0	2 3	2 6	2 9	2 12	2 15	7 12
111	1 48	1 51	1 54	1 57	2 0	2 3	2 6	2 9½	2 13	2 16	2 19	7 24
114	1 51	1 54	1 57	2 0	2 3½	2 7	2 10	2 13	2 16	2 19	2 22½	7 36
117	1 54	1 57	2 0	2 3½	2 7	2 10	2 13	2 16½	2 20	2 23	2 26	7 48
120	1 57	2 0	2 3	2 7	2 10	2 13	2 17	2 20	2 23	2 27	2 30	8 0
123	2 0	2 3	2 6	2 10	2 13	2 17	2 20	2 23½	2 27	2 30	2 34	8 12
126	2 2½	2 6	2 9	2 13	2 16½	2 20	2 23½	2 27	2 30½	2 34	2 37½	8 24
129	2 5	2 9	2 12½	2 16	2 20	2 23	2 27	2 30½	2 34	2 38	2 41	8 36
132	2 8	2 12	2 16	2 19	2 23	2 27	2 30	2 34	2 38	2 41	2 45	8 48
135	2 11	2 15	2 19	2 22½	2 26	2 30	2 34	2 37½	2 41	2 45	2 49	9 0
138	2 14	2 18	2 22	2 26	2 29½	2 33	2 37	2 41	2 45	2 49	2 52½	9 12
141	2 17	2 21	2 25	2 29	2 33	2 37	2 41	2 44½	2 48	2 52	2 56	9 24
144	2 20	2 24	2 28	2 32	2 36	2 40	2 44	2 48	2 52	2 56	3 0	9 36
147	2 23	2 27	2 31	2 35	2 39	2 43	2 47	2 51½	2 56	3 0	3 4	9 48
150	2 26	2 30	2 34	2 38	2 42½	2 47	2 51	2 55	2 59	3 3	3 7½	10 0
153	2 29	2 33	2 37	2 41½	2 46	2 50	2 54	2 58½	3 3	3 7	3 11	10 12
156	2 32	2 36	2 40	2 45	2 49	2 53	2 58	3 2	3 6	3 11	3 15	10 24
159	2 35	2 39	2 43	2 48	2 52	2 57	3 1	3 5½	3 10	3 14	3 19	10 36
162	2 37½	2 42	2 46	2 51	2 55½	3 0	3 4½	3 9	3 13½	3 18	3 22½	10 48
165	2 40	2 45	2 49½	2 54	2 59	3 3	3 8	3 12½	3 17	3 22	3 26	11 0
168	2 43	2 48	2 53	2 57	3 2	3 7	3 11	3 16	3 21	3 25	3 30	11 12
171	2 46	2 51	2 56	3 0½	3 5	3 10	3 15	3 19½	3 24	3 29	3 34	11 24
174	2 49	2 54	2 59	3 4	3 8½	3 13	3 18	3 23	3 28	3 33	3 37½	11 36
177	2 52	2 57	3 2	3 7	3 12	3 17	3 22	3 26½	3 31	3 36	3 41	11 48
180	2 55	3 0	3 5	3 10	3 15	3 20	3 25	3 30	3 35	3 40	3 45	12 0

Table XXII. For reducing the Sun's Right Aſcenſion in Time, as given in the Nautical Almanac for Noon at Greenwich, to any other Time under that Meridian; or to Noon under any other Meridian.

Daily Variation of the Sun's Right Aſcenſion in Time.

Time from Noon.	3′ 30″	3′ 32″	3′ 34″	3′ 36″	3′ 38″	3′ 40″	3′ 42″	3′ 44″	3′ 46″	Ship's Long.
h ′	′ ″	′ ″	′ ″	′ ″	′ ″	′ ″	′ ″	′ ″	′ ″	°
0 0	0 0	0 0	0 0	0 0	0 0	0 0	0 0	0 0	0 0	0
0 12	0 2	0 2	0 2	0 2	0 2	0 2	0 2	0 2	0 2	3
0 24	0 3½	0 4	0 4	0 4	0 4	0 4	0 4	0 4	0 4	6
0 36	0 5	0 5	0 5	0 5	0 5	0 5½	0 6	0 6	0 6	9
0 48	0 7	0 7	0 7	0 7	0 7	0 7	0 7	0 7	0 8	12
1 0	0 9	0 9	0 9	0 9	0 9	0 9	0 9	0 9	0 9	15
1 12	0 10½	0 11	0 11	0 11	0 11	0 11	0 11	0 11	0 11	18
1 24	0 12	0 12	0 12	0 13	0 13	0 13	0 13	0 13	0 13	21
1 36	0 14	0 14	0 14	0 14	0 15	0 15	0 15	0 15	0 15	24
1 48	0 16	0 16	0 16	0 16	0 16	0 16½	0 17	0 17	0 17	27
2 0	0 17½	0 18	0 18	0 18	0 18	0 18	0 18½	0 19	0 19	30
2 12	0 19	0 19	0 20	0 20	0 20	0 20	0 20	0 21	0 21	33
2 24	0 21	0 21	0 21	0 22	0 22	0 22	0 22	0 22	0 23	36
2 36	0 23	0 23	0 23	0 23	0 24	0 24	0 24	0 24	0 24	39
2 48	0 24½	0 25	0 25	0 25	0 25	0 26	0 26	0 26	0 26	42
3 0	0 26	0 26½	0 27	0 27	0 27	0 27½	0 28	0 28	0 28	45
3 12	0 28	0 28	0 29	0 29	0 29	0 29	0 30	0 30	0 30	48
3 24	0 30	0 30	0 30	0 31	0 31	0 31	0 31	0 32	0 32	51
3 36	0 31½	0 32	0 32	0 32	0 33	0 33	0 33	0 34	0 34	54
3 48	0 33	0 34	0 34	0 34	0 35	0 35	0 35	0 35	0 36	57
4 0	0 35	0 35	0 36	0 36	0 36	0 37	0 37	0 37	0 38	60
4 12	0 37	0 37	0 37	0 38	0 38	0 38½	0 39	0 39	0 40	63
4 24	0 38½	0 39	0 39	0 40	0 40	0 40	0 41	0 41	0 41	66
4 36	0 40	0 41	0 41	0 41	0 42	0 42	0 43	0 43	0 43	69
4 48	0 42	0 42	0 43	0 43	0 44	0 44	0 44	0 45	0 45	72
5 0	0 44	0 44	0 45	0 45	0 45	0 46	0 46	0 47	0 47	75
5 12	0 45½	0 46	0 46	0 47	0 47	0 48	0 48	0 49	0 49	78
5 24	0 47	0 48	0 48	0 49	0 49	0 49½	0 50	0 50	0 51	81
5 36	0 49	0 49	0 50	0 50	0 51	0 51	0 52	0 52	0 53	84
5 48	0 51	0 51	0 52	0 52	0 53	0 53	0 54	0 54	0 55	87
6 0	0 52½	0 53	0 53½	0 54	0 54½	0 55	0 55½	0 56	0 56½	90
6 12	0 54	0 55	0 55	0 56	0 56	0 57	0 57	0 58	0 58	93
6 24	0 56	0 57	0 57	0 58	0 58	0 59	0 59	1 0	1 0	96
6 36	0 58	0 58	0 59	0 59	1 0	1 0½	1 1	1 2	1 2	99
6 48	0 59½	1 0	1 1	1 1	1 2	1 2	1 3	1 3	1 4	102
7 0	1 1	1 2	1 2	1 3	1 4	1 4	1 5	1 5	1 6	105
7 12	1 3	1 4	1 4	1 5	1 5	1 6	1 7	1 7	1 8	108
7 24	1 5	1 5	1 6	1 7	1 7	1 8	1 8	1 9	1 10	111
7 36	1 6½	1 7	1 8	1 8	1 9	1 10	1 10	1 11	1 12	114
7 48	1 8	1 9	1 10	1 10	1 11	1 11½	1 12	1 13	1 13	117
8 0	1 10	1 11	1 11	1 12	1 13	1 13	1 14	1 15	1 15	120
8 12	1 12	1 12	1 13	1 14	1 14	1 15	1 16	1 17	1 17	123
8 24	1 13½	1 14	1 15	1 16	1 16	1 17	1 18	1 18	1 19	126
8 36	1 15	1 16	1 17	1 17	1 18	1 19	1 20	1 20	1 21	129
8 48	1 17	1 18	1 18	1 19	1 20	1 21	1 21	1 22	1 23	132
9 0	1 19	1 19½	1 20	1 21	1 22	1 22½	1 23	1 24	1 25	135
9 12	1 20½	1 21	1 22	1 23	1 24	1 24	1 25	1 26	1 27	138
9 24	1 22	1 23	1 24	1 25	1 25	1 26	1 27	1 28	1 29	141
9 36	1 24	1 25	1 26	1 26	1 27	1 28	1 29	1 30	1 30	144
9 48	1 26	1 27	1 27	1 28	1 29	1 30	1 31	1 31	1 32	147
10 0	1 27½	1 28	1 29	1 30	1 31	1 32	1 32½	1 33	1 34	150
10 12	1 29	1 30	1 31	1 32	1 33	1 33½	1 34	1 35	1 36	153
10 24	1 31	1 32	1 33	1 34	1 34	1 35	1 36	1 37	1 38	156
10 36	1 33	1 34	1 35	1 35	1 36	1 37	1 38	1 39	1 40	159
10 48	1 34½	1 35	1 36	1 37	1 38	1 39	1 40	1 41	1 42	162
11 0	1 36	1 37	1 38	1 39	1 40	1 41	1 42	1 43	1 44	165
11 12	1 38	1 39	1 40	1 41	1 42	1 43	1 44	1 45	1 45	168
11 24	1 40	1 41	1 42	1 43	1 44	1 44½	1 45	1 46	1 47	171
11 36	1 41½	1 42	1 43	1 44	1 45	1 46	1 47	1 48	1 49	174
11 48	1 43	1 44	1 45	1 46	1 47	1 48	1 49	1 50	1 51	177
12 0	1 45	1 46	1 47	1 48	1 49	1 50	1 51	1 52	1 53	180

TABLE XXII. For reducing the Sun's Right Aſcenſion in Time, as given in the Nautical Almanac for Noon at Greenwich, to any other Time under that Meridian; or to Noon under any other Meridian.

Daily Variation of the Sun's Right Aſcenſion in Time.

Time from Noon.	′ ″ 3 48	′ ″ 3 50	′ ″ 3 52	′ ″ 3 54	′ ″ 3 56	′ ″ 3 58	′ ″ 4 0	′ ″ 4 2	′ ″ 4 4	′ ″ 4 6	Ship's Long.
h ′	′ ″	′ ″	′ ″	′ ″	′ ″	′ ″	′ ″	′ ″	′ ″	′ ″	°
0 0	0 0	0 0	0 0	0 0	0 0	0 0	0 0	0 0	0 0	0 0	0
0 12	0 2	0 2	0 2	0 2	0 2	0 2	0 2	0 2	0 2	0 2	3
0 24	0 4	0 4	0 4	0 4	0 4	0 4	0 4	0 4	0 4	0 4	6
0 36	0 6	0 6	0 6	0 6	0 6	0 6	0 6	0 6	0 6	0 6	9
0 48	0 8	0 8	0 8	0 8	0 8	0 8	0 8	0 8	0 8	0 8	12
1 0	0 9½	0 10	0 10	0 10	0 10	0 10	0 10	0 10	0 10	0 10	15
1 12	0 11	0 11½	0 12	0 12	0 12	0 12	0 12	0 12	0 12	0 12	18
1 24	0 13	0 13	0 14	0 14	0 14	0 14	0 14	0 14	0 14	0 14	21
1 36	0 15	0 15	0 15	0 16	0 16	0 16	0 16	0 16	0 16	0 16	24
1 48	0 17	0 17	0 17	0 18	0 18	0 18	0 18	0 18	0 18	0 18	27
2 0	0 19	0 19	0 19	0 19½	0 20	0 20	0 20	0 20	0 20	0 20½	30
2 12	0 21	0 21	0 21	0 21	0 22	0 22	0 22	0 22	0 22	0 23	33
2 24	0 23	0 23	0 23	0 23	0 24	0 24	0 24	0 24	0 24	0 25	36
2 36	0 25	0 25	0 25	0 25	0 26	0 26	0 26	0 26	0 26	0 27	39
2 48	0 27	0 27	0 27	0 27	0 28	0 28	0 28	0 28	0 28	0 29	42
3 0	0 28½	0 29	0 29	0 29	0 29½	0 30	0 30	0 30	0 30½	0 31	45
3 12	0 30	0 31	0 31	0 31	0 31	0 32	0 32	0 32	0 33	0 33	48
3 24	0 32	0 33	0 33	0 33	0 33	0 34	0 34	0 34	0 35	0 35	51
3 36	0 34	0 34½	0 35	0 35	0 35	0 36	0 36	0 36	0 37	0 37	54
3 48	0 36	0 36	0 37	0 37	0 37	0 38	0 38	0 38	0 39	0 39	57
4 0	0 38	0 38	0 39	0 39	0 39	0 40	0 40	0 40	0 41	0 41	60
4 12	0 40	0 40	0 41	0 41	0 41	0 42	0 42	0 42	0 43	0 43	63
4 24	0 42	0 42	0 43	0 43	0 43	0 44	0 44	0 44	0 45	0 45	66
4 36	0 44	0 44	0 44	0 45	0 45	0 46	0 46	0 46	0 47	0 47	69
4 48	0 46	0 46	0 46	0 47	0 47	0 48	0 48	0 48	0 49	0 49	72
5 0	0 47½	0 48	0 48	0 49	0 49	0 50	0 50	0 50	0 51	0 51	75
5 12	0 49	0 50	0 50	0 51	0 51	0 52	0 52	0 52	0 53	0 53	78
5 24	0 51	0 52	0 52	0 53	0 53	0 54	0 54	0 54	0 55	0 55	81
5 36	0 53	0 54	0 54	0 55	0 55	0 56	0 56	0 56	0 57	0 57	84
5 48	0 55	0 56	0 56	0 57	0 57	0 58	0 58	0 58	0 59	0 59	87
6 0	0 57	0 57½	0 58	0 58½	0 59	0 59½	1 0	1 0½	1 1	1 1½	90
6 12	0 59	0 59	1 0	1 0	1 1	1 1	1 2	1 3	1 3	1 4	93
6 24	1 1	1 1	1 2	1 2	1 3	1 3	1 4	1 5	1 5	1 6	96
6 36	1 3	1 3	1 4	1 4	1 5	1 5	1 6	1 7	1 7	1 8	99
6 48	1 5	1 5	1 6	1 6	1 7	1 7	1 8	1 9	1 9	1 10	102
7 0	1 6½	1 7	1 8	1 8	1 9	1 9	1 10	1 11	1 11	1 12	105
7 12	1 8	1 9	1 10	1 10	1 11	1 11	1 12	1 13	1 13	1 14	108
7 24	1 10	1 11	1 12	1 12	1 13	1 13	1 14	1 15	1 15	1 16	111
7 36	1 12	1 13	1 13	1 14	1 15	1 15	1 16	1 17	1 17	1 18	114
7 48	1 14	1 15	1 15	1 16	1 17	1 17	1 18	1 19	1 19	1 20	117
8 0	1 16	1 17	1 17	1 18	1 19	1 19	1 20	1 21	1 21	1 22	120
8 12	1 18	1 19	1 19	1 20	1 21	1 21	1 22	1 23	1 23	1 24	123
8 24	1 20	1 20½	1 21	1 22	1 23	1 23	1 24	1 25	1 25	1 26	126
8 36	1 22	1 22	1 23	1 24	1 25	1 25	1 26	1 27	1 27	1 28	129
8 48	1 24	1 24	1 25	1 26	1 27	1 27	1 28	1 29	1 29	1 30	132
9 0	1 25½	1 26	1 27	1 28	1 28½	1 29	1 30	1 31	1 31½	1 32	135
9 12	1 27	1 28	1 29	1 30	1 30	1 31	1 32	1 33	1 34	1 34	138
9 24	1 29	1 30	1 31	1 32	1 32	1 33	1 34	1 35	1 36	1 36	141
9 36	1 31	1 32	1 33	1 34	1 34	1 35	1 36	1 37	1 38	1 38	144
9 48	1 33	1 34	1 35	1 36	1 36	1 37	1 38	1 39	1 40	1 40	147
10 0	1 35	1 36	1 37	1 37½	1 38	1 39	1 40	1 41	1 42	1 42½	150
10 12	1 37	1 38	1 39	1 39	1 40	1 41	1 42	1 43	1 44	1 45	153
10 24	1 39	1 40	1 41	1 41	1 42	1 43	1 44	1 45	1 46	1 47	156
10 36	1 41	1 42	1 42	1 43	1 44	1 45	1 46	1 47	1 48	1 49	159
10 48	1 43	1 43½	1 44	1 45	1 46	1 47	1 48	1 49	1 50	1 51	162
11 0	1 44½	1 45	1 46	1 47	1 48	1 49	1 50	1 51	1 52	1 53	165
11 12	1 46	1 47	1 48	1 49	1 50	1 51	1 52	1 53	1 54	1 55	168
11 24	1 48	1 49	1 50	1 51	1 52	1 53	1 54	1 55	1 56	1 57	171
11 36	1 50	1 51	1 52	1 53	1 54	1 55	1 56	1 57	1 58	1 59	174
11 48	1 52	1 53	1 54	1 55	1 56	1 57	1 58	1 59	2 0	2 1	177
12 0	1 54	1 55	1 56	1 57	1 58	1 59	2 0	2 1	2 2	2 3	180

TABLE XXII. For reducing the Sun's Right Ascension in Time, as given in the Nautical Almanac for Noon at Greenwich, to any other Time under that Meridian; or to Noon under any other Meridian.

Daily Variation of the Sun's Right Ascension in Time.

Time from Noon.	′ ″ 4 8	′ ″ 4 10	′ ″ 4 12	′ ″ 4 14	′ ″ 4 16	′ ″ 4 18	′ ″ 4 20	′ ″ 4 22	′ ″ 4 24	′ ″ 4 26	′ ″ 4 28	Ship's Lon.
h ′	′ ″	′ ″	′ ″	′ ″	′ ″	′ ″	′ ″	′ ″	′ ″	′ ″	′ ″	°
0 0	0 0	0 0	0 0	0 0	0 0	0 0	0 0	0 0	0 0	0 0	0 0	0
0 12	0 2	0 2	0 2	0 2	0 2	0 2	0 2	0 2	0 2	0 2	0 2	3
0 24	0 4	0 4	0 4	0 4	0 4	0 4	0 4	0 4	0 4	0 4	0 4	6
0 36	0 6	0 6	0 6	0 6	0 6	0 6	0 6½	0 7	0 7	0 7	0 7	9
0 48	0 8	0 8	0 8	0 8	0 9	0 9	0 9	0 9	0 9	0 9	0 9	12
1 0	0 10	0 10	0 10½	0 11	0 11	0 11	0 11	0 11	0 11	0 11	0 11	15
1 12	0 12	0 12½	0 13	0 13	0 13	0 13	0 13	0 13	0 13	0 13	0 13	18
1 24	0 14	0 15	0 15	0 15	0 15	0 15	0 15	0 15	0 15	0 16	0 16	21
1 36	0 17	0 17	0 17	0 17	0 17	0 17	0 17	0 17	0 18	0 18	0 18	24
1 48	0 19	0 19	0 19	0 19	0 19	0 19	0 19½	0 20	0 20	0 20	0 20	27
2 0	0 21	0 21	0 21	0 21	0 21	0 21½	0 22	0 22	0 22	0 22	0 22	30
2 12	0 23	0 23	0 23	0 23	0 23	0 24	0 24	0 24	0 24	0 24	0 25	33
2 24	0 25	0 25	0 25	0 25	0 26	0 26	0 26	0 26	0 26	0 27	0 27	36
2 36	0 27	0 27	0 27	0 28	0 28	0 28	0 28	0 28	0 29	0 29	0 29	39
2 48	0 29	0 29	0 29	0 30	0 30	0 30	0 30	0 31	0 31	0 31	0 31	42
3 0	0 31	0 31	0 31½	0 32	0 32	0 32	0 32½	0 33	0 33	0 33	0 33½	45
3 12	0 33	0 33	0 34	0 34	0 34	0 34	0 35	0 35	0 35	0 35	0 36	48
3 24	0 35	0 35	0 36	0 36	0 36	0 37	0 37	0 37	0 37	0 38	0 38	51
3 36	0 37	0 37½	0 38	0 38	0 38	0 39	0 39	0 39	0 40	0 40	0 40	54
3 48	0 39	0 40	0 40	0 40	0 41	0 41	0 41	0 41	0 42	0 42	0 42	57
4 0	0 41	0 42	0 42	0 42	0 43	0 43	0 43	0 44	0 44	0 44	0 45	60
4 12	0 43	0 44	0 44	0 44	0 45	0 45	0 45½	0 46	0 46	0 47	0 47	63
4 24	0 45	0 46	0 46	0 47	0 47	0 47	0 48	0 48	0 48	0 49	0 49	66
4 36	0 48	0 48	0 48	0 49	0 49	0 49	0 50	0 50	0 51	0 51	0 51	69
4 48	0 50	0 50	0 50	0 51	0 51	0 52	0 52	0 52	0 53	0 53	0 54	72
5 0	0 52	0 52	0 52½	0 53	0 53	0 54	0 54	0 55	0 55	0 55	0 56	75
5 12	0 54	0 54	0 55	0 55	0 55	0 56	0 56	0 57	0 57	0 58	0 58	78
5 24	0 56	0 56	0 57	0 57	0 58	0 58	0 58½	0 59	0 59	1 0	1 0	81
5 36	0 58	0 58	0 59	0 59	1 0	1 0	1 1	1 1	1 2	1 2	1 3	84
5 48	1 0	1 0	1 1	1 1	1 2	1 2	1 3	1 3	1 4	1 4	1 5	87
6 0	1 2	1 2½	1 3	1 3½	1 4	1 4½	1 5	1 5½	1 6	1 6½	1 7	90
6 12	1 4	1 5	1 5	1 6	1 6	1 7	1 7	1 8	1 8	1 9	1 9	93
6 24	1 6	1 7	1 7	1 8	1 8	1 9	1 9	1 10	1 10	1 11	1 11	96
6 36	1 8	1 9	1 9	1 10	1 10	1 11	1 11½	1 12	1 13	1 13	1 14	99
6 48	1 10	1 11	1 11	1 12	1 13	1 13	1 14	1 14	1 15	1 15	1 16	102
7 0	1 12	1 13	1 13½	1 14	1 15	1 15	1 16	1 16	1 17	1 18	1 18	105
7 12	1 14	1 15	1 16	1 16	1 17	1 17	1 18	1 19	1 19	1 20	1 20	108
7 24	1 16	1 17	1 18	1 18	1 19	1 20	1 20	1 21	1 21	1 22	1 23	111
7 36	1 19	1 19	1 20	1 20	1 21	1 22	1 22	1 23	1 24	1 24	1 25	114
7 48	1 21	1 21	1 22	1 23	1 23	1 24	1 24½	1 25	1 26	1 26	1 27	117
8 0	1 23	1 23	1 24	1 25	1 25	1 26	1 27	1 27	1 28	1 29	1 29	120
8 12	1 25	1 25	1 26	1 27	1 27	1 28	1 29	1 30	1 30	1 31	1 32	123
8 24	1 27	1 27½	1 28	1 29	1 30	1 30	1 31	1 32	1 32	1 33	1 34	126
8 36	1 29	1 30	1 30	1 31	1 32	1 32	1 33	1 34	1 35	1 35	1 36	129
8 48	1 31	1 32	1 32	1 33	1 34	1 35	1 35	1 36	1 37	1 38	1 38	132
9 0	1 33	1 34	1 34½	1 35	1 36	1 37	1 37½	1 38	1 39	1 40	1 40½	135
9 12	1 35	1 36	1 37	1 37	1 38	1 39	1 40	1 40	1 41	1 42	1 43	138
9 24	1 37	1 38	1 39	1 39	1 40	1 41	1 42	1 43	1 43	1 44	1 45	141
9 36	1 39	1 40	1 41	1 42	1 42	1 43	1 44	1 45	1 46	1 46	1 47	144
9 48	1 41	1 42	1 43	1 44	1 45	1 45	1 46	1 47	1 48	1 49	1 49	147
10 0	1 43	1 44	1 45	1 46	1 47	1 47½	1 48	1 49	1 50	1 51	1 52	150
10 12	1 45	1 46	1 47	1 48	1 49	1 50	1 50½	1 51	1 52	1 53	1 54	153
10 24	1 47	1 48	1 49	1 50	1 51	1 52	1 53	1 54	1 54	1 55	1 56	156
10 36	1 50	1 50	1 51	1 52	1 53	1 54	1 55	1 56	1 57	1 57	1 58	159
10 48	1 52	1 52½	1 53	1 54	1 55	1 56	1 57	1 58	1 59	2 0	2 1	162
11 0	1 54	1 55	1 55½	1 56	1 57	1 58	1 59	2 0	2 1	2 2	2 3	165
11 12	1 56	1 57	1 58	1 59	1 59	2 0	2 1	2 2	2 3	2 4	2 5	168
11 24	1 58	1 59	2 0	2 1	2 2	2 3	2 3½	2 4	2 5	2 6	2 7	171
11 36	2 0	2 1	2 2	2 3	2 4	2 5	2 6	2 7	2 8	2 9	2 10	174
11 48	2 2	2 3	2 4	2 5	2 6	2 7	2 8	2 9	2 10	2 11	2 12	177
12 0	2 4	2 5	2 6	2 7	2 8	2 9	2 10	2 11	2 12	2 13	2 14	180

TABLE XXIII. For correcting the Latitude computed from the Latitude by Account, two observed Altitudes of the Sun, and the Interval of Time between them.

The Argument on the Top is the Degree of the Declination, and that on the Side is the Degree of the computed Latitude.

The Sum or Difference of Unity, and the Number found by this Table must be taken: The Sum, when the Declination and Latitude are of different Names, and the Difference when of the same; except ⊙ under Pole, take Sum.

D.	1	2	3	4	5	6	7	8	9	10	11	12
1	1,00	2,00	3,00	4,01	5,01	6,02	7,03	8,05	9,1	10,1	11,1	12,2
2	0,50	1,00	1,50	2,00	2,51	3,01	3,52	4,02	4,5	5,0	5,6	6,1
3	0,33	0,67	1,00	1,33	1,67	2,01	2,34	2,68	3,02	3,4	3,7	4,1
4	0,25	0,50	0,75	1,00	1,25	1,50	1,76	2,01	2,26	2,52	2,8	3,0
5	0,20	0,40	0,60	0,80	1,00	1,20	1,40	1,61	1,81	2,02	2,22	2,4
6	0,17	0,33	0,50	0,66	0,83	1,00	1,17	1,34	1,51	1,68	1,85	2,02
7	,15	,29	,43	,57	,71	,86	1,00	1,14	1,29	1,43	1,58	1,73
8	,13	,25	,37	,50	,62	,75	,88	1,00	1,13	1,26	1,38	1,51
9	,11	,22	,33	,44	,55	,67	,78	0,89	1,00	1,11	1,22	1,34
10	,10	,20	,30	,40	,50	,60	,70	0,80	,90	1,00	1,10	1,20
11	,09	,18	,27	,36	,45	,54	,63	,72	,81	,90	1,00	1,09
12	,08	,16	,25	,33	,41	,49	,57	,66	,74	,83	,91	1,00
13	,08	,15	,23	,31	,38	,46	,54	,61	,68	,76	,84	,92
14	,07	,14	,21	,28	,35	,42	,49	,56	,63	,70	,78	,85
15	,07	,13	,19	,26	,32	,39	,46	,52	,59	,66	,72	,79
16	,06	,12	,18	,24	,31	,37	,43	,49	,55	,61	,68	,74
17	,06	,12	,17	,23	,28	,34	,40	,46	,52	,58	,64	,70
18	,05	,11	,16	,21	,27	,32	,37	,43	,48	,54	,59	,65
19	,05	,10	,15	,20	,25	,30	,35	,40	,46	,51	,56	,62
20	,05	,10	,14	,19	,24	,29	,34	,39	,43	,48	,53	,58
21	,04	,09	,14	,18	,22	,27	,32	,37	,41	,46	,50	,55
22	,04	,09	,13	,17	,21	,26	,30	,34	,39	,44	,49	,53
23	,04	,08	,12	,16	,20	,25	,29	,33	,37	,41	,45	,50
24	,04	,08	,12	,16	,20	,24	,28	,31	,35	,40	,44	,48
25	,04	,08	,11	,15	,18	,22	,26	,30	,34	,38	,42	,46
26	,04	,07	,11	,14	,17	,21	,25	,28	,32	,36	,40	,44
27	,03	,07	,10	,14	,17	,21	,24	,27	,31	,35	,38	,42
28	,03	,06	,10	,13	,16	,20	,23	,26	,30	,33	,36	,40
29	,03	,06	,09	,12	,15	,19	,22	,25	,28	,31	,34	,38
30	,03	,06	,09	,12	,15	,18	,21	,24	,27	,30	,33	,37
32	,03	,05	,08	,11	,14	,17	,20	,22	,25	,28	,31	,34
34	,03	,05	,08	,11	,13	,16	,18	,20	,23	,26	,29	,32
36	,02	,04	,07	,09	,11	,14	,16	,19	,22	,24	,26	,29
38	,02	,04	,07	,09	,11	,13	,15	,17	,20	,22	,24	,27
40	,02	,04	,06	,09	,11	,13	,15	,17	,19	,21	,2[illegible]	,26
42	,02	,04	,06	,08	,10	,12	,14	,16	,18	,20	,22	,24
45	,02	,03	,05	,07	,09	,11	,12	,14	,16	,18	,20	,22
48	,02	,03	,05	,07	,08	,10	,11	,12	,14	,16	,18	,20
51	,01	,02	,04	,06	,07	,08	,10	,11	,13	,14	,16	,18
55	,01	,02	,04	,05	,06	,07	,08	,09	,11	,13	,14	,15
59	,01	,02	,03	,04	,05	,06	,07	,08	,10	,11	,12	,13
63	,01	,01	,02	,03	,04	,05	,06	,07	,08	,09	,10	,11
68	,01	,01	,01	,02	,03	,03	,04	,05	,06	,07	,08	,09
74	,00	,01	,01	,02	,02	,02	,03	,03	,04	,05	,05	,06
80	,00	,01	,01	,01	,02	,02	,02	,03	,03	,03	,04	,04

Or the Numbers may be found by dividing the natural Tangent of the Declination by the natural Tangent of the Latitude.

Table XXIII. For correcting the Latitude computed from the Latitude by Account, two observed Altitudes of the Sun, and the Interval of Time between them.

The Argument on the Top is the Degree of the Declination, and that on the Side is the Degree of the computed Latitude.

The Sum or Difference of Unity, and the Number found by this Table must be taken: The Sum, when the Latitude and Declination are of different Names, and the Difference when of the same; except ⊙ under Pole, take Sum.

D.	13	14	15	16	17	18	19	20	21	22	23	23°28′
1	13,2	14,3	15,3	16,4	17,5	18,6	19,7	20,9	22,0	23,1	24,3	24,8
2	6,6	7,1	7,7	8,2	8,8	9,3	9,9	10,4	11,0	11,6	12,2	12,5
3	4,4	4,8	5,1	5,5	5,8	6,2	6,6	6,9	7,3	7,7	8,1	8,3
4	3,3	3,6	3,8	4,1	4,4	4,6	4,9	5,2	5,5	5,8	6,1	6,2
5	2,6	2,8	3,1	3,3	3,5	3,7	3,9	4,2	4,4	4,6	4,9	5,0
6	2,2	2,4	2,5	2,7	2,9	3,1	3,3	3,5	3,7	3,8	4,0	4,1
7	1,88	2,0	2,2	2,3	2,5	2,6	2,8	2,9	3,1	3,3	3,4	3,5
8	1,64	1,77	1,91	2,1	2,2	2,3	2,5	2,6	2,7	2,9	3,0	3,1
9	1,46	1,57	1,69	1,81	1,93	2,1	2,2	2,3	2,4	2,6	2,7	2,7
10	1,31	1,42	1,55	1,63	1,73	1,84	1,95	2,1	2,2	2,3	2,4	2,5
11	1,19	1,28	1,37	1,47	1,57	1,66	1,76	1,88	1,98	2,1	2,2	2,2
12	1,09	1,18	1,26	1,35	1,44	1,53	1,62	1,71	1,80	1,90	1,99	2,00
13	1,00	1,08	1,16	1,24	1,33	1,41	1,49	1,57	1,66	1,74	1,83	1,87
14	,93	1,00	1,07	1,15	1,23	1,30	1,38	1,46	1,54	1,62	1,70	1,74
15	,86	,93	1,00	1,06	1,14	1,21	1,28	1,36	1,43	1,51	1,59	1,63
16	,81	,87	,94	1,00	1,06	1,13	1,20	1,27	1,34	1,41	1,48	1,51
17	,75	,81	,88	,93	1,00	1,06	1,12	1,18	1,26	1,32	1,38	1,41
18	,71	,76	,83	,88	,94	1,00	1,06	1,12	1,19	1,24	1,30	1,33
19	,67	,72	,78	,83	,89	,94	1,00	1,06	1,12	1,17	1,23	1,25
20	,63	,68	,74	,79	,84	,89	,95	1,00	1,06	1,11	1,16	1,18
21	,60	,65	,70	,75	,80	,85	,90	,95	1,00	1,05	1,10	1,12
22	,57	,62	,66	,71	,75	,81	,85	,90	,95	1,00	1,05	1,07
23	,56	,59	,63	,67	,71	,77	,81	,86	,90	,95	1,00	1,02
24	,51	,56	,60	,64	,68	,73	,77	,82	,86	,91	,95	,97
25	,49	,53	,57	,61	,66	,70	,74	,78	,82	,87	,91	,93
26	,47	,51	,55	,58	,63	,67	,70	,74	,78	,83	,87	,89
27	,45	,49	,53	,56	,60	,64	,67	,71	,75	,79	,83	,85
28	,43	,47	,50	,54	,57	,61	,64	,68	,72	,76	,79	,81
29	,42	,45	,48	,52	,55	,59	,62	,66	,69	,73	,76	,78
30	,41	,43	,46	,50	,53	,57	,60	,64	,66	,70	,73	,75
32	,37	,40	,43	,46	,49	,52	,55	,58	,61	,64	,67	,69
34	,34	,36	,39	,42	,45	,48	,51	,54	,57	,59	,62	,63
36	,32	,34	,37	,39	,42	,45	,47	,50	,53	,55	,58	,59
38	,29	,32	,34	,36	,39	,41	,43	,46	,49	,51	,54	,55
40	,27	,30	,32	,34	,36	,38	,40	,43	,45	,48	,50	,51
42	,26	,28	,30	,32	,34	,36	,38	,40	,43	,45	,47	,48
45	,23	,25	,27	,29	,31	,32	,34	,36	,38	,40	,42	,43
48	,21	,22	,24	,26	,28	,30	,31	,32	,34	,36	,38	,39
51	,19	,20	,22	,23	,25	,26	,28	,29	,31	,32	,34	,35
55	,16	,17	,19	,20	,21	,22	,24	,25	,27	,28	,30	,31
59	,14	,15	,16	,17	,18	,19	,20	,21	,23	,24	,26	,27
63	,12	,13	,14	,15	,16	,17	,18	,19	,20	,21	,22	,23
68	,09	,10	,11	,11	,12	,13	,14	,15	,16	,17	,18	,18
74	,06	,06	,07	,07	,08	,08	,09	,09	,10	,11	,12	,12
80	,04	,04	,04	,04	,05	,05	,06	,06	,07	,07	,08	,08

Or the Numbers may be found by dividing the natural Tangent of the Declination by the natural Tangent of the Latitude.

TABLE XXIV. For correcting the Latitude computed from two Altitudes of the Sun, &c. To be used when the Observations are on the same Side of Noon.

The Argument on the Top of the Table, is the Time nearest Noon, and that on the Side is the middle Time.

h ′	h ′ 0.10	h ′ 0.20	h ′ 0.30	h ′ 0.40	h ′ 0.50	h ′ 1. 0	h ′ 1.10	h ′ 1.20	h ′ 1.30	h ′ 1.40	h ′ 1.50	h ′ 2. 0	h ′ 2.10	h ′ 2.20	h ′ 2.30	h ′ 2.40	h ′ 2.50	h ′ 3. 0
0.10																		
20	,003																	
30	,005	,008																
0.40	,007	,012	,014															
50	,009	,016	,020	,023														
1. 0	,011	,020	,026	,031	,034													
1.10	,013	,024	,033	,040	,045	,048												
20	,015	,028	,039	,048	,055	,060	,063											
30	,017	,032	,045	,057	,066	,073	,078	,081										
1.40	,019	,037	,053	,066	,077	,087	,094	,099	,102									
50	,022	,042	,059	,075	,089	,101	,110	,118	,123	,126								
2. 0	,024	,047	,067	,085	,101	,115	,127	,137	,145	,150	,154							
2.10	,027	,052	,074	,095	,114	,131	,145	,158	,168	,176	,181	,185						
20	,030	,057	,083	,106	,128	,147	,164	,179	,192	,202	,210	,216	,220					
30	,033	,063	,092	,118	,142	,165	,185	,202	,218	,231	,241	,250	,256					
2.40	,036	,069	,101	,130	,158	,183	,206	,227	,245	,261	,274	,286	,294					
50	,039	,076	,111	,144	,175	,203	,229	,253	,275	,294	,310	,324	,336					
3. 0	,043	,083	,122	,158	,193	,225	,254	,282	,307	,329	,349	,366	,381					
3.10		,091	,134	,174	,212	,248	,282	,313	,342	,367	,391	,412	,430					
20			,147	,192	,234	,274	,312	,347	,380	,410	,437	,462	,484	,503				
30				,211	,258	,303	,346	,386	,423	,457	,489	,518	,544	,567	,587			
3.40					,285	,336	,383	,428	,470	,510	,546	,580	,611	,638	,663	,684		
50						,372	,425	,477	,525	,570	,612	,651	,687	,719	,749	,775	797	
4. 0							,474	,532	,587	,638	,687	,732	,774	,812	,847	,880	,907	,932
4.10								,597	,659	,718	,774	,826	,876	,920	,961	1,001	1,035	1,065
20									,745	,812	,877	,938	,996	1,049	1,099	1,144	1,186	1,224
30										,927	1,002	1,073	1,140	1,203	1,263	1,317	1,368	1,414

TABLE XXV. For correcting the Latitude computed from two observed Altitudes of the Sun, &c.

To be used when the Observations are on different Sides of Noon.

The Argument on the Top of the Table is the Time nearest Noon, and that on the Side is the Middle Time.

h ′	h ′ 0 10	h ′ 0 20	h ′ 0 30	h ′ 0 40	h ′ 0 50	h ′ 1 0	h ′ 1 10	h ′ 1 20	h ′ 1 30	h ′ 1 40	h ′ 1 50	h ′ 2 0	h ′ 2 10
0.10	,003	,008	,014	,023	,033	,045	,059	,075	,093	,112	,133	,156	,180
0.20	,005	,011	,020	,030	,043	,057	,073	,090	,110	,131	,153	,178	,204
0.30	,007	,015	,026	,038	,052	,068	,086	,105	,126	,149	,174	,200	
0.40	,009	,019	,032	,046	,062	,080	,099	,121	,144	,168	,194		
0.50	,011	,023	,037	,054	,072	,091	,113	,136	,161	,187			
1.0	,013	,027	,044	,062	,082	,103	,127	,152	,179				
1.10	,015	,031	,050	,070	,092	,116	,141	,168					
1.20	,017	,036	,056	,078	,102	,128	,156						
1.30	,019	,040	,063	,087	,113	,141							
1.40	,021	,044	,069	,096	,125								
1.50	,024	,049	,077	,106									
2.0	,026	,054	,084										
2.10	,029	,059											

Divide the Sum, or Difference of Unity, and the Number found in Table XXIII, by the Number from Table XXIV or XXV.

TABLE XXVI. For correcting the apparent Distance of the Moon from a Fixed Star.

App. alt. of Star.	Logarithm	Diff.	App. alt. of Star.	Logarithm	Diff.	App. alt. of Star.	Logarithm	Diff.
° ′		—	° ′		—	°		—
3 0	2.0713		9 0	1.9906		35	1.9776	
3 10	2.0638	75	9 10	1.9901	5	36	1.9776	0
3 20	2.0572	66	9 20	1.9896	5	37	1.9775	1
3 30	2.0512	60	9 30	1.9892	4	38	1.9775	0
3 40	2.0459	53	9 40	1.9888	4	39	1.9774	1
3 50	2.0411	48	9 50	1.9884	4	40	1.9774	0
		44			4			0
4 0	2.0367		10 0	1.9880		41	1.9774	
4 10	2.0328	39	10 30	1.9870	10	42	1.9773	1
4 20	2.0292	36	11 0	1.9861	9	43	1.9773	0
4 30	2.0259	33	11 30	1.9853	8	44	1.9773	0
4 40	2.0229	30	12 0	1.9846	7	45	1.9772	1
4 50	2.0202	27	12 30	1.9840	6	46	1.9772	0
		24			5			0
5 0	2.0178		13 0	1.9835		47	1.9772	
5 10	2.0156	22	13 30	1.9830	5	48	1.9771	1
5 20	2.0134	22	14 0	1.9825	5	49	1.9771	0
5 30	2.0115	19	14 30	1.9821	4	50	1.9771	0
5 40	2.0096	19	15 0	1.9818	3	51	1.9771	0
5 50	2.0080	16	16 0	1.9812	6	52	1.9771	0
		17			5			0
6 0	2.0063		17 0	1.9807		53	1.9771	
6 10	2.0049	14	18 0	1.9802	5	54	1.9771	0
6 20	2.0035	14	19 0	1.9799	3	55	1.9770	1
6 30	2.0023	12	20 0	1.9795	4	56	1.9770	0
6 40	2.0010	13	21 0	1.9793	2	57	1.9770	0
6 50	2.0000	10	22 0	1.9791	2	58	1.9770	0
		11			2			0
7 0	1.9989		23 0	1.9789		59	1.9770	
7 10	1.9980	9	24 0	1.9787	2	60	1.9770	0
7 20	1.9971	9	25 0	1.9785	2	61	1.9770	0
7 30	1.9963	8	26 0	1.9784	1	62	1.9770	0
7 40	1.9954	9	27 0	1.9782	2	63	1.9770	0
7 50	1.9947	7	28 0	1.9781	1	64	1.9770	0
		7			0			0
8 0	1.9940	6	29 0	1.9781	2	65	1.9770	
8 10	1.9934	7	30 0	1.9779	0	66	1.9770	0
8 20	1.9927	5	31 0	1.9779	1	67	1.9769	1
8 30	1.9922	6	32 0	1.9778	0	68	1.9769	0
8 40	1.9916	5	33 0	1.9778	1	to 90	1.9769	0
8 50	1.9911	5	34 0	1.9777	1			

Table XXVII. For correcting the apparent Distance of the Moon from the Sun.

App. alt. of Sun.	Logarithm	Diff.	App. alt. of Sun.	Logarithm	Diff.	App. alt. of Sun.	Logarithm	Diff.
° ′		−	° ′		−	°		+
3 0	2.0757	73	10 30	2.0000	2	49	2.0323	9
3 10	2.0684	64	11 0	1.9998	3	50	2.0332	8
3 20	2.0620	59	11 30	1.9995	1	51	2.0340	9
3 30	2.0561	51	12 0	1.9994	0	52	2.0349	8
3 40	2.0510	46	12 30	1.9994	+ 1	53	2.0357	8
3 50	2.0464	42	13 0	1.9995	1	54	2.0365	7
4 0	2.0422	37	13 30	1.9996	0	55	2.0372	8
4 10	2.0385	34	14 0	1.9996	2	56	2.0380	7
4 20	2.0351	32	14 30	1.9998	3	57	2.0387	7
4 30	2.0319	28	15 0	2.0001	6	58	2.0394	8
4 40	2.0291	25	16 0	2.0007	7	59	2.0402	7
4 50	2.0266	22	17 0	2.0014	7	60	2.0409	7
5 0	2.0244	20	18 0	2.0021	9	61	2.0416	6
5 10	2.0224	20	19 0	2.0030	8	62	2.0422	7
5 20	2.0204	18	20 0	2.0038	9	63	2.0429	6
5 30	2.0186	17	21 0	2.0047	10	64	2.0435	6
5 40	2.0169	14	22 0	2.0057	10	65	2.0441	6
5 50	2.0155	15	23 0	2.0067	10	66	2.0447	5
6 0	2.0140	12	24 0	2.0077	9	67	2.0452	5
6 10	2.0128	12	25 0	2.0086	10	68	2.0457	5
6 20	2.0116	11	26 0	2.0096	10	69	2.0462	5
6 30	2.0105	11	27 0	2.0106	10	70	2.0467	5
6 40	2.0094	8	28 0	2.0116	11	71	2.0472	4
6 50	2.0086	9	29 0	2.0127	10	72	2.0476	4
7 0	2.0077	7	30 0	2.0137	11	73	2.0480	4
7 10	2.0070	7	31 0	2.0148	10	74	2.0484	4
7 20	2.0063	6	32 0	2.0158	11	75	2.0488	3
7 30	2.0057	6	33 0	2.0169	10	76	2.0491	4
7 40	2.0051	5	34 0	2.0179	10	77	2.0495	3
7 50	2.0046	5	35 0	2.0189	10	78	2.0498	2
8 0	2.0041	4	36 0	2.0199	10	79	2.0500	3
8 10	2.0037	5	37 0	2.0209	11	80	2.0503	2
8 20	2.0032	4	38 0	2.0220	10	81	2.0505	2
8 30	2.0028	4	39 0	2.0230	10	82	2.0507	2
8 40	2.0024	3	40 0	2.0240	10	83	2.0509	2
8 50	2.0021	3	41 0	2.0250	9	84	2.0511	1
9 0	2.0018	3	42 0	2.0259	10	85	2.0512	1
9 10	2.0015	3	43 0	2.0269	9	86	2.0513	1
9 20	2.0012	2	44 0	2.0278	9	87	2.0514	0
9 30	2.0010	2	45 0	2.0287	9	88	2.0514	1
9 40	2.0008	2	46 0	2.0296	10	89	2.0515	0
9 50	2.0006	2	47 0	2.0306	8	90	2.0515	
10 0	2.0004		48 0	2.0314				

TABLE XXVIII. For correcting the apparent Distance of the Moon from the Sun or a Fixed Star.

App. alt. of ☽, ∗, or ☉.		Diff.	App. alt. of ☽, ∗, or ☉.		Diff.	App. alt. of ☽, ∗, or ☉.		Diff.
° ″	′ ″	″	° ″	′ ″	″	°	′ ″	″
3 0	14 36	32	10 30	5 5	13	49	1 15	1
3 10	14 4	30	11 0	4 52	12	50	1 14	1
3 20	13 34	28	11 30	4 40	11	51	1 13	1
3 30	13 6	26	12 0	4 29	10	52	1 12	1
3 40	12 40	25	12 30	4 19	10	53	1 11	1
3 50	12 15	24	13 0	4 9	9	54	1 10	1
4 0	11 51	22	13 30	4 0	8	55	1 9	0
4 10	11 29	21	14 0	3 52	7	56	1 9	1
4 20	11 8	20	14 30	3 45	8	57	1 8	1
4 30	10 48	19	15 0	3 37	13	58	1 7	1
4 40	10 29	17	16 0	3 24	11	59	1 6	0
4 50	10 12	17	17 0	3 13	10	60	1 6	1
5 0	9 55	16	18 0	3 3	9	61	1 5	1
5 10	9 39	16	19 0	2 54	9	62	1 4	0
5 20	9 23	14	20 0	2 45	7	63	1 4	1
5 30	9 9	14	21 0	2 38	7	64	1 3	0
5 40	8 55	13	22 0	2 31	6	65	1 3	1
5 50	8 42	13	23 0	2 25	6	66	1 2	0
6 0	8 29	12	24 0	2 19	5	67	1 2	1
6 10	8 17	11	25 0	2 14	5	68	1 1	0
6 20	8 6	11	26 0	2 9	4	69	1 1	0
6 30	7 55	11	27 0	2 5	4	70	1 1	1
6 40	7 44	10	28 0	2 1	4	71	1 0	0
6 50	7 34	10	29 0	1 57	4	72	1 0	0
7 0	7 24	9	30 0	1 53	3	73	1 0	1
7 10	7 15	9	31 0	1 50	3	74	0 59	0
7 20	7 6	9	32 0	1 47	3	75	0 59	0
7 30	6 57	8	33 0	1 44	2	76	0 59	1
7 40	6 49	8	34 0	1 42	3	77	0 58	0
7 50	6 41	8	35 0	1 39	2	78	0 58	0
8 0	6 33	7	36 0	1 37	3	79	0 38	0
8 10	6 26	7	37 0	1 34	2	80	0 58	0
8 20	6 19	7	38 0	1 32	2	81	0 58	1
8 30	6 12	7	39 0	1 30	2	82	0 57	0
8 40	6 5	6	40 0	1 28	1	83	0 57	0
8 50	5 59	6	41 0	1 27	2	84	0 57	0
9 0	5 53	6	42 0	1 25	2	85	0 57	0
9 10	5 47	6	43 0	1 23	1	86	0 57	0
9 20	5 41	6	44 0	1 22	2	87	0 57	0
9 30	5 35	5	45 0	1 20	1	88	0 57	0
9 40	5 30	5	46 0	1 19	1	89	0 57	0
9 50	5 25	5	47 0	1 18	1	90	0 57	
10 0	5 20		48 0	1 17				

TABLE XXIX.

CONTAINING

THE LATITUDES OF PLACES,

WITH

THEIR LONGITUDES

FROM THE

MERIDIAN of the ROYAL OBSERVATORY *at GREENWICH:*

ALSO,

THE TIME OF HIGH WATER

AT

THE FULL AND CHANGE OF THE MOON,

AT THOSE PLACES WHERE IT IS KNOWN.

Table XXIX. The Latitudes and Longitudes of Places.

A

Names of Places.	Cont.	Coaſt, Sea, or Country.	Latitude.	Longitude In Degrees.	Longitude In Time.	H.W.
			° ′ ″	° ′ ″	h m s	h m
Aalborg	Europe	Denmark	57 2 57 N	9 56 30 E	0 39 46 E	
Aarhuus	Europe	Denmark	56 9 35 N	10 14 0 E	0 40 56 E	
Aberdeen	Europe	Scotland	57 5 0 N	2 21 30 W	0 9 26 W	0 45
Abbeville	Europe	France	50 7 4 N	1 49 45 E	0 7 19 E	10 30
Abo	Europe	Finland	60 27 7 N	22 15 00 E	1 29 00 E	
Acheen Head	Aſia	Sumatra	5 22 0 N	95 26 0 E	6 21 44 E	
Adventure (Bay)	Aſia	N. Holland	43 21 20 S	147 31 40 E	9 50 7 E	
Adventure (Iſle)	Amer.	Pacific Ocean	17 5 15 S	144 17 45 W	9 37 11 W	
Aerſchot	Europe	Netherlands	50 59 15 N	4 49 31 E	0 19 18 E	
Agde	Europe	France	43 18 43 N	3 27 55 E	0 13 52 E	
Agen	Europe	France	44 12 22 N	0 36 20 E	0 2 25 E	
Agimere	Aſia	Agimere	26 35 0 N	75 20 0 E	5 1 20 E	
St. Agnes (Lights)	Europe	Scillies	49 53 47 N	6 20 30 W	0 25 22 W	
Agra	Aſia	India	27 12 30 N	78 17 0 E	5 13 08 E	
Agria	Europe	Hungary	47 53 54 N	20 22 0 E	1 21 28 E	
Aguada (Point)	Aſia	India	15 28 55 N	73 48 39 E	4 55 15 E	
Aire	Europe	France	43 41 52 N	0 15 45 W	0 01 03 W	
Aix	Europe	France	43 31 48 N	5 26 30 E	0 21 46 E	
Aix (Iſle)	Europe	France	46 1 38 N	1 11 0 W	0 4 44 W	
Akerman	Europe	Turkey	46 11 58 N	30 43 45 E	2 2 55 E	
Alais	Europe	France	44 7 22 N	0 35 50 E	0 2 23 E	
Albano	Europe	Italy	41 43 50 N	12 38 0 E	0 50 32 E	
Albany	Amer.	New Wales	52 14 41 N	81 52 50 W	5 27 31 W	
Albi	Europe	France	43 55 36 N	2 8 18 E	0 8 33 E	
Alkmaer	Europe	Holland	52 38 34 N	4 38 0 E	0 18 32 E	
Aleppo	Aſia	Turkey	36 11 25 N	37 10 0 E	2 28 40 E	
Alexandretta	Aſia	Syria	36 34 47 N	36 14 45 E	2 24 59 E	
Alexandria	Africa	Egypt	31 11 20 N	30 10 15 E	2 0 41 E	
Alez	Europe	France	42 59 50 N	2 15 0 E	0 9 0 E	
Algiers	Africa	Algiers	36 49 30 N	2 12 45 E	0 8 51 E	
Aloſt	Europe	Netherlands	50 56 18 N	4 1 58 E	0 16 8 E	
Altengaard	Europe	Lapland	69 55 0 N	23 4 0 E	1 32 16 E	
Ambrym (Iſle)	Aſia	Pacific Ocean	16 9 30 S	168 12 30 E	11 12 50 E	
Ameſbury	Europe	England	51 10 19 N	1 46 37 W	0 7 6 W	
Amiens	Europe	France	49 53 38 N	2 17 56 E	0 9 12 E	
Amſterdam	Europe	Holland	52 21 56 N	4 51 30 E	0 19 26 E	3 0
Amſterdam (Har.)	Amer.	Curazao	12 8 0 N	68 20 30 W	4 33 22 W	
Amſterdam (Iſle)	Aſia	Indian Ocean	37 51 0 S	77 44 0 E	5 10 56 E	
Anadirſkoi Noſs	Aſia	Beering's Str.	64 14 30 N	173 31 0 W	11 34 4 W	
Ancona	Europe	Italy	43 37 54 N	13 30 30 E	0 54 2 E	
Andaman (Little)	Aſia	Bengal Bay	10 40 0 N	92 24 0 E	6 9 36 E	
Anderſon's Iſland	Amer.	Beering's Str.	63 4 0 N	167 38 0 W	11 10 32 W	
Anger Point	Aſia	Java	6 3 17 S	106 1 57 E	7 4 8 E	
Angers	Europe	France	47 28 8 N	0 33 52 W	0 2 15 W	
Angouleme	Europe	France	45 39 3 N	0 8 47 E	0 0 35 E	
Angra	Europe	Tercera	38 39 7 N	27 12 42 W	1 48 51 W	
C. Angra Pequena	Africa	Caffraria	26 36 50 S	15 16 30 E	1 1 6 E	
Anholt (Lights)	Europe	Categat	56 44 20 N	11 40 0 E	0 46 40 E	
Anjenga	Aſia	India	8 39 25 N	76 50 04 E	5 7 20 E	
St. Ann (Cape)	Africa	Sierra Leone	7 7 30 N	12 22 0 W	0 49 28 W	
Annamaboe	Africa	Gold Coaſt	5 9 52 N	1 39 4 W	0 6 36 W	
Annamocka	Aſia	Pacific Ocean	20 15 20 S	174 45 0 W	11 39 0 W	6 0
Annobona	Africa	Atlantic Ocean	1 25 0 S	5 45 0 E	0 23 0 E	
St. Anthony's (Cape)	Amer.	Staten Land	54 46 45 S			
Antibes	Europe	France	43 34 43 N	7 7 20 E	0 28 29 E	
Antigua (St. John's)	Amer.	Carib Sea	17 4 30 N	62 9 0 W	4 8 36 W	
Anton. Gill's Bay	Africa	Madagaſcar	15 27 23 S	50 23 15 E	3 21 33 E	
Antwerp	Europe	Flanders	51 13 18 N	4 24 15 E	0 17 37 E	6 0
Aor (Pulo)	Aſia	Chineſe Seas	2 45 0 N	104 40 20 E	6 58 41 E	

Table XXIX. The Latitudes and Longitudes of Places.

Names of Places.	Cont.	Coaſt, Sea, or Country.	Latitude.	Longitude In Degrees.	Longitude In Time.	H. W.
			° ′ ″	° ′ ″	h m s	h m
Apæ (Iſle) ...	Aſia	Pacific Ocean	16 46 15 S	168 27 30 E	11 13 50 E	
Appenrade ...	Europe	Denmark ..	55 2 57 N	9 26 4 E	0 37 44 E	
C. Appollonia ..	Africa	Gold Coaſt	4 59 12 N	3 10 11 W	0 12 41 W	
F. Appollonia ..	Africa	Gold Coaſt	4 59 14 N	3 4 37 W	0 12 18 W	
Apt	Europe	France	43 52 29 N	5 23 37 E	0 21 34 E	
Araƈta	Aſia	Turkey	36 1 0 N	38 50 0 E	2 35 20 E	
Arakootai Iſle	Amer	Pacific Ocean	20 1 30 S	158 14 30 W	10 32 58 W	
Archangel	Europe	Ruſſia	64 34 0 N	38 54 30 E	2 35 38 E	6 0
Arcot	Aſia	Arcot	12 51 24 N	79 28 4 E	5 17 52 E	
Arenſburg ...	Europe	Baltic	58 15 9 N	22 13 15 E	1 28 53 E	
Arica	Amer.	Peru	18 26 40 S	71 13 0 W	4 44 52 W	
Arles	Europe	France	43 40 28 N	4 37 24 E	0 18 30 E	
Arras	Europe	France	50 17 37 N	2 45 41 E	0 11 3 E	
Aruba (W. End)	Amer.	Leeward Iſles	12 35 30 N	69 29 45 W	4 37 59 W	
Aſcenſion (Iſle)	Africa	S. Atl Ocean	7 56 30 S	14 21 15 W	0 57 25 W	
Aſſiſi	Europe	Italy	43 4 22 N	12 35 13 E	0 50 21 E	
Aſtracan	Aſia	Siberia	46 21 12 N	48 2 45 E	3 12 11 E	
Ath	Europe	Netherlands	50 42 17 N	3 46 17 E	0 15 5 E	
Athens	Europe	Turkey	38 5 0 N	23 52 30 E	1 35 30 E	
Atooi	Amer.	Sandwich Iſles	21 57 0 N	159 39 30 W	10 38 38 W	
Auch	Europe	France	43 38 39 N	0 34 36 E	0 2 18 E	
St. Auguſtin (Bay)	Africa	Madagaſcar	23 27 52 S	44 09 0 E	2 56 36 E	
Aurillac	Europe	France	44 55 10 N	2 27 0 W	0 9 48 W	
Aurora (Iſle)	Aſia	Pacific Ocean	15 8 0 S	168 17 0 E	11 13 8 E	
Autun	Europe	France	46 56 48 N	4 17 44 E	0 17 11 E	
Auxerre	Europe	France	47 47 57 N	3 34 06 E	0 14 16 E	
Aveiro	Europe	Portugal ...	40 38 17 N	8 29 15 W	0 33 57 W	
Avignon	Europe	France	43 56 58 N	4 48 10 E	0 19 13 E	
Avranches ...	Europe	France	48 41 21 N	1 21 51 W	0 5 27 W	6 00
Awatſcha	Aſia	Kamtſchat.	53 0 37 N	158 44 30 E	10 34 58 E	4 36

B

Names of Places.	Cont.	Coaſt, Sea, or Country.	Latitude.	Longitude In Degrees.	Longitude In Time.	H. W.
Babee (Pulo) ...	Aſia	Str. of Sunda	5 45 0 N	106 20 30 E	7 5 22 E	
Babylon (Ancient)	Aſia	Meſopotamia	33 0 0 N	42 46 30 E	2 51 6 E	
Bagdad	Aſia	Meſopotamia	33 19 40 N	44 22 15 E	2 57 29 E	
Balaſore	Aſia	India	21 20 0 N	87 1 26 E	5 48 6 E	
Ballabea (Iſle) ..	Aſia	N. Caledonia	20 7 0 S	164 22 0 E	10 57 28 E	
Banana (Big) ..	Africa	Sierra Leone	8 5 30 N	13 5 0 W	0 52 20 W	
Bancoot	Aſia	India	17 56 40 N	73 7 54 E	4 52 32 E	
Bangalore	Aſia	Myſore	13 0 0 N	77 37 10 E	5 10 29 E	
Banguey (Peak)	Aſia	Malacca ...	7 18 0 N	117 17 30 E	7 49 10 E	
Bank's Iſle ...	Aſia	New Zeeland	43 43 0 S	173 3 55 E	11 32 16 E	
Banſtead	Europe	England	51 19 25 N	0 11 20 W	0 0 45 W	
Bantam Point ..	Aſia	Java	5 50 20 S	106 9 3 E	7 4 36 E	
Barbas (Cape) ..	Africa	Sanhaga ...	22 15 30 N	16 40 0 W	1 6 40 W	
Barbuda (Iſle) ..	Amer.	Atlantic Ocean	17 49 45 N	61 50 0 W	4 7 20 W	
Barcelona	Europe	Spain	41 26 0 N	2 13 0 E	0 8 52 E	
Barfleur (Cape)	Europe	France	49 40 21 N	1 15 36 W	0 5 2 W	7 30
Barlingues	Europe	Portugal ...	39 26 0 N	9 35 20 W	0 38 21 W	
Barnevelt's (Iſle)	Amer.	Terra del Fuego	55 49 0 S	66 58 0 W	4 27 52 W	
Barren Iſle ...	Aſia	Bay of Bengal	12 14 0 N	93 42 0 E	6 14 48 E	
St. Bartholomew (Iſl	Aſia	N. Hebrides	15 42 0 S	167 17 30 E	11 9 10 E	
Baſle	Europe	Switzerland	47 33 34 N	7 35 12 E	0 30 21 E	
Baſſa Terre ...	Amer.	Guadaloupe	15 59 45 N	62 0 45 W	4 8 3 W	
Baſſeen (Fort)	Aſia	India	19 19 0 N	72 55 24 E	4 51 42 E	
Baſſes (Great)	Aſia	Ceylon	6 7 30 N	81 42 50 E	5 26 51 E	
Batavia	Aſia	Java	6 11 0 S	106 50 0 E	7 7 20 E	
Bath	Europe	England ...	51 22 30 N	2 21 30 W	0 9 26 W	
Batterſea	Europe	England	51 28 36 N	0 10 24 W	0 0 42 W	
Bauld (Cape) ..	Amer.	Newfoundland	51 39 45 N	55 27 50 W	3 41 51 W	
Bayeux	Europe	France	49 16 34 N	0 42 11 W	0 2 49 W	
Bayonne	Europe	France	43 29 15 N	1 28 41 W	0 5 55 W	3 30

Table XXIX. The Latitudes and Longitudes of Places.

Names of Places.	Cont.	Coast, Sea, or Country.	Latitude.	Longitude In Degrees.	Longitude In Time.	H.W.
			° ′ ″	° ′ ″	h m s	h m
Bazas	Europe	France	44 26 0 N	0 13 17 W	0 0 53 W	
Beachy Head ..	Europe	England ...	50 44 24 N	0 15 12 E	0 1 1 E	10 30
Bear (Isle) ...	Amer.	Hudson's Bay	54 34 0 N	79 56 0 W	5 19 44 W	12 0
Beauvais	Europe	France	49 26 0 N	2 4 41 E	0 8 19 E	
Beering's Island	Asia	Beering's Str.	55 36 0 N	167 46 0 E	11 11 4 E	
Belle Isle	Europe	France	47 17 17 N	3 5 0 W	0 12 20 W	1 30
Belley	Europe	France	45 45 29 N	5 41 4 E	0 22 44 E	
Bembridge Point	Europe	Isle of Wight	50 40 59 N	1 3 26 W	0 4 14 W	
Bencoolen ...	Asia	Sumatra ...	3 49 9 S	102 2 25 E	6 48 10 E	
Bender	Europe	Turkey	46 50 29 N	29 36 0 E	1 58 24 E	
Berg River	Africa	St. Helen's Bay	32 50 47 S	18 12 0 E	1 12 48 E	
Bergen	Europe	Norway	60 23 40 N	5 11 30 E	0 20 46 E	1 30
Bergen-op-zoom	Europe	Holland ...	51 29 46 N	4 16 57 E	0 17 8 E	
Berlin	Europe	Germany ..	52 31 30 N	13 23 0 E	0 53 32 E	
Bermudas (Isle)	Amer.	Atlantic Ocean	32 35 0 N	63 28 0 W	4 13 52 W	7 0
Bernaul	Asia	Siberia	53 19 59 N	82 12 15 E	5 28 49 E	
St. Bertrand ..	Europe	France	43 1 27 N	0 34 4 E	0 2 16 E	
Besanson	Europe	France	47 14 12 N	6 2 46 E	0 24 11 E	
Bessested	Europe	Iceland	64 6 9 N	21 53 45 W	1 27 35 W	
Bexhill	Europe	England	50 50 47 N	0 28 43 E	0 1 55 E	
Beziers	Europe	France	43 20 23 N	3 12 24 E	0 12 50 E	
Bird Island ...	Amer.	Pacific Ocean	17 49 0 S	142 43 24 W	9 30 54 W	
Bitche	Europe	Lorrain ...	49 2 21 N	7 26 20 E	0 29 45 E	
Blanco (Cape)	Africa	Negroland ..	20 55 30 N	17 10 0 W	1 8 40 W	9 45
Blanco (Cape)	Amer.	Patagonia ..	47 20 0 S	64 42 0 W	4 18 48 W	
Blanco (Cape) ..	Amer.	Pacific Ocean	43 12 0 N	124 7 30 W	8 16 30 W	
Bligh's Cap ...	Asia	Kergulen's L.	48 29 30 S	68 38 45 E	4 34 35 E	
Blois	Europe	France	47 35 20 N	1 20 1 E	0 5 20 E	
Boddam's Isl. ..	Asia	Indian Ocean	5 22 0 S	72 15 0 E	4 49 0 E	
Bojador (Cape)	Africa	Negroland ...	26 12 30 N	14 27 0 W	0 57 48 W	0 0
Bolabola (Isle)	Amer.	Pacific Ocean	16 32 30 S	151 52 0 W	10 7 28 W	
Bologna	Europe	Italy	44 29 36 N	11 20 25 E	0 45 22 E	
Bolcheretsk ..	Asia	Kamtchatka ..	52 54 30 N	156 56 40 E	10 27 47 E	
Bolt Head	Europe	England	50 17 0 N	3 53 30 W	0 15 34 W	
Bombay	Asia	India	18 55 42 N	72 54 24 E	4 51 38 E	
Bombay (Light-ho.)	Asia	India	18 53 0 N	72 52 54 E	4 51 32 E	
Bonavista (Isle)	Africa	Cape Verd ..	16 3 40 N	22 45 32 W	1 31 2 W	
Borcheleon	Europe	Netherlands	50 48 17 N	5 20 18 E	0 21 21 E	
Boscawen's Isle ·	Asia	Pacific Ocean	15 50 0 S	174 7 40 W	11 36 31 W	
Boston	Amer.	New England	42 25 0 N	70 37 15 W	4 42 29 W	11 25
Botany (Island)	Asia	N. Caledonia	22 26 40 S	167 16 45 E	11 9 7 E	
Botany Bay ...	Asia	N. Holland ..	34 6 0 S	151 15 0 E	10 5 0 E	8 0
Boulogne	Europe	France	50 43 33 N	1 36 33 E	0 6 26 E	11 0
Bourbon (Isle)	Africa	Indian Ocean	20 50 54 S	55 30 0 E	3 42 0 E	
Bourdeaux	Europe	France	44 50 14 N	0 34 15 W	0 2 17 W	3 0
Bourgas	Asia	Turkey	40 14 30 N	26 26 52 E	1 45 47 E	
Bourges	Europe	France	47 4 59 N	2 23 45 E	0 9 35 E	
Bow Island ...	Amer.	Pacific Ocean	18 17 0 S	140 43 0 W	9 22 52 W	
Brandenburg ..	Europe	Germany ...	52 27 0 N	12 53 0 E	0 51 32 E	
Brassee (Pulo) ..	Asia	Str. of Malacca	....	95 11 0 E	6 20 44 E	
Brava (Isle) ...	Africa	Cape Verd ..	14 50 58 N	24 43 4 W	1 38 52 W	
Breaker's Point	Amer.	Pacific Ocean	49 15 30 N	126 41 30 W	8 26 46 W	
Breda	Europe	Holland	51 35 29 N	4 46 9 E	0 19 5 E	
Bremen	Europe	Germany ...	53 5 11 N	8 49 34 E	0 35 18 E	6 00
Breslaw	Europe	Silesia	51 6 30 N	17 35 30 E	1 10 22 E	
Brest	Europe	France	48 23 42 N	4 30 0 W	0 18 0 W	3 15
Bridge Town ..	Amer.	Barbadoes ..	13 5 0 N	59 41 15 W	3 58 45 W	
St. Brieu	Europe	France	48 31 2 N	2 44 10 W	0 10 57 W	
Brighthelmstone	Europe	England	50 49 32 N	0 11 55 W	0 0 48 W	10 00
Bristol	Europe	England	51 28 0 N	2 34 45 W	0 10 19 W	7 00
Bristol (Cape) ..	Amer.	Sandwich Land	59 2 30 S	26 51 0 W	1 47 24 W	

Table XXIX. The Latitudes and Longitudes of Places.

Names of Places.	Cont.	Coaſt, Sea, or Country.	Latitude.	Longitude In Degrees.	Longitude In Time.	H.W.
			° ′ ″	° ′ ″	h m s	h m
Briſtol River ..	Amer.	Beering's Str.	58 27 0 N	158 7 30 W	10 32 30 W	
Broach Point ..	Aſia	India	21 38 30 N	72 43 24 E	4 50 54 E	
Brothers (The)	Aſia	Sea of Borneo	5 10 20 S	106 14 4 E	7 4 56 E	
Bruges	Europe	Netherlands	51 12 20 N	3 13 13 E	0 12 53 E	
Brunn	Europe	Moravia ...	49 11 28 N	16 35 6 E	1 6 20 E	
Bruſſels	Europe	Brabant	50 51 0 N	4 21 15 E	0 17 25 E	
Buda	Europe	Hungary ...	47 29 44 N	19 0 0 E	1 16 0 E	
Buenos Ayres ..	Amer.	Braſil	34 35 26 S	58 23 38 W	3 53 35 W	
Bukaroſt	Europe	Wallachia ...	44 26 45 N	26 8 0 E	1 44 32 E	
Buller (Cape) ..	Amer.	S. Georgia ..	53 58 30 S	37 40 0 W	2 30 40 W	
Burgeo (Iſles) ..	Amer.	Newfoundland	47 36 20 N	57 36 0 W	3 50 24 W	
Burhanpour ...	Aſia	India	21 19 0 N	76 22 0 E	5 5 28 E	
Byron's Iſle ...	Aſia	Pacific Ocean	1 13 0 S	177 8 0 E	11 48 32 E	
C						
Cabello (Port)	Amer.	Terra Firma	10 30 50 N	67 32 0 W	4 30 8 W	
Cape Cabron ..	Amer.	Hispaniola ..	19 21 52 N	69 18 40 W	4 37 15 W	
Cadiz	Europe	Spain	36 31 7 N	6 17 15 W	0 25 9 W	2 30
Caen	Europe	France	49 11 12 N	0 21 53 W	0 1 28 W	9 0
Cahors	Europe	France	44 26 49 N	1 26 22 E	0 5 45 E	
Cairo	Africa	Egypt	30 3 30 N	31 25 30 E	2 5 42 E	
Cajaneburg ...	Europe	Finland	64 13 30 N	27 45 0 E	1 51 0 E	
Calais	Europe	France	50 57 32 N	1 51 0 E	0 7 24 E	11 30
Calcutta (F. Will.)	Aſia	Bengal	22 34 45 N	88 27 56 E	5 53 52 E	3 5
Callao	Amer.	Peru	12 1 53 S	76 58 0 W	5 7 52 W	
Calmar	Europe	Sweden	56 40 30 N	16 25 15 E	1 5 41 E	
Calpy	Aſia	India	26 7 15 N	80 0 0 E	5 20 0 E	
Calymere Point	Aſia	India	10 20 0 N	79 46 0 E	5 19 4 E	
Cambray	Europe	France	50 10 37 N	3 13 32 E	0 12 54 E	
Cambridge ...	Europe	England	52 12 36 N	0 4 15 E	0 0 17 E	
Cambridge ...	Amer.	New England	42 25 0 N	71 6 0 W	4 44 24 W	
Camiſchin	Europe	Ruſſia	50 5 6 N	45 24 0 E	3 1 36 E	
Campbell (Cape)	Aſia	New Zealand	41 40 48 S	174 33 0 E	11 38 12 E	
Canary (Iſle) N.E. Pt	Africa	Atlantic Ocean	28 13 0 N	15 38 45 W	1 2 35 W	3 0
Candia (Iſle) ..	Europe	Medit. Sea ..	35 18 35 N	25 18 0 E	1 41 12 E	
Candlemas Iſles	Amer.	Sandwich Land	57 10 0 S	27 13 0 W	1 48 52 W	
Cananore (Point)	Aſia	India	11 51 0 N	75 25 00 E	5 1 40 E	
Canſo (Port) ..	Amer.	Nova Scotia	45 20 7 N	60 55 0 W	4 3 40 W	
Canterbury ...	Europe	England	51 18 26 N	1 4 53 E	0 4 20 E	
Canton	Aſia	China	23 6 57 N	113 16 7 E	7 33 4 E	
Capricorn (Cape)	Aſia	New Holland	23 26 40 S	151 5 40 E	10 4 23 E	
Carcaſſone ...	Europe	France	43 12 45 N	2 20 49 E	0 9 23 E	
Carleſcroon ..	Europe	Sweden	56 20 0 N	15 30 0 E	1 2 0 E	
Carisbrook Caſtle	Europe	Iſle of Wight	50 41 18 N	1 18 26 W	0 5 14 W	
Carpentras ...	Europe	France	44 3 8 N	5 2 35 E	0 20 10 E	
Carrickfergus	Europe	Ireland	54 43 0 N	5 45 30 W	0 23 2 W	
Carthagena ...	Europe	Spain	37 36 7 N	1 1 30 W	0 4 6 W	
Carthagena ...	Amer	Terra Firma	10 26 19 N	75 20 35 W	5 1 22 W	
Carwar Head ..	Aſia	India	14 47 0 N	74 12 30 E	4 56 50 E	
Caſan	Aſia	Siberia	55 43 58 N	49 29 30 E	3 17 58 E	
Caſbine	Aſia	Perſia	36 11 0 N	49 33 0 E	3 18 12 E	
Caſſel (Heſs) ..	Europe	Germany ...	51 19 20 N	9 31 45 E	0 38 07 E	
Caſtres	Europe	France	43 36 11 N	2 14 16 E	0 8 57 E	
St. Catherine's Iſle	Amer.	Braſil	27 32 30 S	49 15 37 W	3 17 2 W	
St. Catherine's Li.	Europe	Iſle of Wight	50 35 33 N	1 17 51 W	0 5 11 W	
Cavan	Europe	Ireland	54 51 41 N	7 25 20 W	0 29 41 W	
Cavaillon	Europe	France	43 50 6 N	5 1 55 E	0 20 8 E	
Cayenne	Amer.	Iſle Cayenne	4 56 15 N	52 15 0 W	3 29 0 W	
Cervia	Europe	Italy	44 15 31 N	12 19 28 E	0 49 18 E	
Cette (Lights)	Europe	France	43 23 42 N	3 41 46 E	0 14 47 E	

Table XXIX. The Latitudes and Longitudes of Places.

Names of Places.	Cont.	Coaſt, Sea, or Country.	Latitude.	Longitude In Degrees.	Longitude In Time.	H.W.
			° ′ ″	° ′ ″	h m s	h m
Chain Iſland ..	Amer.	Pacific Ocean	17 25 30 S	145 30 0W	9 42 0W	
Chalon ſur Saone	Europe	France	46 46 54 N	4 51 02 E	0 19 24 E	
Challons ſur Marne	Europe	France	48 57 28 N	4 20 15 E	0 17 21 E	
Chandernagor .	Aſia	Bengal	22 51 26 N	88 29 15E	5 53 57 E	
Charkow	Europe	Ruſſia	49 59 20 N	36 15 0 E	2 25 0 E	
Charles (Cape)	Amer.	Hudſon's Str	62 46 30 N	74 15 0W	4 57 0W	10 0
Q. Charlotte's Cape	Amer.	South Georgia	54 32 0 S	36 11 30W	2 24 46W	
Q. Charl. Foreland	Aſia	N. Caledonia	22 15 0 S	167 12 45 E	11 8 51 E	
Q. Charlotte's Iſle	Amer.	Pacific Ocean	19 18 0 S	138 20 0W	9 13 20W	
Q. Charlotte Sound	Aſia	New Zeeland	41 5 57 S	174 20 50 E	11 37 23 E	9 0
Charlotte Town	Amer.	St. John'sIſland	46 14 0 N	62 50 0W	4 11 20W	
Charlton Iſland	Amer.	Hudſon's Bay	52 3 0 N	79 5 0W	5 16 20W	
Chartres	Europe	France	48 26 54 N	1 29 5 E	0 5 56 E	
Cherbourg ...	Europe	France	49 38 31 N	1 37 18W	0 6 29W	7 30
Cherſon	Europe	Crimea	46 38 29 N	32 56 15 E	2 11 45 E	
Chicheſter ...	Europe	England ...	50 50 11 N	0 46 36W	0 3 6W	
ChilbambrumPagod	Aſia	India	11 24 42 N	79 48 6 E	5 19 12 E	
Chiſlehurſt ...	Europe	England ...	51 24 33 N	0 4 39 E	0 0 19 E	
Choule (Fort) ..	Aſia	India	18 32 0 N	72 59 54 E	4 52 0 E	
Chriſtchurch ..	Europe	England ...	50 43 47 N	1 46 3W	0 7 4W	
Chriſtiana ...	Europe	Norway	59 55 20 N	10 48 45 E	0 43 15 E	
Chriſtiansfelt ..	Europe	Denmark ..	55 21 27 N	9 29 46 E	0 37 59 E	
Chriſtmas Harbour	Africa	Kergulen's La	48 41 15 S	69 2 0 E	4 36 8 E	10 0
Chriſtmas Iſle	Amer.	Pacific Ocean	1 57 45 N	157 35 0W	10 30 20W	
Chriſtmas Sound	Amer.	Terre del Fuego	55 21 57 S	70 2 50W	4 40 11W	2 30
St Chriſtopher'sIſl.	Amer.	Carib. Sea ..	17 15 0 N	62 42 20W	4 10 49W	
Churchill River	Amer.	Hudſon's Bay	58 47 32 N	94 13 48W	6 16 55W	7 20
Civita Vecchia	Europe	Italy	42 5 24 N	11 46 15 E	0 47 5 E	
Clapham (Obſer.)	Europe	England ...	51 27 13 N	0 8 39W	0 0 35W	
St. Claude	Europe	France	46 23 18 N	5 51 50 E	0 23 27 E	
Clear (Cape)...	Europe	Ireland	51 19 0 N	9 23 15W	0 37 33W	4 30
Clerke's Iſle ..	Aſia	Beering's Str.	63 15 0 N	169 40 0W	11 18 40W	
Clerke's Rocks	Amer.	Atl. Ocean	55 5 30 S	34 42 0W	2 18 48W	
Clermont	Europe	France	45 46 44 N	3 5 2 E	0 12 20 E	
Cochin	Aſia	Malabar	9 58 0 N	76 15 34 E	5 5 2 E	
Cocos Iſles { Great	Aſia	Bay of Bengal	14 5 0 N	93 14 0 E	6 12 56 E	
Cocos Iſles { Little	Aſia	Bay of Bengal	13 58 0 N	93 7 0 E	6 12 28 E	
Coimbra	Europe	Portugal ...	40 14 0 N	8 24 0W	0 33 36W	
Colenet (Cape)	Aſia	N. Caledonia	20 30 0 S	164 56 0 E	10 59 44 E	
Collioure	Europe	France	42 31 31 N	3 5 2 E	0 12 20 E	
Colmar	Europe	France	48 4 44 N	7 22 11 E	0 29 29 E	
Cologne	Europe	Germany ...	50 55 21 N	6 55 0 E	0 27 40 E	
Colville (Cape)	Aſia	New Zeeland	36 24 45 S	175 48 50 E	11 43 15 E	
Comerin (Cape)	Aſia	India	8 4 0 N	77 33 50 E	5 10 15 E	
Commachio ..	Europe	Italy	44 40 27 N	12 9 47 E	0 48 39 E	
Compiegne ...	Europe	France	49 24 59 N	2 49 41 E	0 11 19 E	
Conception ...	Amer.	Chili	36 42 54 S	73 6 18W	4 52 25W	
Condom	Europe	France	43 57 49 N	0 22 7 E	0 1 28 E	
Condore (Pulo)	Aſia	Chineſe Sea	8 40 48 N	106 42 54 E	7 6 52 E	4 16
Conſtantinople	Europe	Turkey	41 1 10 N	28 55 5 E	1 55 40 E	
Cookſtown ...	Europe	Ireland	54 38 20 N	6 40 0W	0 26 40W	
Cooper's Iſle ..	Amer.	Atl. Ocean ..	54 57 0 S	36 4 20W	2 24 17W	
Copenhagen ..	Europe	Denmark ..	55 41 4 N	12 35 10 E	0 50 21 E	
Coquimbo	Amer.	Chili	29 54 33 S	71 15 45W	4 45 3W	
Cordouan (Lights)	Europe	France	45 35 14 N	1 10 10W	0 4 41W	
Cork	Europe	Ireland	51 53 54 N	8 28 15W	0 33 53W	6 30
Corneto	Europe	Italy	42 15 23 N	11 43 0 E	0 46 52 E	
Cornwallis (Port)	Aſia	Andaman ..	13 20 30 N	92 51 0 E	6 11 24 E	10 0
Cornwallis (Fort)	Aſia	Po. Pinnang	5 27 0 N	100 26 30 E	6 41 46 E	
Coronation (Cape)	Aſia	N. Caledonia	22 5 0 S	167 8 0 E	11 8 32 E	
Corvo	Europe	Azores	39 43 38 N	31 4 56W	2 4 20W	

Table XXIX. The Latitudes and Longitudes of Places.

Names of Places.	Cont.	Coast, Sea, or Country.	Latitude.	Longitude In Degrees.	Longitude In Time.	H.W.
			° ′ ″	° ′ ″	h m s	h m
Coudre Isle(N.W.si.	Amer.	Canada	47 15 33 N	70 18 57 W	4 41 16 W	
Coullaba Island	Asia	Indian Ocean	18 37 20 N	72 56 30 E	4 51 46 E	
Coutances	Europe	France	49 2 54 N	1 26 35 W	0 5 46 W	
Courtray	Europe	Netherlands	50 49 43 N	3 15 51 E	0 13 3 E	
Cowes (West) ..	Europe	Isle of Wight	50 46 18 N	1 17 17 W	0 5 9 W	10 30
Cracatoa (Isle)	Asia	Str. of Sunda	6 6 0 S	105 31 40 E	7 2 7 E	
Cracow	Europe	Poland	50 10 0 N	19 50 0 E	1 19 20 E	
Cremona	Europe	Italy	45 7 49 N	10 6 22 E	0 40 25 E	
Cresmunster	Europe	Germany ..	48 3 36 N	14 7 21 E	0 56 29 E	
Croisic	Europe	France	47 17 40 N	2 31 42 W	0 10 7 W	
Crooked Isle ..	Amer.	Lucayes	22 48 50 N	74 26 5 W	4 57 44 W	
Croque Harbour	Amer.	Newfoundland	51 3 17 N	55 50 0 W	3 43 20 W	
Cross Cape ...	Amer.	Pacific Ocean	57 58 30 N	136 44 30 W	9 6 58 W	
Cuddalore	Asia	India	11 41 0 N	79 37 45 E	5 18 31 E	
Cumberland (Cape)	Asia	New Hebrides	14 39 30 S	166 47 0 E	11 7 8 E	
Cumberland Ho.	Amer.	New Wales	53 56 40 N	102 9 0 W	6 48 36 W	
Cumberland Isle	Amer.	Pacific Ocean	19 18 0 S	140 52 0 W	9 23 28 W	
Cummin (Isle)	Asia	Chinese Sea	31 40 0 N	121 4 0 E	8 4 16 E	
Currense Isle ..	Asia	Almirantes	4 19 0 S	55 47 0 E	3 43 8 E	5 10

D

Names of Places.	Cont.	Coast, Sea, or Country.	Latitude.	Longitude In Degrees.	Longitude In Time.	H.W.
Dagger-Ort ...	Europe	Baltic	58 56 1 N	22 9 0 E	1 28 36 E	
Damoan Fort ...	Asia	India	20 22 0 N	73 2 45 E	4 52 11 E	
Danger (Point)	Asia	New Holland	28 8 22 S	153 33 10 E	10 14 13 E	
Danger (Isles of)	Asia	Pacific Ocean	10 56 0 S	165 59 0 W	11 3 56 W	
Dantzig	Europe	Poland	54 22 0 N	18 40 0 E	1 14 40 E	
Darby (Cape) ..	Amer.	Beering's Str.	64 21 0 N	163 0 0 W	10 52 0 W	
Dassen Island ..	Africa	Caffers	33 25 0 S	18 1 52 E	1 12 7 E	
Dax	Europe	France	43 42 19 N	1 3 16 W	0 4 13 W	
Deal Castle ...	Europe	England	51 13 5 N	1 23 59 E	0 5 36 E	11 15
Delhi	Asia	India	28 37 0 N	77 40 0 E	5 10 40 E	
Dengeness	Europe	England	50 54 52 N	0 57 40 E	0 3 51 E	11 15
Dennis (St.) ..	Africa	I. Bourbon ..	20 51 43 S	55 30 0 E	3 42 0 E	
Dereham (East)	Europe	England	52 40 20 N	0 54 30 E	0 3 38 E	
Devi-cotta	Asia	India	11 21 0 N	79 47 0 E	5 19 8 E	
Diamond Island	Asia	Bay of Bengal	15 50 0 N	94 17 54 E	6 17 12 E	
Diarbekir	Asia	Diarbek ...	37 54 0 N	39 20 0 E	2 37 20 E	
Die	Europe	France	44 45 31 N	5 22 18 E	0 21 29 E	
Diego (Cape) ..	Amer.	TerradelFuego	54 33 0 S	65 14 0 W	4 20 56 W	
Diego Garcia ..	Asia	Indian Ocean	7 20 0 S	72 24 52 E	4 49 39 E	
Diego Ramirez	Amer.	South. Ocean	56 32 30 S	67 55 0 W	4 31 40 W	
Dieppe	Europe	France	49 55 34 N	1 4 29 E	0 4 18 E	11 15
Digby (Cape) ..	Asia	Kergulen's La.	49 23 30 S	70 32 0 E	4 42 8 E	
Digges (Isle) ..	Amer.	Hudson's Bay	62 41 0 N	78 50 0 W	5 15 20 W	
Digne ......;	Europe	France	44 5 18 N	6 14 4 E	0 24 56 E	
Dijon	Europe	France	47 19 25 N	5 1 48 E	0 20 7 E	
Dilla (Mount) ..	Asia	Malabar Coast	11 59 40 N	75 14 30 E	5 0 58 E	
Dillingen	Europe	Germany ...	48 34 10 N	10 29 12 E	0 41 57 E	
Disappointment (C.	Amer.	South Georgia	54 58 0 S	36 15 0 W	2 25 0 W	
Disappointment (Isl.	Amer.	Pacific Ocean	14 7 0 S	141 22 0 W	9 25 28 W	
Diseada (Cape)	Amer.	TerradelFuega	53 4 15 S	74 18 0 W	4 57 12 W	
Diserada	Amer.	Carib. Isles	16 35 0 N	61 11 15 W	4 4 45 W	
Diu Head	Asia	Guzarat	20 42 0 N	71 3 30 E	4 44 14 E	
Dix Cove Fort	Africa	Gold Coast	4 44 0 N	2 37 44 W	0 10 31 W	
Dixmude	Europe	Netherlands	51 2 5 N	2 51 39 E	0 11 27 E	
Dol	Europe	France	48 33 8 N	1 45 28 W	0 7 2 W	
Domar (Pulo)	Asia	Chinese Sea	2 47 0 N	105 21 0 E	7 1 24 E	
Dominique (Isle)	Amer.	WindwardIsles	15 18 23 N	61 35 30 W	4 6 22 W	
Donna Maria (Cape	Amer.	Hispaniola ..	18 37 20 N	74 35 52 W	4 58 23 W	
Dorchester ...	Europe	England	50 42 58 N	2 25 40 W	0 9 43 W	

Table XXIX. The Latitudes and Longitudes of Places.

Names of Places.	Cont.	Coaſt, Sea, or Country.	Latitude.	Longitude In Degrees.	Longitude In Time.	H.W.
			° ′ ″	° ′ ″	h m s	h m
Douay	Europe	Flanders	50 22 12 N	3 4 47 E	0 12 19 E	
Douglas (Cape)	Amer.	Cook's River	58 56 0 N	153 50 0W	10 15 20W	
Dover	Europe	England	51 7 48 N	1 19 2 E	0 5 16 E	11 15
Drake's Iſland	Europe	Plymouth Sou.	50 21 30 N	4 13 30W	0 16 54W	5 45
Dreſden	Europe	Saxony	51 2 54 N	13 41 15 E	0 54 45 E	
Dreux	Europe	France	48 44 17 N	1 21 24 E	0 5 26 E	
Dronthiem	Europe	Norway	63 26 6 N	10 22 0 E	0 41 28 E	2 15
Druja	Europe	Ruſſia	55 47 29 N	27 13 30 E	1 48 54 E	
Dublin	Europe	Ireland	53 22 0 N	6 17 0W	0 25 8W	9 45
Dublin Obſervatory	Europe	Ireland	53 23 7 N	6 20 0W	0 25 22W	
Dundee	Europe	Scotland	56 25 0 N	3 2 30W	0 12 10W	
Dundra-Head	Aſia	Ceylon	5 51 0 N	80 41 20 E	5 22 45 E	
Dunkirk	Europe	France	51 2 9 N	2 22 4 E	0 9 28 E	11 45
Duſky Bay	Aſia	New Zeeland	45 47 27 S	166 18 9 E	11 5 13 E	10 57
Dun-Noſe	Europe	England	50 37 7 N	1 11 36W	0 4 46W	9 45
E						
Eagle Iſland	Aſia	Almirantes	5 10 0 S	55 37 0 E	3 42 28 E	3 30
Eaoowe (Iſle)	Aſia	Pacific Ocean	21 24 0 S	174 30 0W	11 38 0W	7 0
Eaſt Cape	Aſia	Beering's Str.	66 5 30 N	169 44 0W	11 18 56W	
Eaſt Cape	Aſia	New Zeeland	37 44 25 S	178 58 0 E	11 55 52 E	
Eaſt-Main (Fort)	Amer.	Labrador	52 15 0 N	78 57 49W	5 15 51W	
Eaſter Iſland	Amer.	Pacific Ocean	27 6 30 S	109 46 45W	7 19 7W	2 0
Ecaterinburg	Aſia	Siberia	56 50 15 N	60 50 0 E	4 3 20 E	
Edam (Iſle)	Aſia	Batavia Bay	5 57 30 S	106 51 0 E	7 7 24 E	
Edgecumbe (Cape)	Amer.	Pacific Ocean	57 4 30 N	135 55 30W	9 3 42W	
Edinburg	Europe	Scotland	55 56 42 N	3 12 15W	0 12 49W	4 30
Edward's (Pr.) Iſles	Africa	Ind. Ocean { N.	46 39 30 S	38 2 30 E	2 32 10 E	
		{ S.	46 52 30 S	37 47 0 E	2 31 8 E	
Edyſtone	Europe	Engliſh Chanel	50 8 0 N	4 24 0W	0 17 36W	5 30
Egmont (Cape)	Aſia	New Zeeland	39 23 20 S	174 12 30 E	11 36 50 E	
Egmont (Iſle)	Amer.	Pacific Ocean	19 20 0 S	138 46 0W	9 15 4W	
Eimeo (Iſle)	Amer.	Pacific Ocean	17 30 0 S	149 54 0W	9 59 36W	
Elias's (St.) Mount	Amer.	Pacific Ocean	60 24 30 N	141 0 0W	9 24 0W	
Elephant Point	Aſia	Ceylon	6 20 0 N	81 39 15 E	5 26 37 E	
Elizabeth (Cape)	Amer.	Pacific Ocean	59 11 0 N	152 12 0W	10 8 48W	
Elmina Caſtle	Africa	Gold Coaſt	5 1 38 N	2 0 12W	0 8 1W	
Eltham	Europe	England	51 27 4 N	0 3 10 E	0 0 13 E	
Embrum	Europe	France	44 34 7 N	6 25 54 E	0 25 44 E	
Enatum (Iſle)	Aſia	Pacific Ocean	20 10 0 S	170 4 0 E	11 20 16 E	
Enckhuyſen	Europe	Holland	52 42 22 N	5 10 0 E	0 20 40 E	
Engliſh Road	Aſia	Eaoowe	21 20 30 S	174 49 0W	11 39 16W	
Endeavour River	Aſia	New Holland	15 27 11 S	145 10 0 E	9 40 40 E	
Enos	Europe	Turkey	40 41 58 N	25 58 30 E	1 43 54 E	
Erramanga Iſle	Aſia	Pacific Ocean	18 46 30 S	169 18 30 E	11 17 14 E	
Erzerum	Aſia	Turkey	39 56 35 N	48 35 45 E	3 14 23 E	
Eſpiritu Santo	Amer.	Cuba	21 57 41 N	79 49 30W	5 19 18W	
Euſtachia (Town)	Amer.	Carib. Sea	17 29 0 N	63 2 0W	4 12 8W	
Evout's Iſles	Amer.	Terra del Fuego	55 34 30 S	66 59 0W	4 27 56W	
Evreux	Europe	France	49 1 30 N	1 8 54 E	0 4 36 E	
Exeter	Europe	England	50 44 0 N	3 34 30W	0 14 18W	
F						
Fairlight	Europe	England	50 52 39 N	0 38 35 E	0 2 34 E	
Falmouth	Europe	England	50 8 0 N	5 3 0W	0 20 12W	5 30
Falſe (Cape)	Africa	Caffres	34 16 0 S	18 44 0 E	1 14 56 E	
Falſe Bay	Africa	Caffres	34 10 0 S	18 33 0 E	1 14 12 E	
Fano	Europe	Italy	43 51 0 N	12 59 38 E	0 51 59 E	
Fareham	Europe	England	50 51 20 N	1 10 11W	0 4 41W	
Farewell (Cape)	Amer.	Greenland	59 38 0 N	42 42 0W	2 50 48W	

TABLE XXIX. The Latitudes and Longitudes of Places.

Names of Places.	Cont.	Coast, Sea, or Country.	Latitude.	Longitude In Degrees.	In Time.	H.W.
			° ′ ″	° ′ ″	h m s	h m
Farewell (Cape)	Asia	New Zeeland	40 37 0 S	172 49 38 E	11 31 19 E	
Farnham.... ..	Europe	England	51 13 7 N	0 47 52W	0 3 11W	
Fayal (Town)...	Europe	Azores	38 32 20 N	28 41 5W	1 54 44W	2 20
Fecamp........	Europe	France	49 45 24 N	0 22 48 E	0 1 31 E	
Felix and Amb Isles	Amer.	Pacific Ocean	26 16 0 S	79 16 0W	5 17 4W	
Ferdinand Norónha	Amer.	Brazil	3 56 20 S	32 38 0W	2 10 32W	
Fermo.........	Europe	Italy	43 10 18 N	13 41 26 E	0 54 46 E	
Fernando Po ...	Africa	Atlantic Ocean	3 28 0 N	8 40 0 E	0 34 40 E	
Ferrara........	Europe	Italy	44 49 46 N	11 36 15 E	0 46 25 E	
Ferraria (Point)	Europe	St. Michael (Az	37 49 41 N	25 59 49W	1 43 59W	
Ferro (Town) ..	Africa	Canaries	27 47 35 N	17 45 8W	1 11 1W	
Finisterre (Cape)	Europe	Spain	42 53 30 N	9 18 24W	0 37 14W	
Fizeron (Cape)	Europe	Portugal	39 19 0 N	11 43 53W	0 46 56W	
Fladstrand	Europe	Denmark	57 27 3 N	10 33 15 E	0 42 13 E	
Flattery (Cape)	Amer.	New Albion	48 15 30 N	124 58 30W	8 19 54W	
Flensburg	Europe	Denmark	54 47 8 N	9 27 6 E	0 37 48 E	
Florence	Europe	Italy	43 46 30 N	11 3 30 E	0 44 14 E	
Flores	Europe	Azores	39 26 20 N	31 11 22W	2 4 45W	
Flour (Saint) ...	Europe	France	45 1 53 N	3 5 24 E	0 12 22 E	
Flushing	Europe	Holland	51 26 37 N	3 34 9 E	0 14 17 E	
Foggy Island.....	Amer.	Pacific Ocean	56 12 0 N	157 19 30W	10 29 18W	
Foktzani.......	Europe	Turkey......	45 38 51 N	27 2 30 E	1 48 10 E	
Folkstone	Europe	England	51 5 45 N	1 11 29W	0 4 46W	
Fontarabia	Europe	Spain	43 21 36 N	1 47 29W	0 7 10W	
S. Foreland (Light)	Europe	England	51 8 21 N	1 22 6 E	0 5 28 E	
No. Foreland ...	Europe	England	51 22 40 N	1 26 22 E	0 5 45 E	
Fortaventure (W.P.	Africa	Canaries	28 4 0 N	14 31 30W	0 58 6W	
Foul Point	Africa	Madagascar ..	17 40 14 S	49 52 30 E	3 19 30 E	
Foulweather (Cape)	Amer.	Pacific Ocean	44 53 0 N	124 10 0W	8 16 40W	
Frampton House	Europe	Wales.......	51 25 1 N	3 29 30W	0 13 58W	
France (Isle of)	Africa	Indian Ocean	20 9 43 S	57 31 30 E	3 50 6 E	
Francfort (on the M.	Europe	Germany	50 7 40 N	8 35 45 E	0 34 23 E	
Francfort (on the Od	Europe	Germany	52 22 8 N	14 45 0 E	0 59 3 E	
Francisco (St.)..	Amer.	New Albion	37 48 30 N	122 7 20W	8 8 30W	11 25
Francois (Cape)	Amer.	Hispaniola ...	19 46 40 N	72 17 45W	4 49 11W	
Francois (Old Cape)	Amer.	Hispaniola ...	19 40 30 N	70 2 0W	4 40 8W	
Frant	Europe	England	51 5 54 N	0 16 13 E	0 1 5 E	
Frawenburg	Europe	Prussia	54 22 15 N	20 7 30 E	1 20 30 E	
Free Town	Africa	Sierra Leone	8 29 40 N	13 5 17W	0 52 21W	
Frehel (Light)	Europe	France	48 41 10 N	2 18 57W	0 09 15W	
Frejus	Europe	France	43 25 52 N	6 43 54 E	0 26 56 E	
Fricsland's Peak	Amer.	Sandw. Land	59 2 0 S	26 55 30W	1 47 42W	
Frio (Cape)	Amer.	Brasil	22 54 0 S	42 8 15W	2 48 33W	
Frio (Cape)	Africa	Caffraria.....	18 40 0 S	12 26 0	0 49 44 E	
Fronsac (Strait)	Amer.	Nova Scotia ..	45 36 57 N	61 19 30W	4 5 18W	
Fuego (Isle)	Africa	Cape Verd ...	14 57 2 N	24 22 2W	1 37 32W	
Fulham	Europe	England	51 28 7 N	0 12 35W	0 0 50W	
Funchal........	Africa	Madeira	32 37 20 N	16 55 36W	1 7 42W	12 4
Furneaux (Island)	Amer.	Pacific Ocean	17 11 0 S	143 6 40W	9 32 27W	
Furness	Europe	Netherlands	51 4 23 N	2 39 36 E	0 10 38 E	

G

Names of Places.	Cont.	Coast, Sea, or Country.	Latitude.	Longitude In Degrees.	In Time.
Gabey.........	Asia	New Guinea	0 6 0 S	126 23 45 E	8 25 35 E
Galle (Cape de).	Asia	Ceylon	6 1 0 N	80 19 20 E	5 21 17 E
Gallepoli	Europe	Turkey......	40 25 33 N	26 37 15 E	1 46 29 E
Gand	Europe	Netherlands ..	51 3 15 N	3 43 20 E	0 14 53 E
Ganjam........	Asia	India	19 22 30 N	85 18 30 E	5 41 14 E
Gap	Europe	France	44 33 37 N	6 4 47 E	0 24 19 E
Gaspar (Island) .	Asia	Str. of Gasper	2 25 0 S	107 7 45 E	7 8 31 E
Gaspee	Amer.	G. St. Lawrence	48 47 30 N	64 27 30W	4 17 50W

Table XXIX. The Latitudes and Longitudes of Places.

Names of Places.	Cont.	Coaſt, Sea, or Country.	Latitude.	Longitude In Degrees.	Longitude In Time.	H.W.
			° ′ ″	° ′ ″	h m s	h m
Gavareea (Cape)	Aſia	Kamtſchatſka	51 20 30 N	158 36 0 E	10 34 24 E	
Geinhauſen	Europe	Germany	50 13 25 N	9 13 38 E	0 36 55 E	
Geneva	Europe	Savoy	46 12 17 N	6 8 24 E	0 24 34 E	
Genoa	Europe	Italy	44 25 0 N	8 51 15 E	0 35 25 E	
St. George (Iſle)	Europe	Azores	38 53 30 N	28 10 0 W	1 52 40 W	
St. George (Town)	Amer.	Bermudas	32 22 20 N	64 14 15 W	4 16 57 W	
St. George (Fort)	Amer.	Hiſpaniola	18 18 40 N	73 11 49 W	4 52 47 W	
St. George (Fort)	Aſia	India	13 4 54 N	80 24 49 E	5 21 39 E	
St. George (Cape)	Amer.	Newfoundland	48 30 5 N	59 20 33 W	3 57 22 W	
St. George (Cape)	Aſia	N. Holland	35 10 30 S	150 29 0 E	10 1 56 E	
St. George (Cape)	Aſia	New Britain	4 53 30 S	153 8 45 E	10 12 35 E	
George (Cape)	Amer.	South Georgia	54 17 0 S	36 32 30 W	2 26 10 W	
George (Cape)	Aſia	Kergulen's La.	49 54 30 S	70 12 0 E	4 40 48 E	
Geriah	Aſia	Malabar	16 37 0 N	73 22 24 E	4 53 30 E	
Ghent	Europe	Flanders	51 3 15 N	3 43 20 E	0 14 53 E	
Gibraltar	Europe	Spain	36 4 44 N	5 4 0 W	0 20 16 W	0 0
Gilbert's Iſle	Amer.	Terra del Fuego	55 13 0 S	71 6 45 W	4 44 27 W	
Glandeve	Europe	France	43 56 43 N	6 48 10 E	0 27 13 E	
Glaſgow	Europe	Scotland	55 51 32 N	4 16 0 W	0 17 4 W	
Glocester Houſe	Amer.	New Wales	51 24 26 N	87 26 2 W	5 49 44 W	
Glocester Iſle	Amer.	Pacific Ocean	19 11 0 S	140 20 0 W	9 21 20 W	
Gluchow	Europe	Ruſſia	51 40 30 N	34 20 0 E	2 17 20 E	
Gluckſtad	Europe	Holſtein	53 47 44 N	9 27 0 E	0 37 48 E	
Goa	Aſia	India	15 28 20 N	73 58 39 E	4 55 55 E	
Goat Iſle	Aſia	Chineſe Sea	13 55 0 N	120 2 0 E	8 0 8 E	
Goave (La Petit)	Amer.	Hiſpaniola	18 27 0 N	72 45 34 W	4 51 2 W	
Goes	Europe	Zeeland	51 30 18 N	3 53 5 E	0 15 32 E	
Gogo	Aſia	India	21 40 30 N	72 21 15 E	4 49 25 E	
Gomera (Iſle)	Africa	Canaries	28 5 40 N	17 8 0 W	1 8 32 W	
Gonave (Iſle N.E. Pt.	Amer.	Hiſpaniola	18 48 35 N	72 56 27 W	4 51 46 W	
Goodwood	Europe	England	50 52 21 N	0 44 9 W	0 2 57 W	
Good Hope (Cape)	Africa	Caffraria	34 29 0 S	18 23 15 E	1 13 33 E	3 0
Good Hope (Town)	Africa	Caffraria	33 55 42 S	18 23 7 E	1 13 32 E	2 30
Goree (Iſle)	Africa	Atlantic Ocean	14 40 5 N	17 24 30 W	1 9 38 W	1 30
Gotha	Europe	Germany	50 56 17 N	10 41 46 E	0 42 46 E	
Gothaab	Amer.	Greenland	64 9 55 N	51 46 45 W	3 27 7 W	
Gottenburg	Europe	Sweden	57 42 0 N	11 57 30 E	0 47 50 E	
Gottingen (Obſer.)	Europe	Germany	51 31 54 N	9 54 15 E	0 39 37 E	
Goudhurſt	Europe	England	51 6 50 N	0 27 39 E	0 1 51 E	
Grafton (Iſle)	Aſia	Baſhees	21 4 0 N	120 55 11 E	8 3 41 E	
Grafton (Cape)	Aſia	New Holland	16 53 30 S	145 42 45 E	9 42 51 E	
Grenada (Fort Roy.)	Amer.	Carib. Sea	12 2 54 N	61 51 15 W	4 7 25 W	
Granville	Europe	France	48 50 16 N	1 36 15 W	0 6 25 W	6 45
Graſſe	Europe	France	43 39 19 N	6 55 9 E	0 27 41 E	
Gratioſa	Europe	Azores	39 11 0 N	27 54 30 W	1 51 38 W	
Gratz	Europe	Germany	47 4 9 N	15 25 45 E	1 1 43 E	
Gravelines	Europe	Flanders	50 59 10 N	2 7 35 E	0 8 30 E	0 0
Gravois (Point)	Amer.	Hiſpaniola	18 0 55 N	74 2 15 W	4 56 9 W	
Greenwich (Obſ.)	Europe	England	51 28 40 N	0 0 0	0 0 0	
Grenaae	Europe	Denmark	56 24 57 N	10 53 21 E	0 43 33 E	
Gregory (Cape)	Amer.	Pacific Ocean	43 29 0 N	124 9 0 W	8 16 36 W	
Grenoble	Europe	France	45 11 42 N	5 43 34 E	0 22 54 E	
Grenville (Cape)	Amer.	Pacific Ocean	57 31 0 N	152 37 30 W	10 10 30 W	
Grouais (Iſle)	Europe	France	47 38 4 N	3 26 23 W	0 13 46 W	
Grinſted (Eaſt)	Europe	England	51 7 28 N	0 0 16 E	0 0 1 E	
Grinſted (Weſt)	Europe	England	50 58 24 N	0 19 53 W	0 1 20 W	
Gryphiswald	Europe	Germany	54 5 15 N	13 35 15 E	0 54 5 E	
Gaudaloupe	Amer.	Carib. Sea	15 59 30 N	61 48 15 W	4 7 15 W	
Guiaquil	Amer.	Peru	2 11 18 S	79 20 52 W	5 17 23 W	
Gurief	Aſia	Siberia	47 7 7 N	51 59 15 E	3 27 57 E	

Table XXIX. The Latitudes and Longitudes of Places.

H

Names of Places.	Cont.	Coast, Sea, or Country.	Latitude.	Longitude In Degrees.	Longitude In Time.	H.W.
			° ′ ″	° ′ ″	h m s	
Haderfleben....	Europe	Denmark ..	55 15 6 N	9 30 15 E	0 38 1 E	
Hague.........	Europe	Holland	52 4 12 N	4 16 2 E	0 17 4 E	8 15
Halifax........	Amer.	Nova Scotia	44 44 0 N	63 36 0 W	4 14 24 W	7 30
Hamburg	Europe	Germany ...	53 33 3 N	9 55 15 E	0 39 41 E	6 0
Hammerfost (Isle)	Europe	North Sea....	70 38 43 N	23 43 35 E	1 34 54 E	
Hampstead	Europe	England ...	51 33 19 N	0 10 42 W	0 0 43 W	
Hang-lip (Cape)	Africa	Caffraria.....	34 16 0 S	18 44 0 E	1 14 56 E	
Hanover.......	Europe	Germany ...	52 22 18 N	9 44 15 E	0 38 57 E	
Harbro' (Market)	Europe	England ...	52 28 30 N	0 57 25 W	0 3 50 W	
Harefield	Europe	England ...	51 36 10 N	0 29 15 W	0 1 57 W	
Haerlem	Europe	Holland ...	52 22 14 N	4 37 0 E	0 18 28 E	
Harrow on the Hill	Europe	England	51 34 27 N	0 20 3 W	0 1 20 W	
Hastings	Europe	England ...	50 52 10 N	0 41 10 E	0 2 45 E	11 0
Havannah	Amer.	Cuba	23 11 52 N	82 8 36 W	5 28 34 W	
Havant	Europe	England ...	50 51 5 N	0 58 38 W	0 3 55 W	
Haver-de-Grace	Europe	France	49 29 14 N	0 6 23 E	0 0 26 E	9 0
Hawkhill	Europe	Scotland ...	55 57 37 N	3 10 15 W	0 12 41 W	
Heese (La).....	Europe	Netherlands	51 23 2 N	4 44 45 E	0 18 59 E	
St. Helena (Ja-To.	Africa	S. Atlan Ocean	15 55 0 S	5 43 30 W	0 22 54 W	2 15
Hengistbury Head	Europe	England ...	50 42 57 N	1 45 11 W	0 7 1 W	
Henley House ..	Amer.	New Wales ..	51 14 28 N	84 46 15 W	5 39 5 W	
Henlopen (Cape)	Amer.	Virginia.....	38 47 8 N	75 12 31 W	5 0 50 W	9 0
Henry (Cape) ..	Amer.	Virginia.....	36 57 0 N	76 31 30 W	5 6 6 W	
Heraclia	Europe	Turkey	41 1 3 N	27 54 19 E	1 51 37 E	
St. Hermogenes (Isle	Amer.	Cook's River.	58 15 0 N	152 13 0 W	10 8 52 W	
Hernosand	Europe	Sweden	62 38 0 N	17 50 15 E	1 11 21 E	
Hervey's (Isle)..	Amer.	Pacific Ocean	19 17 0 S	158 56 20 W	10 35 45 W	
Hesselôe (Isle) ..	Europe	Categat	56 11 46 N	11 43 45 E	0 46 55 E	
Heve (Cape la)	Europe	France	49 30 42 N	0 4 0 E	0 0 16 E	
Highbury House	Europe	England	51 33 13 N	0 5 51 W	0 0 23 W	
Highclere......	Europe	England	51 18 46 N	1 20 16 W	0 5 21 W	
Highgate	Europe	England	51 34 16 N	0 8 50 W	0 0 35 W	
Hinchinbroke (Isle)	Asia	Pacific Ocean	17 25 0 S	168 38 0 E	11 14 32 E	
Hinchinbroke (Cap.	Amer.	Pr Wm's Sound	60 16 0 N	146 55 0 W	9 47 40 W	
Hioring	Europe	Denmark ..	57 27 44 N	9 59 58 E	0 40 0 E	
Hoai-Nghan	Asia	China	33 34 40 N	118 49 30 E	7 55 18 E	
Hogue (Cape la)	Europe	France	49 44 40 N	1 56 50 W	0 7 47 W	0 0
Hola	Europe	Iceland	65 44 0 N	19 44 0 W	1 18 56 W	
Holme Point ...	Europe	England	52 59 40 N	0 30 45 E	0 2 3 E	
Honfleur	Europe	France	49 25 13 N	0 13 59 E	0 0 56 E	9 0
Hood's Isle.....	Amer.	Pacific Ocean	9 26 0 S	138 52 0 W	9 15 28 W	
Hoogstraeten ...	Europe	Netherlands	51 24 44 N	4 46 15 E	0 19 5 E	
Horn (Cape) ...	Amer.	Terre del Fuego	55 58 30 S	67 26 0 W	4 29 44 W	
Horndean......	Europe	England	50 55 33 N	1 0 21 W	0 4 1 W	
Horsham	Europe	England	51 3 36 N	0 19 43 W	0 1 19 W	
Hout Bay	Africa	Caffraria.....	34 3 0 S	18 19 0 E	1 13 16 E	
Howe's Isle	Amer.	Pacific Ocean	16 46 30 S	154 6 40 W	10 16 27 W	
Howe (Cape)...	Asia	New Holland	37 31 15 S	145 31 0 E	9 58 4 E	
Huahine (Isle)..	Amer.	Pacific Ocean	16 44 0 S	151 6 0 W	10 4 24 W	
Hueen (Isle) ...	Europe	Sound	55 54 38 N	12 41 30 E	0 50 46 E	
Hudson's House	Amer.	New Wales ..	53 0 32 N	106 27 48 W	7 5 51 W	
Hunaston Lights•	Europe	England	52 58 40 N	0 28 0 E	0 1 52 E	
Hurst Light-house	Europe	England	50 42 23 N	1 32 50 W	0 6 11 W	
Hurstmonceux	Europe	England	50 51 35 N	0 19 42 E	0 1 19 E	
Husum	Europe	Denmark ..	54 28 48 N	9 4 7 E	0 36 16 E	
Hydrabad......	Asia	Golconda	17 12 0 N	78 51 0 E	5 15 24 E	

Table XXIX. The Latitudes and Longitudes of Places.

I J

Names of Places.	Cont.	Coaſt, Sea, or Country.	Latitude.	Longitude In Degrees.	Longitude In Time.	H.W.
			° ′ ″	° ′ ″	h m s	h m
Jackſon (Port)..	Aſia	N. Holland	33 51 7 S	151 13 30 E	10 4 54 E	
Jaffrabad (Fort)	Aſia	India	20 52 50 N	71 36 30 E	4 46 26 E	
Jakutſk........	Aſia	Siberia	62 1 52 N	129 43 30 E	8 38 55 E	
Jakutſkoi-Noſs	Aſia	Kamtſchatka .	66 5 30 N	169 44 0 W	11 18 56 W	
Janeiro (Rio)...	Amer.	Brazil.......	22 54 10 S	43 10 45 W	2 52 43 W	2 5
Jaroſlawl	Europe	Ruſſia	57 37 30 N	40 10 0 E	2 40 40 E	
Jarra (Pulo) ...	Aſia	Str. of Malacca	3 57 0 N	100 17 0 E	6 41 8 E	
Jaſſey	Europe	Moldavia	47 8 32 N	27 29 45 E	1 49 59 E	
Java Head	Aſia	Java	6 48 30 S	105 7 25 E	7 0 30 E	
Icy Cape.......	Amer.	Beering's Str.	70 29 0 N	161 42 30 W	10 46 50 W	
Idolhos (Iſles) ..	Africa	Atlantic Ocean	9 27 0 N	13 32 30 W	0 54 10 W	
Jenikola.......	Europe	Crimea	45 21 0 N	36 26 30 E	2 25 46 E	
Jeniſeik	Aſia	Siberia	58 27 17 N	91 58 30 E	6 7 54 E	
Jeremie (Point)	Amer.	Hiſpaniola ...	18 40 20 N	74 13 28 W	4 56 55 W	
Jeruſalem......	Aſia	Paleſtine	31 55 0 N	35 20 0 E	2 21 20 E	
St. Ildefonſo's Iſles	Amer.	Ter. del Fuego	55 51 0 S	69 28 0 W	4 37 52 W	
Ilginſkoi	Aſia	Siberia......	....	104 59 0 E	6 59 56 E	
Immer (Iſle)...	Aſia	Pacific Ocean	19 16 0 S	169 46 0 E	11 19 4 E	
Ingolſtadt......	Europe	Germany ...	48 45 50 N	11 25 30 E	0 45 42 E	
Ingornahoix....	Amer.	Newfoundland	50 37 17 N	57 15 30 W	3 49 2 W	
Johanna (Peak)	Africa	Comora Iſles	12 16 0 S	44 46 18 E	2 59 5 E	
St. John's	Amer.	Antigua	17 4 30 N	62 9 0 W	4 8 30 W	
St. John's	Amer.	Newfoundland	47 32 44 N	52 25 30 W	3 29 42 W	6 0
St. Joſeph	Amer.	California ...	23 3 37 N	109 40 45 W	7 18 43 W	
Joy (Port)	Amer.	Iſle of St. John's	46 11 0 N	62 57 15 W	4 11 49 W	
Irkutſk........	Aſia	Siberia......	52 18 8 N	104 33 30 E	6 58 14 E	
Irraname (Iſle)	Aſia	Pacific Ocean	19 31 0 S	170 21 0 E	11 21 24 E	
Iſlamabad......	Aſia	India	22 20 0 N	91 49 43 E	6 7 19 E	
Iſle of Pines....	Aſia	Pacific Ocean	22 38 0 S	167 38 0 E	11 10 32 E	
Iſlington.......	Europe	England.....	51 32 18 N	0 6 0 W	0 0 24 W	
Iſmael.........	Europe	Turkey	45 20 58 N	28 50 0 E	1 55 20 E	
Iſpahan........	Aſia	Perſia.......	32 24 34 N	51 50 0 E	3 27 20 E	
St. Juan (Cape)	Amer.	Staten Land	54 47 10 S	63 47 0 W	4 15 8 W	
Juan Fernandes(Iſle	Amer.	Pacific Ocean	33 40 0 S	78 33 0 W	5 14 12 W	
Judda	Aſia	Arabia	21 29 0 N	39 22 0 E	2 37 28 E	
Judomſkoi	Aſia	Siberia	....	139 52 30 E	9 19 30 E	
St. Julian (Port)	Amer.	Patagonia....	49 10 0 S	68 44 0 W	4 34 56 W	4 45
Jupiter's Inlet ..	Amer.	Anticoſta(Iſle)	49 26 0 N	63 38 15 W	4 14 33 W	
Juthia.........	Aſia	India	14 18 0 N	100 50 0 E	6 43 20 E	

K

Names of Places.	Cont.	Coaſt, Sea, or Country.	Latitude.	Longitude In Degrees.	Longitude In Time.	H.W.
Kalouga	Europe	Ruſſia	54 30 0 N	36 5 0 E	2 24 20 E	
Kamenec	Europe	Poland	48 40 53 N	27 1 15 E	1 48 5 E	
Keeling's Iſlands	Aſia	Indian Ocean	12 3 15 S	97 38 30 E	6 30 34 E	
Kamtſchatſkoi-Noſs	Aſia	Kamtſchatſka	56 1 0 N	163 22 30 E	10 53 30 E	
Karakakop (Bay)	Amer.	Sandwich Iſles	19 28 10 N	155 56 23 W	10 23 46 W	3 45
Kateringburg...	Aſia	Siberia	56 50 15 N	60 50 0 E	4 3 20 E	
Kayes Iſland....	Amer.	Pacific Ocean	59 52 0 N	145 0 0 W	9 40 0 W	
Kedgeree	Aſia	India	21 48 0 N	88 50 15 E	5 55 21 E	
Keppel's Iſland	Aſia	Pacific Ocean	15 56 30 S	174 10 24 W	9 36 42 W	
Kiam-Chen	Aſia	China	35 37 0 N	111 29 15 E	7 25 57 E	
Kidnapper's Cape	Aſia	New Zeeland	39 42 45 S	177 16 0 E	11 49 4 E	
Kiel	Europe	Holſtein	54 22 25 N	9 24 45 E	0 37 39 E	
Kinſale........	Europe	Ireland	51 41 30 N	8 28 15 W	0 33 53 W	5 0
Kiow	Europe	Ukraine	50 27 0 N	30 27 30 E	2 1 50 E	
Kiringinſkoi ..	Aſia	Siberia	57 47 0 N	108 2 0 E	7 12 8 E	

Table XXIX. The Latitudes and Longitudes of Places.

Names of Places.	Cont.	Coast, Sea, or Country.	Latitude.	Longitude In Degrees.	Longitude In Time.	H.W.
			° ′ ″	° ′ ″	h m s	
Kirk-Newton ..	Europe	Scotland	55 54 30 N	3 30 33W	0 14 2W	
Kittery Point...	Amer.	New England	43 4 27 N	70 44 30W	4 42 58W	
Koamaroo (Cape)	Asia	New Zealand	41 4 48 S	174 34 30 E	11 38 18 E	
Kola	Europe	Lapland	68 52 26 N	33 1 30 E	2 12 06 E	
Kongswinger ...	Europe	Norway	60 12 11 N	11 57 45 E	0 47 51 E	
Kormantini Fort	Africa	Gold Coast ..	5 10 58 N	1 34 24W	0 6 18W	
Korsar (Lights)	Europe	Denmark	55 20 22 N	11 8 30 E	0 44 34 E	
Kosloff	Europe	Crimea	45 14 0 N	33 25 0 E	2 13 40 E	
Kowima (Upper)	Asia	Kamtschatka	65 28 0 N	153 35 0 E	10 14 20 E	
Kowima (Lower)	Asia	Kamtschatka	68 18 0 N	163 18 0 E	10 53 12 E	
Krementzoug ..	Europe	Russia	49 3 28 N	33 28 45 E	2 13 55 E	
Kronotskoi-Noss	Asia	Kamtschatka	54 43 0 N	162 13 30 E	10 48 54 E	
Kullen (Lights)	Europe	Sweden	56 18 3 N	12 26 14 E	0 49 45 E	
Kursk	Europe	Russia.......	51 43 30 N	36 27 30 E	2 25 50 E	

L

Names of Places.	Cont.	Coast, Sea, or Country.	Latitude.	Longitude In Degrees.	Longitude In Time.	H.W.
La Ciotat	Europe	France	43 10 29 N	5 36 48 E	0 22 27 E	
Ladrone (Grand)	Asia	Chinese Sea	22 2 0 N	113 56 0 E	7 35 44 E	
Lagoon Isle (Cook's	Amer.	Pacific Ocean	18 46 33 S	138 54 15W	9 15 37W	
Lagoon Isle (Bligh's)	Amer.	Pacific Ocean	21 38 0 S	140 37 0W	9 22 28W	
Lagos	Europe	Turkey	40 58 42 N	25 3 21 E	1 40 13 E	
Laguna	Africa	Teneriffe	28 28 31 N	16 27 13W	1 5 49W	
Lambhuus	Europe	Iceland	64 6 17 N	21 54 30W	1 27 38W	
Lampsaco	Asia	Turkey	40 20 52 N	26 36 20 E	1 46 25 E	
Lancarota (E. Pt.)	Africa	Canaries	29 14 0 N	13 26 0W	0 53 44W	
Landau	Europe	France	49 11 38 N	8 7 30 E	0 32 30 E	
Landscroon	Europe	Sweden	55 52 23 N	12 48 0 E	0 51 12 E	
Langres	Europe	France	47 52 0 N	5 19 50 E	0 21 19 E	
Laon	Europe	France	49 33 54 N	3 37 12 E	0 14 29 E	
St. Lawrence's (Isle	Asia	Beering's Str.	63 47 0 N	171 45 0 E	11 27 0 E	
Lausanne	Europe	Switzerland	46 31 5 N	6 45 15 E	0 27 1 E	
Lavaur	Europe	France	43 40 52 N	1 49 3 E	0 7 16 E	
Le Croisic	Europe	France	47 17 43 N	2 30 30W	0 10 2W	
Lectoure	Europe	France	43 55 54 N	0 37 11 E	0 2 29 E	
Leeds	Europe	England	53 47 33 N	1 38 30W	0 6 34W	
Leicester	Europe	England	52 38 0 N	1 8 30W	0 4 34W	
Leipsic	Europe	Saxony	51 22 22 N	12 20 30 E	0 49 22 E	
Le Mans	Europe	France	48 0 35 N	0 11 49 E	0 0 47 E	
Leopards Isle...	Africa	Sierra Leone	8 40 10 N	13 8 0W	0 52 32W	
Leostoffe	Europe	England ...	52 29 0 N	1 44 9 E	0 6 57 E	10 30
Leper's Island ..	Asia	Pacific Ocean	15 23 30 S	167 58 15 E	11 11 53 E	
Le Puy	Europe	France	45 2 41 N	3 52 46 E	0 15 31 E	
Lescar	Europe	France	43 19 52 N	0 26 7W	0 1 44W	
Leskeard	Europe	England ...	50 26 50 N	4 41 45W	0 18 47W	
Lesparre	Europe	France	45 18 33 N	0 57 3W	0 3 48W	
Liverpool	Europe	England	53 22 0 N	2 56 45W	0 11 47W	11 8
Lewis Town	Amer.	Pensylvania ..	38 47 27 N	75 15 48W	5 1 3W	
Leyden	Europe	Holland ...	52 8 40 N	4 28 0 E	0 17 52 E	
Liege	Europe	Netherlands	50 39 22 N	5 31 30 E	0 22 6 E	
Lilienthal	Europe	Saxony	53 8 25 N	8 58 0 E	0 35 52 E	
Lima	Amer.	Peru	12 1 56 S	76 54 0W	5 7 36W	
Limoges	Europe	France	45 49 44 N	1 15 55 E	0 5 4 E	
Lintz	Europe	Germany	48 16 0 N	13 57 30 E	0 55 50 E	
Lisieux	Europe	France	49 8 50 N	0 13 32 E	0 0 54 E	
Lisle	Europe	Flanders.....	50 37 50 N	3 4 16 E	0 12 17 E	
Lisbon	Europe	Portugal ...	38 42 20 N	9 9 10W	0 36 37W	2 15
Lion's Bank	Europe	Atlantic Ocean	56 40 0 N	17 45 0W	1 11 0W	
Lisburne (Cape)	Asia	N. Hebrides	15 40 45 S	166 57 0 E	11 7 48 E	
Lisburne (Cape)	Amer.	Beering's Str.	69 5 0 N	165 22 30W	11 1 30W	
Livourno	Europe	Italy	43 33 2 N	10 16 30 E	0 41 6 E	

Table XXIX. The Latitudes and Longitudes of Places.

Names of Places.	Cont.	Coast, Sea, or Country.	Latitude.	Longitude In Degrees.	Longitude In Time.	H. W.
			° ′ ″	° ′ ″	h m s	h m
Lizard	Europe	England	49 57 30 N	5 13 0W	0 20 52W	7 50
Lizier (St.)	Europe	France	43 0 3 N	1 8 5 E	0 4 32 E	
Loam-pit Hill ..	Europe	England	51 28 7 N	0 1 25W	0 0 6W	
Lodeve	Europe	France	43 43 47 N	3 18 48 E	0 13 15 E	
Loheia	Asia	Arabia	15 42 8 N	42 8 30 E	2 48 34 E	
Lombez	Europe	France	43 28 21 N	0 54 24 E	0 3 38 E	
London (St. Paul's)	Europe	England	51 30 49 N	0 5 47W	0 0 23W	2 45
——— Spital Squ.	Europe	England	51 31 9 N	0 4 20W	0 0 17W	
———Christ'sHos.	Europe	England	51 30 52 N	0 5 51W	0 0 23W	
———Mr.Graham's	Europe	England	51 30 52 N	0 6 10W	0 0 25W	
———Surry-str.Ob.	Europe	England	51 30 40 N	0 6 45W	0 0 27W	
———Somerset Pl.	Europe	England	51 30 43 N	0 6 54W	0 0 28W	
———Saville House	Europe	England	51 30 38 N	0 7 42W	0 0 31W	
Londonderry ...	Europe	Ireland	54 59 28 N	7 14 49W	0 28 59W	6 0
Lopatka (Cape)	Asia	Kamtschatka	51 0 15 N	156 42 30 E	10 26 50 E	
Lorenzo (Cape)	Amer.	Peru	1 2 0 S	80 59 45W	5 23 59W	
Loretto	Europe	Italy	43 27 0 N	13 34 50 E	0 54 19 E	
Louis (Port) ...	Amer.	Hispaniola ...	18 18 40 N	73 16 49W	4 53 7W	
Louis (Port)....	Africa	Mauritius	20 9 44 S	57 28 15 E	3 49 53 E	
Louisburg	Amer.	Cape Breton	45 53 50 N	59 59 15W	3 59 57W	
Louveau	Asia	India	12 42 30 N	101 1 30 E	6 44 6 E	
Louvain	Europe	Netherlands	50 53 26 N	4 41 32 E	0 18 46 E	
Lubni	Europe	Russia	50 0 37 N	33 3 30 E	2 12 14 E	
St. Lucar (Cape)	Amer.	Mexico	22 45 0 N	110 0 0W	7 20 0W	
St. Lucia (Isle) ..	Amer.	Antilles	13 24 30 N	60 51 30W	4 3 26W	
Lucipara	Asia	Str. Banka ..	3 11 20 S	106 18 46 E	7 5 15 E	
St. Lunaire Bay	Amer.	Newfoundland	51 29 0 N	55 30 0W	3 42 0W	
Lunden	Europe	Sweden	55 42 13 N	13 11 5 E	0 52 44 E	
Luneville	Europe	France	48 35 33 N	6 30 6 E	0 26 0 E	
Luson	Europe	France	46 27 15 N	1 10 0W	0 4 40W	
Luxembourg ...	Europe	Netherlands	49 37 20 N	6 13 45 E	0 24 55 E	
Lydd	Europe	England	50 57 7 N	0 54 15 E	0 3 37 E	
Lynn Regis	Europe	England	52 45 34 N	0 24 29 E	0 1 38 E	6 45
Lyons	Europe	France	45 45 52 N	4 49 9 E	0 19 17 E	

M

Names of Places.	Cont.	Coast, Sea, or Country.	Latitude.	Longitude In Degrees.	Longitude In Time.	H. W.
Macao (Pia Grand)	Asia	China	22 11 20 N	113 35 15 E	7 34 15 E	5 50
Macassar	Asia	Celebes	5 9 0 S	119 48 45 E	7 59 15 E	
Macclesfield Shoal	Asia	Chinese Sea	15 51 18 N	114 18 0 E	7 37 12 E	
Maçon.........	Europe	France	46 18 27 N	4 49 53 E	0 19 20 E	
Madeira (Funchal)	Africa	Atlantic Ocean	32 37 20 N	16 55 36W	1 7 42W	12 4
Madras	Asia	India	13 4 54 N	80 24 49 E	5 21 39 E	
Madre de Dios (Port	Amer.	Marquesas ...	9 55 30 S	139 8 40W	9 16 35W	3 30
Madrid	Europe	Spain	40 25 18 N	3 38 30W	0 14 34W	
Maestricht	Europe	Netherlands	50 51 7 N	5 40 45 E	0 22 43 E	
Masamale	Africa	Zanquebar ...	16 21 0 S	40 20 30 E	2 41 22 E	
Magdalen (Isles)	Amer.	G.St Lawrence	47 17 0 N	61 26 0W	4 5 44W	
Magdalena (Isle)	Amer.	Pacific Ocean	10 25 30 S	138 49 0W	9 15 16W	
Mahon (Port) ..	Europe	Minorca	39 51 48 N	3 48 30 E	0 15 14 E	
Majorca (Isle) ..	Europe	Medit. Sea ..	39 35 0 N	2 29 45 E	0 9 59 E	
Maize (Cape) ..	Amer.	Cuba	20 18 0 N	74 23 0W	4 57 32W	
Malacca	Asia	India	2 12 6 N	102 8 45 E	6 48 35 E	
Malicoy (Island)	Asia	Indian Ocean	8 15 30 N	73 9 30 E	4 52 38 E	
Mallicola (Isle)	Asia	Pacific Ocean	16 15 30 S	167 39 15 E	11 10 37 E	
Maloes (St.)	Europe	France	48 39 3 N	2 1 26W	0 8 6W	6 0
Malmoe	Europe	Sweden	55 36 37 N	13 1 4 E	0 52 4 E	
Malta (Town) ..	Africa	Mediter. Sea	35 53 50 N	14 28 30 E	0 57 54 E	
Manchester	Europe	England	53 26 30 N	2 15 0W	0 9 0W	
Mangalore	Asia	Malabar	12 50 0 N	74 57 24 E	4 59 50 E	
Mangeea (Isle)	Amer.	Pacific Ocean	21 56 45 S	158 3 0W	10 32 12W	

Table XXIX. The Latitudes and Longitudes of Places.

Names of Places.	Cont.	Coaſt, Sea, or Country.	Latitude.	Longtiude In Degrees.	Longtiude In Time.	H.W
			° ′ ″	° ′ ″	h m s	h m
Manheim	Europe	Germany	49 28 59 N	8 27 22 E	0 33 49 E	
Manilla	Aſia	Phillipines	14 36 8 N	120 51 15 E	8 3 25 E	
Manſfelt (Iſle) ..	Amer.	Hudſon's Bay	62 38 30 N	80 33 0 W	5 22 12 W	
Maria V. Diem. (C.)	Aſia	New Zeeland	34 29 15 S	172 46 30 E	11 31 16 E	
St. Marcou (Iſle)	Europe	France	49 29 52 N	1 8 56 W	0 4 36 W	
Marigalante (Iſle)	Amer.	Atl. Ocean ..	15 55 15 N	61 11 0 W	4 4 44 W	
Marmara (Iſle)	Aſia	Sea of Marmara	40 37 4 N	27 30 35 E	1 50 2 E	
Marpurg	Europe	Germany	46 34 42 N	15 41 20 E	1 2 45 E	
Marſeilles	Europe	France	43 17 43 N	5 22 12 E	0 21 29 E	
St. Martha	Amer	Terra Firma	11 19 2 N	74 4 30 W	4 56 18 W	
St. Martin's Cape	Africa	St. Helen's Bay	32 41 43 S	17 55 0 E	1 11 40 E	
St. Martin's Iſle	Amer.	Carib. Sea ...	18 4 20 N	63 2 0 W	4 12 8 W	
Martinico (Iſle)	Amer.	Weſt Indies	14 44 0 N	61 21 16 W	4 5 25 W	
Martin-Vaz	Amer.	Atl. Ocean ...	20 28 16 S	29 1 0 W	1 56 4 W	
St. Mary's Iſle ..	Europe	Scilly Iſles	49 55 30 N	6 16 45 W	0 25 7 W	3 45
St. Mary's Town	Europe	Azores	36 56 40 N	25 9 10 W	1 40 37 W	
Mas-a-fuera (Iſle)	Amer.	Pacific Ocean	33 45 0 S	80 22 0 W	5 21 28 W	
Maſkelyne's Iſles	Aſia	New Hebrides	16 32 0 S	167 59 15 E	11 11 57 E	
Maſulipatam ...	Aſia	India	16 8 30 N	81 11 45 E	5 24 47 E	
St. Matthew's Light	Europe	France	48 19 34 N	4 45 54 W	0 19 4 W	
Mauritus (Pt. Louis	Africa	Indian Ocean	20 9 45 S	57 29 15 E	3 49 57 E	
Maurua (Iſle) ...	Amer.	Pacific Ocean	16 25 40 S	152 32 40 W	10 10 11 W	
Mayance	Europe	Germany	49 54 0 N	8 20 0 E	0 33 20 E	
Mayne's (John) Iſle	Europe	North. Ocean	71 10 0 N	9 49 30 W	0 39 18 W	
Mayo (Iſle)	Africa	Cape Verde ..	15 12 40 N	23 14 7 W	1 32 56 W	
Mayotta (Peak)	Africa	Comora Iſles	12 59 15 S	45 25 0 E	3 1 40 E	
Meaux	Europe	France	48 57 40 N	2 52 30 E	0 11 30 E	
Mechlin	Europe	Netherlands	51 1 50 N	4 28 45 E	0 17 55 E	
Mende	Europe	France	44 31 2 N	3 29 35 E	0 13 58 E	
Mercury Bay ...	Aſia	New Zeeland	36 48 0 S	176 6 20 E	11 44 25 E	
Mergui	Aſia	Siam	12 10 30 N	98 19 15 E	6 33 17 E	
Meſurado Bay ..	Africa	Grain Coaſt ..	6 18 20 N	10 49 0 W	0 43 16 W	
Metz	Europe	France	49 7 10 N	6 10 13 E	0 24 41 E	
Mew-Stone .. .	Aſia	New Holland	43 47 15 S	146 26 30 E	9 45 46 E	
Mexico	Amer.	Mexico	19 54 0 N	99 41 45 W	6 38 47 W	
Mezieres	Europe	France	49 45 47 N	4 43 16 E	0 18 53 E	
Miatea (Iſle) ...	Amer.	Pacific Ocean	17 52 20 S	148 6 0 W	9 52 24 W	
St. Michael's Iſle	Europe	Azores	37 47 0 N	25 42 0 W	1 42 48 W	
Middleburg	Europe	Zeeland	51 30 6 N	3 36 35 E	0 14 26 E	
Middleburg (Iſle)	Aſia	Friendly Iſles	21 20 30 S	174 34 0 W	11 38 16 W	
Milan	Europe	Italy	45 28 0 N	9 10 52 E	0 36 43 E	
Milo (Iſle)	Europe	Medit. Sea ...	36 41 0 N	25 0 0 E	1 40 0 E	
Minſter	Europe	England	51 19 50 N	1 18 46 E	0 5 15 E	
Mirepoix	Europe	France	48 5 7 N	1 52 11 E	0 7 29 E	
Mirroe (Iſle) ...	Aſia	Bengal Bay ...	7 29 0 N	93 37 30 E	6 14 30 E	
Mittau	Europe	Courland	56 39 10 N	23 42 45 E	1 34 51 E	
Mocca	Aſia	Arabia	13 16 0 N	44 0 0 E	2 56 0 E	
Mocha (Iſle) ...	Amer.	Pacific Ocean	38 22 30 S	74 37 0 W	4 58 28 W	
Modena	Europe	Italy	44 34 0 N	11 12 30 E	0 44 50 E	
Mohilew	Europe	Ruſſia	53 54 0 N	30 24 30 E	2 1 38 E	
Monopin Hill ..	Aſia	Banka	2 1 20 S	105 21 7 E	7 1 24 E	
Mons	Europe	Netherlands ..	50 27 10 N	3 57 15 E	0 15 49 E	
Monſieurs	Aſia	Borneo	4 23 40 S	115 34 45 E	7 42 19 E	
Montagu (Cape)	Amer.	Sandw. Land	58 33 0 S	26 46 0 W	1 47 4 W	
Montagu (Iſle)	Aſia	New Hebrides	17 26 0 S	168 31 30 E	11 14 6 E	
Montalto	Europe	Italy	42 59 44 N	13 35 15 E	0 54 21 E	
Montauban	Europe	France	44 0 55 N	1 20 51 E	0 5 23 E	
Monte-Chriſti ..	Amer.	Peru	1 2 0 S	80 49 15 W	5 23 17 W	
Montego Bay ...	Amer.	Jamaica	18 31 0 N	78 20 0 W	5 13 20 W	
Monterrey	Amer.	New Albion	36 36 20 N	121 34 15 W	8 6 17 W	7 30
Montlambert ...	Europe	France	50 43 2 N	1 38 45 E	0 6 35 E	
Montmirail	Europe	France	48 52 8 N	3 32 16 E	0 14 9 E	

Table XXIX. The Latitudes and Longitudes of Places.

Names of Places.	Cont.	Coaft, Sea, or Country.	Latitude.	Longitude In Degrees.	Longitude In Time.	H.W.
			° ′ ″	° ′ ″	h m s	h m
Montpellier	Europe	France	43 36 29 N	3 51 45 E	0 15 27 E	
Montferrat (Ifle)	Amer.	Carib. Sea	16 49 0 N	62 27 6 W	4 9 48 W	
Monument (The)	Afia	New Hebrides	17 14 15 S	168 38 15 E	11 14 33 E	
Moofe Fort	Amer.	New Wales	51 15 54 N	80 54 41 W	5 23 39 W	
Morant (Point)	Amer.	Jamaica	17 58 0 N	76 15 45 W	5 5 3 W	
Morokinnee	Amer.	Sandwich Ifles	20 39 0 N	156 29 30 W	10 25 58 W	
Morotoi	Amer.	Sandwich Ifles	21 10 0 N	157 17 0 W	10 29 8 W	
Mofcow	Europe	Mofcovy	55 45 20 N	37 46 15 E	2 31 5 E	
Mofdok	Europe	Ruffia	43 43 23 N	43 50 0 E	2 55 20 E	10 15
Mofketto Cove	Amer.	Greenland	64 55 13 N	52 56 45 W	3 31 47 W	
Moulins	Europe	France	46 34 4 N	3 20 0 E	0 13 20 E	
Mount (Cape)	Africa	Grain Coaft	6 46 0 N	11 48 0 W	0 47 12 W	
Mowee (Eaft Point)	Amer.	Sandwich Ifles	20 50 30 N	155 55 0 W	10 23 40 W	
Mowee (Weft Point)	Amer.	Sandwich Ifles	20 53 30 N	156 38 30 W	10 26 34 W	
Mulgrave (Point)	Amer.	Beering's Str.	67 45 30 N	165 12 0 W	11 0 48 W	
Munich	Europe	Bavaria	48 7 37 N	11 32 30 E	0 46 10 E	
Mufwell Hill	Europe	England	51 35 32 N	0 7 20 W	0 0 29 W	
N						
Nagpour	Afia	India	21 8 30 N	79 46 0 E	5 19 4 E	
Namur	Europe	Netherlands	50 28 3 N	4 47 45 E	0 19 11 E	
Nancovery Harbour	Afia	Nicobar Ifles	7 58 0 N	93 26 0 E	6 13 44 E	
Nancy	Europe	France	48 41 55 N	6 10 15 E	0 24 41 E	
Nangafachi	Afia	Japan	32 32 0 N	128 46 15 E	8 35 5 E	
Nankin	Afia	China	32 4 40 N	118 47 0 E	7 55 8 E	
Nantes	Europe	France	47 13 7 N	1 33 0 W	0 6 12 W	3 0
Naples	Europe	Italy	40 50 15 N	14 18 0 E	0 57 22 E	
Narbonne	Europe	France	43 10 58 N	3 0 0 E	0 12 0 E	
Narcondam	Afia	Bengal Bay	13 25 15 N	94 7 0 E	6 16 28 E	
Narva	Europe	Livonia	59 23 27 N	28 21 45 E	1 53 27 E	
Navaffa (Ifle)	Amer.	Atlantic Ocean	18 23 30 N	75 1 18 W	5 0 5 W	
Needles (Light.)	Europe	Ifle of Wight	50 39 53 N	1 33 55 W	0 6 16 W	10 30
Negapatam	Afia	India	10 46 0 N	79 48 26 E	5 19 14 E	
Negrais (Cape)	Afia	India	15 56 30 N	94 18 0 E	6 17 12 E	
Nefchin	Europe	Ruffia	51 2 45 N	31 49 30 E	2 7 18 E	
Neuftadt	Europe	Auftria	47 48 27 N	16 13 17 E	1 4 53 E	
Nevers	Europe	France	46 59 17 N	3 9 16 E	0 12 37 E	
Newbury	Amer.	New England	43 2 0 N	70 37 30 W	4 42 30 W	
Newenham (Cape)	Amer.	Beering's Str.	58 41 30 N	162 19 30 W	10 49 18 W	
Newington Stoke)	Europe	England	51 33 40 N	0 4 59 W	0 0 20 W	
Newtee (Point)	Afia	India	15 56 0 N	73 36 0 E	4 54 24 E	
New-werk (Ifle)	Europe	Lower Saxony	53 55 19 N	8 31 9 E	0 34 6 E	
New-year's Harbo.	Amer.	Staten Land	54 48 55 S	64 11 0 W	4 16 44 W	
Nice	Europe	Italy	43 41 47 N	7 16 22 E	0 29 5 E	
Nicholas Mole (St.)	Amer.	Hifpaniola	19 49 20 N	73 29 45 W	4 53 59 W	
Nicobar (Great)	Afia	Bengal Bay	7 4 0 N	93 44 0 E	6 14 56 E	
Nicobar (Car)	Afia	Bengal Bay	9 10 0 N	92 50 0 E	6 11 20 E	
Nieuport	Europe	Flanders	51 7 41 N	2 45 5 E	0 11 0 E	11 45
Ningpo	Afia	China	29 57 45 N	120 18 0 E	8 1 12 E	
Nimes	Europe	France	43 50 12 N	4 18 39 E	0 17 15 E	
Noir (Cape)	Amer	TerradelFuego	54 32 30 S	73 3 15 W	4 52 13 W	
Noirmoutier (Ifle)	Europe	France	47 0 5 N	2 14 22 W	0 8 57 W	
Nootka Sound	Amer.	Pacific Ocean	49 36 7 N	126 42 10 W	8 26 41 W	0 20
Norburg	Europe	Denmark	55 3 43 N	9 45 18 E	0 39 1 E	
Norfolk Ifland	Afia	Pacific Ocean	29 1 45 S	168 10 0 E	11 12 40 E	
Noriton	Amer.	Penfylvania	40 9 56 N	75 28 30 W	5 1 54 W	
North Cape	Europe	Lapland	71 10 30 N	25 49 0 E	1 43 16 E	3 44
North (Cape)	Amer.	South Georgia	54 4 45 S	38 15 0 W	2 33 0 W	
North (Cape)	Afia	Beering's Str.	68 56 0 N	179 11 30 W	11 56 46 W	
North Ifland	Afia	Str. of Sunda	5 37 5 S	105 55 0 E	7 3 40 E	

TABLE XXIX. The Latitudes and Longitudes of Places.

Names of Places.	Cont.	Coaſt, Sea, or Country.	Latitude.	Longitude In Degrees.	Longitude In Time.	H.W.
			° ′ ″	° ′ ″	h m s	h m
North Iſland . .	Aſia	Chineſe Sea	25 14 0 N	141 14 0 E	9 24 56 E	
Norton's Sound	Amer.	Beering's Str.	64 30 30 N	162 47 30 W	10 51 10 W	
Noyon	Europe	France	49 34 59 N	2 59 48 E	0 11 59 E	
Nuremberg.....	Europe	Germany	49 27 3 N	11 0 45 E	0 44 3 E	
O						
Oaitipeha Bay ..	Amer.	Otaheite.....	17 45 45 S	149 8 57 W	9 56 36 W	
Ochotſk........	Aſia	Tartary	59 20 10 N	143 12 30 E	9 32 50 E	
Ohamaneno Harb.	Amer.	Uliteah	16 45 30 S	151 37 31 W	10 6 30 W	11 30
Oheteroa (Iſle)	Amer.	Pacific Ocean	22 26 36 S	150 48 45 W	10 3 15 W	
Ohevahoa (Iſle)	Amer.	Marqueſas ...	9 40 40 S	139 1 40 W	9 16 7 W	
Ohitahoo (Iſle)	Amer.	Marqueſas ...	9 55 30 S	139 6 0 W	9 16 24 W	2 30
Oldenburg	Europe	Weſtphalia ..	53 8 40 N	8 14 20 E	0 32 57 E	
Oleron	Europe	France	43 11 1 N	0 36 30 W	0 2 26 W	
Oleron (Iſle) ...	Europe	France	46 2 51 N	1 24 27 W	0 5 38 W	
Olinde	Amer.	Braſil	8 13 0 S	35 5 30 W	2 20 22 W	
Olonſe (Sableſo).	Europe	France	46 29 52 N	1 47 5 W	0 7 8 W	
Omergon (Tow.)	Aſia	India........	20 10 30 N	72 56 30 E	4 51 46 E	
Omer's (St.) ...	Europe	France	50 44 52 N	2 14 57 E	0 9 0 E	
Onateayo (Iſle) .	Amer.	Marqueſas ...	9 58 0 N	138 51 0 W	9 15 24 W	
Onecheow (Iſle)	Amer.	Sandwich Iſles	21 49 30 N	160 13 30 W	10 40 54 W	
Oonalaska......	Amer.	Beering's Str.	53 54 29 N	166 22 15 W	11 5 29 W	
Oonemak (Cape)	Amer.	Beering's Str.	54 30 30 N	165 31 0 W	11 10 4 W	
Opara (Iſle)	Amer.	Pacific Ocean	27 36 0 S	144 8 32 W	9 36 34 W	
Oporto	Europe	Portugal	41 10 0 N	8 22 0 W	0 33 28 W	
Orange	Europe	France	44 8 10 N	4 48 8 E	0 19 13 E	
Oreehoua.......	Amer.	Sandwich Iſles	22 3 0 N	160 6 30 W	10 40 26 W	
Orel	Europe	Ruſſia	52 56 40 N	35 57 0 E	2 23 48 E	
Orenburg......	Aſia	Tartary	51 46 3 N	55 7 35 E	3 40 30 E	
Orford (Cape) ..	Amer.	Pacific Ocean.	42 52 0 N	124 25 0 W	8 17 40 W	
Orford-Neſs	Europe	England	52 4 30 N	1 28 1 E	0 5 52 E	
Orleans........	Europe	France	47 54 10 N	1 54 27 E	0 7 38 E	
Orleans (New)..	Amer.	Louſiana	29 57 45 N	89 58 45 W	5 59 55 W	
Oratava	Africa	Teneriffe	28 23 35 N	16 35 35 W	1 6 22 W	
Orſk	Aſia	Tartary	51 12 32 N	58 32 0 E	3 54 8 E	
Ortegal (Cape)..	Europe	Spain	43 46 37 N	7 38 0 W	0 30 32 W	
Oſimo	Europe	Italy	43 29 36 N	13 27 8 E	0 53 49 E	
Oſnaburg	Europe	Germany	52 16 14 N	7 47 30 E	0 31 10 E	
Oſnaburg (Iſle) .	Amer.	Pacific Ocean	17 52 20 S	148 6 0 W	9 52 24 E	
Oſtend	Europe	Netherlands	51 15 10 N	2 56 30 E	0 11 46 E	11 45
Oſtia	Europe	Italy	41 45 35 N	12 16 20 E	0 49 5 E	
Otakootaia (Iſle)	Amer.	Pacific Ocean	19 51 30 S	158 23 0 W	10 33 32 W	
Overbierg......	Europe	Norway	59 6 52 N	11 22 15 E	0 45 29 E	
Ower Rocks ...	Europe	England	50 39 57 N	0 40 0 W	0 2 40 W	
Owharre Bay ...	Amer.	Huahine	16 42 46 S	151 9 6 W	10 4 36 W	11 50
Owhyhee { N Point	Amer.	Sandwich Iſles	20 17 0 N	155 59 0 W	10 23 56 W	
Owhyhee { S Point	Amer.	Sandwich Iſles	18 54 30 N	155 48 0 W	10 23 12 W	
Owhyhee { E Point	Amer.	Sandwich Iſles	19 33 0 N	154 52 0 W	10 19 28 W	
Oxford Obſervatory	Europe	England	51 45 38 N	1 15 0 W	0 5 0 W	
P						
Paddleſworth ...	Europe	England	51 6 50 N	1 8 9 E	0 4 33 E	
Padua	Europe	Italy	45 23 40 N	11 52 56 E	0 47 32 E	
Paimbeuf	Europe	France	47 17 15 N	2 1 46 W	0 8 7 W	
Paita	Amer.	Peru	5 12 0 S	....	....	
Paix (Port).....	Amer.	Hiſpaniola ...	19 56 0 N	72 52 15 W	4 51 29 W	
Palermo	Europe	Sicily	38 6 45 N	13 20 15 E	0 53 21 E	
Palliſer (Cape) ..	Aſia	New Zeeland	41 38 0 S	175 23 12 E	11 41 33 E	
Palliſer's Iſles ...	Amer.	Pacific Ocean	15 38 15 S	146 30 15 W	9 46 1 W	

Table XXIX. The Latitudes and Longitudes of Places.

Names of Places.	Con t.	Coast, Sea, or Country.	Latitude.	Longitude In Degrees.	Longitude In Time.	H.W.
			° ′ ″	° ′ ″	h m s	h m
Pallifer (Port) ..	Africa	Kergulin's La.	49 3 15 S	69 35 0 E	4 38 20 E	
Palma (Isle)	Africa	Canaries	28 36 45 N	17 49 6 W	1 11 16 W	
Palmas (Cape) ..	Africa	Grain Coast ..	4 30 0 N	7 41 0 W	0 30 44 W	
Palmerston's Isle	Amer.	Pacific Ocean	18 0 30 S	163 12 0 W	10 52 48 W	
Palmiras (Point)	Asia	India	20 44 0 N	87 1 26 E	5 48 6 E	9 30
Palmiers	Europe	France	43 6 44 N	1 36 21 E	0 6 25 E	
Panama	Amer.	Mexico	8 58 12 N	80 15 15 W	5 21 1 W	
Paoom (Isle) ...	Asia	New Hebrides	16 30 0 S	168 28 45 E	11 13 55 E	
Para	Amer.	R. Amazons ..	1 28 0 S	48 40 0 W	3 14 40 W	
Paris (Observatory)	Europe	France	48 50 14 N	2 20 0 E	0 9 20 E	
Parma	Europe	Italy	44 44 50 N	10 26 30 E	0 41 46 E	
Passado	Amer.	Peru	0 10 0 S	82 0 0 W	5 28 0 W	
Patrixfiord	Europe	Iceland	65 35 45 N	24 10 0 W	1 36 40 W	
Pau	Europe	France	43 15 0 N	0 9 0 W	0 0 36 W	
St. Paul's Isle ...	Africa	Indian Ocean	38 44 0 S	77 18 0 E	5 9 12 E	
St. Paul de Leon	Europe	France	48 41 24 N	3 58 37 W	0 15 54 W	4 0
Pavia	Europe	Italy	45 10 59 N	9 11 30 E	0 36 46 E	
Pednathias Head	Europe	Scilly Isles ...	49 52 2 N	....	....	
Pedra Blanca ...	Asia	Chinese Sea	22 16 0 N	115 22 57 E	7 41 32 E	
Pedra Branca ...	Asia	Str. of Malacca	1 18 0 N	104 31 49 E	6 58 7 E	
Pedra (Point) ..	Asia	Ceylon	39 52 0 N	80 27 0 E	5 21 48 E	
Pekin	Asia	China	39 54 47 N	116 24 51 E	7 45 39 E	
Pellew Isles	Asia	Chinese Sea ..	7 19 0 N	134 40 0 E	8 58 40 E	
Pello	Europe	Finland	66 48 16 N	23 58 15 E	1 35 53 E	
Pera (Pulo)	Asia	Str. of Malacca	....	99 8 30 E	6 36 34 E	
Perigueux	Europe	France	45 11 8 N	0 43 19 E	0 2 53 E	
Perinaldo	Europe	Italy	43 53 20 N	7 42 45 E	0 30 51 E	
Permera (Rocks)	Asia	Indian Ocean	13 13 0 N	74 44 0 E	4 58 56 E	
Peros Banhos ...	Asia	Indian Ocean	5 22 0 N	71 53 0 E	4 47 32 E	
Perpetua (Cape)	Amer.	Pacific Ocean	44 4 30 N	124 14 0 W	8 16 56 W	
Perpignan	Europe	France	42 41 53 N	2 53 35 E	0 11 34 E	
Pesaro	Europe	Italy	43 55 1 N	12 53 21 E	0 51 33 E	
St. Petersburg ..	Europe	Russia	59 56 23 N	30 19 15 E	2 1 17 E	
St. Peter's Fort ..	Amer.	Martinico ...	14 44 0 N	61 21 16 E	4 5 25 W	
St. Peter's Isle ..	Amer.	Atlantic Ocean	46 46 30 N	56 17 0 W	3 45 8 W	
St. Peter and Paul	Asia	Kamtschatka .	53 0 37 N	158 44 30 E	10 34 58 E	4 36
Petit Goave	Amer.	Hispaniola ...	18 27 0 N	72 45 34 W	4 51 2 W	
Petrosawodsk ...	Europe	Russia	61 47 4 N	34 23 30 E	2 17 34 E	
Pettaw	Europe	Styria	46 26 21 N	15 59 15 E	1 3 57 E	
Petworth	Europe	England	50 59 17 N	0 36 26 W	0 2 26 W	
Pevensey	Europe	England	50 49 12 N	0 20 14 E	0 1 21 E	
Philadelphia	Amer.	Pensylvania ..	39 56 54 N	75 13 45 W	5 0 55 W	3 00
Philip (Str.)	Europe	Flanders	51 16 55 N	3 45 12 E	0 15 1 E	
St. Philip's Fort .	Europe	Minorca	39 50 46 N	3 48 30 E	0 15 14 E	
Philipsburg	Europe	Germany	49 14 1 N	8 26 34 E	0 33 46 E	
Philipville	Europe	Netherlands	50 11 19 N	4 32 19 E	0 18 9 E	
Pickersgill's Harb.	Asia	New Zeeland	45 47 27 S	166 18 9 E	11 5 13 E	10 57
Pickersgill's Isle .	Amer.	Atlantic Ocean	54 42 30 S	36 58 0 W	2 27 52 W	
Pico	Europe	Azores	38 26 52 N	28 27 40 W	1 53 51 W	
Pines (Isle of) ..	Asia	New Caledonia	22 38 0 S	167 38 0 E	11 10 32 E	
Pisa	Europe	Italy	43 43 7 N	10 22 52 E	0 41 31 E	
Piscadores	Asia	Pacific Ocean	11 15 0 N	167 20 20 E	11 9 21 E	
Plate-Rack { NE. P.	Amer.	West Indies	20 31 0 N	69 33 0 W	4 38 12 W	
Plate-Rack { SPoint	Amer.	West Indies	20 13 35 N	69 37 45 W	4 38 31 W	
Plate-Rack { NW.P.	Amer.	West Indies	20 30 0 N	70 4 30 W	4 40 18 W	
Plymouth	Europe	England	50 22 30 N	4 12 45 W	0 16 51 W	6 0
Poitiers	Europe	France	46 34 50 N	0 20 48 E	0 1 23 E	
Pollingen	Europe	Germany	47 48 17 N	11 7 30 E	0 44 30 E	
Pondicherry ...	Asia	India	11 55 41 N	79 51 30 E	5 19 26 E	
Ponoi	Europe	Lapland	67 4 30 N	41 7 45 E	2 44 31 E	
Pontoise	Europe	France	49 3 2 N	2 5 37 E	0 8 22 E	

TABLE XXIX. The Latitudes and Longitudes of Places.

Names of Places.	Cont.	Coast, Sea, or Country.	Latitude.	Longitude In Degrees.	Longitude In Time.	H.W.
			° ′ ″	° ′ ″	h m s	h m
Pool	Europe	England	50 42 50 N	1 58 55W	0 7 56W	
Poolytopu	Asia	India	8 8 0 N	77 15 45 E	5 9 3 E	
Popayan	Amer.	New Granada	2 27 30 N	76 16 15W	5 5 5W	
Port au Prince	Amer.	Hispaniola	18 33 42 N	72 27 33W	4 49 50W	
Portland (Point)	Europe	England	50 31 0 N	2 29 0W	0 9 56W	
Portland (Isle)	Europe	North Sea	63 22 0 N	18 54 0W	1 15 36W	
Portland (Isle)	Asia	Pacific Ocean	39 24 40 S	177 51 45 E	11 51 27 E	
Porto	Europe	Italy	41 46 44 N	12 14 10W	0 48 57W	
Porto Bello	Amer.	Mexico	9 33 30 N	79 44 15W	5 18 57W	
Porto Novo	Asia	India	11 30 0 N	79 45 30 E	5 19 2 E	
Porto Praya	Africa	St. Jago	14 53 30 N	23 30 17W	1 34 1W	11 0
Porto Rica { N. E. P.	Amer.	West Indies	18 29 0 N	65 51 25W	4 23 26W	
Porto Rica { N. W. P.	Amer.	West Indies	18 31 30 N	67 18 0W	4 29 12W	
Porto Sancto (Isle)	Africa	Atlantic Ocean	33 5 35 N	16 14 51W	1 4 59W	
Port Paix	Amer.	Hispaniola	19 56 30 N	72 58 0W	4 51 52W	
Port Praslin	Asia	New Britain	4 49 27 S	153 6 30 E	10 12 26 E	
Port Royal	Amer.	Jamaica	18 0 0 N	76 44 45W	5 6 59W	
Port Royal	Amer.	Martinico	14 35 55 N	61 9 0W	4 4 36W	
Portsmouth Town	Europe	England	50 47 27 N	1 5 57W	0 4 24W	11 15
Portsm. Academy	Europe	England	50 48 2 N	1 6 18W	0 4 25W	
Portsmouth	Amer.	New England	43 4 15 N	70 43 15W	4 42 53W	
Posen	Europe	Poland	52 26 0 N	15 0 15 E	1 0 1 E	
Prague	Europe	Bohemia	50 53 4 N	14 25 15 E	0 57 41 E	
Praters { N. E. Point	Asia	Chinese Sea	20 57 30 N	116 57 30 E	7 47 50 E	
Praters { S. W. P.	Asia	Chinese Sea	20 42 0 N	116 40 0 E	7 46 40 E	
Praule	Europe	England	50 14 0 N	3 49 15W	0 15 17W	
Preparis (Isle)	Asia	Bay of Bengal	14 48 0 N	93 34 0 E	6 14 16 E	
Presburg	Europe	Hungary	48 8 7 N	17 10 30 E	1 8 42 E	
Prince's Island	Asia	Str. of Sunda	6 35 10 S	105 14 20 E	7 0 57 E	
Prince's Island	Africa	Atlantic Ocean	1 37 0 N	7 40 0 E	0 30 40 E	
P. of Wales's Fort	Amer.	New Wales	58 47 32 N	94 13 55W	6 16 56W	7 20
P. of Wales's Cape	Amer.	Beering's Str.	65 45 30 N	168 17 30W	11 13 10W	
P. W. Henry's Isle	Amer.	Pacific Ocean	19 0 0 N	141 22 0W	9 25 28W	
Providence	Amer.	New England	41 50 41 N	71 22 0W	4 45 28W	
Pudyona	Asia	New Caledonia	20 18 0 S	164 41 14 E	10 58 45 E	6 30
Pylestaart's Island	Asia	Pacific Ocean	22 23 30 N	175 49 30W	11 43 18W	
Q						
Quebec	Amer.	Canada	46 48 38 N	71 5 29W	4 44 22W	7 30
Quibo (Isle)	Amer.	Pacific Ocean	7 27 0 N	82 10 0W	5 28 40W	3 30
Quilloan	Asia	India	8 52 30 N	76 37 30 E	5 6 30 E	
Quimper	Europe	France	47 58 29 N	4 6 0W	0 16 24W	
St. Quinton	Europe	France	49 50 51 N	3 17 23 E	0 13 10 E	
Quiros (Cape)	Asia	New Hebrides	14 56 8 S	167 20 0 E	11 9 20 E	
Quito	Amer.	Peru	0 13 27 S	78 10 15W	5 12 41W	
R						
Race (Cape)	Amer.	Newfoundland	46 40 0 N	53 3 30W	3 32 14W	
Rakah (Ancient)	Asia	Mesopatamia	36 1 0 N	38 50 0 E	2 35 20 E	
Ramhead	Europe	England	50 18 24 N	4 17 30W	0 17 10 E	
Ramsgate	Europe	England	51 19 31 N	1 24 41 E	0 5 39 E	
Ranai (Isle)	Amer.	Sandwich Isles	20 46 30 N	156 55 30W	10 27 42W	
Randers	Europe	Denmark	56 27 48 N	10 3 27 E	0 40 14 E	
Ratisbon	Europe	Germany	49 0 0 N	12 6 25 E	0 48 26 E	
Ravenna	Europe	Italy	44 25 5 N	12 10 36 E	0 48 42 E	
Recanati	Europe	Italy	43 25 44 N	13 31 8 E	0 54 5 E	
Recif	Amer.	Brasil	8 10 0 N	35 35 0W	2 22 20W	
Reculver	Europe	England	51 22 47 N	1 11 50 E	0 4 47 E	
Red-Buoy	Europe	M. of the Elbe	53 39 0 N	....	....	

Table XXIX. The Latitudes and Longitudes of Places.

Names of Places.	Cont.	Coaſt, Sea, or Country.	Latitude.	Longitude In Degrees.	Longitude In Time.	H.W.
			° ′ ″	° ′ ″	h m s	
Refuge (Port) ..	Aſia	Bligh's Iſlands	18 38 30 S	173 56 0W	11 31 44W	
Reikianeſs (Cape)	Europe	Iceland	63 55 0 N	22 47 30W	1 31 10W	
Rennes	Europe	France	48 6 50 N	1 41 30W	0 6 46W	
Reſolution Bay .	Amer.	Marqueſas ...	9 55 30 S	139 8 40W	9 16 35W	2 30
Reſolution (Iſle)	Amer.	Hudſon's Str..	61 29 0 N	65 16 0W	4 21 4W	
Reſolution (Iſle)	Amer.	Pacific Ocean	17 23 30 S	141 45 0W	9 27 0W	
Reſolution (Port)	Aſia	Tanna	19 32 25 S	169 41 5 E	11 18 44 E	
Revel	Europe	Livonia	59 26 22 N	24 39 15 E	1 38 37 E	
Rhe (Lights) ...	Europe	France	46 14 49 N	1 33 40W	0 6 15W	3 0
Rheims	Europe	France	49 15 16 N	4 1 48 E	0 16 7 E	
Rhodez	Europe	France	44 21 0 N	2 34 17 E	0 10 17 E	
Riche (Point) ..	Amer.	Newfoundland	50 40 10 N	57 23 0W	3 49 32W	
Richmond (Obſer.)	Europe	England	51 28 8 N	0 18 42W	0 1 15W	
Rieux	Europe	France	43 15 23 N	1 12 0 E	0 4 48 E	
Riez	Europe	France	43 48 57 N	6 5 6 E	0 24 20 E	
Riga	Europe	Livonia	56 56 24 N	24 0 15 E	1 36 1 E	
Rimini	Europe	Italy	44 3 43 N	12 32 36 E	0 50 10 E	
Ringſted	Europe	Denmark	55 26 51 N	11 47 55 E	0 47 12 E	
Ringwood	Europe	England	50 50 58 N	1 47 16W	0 7 9W	
Rio Janeiro	Amer.	Braſil.	22 54 10 N	43 10 45W	2 52 43W	2 5
Ripa-Tranſone .	Europe	Italy	43 0 24 N	13 44 30 E	0 54 58 E	
Rochelle	Europe	France	46 9 33 N	1 9 2W	0 4 36W	3 45
Rochfort	Europe	France	45 56 10 N	0 57 49W	0 3 51W	4 15
Rodoſto	Europe	Turkey	40 58 24 N	27 25 16 E	1 49 41 E	
Rodrigues (Iſle)	Africa	Indian Ocean	19 40 40 S	63 9 15 E	4 12 37 E	
Roeſkilde	Europe	Denmark	55 38 25 N	12 5 27 E	0 48 22 E	
Romaine Key ..	Amer.	Bahama Chan.	22 1 30 N	77 39 45W	5 10 39W	
Rome (St. Peter's)	Europe	Italy	41 53 54 N	12 27 41 E	0 49 51 E	
Romney (New) .	Europe	England	50 59 7 N	0 56 22 E	0 3 45 E	
Romney (Old) ..	Europe	England	50 59 25 N	0 53 50 E	0 3 35 E	
Ronde (Pulo) ..	Aſia	Str. of Malacca	....	95 13 0 E	6 20 52 E	
Rot (Abbey) ...	Europe	Bavaria	47 59 11 N	12 3 30 E	0 48 14 E	
Rotterdam	Europe	Holland	51 56 0 N	4 29 0 E	0 17 56 E	3 0
Rotterdam (Iſle)	Aſia	Friendly Iſles	20 15 22 S	174 44 48 E	11 38 59 E	6 0
Rouen	Europe	France	49 26 27 N	1 5 30 E	0 4 22 E	1 15
Round Iſland ..	Amer.	Beering's Str.	58 56 30 N	159 53 30W	10 39 34W	
Roxant (Cape) .	Europe	Portugal	38 45 26 N	9 35 50W	0 38 23W	
Royan	Europe	France	45 37 28 N	1 1 32W	0 4 6W	
Ruttunpour ...	Aſia	Berar	22 16 0 N	82 36 0 E	5 30 24 E	
Rypen	Europe	Denmark ...	55 19 57 N	8 47 5 E	0 35 8 E	
S						
Saba (Iſle)	Amer.	Carib. Sea ...	17 39 30 N	63 17 15W	4 13 9W	
Sable (Cape) ...	Amer.	Nova Scotia ..	43 23 43 N	65 39 15W	4 22 37W	
Sacrifice (Rocks)	Aſia	Malabar Coaſt	11 28 0 N	75 31 5 E	5 2 4 E	
Saddle-back Iſles	Amer.	Hudſon's Str.	62 7 0 N	68 13 0W	4 32 52W	
Saeby	Europe	Denmark	57 20 2 N	10 32 54 E	0 42 12 E	
Sagan	Europe	Sileſia	51 42 12 N	15 22 15 E	1 1 29 E	
Saintes	Europe	France	45 44 46 N	0 37 45W	0 2 31W	
Do. (Rocks) W. end	Europe	Bay of Biſcay .	48 5 5 N	5 5 0W	0 20 20W	
Sainte-Croix ...	Europe	France	48 0 35 N	7 23 55 E	0 29 36 E	
Salatan (Point) .	Aſia	Borneo	4 13 45 S	114 29 0 E	7 37 56 E	
Salee (New)	Africa	Morocco	34 5 0 N	6 43 30W	0 26 54W	
Saliſbury	Europe	England	51 3 49 N	1 47 0W	0 7 8W	
Saliſbury (Iſle) .	Amer.	Hudſon's Bay .	63 29 0 N	76 47 0W	5 7 8W	
Sall (Iſle)	Africa	Atlantic Ocean	16 38 15 N	22 56 15W	1 31 45W	
Salonica	Europe	Turkey	40 41 10 N	23 8 0 E	1 32 32 E	
Salvages (Iſles) .	Africa	Atlantic Ocean	30 3 27 N	16 6 30W	1 4 26W	
Samana (Cape) .	Amer.	Hiſpaniola ...	19 15 40 N	69 16 30W	4 37 6W	
Samara	Europe	Ruſſia	48 39 35 N	35 20 0 E	2 21 20 E	

Table XXIX. The Latitudes and Longitudes of Places.

Names of Places.	Cont.	Coast, Sea, or Country.	Latitude. ° ′ ″	Longitude In Degrees. ° ′ ″	Longitude In Time. h m s	H.W. h m
Sambelong (Great)	Asia	Bengal Bay	7 10 0 N	93 40 0 E	6 14 40 E	
Samganooda	Amer.	Oonalaska	53 54 29 N	166 22 15 W	11 5 29 W	
Sancta Cruz	Africa	Teneriffe	28 29 4 N	16 22 30 W	1 5 30 W	
Sancta Cruz	Africa	Grand Canary	28 10 37 N	15 47 0 W	1 3 8 W	
Sandown Castle .	Europe	England	51 14 18 N	1 23 59 E	0 5 36 E	
Sandsoe	Europe	Lapland	68 56 15 N	16 57 0 E	1 7 48 E	
Sandwich	Europe	England	51 16 30 N	1 20 15 E	0 5 21 E	
Sandwich Bay ..	Amer.	South Georgia	54 42 0 S	36 12 0 W	2 24 48 W	
Sandwich (Cape)	Asia	New Holland	18 17 11 S	146 1 13 E	9 44 5 E	
Sandwich (Cape)	Asia	Mallicola	16 28 0 S	167 59 0 E	11 11 56 E	
Sandwich Harbour	Asia	Mallicola	16 25 20 S	167 53 0 E	11 11 32 E	
Sandwich Isle ..	Asia	New Hebrides	17 41 0 S	168 33 0 E	11 14 12 E	
Sandy Bay	Amer.	Nova Scotia ..	43 31 9 S	65 39 15 W	4 22 37 W	
Sandy Cape	Asia	New Holland .	24 45 48 S	153 12 22 E	10 12 49 E	
Sandy Hook Lights	Amer.	New Jersey ..	44 26 30 N	74 6 42 W	4 56 27 W	
Sapata (Pulo) ..	Asia	Chinese Sea ..	10 2 40 N	109 12 51 E	7 16 51 E	
Saratow	Europe	Russia	51 31 28 N	46 0 0 E	3 4 0 E	
Sarlat	Europe	France	44 53 20 N	1 12 49 E	0 4 51 E	
Sarum (Old) ...	Europe	England	51 5 45 N	1 47 28 W	0 7 10 W	
Saunder's (Cape)	Asia	New Zeeland	45 57 45 S	170 16 0 E	11 21 4 E	
Saunder's (Cape)	Amer.	South Georgia	54 6 30 S	36 57 30 W	2 27 50 W	
Saunder's Isle ..	Amer.	Sandw. Land	58 0 0 S	26 58 0 W	1 47 52 W	
Savage Isle	Asia	Pacific Ocean	19 2 15 S	169 30 30 W	11 18 2 W	
Savanna (Lights)	Amer.	Georgia	32 0 45 N	80 56 0 W	5 23 44 W	
Schwezingen ...	Europe	Germany	49 23 4 N	8 26 15 E	0 33 45 E	
Scilly Lights ...	Europe	St. Geo. Chan.	49 53 47 N	6 29 30 W	0 25 58 W	
Scolt Head	Europe	England ...	52 59 40 N	0 44 11 E	0 2 57 W	6 20
Sebastian (Cape St.)	Africa	Madagascar ..	12 30 0 S	46 25 0 E	3 5 40 E	
Sedan	Europe	France	49 42 29 N	4 57 36 E	0 19 50 E	
Seez	Europe	France	48 36 23 N	0 10 44 E	0 0 43 E	
Selinginsk	Asia	Siberia	51 6 6 N	106 40 45 E	7 6 43 E	
Selsea	Europe	England	50 43 50 N	0 47 54 W	0 3 12 W	
Senegal	Africa	Negroland ..	15 53 0 N	16 31 30 W	1 6 6 W	10 30
Senez	Europe	France	43 54 40 N	6 24 5 E	0 25 36 E	
Senlis	Europe	France	49 12 28 N	2 35 0 E	0 10 20 E	
Senones	Europe	France	48 23 7 N	6 57 30 E	0 27 50 E	
Sens	Europe	France	48 11 56 N	3 17 21 E	0 13 9 E	
Serdze Kamen ..	Asia	Beering's Str.	67 3 0 N	171 54 30 W	11 27 38 W	
Seringapatam ..	Asia	Mysore	12 31 45 N	76 46 45 E	5 7 7 E	
Seven Islands ...	Asia	Chinese Sea	1 5 16 S	105 24 4 E	7 1 36 E	
Severndroog ...	Asia	India	17 47 30 N	73 9 0 E	4 52 36 E	
Sevastopolis	Europe	Crimea	44 41 30 N	33 35 0 E	2 14 20 E	
Seychelles (Isle)	Asia	Almirantes ..	4 35 0 S	55 35 0 E	3 42 20 E	5 30
Shepherd's Isles .	Asia	New Hebrides	16 58 0 S	168 42 0 E	11 14 28 E	
Shirburn Castle .	Europe	England	51 39 22 N	0 58 15 W	0 3 53 W	
Shoalness	Amer.	Beering's Str.	59 37 0 N	162 18 30 W	10 49 14 W	
Shoreham	Europe	England	50 50 7 N	0 16 19 W	0 1 5 W	9 30
Siam	Asia	India	14 18 0 N	100 50 0 E	6 43 20 E	
Siao (Isle)	Asia	Chinese Sea ..	2 49 0 N	125 3 45 E	8 20 15 E	
Sidney Cove ...	Asia	Port Jackson .	33 51 7 S	151 13 30 E	10 4 54 E	
Sienna	Europe	Italy	43 22 0 N	11 10 0 E	0 44 40 E	
Sierra Leone (Cape)	Africa	Sierra Leone .	8 29 30 N	13 9 17 W	0 52 37 W	
Sifran	Europe	Russia	53 9 53 N	48 24 45 E	3 13 39 E	
Si-nghan-fu ...	Asia	China	34 16 30 N	108 43 45 E	7 14 55 E	
Sinigaglia	Europe	Italy	43 43 16 N	13 11 30 E	0 52 46 E	
Sisteron	Europe	France	44 11 51 N	5 56 18 E	0 23 45 E	
Skagen (Lights)	Europe	Denmark ..	57 43 44 N	10 37 45 E	0 42 31 E	
Skirmish Bay ..	Asia	Chatham Isl.	43 49 3 S	176 35 0 E	11 46 20 E	
Sledge Island ...	Amer.	Beering's Str.	64 30 0 N	166 8 0 E	11 4 32 E	
Sluys	Europe	Holland	51 18 35 N	3 22 54 E	0 13 32 E	
Smeinogorsk ...	Asia	Siberia	51 9 27 N	82 8 0 E	5 28 32 E	

Table XXIX. The Latitudes and Longitudes of Places.

Names of Places.	Cont.	Coast, Sea, or Country.	Latitude.	Longitude In Degrees.	Longitude In Time.	H.W.
			° ′ ″	° ′ ″	h m s	h m
Smokey Cape ..	Asia	New Holland	30 54 18 S	153 1 40 E	10 12 7 E	
Smyrna	Asia	Natolia	38 28 7 N	27 6 33 E	1 48 26 E	
Snœfell (Mount)	Europe	Iceland	64 52 20 N	23 54 0 W	1 35 36 W	
Socono (Isle). .	Amer.	Pacific Ocean	18 48 0 N	110 10 0 W	7 20 40 W	
Soissons	Europe	France	49 22 52 N	3 19 16 E	0 13 17 E	
Sombavera (Isles)	Amer.	Carib. Sea ...	18 38 0 N	63 37 30 W	4 14 30 W	
Sonderburg	Europe	Denmark	54 54 59 N	9 48 10 E	0 39 13 E	
Soolo	Asia	Philippines ..	5 57 0 N	121 15 30 E	8 5 2 E	
Southampton ...	Europe	England	50 54 0 N	1 23 56 W	0 5 36 W	
South Cape	Asia	New Zeeland	47 16 50 S	167 20 9 E	11 9 21 E	
South Cape	Asia	New Holland	43 42 30 S	146 58 0 E	9 47 52 E	
South Island ...	Asia	Chinese Sea ..	24 22 30 N	141 24 0 E	9 25 36 E	
Southern Thule .	Amer.	Sandw. Land .	59 34 0 S	27 45 0 W	1 51 0 W	
Spartel (Cape) ..	Africa	Morocco	35 46 0 N	5 57 12 W	0 23 49 W	
Speaker Bank ..	Asia	Indian Ocean	4 45 0 S	72 57 0 E	4 51 48 E	
Spichell (Cape) .	Europe	Portugal	38 22 15 N	9 20 12 W	0 37 21 W	
Spring-Grove ..	Europe	England ...	51 28 34 N	10 20 21 W	0 1 21 W	
Sproe (Isle)	Europe	Great Belt ...	55 19 56 N	10 56 45 E	0 43 47 E	
Stade	Europe	Germany ...	53 36 5 N	9 23 15 E	0 37 33 E	
Stalbridge	Europe	England ...	50 57 0 N	2 23 30 W	0 9 34 W	
Start point	Europe	England ...	50 14 20 N	3 44 30 W	0 14 58 W	
Stephen's (Cape)	Asia	New Zeeland .	40 36 50 S	173 58 30 E	11 35 54 E	
Stephen's (Cape)	Asia	Beering's Str.	63 33 30 N	162 17 0 W	10 49 8 W	
Stephen's (Isle) .	Asia	Cook's Straits	40 35 26 S	174 0 22 E	11 36 1 E	
Stephen's (Port)	Asia	New Holland .	32 45 0 S	152 12 0 E	10 8 48 E	
Stickhusen	Europe	Germany ...	53 13 33 N	7 40 6 E	0 30 40 E	
Stockholm	Europe	Sweden	59 20 31 N	18 3 51 E	1 12 15 E	
Strabane	Europe	Ireland	54 49 29 N	7 23 5 W	0 29 32 W	
Stratsburg	Europe	France	48 34 56 N	7 44 36 E	0 30 58 E	
Straumness	Europe	Iceland	65 39 40 N	24 29 15 W	1 37 57 W	
Streatham	Europe	England	51 25 46 N	0 7 47 W	0 0 31 W	
Stromness	Europe	Orkneys	58 56 22 N	3 31 15 W	0 14 5 W	9 0
Success Bay	Amer.	TerradelFuego	54 49 45 S	65 25 0 W	4 21 40 W	
Success (Cape) .	Amer.	TerradelFuego	55 1 0 S	65 27 0 W	4 21 48 W	
Suez	Africa	Egypt	30 2 0 N	32 28 30 E	2 9 54 E	
Sulpher Island ..	Asia	Pacific Ocean	24 48 0 N	141 20 0 E	9 25 20 E	
Surat	Asia	India	21 11 0 N	73 2 34 E	4 52 10 E	
Swilly Island ..	Asia	New Holland .	43 55 30 S	147 7 30 E	9 48 30 E	
Swinfield	Europe	England	51 8 48 N	1 11 15 E	0 4 45 E	

T

Names of Places.	Cont.	Coast, Sea, or Country.	Latitude.	Longitude In Degrees.	Longitude In Time.	H.W.
Table Cape	Asia	New Zeeland	39 6 40 S	178 2 20 E	11 52 9 E	
Table Island ...	Asia	New Hebrides	15 38 0 S	167 7 0 E	11 8 28 E	
Tackararee Point	Africa	Gold Coast ...	4 46 53 N	2 27 44 W	0 9 51 W	
Taganrok	Asia	Tartary	47 12 40 N	38 38 45 E	2 34 35 E	
Tahoora	Amer.	Sandwich Isles	21 42 30 N	160 24 30 W	10 41 38 W	
Tahowrooa	Amer.	Sandwich Isles	20 38 0 N	156 36 30 W	10 26 26 W	
Tambou	Europe	Russia	52 43 44 N	41 45 0 E	2 47 0 E	
Tanjore	Asia	India	10 46 30 N	79 48 26 E	5 19 14 E	
Tanna	Asia	New Hebrides	19 32 25 S	169 41 5 E	11 18 44 E	3 0
Taoukaa Isle ...	Amer.	Pacific Ocean	14 30 30 S	145 9 30 W	9 40 38 W	
Tarapia	Europe	Turkey	41 8 24 N	29 0 28 E	1 56 2 E	
Tarascon	Europe	France	43 48 20 N	4 39 36 E	0 18 38 E	
Tarbes	Europe	France	43 13 52 N	0 3 59 E	0 0 16 E	
Tasman's Head .	Asia	New Holland .	43 33 30 S	147 30 30 E	9 50 2 E	
Tassa (Isle)	Europe	Sea of Marmara	40 46 40 N	24 38 54 E	1 38 36 E	
Tassacorta	Africa	Palma Isle ...	28 38 0 N	17 58 0 W	1 11 52 W	
Taya (Pulo) ...	Asia	Chinese Sea ..	0 44 30 S	106 3 15 E	7 4 13 E	
Tellicherry	Asia	Malabar Coast	11 45 20 N	75 29 3 E	5 1 56 E	
Temontengis ...	Asia	Soloo	5 57 0 N	120 53 30 E	8 3 54 E	

Table XXIX. The Latitudes and Longitudes of Places.

Names of Places.	Cont.	Coast, Sea, or Country.	Latitude.	Longitude In Degrees.	Longitude In Time.	H.W.
			° ′ ″	° ′ ″	h m s	h m
Teneriffe (Peake)	Africa	Canaries	28 15 38 N	16 45 33 W	1 7 2 W	
Tenterden	Europe	England	51 4 8 N	0 41 8 E	0 2 45 E	
Tercera	Europe	Azores	38 39 7 N	27 12 42 W	1 48 51 W	
Terracina	Europe	Italy	41 18 14 N	13 13 7 E	0 52 52 E	
St. Thadæus-Nofs	Afia	Kamtfchatka .	62 50 0 N	179 5 0 E	11 56 20 E	
Thalpeny Ifle ..	Afia	Lacca-dives N. P.	10 10 30 N	73 49 30 E	4 55 18 E	
		S. P.	10 4 0 N	73 48 0 E	4 55 12 E	
Thionville	Europe	France	49 21 30 N	6 10 30 E	0 24 42 E	
St. Thomas's Ifle	Amer.	Virgin Ifles .	18 21 55 N	64 51 30 W	4 19 26 W	
St. Thomas's Ifle	Africa	Atlantic Ocean	0 19 0 N	6 42 30 E	0 26 50 E	
Thorley Hall ...	Europe	England ...	51 50 45 N	0 9 0 E	0 0 36 E	
Three Hill Ifland	Afia	New Hebrides	17 4 0 S	168 35 0 E	11 14 20 E	
Three Kings Ifle	Afia	New Zeeland	34 10 15 S	172 25 8 E	11 29 41 E	
Three Points (Cape)	Africa	Gold Coaft ...	4 40 30 N	2 43 32 W	0 10 54 W	
Thrumb Cap ...	Amer.	Pacific Ocean	18 36 41 S	139 13 45 W	9 16 55 W	
Thule (Southern)	Amer.	Sandw. Land	59 34 0 S	27 45 0 W	1 51 0 W	
Thury	Europe	France	49 21 28 N	2 18 30 E	0 9 14 E	
Tiburon (Cape).	Amer.	Hifpaniola ..	18 19 25 N	74 34 12 W	4 58 17 W	
Timoan (Pulo) .	Afia	Gulf of Siam .	2 53 30 N	104 24 37 E	6 57 38 E	
Timor (S. W. Point)	Afia	India	10 6 52 S	124 4 36 E	8 16 18 E	
Timor-Land ...	Afia	India	8 3 0 S	132 17 0 E	8 49 8 E	
Tinian (Ifle) ...	Afia	Pacific Ocean	15 0 0 N	145 55 30 E	9 43 42 E	
Tobolfki	Afia	Siberia	58 12 18 N	68 18 30 E	4 33 14 E	
Tolaga Bay	Afia	New Zealand	38 22 0 S	178 35 54 E	11 54 24 E	
Toledo	Europe	Spain	39 50 0 N	3 20 0 W	0 13 20 W	
Tomfk	Afia	Siberia	56 29 58 N	84 58 30 E	5 39 54 E	
Tondern	Europe	Denmark	54 56 19 N	8 53 17 E	0 35 33 E	
Tonga-Tabu (Ifle)	Afia	Pacific Ocean	21 8 36 S	175 1 50 E	11 40 7 E	6 50
Tongres	Europe	Netherlands ..	50 47 7 N	5 27 23 E	0 21 50 E	
Tonnerre	Europe	France	47 51 8 N	3 58 44 E	0 15 55 E	
Toobouai (Ifle) .	Amer.	Pacific Ocean.	23 25 0 S	149 20 30 W	9 57 22 W	
Tornea	Europe	Sweden	65 50 50 N	24 14 0 E	1 36 56 E	
Tortudas	Amer.	West Indies E. P.	20 0 55 N	72 42 35 W	4 50 50 W	
		W. P.	20 5 20 N	73 1 26 W	4 52 6 W	
Toul	Europe	France	48 40 32 N	5 53 18 E	0 23 33 E	
Toulon	Europe	France	43 7 16 N	5 55 26 E	0 23 42 E	
Touloufe	Europe	France	43 35 46 N	1 26 45 E	0 5 47 E	
Tournai	Europe	Netherlands ..	50 36 57 N	3 33 17 E	0 13 33 E	
Tours	Europe	Franco	47 23 46 N	0 41 32 E	0 2 46 E	
Trafalgar	Europe	Spain	36 7 56 N	6 3 0 W	0 24 45 W	
Traitor's Head ..	Afia	Erramanga ..	18 43 30 S	169 20 30 E	11 17 22 E	
Tranquebar	Afia	India	10 56 0 N	79 40 30 E	5 18 42 E	
Treguier	Europe	France	48 46 54 N	3 13 49 W	0 12 55 W	
Treves	Europe	Germany ...	49 46 37 N	6 38 5 E	0 26 32 E	
Trinidada	Amer.	Cuba	21 47 45 N	80 19 36 W	5 21 18 W	
Trinidada (Ifle)	Amer.	Atlantic Ocean	20 30 30 S	29 33 0 W	1 58 12 W	
Trinity Ifland ..	Amer.	Pacific Ocean	56 35 0 N	154 53 0 W	10 19 32 W	
Trinkamaly	Afia	Ceylon	8 32 0 N	81 12 0 E	5 24 48 E	
Tripoli	Africa	Barbary	32 53 40 N	13 21 7 E	0 53 24 E	
Tritchinopoly ..	Afia	India	10 49 0 N	78 38 26 E	5 14 34 E	
Tropez (St.) ...	Europe	France	43 16 8 N	6 38 29 E	0 26 34 E	
Troyes	Europe	France	48 18 5 N	4 4 34 E	0 16 18 E	
Tfcherkafki	Europe	Ruffia	47 13 40 N	39 45 0 E	2 39 0 E	
Tfchukotfkoi ...	Afia	Beering's Str.	64 14 30 N	173 31 0 W	11 34 4 W	
Tubingen	Europe	Germany ...	48 31 4 N	9 2 29 E	0 36 10 E	
Tulles	Europe	France	45 16 3 N	1 46 2 E	0 7 4 E	
Turin	Europe	Italy	45 4 14 N	7 40 0 E	0 30 40 E	
Turnagain (Cape)	Afia	New Zeeland	40 32 30 S	176 49 0 E	11 47 16 E	
Turk's Ifles ...	Amer.	Windw. Paffage	21 11 0 N	71 15 22 E	4 45 1 W	
Turtle Ifland ..	Afia	Pacific Ocean	19 48 45 S	177 57 0 W	11 51 48 W	
Two Groups ...	Amer.	Pacific Ocean	18 12 36 S	142 11 45 W	9 28 47 W	

Table XXIX. The Latitudes and Longitudes of Places.

Names of Places.	Cont.	Coast, Sea, or Country.	Latitude.	Longitude In Degrees.	Longitude In Time.	H. W.
			° ′ ″	° ′ ″	h m s	h m
Typa	Asia	China	22 9 20 N	113 43 45 E	7 34 55 E	
Tyrnaw	Europe	Hungary	48 23 30 N	17 34 36 E	1 10 18 E	
U						
Ubes (St.)	Europe	Portugal	38 22 15 N	8 54 22 W	0 35 37 W	
Ufa	Europe	Russia	54 42 45 N	55 53 30 E	3 43 34 E	
Uliateah	Amer.	Pacific Ocean	16 45 0 S	151 31 0 W	10 6 4 W	
Ulm	Europe	Germany ...	48 23 45 N	9 58 51 E	0 39 55 E	
Umba	Europe	Lapland	66 39 48 N	34 14 45 E	2 16 59 E	
Unst	Europe	Shetland	60 44 0 N	0 46 0 W	0 3 4 W	
Upsal	Europe	Sweden	59 51 50 N	17 38 9 E	1 10 33 E	
Uralsk	Asia	Tartary	51 11 0 N	51 35 15 E	3 36 24 E	
Uraniberg	Europe	Denmark ...	55 54 17 N	12 53 0 E	0 50 51 E	
Urbino	Europe	Italy	43 43 36 N	12 36 50 E	0 50 27 E	
Ushant Lights ...	Europe	France	48 28 8 N	5 3 21 W	0 20 13 W	
Usolic (Novo) ..	Europe	Russia	59 23 54 N	56 32 15 E	3 46 9 E	
Ust-kamenogorsk	Asia	Siberia	49 56 49 N	82 38 30 E	5 30 34 E	
Utretch	Europe	Netherlands	52 5 0 N	5 9 45 E	0 20 39 E	
Uzes	Europe	France	44 0 45 N	4 25 2 E	0 17 40 E	
V						
Vabres	Europe	France	43 56 27 N	2 50 16 E	0 11 21 E	
Vaison	Europe	France	44 14 28 N	5 3 54 E	0 20 16 E	
Valeuce	Europe	France	44 55 59 N	4 53 10 E	0 19 33 E	
Valenciennes ...	Europe	France	50 21 27 N	3 31 40 E	0 14 7 E	
Valery (St.) sur Som.	Europe	France	50 11 21 N	1 37 36 E	0 6 30 E	10 0
Valery (St.) en Caup	Europe	France	49 52 12 N	0 41 10 E	0 2 45 E	9 45
Valparaiso	Amer.	Chili	33 1 29 S	72 19 15 W	4 49 17 W	
Van Dieman's Road	Asia	Tonga-Tabu .	21 4 15 S	175 6 0 W	11 40 24 W	7 15
Vannes	Europe	France	47 39 26 N	2 45 19 W	0 11 1 W	3 45
Vauxe's Tomb ..	Asia	India	21 4 30 N	72 48 44 E	4 51 15 E	
Vence	Europe	France	43 43 13 N	7 6 29 E	0 28 26 E	
Venice	Europe	Italy	45 27 4 N	12 3 15 E	0 48 13 E	
Venus (Point) ..	Amer.	Otaheite ...	17 29 15 S	149 30 22 W	9 58 1 W	10 38
Vera Cruz	Amer.	Mexico	19 9 36 N	95 3 0 W	6 20 12 W	
Verd (Cape)	Africa	Negroland ..	14 47 13 N	17 33 16 W	1 10 13 W	
Verdun	Europe	France	49 9 24 N	5 22 41 E	0 21 31 E	
Verona	Europe	Italy	45 26 26 N	11 1 0 E	0 44 4 E	
Versailles	Europe	France	48 48 21 N	2 7 7 E	0 8 28 E	
Victoria (Fort) .	Asia	Malabar Coast	17 56 40 N	73 7 54 E	4 52 32 E	
Vienna (Observ.)	Europe	Germany ...	48 12 36 N	16 21 54 E	1 5 28 E	
Vigo	Europe	Spain	42 13 20 N	8 27 45 W	0 33 51 W	
Villa Franca ...	Europe	Italy	43 40 20 N	7 19 15 E	0 29 17 E	
St. Vincent's (Cape)	Europe	Portugal ...	37 1 0 N	9 2 22 W	0 36 9 W	
St. Vincent's (Isle)	Amer.	Carib. Sea ..	13 10 15 N	61 30 51 W	4 6 3 W	
Vingorla Rocks .	Asia	Malabar Coast	15 55 30 N	73 30 0 E	4 54 0 E	
Vintimiglia	Europe	Italy	43 53 20 N	7 37 30 E	0 30 30 E	
Virgin-Gorda (Fort)	Amer.	West Indies .	18 18 0 N	64 18 40 W	4 17 15 W	
Virgin (Cape) ..	Amer.	Patagonia ...	52 23 0 S	67 54 0 W	4 31 35 W	10 0
Visagapatam	Asia	India	17 42 0 N	83 23 52 E	5 33 35 E	
Viviers	Europe	France	44 28 57 N	4 40 45 E	0 18 43 E	
W						
Wakefield	Europe	England	53 41 0 N	1 35 0 W	0 6 20 W	
Wales (P. of) Cape	Amer.	Beering's Str.	65 45 30 N	168 17 30 W	11 13 10 W	
Wales (P. of) Fort	Amer.	New Wales ..	58 47 32 N	94 13 48 W	6 16 55 W	7 20
Wales (P. of) Isles	Amer.	Pacific Ocean	14 58 0 S	147 48 0 W	9 51 12 W	

Table XXIX. The Latitudes and Longitudes of Places.

Names of Places.	Cont.	Coast, Sea, or Country.	Latitude.	Longitude In Degrees.	Longitude In Time.	H.W. h m
			° ′ ″	° ′ ″	h m s	
Wallis's Isle....	Asia	Pacific Ocean	13 17 0 S	176 45 0 W	11 47 0 W	
Walvisch Bay...	Africa	Caffraria.....	22 54 51 S	14 40 0 E	0 58 40 E	
Wanstead.......	Europe	England	51 34 20 N	0 2 30 E	0 0 10 E	
Warasden	Europe	Hungary	46 18 18 N	16 25 51 E	1 5 43 E	
Wardhus	Europe	Lapland	70 22 36 N	31 6 0 E	2 4 24 E	
Warsaw	Europe	Poland	52 14 28 N	21 1 5 E	1 24 4 E	
Warwick (Cape).	Amer.	Hudson's Str..	61 29 0 N	65 16 0 W	4 21 4 W	
Wateeoo	Amer.	Pacific Ocean	20 1 30 S	158 14 30 W	10 32 58 W	
Watling's Isle (W.P.)	Amer.	Bahamas	23 56 0 N	74 42 32 W	4 58 50 W	
West Cape	Asia	New Zealand.	45 56 15 S	166 6 15 E	11 4 25 E	
Westman (Isles).	Europe	Northn. Ocean	63 20 30 N	20 27 45 E	1 21 51 E	
Whitsunday Cape	Amer.	Cook's River.	58 15 0 N	152 36 0 W	10 10 24 W	
Whitsun Island ..	Amer.	Pacific Ocean.	19 26 0 S	138 12 0 W	9 12 48 W	
Whitsuntide Isle .	Asia	Pacific Ocean	15 44 20 S	168 20 15 E	11 13 21 E	
Whytootachee...	Amer.	Pacific Ocean	18 51 40 S	159 39 45 W	10 38 39 W	
Wiborg	Europe	N. Jutland ...	57 27 11 N	9 26 15 E	0 37 45 W	
Wicklow	Europe	Ireland	52 59 0 N	6 1 0 W	0 24 4 W	7 30
Wildeshausen ...	Europe	Germany ...	52 54 26 N	8 27 39 E	0 33 51 E	
William (Fort) ..	Asia	Bengal	22 34 0 N	88 27 56 E	5 53 52 E	
Willis's Isle	Amer.	St. Georgia ..	54 0 0 S	38 29 40 W	2 33 59 W	
Wilna..........	Europe	Poland	54 41 0 N	25 14 51 E	1 40 59 W	
Winchelsea	Europe	England	50 55 28 N	0 42 31 E	0 2 50 E	
Windsor.........	Europe	England	51 29 0 N	0 35 28 W	0 2 22 W	
Wittemburg	Europe	Germany ...	51 53 0 N	12 42 45 E	0 50 51 E	
Woahoo (Isle) ...	Amer.	Sandwich Isles	21 40 30 N	158 1 30 W	10 32 6 W	
Wologda	Europe	Russia	59 13 33 N	40 10 0 E	2 40 40 E	
Wolstenholme Cape	Amer.	Hudson's Str..	62 39 0 N	77 48 0 W	5 11 12 W	
Woody Point....	Amer.	Pacific Ocean	50 0 30 N	127 57 0 W	8 31 44 W	
Worcester	Europe	England	52 9 30 N	2 0 15 W	0 8 1 W	
Woronesch......	Europe	Russia	51 40 30 N	39 20 45 E	2 37 23 E	
Woslak	Europe	Russia.......	61 15 0 N			
Wrotham.......	Europe	England	51 18 54 N	0 19 12 E	0 1 17 E	
Wurtzburg	Europe	Germany	49 46 6 N	9 54 45 E	0 39 39 E	

X

Names of Places.	Cont.	Coast, Sea, or Country.	Latitude.	Longitude In Degrees.	Longitude In Time.	H.W. h m
Xamhay	Asia	China	31 16 0 N	121 31 45 E	8 6 7 E	

Y

Names of Places.	Cont.	Coast, Sea, or Country.	Latitude.	Longitude In Degrees.	Longitude In Time.	H.W. h m
Yeu (Isle d')	Europe	France	46 42 26 N	2 19 50 W	0 9 19 W	
Ylo............	Amer.	Peru	17 36 15 S	71 13 0 W	4 44 52 W	
York	Europe	England	53 57 45 N	1 6 4 W	0 4 24 W	
York Cape	Asia	New Holland .	10 38 20 S	142 12 20 E	9 28 49 E	
York Fort......	Amer.	New Wales ..	57 1 48 N	92 17 11 W	6 9 9 W	9 10
York (Duke of) Isle	Asia	Pacific Ocean.	8 29 0 S	172 22 0 W	11 29 28 W	
York Minster...	Amer.	Terra del Fugo	55 26 20 S	70 8 0 W	4 40 32 W	
York (New)....	Amer.	Jersey.......	40 43 0 N	74 9 0 W	4 56 36 W	9 0
Young (Cape)...	Asia	Chatham Island	43 48 0 N	176 58 0 W	11 47 52 W	
Ypres..........	Europe	Netherlands	50 51 10 N	2 52 49 E	0 11 31 E	

Z

Names of Places.	Cont.	Coast, Sea, or Country.	Latitude.	Longitude In Degrees.	Longitude In Time.	H.W. h m
Zachu (Rocks) ..	Amer.	Porto Rico...	18 24 0 N	67 45 30 W	4 31 2 W	
Zaricin.........	Europe	Russia	48 42 20 N	44 27 30 E	2 57 50 E	
Znaym.........	Europe	Germany	48 51 15 N	16 1 42 E	1 4 7 E	

TABLE XXX.

The Latitudes and Longitudes of remarkable Places on the Sea Coaſt of England and Inland taken from the Grand Trigonometrical Survey, publiſhed in the Philoſophical Tranſactions.

N B. The Aſteriſk (*) denotes a Station.

Names of Places.	Latitudes.	Longitude In Degrees.	Longitude In Time.
A			
	° ′ ″	° ′ ″	′ ″
Abingdon Spire	51 40 3,8 N	1 16 37,2 W	5 6,5
Adderbury Spire	52 0 51,6	1 17 39,7 W	5 10,6
St. Agnes Beacon	50 18 27,0	5 11 55,7 W	20 47,7
——— Light Houſe	49 53 36,8	6 19 23,4 W	25 19,2
Alfred's Tower	51 6 54,4	2 21 21,5 W	9 25,4
Allen, (St.) Steeple	50 18 56,8	5 2 32,1 W	20 10,1
Allington Knoll *	51 4 46,0	0 57 13,0 E	3 48,9
Allington, or Aldington Steeple	51 5 16,0	0 57 36,0 E	3 50,4
Ameſbury Church	51 10 18,9	1 46 36,8 W	7 6,5
Ampthill Steeple	52 1 57,8	0 29 11,7 W	1 56,6
Angmering Church	50 49 40,3	0 28 55,2 W	1 55,7
St. Ann's Hill *	51 23 51,4	0 31 16,6 W	2 5,1
Anthony's Head (St.) Flagſtaff	50 8 34,2	4 59 31,0 W	19 58,1
Appledore Steeple	51 1 47,0	0 47 22,0 E	3 9,5
Arbury Hill *	52 13 26,6	1 12 20,4 W	4 49,3
Aſh Beacon *	51 0 33,5	2 30 56,0 W	10 3,7
Aſh Steeple	51 16 44,0	1 16 34,0 E	5 6,3
Aſhey Down Sea Mark	50 41 6,8	1 10 57,8 W	4 43,8
Aſhford Steeple	51 8 56,0	0 52 18,0 E	3 29,2
Aſton (Cold)	51 26 53,9	2 20 44,4 W	9 22,9
Ayleſbury Spire	51 49 18,9	0 50 18,0 W	3 21,2
Aynoe Steeple	51 59 35,2	1 14 46,2 W	4 59,1
B			
Bagſhot Heath *	51 22 7,1	0 43 15,4 W	2 53,0
Bampton Steeple	51 44 11,2	1 32 27,9 W	6 9,8
Banſtead *	51 19 2,0	0 12 44,1 W	0 50 9
Banſtead Steeple	51 19 19,0	0 11 55,0 W	0 47,7
Bardon Hill Gazebo	52 42 47,6	1 18 48,2 W	5 15,2
Barham Windmill	51 12 54,0	1 10 5,0 E	4 40,3
Barrow Swyre Head	50 36 32,4	2 5 10,8 W	8 20,7
Batten Mount	50 21 24,3	4 7 49,1 W	16 31,2
Batterſea Steeple	51 28 36,0	0 10 24,0 W	0 41,6
Beachy Head *	50 44 23,7	0 15 11,9 E	1 0,7
Beacon-Hill *	51 11 4,4	1 42 54,9 W	6 51,7
Beaufort (Duke of) Houſe, Stoke	51 29 34,5	2 32 12,2 W	10 8,8
Beckley Steeple	50 59 1,0	0 37 24,0 E	2 29,6
Bedingham Windmill	50 50 8,3	0 3 50,1 E	0 15,3
Beechborough Summer Houſe	51 5 53,0	1 5 30,0 E	4 22,0
Belvidere Houſe	50 44 36 9	1 42 3,3 W	6 48,2
Benenden Steeple	51 3 54,0	0 34 44,0 E	2 18,9
Berry Head Flagſtaff, Torbay	50 24 0,7	3 28 14,4 W	13 52,9
Berſted Church	50 47 39,4	0 40 17,8 W	2 41,2
Beſtbeech Windmill	51 3 34,8	0 18 30,7 E	1 14,0
Betherſden Steeple	51 7 45,0	0 45 10,0 E	3 0,7
Bevan (Mr.) Houſe	51 59 19,9	0 36 49,5 W	2 27,3
Bexhill Church	50 50 46,7	0 28 43,3 E	1 54,9
Biceſter Steeple	51 53 46,8	1 9 47,1 W	4 39,1
Bidenden Steeple	51 6 55,0	0 38 23,0 E	2 33,5
Billinghurſt Church	51 1 20,6	0 26 52,1 W	1 47,5
Bindown *	50 23 32,9	4 24 41,0 W	17 38,7
Birchington Steeple	51 22 25,0	1 18 13,0 E	5 12,9
Blackdown *	50 41 13,8	2 32 22,4 W	10 9,5
Blackdown, Devon	50 36 40,9	4 6 8,0 W	16 24,5
Blackhead Flagſtaff	50 1 12,1	5 3 59,3 W	20 15,9

Table XXX. The Latitudes and Longitudes of Places.

Names of Places.	Latitudes.	Longitude In Degrees.		Longitude In Time.
	° ′ ″	° ′ ″		′ ″
Blackheath Windmill, near Heathneld	50 57 50,9 N	0 19 0,0	E	1 16,0
Blaze Castle, near Bristol	51 30 10,4	2 37 41,7	W	10 30,8
Blean Steeple	51 18 19,0	1 3 4,0	E	4 12,3
Blenheim Observatory	51 50 24,9	1 21 5,5	W	5 24,4
Bloxham Spire	52 1 5,6	1 22 5,7	W	5 28,4
Boat House	50 37 37,9	1 22 40,9	W	5 30,7
Boconnock Steeple	50 25 15,3	4 33 31,2	W	18 14,1
Bodmin Down *	50 29 11,6	4 40 39,8	W	18 42,6
Bolney Church	50 59 23,9	0 12 5,0	W	0 48,3
Bolt-Head Flagstaff	50 13 15,2	3 48 3,1	W	15 12,2
Bosham Church	50 49 45,0	0 51 19,1	W	3 25,3
Botley Hill *	51 16 41,5	0 0 3,0	E	0 0,2
Bovey (North) Steeple	50 36 18,7	3 41 38,2	W	14 46,5
Boughton Malherb Steeple	51 12 51,0	0 41 34,0	E	2 46,3
Bourton Chapel	51 59 22,5	1 44 56,7	W	6 59,8
Bow Brickhill *	51 59 50,5	0 40 1,2	W	2 40,1
——— Steeple	52 0 1,1	0 40 13,4	W	2 40,9
Bowhill *	50 53 40,4	0 49 32,7	W	3 18,2
Boyton Steeple	50 42 14,9	4 21 53,6	W	17 27,6
Boxgrove Church	50 51 36,7	0 42 25,9	W	2 49,7
St. Braeg's Down Stone	50 28 47,6	4 50 54,0	W	19 23,6
Bramber Windmill	50 52 55,7	0 17 18,9	W	1 9,3
Branksea Island Castle	50 41 19,5	1 57 1,5	W	7 48,1
Brasses Windmill	50 57 55,0	0 32 5,0	E	2 8,3
Breadon-Hill Building	52 3 16,7	2 1 35,7	W	8 6,4
Brede Steeple	50 56 7,0	0 35 45,0	E	2 23,0
Brent Beacon, near Ashburton	50 26 28,6	3 48 49,4	W	15 15,3
Brent Tor. near Lydford	50 36 13,4	4 9 21,4	W	16 37,4
Brenzet Steeple	50 0 51,0	0 51 21,0	E	3 25,4
Bridge Windmill	51 14 35,0	1 7 55,0	E	4 31,7
Bridgewater Spire	51 7 40,7	2 59 38,7	W	11 58,6
Bridport Beacon	50 41 13,2	2 50 59,9	W	11 24,0
Brighthelmstone Church	50 49 32,2	0 11 55,2	W	0 47,7
Brightling *	50 57 43,3	0 22 39,3	E	1 30,6
——— Windmill	50 57 44,0	0 22 41,0	E	1 30,7
Brighton Starting-House	50 49 48,1	0 6 28,5	W	0 25,9
Brill *	50 49 56,6	1 3 56,6	W	4 15,7
Bristol Cathedral	51 27 6,3	2 35 28,6	W	10 21,9
Brixen Steeple	50 23 12,0	3 30 22,7	W	14 1,5
Brixton Church	50 38 37,6	1 23 25,2	W	5 33,7
Broadway Beacon	52 1 25,6	1 49 41,3	W	7 18,7
Bromley Church	51 24 18,0	0 0 52,0	E	0 3,5
Brown Willy *	50 35 27,9	4 35 10,4	W	18 20,6
Brook Steeple	51 9 38,0	0 57 8,0	E	3 48,5
Brookland Steeple	50 59 51,5	0 49 58,0	E	3 19,9
Buckingham (Marquis of) House, near Brill	51 50 23,5	1 0 5,8	W	4 0,4
Buckland Steeple	51 40 53,3	1 29 57,1	W	5 59,8
Bull Barrow *	50 50 59 5	2 18 29,2	W	9 14,0
Burfledon Windmill	50 53 42,3	1 18 34,3	W	5 14,3
Burton-Pynsent Obelisk	51 1 21,6	2 52 45,1	W	11 31,0
Burian (St.) *	50 4 37,9	5 36 4,9	W	22 24,3
Bute (Lord) House	50 44 14,5	1 42 9,7	W	6 48,6
Butser Hill *	50 58 40,8	0 58 32,2	W	3 54,1
Butterton	50 24 46,3	3 52 47,5	W	15 31,2
C				
Cackham Tower	50 46 22,4	0 53 2,3	W	3 32,2
Caden Barrow *	50 39 12,1	4 41 9,2	W	15 44,6
Callington Steeple	50 30 14,9	4 18 1,9	W	17 12,1
Calshot Castle	50 48 12,7	1 18 5,6	W	5 12,4
Camborn Steeple	50 12 51,0	5 17 0,4	W	21 8,0
Camelford (Lord) Obelisk	50 25 11,1	4 34 51,7	W	18 19,4
Canterbury Cathedral	51 16 48,0	1 4 51,0	E	4 19 4

Table XXX. The Latitudes and Longitudes of Places

Names of Places.	Latitudes.	Longitude In Degrees.	Longitude In Time.
	° ′ ″	° ″	′ ″
Carraton Hill *	50 30 41,6 N	4 25 17,0 W	17 41,1
Carisbrook Castle	50 41 17,5	1 18 25,9 W	5 13,7
Catharine's (St.) Light-House	50 35 33,1	1 17 50,7 W	5 11,3
Catherstone Lodge	51 0 23,0	3 8 59,9 W	12 35,9
Cawsand Beacon *	50 42 31,1	3 55 1,8 W	15 40,1
Chalgrave Steeple	51 55 40,2	0 30 51,4 W	2 3,4
Chancterbury Ring	50 53 48,5	0 22 46,9 W	1 31,1
Charing Steeple	51 12 37,0	0 47 44,0 E	3 10,9
Charlwood Church	51 9 21,5	0 13 30,0 W	0 54,0
Chart (Great) Steeple	51 8 33,0	0 49 39,1 E	3 18,6
Chart (Sutton) Steeple	51 12 56,0	0 34 54,0 E	2 19,6
Charton *	50 43 6,1	2 58 52,9 W	11 55 5
Chedzoy Steeple	51 8 5,1	2 55 56,1 W	11 43,7
Cheese Rings	50 31 50,5	4 27 2,4 W	17 48,1
Chichester Harbour Watch-House	50 46 53,8	0 55 27,7 W	3 41,8
——— Spire	50 50 11,4	0 46 35,0 W	3 6,4
Chillendon Windmill	51 14 32,0	1 14 49,0 E	4 59,3
Chiselhurst Steeple	51 24 36,0	0 4 35,0 E	0 18,3
Chillet Steeple	51 20 4,0	1 11 24,0 E	4 45,6
Chittingley Church	50 54 23,2	0 11 47,0 E	0 47,1
Christ Church Head	50 43 57,3	1 45 10,5 W	7 0,7
——— Tower	50 42 56,8	1 46 3,4 W	7 4,2
Chudleigh Steeple	50 36 14,1	3 35 21,6 W	14 21,4
Clapham Church	50 50 37,3	0 27 43,4 W	1 50,9
Clapham Common (Mr. Cavendish)	51 27 13,0	0 8 40,0 W	0 34,7
Clark's Folly	50 51 13,0	1 0 39,7 W	4 2,6
Clay Hill or Copt Heap	51 12 12,0	2 13 25,8 W	8 53,7
Cleer (St.) Steeple	50 29 15,0	4 27 20,6 W	17 49,4
Clifden Windmill	51 25 57,2	2 37 25,7 W	10 29,7
Colmworth Spire	52 12 49,3	0 22 27,0 W	1 28,5
Columb (St.) Minor Steeple	50 25 20,1	5 1 29,3 W	20 5,9
Corley Hill *	52 27 45,0	1 33 24,6 W	6 13,6
Cow and Calf	50 32 44,8	5 2 22,0 W	20 9,5
Cowes (East) Sea Mark	50 45 37,5	1 16 15,2 W	5 5,0
Coxwell (Great) Windmill	51 38 59,8	1 37 8,4 W	6 28,6
Cranbrook Steeple	51 5 50,0	0 32 10,0 E	2 8,7
Cranfield Spire	52 4 3,1	0 36 11,1 W	2 24,7
Crawley (Husborne) Steeple	52 0 57,0	0 36 19,8 W	2 25,3
——— (North) Spire	52 5 29,8	0 38 27,3 W	2 33,8
Creech Barrow St. Alban's Head	50 38 9,8	2 6 14,9 W	8 25,0
Crimhill Passage Obelisk	50 21 37,7	4 9 53,3 W	16 39,5
Crouch Hill *	52 2 58,7	1 21 11,6 W	5 24,7
Crowborough Beacon *	51 3 9,4	0 9 9,5 E	0 36,6
——— Chapel	51 3 20,1	0 9 56,8 E	0 39,7
Cubert Steeple	50 22 43,0	5 5 50,1 W	20 23,3
Cuckfield Church	51 0 18,3	0 8 29,8 W	0 34,0
Cumberland Fort	50 47 20,8	1 1 43,0 W	4 6,9
Cumner Hill, near Oxford	51 44 1,5	1 18 18,4 W	5 13,2
D			
Dallington Church	50 56 50,4	0 21 31,8 E	1 26,1
Deadman *	50 13 20,0	4 47 4,4 W	19 8,3
Deal Castle	51 13 5,0	1 23 59,0 E	5 35,9
—— Upper Chapel	51 13 2,0	1 22 44,0 E	5 30,9
—— Watch-House, near the Sea Shore	51 10 21,0	1 23 46,0 E	5 35,1
Dean Hill *	51 1 50,9	1 38 46,5 W	6 35,1
Deddington Steeple	51 59 13,9	1 19 12,1 W	5 16,8
Del Key, or Dalkey Windmill	50 49 12,5	0 48 39,7 W	3 14,6
Dengeness Light-House	50 55 1,0	0 57 48,0 E	3 51,2
Dennis (St.) Steeple	50 23 22,1	4 52 1,6 W	19 28,1
Devizes Steeple	51 21 25,5	2 58 31,2 W	11 54,1
Ditchling Beacon *	50 44 7,0	0 6 20,5 W	0 25,3

Table XXX. The Latitudes and Longitudes of Places.

Names of Places.	Latitudes.	Longitude In Degrees.	In Time.
	° ′ ″	° ′ ″	′ ″
Ditchling Church	50 55 17,8 N	0 6 49,5 W	0 27,3
Dominic (St.) Steeple	50 32 17,8	4 15 48,7 W	17 3,2
Dorchester Church	50 42 57,7	2 25 40,1 W	9 42,7
Dover Castle, N. turret of the Keep *	51 7 47,5	1 19 7,0 E	5 16,5
Doulting Spire	51 11 11,4	2 29 53,1 W	9 59,5
Doyley (Sir J.) House	50 46 33,3	1 30 39,4 W	6 2,6
Drayton Steeple	51 38 35,0	1 18 6,1 W	5 12,4
Duloe Steeple	50 23 48,0	4 28 9,4 W	17 52,6
Dumpdon *	50 49 47,2	3 39 34,5 W	14 38,3
Dunchirch Windmill	52 20 4,6	1 17 8,5 W	5 8,6
Dundon *	51 5 6,5	2 43 33,1 W	10 54,2
Dundry *	51 23 52,2	2 38 0,1 W	10 32,0
——— Steeple	51 23 47,7	2 38 21,2 W	10 33,4
Dunnose	50 37 7,3	1 11 36,0 W	4 46,4
Dunstaville (Lord) House	50 14 39,5	5 16 58,2 W	21 7,8
Durham Steeple	51 28 44,8	2 22 23,4 W	9 29,5
E			
Eastry Steeple	51 14 44,0	1 18 26,0 E	5 13,7
Eastwell Steeple	51 11 24,0	0 52 24,0 E	3 29,6
Eddystone Light-House	50 10 54,5	4 15 2,9 W	17 0,3
Egerton Steeple	51 11 44,0	0 43 43,0 E	2 54,9
Egremont (Earl of) Tower	51 0 1,9	0 38 7,3 W	2 32,5
Elham Windmill	51 5 44,0	1 14 1,0 E	4 56,1
Eltham Spire	51 27 4,0	0 4 30,0 E	0 18,0
Epwell *	52 4 19,8	1 28 46,8 W	5 55,1
Erme (St.) Steeple	50 18 36,3	5 0 30,0 W	20 2,0
Eval (St.) Steeple	50 29 3,5	4 59 0,8 W	19 56,0
Evelyn's Obelisk, Felbridge Park	51 8 28,9	0 2 40,9 W	8 10,7
Everley Church	51 17 3,3	1 42 5,3 W	6 48,3
Euhurst Church	51 9 11,7	0 26 16,6 W	1 45,1
——— Windmill	51 10 21,7	0 27 26,9 W	1 49,9
F			
Fairden Tower	51 9 21,3	0 0 53,9 E	0 3,6
Fairlight Church	50 52 38,0	0 38 31,0 E	2 34,0
——— Down *	50 52 38,8	0 37 7,4 E	2 28,5
Fareham Church	50 51 19,8	1 10 10,7 W	4 40,7
Farley Down *	51 23 35,7	2 17 14,8 W	9 8,9
Farley Monument	51 2 12,8	1 24 30,1 W	5 38,0
Farnham Castle	51 13 6,9	0 47 52,0 W	3 11,5
Farthingo Steeple	51 59 45,1	1 13 18,4 W	4 53,2
Fawley Church	50 49 47,7	1 20 44,4 W	5 22,9
Felpham Windmill	50 47 12,7	0 39 8,4 W	2 36,6
Fetherstonhough (Sir H.) Tower	50 57 30,3	0 52 43,7 W	3 30,9
Findon Temple	50 52 15,0	0 25 38,9 W	1 42,6
Firle Beacon *	50 50 2,7	0 6 33,3 E	0 26,2
——— Church	50 50 42,9	0 5 22,4 E	0 21,5
——— Windmill	50 50 4,8	0 5 30,6 E	0 22,0
Flitton Steeple	52 0 42,1	0 27 14,4 W	1 48,9
Flitwick Steeple	51 59 50,6	0 30 27,1 W	2 1,8
Folkstone Church	51 4 47,0	1 10 52,0 E	4 43,5
——— Turnpike *	51 5 45,5	1 11 33,0 E	4 46,2
Foreland (South) Light-House	51 8 26,0	1 22 6,0 E	5 28,4
Forlingdon Church	50 42 52,2	2 25 11,5 W	9 40,7
Four Mile-stone *	51 7 8,5	1 50 56,2 W	7 23,8
Fowey Windmill, near	50 20 7,2	4 37 31,5 W	18 30,1
Frampton (Mr.) Obelisk	50 41 46,0	2 15 57,9 W	9 3,8
Frant Steeple *	51 5 54,0	0 16 13,0 E	1 4,9
Frittenden Steeple	51 8 20,0	0 35 24,0 E	2 21,6
Frome Steeple	51 13 47,9	2 18 41,6 W	9 14,7
Froward Flagstaff	50 21 1,4	3 31 11,2 W	14 4,7
Furland *	50 22 7,8	3 32 34,3 W	14 10,3

Table XXX. The Latitudes and Longitudes of Places.

Names of Places.	Latitudes.	Longitude In Degrees.	Longitude In Time.
G			
	° ′ ″	° ′ ″	′ ″
Gerran s Steeple	50 10 44,8 N	4 57 48,0 W	19 51,2
Glaſtonbury Tor	51 8 47,7	2 41 18,8 W	10 45,2
Godſtone, or Tilbuſter Windmill	51 13 30,5	0 2 57,9 W	0 11,9
Golden Cape near Lyme	50 43 32,5	2 49 59,6 W	11 20,0
Goodneſton Steeple	51 14 45,0	1 13 36,0 E	4 54,4
Goodwood Houſe	50 52 20,8	0 44 9,3 W	2 56,6
Goring Church	50 48 34,2	0 25 44,6 W	1 43,0
Gorran Steeple	50 14 50,8	4 47 25,3 W	19 9,6
Goudhurſt Steeple *	51 6 49,5	0 27 40,3 E	1 50,7
Grade Steeple	49 59 8,8	5 10 28,6 W	20 41,9
Granborough Steeple	51 55 4,3	0 52 50,8 W	3 31,4
Greenwich Obſervatory *	51 28 40,0	0 0 0,0	0 0,0
Grinſtead (Eaſt) Church	51 7 27,9	0 0 16,2 E	0 1,1
Grinſtead (Weſt) Church	50 58 23,5	0 19 53,2 W	1 19,5
Guilford (Eaſt) Steeple	50 57 40,0	0 45 21,0 E	3 1,4
Gunſton Steeple	51 9 18,0	1 19 0,0 W	5 16,0
Gwinear Steeple	50 10 34,0	5 22 1,7 W	21 28,1
Gwinea's Rocks	50 14 46,3	4 44 41,6 W	18 58,8
H			
Hailſham Church	50 51 48,2	0 45 39,3 E	1 2,6
Halden (High) Steeple	51 6 11,0	0 42 52,0 E	2 51,5
Haldon (Little) *	50 34 3,0	3 31 1,9 W	14 4,1
Hallifax Tower	50 52 47,5	0 53 35,6 W	3 34,4
Hamble Church	50 51 30,3	1 18 44,6 W	5 15,0
——— Saltern	50 51 0,9	1 18 15,2 W	5 13,0
Hampton Poor Houſe *	51 25 35,2	0 21 46,6 W	1 27,1
Hanger Hill *	51 31 23,7	0 17 39,6 W	1 10,6
Hanſlope Spire	52 6 45,2	0 49 17,8 W	3 17,2
Harbledown Steeple	51 16 58,0	1 3 13,0 E	4 12,9
Hardres (Upper) Steeple	51 13 1,0	1 4 45,0 E	4 19,0
Hardwick Steeple	51 51 47,8	0 49 33,4 W	3 18,2
Harfield Steeple	51 29 15,3	2 56 54,6 W	11 47,6
Harlington Steeple	51 57 48,4	0 29 18,6 W	1 57,2
Harrow Steeple	51 34 27,0	0 0 20,6 W	1 20,4
Harting Windmill	50 57 32,7	0 51 57,8 W	3 27,8
Havant Church	50 51 5,4	0 58 37,7 W	3 54,5
Hayling (South) Church	50 47 44,7	0 58 19,9 W	3 53,3
Headcorn Windmill	51 10 21,0	0 36 41,0 E	2 26,7
Hearne Windmill	51 21 20,0	1 8 6,0 E	4 32,4
Helmen Tor	50 25 9,9	4 42 43,8 W	18 50,9
Hemmerdon Ball	50 21 21,2	3 59 53,6 W	15 59,5
Hendellion Steeple	50 34 25,6	4 48 47,2 W	19 15,1
Henſbarrow	50 23 3,3	4 48 7,7 W	19 12,5
Higham Steeple	51 4 34,6	2 48 40,9 W	11 14,7
——— Windmill	51 4 21,8	2 47 41,0 W	11 10,6
Highbury Houſe Obſervatory (Mr. Aubert)	51 33 13,0	0 5 51,0 W	0 23,4
Highclere *	51 18 46,2	1 20 16,4 W	5 21,1
Highdown Windmill	50 49 42,9	0 26 51,0 W	1 47,4
High Nook, near Dymchurch *	51 1 11,5	0 59 18,0 E	3 57,2
Highworth Steeple	51 37 51,4	1 42 14,1 W	6 48,9
Hilary (St.) Steeple	50 7 38,7	5 24 25,4 W	21 37,7
Hind Head	51 6 56,1	0 42 43,0 W	2 50,9
Hoathley (Weſt) Church	51 4 35,4	0 3 13,0 W	0 12,9
Hollingborn Hill *	51 15 53,5	0 39 28,0 E	2 37,9
Holy Trinity Steeple, Shafteſbury	51 0 20,7	2 11 18,8 W	8 45,3
Homehurſt Church	50 59 51,0	0 23 25,5 E	1 33,7
Honiton Steeple	50 47 35,5	3 10 18,1 W	12 41,2
Hopes Noſe, Torbay	50 27 48,5	3 26 43,1 W	13 46,8
Hordle Church	50 43 41,2	1 36 22,5 W	6 25,5
Hornby (Gov.) Houſe	50 50 46,1	1 17 40,2 W	5 10,7

TABLE XXX. The Latitudes and Longitudes of Places.

Names of Places.	Latitudes. ° ′ ″	Longitude In Degrees. ° ′ ″	Longitude In Time. ′ ″
Horndean Church	50 55 33,3 N	1 0 20,9 W	4 1,4
Horſeſhoe Summer-houſe, Iſle of Wight	50 44 34,2	1 18 33,7 W	5 14,2
Horſeted (Little) Church	50 56 44,1	0 5 35,0 E	0 22,3
Horſham Church	51 3 36,0	0 19 42,7 W	1 18,9
Horton Obſervatory	50 51 37,9	1 57 1,3 W	7 48,1
Hotham (Sir Richard) Flagſtaff, near Bognor	50 46 49,6	0 40 34,3 W	2 43,3
Hougham Steeple	51 6 50,0	1 15 4,0 E	5 0,3
Hurſt Caſtle	50 42 23,4	1 32 45,5 W	6 11,0
—— Light-Houſe	50 42 23,4	1 32 50,0 W	6 11,3
Hurſtmonceux Church	50 51 34,6	0 19 41,7 E	1 18,8
Hurſtpierpoint Church	50 56 2,5	0 10 42,1 W	0 42,8
Hundred Acres *	51 20 17,5	0 11 20,0 W	0 45,3
I			
Jevington Windmill	50 47 12,3	0 14 12,8 E	0 56,9
Ickham Steeple	51 16 45,0	1 10 57,0 E	4 43,8
Icklesham Steeple	50 55 3,0	0 40 24,0 E	2 41,6
Iden Steeple	50 58 54,0	0 43 36,0 E	2 54,4
Illugan Steeple	50 15 4,4	5 14 57,6 W	20 59,8
John's (St.) Steeple	50 22 11,8	4 14 18,9 W	16 57,2
Ipplepen Steeple	50 27 34,2	3 35 13,7 W	14 20,9
Iſey (St.) Steeple	50 30 36,0	4 54 20,1 W	19 37,3
Iſlip Steeple	51 49 20,7	1 13 57,9 W	4 55,8
Ive (St.) Steeple	50 28 49,0	4 22 7,7 W	17 28,5
Ivinghoe Spire	51 50 9,1	0 37 51,3 W	2 31,4
Ivy Church Steeple	51 0 45,0	0 53 18,0 E	3 33,2
K			
Karn (Eaſtern) } near Moreton, Devon	50 38 48,4	3 42 11,2 W	14 48,7
—— (Weſtern) } near Moreton, Devon	50 39 27,9	3 42 17,4 W	14 49,1
Karnbonellis *	50 10 59,4	5 12 37,7 W	20 50,5
Karnbre Caſtle	50 13 23,6	5 13 35,0 W	20 54,3
Karnbury Chapel	50 6 23,5	5 36 15,5 W	22 25,0
Karnminnis *	50 11 43,8	5 30 51,9 W	22 3,5
Kennington Steeple	51 10 12,0	0 53 24,0 E	3 33,6
Kew Pagoda	51 28 16,0	0 17 36,0 W	1 10,4
Keymer Church	50 55 13,6	0 7 35,9 W	0 30,4
Keyſoe Spire	52 14 58,2	0 25 24,3 W	1 41,6
Kidlington Spire	51 49 44,6	1 16 27,9 W	5 5,8
Kilminſton Down Summer-Houſe	51 0 58,5	1 10 45,2 W	4 43,0
Kings Arbour *	51 28 47,1	0 26 50,0 W	1 47,3
Kingſnorth Steeple	51 7 3,0	0 51 49,0 E	3 27,3
Kingſton Church	50 48 13,5	1 4 16,9 W	4 17,1
Kinſworth *	51 51 50,8	0 31 59,9 W	2 7,9
Kirdford Church	51 1 44,1	0 32 46,1 W	2 11,1
Kit Hill *	50 31 9,4	4 16 43,2 W	17 6,9
Kivern (St.) Steeple	50 3 5,6	5 4 8,2 W	20 16,5
Knotting Green Elm Tree	52 15 26,6	0 31 11,5 W	2 4,7
Knowle Steeple	51 32 53,7	2 34 30,3 W	10 18,0
L			
Lambert's Caſtle, Dorſet	50 46 17,7	2 49 45,5 W	11 19,0
Landrake Steeple	50 25 20,7	4 16 30,8 W	17 6,0
Land's End Stone	50 4 6,6	5 41 31,5 W	22 46,1
Lanlivery Steeple	50 24 1,9	4 41 11,7 W	18 44,8
Lanſallos *	50 20 25,7	4 32 45,7 W	18 11,0
———— Steeple	50 20 15,3	4 33 39,5 W	18 14,6
Lanſdown, near Bath	51 27 50,4	2 23 51,8 W	9 35,4
Launceſton Caſtle	50 38 16,8	4 20 45,4 W	17 23,0
———— Steeple	50 38 18,1	4 20 41,6 W	17 22,7
Lawrence (St.) Steeple	51 20 16,0	1 23 56,0 E	5 43,7
Leigh Steeple on Mendip	51 13 24,0	2 26 46,1 W	9 47,1

TABLE XXX. The Latitudes and Longitudes of Places.

Names of Places.	Latitudes.	Longitude In Degrees.	Longitude In Time.
	° ′ ″	° ′ ″	′ ″
Leith Hill	51 10 35,7 N	0 22 6,3 W	1 28,4
Leighton Buzzard Spire	51 54 56,5	0 39 54,4 W	2 39,6
Lenham Steeple	51 14 13,0	0 43 6,0 E	2 52,4
Leven's (St.) Point Flagstaff	50 3 53,8	5 41 4,2 W	22 44,3
Lidlington *	52 1 54,0	0 32 21,7 W	2 9 4
——— Windmill	52 2 4,2	0 33 25,0 W	2 13,7
Lillyhoe *	51 56 46,5	0 22 9,5 W	1 29,3
Lindfield Church	51 0 52,0	0 4 38,0 W	0 18,5
Linkinghorn Steeple	50 32 17,3	4 21 26,7 W	17 25,8
Linton Steeple	51 13 24,0	0 30 40,0 E	2 2,7
Lisburne (Lord) Obelisk	50 37 1,3	3 30 28,1 W	14 1,9
Liskeard Steeple	50 27 14,4	4 26 43,0 W	17 46,8
Littlebourn Steeple	51 16 40,0	1 11 1,0 E	4 44,1
——— Light House	49 57 39,5	5 11 4,8 W	20 44,3
——— Windmill	49 59 35,1	5 12 4,4 W	20 48,3
Lizard Flagstaff	49 57 55,8	5 11 17,7 W	20 45,2
London Argyll Street Observatory	51 30 53,0	0 8 19,0 W	0 33,3
——— St. James's Church Piccadilly	51 30 31,0	0 8 5,0 W	0 32,3
——— St. Paul's	51 30 49,0	0 5 47,0 W	0 23 1
Long Aston	51 26 9,1	2 38 3,7 W	10 32,2
Long Knoll, Maiden-Bradley*	51 8 16,2	2 17 54,1 W	9 11,6
Lough Park Flagstaff	50 0 9,9	5 14 39,5 W	20 58,6
Ludguan Steeple	50 8 44,1	5 28 26,4 W	21 53,8
Luggersall Steeple, Bucks	51 50 57,3	1 2 18,8 W	4 9,2
Luttrell's Folly *	50 48 22,5	1 19 7,5 W	5 16,5
Lydd Steeple	50 57 7,5	0 54 19,0 E	3 37,3
Lyme Cobb	50 43 10,0	2 55 29,4 W	11 41,9
Lymne Steeple	51 4 20,0	1 1 22,0 E	4 5,5
M			
Madern Steeple	50 7 56,6	5 32 42,3 W	22 10,9
Maker Tower Flagstaff	50 20 51,8	4 10 16,0 W	16 41,1
——— Naval Flagstaff near	50 20 51,9	4 10 16,1 W	16 41,1
Mangot's-field Steeple	51 29 9,5	2 28 43,2 W	9 54,9
Margaret's (St.) Steeple	51 9 14,0	1 22 7,0 E	5 28,5
Markfield Windmill	52 41 16,8	1 16 37,0 W	5 6,4
Marlborough Steeple	50 14 40,7	3 48 5,0 W	15 12,3
Martha's (St.) Chapel	51 13 29,0	0 31 33,1 W	2 6,2
Martincel's Hill Summer House	51 22 3,6	1 45 21,0 W	7 1,4
Martin's (St.) Daymark (Scilly Isle)	49 58 29,0	6 14 38,8 W	24 58,6
Martin's (St.) Spire, Coventry	52 24 25,4	1 30 5,5 W	6 0,3
Mary's (St.) Windmill (Scilly Isle)	49 54 32,7	6 16 58,7 W	25 7,9
Mary's (St.) Steeple	51 0 52,0	0 56 28,0 E	3 45,9
Maulden Steeple	52 1 52,2	0 27 20,2 W	1 49,3
Mayfield Church	51 1 15,3	0 15 40,0 E	1 2,7
Maypowder Steeple	50 51 19,7	2 24 43,8 W	9 38,9
Mawes (St.) Windmill	50 10 46,3	4 59 39,4 W	19 58,6
Menabilly House	50 20 9,9	4 40 17,9 W	18 41,1
Mendip *	51 13 7,2	2 32 6,5 W	10 8,4
Menheniot Steeple	50 27 14,5	4 24 5,8 W	17 36,4
Mere Steeple	51 5 21,7	2 15 44,8 W	9 2,9
Merian (St.) Steeple	50 31 59,3	4 58 31,9 W	19 54,1
Mersham Steeple	51 7 1,0	0 55 47,0 E	3 43 1
Mewstone highest point	50 18 29,7	4 5 32,6 W	16 22,1
Michael Carhayes (St.) Steeple	50 15 14,0	4 50 15,5 W	19 21,0
Middlezoy Steeple	51 5 38,3	2 53 1,2 W	11 32,1
Milborne Port	50 57 58,0	2 27 9,3 W	9 48,6
Milbourn Obelisk	50 45 57,8	2 15 58,8 W	9 3,9
Milford Church	50 43 41,7	1 34 59,9 W	6 20,0
Millbrook Steeple	52 1 43,6	0 31 15,5 W	2 5,0

Table XXX. The Latitudes and Longitudes of Places.

Names of Places.	Latitudes.	Longitude In Degrees.	Longitude In Time
	° ′ ″	° ′ ″	′ ″
Milton Church	50 44 55,2 N.	1 39 28,4 W	6 37,9
Minſter Steeple	51 19 50,0	1 18 46,0 E	5 15,1
Mintern *	50 50 52,8	2 29 31,6 W	9 58,1
Minvern (St.) Steeple	50 33 30,6	4 51 27,6 W	19 25,8
——— Windmill	50 31 55,5	4 48 32,2 W	19 14,1
Mongeham Steeple	51 12 53,0	1 21 18,0 E	5 25,2
Monks Horton Steeple	51 7 30,0	1 1 53,0 E	4 7,5
Moorlynch *	51 7 50,2	2 50 53,0 W	11 23,5
Motteſton Down *	50 39 40,0	1 25 13,8 W	5 40,9
Moulſhoe Steeple	52 2 59,0	0 40 39,6 W	2 42,6
Mount Edgecumbe Houſe	50 21 17,9	4 9 39,3 W	16 38,6
Mountfield Church	50 56 50,4	0 29 6,7 E	1 56,4
Mount Wiſe Flagſtaff	50 22 0,7	4 9 31,2 W	16 38,1
Moyles Court Summer-Houſe	50 52 48,2	1 45 37,5 W	7 2,5
N			
Nackington Steeple	51 14 59,0	1 5 14,0 E	4 20,9
Needles Light Houſe	50 39 53,2	1 33 55,2 W	6 15,7
Neot's (St.) Steeple	52 13 34,7	0 15 49,9 W	1 3,3
Nettlebed *	51 34 45,1	0 58 57,1 W	3 55,8
New Church Steeple	51 2 42,0	0 55 38,0 E	3 42,5
Newnham Windmill	52 13 55,7	1 10 59,8 W	4 43,9
Nicholas, (St.) or Drake's Iſland Obſervatory	50 21 21,1	4 8 17,9 W	16 33,2
Nicholas (St.) Steeple	51 21 15,0	1 14 57,0 E	4 59,8
Nine Barrow Down *	50 38 3,5	2 0 3,8 W	8 0,3
Ninefield Church	50 53 7,1	0 25 21,6 E	1 41,4
Noil Steeple	51 4 27,1	2 19 50,6 W	9 19,3
—— Windmill	51 8 29,3	2 13 23,7 W	8 53,6
Norbourn, or Northbourn Steeple	51 13 18,0	1 20 17,0 E	5 21,1
Norris's Obeliſk	51 20 24,8	0 44 7,0 W	2 56,5
Norwood *	51 24 37,5	0 5 3,0 W	0 20,2
Nuffield *	51 34 52,2	1 1 56,1 W	4 7,7
O			
Odcombe Spire	50 56 12,6	2 41 34,4 W	10 46,3
Old Hartford Hut	51 9 1,8	1 51 8,1 W	7 24,5
Ore Church	50 52 48,0	0 35 10,0 E	2 20,7
Orleſton Steeple	51 4 36,0	0 51 10,0 E	3 24,7
Ottery (St. Mary) Steeple	50 45 12,9	3 18 49,2 W	13 15,3
Oving Church	50 50 17,3	0 43 5,6 W	2 52,4
Ower Rocks	50 39 57,3	0 39 59,5 W	2 40,0
Oxford New Obſervatory	51 45 39,5	1 15 22,5 W	5 1,5
P			
Padleſworth	51 6 50,5	1 8 8,0 E	4 32,5
Pagan Church	50 46 14,0	0 44 39,9 W	2 58,7
Palk's (Sir Robert) Tower, Haldon	50 39 52,5	3 34 47,0 W	14 19,1
Pavenham Spire	52 11 36,3	0 32 27,0 W	2 9,8
Paul's (St.) Spire, Bedford	52 8 8,8	0 27 43,3 W	1 50,9
Paul's (St.) Steeple	50 1 24,3	5 21 42,7 W	21 26,8
Peaſmarſh Steeple	50 57 54,0	0 41 7,0 E	2 44,5
Pendennis Caſtle Flagſtaff	50 8 48,7	5 1 43,6 W	20 6,9
Penlee Beacon	50 19 24,0	4 10 40,1 W	16 42,6
Penpole Gazebo	51 29 33,7	2 39 54,1 W	10 39,6
Pertinney *	50 6 27,0	5 37 31,9 W	22 30,1
Petherwin (North) Steeple	50 40 52,5	4 25 2,8 W	17 40,2
——— (South) Steeple	50 36 30,4	4 22 27,5 W	17 29,8
Petworth Church	50 59 17,0	0 36 25,8 W	2 25,7

Table XXX. The Latitudes and Longitudes of Places.

Names of Places.	Latitudes.	Longitude In Degrees.	Longitude In Time.
	° ′ ″	° ′ ″	′ ″
Petworth Windmill	50 59 22,5 N	0 34 53,3 W	2 19,6
Peranzabulo	50 21 59,4	5 6 58,2 W	20 27,9
Pevensey Church	50 49 11,9	0 20 14,1 E	1 20,9
Pilsden *	50 48 26,9	2 49 23,1 W	11 17 5
Pitchcot Windmill	51 52 58,5	0 50 35,5 W	3 22,3
Pitt (Mr.) Factory Flagstaff	50 36 46,5	2 3 7,9 W	8 12,5
Playden Steeple	50 57 46,0	0 43 56,0 E	2 55,7
Pluckley Steeple	51 10 30,0	0 45 14,0 E	3 0,9
Plumpton Church	50 54 19,1	0 4 12,1 W	0 16,8
Plymouth Blockhouse Flagstaff	50 22 56,4	4 9 11,8 W	16 36,8
——— Dock Chapel	50 22 19,0	4 9 58,3 W	16 39,9
———, Governor's House, West Chimney	50 22 2,9	4 9 19,1 W	16 37,2
——— Windmill	50 22 11,6	4 9 41,7 W	16 38,8
——— Garrison Flagstaff	50 21 21,8	4 7 24,0 W	16 29 6
——— Hospital Cupolo	50 22 10,1	4 9 56,1 W	16 39,7
——— Now Church	50 22 20,4	4 7 16,5 W	16 29,1
——— Old Church	50 22 13,6	4 7 31,6 W	16 30,1
Plymstock Steeple	50 22 24,2	4 5 24,3 W	16 21,6
Poles (Sir J. de la) Flagstaff	50 42 31,9	2 54 43,8 W	11 38,9
Pollux Hill Steeple	51 59 31,2	0 27 8,7 W	1 48,6
Polparrow Flagstaff	50 25 5,5	4 28 24,9 W	17 53,6
Polruan Old Tower	50 19 40,2	4 37 8,0 W	18 28,5
Poole Church	50 42 50,0	1 58 54 6 W	7 55,6
Porchester Castle	50 50 18,6	1 6 35,5 W	4 26,3
——— Church	50 50 12,7	1 6 29,1 W	4 25,9
Portfield Windmill	50 50 31,4	0 45 25,5 W	3 1,7
Portland Light House	50 31 22,2	2 26 49,5 W	9 47 3
Portsdown *	50 51 30,6	1 6 12,6 W	4 24,8
——— Windmill	50 51 17,6	1 3 49,1 W	4 15,3
Portsmouth Academy	50 48 1,6	1 6 1,3 W	4 24,1
——— Church	50 47 26,8	1 5 57,3 W	4 23,8
——— Observatory	50 48 2,9	1 5 58,7 W	4 23 9
Preston Steeple	51 17 55,0	1 12 54,0 E	4 51,6
Prinsted Windmill	50 50 23,9	0 54 51,6 W	3 39,4
Puckle Steeple	51 29 16,2	2 25 32,8 W	9 42,2
Pulborough Church	50 57 25,5	0 30 13,6 W	2 0,9
Puncknoll Flagstaff	50 41 17,3	2 38 58,8 W	10 35,9
Puslinch Obelisk, Devon	50 20 17,5	3 59 50,1 W	15 59,3
Q			
Quainton *	51 53 6,9	0 54 23,9 W	3 37,6
——— Steeple	51 52 28,7	0 54 28,0 W	3 37,8
R			
Radigunds (St.) Abbey	51 7 56,0	1 14 44,0 E	4 58,9
Radley Steeple	51 40 58,3	1 43 33,4 W	6 54,2
Rame Head	50 18 51,7	4 12 29,0 W	16 49,9
——— Steeple	50 19 18,7	4 30 47,3 W	18 3,1
Ramsden Hill	50 46 7,5	1 48 8,0 W	7 12,5
Ramsgate Windmill	51 19 49,0	1 24 20,0 E	5 37,3
Ravensden Steeple	52 10 33,9	0 25 15,7 W	1 41,0
Reculver (South)	51 22 47,0	1 11 50,0 E	4 47,3
Redcliff Steeple, Bristol	51 26 54,8	2 34 50,4 W	10 19,3
Renhold Spire	52 9 41,5	0 24 20,1 W	1 37,3
Richmond Royal Observatory	51 28 8,0	0 18 43,0 W	1 14,9
Ridgemont *	52 0 56,4	0 34 45,7 W	2 19,0
Ringswold, or Kingswould, Steeple	51 11 8,0	1 22 20,0 E	5 29,3
Ringwood Church	50 50 58,0	1 47 16,0 W	7 9,1
Rippin Tor *	50 33 59,1	3 45 26,2 W	15 1,7

Table XXX. The Latitudes and Longitudes of Places.

Names of Places.	Latitudes.	Longitude In Degrees.	Longitude In Time.
	° ′ ″	° ′ ″	′ ″
Ripple Steeple	51 12 12,0 N	1 19 0,0 F	5 16,0
Roach Rock	50 23 53,4	4 48 29,4 W	19 13,9
——— Steeple	50 23 58,7	4 48 46,6 W	19 15,1
Rogers (Mr.) Tower	50 10 42,4	5 16 37,4 W	21 6,5
Rolle's (Lord) Barn, near Sidmouth	50 45 35,6	2 58 39,6 W	11 54,6
Rolvenden Steeple	51 3 3,0	0 37 50,0 E	2 31,3
Romden Stables	51 8 49,0	0 42 36,0 E	2 50,4
Romney (New) Steeple	50 59 7,0	0 56 22,0 E	3 45,5
——— (Old) Steeple	50 59 25,0	0 53 50,0 E	3 35,3
Rook's Hill *	50 53 32,5	0 44 58,3 W	2 59,9
——— Windmill	50 53 17,2	0 45 47,1 W	3 3,1
Rotherfield Church	51 2 46,3	0 13 8,8 E	0 52,6
Round House Edge Hills	52 7 25,6	1 26 54,4 W	5 47,6
——— Windmill	52 7 11,4	1 27 8,6 W	5 48,6
Ruan Major Steeple	50 0 27,2	5 11 29,1 W	20 45,9
Ruckinge *	51 3 55,0	0 53 16,0 E	3 33,1
——— Church	51 3 56,0	0 53 13,0 E	3 32,9
Rumbold's (St.) Steeple, Shaftsbury	50 59 11,8	2 11 28,5 W	8 45,5
Rusper Church	51 7 22,4	0 16 36,9 W	1 6,5
Rye Steeple	50 57 1,0	0 44 0,0 E	2 56,0
S			
Salisbury Plain (North) Windmill	51 12 3,4	1 55 20,8 W	7 41,4
——— (South) Windmill	51 11 33,0	1 53 43,2 W	7 34,9
Salisbury Spire	51 3 48,9	1 47 0,2 W	7 8,0
Saltash Steeple	50 24 39,8	4 11 41,8 W	16 42,8
Sandhurst Steeple	51 1 3,0	0 33 4,0 E	2 12,3
Sandown Castle	51 14 18,0	1 23 59,0 E	5 35,9
Sandwick highest Church Steeple	51 16 30,0	1 20 15,0 E	5 21,0
Sarsden Chapel	51 54 16,4	1 34 25,9 W	6 17,7
Sarum (Old) *	51 5 44,7	1 47 27,5 W	7 9,9
Sauldon Windmill	51 57 9,7	0 47 26,9 W	3 9,8
Schutchamfly *	51 33 44,1	1 20 13,0 W	5 20,8
Selsea Church	50 45 18,8	0 45 41,3 W	3 2,7
——— High House	50 43 49,6	0 47 53,8 W	3 11,5
——— Windmill	50 44 5,4	0 48 4,4 W	3 12,3
Sennen *	50 3 55,6	5 40 52,4 W	22 43,5
——— Steeple	50 4 18,0	5 40 29,9 W	22 41,9
Sevenoaks Windmill	51 14 29,0	0 11 13,0 E	0 44,9
Severndroog Castle on Shooter's Hill *	51 28 0,0	0 3 41,0 E	0 14,7
Shadoxhurst Steeple	51 6 14,0	0 48 53,0 E	3 15,5
Sharnbrook Spire	52 12 55,1	0 32 48,0 W	2 11,2
Shillington Steeple	51 59 31,7	0 21 45,0 W	1 27,0
Shire Ash Tree	51 58 46,8	0 39 12,6 W	2 36,8
Shooter's Hill *	51 28 5,1	0 3 54,5 E	0 15,6
Shoreham Church	50 49 59,5	0 16 19,1 W	1 5,3
Shottenden Windmill	51 15 41,0	0 55 25,0 E	3 41,7
Shotover Hill *	51 45 6,7	1 10 47,5 W	4 43,1
Silsoe Steeple	52 0 33 0	0 25 21,4 W	1 41,4
Slaugham Church	51 2 18,7	0 12 21,4 W	0 49,4
Sleep Down *	50 51 22,1	0 20 19,2 W	1 21,3
Smarden Steeple	51 8 57,0	0 41 8,0 E	2 44,5
Snargate Steeple	51 1 23,0	0 50 10,0 E	3 20,7
Snave Steeple	51 2 1,0	0 52 12,0 E	3 28,8
Soleyhull Spire	52 2 30,4	1 45 49,3 W	7 3,3
Somerton Steeple	51 3 17,3	2 43 5,1 W	10 52,3
Sopley Church	50 46 34,7	1 47 33,5 W	7 10,2
Souldrope Spire	52 14 38,6	0 33 59,1 W	2 12,6

TABLE XXX. The Latitudes and Longitudes of Places.

Names of Places.	Latitudes.	Longitude In Degrees.	In Time.
	° ′ ″	° ′ ″	′ ″
Southampton Spire	50 53 59,5 N	1 23 56,4 W	5 35,8
South Hill Steeple	51 31 48,3	4 20 34,4 W	17 22,3
South Sea Castle	50 46 42,5	1 5 1,7 W	4 20,1
Southwick Church (Sussex)	50 50 6,6	0 14 20,9 W	0 57,3
Southwick Church (Hants)	50 52 27,0	1 6 24,3 W	4 25,6
Spital Windmill	50 52 44,7	0 1 28,3 W	0 26,0
Spring Grove House (Rt Hon. Sir J. Banks, Bt.)	51 28 34,0	0 20 22,0 W	1 21,5
Stanwell Steeple	51 27 2,3	0 28 37,0 W	1 54,5
Staplehurst Steeple	51 9 30,0	0 33 9,0 E	2 12,6
Start Point Flagstaff	50 13 25,9	3 38 20,8 W	14 33,4
Statten Barn	50 20 37,4	4 6 26,1 W	16 25,7
Statten Battery Flagstaff	50 20 31,8	4 6 41,6 W	16 26,8
Stelling Windmill	51 10 51,0	1 3 6,0 E	4 12,4
Stephens (St.) *	50 39 6,7	4 21 47,1 W	17 27,1
——— (St.) Steeple	50 38 50,3	4 21 20,1 W	17 25 3
Stephen's (St.) Steeple	50 24 15,1	4 12 50,5 W	16 51,3
Stockbridge Hill *	51 6 55,3	1 27 8,2 W	5 48,5
Stokeclimsland Steeple	50 32 55,8	4 17 35,0 W	17 10,3
Stonehenge, Salisbury Plain	51 10 44,3	1 49 7,8 W	7 16,5
Stonehouse Steeple	50 20 47,4	4 6 23,2 W	16 25,5
Stourhead House	51 6 29,5	2 18 36,4 W	9 15,4
Stourmouth, or Stormouth Steeple	51 19 13,0	1 14 3,0 E	4 56,2
Stow *	51 55 46,9	1 42 59,6 W	6 51,9
Stow-on-the-Wold *	51 54 16,3	1 42 2,4 W	6 48,1
Stow Park, (Northern) Obelisk	52 2 30,2	1 0 42,9 W	4 2,8
——— (Southern) Obelisk	52 2 2,2	1 0 27,1 W	4 1,8
Stretham Steeple	51 25 46,0	0 7 48,0 W	0 31,2
Stretley Steeple	51 56 42,8	0 26 12,4 W	1 44,8
Sturry Steeple	51 17 55,0	1 7 5,0 E	4 28,3
Sundon Windmill	51 57 52,7	0 28 57,0 W	1 55,8
Sutton Windmill	51 12 46,0	0 36 9,0 E	2 24,6
Swingfield Steeple *	51 8 48,0	1 11 18,0 E	4 45,2
T			
Tatesfield Church	51 17 12,6	0 1 56,4 E	0 7,7
Tenterden Steeple *	51 4 8,0	0 41 11,0 E	2 44,8
Thakenham Church	50 56 41,8	0 25 7,1 W	1 40,5
Tharfield Windmill	52 1 30,9	0 3 20,4 W	0 13,3
Thorness *	50 44 1,1	1 21 43,5 W	5 26,9
Thorney Down *	51 6 30,2	1 42 16,8 W	6 49,1
Thorney (West) Church	50 49 0,7	0 54 15,2 W	3 37,0
Thornhill's (Mrs.) Obelisk	50 56 17,5	2 21 53,8 W	9 27,6
Three Barrow Tor, Dartmoor	50 29 13,5	3 50 34,0 W	15 22,3
Titchfield Church	50 51 10,0	1 13 41,6 W	4 54,8
Torbay, Berry Head Flagstaff	50 24 0,7	3 28 14,4 W	13 52,9
Tottenhoe *	51 53 18,9	0 34 37,5 W	2 18,5
Tremaine's (Mr.) Summer House	50 16 37,8	4 47 14,1 W	19 8,9
Trenchard's (Mr.) Tower	50 46 40,5	2 5 36,5 W	8 22,4
Trevose Head *	50 32 56,5	5 0 54,2 W	20 3,6
Trusler Hill *	51 59 48,0	0 34 50,5 W	2 19,3
V			
Veep's (St.) Steeple	50 21 57,5	4 36 1,0 W	18 24,1
U			
Ulcombe Steeple	51 13 1,0	0 38 31,0 E	2 33,0

Table XXX. The Latitudes and Longitudes of Places.

Names of Places.	Latitude.	Longitude In Degrees,	Longitude In Time.
	° ′ ″	° ′ ″	′ ″
W			
Wadhurſt Steeple	51 3 46,0 N	0 20 25,0 E	1 21,7
Walderſhare Park, the Belvidere	51 10 53,0	1 15 39,0 E	5 2,6
Walderſhare Steeple	51 11 15,0	1 16 59,0 E	5 7,9
Waldron Church	51 0 9,8	0 10 42,5 E	0 42,8
Walford Spire	52 0 31,6	1 37 48,5 W	6 31,2
Wallingford Steeple	51 36 2,4	1 6 59,8 W	4 27,9
Walmer Steeple	51 15 29,0	1 23 8,0 E	5 32,5
Walton Windmill	51 6 59,5	2 45 44,5 W	11 2,9
Wanſtead Houſe	51 34 10,0	0 2 7,0 E	0 8,5
Warblington Church	50 50 57,1	0 57 25,6 W	3 49,7
Warehorn Steeple	51 3 27,0	0 50 13,0 E	3 20,9
Warwick Steeple	52 16 53,0	1 34 54,3 W	6 19,6
Wendover *	51 45 6 4	0 46 1,4 W	3 4,1
Werrington Steeple	50 39 52,2	4 21 6,9 W	17 24,4
Weſt Bourn Church	50 51 38,4	0 55 24,3 W	3 41,6
Weſt Down Beacon	50 37 20 5	3 20 17,5 W	13 21,1
Weſtbury Down *	51 15 35,3	2 8 9,4 W	8 32,6
Weſtham Church	50 49 4,0	0 19 45,8 E	1 19,0
Weſtonzoyland Steeple	51 6 33,8	2 44 35,3 W	10 58,3
Weſtleigh Steeple	51 30 49,4	2 26 10,4 W	9 44,6
Weſtoning Steeple	51 59 2,7	0 30 5,9 W	2 0,4
Weſt Tarring Church	50 49 29,8	0 23 35,0 W	1 34,3
Weſt-ſtone-Street Windmill	51 10 22,0	1 1 45,0 E	4 7,0
Weſtwell Steeple	51 11 39,0	0 50 39,0 E	3 22,6
Whitehorſe Hill *	51 34 31,6	1 33 37,7 W	6 14,5
Whiteham Hill *	51 46 15,4	1 19 48,1 W	5 19,2
Whitlands Naval Flagſtaff	50 42 47,7	3 2 22,8 W	12 9,5
Whitterſham Steeple	51 0 39,0	0 42 10,0 E	2 48,7
Wickham Steeple	51 17 5,0	1 10 48,0 E	4 43,2
Willeſborough Steeple	51 8 14,0	0 53 52,0 E	3 35,5
Willingdon Church	50 49 31,2	0 14 40,6 E	0 58,7
Winchelſea Steeple	50 55 28,0	0 42 31,0 E	2 50,0
Windſor Caſtle	51 29 0,0	0 35 28,0 W	2 21,9
Wingham Steeple	51 16 21,0	1 12 38,0 E	4 50,5
Wingreen *	50 59 7,6	2 5 58,9 W	8 23,9
Wingrove Steeple	51 51 46,8	0 44 7,3 W	2 56,5
Winterſlow Church	51 5 29,7	1 40 3,0 W	6 40,2
Wiſborough Green Church	51 1 20,1	0 29 55,0 W	1 59,7
Winterbown Steeple	51 31 36,4	2 30 31,2 W	10 2,1
Witchwood Steeple	51 50 9,8	1 31 57,6 W	6 7,8
Whitlands Naval Flagſtaff	50 42 47,7	3 2 22,8 W	12 9,5
Witney Spire	51 46 49,9	1 28 42,9 W	5 54,8
Woard Steeple	51 15 23,0	1 20 41,0 E	5 22,7
Woburn Market Houſe	51 59 27,8	0 36 58,5 W	2 27,9
——— Steeple	51 59 21,8	0 37 0,3 W	2 28,0
Woodchurch Steeple	51 4 51,0	0 46 12,0 E	3 4,8
Woodley's Summer Houſe	50 33 4,5	3 45 13,0 W	15 0,9
Woodneſborough, or Woodneſborough Steeple	51 15 47,0	1 18 17,0 E	5 13,1
Woodſtock Steeple	51 50 47 4	1 21 0,5 W	5 24,0
Wooton Steeple	52 5 39,2	0 31 55,7 W	2 7,7
Worſley (Sir Richard) Obeliſk	50 36 59,5	1 14 35,4 W	4 58,3
Wreſt Garden Obeliſk	52 0 16,2	0 25 10,7 W	1 40,7
Wrotham Hill *	51 18 54,0	0 18 47,0 E	1 15,1
Wyke Church	50 35 57,5	2 28 10,2 W	9 52,7
Wyvelsfield Church	50 58 16,0	0 5 36,3 W	0 22,4

THE

EXPLANATION AND USE

OF THE

TABLES.

GENERAL INTRODUCTION:

CONCERNING

The INSTRUMENTS and OBSERVATIONS.

THE obſerver muſt be furniſhed with a good Hadley's quadrant, and a watch that can be depended on for keeping time within a minute for ſix hours. But it will be more convenient if the inſtrument be made a ſextant, in which caſe it will meaſure 120°, for the ſake of obſerving the moon's diſtance from the ſun, for two or three days after the firſt and before the laſt quarter. The inſtrument will be ſtill more fit for the purpoſe, if it be furniſhed with a ſcrew to move the index gradually in meaſuring the moon's diſtance from the ſun or ſtar; an additional dark glaſs, lighter than the common ones, to take of the glare of the moon's light in obſerving her diſtance from a fixed ſtar, and a ſmall teleſcope, magnifying three or four times to render the contact of the ſtar with the moon's limb more diſcernible. A magnifying glaſs of an inch, or an inch and a half focus will aſſiſt the obſerver to read off his obſervation with greater eaſe and certainty.

The greateſt care muſt be taken in having the quadrant carefully adjuſted before the obſervation; or, which I would rather adviſe, in examining the error of the adjuſtment, for it is liable to alter, and allowing for it. The method of doing it is this; turn the index of the quadrant till the horizon of the ſea, or the moon, or any other proper object appears as one, by the union of the reflected image with the object ſeen directly; then the number of minutes by which o on the index differs from o on the arch is the error of adjuſtment. If o on the index ſtands advanced upon the quadrant before, or to the left hand of o on the arch, that number of minutes is to be ſubtracted from all obſervations; but if it ſtands off the arch, behind, or to the right hand of o on the arch, it muſt be added to the obſervations. But the ſun is incomparably the beſt object for this purpoſe: either the two ſuns may be brought into one, or, which is a ſtill better method, the ſun's diameter may be meaſured twice, with the index placed alternately before and behind the beginning of the diviſions: half the difference of theſe two meaſures will be the correction of the adjuſtment, which muſt be added to, or ſubſtracted from all obſervations, as the diameter meaſured with the index upon the arch, that is to ſay, before or to the left hand of the beginning of the diviſions, is leſs or greater than the diameter meaſured with the index off the arch, behind, or to the right hand of the beginning of the diviſions. Thus, ſuppoſe I had meaſured the ſun's diameter with the index upon the arch or to the left hand of the beginning of the diviſions, to be 30′, and the contrary way to be 33′; I ſhould conclude that the correction of ad-

juſtment

juſtment is 1′½, or half the difference, 3′, additive to the obſervations. In the practice of this method the teleſcope muſt be uſed, and a dark glaſs muſt be applied at the eye, or at leaſt on the hither ſide of the little ſpeculum, to darken both ſuns at once. It may be ſometimes convenient to provide an umbrella of paſteboard, about ſix inches ſquare, with a hole in the middle to receive the teleſcope, in order to defend the eye from the direct light of the ſun, as well as from the ambient brightneſs of the ſky, which would otherwiſe render this practice in many caſes too painful and difficult.

It will conduce to greater exactneſs to take ſeveral meaſures of the ſun's diameter each way, and take the means of each; half the difference of the two means will be the correction of the adjuſtment, to be applied as before.

There is another adjuſtment of the quadrant, which is not commonly regarded ſo much as it ought to be, that of ſetting the little ſpeculum parallel to the great one by the ſcrews on the fore-part of the inſtrument. The manner of doing it is this; hold the plane of the quadrant parallel to the horizon, and the index being brought near to 0, if the horizon of the ſea, ſeen by reflection in the little ſpeculum, is higher than the direct horizon ſeen by the ſide of it, unſcrew the neareſt ſcrew a little, and ſcrew up the oppoſite one till the direct and reflected horizons agree. On the contrary, if the reflected horizon is lower than the true one, unſcrew the ſcrew furtheſt from you, and ſcrew up the neareſt one; and take care to leave the ſcrews both tight, by ſcrewing them up equally if they are ſlack.

The obſerver being now aſſured of the adjuſtment of his quadrant, or the exact correction of it, may proceed ſafely to the neceſſary obſervations for aſcertaining the longitude. The firſt obſervation to be made, is that of the altitude of the ſun or ſome bright ſtar, if the horizon be fair enough, for computing the apparent time at the ſhip, and correcting the watch by which the other obſervations are to be made. Theſe altitudes muſt not be taken nearer to the meridian than three or four points; but the nearer they are taken due eaſt or weſt the better, provided the object be not leſs than 5° high. The next obſervation to be made is, that of the diſtance of a ſtar from the moon's enlightened limb, or the diſtance of the neareſt limbs of the ſun and moon. The two other requiſite obſervations are the altitudes of the moon and ſtar, or the moon and ſun, to be taken by two aſſiſtants at the inſtant when the principal obſerver gives notice of completing his obſervation of the diſtance of the moon from the ſun or ſtar. At the ſame inſtant, ſomebody muſt note the hour, minute, and ſecond, ſhewn by the watch which was uſed in taking the ſun or ſtar's altitude for computing the time; and the obſervations requiſite for aſcertaining the longitude are completed.

If the moon's diſtance be taken from the ſun, and the ſun be not nearer to the meridian than three points, and his altitude be well taken, this altitude will ſerve to compute the apparent time from, without requiring the uſe of the ſeparate obſervation firſt mentioned, except it be uſed by way of confirmation and check both upon obſervation and calculation.

In taking the moon's diſtance from the ſun, the obſerver muſt look at the moon directly through the unfoiled part of the little ſpeculum, and obſerve the ſun by reflection, letting down one of the dark glaſſes uſed in taking his meridional altitude. In taking the moon's diſtance from a ſtar, he muſt look at the ſtar directly, and ſee the moon by reflection, uſing the dark glaſs that is lighter than the reſt, and deſigned for this particular purpoſe, if it be neceſſary. The plane of the quadrant muſt be always made to paſs through the two objects whoſe diſtance is to be obſerved, and muſt be put into various poſitions according

ing to the ſituations of the objects, which will be rendered familiar by a little experience.

In order to attain the greater degree of exactneſs, it will be proper to repeat the obſervations till at leaſt three diſtances and their correſponding altitudes are obtained; but the more that are taken the better. The ſum of the diſtances divided by the number of them is the mean diſtance: in like manner the mean altitudes, and the mean time by the watch are obtained; which then are to be uſed as a ſingle obſervation would be, only they may be relied upon with greater aſſurance. But theſe obſervations muſt be all included within the ſpace of a quarter of an hour or thereabouts.

The manner of finding the ſtar, whoſe diſtance from the moon is ſet down in the Ephemeris, has been mentioned among the uſes of the diſtances contained in the Ephemeris.

Whoever would ſee more concerning the neceſſary inſtruments and obſervations, may conſult the two firſt chapters of the Britiſh Mariner's Guide, from which moſt of the foregoing inſtructions are borrowed.

EXPLANATION OF THE TABLES.

TABLE I.

IT is certain, both from experience and the laws of dioptrics, that the rays of light are bent out of their rectilineal courſe on paſſing obliquely out of one medium into another of a different denſity: and if the denſity of this latter medium continually increaſe, rays of light, as they paſs through it, will be bent more and more from their firſt direction towards a line which is perpendicular to the ſurface of the medium on which they fall. Hence it is that all the heavenly bodies, except when they are in the zenith, appear higher than they ought to do; and the more ſo, the nearer they are to the horizon; becauſe they then paſs through a greater portion of the earth's atmoſphere, as well as more obliquely to the refracting ſurface. This apparent elevation of the heavenly bodies above their true height is called their refraction, and the effect of it is contained in Table I. All obſerved altitudes of the ſun, moon, and ſtars muſt be leſſened by the numbers in this table, which are to be taken out with the obſerved altitude of the object, corrected for the dip of the horizon contained in the following table.

TABLE II.

In obſerving altitudes with Hadley's quadrant, the image of the object is brought down to the viſible horizon; that is, to the edge of the water: but on account of the convexity of the earth's ſurface, and the elevation of the obſerver's eye above it, a line drawn from the obſerver's eye to the water's edge will fall below the true horizontal line, drawn through the eye of the obſerver; conſequently, by bringing the image of the object down to the former line, inſtead of the latter, the altitude is made too great, and the more ſo, the higher the obſerver is raiſed above the ſurface of the ſea; and the quantity of this error,

error, to every probable height that the obſerver may be raiſed to, is contained in Table II. and is to be taken out with the height of the obſerver's eye in feet. This correction is evidently ſubtractive from the obſerved altitude. The horizon of the ſea is raiſed up by one-tenth of the depreſſion by the effect of refraction, which is allowed for in this table.

TABLE III.

The parallax of any celeſtial object is the diſtance between its place in the heavens, as ſeen from the ſurface of the earth, and that in which it would be ſeen from the center: the laſt is called its true place, and is that which is given directly from aſtronomical tables. On this account all objects (except when they are in the zenith) appear lower than they really are; and the quantity of this error depends jointly on the diſtance of the object from the center of the earth, and its altitude above the horizon; conſequently, when the diſtance of the object is continually the ſame, or nearly ſo, as is the caſe of the ſun, it will depend wholly on its altitude; being greateſt when the ſun is in the horizon, where it is about 9″, and leſſening gradually as the altitude increaſes, until it arrives at the zenith, where it is nothing.

The correction of the ſun's altitude on this account is contained in Table III. out of which it muſt be taken with the ſun's apparent altitude, and is always to be added to the apparent altitude to obtain the true altitude.

TABLE IV.

It is well known that objects appear greater or leſs, as they are at a greater or leſs diſtance from the obſerver; conſequently, as the moon is nearer to the obſerver by a ſemi-diameter of the earth when ſhe is in the zenith than when ſhe is in the horizon, and as the earth's ſemi-diameter bears a very ſenſible proportion to the moon's diſtance from its center, it is manifeſt that the ſemi-diameter of the moon muſt appear greater to a ſpectator on the earth's ſurface, when ſhe is in his zenith than when ſhe is in his horizon: and as this augmentation of her diameter is variable, increaſing all the way from the horizon to the zenith, it has been thought proper to give her horizontal ſemi-diameter in the Nautical Almanac to every noon and mid-night; and the augmentation of it, according to her altitude, is contained in Table IV. out of which it is to be taken with her altitude, and added to her horizontal ſemi-diameter, found in the Almanac, for the given time.

TABLE V.

The numbers in Table II. expreſs the dip of the viſible horizon, below the true, when it is intirely open, and free from all incumbrances of land or other objects that might hide it from the obſerver. But as it frequently happens, eſpecially in harbours, and when ſhips are running along ſhore, where, nevertheleſs an obſervation may be very deſirable, that the ſun is over the land at the time when it is wanted, and the ſhore nearer to the ſhip than the viſible horizon would be, if it was unconfined; and as in that caſe the dip will be different from what it would otherwiſe have been, and greater, the nearer the ſhip is to that part of the ſhore which the ſun is brought down to; it has been judged proper to inſert the dip of the ſea to different heights of the eye, and different diſtances from the ſhip, in Table V. to be uſed inſtead of the numbers in Table

Table II. when occasions require. This Table is to be entered on the top with the height of the eye above the surface of the sea in feet, and on the side with the distance of the ship from the land in sea miles; and, directly under the former, and opposite to the latter, stands the dip of that point in minutes of a degree; which is to be subtracted from the observed altitude instead of the number in Table II. The numbers in the table have been corrected for the effect of refraction.

Most seamen can estimate, nearly, the distance of any object from the ship, especially when that distance is not greater than five or six miles, which is the greatest distance that the visible horizon can be from an observer on the quarter deck of any ship whatsoever, But if any person wish for a method of determining that distance by actual measurement, the following one, if executed carefully, will give it sufficiently near the truth for the purpose of taking the dip out of Table V.

Let two observers, one placed as high up the main-mast as he can conveniently be, and the other on the deck, directly underneath him, each observe the altitude of the sun, or other object that may be wanted, at the same instant of time; and let the height of each observer's eye, above the surface of the water, be carefully measured. Take the sum and difference of these two heights, in feet, and also the difference of the two altitudes (of which that observed by the upper person will always be greatest) and say, as the difference of the heights of the two observers is to the sum of them, so is the sine of the difference of the two observed altitudes to the sine of an angle; take half the sum of this angle and the difference of the observed altitudes; and say, as the radius is to the cotangent of the half sum, so is the height of the upper observer above the sea, in feet, to the distance of the ship from the land in feet; which being divided by 6078, the feet in a sea mile, gives the distance in miles. Or, to save this last division, the observer may write out the table, putting the number of feet in the side column that corresponds to the miles and parts of a mile that are there now.

EXAMPLE.

Admit that the height of an observer's eye on the deck of a ship be 22 feet, that of another observer at the main-top-mast-head 90 feet; and that the difference of the altitudes of the sun's limb when brought down to the water's edge, by these two observers, is 12 minutes: how far were they from the land according to this observation?

Height of the mast-head	90 feet,		
Deck — —	22 ditto,		
Difference —	68	Log. Ar. Co. —	8,16749
Sum — —	112	Log. — —	2,04922
Diff. observed altitudes	0° 12′ 0″	Sine — —	7,54291
	0 19 46	Sine — —	7,75962
Sum — —	0 31 46		
Half sum —	0 15 53	Co-tang. —	2,33533
Height of the mast-head —	90 feet	Log. — —	1,95424
Distance of the land — —	19479 feet	Log. — —	4,28957
Or — 3,2 Miles.			

TABLE VI.

Is intended to facilitate the reduction of the ſun's declination from the noon at Greenwich, for which time it is given in the Nautical Almanac, to the noon under any other meridian, or to any other time under that meridian. It has been uſual in tables of this nature, to make one argument the longitude of the ſhip or place from the meridian of Greenwich; or the time from noon at Greenwich, and the other argument the daily difference of the ſun's declination. But it was conceived that if the day of the month could be ſubſtituted for this latter argument, it would not only render the reduction more ſhort and easy, but alſo anſwer ſome other uſeful purpoſes: particularly it would greatly facilitate the operation of correcting latitudes given in the journals of ſuch ſeamen as had not themſelves attended to this particular, which is abſolutely neceſſary to be done before ſuch latitudes can be uſed in the conſtruction of maps and charts, and in forming geographical tables. In conſtructing this Table, the daily difference of the ſun's declination was taken for every day throughout a period of four years, including leap year, and the firſt, ſecond, and third years following it: a mean of the daily differences for every four correſponding days was made out from theſe; and the greateſt difference between any one of theſe means and any one of the four daily differences of which it was compounded was too trifling to be mentioned. The principal error aroſe from the ſun's unequal motion in the ecliptic, on which account he is not at equal diſtances from the equinoxes at equal intervals of time from the days on which they happen, and, conſequently, the daily change in the ſun's declination on the correſponding days in the ſeveral quarters is not the ſame: the difference, however, between any one of the numbers here put down, which reſult from taking a mean of the four, and any one of the extremes of which it was formed, never exceeded 16 or 17 ſeconds, and therefore this Table is ſufficiently exact for all nautical purpoſes, for which alone it was intended. The uſe of the Table is as follows:

Take the ſun's declination from page II. of the Nautical Almanac, for noon at Greenwich, on the given day, if the given time be leſs than 12 hours; but for noon on the day following, if it be more.

If the time at Greenwich be given, enter Table VI. of the Requiſite Tables with the time from the neareſt noon at the top, and the day of the month in one of the ſide columns; oppoſite to which, and under the time, ſtands the correction of the ſun's declination.

If the time be noon under a meridian, which is not that of Greenwich, find the longitude of the place at the top of the Table, and the day of the month in one of the ſide columns; oppoſite to which, and under the longitude, ſtands the correction of the declination on that account.

If the declination be wanted for any other time than noon, and under a meridian which is not the meridian of Greenwich, both theſe corrections muſt be applied, and they muſt be added to, or ſubtracted from the ſun's declination for noon at Greenwich, according to the directions which ſtand at the top of the column where the day of the month is found.

EXAMPLE I.

What was the ſun's declination, at $19^h\ 17'$, on the 14th of November, 1795, under the meridian of Greenwich?

November 14th, at 19^h 17′, is 4^h 43′ before noon on the 15th.

Sun's declination for noon at Greenwich, November 15th,	18° 34′ 41″ S.
In Table VI. 4^h 43′ before noon, November 15th, give	— 2 51
Sun's declination November 14th, at 19^h 17′	18 31 50 S.

EXAMPLE II.

What was the ſun's declination on the 3d of May, 1795, at noon, in 117° E. longitude?

Sun's declination for noon at Greenwich, May 3d,	15° 44′ 46″ N.
In Table VI. 117° of E. longitude on May, 3d, give	— 5 55
Sun's declination May 3d, at noon in 117° E. longitude	15 38 51 N.

EXAMPLE III.

What was the ſun's declination on the 10th of June, 1795, at 7^h 38′, in longitude 87° W.?

Sun's declination for noon at Greenwich, June 10th,	23° 02′ 45″ N.
87° W. longitude on the 10th of June, give in (Table VI.)	+ 1 11
7^h 38′ after noon, June 10th, give in Table VI.	+ 1 33
Sun's declination June 10th, at 7^h 38′ in longitude 87° W.	23 5 29 N.

SCHOLIUM.

The correction of the declination found in this manner will, generally, be true within 10 or 12 ſeconds: but if, the time be afternoon, and the longitude weſt, and conſiderable; or if the time be morning, and the longitude great, and eaſt, the reſult will be leſs exact. In theſe caſes, as well as when the utmoſt exactneſs is required, turn the longitude into time, by Table XIV. and if it be weſt add it to, but if it be eaſt, ſubtract it from the time which the declination is wanted for, and it will be the time at Greenwich: Then, as 24^h is to this time, ſo is the daily variation of the ſun's declination in the Ephemeris to a number of minutes and ſeconds, which being added to the declination at the preceding noon, if the declination be increaſing, or ſubtracted from it, if the declination be decreaſing, will give the declination at the given time.

In every operation, where one time is taken from another, add 24 hours to the time you ſubtract from, if the time which is to be taken from it be the greater, and the remainder muſt be reckoned from the noon of the preceding day: when one time is added to another, if the ſum exceed 24 hours, take 24 hours from it, and the remainder muſt be reckoned from the noon of the following day.

TABLE VII.

Contains the right aſcenſions in time, and the declinations of ſixty of the principal fixed ſtars, for the beginning of the year 1796, with their annual variations

variations both in right aſcenſion and declination. If the places of theſe ſtars are wanted for any time after the beginning of the year 1796, multiply the annual variation both in right aſcenſion and declination by the number of years that have elapſed ſince that time; to the product add ſuch part of the annual variation as is paſſed of the current year, and the ſum will be the variation from the beginning of 1796 to the given time. This variation muſt always be added to the right aſcenſion for 1796; but the variation in declination muſt be added or ſubtracted, according as the ſign + or — is found againſt the annual variation in the laſt column of the Table, to give the right aſcenſion and declination for ſucceeding years. If the places of the ſtars be wanted for any time before the beginning of the year 1796, the variation in right aſcenſion muſt be ſubtracted from the right aſcenſion found in the Table, and the variation in declination muſt be applied with a contrary ſign to that which is put againſt it.

TABLE VIII.

Contains the correction of the moon's apparent altitude for the joint effects of parallax and refraction. It is to be entered with the apparent altitude of the moon's center in the top column, and her horizontal parallax in the left-hand ſide column, and directly under the former, and oppoſite to the latter, ſtands the correction ſought; which is always to be added to the apparent altitude of the moon's center to obtain the true.

TABLE IX.

This Table contains certain logarithms which were contrived by the late Mr. Dunthorne to facilitate the computation of the effects of parallax and refraction on the diſtance of the moon from the ſun or a fixed ſtar. As ſome conſiderable improvements have been made in this mode of reducing the diſtance, it was thought proper to extend this Table, as well as Table VIII. which conduces alſo to the ſame purpoſe, to every tenth ſecond of the moon's horizontal parallax. The logarithms in this Table are the arithmetical complements of the differences between the logarithmic co-ſines of the moon's true and apparent altitudes, increaſed by 120, which number is uniformly the difference between the logarithmic co-ſine of the true and apparent altitudes of a fixed ſtar, or any other celeſtial object which is not ſenſibly affected by parallax; that object being more than 25° high. At altitudes leſs then 25° this uniformity ceaſes, and the difference of the ſines is leſs than 120 by the numbers contained in Table XI. conſequently the arithmetical complements in Table IX. muſt be leſſened by the numbers contained in that Table. Table IX. depends on the ſame arguments, and the logarithms are taken out of it exactly in the ſame manner as the numbers are out of Table VIII.

TABLES X AND XI.

The numbers in Table X. are to be ſubtracted from the logarithms taken out of Table IX. when the moon's diſtance from the ſun is obſerved. The difference of the logarithmic co-ſines of the true and apparent altitudes of the ſun being leſs than 120 by theſe differences, on account of the ſun's altitude being ſenſibly affected by parallax, as well as refraction. The numbers in Table XI are to be uſed inſtead of thoſe in Table X, when the moon's diſtance from a fixed ſtar is obſerved.

TABLE

TABLE XII.

This table contains the moon's parallax in altitude to every minute of her horizontal parallax. It is to be entered with the moon's horizontal parallax at the top, and her altitude in the left-hand ſide-column : under the former, and oppoſite the latter, ſtands the moon's parallax in altitude, to the neareſt minute. It is of uſe in reducing the apparent diſtance of the ſun and moon, or of the moon and a ſtar to the true diſtance, by Mr. *Lyon*'s method, as given in the firſt edition of the Requiſite Tables, but is not uſed in the improvement of that method, given in this edition ; Table VIII. being uſed in its ſtead.

TABLE XIII.

Is alſo uſeful in Mr. *Lyon*'s method of reducing the apparent diſtance of celeſtial objects to the true. Thoſe alſo who uſe Mr. *Witchell*'s method of reducing the diſtance, may take the third correction out of this Table.

TABLE XIV.

This Table is very uſeful for converting degrees and minutes of the equator into time, and the contrary. The method of uſing it is too obvious to need pointing out.

TABLE XV.

This Table, which was firſt given by Dr. *Maskelyne*, Aſtronomer Royal, in the firſt edition of theſe Tables, is analogous to the common tables of logiſtical logarithms: but continued to three degrees, or hours, which are here made the radius of the Table, inſtead of one degree, or hour, as hath been uſual in other tables of this kind, By this means it is peculiarly adapted to the purpoſe of finding the apparent time at Greenwich, by comparing the obſerved diſtance of the moon and ſun, or of the moon and a fixed ſtar, when reduced to the true, with the ſame diſtances, put down in the Nautical Almanac for every three hours, under the meridian of Greenwich. In taking the logarithms out of this table, the degree, or hour, and the minutes to either, muſt be looked for at the top of the page, and the ſeconds in the left-hand ſide-column ; under the former, and oppoſite to the latter, ſtands the logarithm ſought.

Theſe logarithms are alſo uſeful on other occaſions, where a proportion is to be worked, in which two or more of the terms are ſexageſſimals, and do not exceed three degrees, or three hours.

TABLE XVI.

Is intended to facilitate the ſolution of the problem for finding the latitude of a ſhip at ſea, having the latitude by account, two obſerved altitudes of the ſun, the time elapſed between the obſervations, meaſured by a common watch, and the ſun's declination. The ſolution of this very uſeful problem, on theſe principles, was firſt invented by Mr. *Cornelis Douwes*, examiner of the ſea officers and pilots by the appointment of the right honourable College of Admiralty at Amſterdam, about the year 1740. He ſent his papers and table, conſtructed upon them, to the Lords Commiſſioners of the Engliſh Admiralty ; and was

rewarded

rewarded with 50l. by the Commiſſioners of Longitude*. It has ſince been found that it may be uſefully applied in the ſolution of other problems, for which purpoſe the column, intitled log. riſing, has been extended to 9 hours. In the Nautical Almanac of 1797, 1798, 1799, and 1800, three tables are given, with rules adapted to them, by the Rev. *John Brinkley*, *Andrew's* Profeſſor of Aſtronomy, near Dublin, to improve this method, and render it more general; which are alſo added at the end of theſe Tables, being Tables XXIII. XXIV. and XXV.

TABLE XVII.

Is a Table of natural ſines, which are wanted in computing the latitude of a ſhip at ſea by means of the preceding table: They will alſo be found uſeful on ſome other occaſions, as will be ſhewn in the courſe of the following rules and examples.

TABLE XVIII.

Contains the logarithms of natural numbers, from 1 to 10,000; and to five decimal places of figures, which is as far as they are generally wanted in the practice of navigation. The index muſt be prefixed by the computer, and is always leſs by unity than the number of integral figures in the natural number.

TABLE XIX.

The logarithmic ſines, tangents and ſecants have been found abundantly ſufficient for the general purpoſes of navigation, when printed to five places of figures, beſide the index: accordingly, the tangents and ſecants are exhibited to no greater length in this Table. But it was thought expedient to print the ſines to ſix places of figures, beſide the index, for the convenience of ſuch gentlemen as chuſe to uſe that improvement of Mr. *Dunthorne*'s method of reducing the apparent diſtance of the ſun and moon, which is inſerted in Problem XI. of this book, becauſe the reduced diſtance cannot be had true to the neareſt ſecond by that method with fewer. Moreover, in order to facilitate the taking out of the ſines to ſingle ſeconds, the differences of thoſe ſines to 100″ are printed in two ſmall columns adjoining to them, and denominated Diff. 100″, and D. ſo that by multiplying this difference by the number of odd ſeconds, cutting of the two right-hand figures of the product, and adding the remaining ones to the right-hand figures of the ſines of the even minute, or ſubtracting them from the coſines of the even minute, will give the logarithmic ſine, or co-ſine for the degrees, minutes, and ſeconds propoſed.

EXAMPLE I.

Suppoſe it were required to find the log ſine of 24° 16′ 48″

The diff. to 100″ is —	467
Multiply by —	48
	3736
	1868
Add —	224,16
Log. ſine of 24° 16′ —	9,613825
Log. ſine of 24° 16′ 48″ —	9,614049

EXAMPLE II.

Find the log. co-ſine of 74° 16′ 34″.

The diff. to 100″ is —	748
Multiply by —	34
	2992
	2244
Subtract —	254,32
Log co-ſine of 74° 16′ —	9,433226
Log. co-ſine of 74° 16′ 34″ —	9,432972

* A more extended table of the ſame kind was afterward preſented to the Commiſſioners of Longitude by the late Admiral Campbell, from which the preſent table was printed.

On the contrary, if the degrees, minutes, and ſeconds be wanted to a given logarithmic ſine, or co-ſine, look for that ſine which is next leſs, or the co-ſine which is next greater than the given one; againſt which ſtand the degrees and minutes. Take the difference between the ſine, or co-ſine thus found, and the given one; add two cyphers to it, divide this number by the difference to 100″, and the quotient will be the ſeconds to be annexed to the degrees and minutes found before.

Example I.

Find the degrees, minutes, and ſeconds correſponding to the log. ſine 9.614049.

The given ſine is	—	9.614049
Sine next leſs (24° 16′)		9.613825
The difference is	—	224

Two cyphers being added, makes 22400; and if this be divided by 467, the difference to 100″, the quotient will be 48″, to be annexed to 24° 16′: the anſwer is therefore 24° 16′ 48″.

Example II.

Find the degrees, minutes, and ſeconds correſponding to the log. co-ſine 9.432968.

The given co-ſine is	—	9.432968
Co-ſi. next greater (74° 16′)		9.433226
The difference is	—	258

Two cyphers being added, makes 25800; and this being divided by 748, the difference to 100″, the quotient will be 34″, to be annexed to 74° 16′: the anſwer is therefore 74° 16′ 34″.

But that this additional place of figures may not embarraſs thoſe who want five places only, the ſixth place is ſeparated from the others by a point; by which means the five firſt places, after the index, are taken out as readily as if the ſixth was not there: with this caution, however, that when the ſixth figure exceeds 5, the preceding figure, or laſt of the five, muſt be increaſed by unity.

TABLE XX.

As the moon paſſes the meridian of any place later every day than ſhe did the day before, by a number of minutes, which is equal to the difference of the variation of the ſun and moon's right aſcenſions in time, in the interval, it is obvious, that the moon muſt paſs the meridians of ſuch places as lie to the weſtward of Greenwich later, and the meridians of ſuch places as are to the eaſtward of Greenwich ſooner, than ſhe paſſes the meridian of Greenwich by a number of minutes, which is to the number of minutes in the above-mentioned difference, as the diſtance of that meridian from the meridian of Greenwich is to 360°. And becauſe it is frequently of uſe at ſea, to know the time of the moon's paſſage over the meridian, uſually called her ſouthing; the time by which ſhe paſſes the meridian of any place, before or after the time when ſhe paſſes the meridian of Greenwich, is inſerted in this table. The table is to be entered at the top with the daily variation of the moon's paſſing the meridian, and in the left-hand ſide column with the longitude of the ſhip or place: under the former, and oppoſite the latter, ſtands a number, which being added to the time of the moon's paſſing the meridian of Greenwich, if the longitude be weſt; or ſubtracted from it, if the longitude be eaſt, will give the time of its paſſage over the meridian of the given place.

Note. The daily variation of the moon's paſſing the meridian, is found by taking the difference between the time of the moon's paſſage over the meridian of Greenwich on the propoſed day, and the day following, if the longitude of the ſhip or place be weſt; or between the time of her paſſage on the propoſed day and that preceding it, if the ſhip or place be in eaſt longitude.

TABLE XXI.

This table is useful in finding the moon's declination, at a given place and time, from her declination given in the Nautical Almanac for noon and midnight at Greenwich. The manner of using it is this: Turn the longitude of the ship or place into time; and if it be west, add it to, but if it be east, subtract it from the time at the given place, and it will give the time at Greenwich. Take the moon's declination out of the Nautical Almanac for noon or midnight on the given day, according as the time at Greenwich is less or greater than 12^h: enter the table with the *variation of the moon's declination in* 12^h in the top column, and the time at Greenwich in the right-hand side-column, if that time be less than 12^h, but with its excess above 12^h, if it exceed that quantity: under the former, and opposite the latter stands the correction of the moon's declination; which must be added to her declination for noon, or midnight, at Greenwich, if the declination be encreasing, but subtracted from it if the declination be decreasing; and the sum, or difference, will be the moon's declination at the given time.

EXAMPLE I.

What is the moon's declination May 3d, 1796, at $7^h\,22'$ in long. 57° west?

Time at the ship, or place		$7^h\ 22'$
Long. in time W. add	—	3 48
Time at Greenwich	—	11 10
Moon's declin. at noon	—	7° 42′ S.
Tab. XXI. under 2° 34′ and opp. $11^h\ 10'$ gives	—	2 24
Moon's declination required		5 18 S.

EXAMPLE II.

What is the moon's declin. April 4th, 1796, at $17^h\ 47'$ in long. 162° west?

Time at the Ship, or place		$17^h\ 47'$
Long. in time W. add	—	10 48
Time at Green. on the 5th		4 35
Moon's declin. at noon		10° 24′ S.
Tab. XXI. under 2° 25′ and opp. $4^h\ 35'$ gives	—	0 56
Moon's declin required	—	9 28 S.

EXAMPLE III.

What is the moon's declination Feb. 23d, 1796, at 19^h in long. 67° east?

Time at the ship, or place		19^h 0
Long. in time E. subt.	—	4 28
Time at Greenwich	—	14 32
Moon's declination at midn.		8 44 N.
Tab. XXI. under 2° 22′ and opp. $2^h\ 32'$ gives	—	30
Moon's declin. required		8 14 N.

EXAMPLE IV.

What is the moon's declination June 30th, 1796, at $4^h\ 49'$ in long. 114° E.

Time at ship, or place		$4^h\ 49'$
Long. in time E. subt.	—	7 36
Time at Greenwich the 29th		21 13
Moon's declin at midnight		6 52 N.
Tab. XXI. under 2° 36′ and opp. $9^h\ 13'$ gives	+	2 00
Moon's declin required.		8 52 N.

The moon's right ascension may also be found by the help of this table, if it be entered at the top with half the variation of her right ascension in 12^h: the number found in the Table must be doubled, and added to the right ascension at noon or midnight.

TABLE

TABLE XXII.

This table will be found very uſeful in finding the ſun's right aſcenſion for any given time, either before or after noon, under the meridian of Greenwich, from the right aſcenſions of the ſun, given in page II. of the Nautical Almanac, for noon at that place; and alſo in finding the ſun's right aſcenſion at noon under any other meridian. It will alſo greatly facilitate the finding the ſame thing for any time under any given meridian, by combining the two former conſiderations. The table muſt be entered at the top with *the daily variation of the ſun's right aſcenſion*, and in the left-hand column with the given time from noon, or with the ſhip's longitude in the right-hand column; under the former, and oppoſite the latter, ſtands a number of minutes and ſeconds to be added to the ſun's right aſcenſion for noon at Greenwich, if the time be after noon, or the longitude of the ſhip be weſt; but to be ſubtracted from it, if the time be before noon, or the longitude of the ſhip be eaſt.

EXAMPLE I.

What is the ſun's right aſcenſion at noon May 24th, 1796, in longitude 124° eaſt?

		h	′	″
Sun's R. A. for Noon at Greenwich		4h	7′	40″
Tab. XXII. with daily diff. 4′ 2″ and eaſt long. 124°	gives	—	1	24
Sun's R. A. at Noon in long. 124° E.		4	6	16

EXAMPLE II.

What was the ſun's right aſcenſion January 16th, 1796, at 6h 48′ A. M. in longitude 68° weſt?

6h 48′ A. M. is 5h 12′ before Noon.

		h	′	″
Sun's R. A. for Noon at Greenwich		19h	52′	50″
Tab. XXII. & 4′ 17″ daily variation	68° W. gives	+		48
	5h 12 gives	−		55
Sun's R. A for given time and place		19	52	43

EXAMPLE III.

What is the ſun's right aſcenſion on July 21ſt, 1796, at 9h 42′ P. M. at Greenwich?

		h	′	″
Sun's R. A. for Noon at Greenwich		8h	5′	50″
Tab. XXII. with daily diff. 3′ 59″ and 9h 42′ P. M.	gives	+	1	36
Sun's R. A. at 9h 42′ P. M.	—	8	7	26

EXAMPLE IV.

What was the ſun's right aſcenſion Auguſt 21ſt, 1796, at 9h 17′ P. M. in longitude 167° eaſt?

		h	′	″
Sun's R. A. for N. at Greenwich		10h	4′	42″
Tab. XXII. & 3′ 42″ daily variation	167° E. gives	−	1	43
	9h 17′ gives	+	1	26
Sun's R.A. for given time and place		10	4	25

TABLES XXIII. XXIV. AND XXV.

Theſe Tables have been already explained under Table XVI, to which they are an appendix.

TABLES XXVI. XXVII. AND XXVIII.

Theſe three Tables were given by the Rev. Dr. *Maskelyne*, Aſtronomer Royal, in the Nautical Almanac for 1772, to facilitate that method of reducing the apparent diſtance of the moon from the ſun or a ſtar to the true, which ſtands firſt in the reſolution of the twelfth problem, and which was invented by him. Table XXVI. contains a logarithm which is to be taken out with the ſtar's apparent altitude. Table XXVII. contains a logarithm to be taken out with the ſun's apparent altitude; and Table XXVIII. contains a number of minutes and ſeconds, to be taken out with the moon's apparent altitude, and alſo with the ſun or ſtar's apparent altitude.

TABLE

TABLE XXIX.

An exact knowledge of the geographical ſituation of places is of the utmoſt importance, eſpecially to ſea-faring perſons: it has therefore been thought proper to add a table of thoſe places, of which the ſituations are ſuppoſed to be known with tolerable exactneſs; either from aſtronomical obſervations made there, or from good geographical ſurveys.

The table is divided into ſeven columns; the firſt contains the names of the ſeveral places, digeſted in alphabetical order; the ſecond contains the part of the world; the third the country, coaſt, or ſea where they are; the fourth the latitude; the fifth and ſixth the longitude, in degrees, and in time, reckoned from the meridian of Greenwich; and in the ſeventh are put down the times of high water on the days of the full and change of the moon, a thoſe places where it has been obſerved.

THE

USE AND EXEMPLIFICATION OF THE TABLES.

PROBLEM I.

To find the Latitude of a Ship at Sea, from the obſerved meridional Altitude of the Sun's Limb.

RULE.

Take the ſun's declination from page II. of the Nautical Almanac by the help of Table VI. or the Scholium annexed to the explanation of it, and note whether it be north or ſouth

Correct the obſerved altitude of the ſun's limb, by ſubtracting the dip of the horizon (Tab. II.) and refraction (Tab. I.) from it, and by adding the parallax in altitude (Tab. III.) to it, alſo by adding to it or ſubtracting from it the ſemi-diameter (p. III. Nautical Almanac) according as the lower or upper limb was obſerved, and you will have the true altitude of the ſun's center.

Take the true altitude from 90°, and it will leave the true diſtance from the zenith; which is north if the zenith was north of the ſun at the time of obſervation, but ſouth if it was ſouth of it.

If the ſun's zenith diſtance and its declination be both north, or both ſouth, add them together; but if one be north, and the other ſouth, ſubtract the leſs from the greater; and the ſum or difference will be the latitude, of the ſame name with the greater.

EXAMPLE.

July 24th, 1799, longitude 54°W. the meridional altitude of the ſun's lower limb was obſerved to be 79° 44′$\frac{1}{4}$, the zenith being north of the ſun, and the obſerver's eye 24 feet above the ſurface of the ſea: what was the latitude?

Sun's

Sun's declination for noon at Greenwich —	19° 51′ 12″ N.
Correction for 54° W. longitude, (Table VI.) —	− 2 02
Sun's declination for longitude 54° W. — —	19 49 10 N
Meridional altitude Sun's lower limb — —	79 44 15 N.
Dip of the horizon — — — — —	− 4 40
Apparent altitude Sun's lower limb — —	79 39 35
Refraction — — — — — —	− 10
Parallax in altitude — — — — —	+ 2
Sun's semidiameter — — — — —	+ 15 48
True altitude of the Sun's center — —	79 55 15
	90 00 00
Sun's true zenith distance — — —	10 04 45 N.
Sun's declination — — — —	19 49 10 N.
Latitude — — — — — —	29 53 55 N.

SCHOLIUM.

It has been usual to divide the rule for this problem into different cases; but the necessity for such division arose wholly from considering, improperly, the zenith of the place as a fixed point, instead of the sun.

PROBLEM. II.

To find the Latitude of a Ship at Sea, from the observed meridional Altitude of a fixed Star.

RULE.

Take the star's declination out of Table VII. for the given year.

Correct the observed altitude of the star by subtracting the dip of the horizon, (Tab. II.) and the refraction (Tab. I.) from it, which will leave the true altitude. Take the true altitude from 90°, and it will leave the true distance from the zenith, which is north or south, according as the zenith was north or south of the star at the time of observation.

Then, if the zenith distance and declination be both north or both south, add them together; but if one be north and the other south, subtract the less from the greater, and the sum or difference will be the latitude, of the same name with the greater.

EXAMPLE.

September 26th, 1798, the meridional altitude of Sirius was observed to be 17° 14′¾, the zenith being north of the star, and the height of the observer's eye 21 feet: what was the latitude?

Years

Years since 1796	2, 75	
Yearly variation	4, 35 seconds.	
	1375	
	825	
	1100	
	11,9625 = 0′ 12″ +	
Star's declin. for 1796	16 26 47	S.
Star's declin. for 1798	16 26 59	S.

Star's merid. alt.	17° 14′ 45″	
Dip of the horizon	— 4 22	
Refraction ——	— 3 02	
Star's true altitude	17 07 21	
	90 00 00	
True zenith distance	72 52 39	N
Star's declination	16 26 59	S.
Latitude ——	56 25 40	N.

PROBLEM. III.

To find the Latitude of a Ship at Sea, from the observed meridional Altitude of the Moon's Limb.

RULE.

To the longitude of the given place, in time, add the number from Table XX. corresponding to that longitude and the daily variation of the moon's passage over the meridian, and take the sum from the time of the moon's passage over the meridian on the given day, (Nautical Almanac, p. VI.) if the longitude be east, but add it to the time of her passage if the longitude be west, and the sum or difference will be the time at Greenwich, when the moon was on the meridian of the given place.

To this time take the moon's horizontal parallax and semidiameter from page VII. of the Nautical Almanac, and her declination from p. VI. noting whether it be north or south.

Correct the observed altitude of the moon's limb by subtracting the dip of the horizon (Tab. II.) from it, and by adding the correction of her altitude (taken out of Table VIII. with the moon's horizontal parallax, and the altitude of her limb corrected for the dip) and also her semidiameter, if the lower limb was observed, or by subtracting her semidiameter from it, if the upper limb was observed, which will give the true altitude of her center. Take the true altitude from 90°, and it will leave her distance from the zenith, which will be north or south, according as the zenith was north or south of the moon at the time of observation.

Then, if the zenith distance and declination be both north or both south, add them together; but if one be north and the other south, subtract the less from the greater, and the sum or difference will be the latitude; of the same name with the greater.

EXAMPLE.

August 3d, 1796, longitude 174° W. the meridional altitude of the moon's lower limb was observed to be 67° 42′½, the zenith being north of the moon, and the height of the observer's eye 23 feet, what was the latitude?

Longitude 174° W. in time —— ——	11h	36′
Correction from Table XX. —— ——	+	26½
Sum —— —— —— ——	12	2½
The moon souths at — —— ——	0	16
Time at Greenwich —— —— ——	12	18½

Moon's

Moon's declination at midnight — —	17° 26.
Correction for 0h 18′½ — — —	− 3
Moon's declination — — —	17. 23 N.

Moon's semidiameter 16′ 20″. Moon's horizontal parallax 59′ 57″

Meridional altitude Moon's lower limb —	67° 42′ 30″
Dip of the horizon, subtract — —	4 34
Apparent altitude of the Moon's limb —	67 37 56
Correction from Table VIII. add —	22 26
Moon's semidiameter add — —	16 20
Moon's true altitude — — —	68 16 42
	90 00 00
Moon's zenith distance — —	21 43 18 N.
Moon's declination — — —	17 23 00 N.
Latitude — — — —	39 6 18 N.

SCHOLIUM.

If the meridional altitude of a circumpolar star he oserved when it is below the pole, or the meridional altitude of the sun or moon at midnight, in any place where it does not set; then, if to such altitude, properly corrected, there be added the polar distance of the sun, moon or star, that is, the complement of its declination, the sum will be the latitude of the place; of the same name with the declination.

PROBLEM IV.

To find the Latitude of a Ship at Sea, having the Latitude by Account, two observed Altitudes of the Sun, the Time elapsed between the Observations, measured by a common Watch, and the Sun's Declination.

RULE.

To the log-secant of the latitude by account, add the log-secant of the sun's declination: their sum, rejecting 20 from the index, is the *Log-ratio.*

From the natural sine of the greater altitude, taken out of table XVII subtract the natural sine of the least altitude; find the logarithm of the remainder, and write it under the log-ratio.

With half the elapsed time, enter table XVI.; and, from the column of half-elapsed time, take out the logarithm answering to it, which must also be put under the log-ratio.

Add these three logarithms together, and look for their sum in table XVI. in the column of middle time; and, having found the logarithm nearest to it, take out the time corresponding, put it under half the elapsed time, and subtract the less from the greater: their difference will be the time from noon when the greater altitude was taken.

With this time enter the tables again, and from the column of log-rising, take out the logarithm corresponding to it: from this logarithm subtract the log-ratio, and the remainder will be the logarithm of a natural number, which being found in table XVIII. and added to the natural sine of the greater altitude, will give the natural sine of the meridional altitude of the sun.

From the meridional altitude of the sun the latitude of the ship is to be found in the usual manner.

SCHOLIUM I.

If the latitude found by the preceding rule differ confiderably from the latitude by account, the operation muft be repeated, ufing the latitude laft found inftead of the latitude by account, until the refult give a latitude which agrees nearly with the latitude ufed in the computation.

EXAMPLE I.

July 19th, 1797, Latitude by account 38° 3′ N. Longitude 111° W. at 0^h 30′ 15″ by my watch, the altitude of the Sun's lower limb was obferved to be 70° 58′, and at 1^h 26′ 28″ it was 63° 47′¼, what was the latitude: The height of the obferver's eye being 22 feet?

	1ft obf.	2nd
Altitude fun's lower limb 1ft obf.	70° 58′ 00″	63° 47′ 15″
Dip of the horizon —	− 4 28	− 4 28
Refraction — —	− 19	− 28
Semidiameter — —	+ 15 48	+ 15 48
Sun's parallax — —	+ 3	+ 4
True Altitude — —	71 9 4	63 58 11

Sun's declination for noon at Greenwich —	20° 45′ 01″ N.
Time of obfervation 1^h after noon tab. VI. —	− 29
Longitude 111° W. (tab. VI.) — —	− 3 36
Sun's declination for the given place and time —	20 40 56 N.

Times.	Tr. Alt.	Nat. Sines
0^h 30′ 15″	71° 09′	94637
1 26 28	63 58	89854

Lat. by acc. 38° 3′ N. Secant 10,10376
Sun's dec. 20° 40 56″ N. Secant 10,02893

Log. ratio 0,13269

56 13 elapfed time 4783 — Logarithm — — 3,67970

28 6½ = half elapfed time — Logarithm — — 0,91244

1 01 33 middle time — — Logarithm — — 4,72483

33 26 time from noon — Log. rifing 3,02619
Log. ratio 0,13269

783 — — Natural number 2,89350
94637 N.S. Great. alt.

95420 N.S. Mer. alt. 72° 35′ 33″, Zenith diftance 17° 24′ 27″ N.
Declination 20 40 56 N.

Latitude — 38 05 23 N.

EXAMPLE II.

November 20th, 1796, latitude by account 50° 40′ N. longitude 85° W. at 10^h 17′ 30″ by my watch, the alt. of the Sun's lower limb was obferved to be 17° 4′½, and at 11^h 17′ 30″ the alt. of the fame limb was 19° 31′¾; what was the latitude, the height of the obferver's eye being 21 feet?

	First	Second
Alt. ☉'s lower limb 1ſt obſ.	17° 4′ 15″	19° 31′ 45″
Dip of the horizon	− 4 22	− 4 22
Refraction —	− 3 04	− 2 39
Semidiameter —	+ 16 15	+ 16 15
Sun's parallax —	+ 8	+ 8
True altitude —	17 13 12	19 41 07

Sun's declination for Noon at Greenwich —	19° 56′ 52″S.
Longitude 85° W. (table VI.) — —	+ 3 02
Time of obſervation before noon 1^h 13′ give	− 39
Sun's declination for the given time and place	19 59 15 S.

Times.	Tr. Alt.	Nat. Sines
10^h 17′ 30″	17° 13′	29599
11 17 30	19 41	33682

Lat. by acc. 50° 40′N. Secant 10,19803
Declination 19 59 15″S. Secant 10,02698

Log. ratio 0,22501

1 00 00 elap. time 4083 — Logarithm — 3,61098

30 00 = half elapſed time — Logarithm — 0,88430

1 00 54 middle time — — Logarithm — 4,72029

30 54 time from noon — Log. riſing 2,95786
Log. ratio 0,22501

541 — — Natural number 2,73285
33682 N.S. Great alt.

34223 N.S. Mer. alt. 20° 00′ 46″, Zenith diſtance 69° 59′ 14″N.
Declination 19 59 15 S.

Latitude 49 59 59 N.

As the latitude reſulting from this computation differs 40 miles from the latitude by account, the operation muſt be repeated, uſing the laſt found latitude inſtead of that by account.

Laſt found latitude 49° 59′ 59″N. — Secant 10,19193
Declination — 19 59 15 S. — Secant 10,02698

Log. ratio 0,21891
Diff. Natural Sines 4083 — Logarithm — 3,61098
0^h 30′ 00″ = half elapſed time Logarithm — 0,88430
1 00 1 middle time — — Logarithm — 4,71419

0 30 1 time from noon — Log. riſing 2,93271
Log. ratio 0,21891

517 — — Natural number 2,71380
33682 N. S. Greater alt.

34199 N. S. Mer. alt.

34199 N. S. Mer. alt. - - -	20° 00′ 00″
	90 00 00
Zenith distance	70 00 00 N.
Declination	19 59 15 S.
Latitude	50 00 45 N.

SCHOLIUM II.

In the preceding examples it has been supposed that both altitudes were taken at the same place; but as that can seldom happen at sea, it is necessary to shew how to correct one of the altitudes so as to make it what it would have been if observed at the same place where the other was, which may be done as follows:

Let the bearing of the sun be observed by the compass, at the instant of the first observation; take the number of points between it and the ship's course, corrected for lee-way, if she makes any; with which, if less than 8 points, or with what it wants of 16 points, if more than 8, and the distance run between the observations, enter the Traverse Table, and take out the difference of latitude corresponding to them. Add this difference of latitude to the first altitude, if the number of points between the sun's bearing, and the ship's course were less than 8; but subtract it from the first altitude if the number of points were more than 8, and it will be reduced to what it would have been if observed at the same place where the second was.

Note. The result of the operation will be the latitude of the ship at the time when the second altitude was taken, and must be reduced to noon by means of the log.

EXAMPLE I.

November 19, 1795, being at sea, in longitude 8°W. and latitude 47° 34 N. by account, at 9ʰ 55′ 30″ by my watch, the altitude of the ⊙'s lower limb was observed to be 17° 24′, and the bearing of it's center by compass S. by E. ¼ E. and at 12ʰ 54′ 10″ the altitude of the same limb was 21° 45′½ the height of the observer's eye being 20 feet. The ship's course between the observations was E ½ S by the compass, at the rate of 7 knots, and she made no lee-way: what was the latitude when the latter observation was taken?

Ship's course	S. 7½ points E.	
Sun's bearing	S. 1¼ E.	
Angle between them	6¼	give D. L. 7′07
Distance run —	21′	

Sun's dec. for N. at Greenwich	19° 33′ 1″ S.
35′ bef. noon in Tab. VI. give	— 19
8° W. in Tab. VI. give	+ 18
Sun's true declination	9 33 0 S.

	First		Second
Alt. ⊙'s L.L. 1st obs.	17° 24′ 00″	Second	21° 45′ 30″
Cor. for alter. of Sta. 7,07	+ 7 04		
	17 31 04		
Dip of the horizon	− 4 16		− 4 16
	17 26 48		21 41 14
Refraction —	− 3 00		− 2 23
	17 23 48		21 38 51

		17 23 48	21 38 51
Semidiameter	—	+ 16 15	+ 16 15
		17 40 03	21 55 06
Parallax	—	+ 8	+ 8
True altitude		17 40 11	21 55 14

Times.	Tr. Alt.	Nat. S.
9h 55′ 30″	17° 40′	30348
12 54 10	21 55	37326

Lat. by acct.	47° 34′ N.	Secant	10,17087
Declination	19 33 0″S.	Secant	10,02579
		Log. ratio	0,19666

2 58. 40	elap. time	6978 —	Logarithm —	3,84373
1 29 20	half elapſed time	—	Logarithm —	0,42022
0 33 13	middle time —	—	Logarithm —	4,46061
0 56 07	time from noon	—	Log. riſing	3,47462
			Log. ratio	0,19666

1897	— —	Natural Number	3,27796
37326	N.S. Greater alt.		
39223	S. —	Mer. alt.	23° 05′ 36″
			90 00 00
		Zenith diſt.	66 54 24
		Declination	19 33 00 S.
		Latitude	47 21 24 N.

As the latitude reſulting from this computation differs 13 miles from that by account, the operation muſt be repeated, uſing the laſt found latitude inſtead of that by account.

Laſt found latitude	47° 21′ 24″N.	Secant	10,16914
Declination	19 33 00 S.	Secant	10,02579
		Log. ratio	0,19493
Difference of the Nat. ſines	6978	Logarithm	3,84373
1h 29′ 20″ half elapſed time	—	Logarithm	0,42022
33 05 middle time	—	Logarithm	4,45888
56 15 time from noon	—	Log. riſing	3,47667
		Log. ratio	0,19493

1913	— —	Natural Number	3,28174
37326	N.S. Greater alt.		
39239	N.S. —	Mer. alt.	23° 6′ 12″
			90 00 00
		Zenith diſt.	66 53 48 N.
		Declination	19 33 00 S.
		Latitude	47 20 48 N.

EXAMPLE. II.

May 3, 1795, being at sea, in longitude 4° W. and latitude 27° 20′ S. by account, at 0^h 19′ 14″ by my watch, the observed altitude of the sun's lower limb was 47° 01′, and the azimuth of its center by compass, N.N.E. ¼E. and at 1^h 14′ 39″, the observed altitude of the same limb was 44° 6′½. The ship's course between the observations was N. by W. ¾ W. on the starboard tack, at the rate of 6 knots, and she made ¾ of a point lee-way: what was the true latitude, the height of the observer's eye being 21 feet?

Ship's course by comp. N. 1¾ W.	Sun's dec. at Greenw. 15° 44′ 46″N.
Lee way ¾	47′ aft. N. table VI. give + 36
	4° W. in tab. VI. give + 12
Ship's course corrected N. 2½ W.	
Sun's bearing N. 2¼ E.	Sun's true declination 15 45 34 N.

Angle between them 4¾ }
Distance run 5,5 } D. Lat. 3,27 = 3′ 17″.

	First	Second
Alt. of the sun's lower limb 1st observation	47° 1′ 00″	second 44° 6′ 30″
Correction for difference of ship's station	+ 3 17	
	47 4 17	
Dip of the horizon — — —	− 4 22	− 4 22
	46 59 55	44 02 08
Refraction — — —	− 53	− 59
	46 59 02	44 01 09
Semi-diameter — — —	+ 15 54	+ 15 54
	47 14 56	44 17 03
Parallax — — —	+ 6	+ 7
True altitude — — —	47 15 02	44 17 10

Times.	Tr. Alt.	Nat. Sines
0 19 14	47° 15′	73432
1 14 39	44 17	69821
55 25 elap. time.		3611

Lat. by acc. 27° 20′ S. Sec. 10,05142
Declination 15 45 34 N. Sec. 10,01664

Log. ratio 0,06806

3611 Logarithm — 3,55763

27 42½ half elapsed time — Logarithm — 0,91863

40 20½ middle time — — Logarithm — 4,54432

12 38 time from noon — Logarithm rising 2,18150
Logarithm ratio 0,06806

130 — Natural number 2,11344
73432 N. S. greater altitude.

73562 N. S. Meridian altitude.

73562 N. S Meridian altitude	47° 21′ 35″		
	90 00 00		
Zenith diſtance	42 38 25	S.	
Declination	15 45 34	N.	
Latitude —	26 52 51	S.	

As the latitude reſulting from this computation differs 27′ from the latitude by account, the operation muſt be repeated, uſing the laſt found latitude inſtead of the latitude by account.

Laſt found latitude	= 26° 52′ 51″ S.		Secant	10,04966
Declination	= 15 45 34 N.		Secant	10,01664
			Log. ratio	0,06630
Difference of natural ſines	3611		Logarithm	3,55763
27 42½ half elapſed time	—	—	Logarithm	0,91863
40 10½ middle time	—	—	Logarithm	4,54256
12 28 time from noon	—	Log. riſing 2,16992		
		Log. ratio 0,06630		
127	— —	Nat. num. 2,10362		
73432 N. S. greater altitude.				
73559 N. S. meridian altitude		47° 21′ 25″		
		90 00 00		
	Zenith diſtance	42 38 35 S.		
	Declination	15 45 34 N.		
	Latitude	26 53 1 S.		

SCHOLIUM III.

When the latitude and declination are of the ſame name, and the latitude greater than the complement of the declination, the ſun's altitude may be obſerved on the meridian, below the pole, at midnight: or the latitude may be found by two altitudes of the ſun, taken either before or after midnight, its declination, the latitude by account, and the time which elapſes between the obſervations, in a manner ſcarcely different from that which has been already given for finding it when the altitudes are taken before, or after noon; for the three firſt articles of the rule are exactly the ſame. And, having added the three logarithms together, found the middle time correſponding to the ſum, and taken the difference between it and the half-elapſed time, that difference will be the time from midnight when the leſs altitude was obſerved.

With this time enter table XVI, and from the column of log-riſing, take the logarithm correſponding to it: from this logarithm ſubtract the log-ratio, and the remainder will be the logarithm of a natural number, which being found in table XVIII, and ſubtracted from the natural ſine of the leaſt altitude, will give the natural ſine of the meridional altitude of the ſun below the pole.

To the meridional altitude of the ſun add the complement of its declination, and the ſum will be the latitude: ſubject, however, to the caution given in ſcholium I.

EXAMPLE.

June 10th, 1795, latitude by account 81° 30′ N. longitude 47° E. at 9h 33′ 8″ by my watch the altitude of the ſun's lower limb was obſerved to be 16° 3′¼; and at 11h 16′ 48″ the altitude of the ſame limb was 14° 36′¼, the height of the obſerver's eye being 18 feet above the ſurface of the ſea: what was the true latitude of the ſhip?

Sun's declination	23° 02′ 45″ N.	1ſt altitude	16° 03′ 15″	2d alti. 14° 36′ 15″
Cor. for 47° E.	— 38	Dip	— 4 3	— 4 3
	23 02 07	☉'s app. alt.	15 59 12	14 32 12
Cor. for 10h 25′ P.M.	+ 2 6	Refraction	— 3 17	— 3 37
True declination	23 4 13 N.		15 55 55	14 28 35
		☉'s par. in alt.	+ 8	+ 9
			15 56 03	14 28 44
		☉'s ſemidiam.	+ 15 48	+ 15 48
		☉'s true alt.	16 11 51	14 44 32

Times by watch.	Alt. ſun's center.	Natural ſines.
9h 33′ 8″	16° 12′	27899
11 16 48	14 44½	25446

Latitude by acc. 81° 30′		Secant	10,83030
Sun's declination 23 4		Secant	10,03619
	Log. ratio	—	0,86649
1 43 40 2453	Logarithm	—	3,38970
0 51 50 half-elapſed time	Logarithm	—	0,64928
1 34 52 middle time	Logarithm	—	4,90547
0 43 2 time from midnight	Log. riſing	—	3,24494
	Log. ratio	—	0,86649
Natural number — 239	Logarithm	—	2,37845
Nat. ſine of the leaſt alti. 25446			

Nat. ſine of the merid. alt. 25207 — 14° 36′
Complement of the ſun's declination 66 56

Latitude ſought — — 81 32 N.

Remark I. The operation is the ſame whether the ſun hath north or ſouth declination; and alſo whether the ſhip be in north or ſouth latitude.

Remark II. When the ſun hath no declination, the ſecant of the latitude will be the *log. ratio*.

Remark III. The obſervations muſt always be taken between nine o'clock in the morning and three in the afternoon; and the nearer the greater altitude is to noon the better.

Remark

Remark IV. If both obſervations are in the forenoon, the interval muſt not be much leſs than half the diſtance of the firſt obſervation from noon.

Remark V. If both obſervations are in the afternoon, the interval between them muſt not be much leſs than the diſtance of the firſt obſervation from noon.

Remark VI. If one obſervation be in the forenoon, and the other in the afternoon, the interval muſt not exceed four hours and an half.

Remark VII. The above limitations are founded on a ſuppoſition that the ſun's meridional zenith diſtance is not leſs than the latitude of the place; but if the latitude of the place ſhould be double the ſun's meridional zenith diſtance, the firſt of two altitudes taken in the forenoon muſt not be before half paſt nine, nor the ſecond before three quarters paſt ten. The firſt of two taken in the afternoon muſt not be later than a quarter paſt one, nor the ſecond after half paſt two. If one be taken in the morning and the other in the afternoon; that in the morning muſt not be taken before half paſt nine o'clock, and the interval between them muſt not exceed three hours and an half.

Remark VIII. If the latitude of the place be three times the ſun's meridional zenith diſtance, the firſt of two obſervations taken in the forenoon muſt not be before ten o'clock, nor the ſecond before eleven. The firſt of two taken in the afternoon muſt not be later than one o'clock nor the ſecond after two. If one obſervation be taken in the forenoon, and the other in the afternoon; that in the morning muſt not be before ten, and the interval between them muſt not exceed three hours.

Remark IX. If the latitude be five times the ſun's meridional zenith diſtance; the firſt of two obſervations taken in the forenoon muſt not be before half paſt ten o'clock, nor the ſecond before a quarter after eleven. The firſt of two taken in the afternoon muſt not be later than three quarters paſt twelve, nor the ſecond later than half paſt one o'clock. If one be taken in the forenoon, and the other in the afternoon, the morning one muſt not be before half paſt ten, and the interval between them muſt not exceed two hours and a quarter.

Remark X. This method ſhould never be uſed when the ſun paſſes the meridian within two degrees of the zenith.

If the preceding remarks be attended to, the latitude found by the calculation will be, at leaſt, five times nearer the truth than the latitude by account; that is, the error in the computed latitude will not be above a fourth part of the difference between them: and hence a judgment may be formed whether it will be neceſſary to repeat the computation with the latitude laſt found, or not.

PROBLEM V.

To correct the Latitude, found by the laſt Problem, after one Computation.

INTRODUCTION.

The latitude may generally be found from two obſerved altitudes of the ſun and the interval of time between them by one operation, as directed in the foregoing problem; but when the computed latitude differs five minutes, or more, from the latitude by account; inſtead of repeating the operation, as is directed to be done there, it is here propoſed to correct it by tables XXIII, XXIV, and XXV; as the operation will not only be more conciſe,

 but

but will produce a true reſult in caſes where the other fails, on account of the computed latitudes not approaching nearer and nearer to the true latitude, or not approximating toward it ſufficiently faſt.

RULE.

From the two obſerved altitudes of the ſun, its declination, the elapſed time, and the latitude by account; compute the latitude by problem IV.

With the ſun's declination and the computed latitude take the number from table XXIII, and take the ſum of this number and unity when the latitude and declination are of different names; but take the difference between this number and unity when the latitude and declination are of the ſame name, and call the ſum or difference A.

With the time from noon when the greater altitude was taken at the top, and the middle time in the ſide column, take the number from table XXIV, or XXV, according as the obſervations are on the ſame or different ſides of noon; divide A by this number, and call the quotient B.

When the obſervations are on the ſame ſide of noon, and the declination of a different name from the latitude, or being of the ſame name, is leſs than the latitude:—alſo when the obſervations are on different ſides of noon, and the declination of the ſame name with the latitude, but greater than it, add unity to B, and divide the difference between the computed latitude and latitude by account by the ſum; the quotient will be the correction of the computed latitude: to be added to it when the computed latitude is leſs than the latitude by account; but ſubtracted from it when it is greater.

When the obſervations are on the ſame ſide of noon, and the declination is of the ſame name with the latitude, but greater than it:—or, when the obſervations are on different ſides of noon and the declination is either of a contrary name to the latitude, or of the ſame name, and leſs than it, take the difference between B and unity, and divide the difference between the computed latitude and latitude by account by it: the quotient will be the correction of the computed latitude; to be applied to it according to the following rules.

$$B\left\{\begin{matrix}\text{greater}\\ \text{leſs}\end{matrix}\right\}\text{than 1, and compu. lat.}\left\{\begin{matrix}\text{greater}\\ \text{leſs}\end{matrix}\right\}\text{than the lat. by acc. add.}$$

$$B\left\{\begin{matrix}\text{greater}\\ \text{leſs}\end{matrix}\right\}\text{than 1, and compu. lat.}\left\{\begin{matrix}\text{leſs}\\ \text{greater}\end{matrix}\right\}\text{than the lat. by acc. ſubtract.}$$

Note. The obſervations are on the ſame, or different ſides of noon or midnight, according as the middle time is greater or leſs than half the elapſed time.

EXAMPLE I.

Let the firſt altitude be 41° 33′ 12″, the ſecond 50° 1′. 12″ (both in the morning), the interval between them 1^{h} 30′ the latitude by account 52° 50′ N. and the ſun's declination 14° 00′ N.

By

By the fourth problem the computed latitude will be 52° 2′ 17″ N. the middle time 1^h 47′ and the time neareſt noon 1^h 2′.

Sun's declination 14° 00′ N. }
Computed lat. 52 2 17 N. } in table XXIII. give — 0,19
Latitude by acc. 52 50 00 N. 1,00

Difference 0,81 = A.

Difference — 47 43 = 47′,7

T. neareſt noon 1^h 2′ }
Middle time 1 47 } in table XXIV give ,098. And ,81 ÷ 098 = 8,27 = B

Add 1

Diviſor 9,27

Then 47′,7 ÷ 9,27 = 5′,15 = +5′ 9″ the correction of the computed latitude.
Computed latitude — 52° 2 17 N.

True latitude — 52 7 26 N.

EXAMPLE II.

Let the firſt altitude be 50° 1′ 12″, before noon, the ſecond 41° 33′ 12″, afternoon, the interval between them 3^h 30′, the latitude by account 51° 30′ N. and the ſun's declination 14° 00′ N.

By the fourth problem the computed latitude will be 52° 4′ 24″ N., the middle time 0^h 44′ 28″, and the time neareſt noon 1^h 00′ 32″.

Sun's declination 14° 00 00 N. }
Computed lat. 52 4 24 N. } in table XXIII give — 0,19
Lat. by account. 51 30 00 N. 1,00

Difference ,81 = A.

Difference — 34 24 = 34′,4

T. neareſt noon 1^h 00′ 32″ }
Middle time 0 44 28 } in tab. XXV give 0,086. And ,81 ÷ ,086 = 9,42 = B.

Subtract 1

Diviſor 8,42

Then 34,4 ÷ 8,42 = 4′,09 = +4′ 5″ the correction of the computed latitude.
Computed latitude — 52 4 24 N.

True latitude — 52 8 29 N.

EXAMPLE III.

Let the firſt altitude be 70° 2′, the ſecond 35° 21′, both in the morning, the interval between them 2^h 20′, the latitude by account 6° 30′ N. and the ſun's declination 5° 30′ N.

By the fourth problem the computed latitude will be 8° 5′ N. the middle time 2^h 29′ 37″, and the time neareſt noon 1^h 19′ 37″.

 Sun's

Sun's declination 5° 30′ } in table XXIII give — — 0,68
Computed lat. 8 5 } 1,00
Lat. by account 6 30

Difference 0,32 = A.

Difference - 1 35 = 95′

T. neareſt noon 1ʰ 19ʰ 37″ } in tab. XXIV give ,2. And ,32 ÷ ,2 = 1,6 = B.
Middle time 2 29 37 }

Add - 1,

Diviſor 2,6

Then 95′ ÷ 2,6 = 36′,54 = − 36′ 32″ the correction of the computed latitude.
Computed latitude — 8° 5 — N.

Corrected latitude — 7 28 28 N.

As the latitude and declination are here of the ſame name, and nearly equal, it will be prudent to repeat the operation directed in the fourth problem, uſing the laſt-found latitude, 7° 28′½ N. for the latitude by account; and the computed latitude will be found 7° 29′ N. which, as it differs but half a minute from the latitude by account, may be relied on, as the true latitude.

Note. It would have taken ſeven operations by the common method to obtain the latitude within 10′ of the truth.

EXAMPLE IV.

Let the firſt altitude be 5° 36′ 6″, and the latter 45° 5′ 42″, both in the morning, the interval between them 3ʰ 00′, the latitude by account 27° 00′ N. and the ſun's declination 12° 00′ N.

By the fourth problem the computed latitude will be 30° 5′ 53″ N. the middle time 4ʰ 25′ 6″, and the time neareſt noon 2ʰ 55′ 6″

Sun's declination 12° 00′ 00″ } in table XXIII give — 0,37
Computed lat. 30 5 53 } 1,00
Lat. by account 27 0 0

Difference — ,63 = A.

Difference - 3 5 53 = 185′,9

T. neareſt noon 2ʰ 55′ 6″ } in tab. XXIV give 1,3. And ,63 ÷ 1,3 = 0,485 = B.
Middle time 4 25 6 }

Add - 1,

Diviſor 1,485

Then 185,9 ÷ 1,485 = 125′,2 = − 2° 5′ 12″ the correction of the computed lat.
Computed latitude — 30 5 53 N.

Corrected latitude — 28 0 41 N.

But as the computed latitude differs more than two degrees from the latitude by account, it may be proper to repeat the operation directed by the fourth problem, uſing the laſt-found latitude, 28° 00′⅔ N. for the latitude by account; and the computed latitude will come out 27° 59′ 30″ N. the middle time 4ʰ 30′ 2″, and the time neareſt noon 3ʰ 0′ 2″. We may, therefore, correct it a ſecond time.

Sun's

Sun's declination 12° 00′ 00″ N. } in table XXIII give — 0,4
Computed lat. 27 59 30 N.
Lat. by account 28 00 40 N. 1,0

Difference 0,6 = A.

Difference — 1 10 = 1′,166 &c.

T. neareſt noon 3h 0′ 2″ } in tab. XXIV give 1,41. And ,6 ÷ 1,41 = 0,425 = B.
Middle time 4 30 2

Add - 1,

Diviſor 1,425

Then 1,166 &c. ÷ 1,425 = 0,82 = + 49″, the correction of the comp. lat.
Computed latitude — — 27 59 30 N.

True latitude — — 28 0 19 N.

The true latitude could never have been come at by repeating the operation, as directed in the fourth problem, becauſe the obſervations are taken *here* a long way without the limits which that method is confined to.

SCHOLIUM.

When the latitude has been computed from two altitudes of the ſun, taken either on the ſame, or different ſides of midnight, as in the third ſcholium to the fourth problem: take the ſum of unity and the number from table XXIII for the number A.

With the time from midnight when the leſs altitude was taken at the top, and the middle time in the ſide column, take the number from table XXIV, or XXV, according as the obſervations are on the ſame, or different ſides of midnight, divide A by this number, and call the quotient B.

When the obſervations are on the ſame ſide of midnight add unity to B, and divide the difference between the computed latitude and the latitude by account by the ſum; the quotient will be the correction of the computed latitude: to be added to it when the computed latitude is leſs than the latitude by account, but ſubtracted from it when it is greater.

When the obſervations are on different ſides of midnight, take the difference between B and unity, divide the difference between the computed latitude and latitude by account by it, and the quotient will be the correction of the computed latitude: to be applied to it according to the following rules:

B {greater / leſs} than 1, and compu. lat. {greater / leſs} than the lat. by account, add.

B {greater / leſs} than 1, and compu. lat. {leſs / greater} than the lat. by acct. ſubtract.

EXAMPLE.

Let the firſt altitude be 16° 12′, the ſecond 14° 44′ 30″, both before midnight, the interval between them 1h 43′ 40″, the latitude by account 80° 41′ N. and the ſun's declination 23° 4′ N.

By the fourth problem the computed latitude will be 81° 34′ 34″ N. the middle time 1h 26′ 11″, and the time neareſt midnight 0h 34′ 21″.

Sun's

Sun's declination 23° 4' 00" N. } in table XXIII give — 0,07
Computed lat. 81 34 34 N. } Add - 1,

Lat. by account 80 41 00 N. Sum 1,07 = A.

Difference — 53 34 = 53',57

T. neareſt mid. 0h 34' 21" } in tab. XXIV give ,047. And 1,07 ÷ ,047 = 22,8 = B
Middle time 1 26 11 } Add - 1,0

Diviſor 23,8

Then 53',57 ÷ 23,8 = 2',25 = − 2' 15", the correction of the computed latitude.
Computed latitude 81° 34 34 N.

True latitude — 81 32 19 N.

CAUTIONS.

I. When the latitude by account and that computed differ more than two degrees, or when the declination and latitude are nearly equal, and of the ſame name; after the computed latitude has been corrected by this method, it may be proper, for the ſake of ſafety, to repeat the operation directed by the fourth problem, uſing the latitude, once corrected, as the latitude by account, and then correcting the latitude, re-computed, by theſe tables, if it be neceſſary.

II. In high latitudes, when the middle time is more than three hours, and the latitude by account very erroneous, it will alſo be prudent to repeat the operation directed by the fourth problem, uſing the latitude once corrected by this method as the latitude by account, and then correcting the laſt-found latitude by theſe tables, if it be neceſſary.

III. When B happens to be nearly equal to unity, and their difference is to be taken for a diviſor of the difference between the computed latitude and latitude by account; or when the latitude and declination (of the ſame name) are ſo nearly equal that it is uncertain whether the true latitude be greater or leſs than the declination, this method cannot be depended on.

GENERAL OBSERVATION.

Except in the particular caſes above mentioned, it is unneceſſary to uſe a ſecond operation: however, as a ſecond operation, uſing the latitude corrected for the latitude by account, will always be a check upon the firſt, it is recommended, in general, to uſe a ſecond operation, as a ſatisfactory proof that no miſtake has been made in the firſt.

PROBLEM VI.

The Latitude and Longitude of a Place, and the obſerved Altitude of the Sun's Limb being given, together with the Time of Obſervation nearly, to find the apparent Time when the Obſervation was made.

RULE.

From the obſerved altititude of the ſun's limb, ſubtract the dip of the horizon, and the refraction, and add the ſemidiameter, and parallax in altitude to the remainder; the ſum will be the true altitude of the ſun's center.

Take

Take the ſun's declination from p. II. of the Nautical Almanac, and note whether it be north or ſouth.

If the ſun's declination and the co-latitude of the ſhip be one north and the other ſouth, take their difference; but if they be both north, or both ſouth, take their ſum for the ſun's meridional altitude. If that ſum be greater than 90°, take it from 180°.

From the natural ſine of the ſun's meridional altitude (tab. XVII.) take the natural ſine of the ſun's true altitude at the time of obſervation, find the logarithm of the remainder; to which add the logarithmic ſecant of the ſhip's latitude, and the logarithmic ſecant of the ſun's declination: their ſum, rejecting 20 from the index, muſt be ſought for in table XVI, under log-riſing; and the time correſponding to it will be the apparent time from the neareſt noon: conſequently, if the obſervation be made in the morning, the time thus found muſt be taken from 24 hours, and the remainder will be the apparent time from the noon of the preceding day.

EXAMPLE.

July 8th, 1795, about 20^h, latitude 34° 55′ N. longitude $12°\frac{1}{2}$ E. the obſerved altitude of the ſun's lower limb was $36° 49'\frac{1}{2}$; the obſerver's eye being 21 feet above the ſurface of the ſea: what was the apparent time when the obſervation was made?

Altitude ſun's lower limb		36° 49′ 30″		
Dip of the horizon 4′ 22″ }				
Refraction — 1 16 }		− 5 38		
		36 43 52		
Sun's parallax in altitude		+ 7		
Sun's ſemi-diameter —		+ 15 47		
Sun's true altitude —		36 59 46		
Sun's declination, July 9th,	22° 21′ 57″ N.			
$12°\frac{1}{2}$ E. longitude give	+ 16			
4^h before noon give	+ 1 18			
Sun's declination —	22 23 31 N.		Log-ſecant	10,03405
Co-latitude —	55 05 00 N.		Log-co-ſecant	10,08619
Sun's meridional altitude	77 28 31	Nat. ſine 97620		
True obſerved altitude	36 59 46	Nat. ſine 60176		
		Difference 37444	Log.	4,57338
Time from noon —	3^h 58′ 23″		Log riſing	4,69362
	24 0 0			
Apparent time —	20 01 37			

PROBLEM

PROBLEM VII.

The Latitude and Longitude of a Place, and the obſerved Altitude of a known fixed Star being given, together with the Time of Obſervation nearly, to find the apparent Time at that Place.

RULE.

If the time at Greenwich be not given, turn the longitude into time, and, if it be weſt, add it to, but if it be eaſt, ſubtract it from the eſtimated time at the ſhip when the ſtar's altitude was obſerved, and it will give the time at Greenwich.

To this time take the ſun's right aſcenſion from page II. of the Nautical Almanac, by the help of table XXII, and take the ſtar's right aſcenſion, and declination for the given year out of table VII.

Subtract the dip of the horizon, and the refraction from the obſerved altitude of the ſtar, and the remainder will be its true altitude.

If the ſtar's declination and the co-latitude of the ſhip be one north and the other ſouth, take their difference; but if they be both north, or both ſouth, take their ſum for the ſtar's meridional altitude. If the ſum exceed 90 degrees, take it from 180 degrees.

From the natural ſine of the ſtar's meridional altitude take the natural ſine of its true obſerved altitude, and find the logarithm of the remainder. To this logarithm add the log-ſecant of the ſhip's latitude, and the log-ſecant of the ſtar's declination; their ſum, rejecting 20 from the index, muſt be ſought for in table XVI, under log-riſing, and the time correſponding to it will be the diſtance of the ſtar from the meridian; which being added to the ſtar's right aſcenſion in time, if the ſtar was weſt of the meridian at the time of obſervation, or ſubtracted from it if the ſtar was then eaſt of the meridian, will give the right aſcenſion of the mid-heaven.

From the right aſcenſion of the mid-heaven ſubtract the ſun's right aſcenſion, and the remainder will be the apparent time when the obſervation was made.

EXAMPLE.

April 21ſt, 1797, about 40′ after ſeven o'clock, latitude 51° 27′ N. longitude 58° W. the altitude of Arcturus, eaſt of the meridian, was ebſerved to be 30° 13′¼; the height of the obſerver's eye being 19 feet: what was the apparent time?

Eſtimated time —	7^h 40′	Sun's Æ noon at Greenwich	1^h 58′ 35″
Longitude in time	3 52 W.	11^h 32′ in table XXII gives	+ 1 47
Time at Greenwich	11 32	Sun's Æ at 11^h 32′ —	2 00 22
*'s ann. variation in Æ	2,79	*'s annual variation in declination	19,09
Years ſince 1796	1, 3	— — — —	1, 3
	837		5727
	279		1909
	3,627		0′ 25″ = 24,817
			*'s Æ

Star's Æ 1796	14h 06′ 21″	Star's decl. 1796	20h 15′ 1″N.
Variation —	+ 4	Variation —	− 25
Star's Æ 1797	14 06 25	Star's decl. 1797	20 14 36 N.

Star's obferved altitude	30° 13′ 45″
Dip — —	− 4 10
Refraction —	− 1 38
Star's true altitude	30 07 57

Ship's latitude -	51° 27′ 00″ N.	— Log-fecant	10,20537
Co-latitude —	38 33 00		
Star's declination	20 14 36 N.	— Log-fecant	10,02769
Merid. altitude	58 47 36	Natural fine 85530	
Star's true altitude	30 07 57	Natural fine 50200	
		35330 Log.	4,54814
*'s diftance from the meridian	4h 26′ 45″E.	Log-rifing	4,78120
Star's right afcenfion —	14 06 25		
Right afcenfion mid-heaven	9 39 40		
Sun's right afcenfion —	2 00 22		
Apparent time — —	7 39 18		

PROBLEM VIII.

The apparent Time, and the Ship's Latitude and Longitude being given, to find the Sun's apparent Altitude.

RULE.

Take the fun's declination from page II. of the Nautical Almanac.

If the fun's declination and the co-latitude of the fhip be one north and the other fouth, take their difference; but if they be both north or both fouth, take their fum for the fun's meridional altitude. If that fum be greater than 90°, take it from 180°.

With the apparent time from noon enter table XVI, and take the logarithm correfponding to it out of the column of log-rifing, to which add the co-fine of the latitude, and the co-fine of the fun's declination: their fum, rejecting 20 from the index, will be the logarithm of a natural number, which being fubtracted from the natural fine of the meridional altitude, will give the natural fine of the fun's true altitude, at the given time. Add the difference between the fun's refraction and its parallax in altitude to the true altitude, and it will give the fun's apparent altitude.

EXAMPLE.

Required the fun's apparent altitude on the 24th of November, 1795, at 3h 21′ 30″ apparent time, lat. 51° 32′ N. long. 38° E.

Sun's

Sun's declination for noon at Greenwich	—	—	20° 37′ 53″ S.
3^h 21′½ afternoon give	—	—	+ 1 36
38° East longitude give	—	—	− 1 12
Sun's true declination	—	—	20 38 17

Apparent time	3^h 21′ 30″	Log-rising	4,55900
Sun's declination	20° 38′ 17″ S.	Co-sine	9,97119
Co-latitude —	38 28 00 N.	Sine	9,79383
Sun's merid. alt.	17 49 43	N. sine 30617	
		21087	Log. 4,32402
Sun's true altitude	5 28 6	N. sine 09530	
Cor. of sun's altitude	+ 8 49		
Sun's apparent alt.	5 36 55		

PROBLEM. IX.

The apparent Time, and the Latitude and Longitude of the Ship being given, to find the apparent altitude of any known fixed Star.

RULE.

Turn the longitude of the ship into time, and if it be west add it to, but if it be east subtract it from the apparent time at the ship, and it will give the time at Greenwich.

Take the sun's right ascension for that time out of the Nautical Almanac, by the help of table XXII, and add it to the apparent time at the ship, counted as usual from the preceding noon; the sum will be the right ascension of the mid-heaven. Take the star's declination and right ascension out of table VII, and take the difference between its right ascension and the right ascension of the mid-heaven, which will be the distance of the star from the meridian.

If the star's declination and the co-latitude of the ship be one north, and the other south, take their difference; but if they be both north, or both south, take their sum for the star's meridional altitude. If the sum exceed 90°, subtract it from 180°.

With the distance of the star from the meridian take the log-rising out of table XVI, to which add the co-sine of the ship's latitude, and the co-sine of the star's declination; their sum, rejecting 20 from the index, will be the logarithm of a natural number, which being subtracted from the natural sine of the meridional altitude of the star, will give the natural sine of the star's true altitude, Add the refraction to the true altitude, and the sum will be the apparent altitude of the star at the given time.

EXAMPLE.

What was the apparent altitude of Aldebaran on the 12th of April, 1797, at 5^h 56′ 20″ apparent time, in latitude 51° 32′N. longitude 123°¾ E.?

Apparent

Apparent time	5^h 56′ 20″	Sun's Æ for noon at Greenw.	1^h 25′ 14″
Longitude in time	8 13 00E.	2^h 17′ in table XXII give —	21
Time at Greenwich	21 43 20	Sun's true right aſcenſion	1 24 53
	24 00 00	Apparent time —	5 56 20
Time before noon	2 16 40	Right aſcenſion mid-heaven	7 21 13
Yearly variation —	3″,42	— — —	+ 8″,14
Years elapſed ſince 1796	1,3	— — —	1,3
	1026		2442
	342		814
	4,446		+ 10,582
Star's Æ for 1796	4^h 24′ 14″	Star's decl. for 1796	16° 5′ 14″N.
Star's Æ for 1797	4 24 18	Star's decl. for 1797	16 5 24 N.
Æ mid-heaven	7 21 13		
*'s diſt. from mer.	2 56 55		

Star's declination	16° 5′ 24″N.	—	Log-riſing	4,45247
Co-latitude —	38 28 00 N.		Co-ſine	9,98264
			Sine —	9,79383
Meridional altitude	54 33 24	N. ſine 81469		
		16941	Log.	4,22894
True altitude —	40° 11′ 10″	N. ſine 64528		
Refraction —	+ 1 07			
Apparent altitude	40 12 17			

PROBLEM X.

The apparent Time and the Latitude and Longitude of the Ship being given, to find the apparent Altitude of the Moon's Center.

RULE.

Turn the longitude of the ſhip into time, and if it be weſt add it to, but if if it be eaſt ſubtract it from the apparent time at the ſhip, and it will give the time at Greenwich.

To this time take the ſun's right aſcenſion from page II of the Nautical Almanac by the help of table XXII, and add it to the apparent time at the ſhip, counted from the preceding noon, which will give the right aſcenſion of the mid-heaven. Take alſo the moon's horizontal parallax from page VII, and its declination and right aſcenſion from page VI, by help of table XXI. Turn the right aſcenſion into time, and take the difference between it and the right aſcenſion of the mid-heaven, which will be the diſtance of the moon from the meridian.

If the moon's declination and the co-latitude of the ſhip be one north and the

the other south, take their difference; but if they are both north, or both south, take their sum for the moon's meridional altitude. If the sum exceed 90 degrees take it from 180 degrees..

With the distance of the moon from the meridian take the log rising out of table XVI, to which add the cosine of the ship's latitude, and the cosine of the moon's declination; their sum, rejecting 20 from the index, will be the logarithm of a natural number, which being subtracted from the natural sine of the moon's meridional altitude, will give the natural sine of the moon's true altitude at the given time.

With the moon's horizontal parallax and her true altitude, diminished by the number which stands against them in table VIII, take the correction of her altitude out of that table, and subtract it from her true altitude, which will give the apparent altitude of the moon's center.

EXAMPLE.

What was the apparent altitude of the moon's center on the 26th of Feb. 1795, at $5^h 49' 58''$ apparent time, in latitude $39° 54'\frac{1}{2}$N. and longitude $116° 24'\frac{1}{4}$E.?

☉'s Æ for noon on the 26th	$22^h 38' 26''$
$1^h 55' 39''$ bef. noon tab. XXII give —	18
☉'s Æ for the given time	22 38 08
Apparent time at ship —	5 49 58
Right ascension mid-heaven	4 28 06
☽'s horizontal parallax	$58' 48''$
☽'s declin. for noon on the 26th	$17° 53'$N.
Cor. for $1^h 55' 39''$ before noon	— $13\frac{1}{3}$
☽'s dec. for $22^h 04' 21''$ the 25th	17 $39\frac{2}{3}$N
☽'s Æ for noon on the 26th	$70° 45$
Cor. for $1^h 55' 39''$ before noon	1 08 30
☽'s right ascen. for $22^h 4' 21''$	69 36 30
☽'s right ascension in time	4 38 26

Apparent time	$5^h 49' 58''$
	24 0 0
	29 49 58
Long. in time	7 45 37E.
T. at Gr. Feb. 25	22 04 21

Right ascension mid-heaven	$4^h 28' 06''$		
☽'s right ascension in time	4 38 26		
☽'s dist. from the meridian	0 10 20	Log-rising	2,00699
☽'s declination —	17 39 40 N.	Log-cosine	9,97903
Co-latitude — —	50 05 30 N.	Log-sine	9,88483
Meridional altitude —	67 45 10	N. sine 92556	
		74 Log.	1,87085
True altitude —	$67° 38' 30''$	N. sine 92482	
Cor. from table VIII	— 22 20		
Apparent altitude —	67 16 10		

PROBLEM

PROBLEM XI.

Having the apparent, or obſerved Diſtance of the Moon from the Sun or a fixed Star, together with the obſerved Altitude of each, and the Moon's horizontal Parallax, to find their true Diſtance.

RULE.

Firſt method, by the Rev. Dr. *Maſkelyne*, Aſtronomer Royal.

I. Enter table XXVIII with the moon's apparent altitude, and take out a number of minutes and ſeconds, which ſubtract from the moon's horizontal parallax, and you will have the moon's horizontal parallax diminiſhed.

II. To the log. tangent of half the difference of the apparent altitudes of the moon and ſtar (or ſun) add the log. co-tangent of half their ſum, and rejecting ten from the index, you will have the log. tangent of arc the firſt.

III. To the log. tangent of arc the firſt, juſt found, add the log. co-tangent of half the diſtance of the moon and ſtar (or ſun) and, rejecting ten, you will have the log. tangent of arc the ſecond.

IV. If the ſtar's (or ſun's) altitude be greater than the moon's, take the ſum of arc 2d, and half the diſtance of the moon and ſtar (or ſun); but if the moon's altitude be greateſt, take the difference of arc 2d and half the diſtance, and you will have arc the third.

V. To the log. tangent of arc 3d add the log. tangent of the moon's apparent altitude; the ſum, rejecting ten from the index, is the log. co-ſine of arc fourth.

VI. With the ſtar's apparent altitude take a logarithm out of table XXVI, or with the ſun's apparent altitude take a logarithm out of table XXVII, to which add the conſtant logarithm 0,3010, and the log. ſine of the moon's apparent altitude; the ſum, rejecting ten from the index, is the proportional logarithm of a number of minutes and ſeconds, to be added to the moon's horizontal parallax diminiſhed, which will give her horizontal parallax corrected.

VII. To the logarithm taken out of table XXVI, or table XXVII, according as the moon's diſtance was taken from a ſtar or the ſun, add the co-tangent of double arc the firſt, and the ſine of double arc the ſecond, reject 20 from the index, and you have the proportional log. of the effect of refraction, or firſt correction of diſtance, which is always to be added to the obſerved diſtance.

VIII. To the proportional logarithm of the moon's horizontal parallax corrected, add the log. co-ſecant of the moon's apparent altitude and the log. co-tangent of arc 3d; the ſum, abating 20 from the index, is the proportional logarithm of the principal effect of parallax, or 2d correction of diſtance; which is always to be ſubtracted from the obſerved diſtance corrected for refraction, except the moon's altitude be greater than that of the ſtar (or ſun) and, at the ſame time, arc 2d be greater than half the diſtance, in which caſe it is to be added.

IX. To the conſtant log. 1,5820 add the log. tangent of the diſtance of the moon from the ſtar (or ſun) twice corrected, double the ſecant of the moon's altitude, double the co-ſecant of arc 4th, and double the proportional logarithm of the moon's horizontal parallax diminiſhed; the ſum, rejecting 50 from the index, is the proportional logarithm of the 3d correction of diſtance; and is always to be added to the diſtance of the ſtar (or ſun) from the moon's center twice corrected, except the diſtance exceeds 90 degrees, in which caſe it is to be ſubtracted.

X. Enter table XXVIII with the ſtar's (or ſun's) altitude, take out the corres-

corresponding number and double it; to the proportional logarithm of which, add the proportional logarithm of the third correction (found by the preceding article) the arithmetical complement of the proportional logarithm of the moon's horizontal parallax diminished (found by article I,) and the log. co-sine of the distance twice corrected. The sum of these four logarithms, rejecting 20 from the index, is the proportional logarithm of the fourth and last correction of distance, and is always to be added to the distance of the star or sun from the moon's center thrice corrected.

These four corrections being applied, according to the rules, to the apparent distance of the moon from the star or the sun's center, the true distance will be obtained clear of the effects of refraction and parallax.

EXAMPLE I.

Let there be given the apparent distance of the moon from a star 43° 35′ 42″, the apparent altitude of the star 11° 17′, the apparent altitude of the moon 9° 38′, and her horizontal parallax 54′ 42″, to find their true distance.

☽'s horizontal parallax	—	—	54′ 42″
☽'s app. alt. 9° 38′ gives in tab. XXVIII			5 31 sub.
☽'s horizontal parallax diminished			49 11

Star's app. alt.	11° 17′				
☽'s app. alt.	9 38				
Difference	1 39	its half is	0° 49′½	Tangent	8.1583
Sum —	20 55	its half is	10 27½	Co-tang.	10.7338
		First arc	4 27½	Tangent	8.8921
		½ dist. ☽ & ✱	21 48	Co-tang.	10.3980
		Second arc	11 2	Tangent	9.2901
		Third arc	32 50	Tangent	9.8097
		Moon's alt.	9 38	Tangent	9.2298
		Fourth arc.	83 43	Co-sine	9.0395

✱'s alt. 11° 17′ log. table XXVI		1.9857
Constant log. (of 2)	—	0.3010
☽'s altitude 9° 38′ sine	—	9.2236
	5′ 33″½ P.L.	1.5103
☽'s parallax dimin.	49 11	
☽'s par. corrected	54 44½ P. L.	0.5170
☽'s app. alt. 9° 38′	co-secant	10.7764
Third arc 32 50	co-tangent	10.1902
Par. in dist. —	5 54½ P. L.	1.4836
App. dist.	43 35 42	
	43 29 47½	
Effect of refr. +	46½	
Dist. twice cor.	43 30 34	

— — —		1.9857
Twice 1st arc 8° 55′ co-tang.		10.8044
Twice 2d arc 22 4 sine		9.5748
Effect of refraction 46″½	P. L.	2.3649
Constant logarithm	—	1.5820
Dist. ☽ & ✱ twice cor. 43° 31′ tang.		9.9775
☽'s alt. 9° 38′ twice secant		20.0123
Fourth arc 83° 43′ twice co-secant		20.0052
☽'s par. dimin. 49′ 11″ twice P.L.		1.1268
Third correction 21″½	P. L.	2.7038
✱'s alt. 11° 17′ gives 4′ 45″ in tab. XXVIII 2		
Doubled is — 9 30	P. L.	1.2775
☽'s par. dimin. 49′ 11″ ar. co. P.L.		9.4366
Dist. twice cor. 43 30 34	cos.	9.8605
Fourth correction + 5½	P.L.	3.2784
Third correction + 21½		
True distance 43 31 1		

EXAMPLE II.

Let the apparent diſtance of the moon from the ſun be 103° 29′ 27″, the apparent altitude of the ſun 19° 3′ 36″, that of the moon 41° 6′ 2″, and her horizontal parallax 58′ 35″: what was their true diſtance?

			Moon's horizontal parallax —	58′ 35″
Sun's app. alt.	19° 3′ 36″		☽'s app. alt. 41° 6′ gives in tab. XXVIII.	1 27
Moon's app. alt.	41 6 2		☽'s horizontal parallax diminiſhed	57 8

Difference	22 2 26 its half is	11° 1′ 13″	Tangent	9.2895
Sum —	60 9 38 its half is	30 4 49	Co-tang.	10.2371
	Firſt arc	18 35 0	Tangent	9.5266
	½ diſt. ☽ and ☉	51 44 44	Co-tang.	9.8968
	Second arc	14 51 0	Tangent	9.4234
	Third arc	36 53 44	Tangent	9.8754
	Moon's altitude	41 6 2	Tangent	9.9407
	Fourth arc	49 6 0	Co-ſine	9.8161

Sun's alt. 19°3′36″ log. tab. XXVII.		2.0030
Conſtant logarithm of 2 —		0.3010
☽'s altitude 41° 6′	ſine	9.8178
1 22″	P. L.	2.1218
☽'s par. dimin. 57 8		
☽'s par. corr. 58 30	P. L.	0.4881
☽'s app. alt. 41 6 2	co-ſecant	10.1822
Third arc 36 53 44	co-tang.	10.1245
Par. in diſt. — 28 52½	P. L.	0.7948
App. diſt. 103 29 27		
103 0 34½		
Effect of ref. + 2 44		
D. twice cor. 103 3 18½		

— — —		2.0030
Twice firſt arc 37° 10′	co-tang.	10.1203
Twice ſecond arc 29 42	ſine	9.6950
Effect of refraction 2′ 44″	P. L.	1.8183
Conſtant logarithm —		1.5820
Diſt. ☽ & ☉ twice cor. 103° 3′	tang.	10.6349
☽'s altitude 41 6	twice ſecant	20.2458
Fourth arc 49 6	twice co-ſec.	20.2431
☽'s par. dimin. 57′ 8″	twice P. L.	0.9968
Third correction 0′ 2″	P. L.	3.7026
☉'s alt. 19°4′ gives 2′ 53″½ in tab. XXVIII 2		
Doubled is — 5 47	P. L.	1.4931
☽'s par. dimin. 57′ 8″	ar. co. P. L.	9.5016
Diſt. twice cor. 103° 3′ 18″½	coſ.	9.3539
Fourth corr. + 1	P. L.	4.0512
Third corr. — 2		
True diſtance 103 3 17½		

Second method, or Mr. *Lyons*'s improved.

1ſt. To the proportional logarithm of the ſtar's refraction, or the difference between the ſun's refraction and its parallax in altitude, add the co-ſine of the ſun or ſtar's apparent altitude, the ſine of the apparent diſtance of the moon from the ſun or ſtar, and the co-ſecant of the moon's apparent altitude; their ſum, rejecting 30 in the index, will be the proportional logarithm of the firſt arc.

2d. To the proportional logarithm of the ſtar's refraction, or the difference

ence between the ſun's refraction and its parallax in altitude, add the co-tangent of the ſun or ſtar's altitude, and the tangent of the apparent diſtance of the moon from the ſun or ſtar; their ſum, rejecting 20 in the index, will be the proportional logarithm of the ſecond arc.

3d. If the apparent diſtance be leſs than 90°, take the difference between the firſt and ſecond arcs, which muſt be added to the apparent diſtance, if the firſt arc be greater than the ſecond, but ſubtracted from it, if the ſecond arc be greater than the firſt: if the apparent diſtance be greater than 90°, the ſum of the two arcs muſt be added to the apparent diſtance, to give the diſtance corrected for the refraction of the ſun or ſtar.

4th. Take the correction of the moon's altitude out of table VIII. to the proportional logarithm of which, add the co-ſine of the moon's apparent altitude, the ſine of the diſtance corrected for the ſun or ſtar's refraction, and the co-ſecant of the ſun or ſtar's true altitude; their ſum, rejecting 30 in the index, will be the proportional logarithm of a third arc.

5th. To the proportional logarithm of the correction of the moon's altitude add the co-tangent of the moon's apparent altitude, and the tangent of the diſtance, corrected for the ſun or ſtar's refraction; their ſum, rejecting 20 in the index, will be the proportional logarithm of a fourth arc.

6th. If the diſtance, corrected for the ſun or ſtar's refraction, be leſs than 90°, take the difference between the third and fourth arcs, which difference muſt be ſubtracted from the diſtance, corrected for the ſun or ſtar's refraction, if the third arc be greater than the fourth; but it muſt be added to it if the fourth arc be greater than the third: if the diſtance, corrected for the ſun or ſtar's refraction, be greater than 90°, the ſum of the two arcs muſt be ſubtracted from it to obtain the diſtance corrected for the ſun or ſtar's refraction, and principal effect of the moon's parallax.

7th. Enter table XIII. under the apparent diſtance, corrected for ſun or ſtar's refraction and principal effect of parallax, in the top column, with the correction of the moon's altitude in the left-hand ſide column, and take out the number of ſeconds which ſtand under the former and oppoſite to the latter. Enter it again under the ſame corrected diſtance in the top column, and oppoſite to the principal effect of the moon's parallax in the left-hand ſide column, and do the like: the difference of theſe two number muſt be added to the diſtance, corrected for the ſun or ſtar's refraction and the principal effect of the moon's parallax, if the diſtance, ſo corrected, be leſs than 90°; but it muſt be ſubtracted from it, if that diſtance be greater than 90°, and the ſum or difference will be the true diſtance of the objects.

SCHOLIUM.

It will greatly expedite the computation if all the logarithmic ſines, tangents, &c, which fall at the ſame opening of the book, be taken out at the ſame time, whether they relate to the firſt or ſecond parts of the operation: thus, the co-ſine and co-tangent of the ſtar's apparent altitude, and co-ſecant of its true altitude may all be taken out at the ſame time, and written down in different parts of the paper; and ſo alſo may the co-ſine, co-tangent, and co-ſecant of the moon's apparent altitude; the ſine and tangent of the apparent diſtance; and the ſine and tangent of the diſtance, corrected for the refraction of the ſun or ſtar.

EXAMPLE I.

Admit that the apparent altitude of a ſtar was 24° 48′, when that or the moon's moon's center was 12° 30′, and their apparent diſtance 51° 28′ 35″; the moon's horizontal parallax heing 56′ 15″; what was their true diſtance?

Star's apparent altitude	—	24° 48′
Star's refraction	— —	2 3
Star's true altitude	—	24 45 57

Star's refraction —	2′ 3″	P. L.	1.9435	— —	1.9435
Star's apparent alt.	24° 48′	Co-ſine	9.9580	— Co-tangent	10.3353
Apparent diſt. —	51 29	Sine -	9.8934	— Tangent	10.0991
Moon's apparent alt.	12 30	Co-ſec	10.6647	Sec. arc 0′ 45½″ P.L.	2.3779
			2.4596=P.L. 1ſt arc 0 37½		

Correction of the diſt. for the ſtar's refraction	—	0 8 Sub.
Apparent diſtance	— — —	51 28 35
Diſt. corrected for the ſtar's refraction	—	51 28 27

Cor. of ☽'s alt. T. VIII.	50′ 42″	P. L.	0.5503	— —	0.5503
Moon's apparent altit.	12° 30	Co-ſine	9.9896	Co-tangent	10.6542
Diſt. cor. for ſtar's refr.	51 28	Sine	9.8933	Tangent	10.0989
Star's true altitude	24 46	Co-ſec.	10.3779	4th arc 8′ 57″ P.L.	1.3034
			0.8111=P.L. 3d arc 27 48½		

Principal effect of the moon's parallax	—	18 51½ Subt.
Diſtance corrected for the ſtar's refraction	—	51 28 27
Diſt. corr. for ſtar's refract. and princip. effect of par.		51 9 35½
Corr. moon's altitude in Tab. XIII. gives 0′ 17″½ } diff.		14½ add
Second corr. diſt. in Tab. XIII. gives 0 3 }		
True diſt. of the moon and ſtar	— —	51 9 50

EXAMPLE II.

Let the apparent altitude of the ſun's center be 84° 7′, that of the moon 5° 17′, their apparent diſtance 90° 21′ 13″, and the moon's horizontal parallax 61′ 48″: required the true diſtance of their centers?

Refraction of the ſun	—	6″
Parallax in altitude	—	1
Correct. of the ſun's alt.		5
Sun's apparent altitude		84° 7′ 0
Sun's true altitude		84 6 55

Corr. ſun's altitude	0′ 5	P. L.	3.3344	— —	3.3344
Sun's app. altitude	84° 7′	Co-ſine	9.0107	— Co-tang.	9.0130
Apparent diſtance	90 21	Sine	10.0000	— Tangent	12.2140
Moon's app. alt.	5 17	Co-ſe.	11.0358	1ſt arc 0′ 0½″ P.L.	4.5614
			3.3809 P.L. 2d arc 0 4½		

Correction for the ſun's refraction — — 5′

f

Correction

Correction for the ſun's refraction	— —	0′ 5″ add
Apparent diſtance	— — —	90 21 13
Diſtance corrected for ſun's refraction	—	90 21 18

Cor. of ☽'s alt. T. VIII.	52′ 4″$\frac{1}{2}$	P. L. 0.5386	— —	0. 5386
Moon's apparent alt.	5° 17′	Co-ſ. 9.9982	— Co-tangent	11. 0340
Diſt. cor. ſun's ref.	90 21$\frac{1}{3}$	Sine 10 0000	— Tangent	12. 2074
Sun's true altitude	84 7	Co ſe. 10.0023	4th arc 0′ 2″P.L.	3. 7800
		0 5391 = P.L. 3d arc 52 1		

Principal effect of the moon's parallax	—	52 3 ſubt.
Diſtance corrected for the ſun's refraction	—	90 21 18

Diſt. correct. for ☉'s refract and princip. effect of par. 89 29 15; which is the true diſtance in this caſe, the correction from table XIII. being nothing.

Third method, or Mr. *Witchell's* improved.

From the ſun's refraction (tab. I.) take its parallax in altitude (tab. III.) and the remainder will be the correction of the ſun's altitude. The correction of a ſtar's altitude is its refraction (tab. I.)

Take the proportional logarithm of the moon's horizontal parallax from table XV, put 10 for its index; and ſubtract the co-ſine of the moon's apparent altitude from it: the remainder will be the proportional logarithm of her parallax in altitude; take the moon's refraction (tab. I.) from her parallax in altitude, and the remainder will be the correction of her altitude.

Add the ſun or ſtar's apparent altitude to the moon's, and take half the ſum; ſubtract the leſs from the greater, and take half the difference. Add together the co-tangent of the half ſum, the tangent of the half difference, and the co-tangent of half the apparent diſtance; the ſum, rejecting 20 from the index, will be the tangent of an arc, A.

When the ſun or ſtar's altitude is greater than the moon's, take the difference between A and half the apparent diſtance; but if the moon's altitude be greateſt, take their ſum: and to the co-tangent of this ſum or difference, add the co-tangent of the ſun or ſtar's apparent altitude, and the proportional logarithm of the correction of the ſun or ſtar's altitude; their ſum, rejecting 20 from the index, will be the proportional logarithm of the firſt correction, which muſt always be added to the apparent diſtance, unleſs the arc A be greater than half the apparent diſtance, and the ſun or ſtar's altitude, at the ſame time, greater than the moon's, in which caſe it muſt be ſubtracted from it.

If the difference between the arc A and half the apparent diſtance was taken in the preceding article, take now their ſum; but if their ſum was then taken, take now their difference: and to the co-tangent of this ſum or difference, add the co-tangent of the moon's apparent altitude, and the proportional logarithm of the correction of the moon's altitude; their ſum, rejecting 20 from the index, will be the proportional logarithm of the ſecond correction, which muſt always be ſubtracted from the diſtance once corrected, unleſs the arc A be greater than half the apparent diſtance, and the moon's altitude, at the ſame time, greater than the ſun's, in which caſe it muſt be added to it, and the ſum or difference will be the *corrected diſtance.*

Take

Take the ſum and difference of the correction of the moon's altitude and the ſecond correction of the diſtance; and, to the proportional logarithms of this ſum and difference, add the conſtant logarithm 1.5820, and the tangent of the corrected diſtance; their ſum, rejecting 10 from the index, will be the proportional logarithm of the third correction; to be added to the corrected diſtance when it is leſs than 90°, but ſubtracted from it when it is above, and the ſum or remainder will be the true diſtance, very near, in all caſes which it is proper to make the obſervations in.

If the diſtance and altitudes be ſmall, or if the utmoſt exactneſs be required, take the proportional logarithms of the ſum and difference of the correction of the ſun or ſtar's altitude and the firſt correction of the diſtance, and the proportional logarithms of the ſum and difference of the correction of the moon's altitude and the ſecond correction of the diſtance, add theſe together, and take half the ſum; to which, add the conſtant logarithm 1.2811, and the ſine of the corrected diſtance, their ſum, rejecting 10 in the index, will be the proportional logarithm of the fourth correction, which muſt always be added to the diſtance three times corrected.

Or the third correction may be taken from table XIII, as in Mr. Lyon's method.

EXAMPLE I.

Let the apparent diſtance of the moon from a ſtar be 51° 28′ 35″, the apparent altitude of the ſtar 24° 48′, that of the moon 12° 30′, and her horizontal parallax 56′ 15″, what is their true diſtance?

Star's refraction 2′ 3″

☽'s horizontal parallax	56′ 15″	P. L.	10. 5051
☽'s apparent altitude	12 30	Co-ſ.	9. 9896
☽'s parallax in altitude	54 55	P. L	0. 5155
☽'s refraction —	4 12½		
Correct. of the ☽'s altit.	50 42½		

Star's apparent alt.	24° 48′ 0″				
Moon's app. alt.	12 30 0				
Sum — —	37 18 0	— the half is	18° 39′ 0″	Co-tang.	10. 47171
Difference —	12 18 0	———	6 9 0	Tangent	9. 03242
Apparent diſtance	51 28 35	———	25 44 18	Co-tang.	10. 31687
Firſt correction	— 8	Arch A —	33 30 48	Tangent	9. 82100
Second correction	— 18 54				
		Difference —	7 46 30	Co-tang.	10. 8647
Corrected diſtance	51 9 33	Star's apparent alt.	24 48 0	Co-tang.	10. 3353
Third correction	+ 15½	Corr. Star's alt.	2 3	P. L.	1. 9435
Fourth correction	+ 2				
		Firſt correction	0 8	P. L.	3. 1435
True diſtance	51 9 50½				
		Sum — —	59 15 6	Co-tang.	9. 7744
		☽'s apparent alt.	12 30 0	Co-tang.	10. 6542
		Corr. ☽'s alt.	50 42½	P. L.	0. 5502
		Second correction	18 54	P. L.	0. 9788

Correct.

Correct. ☽'s altitude	50′ 42″½		
Second correction	18 54		
Sum — —	69 36½	P. L.	0.4126
Difference —	31 48½	P. L.	0.7527
Constant logarithm	--	—	1.5820
Corrected distance 51° 9′ 33″		Tangent	10.0941
Third correction +	15½	P. L.	2.8414
∗'s cor. + 1st cor.	2 11	P. L.	1.9161
∗'s cor. − 1st cor.	1 55	P. L.	1.9727
☽'s cor. + 2d cor.	69 36½	P. L.	0.4126
☽'s cor. − 2d cor.	31 48½	P. L.	0.7527
		Sum —	5.0541
		Half sum —	2.5270
Constant logarithm	—	—	1.2811
Corrected distance 51° 9′ 33″		Sine	9.8915
Fourth correction +	0 2	P. L.	3.6996

EXAMPLE II.

Let the apparent distance of the moon from the sun be 90° 21′ 13″, the un's apparent altitude 84° 7′, that of the moon 5° 17′, and her horizontal parallax 61′ 48″; what is their true distance?

The sun's refraction	0′ 6″
Its parallax in alt.	1
Correction ☉'s alt.	0 5

☽'s horizontal parallax	61′ 48″	P. L.	10.4643
☽'s apparent alt.	5 17	Co-s.	9.9982
☽'s parallax in alt.	61 32	P. L.	0.4661
☽'s refraction ——	9 27½		
Correction ☽'s alt.	52 4½		

Sun's apparent alt.	84° 7′ 0″				
Moon's app. alt.	5 17 0				
Sum — —	89 24 0	— the half is	44° 42′ 0″	Co-tang.	10.00455
Difference —	78 50 0	——	39 25 0	Tang.	9.91482
Apparent distance	90 21 13	——	45 10 36	Co-tang.	9.99732
First correction	+ 5	Arch A —	39 32 16	Tang.	9.91669
	90 21 18	Difference —	5 38 20	Co-tang.	11.0055
Second correction	− 52 3½	Sun's app. alt.	84 7 0	Co-tang.	9.0130
		Corr. Sun's alt.	5	P. L.	3.3344
Corrected distance	89 29 14½	First correction	5	P. L.	3.3529
		Sum — —	84 42 52	Co-tang.	8.9662
		☽'s apparent alt.	5 17 0	Co-tang.	11.0340
		Corr. ☽'s alt.	52 4½	P. L.	0.5386
		Second correction	52 3½	P. L.	0.5388

And this is the true distance in this case, because the third and fourth corrections are both othing.

Fourth

Fourth method, or Mr. *Dunthorne's*, improved.

With the moon's apparent altitude and her horizontal parallax take the logarithm out of table IX; from which ſubtract the number correſponding to the ſtar's altitude in table X, if the moon's diſtance from a ſtar be obſerved, or the number correſponding to the ſun's altitude in table XI, if her diſtance from the ſun was obſerved, and reſerve the remainder.

With the ſame arguments take the correction of the moon's altitude from table VIII; to which add the refraction of the ſtar (table I.) if the moon's diſtance from a ſtar be obſerved, or the difference between the ſun's refraction and its parallax in altitude (tables I and III) if her diſtance from the ſun was obſerved, and call the ſum the *Correction of the apparent altitudes.*

If the altitude of the ſun or ſtar be greater than that of the moon, take the difference between the above *correction* and the difference of the apparent altitudes; but let them be added together if the moon's altitude be greateſt, and you will have the difference of their true altitudes: of which take half.

To the apparent diſtance of the moon from the ſun or ſtar add the difference of their apparent altitudes, and take half the ſum; ſubtract the leſs from the greater, and take half the difference.

Add together the logarithmic ſine of the half ſum, the logarithmic ſine of the half difference, and the logarithm reſerved above; reject radius from the ſum, and half what remains will be the logarithmic ſine of an arch.

Take the ſum and difference of this arch and half the difference of the true altitudes; and add together the logarithmic co-ſines of this ſum and difference; half the ſum will be the logarithmic co-ſine of half the true diſtance.

EXAMPLE I.

Let the apparent diſtance of the moon from a ſtar be 89° 58′ 6″, the apparent altitude of the ſtar 5° 6′, that of the moon 84° 46′, and her horizontal parallax 61′ 18″; what is their true diſtance?

Log. from table IX.	—	9.992462
Log. from table XI. ſubtract		13
Reſerved logarithm	—	9.992449
Correction ☽'s alt. tab. VIII.		5′ 30″
Star's refraction table I.	—	9. 44
Corr. of the apparent altitudes		15 14
— — —		79 40. 0
Difference of true altitudes		79 55 14
Half difference true altitudes		39 57 37

Moon's apparent alt.	84° 46′ 0″			
Star's apparent alt.	5 6 0			
Diff. app. altitudes	79 40 0			
Apparent diſtance	89 58 6			
Sum — —	169 38 6	: its half 84° 49′ 3″	Sine	9.998221
Difference —	10 18 6	: its half 5 9 3	Sine	8.953170
		Reſerved logarithm		9.992449
			2)	18.943840
Arch — —	17 14 36	— —	Sine	9.471920

Half diff. true alt.	39° 57′ 37″			
Arch — —	17 14 36			
Sum — —	57 12 13	— —	Co-fine	9.733723
Difference —	22.43.1	— —	Co-fine	9.964930
				2)19.698653
	45 1 15½	— —	Co-fine	9.849326
	2			
True diftance —	90 2 31			

EXAMPLE II.

Let the apparent diftance of the fun and moon be 103° 29′ 27″, the apparent altitude of the fun 19° 3′ 36″, that of the moon 41° 6′ 2″, and her horizontal parallax 58′ 35″; what is their true diftance?

		Log. from table IX. —	9.995314
		Log. from table X. fubtract	7
		Referved logarithm —	9.995307
		Corr. Moon's alt. table VIII	43 3½
Moon's apparent alt.	41° 6′ 2″	Corr. Sun's alt. table I and III	2 35½
Sun's apparent alt.	19 3 36		
		Corr. apparent altitudes	45 39
Diff. app. altitudes	22 2 26	— — —	22 2 26
Apparent diftance	103 29 27	Diff. true altitudes —	22 48 5
		Half diff. true altitude	11 24 2½
Sum —	125 31 53	: its half is 62° 45′ 57″ Sine	9.948972
Difference —	81 27 1	: its half is 40 43 30 Sine	9.814533
		Referved logarithm —	9.995307
Half diff. true alts.	11 24 2½		2)19.758812
Arch —	49 14 52½	— — Sine	9.879406
Sum —	60 38 55	— — Co-fine	9.690342
Difference —	37 50 50	— — Co-fine	9.897434
			2)19.587776
	51 31 39	— — Co-fine	9.793888
	2		
True diftance	103 3 18		

PROBLEM

PROBLEM XII.

To find the Longitude of a Ship at Sea by Obſervations of the Moon's Diſtance from the Sun, and their Altitudes, taken at the ſame time: the Latitude of the Ship, and its Longitude by Account, being alſo known.

RULE.

Turn the longitude of the ſhip, by account, into time, by means of table XIV, and if it be weſt, add it to, but if it be eaſt, ſubtract it from the eſtimated time at the ſhip, when the obſervation was made, and it will give the time at Greenwich nearly.

To this time take the moon's ſemi-diameter and her horizontal parallax from p. VII of the Nautical Almanac; alſo the ſun's ſemi-diameter for the day from p. III, and augment the moon's ſemi-diameter by adding to it the number of ſeconds found in table IV with her obſerved altitude.

Correct the obſerved diſtance by adding to it the ſemi-diameter of the ſun, and the augmented ſemi-diameter of the moon: correct alſo the obſerved altitudes by ſubtracting the dip of the horizon, taken out of table II with the height of the obſerver's eye above the ſurface of the ſea, and adding, or ſubtracting the ſemi-diameter of the object, according as the altitude of the lower or upper limb was obſerved; and the apparent diſtance and altitudes of the centers of the ſun and moon will be obtained.

With the apparent diſtance, and the two apparent altitudes, find the true diſtance by any of the methods given in problem XII, or by the Parallactic Tables, publiſhed by order of the Commiſſioners of Longitude.

Among the diſtances of the moon's center from the ſun and fixed ſtars, put down on p. VIII, IX, X and XI, of the Nautical Almanac, find thoſe two diſtances of the ſun and moon which are next leſs and next greater than the true diſtance, found from the obſervation: take the difference between them; alſo between that which ſtands firſt in the Ephemeris, and the true obſerved diſtance, and ſubtract the proportional logarithm of the former difference from the proportional logarithm of the latter; the remainder will be the proportional logarithm of a portion of time, to be added to the time which the diſtance, ſtanding firſt in the Ephemeris, was computed for, and the ſum will be the apparent time at Greenwich.

To this time take the ſun's declination out of p. II of the Nautical Almanac; and correct the apparent altitude of the ſun's center by ſubtracting from it the difference between the refraction of the ſun and its parallax in altitude, taken out of tables I and III, with theſe, and the ſhip's latitude, find the apparent time at the ſhip by problem X.

Take the difference between the apparent time at Greenwich and the apparent time at the ſhip, convert it into degrees and minutes by the help of table XIV, and it will be the true longitude of the ſhip at the time of obſervation: eaſt, if the time at the ſhip be greater than the time at Greenwich, but weſt, if the time at the ſhip be leſs than the time at Greenwich.

EXAMPLE

April 18th, 1793, about a quarter paſt 3 o'clock, latitude 0° 31′ S. longitude by account 95° W. the following obſervations were made for finding the true longitude of the ſhip, the height of the obſerver's eye being 21 feet above the ſurface

ſurface of the ſea. Note, 14″ muſt be ſubtracted from the diſtance, and 1′ 9″ added to the ſun's altitude for the errors of the quadrants.

Altitude of ☉'s lower L.	Altitude of ☽'s upper L.	Diſt. of ☉ & ☽'s Limbs.	
° ′ ″	° ′ ″	° ′ ″	
41 52 30	27 0 0	96 58 15	Eſtimated time at the ſhip 3h 15′
43 0	8 0	58 30	Longitude in time W. 6 20
33 45	15 15	59 0	Time at Greenwich, nearly 9 35
21 30	31 0	59 15	☽'s hor. par Naut. Alm. p. VII 54 24
10 0	44 0	59 45	Moon's ſemi diameter — 14 49
			Augmentation table IV — 7
			Moon's augmented ſemi-diam. 14 56
5)160 45	5)98 15	5)44 45	Sums.
41 32 9	27 19 39	96 58 57	Means.
Add 1 9	- - -	Sub. 14	Errors of the quadrants.
Sub. 4 22	Sub. 4 22	- - -	Dip of the horizon.
Add 15 58	Sub. 14 56	Add 30 54	Semi-diameters.
41 44 54	27 0 21	97 29 37	Apparent altitudes and diſtance.

— 57 correction ſun's altitude.

41 43 57 ſun's true altitude.

Reduction of the diſtance by the fourth method in problem XII.

		Logarithm from table IX	9. 997068
		Logarithm from table X. Sub.	13
		Reſerved logarithm —	9. 997055
		Correction ☽'s alt. (tab. VIII)	46′ 37″
Sun's apparent alt.	41° 44′ 54″	Correction ☉'s alt. (tab. I & III)	57
Moon's apparent alt.	27 0 21		
		Cor. of diff. of apparent altitudes	47 34
	14 44 33 —	Difference of the app. altitudes	14 44 33
Apparent diſtance	97 29 37	Difference of the true altitudes	13 56 59
		Half — —	6 58 30

Sum —	112 14 10	the half is 56 7 5	Sine	9. 919177
Difference —	82 45 4	the half is 41 22 32	Sine	9. 820196
		Reſerved logarithm		9. 997055
				2)19. 736428

Arch —	47° 35′ 3″	Sine	9. 868214
Half dif. true alts.	6 58 30		
Sum —	54 33 33	Co-ſine	9. 763325
Difference	40 36 33	Co-ſine	9. 880337
			19. 643662
	48 26 1½	Co-ſine	9. 821831
	2		
True diſtance	96 52 3		

True

True diſtance	96° 52′ 3″		
Diſtance at 9 hours	96 38 0		
Diſtance at 12 hours	97 59 18		
	14 3	P. L.	1.1076
	1 21 18	P. L.	0.3452
Time at Greenwich	9 31 6½	P. L.	0.7624

Sun's declination at noon, April 18th	11° 4′ 59″ N.		
Correction for 9^h 31′ — —	+ 8 26		
Sun's declination — —	11 13 25 N.	Secant	10.00839
Co-latitude — — —	89 29 0 S.	Co-ſecant	10.00002
Meridional altitude — —	78 15 35	Nat. ſi. 97908	
Sun's true altitude — —	41 43 57	Nat. ſi. 66565	
Difference of the natural ſines		31343	Log. 4.49614
Apparent time at the ſhip	3^h 8′ 29″ —	Log. riſing	4.50455
Apparent time at Greenwich	9 31 6½		
Longitude in time —	6 22 37½ = 95° 39′⅜ W.		

PROBLEM XIII.

To find the Longitude of a Ship at Sea by Obſervations of the Moon's diſtance from a known fixed Star, and their Altitudes, taken at the ſame Time; the Latitude of the Ship and its Longitude by Account being alſo known.

RULE.

Turn the longitude of the ſhip by account into time, and, if it be weſt, add it to; but, if it be eaſt, ſubtract it from the eſtimated time at the ſhip when the obſervation was made, and it will give the time at Greenwich nearly.

To this time take the moon's ſemi-diameter and her horizontal parallax from page VII of the Nautical Almanac; and augment the moon's ſemi-diameter by adding to it the number of ſeconds which ſtand againſt her altitude in table IV.

Correct the obſerved diſtance by adding the augmented ſemi-diameter of the moon to it, if the enlightened limb of the moon be that which is neareſt to the ſtar, or by ſubtracting the augmented ſemi-diameter of the moon from it, if the enlightened limb of the moon be that which is fartheſt from the ſtar; and the reſult will be the apparent diſtance of the ſtar from the moon's center: correct alſo the two altitudes, by ſubtracting the dip of the horizon from each, and by adding the augmented ſemi-diameter of the moon to, or ſubtracting it from, the moon's obſerved altitude, according as the lower or upper limb was obſerved, and the apparent diſtance of each will be obtained.

With the apparent diſtance and the two apparent altitudes, find the true diſtance by any of the methods given in problem XI, or by the Parallactic Tables publiſhed by order of the Commiſſioners of Longitude.

Among the diſtances of the moon's center from the ſun and fixed ſtars, put down on page VIII, IX, X and XI, of the Nautical Almanac, find thoſe two diſtances of the moon and ſtar which are next leſs and next greater than the true diſtance, found from the obſervation: take the difference between them; alſo between that which ſtands firſt in the Ephemeris and the true obſerved diſtance, and ſubtract the proportional logarithm of the former difference from the proportional logarithm of the latter: the remainder will be the proportional logarithm of a portion of time, to be added to the time which the diſtance ſtanding firſt in the Ephemeris was computed for, and the ſum will be the apparent time at Greenwich.

Take the ſtar's right aſcenſion and declination for the date of the obſervation from table VII, and correct its apparent altitude by ſubtracting the refraction taken out of table I from it. With theſe and the latitude of the ſhip find the apparent time at the ſhip by problem VII.

Take the difference between the apparent time at Greenwich and the apparent time at the ſhip, convert it into degrees and minutes, and it will be the true longitude of the ſhip at the time of obſervation: eaſt, if the time at the ſhip be greater than the time at Greenwich; but weſt, if the time at the ſhip be leſs than the time at Greenwich.

EXAMPLE.

May 6th, 1794, about $6^h\,25'$, latitude $23°\,11'\frac{2}{3}$ S. longitude by account 66° W. the following diſtances of the moon's remote limb from the Virgin's Spike were obſerved to determine the true longitude of the ſhip; the height of the obſerver's eye above the ſurface of the ſea being 21 feet. Note, 43″ muſt be ſubtracted from the diſtance, 21′ 30″ from the ſtar's altitude, and 5′ 00″ added to the moon's altitude for the errors of the quadrants.

Star's altitude.	Alt. Moon's lower limb.	Diſt. ☽'s limb from ſtar.	
° ′ ″	° ′ ″	° ′ ″	
32 25 0	50 51 30	64 22 45	
33 22 30	46 0	21 45	
34 19 30	42 0	20 0	
35 13 15	34 30	18 15	
15 20 15	174 0	82 45	Sums.
33 50 4	50 43 30	64 20 41	Means.
− 21 30	+ 5 0	− 43	Errors of the quadrants.
− 4 22	− 4 22	- - -	Dip of the horizon.
	+ 15 11	− 15 11	Semi-diameter of the moon.
33 24 12	50 59 19	64 4 47	Apparent altitudes and diſtance.

− 1 26 ſtar's refraction.

33 22 46 ſtar's true altitude.

Eſtimated time at the ſhip .	$6^h\,25'$
Longitude in time —	4 24 W.
Eſtimated time at Greenwich	10 49
Moon's hor. ſemi-diameter	14 59
Augmentation —	12
☽'s augmented ſemi-diam.	15 11

☽'s hor. par.	$54'\,59''\frac{1}{2}$	P. L.	10.5149
☽'s app. alt.	50° 59′	Co-ſine	9.7990
☽'s par. in alt.	$34'\,37''\frac{1}{2}$	P. L.	0.7159
☽'s refraction	0 46		
Cor. ☽'s alt.	$33\;51\frac{1}{2}$		

Reduction by 3d method.

Star's app. altitude	33° 24′ 12″
Moon's app. altitude	50 59 19
Sum — —	84 23 31

Sum

Sum	—	—	84° 23′ 31″	— the half is	42° 11′ 45″	Co-tang. 10.04258
Difference		—	17 35 7	— the half is	8 47 33	Tang. 9.18941
Apparent distance			64 4 47	— the half is	32 2 23	Co-tang. 10.20354

First correction	+	1 1½
Second correction	−	12 37
Corrected distance		63 53 11½
Third correction	+	4′
Fourth correction	+	0¼
True distance		63 53 16½

Arch A —	15 14 54	Tangent	9.43553
Sum —	47 17 17	Co-tang.	9.9653
Star's app. altit.	33 24 12	Co-tang.	10.1808
Cor. Star's alt.	1 26	P. L.	2.0989
First correction	1 1½	P. L.	2.2450
Difference	16 47 29	Co-tang.	10.5203
Moon's app. alt.	50 59 19	Co-tang.	9.9085
Cor. moon's alt.	33 51⅛	P. L.	0.7256
Second correction	12 37	P. L.	1.1544
Sum —	46 28½	P. L.	0.5880
Difference	21 14½	P. L.	0.9281
Constant logarithm	—	—	1.5820
Corrected dist.	63 53 12	Tangent	10.3096
Third correction	4½	P. L.	3.4077
*'s cor. + 1st cor.	2 27½	P. L.	1.8646
*'s cor. − 1st cor.	0 24½	P. L.	2.6443
☽'s cor. + 2d cor.	46 28½	P. L.	0.5880
☽'s cor. − 2d cor.	21 14½	P. L.	0.9281
		Sum	6.0250
		Half	3.0125
Corrected dist.	63 53 12	Sine	9.9532
Constant logarithm	—	—	1.2811
Fourth correction	0′ 0″¼	P. L.	4.2468

True distance	63° 53′ 16″½		
Distance at 9 hours	64 47 53		
Distance at 12 hours	63 17 47		
	1 30 6	P. L.	3005
	54 36½	P. L.	5180
	1 49 5	P. L.	2175
	9 0 0		
	10 49 5	time at Greenwich May the 6th.	

Yearly variation of Spica ♍ in AR		3″,14	—	In declination	+ 19″,00
Years before 1796	—	1,6	— — —		1,6
		1884			114
		314			19
Variation: Subtract	—	5,024	— —	Subtract	30 4

Star's right ascension in 1796	$13^h\,14'\,28''$	Declination	$10^\circ\,5'\,29''$S.
Variation — —	$-\,5$	— —	$-\,30$
Star's right ascension	13 14 23	Star's declination	10 4 59 S.

Sun's right ascension for noon at Greenwich, May 6th	$2^h\,54'\,30'',8$
Time at Greenwich ($10^h\,49'$) gives in table XXII —	+ 1 44,2
Sun's right ascension at the time of observation —	2 56 15

	$90^\circ\,0'\,0''$		
Ship's latitude	23 11 40 S. — —	Secant	10.03660
Co-latitude —	66 48 20		
Star's declination	10 4 59 S. — —	Secant	10.00676
Star's meridian alt.	76 53 19 Nat. sine 97393	Diff. 42375	Log. 4.62711
Star's true obs. alt.	33 22 46 Nat. sine 55018		
Dist. of the star from the meridian	$3^h\,51'\,30''$ E.	Log. rising	4.67047
Star's right ascension in time	13 14 23		
Right ascension of the mid-heaven	9 22 53		
Sun's right ascension in time	2 56 15		
Apparent time at the ship —	6 26 38		
Apparent time at Greenwich	10 49 5		
Longitude of the ship in time	4 22 27 = $65^\circ\,36'\tfrac{3}{4}$ W.		

SCHOLIUM.

In the two preceding problems the apparent time at the ship has been found from the altitude of the sun or star which was taken at the same time with the distances: but if the sun, or star, from which the moon's distance is observed, be near the meridian; or if, from the badness of the horizon, there be reason to suspect that such altitude is not exact enough for that purpose, which may sometimes be the case, and yet the altitude be sufficiently accurate for the purpose of clearing the observed distance from the effect of parallax and refraction; or if, from some local impediment, one, or both the altitudes, cannot be observed: then the times when those distances, or distances and altitudes, were taken must be noted by a watch; and other altitudes, either of the sun or a bright star must be taken at a greater distance from the meridian, or when the horizon is more distinct, and the times noted by the same watch. By means of these last-mentioned altitudes the apparent time may be found by problem VI or VII, and, of course, how much the watch is too fast or too slow. Correct the mean of the times when the distances were taken by adding to it what the watch was too slow, or by subtracting from it what the watch was too fast, and the sum or difference will be the apparent time at the ship when the distances were observed, from which the longitude may be found as before; and, if either of the altitudes could not be observed, it may be computed by problems VIII, IX, or X.

EXAMPLE I.

December 6th, 1793, latitude 53° 29′ S. longitude 170° W. by account, about $20^h\tfrac{1}{2}$ the following altitudes of the sun's lower limb were observed: what

what was the error of the watch which shewed the times that stand against them? The height of the observer's eye was 21 feet; and 3′ 11″ must be subtracted from the altitudes for the error of the quadrant.

Times by the watch.	Alt. of the Sun's L. L.		
H. M. S.	D. M. S.	Sun's declination Dec. 7th at noon	22° 43′ 13″ S.
20 19 41	38 27 45	3h 40′ before noon give —	− 56
20 32	35 0	170° W. longitude give —	+ 2 54
20 56	39 0	Sun's declination corrected	22 45 11 S.
21 24	43 0		
21 58	48 0	Sun's semi-diameter —	16 18
22 35	53 0	Sun's parallax in altitude —	7
6) 7 6	6) 245 45	Error of the quadrant 3′ 11″	16 25
		Dip of the horizon 4 22	— 8 44½
20 21 11	38 40 57½	Refraction — 1 11½	
	+ 7 40½	Correction of the sun's alt. —	7 40½
	38 48 38	Sun's true altitude.	

	90° 00″			
Ship's latitude —	53 29 S.	— —	Secant	10. 22544
Co-latitude —	36 31			
Sun's declination —	22 45 11 S.	— —	Secant	10. 03518
Meridional altitude	59 16 11	Nat. sine 85958		
Sun's true observed altitude	38 48 38	Nat. sine 62675		
		23283	Logarithm	4. 36704
	24			
Time before noon on the 7th —	3 39 24		Log. rising	4. 62766
Apparent time on the 6th —	20 20 36			
Time by the watch — —	20 21 11			
Watch too fast — —	35			

The same day, a few minutes before the sun was on the meridian, the following observations were made for finding the true longitude of the ship. Note, 4′ 12″ must be added to the distance, 2′ 46″ subtracted from the sun's altitude, and 58″ from the moon's, for the errors of the quadrants.

Time by the watch.			Alt. of the Sun's L.L.			Alt of the ☽'s U. L.			Dist. limbs of ☉ & ☽.			
H.	M.	S.	D.	M.	S.	D.	M.	S.	D.	M.	S.	
23	53	6	59	2	45	26	36	0	58	48	0	
	54	10		2	30	26	44	0		48	15	
	54	58		2	30	26	52	30		48	30	
	55	55		3	00	27	1	0		49	0	
	56	48		2	45	27	8	30		49	15	
	57	35		2	45	27	16	0		49	30	
6)	32	32		16	15	161	38	0	6)	52	30	Sums.
23	55	25	59	2	42	26	56	20	58	48	45	Means.
−		35	−	2	46	−		58	+	4	12	Errors of the quadrants.
			−	4	22	−	4	22	-	-	-	Dip of the horizon.
23	54	50	+	16	18	−	16	19	+	32	37	Semi-diameters.
			59	11	52	26	34	41	59	25	34	Apparent altitudes and distance.

Time at the ship	—	23h 55′
Long. in time west		11 20
		35 15
		24 0
T. at Greenwich on the 7th		11 15
Moon's semi-diameter		16′ 12″
Augmentation	—	7
☽'s augmented semi-diam.		16 19

Sun's refraction		0′ 34″
Sun's parallax in alt.		− 4
Correction sun's alt.		0 30
Sun's apparent alt.	59	11 52
Sun's true altitude	59	11 22

Moon's hor. parallax	59′ 27″	P.L.	10.4811
Moon's app. alt.	26° 34 41	Co-s.	9.9515
Moon's par. in alt.	53 10	P.L.	0.5296
Moon's refraction	1 53		
Corr. of the ☽'s alt.	51 17		

Reduction of the distance by the second method.

Cor. sun's alt.	0′ 30″	P. L.	2. 5563	—		—	2. 5563
Sun's app. alt.	59 11 52	Co-s.	9. 7093	—		Co-tangent	9. 7754
App. distance	59 25 34	Sine	9. 9350	—		Tangent	10. 2286
☽'s app. alt.	26 34 41	Co-sec.	10. 3493	Second arch	0 29½	P.L.	2. 5603
			2. 5499	P. L. 1st arc	0 30½		
				First correction, add	0 1		
				Apparent distance	59 25 34		
Distance corrected for the star's refraction				—	59 25 35		
Cor. moon's alt.	51′ 17″	P. L.	0. 5453	—		—	0. 5453
☽'s app. alt.	26 34 41	Co-s.	9. 9515	—		Co-tangent	10. 3008
Corr. dist.	59 25 35	Sine	9. 9350	—		Tangent	10. 2286
Sun's true alt.	59 11 22	Co-sec.	10. 0661	Fourth arch	15′ 9″½	P.L.	1. 0747
			0. 4979	P.L. 3d arch	57 12		
Principal effect of parallax		—		Subtract	42 2½		
Distance corrected for the sun's refraction				—	59 25 35		
Distance twice corrected		—		—	58 43 32½		

Distance

Diſtance twice corrected	—	—	58 43 32½
Correction ☽'s alt. in table XIII gives ,13″½ } diff. is		+	4½
Second cor. of diſt. in table XIII gives ,9 }			
True diſtance	—	—	58 43 37
Diſtance at 9^h, the 7th		—	57 30 45
Diſtance at 12^h, the 7th		—	59 9 13
Firſt difference	—	—	1 38 28 P. L. 2620
Second difference		—	1 12 52 P. L. 3927
			2 13 13 P. L. 1307
			9 0 0
Time at Greenwich the 7th			11 13 13
Time at the ſhip the 6th		—	23 54 50
Longitude in time		—	11 18 23 = 169°35′¾ W.

And it is evident that the longitude, thus found, is the longitude of the ſhip at the time when the altitudes were taken for finding the error of the watch: For the time being found at the meridian which the ſhip was then under, the watch, if it goes right, as it is ſuppoſed to do, will continue to ſhew the time at that meridian let it be where it will; conſequently it is the difference between the time at that meridian and the time at Greenwich which is taken for the longitude, and therefore muſt be the longitude of the ſhip when it was under that meridian.

EXAMPLE II.

September the 19th, 1793, about 12^h 50′, longitude by account 178°½ E. the following diſtances of α Arietis from the moon's remote limb were obſerved to determine the true longitude of the ſhip. The height of the obſerver's eye was 21 feet; 2′ 9″ muſt be added to the diſtance, 1′ 12″ ſubtracted from the moon's altitude, and 30″ from the ſtar's altitude for the errors of the quadrants.

Time by the watch. H. M. S.	Star's Altitude. D. M. S.	Alt. of the ☽'s U. L. D. M. S.	Star's diſt. from ☽'s L. D. M. S.	
13 1 50	43 0 30	67 28 0	45 19 45	
2 25	7 0	67 11 0	19 15	
3 21	14 0	66 59 0	18 45	
4 14	20 30	66 51 0	18 30	
5 11	29 0	66 36 0	18 15	
6 8	38 0	66 32 0	18 00	
6)23 9	109 0	41 37 0	6)52 30	Sums.
13 3 51½	43 18 10	66 56 10	45 18 45	Means.
	− 30	− 1 12	+ 2 9	Errors.
	− 4 22	− 4 22	- - - -	Dip of the horizon.
		− 16 56	− 16 56	Semi-diameter.
	43 13 18	66 33 40	45 03 58	Apparent altitudes and diſtance

Time at the ſhip	—	12^h 50″
Longitude in time		11 54
Eſt. time at Greenwich		0 56
Moon's hor. ſemi-diam.		16′ 41″
Augmentation	—	+ 15
☽'s augmented ſemi-di.		16 56
Moon's horizon. parallax		61 13½

Reduction

Reduction by the first Method.

			Moon's horizontal parallax	—	61 13½
Star's app. alt.	43 13 18		☽'s app. alt. 66°33′40″ in T.XXVIII. gives		1 2
☽'s app. alt.	66 33 40		☽'s parallax diminished	—	60 11½
Sum —	109 46 58	its half is 54° 53′ 29″	Co-tang.	9.8470	
Difference	23 20 22	its half is 11 40 11	Tangent	9.3150	
	First arc	8 16	Tangent	9.1620	
	½ dist. ☽ and ✱	22 32	Co-tang.	10.3821	
	Second arc	19 17½	Tangent	9.5441	
	Third arc	3 14½	Tangent	8.7531	
	Moon's alt.	66 33 40	Tangent	10.3629	
	Fourth arc	82 29 30	Co-sine	9.1160	

✱'s alt. 43°13′ gives in tab. XXVI.			1.9773
Constant logarithm (of 2)			0.3010
☽'s altitude 66° 33′ 40″		Sine	9.9626
	1 2	P.L.	2.2409
☽'s par. dimin.	60 11½		
☽'s par. corr.	61 13½	P.L.	0.4684
☽'s app. alt.	66 33 40	Co-sec.	10.0374
Third arc	3 14½	Co-tan.	11.2469
Par. in dist.	− 3 11	P.L.	1.7527
App. dist.	45 3 58		
	45 0 47		
Effect of refr.	+ 54		
Dist. twice cor.	45 1 41		
Third corr.	+ 5		
Fourth corr.	+ 0½		
True dist.	45 1 46½		
Dist. at noon	45 34 43		
Dist. at 3^h.	43 48 45		
	1 45 58	P.L.	2301
	32 56½	P.L.	7375
Time at Gr.	0 55 57½	P.L.	5074

— —		—	1.9773
Twice 1st arc	16° 32′	Co-tang.	10.5275
Twice 2d arc	38 35	Sine	9.7949
Effect of refract.	0 54″	P.L.	2.2997
Constant logarithm		—	1.5820
Dist. twice cor.	45° 1′ 41″	Tang.	10.0004
☽'s alt.	66° 33′⅔	Twice secant.	20.8007
4th arc	82 29½	Twice co-sec.	20.0075
☽'s par. dim.	60′ 11″½	Twice P.L.	0.9515
Third corr.	0′ 5″	P.L.	3.3421
✱'s alt. 43°13′ gives	1 23		
in tab. XXVIII.	2		
Doubled is	2 46	P.L.	1.8133
☽'s par. dimin.	60′ 11″½	Ar.co.P.L.	9.5242
Dist. twice corr.	45° 1′⅓	Co-sine	9.8493
Fourth correction	0′ 0″½	P.L.	4.5289

And about $19\frac{1}{4}^h$. the next morning, latitude 20° 25′S. the following altitudes of the sun's L. L. were observed for finding the error of the watch, the height of the observer's eye being 21 feet. 28″ must be subtracted from the altitude for the error of the quadrant.

Time

Time by the watch.			Alt. of the Sun's L. L.				
						Time by watch when ☉'s alts. were taken	19h 26'
						Time by watch when distances were taken	13 4
H.	M.	S.	D.	M.	S.	Difference — —	6 22
19	25	10	16	8	30	Time at Greenwich when dist. were taken	0 56
	25	34		14	0	Time at Greenw. when ☉'s alts. were taken	7 18
	25	53		17	30	Sun's declination noon at Greenwich	1° 13' 2''N.
	26	12		23	0	7^h 18' in table VI. gives —	7 9
	26	34		28	0	Sun's declination corrected —	1 5 53 N.
	26	50		32	30		
6) 36	13		6) 123	30			
19	26	2	16	20	35		
			--		28	Error of quadrant.	
			+	8	33	Correction.	
			16	28	40	Sun's true altit.	

Sun's semi-diameter	16' 00''
Sun's parallax in altitude	8
	16 8
Dip of the horizon 4' 22'' } Refraction — 3 13 }	7 35
Correction sun's altitude	8 33

	90° 0' 0''				
Ship's latitude	20 25 0 S.	— —		Secant	10. 02818
Co-latitude —	69 35 0				
Sun's declination	1 5 53 N.	— —		Secant	10. 00008
Méridional altitude	68 29 7	Nat. sine	93032		
Sun's true altitude	16 28 40	Nat. sine	28365		
			64667	Log. —	4. 81068
Time before noon — —		4^h 47' 48''		Log. rising	4. 83894
		24 0 0			
Apparent Time — —		19 12 12			
Time by the watch — —		19 26 2			
Watch too fast — —		13 50			
Time by watch when dist. was observed		13 3 51½			
Apparent time at the ship —		12 50 1½			
Apparent time at Greenwich —		0 55 57½			
Longitude in time — —		11 54 4½ = 178° 31' East.			

THE END.

CONTENTS.

TABLE

CONTENTS.

PROBLEM

CONTENTS.

THE END.

T. Benſley, Printer, Bolt Court, Fleet Street, London.

Printed in the United States
By Bookmasters